ENTOMOLOGISCHE ABHANDLUNGEN

Herausgegeben vom

STAATLICHEN MUSEUM FÜR TIERKUNDE IN DRESDEN

250 Jahre
STAATLICHES MUSEUM FÜR TIERKUNDE DRESDEN
1728 – 1978

In Kommission

AKADEMISCHE VERLAGSGESELLSCHAFT GEEST & PORTIG K.-G.

LEIPZIG

Staatliches Museum für Tierkunde in Dresden
DDR — 801 Dresden, Augustusstraße 2

ABHANDLUNGEN UND BERICHTE AUS DEM STAATLICHEN MUSEUM FÜR TIERKUNDE IN DRESDEN

Hinweise für unsere Autoren

Die Publikationen des Staatlichen Museums für Tierkunde in Dresden dienen der Veröffentlichung von Arbeiten aus dem Museum sowie solchen, die ganz oder teilweise Material des Museums behandeln oder über Materialien berichten, von denen Belegstücke in die Sammlung des Museums kommen.

Die Arbeiten sollen eine Thematik aus den Wissensgebieten Taxonomie, Phylogenie, Evolution, Morphologie, Anatomie, Biologie, Ökologie, Faunistik, Zoogeographie sowie den fachbezogenen Museumswissenschaften beinhalten. Arbeiten anderer Wissensgebiete sowie biographisch oder methodisch orientierte Arbeiten können aufgenommen werden, sofern sie zur Kenntnis der genannten Gebiete beitragen. Es werden nur Originalarbeiten veröffentlicht, die weder ganz noch teilweise bereits an anderer Stelle erschienen sind. Publikationen über Tiermaterial vom Gebiet der Deutschen Demokratischen Republik werden vorrangig behandelt.

Für Inhalt, sprachliche Gestaltung sowie Beachtung einer eventuellen Veröffentlichungsgenehmigung ihrer Arbeiten sind die Autoren selbst verantwortlich. Eine redaktionelle Bearbeitung der Manuskripte behält sich der Herausgeber vor. Die Autoren erhalten eine Eingangsbestätigung oder umfassendere Nachricht über die eingesandten Manuskripte. Nach Veröffentlichung ihrer Arbeiten erhalten die Autoren unentgeltlich 100 Sonderdrucke zugesandt; bei Veröffentlichungen, welche mehr als 200 Seiten umfassen, nur 50 Sonderdrucke. Von in den „Faunistischen Abhandlungen“ erscheinenden Kurzmitteilungen werden 10 Belegexemplare ausgegeben. Diese Zahlen können aus technischen Gründen auch bei Veröffentlichungen von zwei oder mehr Autoren nicht erhöht werden.

Die Manuskripte können in deutscher, englischer oder französischer Sprache abgefaßt sein. Jede Arbeit (ausgenommen die für die „Reichenbachia“ vorgesehenen Veröffentlichungen) muß eine kurze Zusammenfassung in der zur Abfassung des Manuskriptes verwendeten Sprache enthalten. Diese Zusammenfassung wird einschließlich des Titels der Arbeit bei deutschsprachigen Manuskripten in das Englische, bei fremdsprachigen Manuskripten in das Deutsche übertragen. Es ist erwünscht, daß die Autoren diese Übertragung selbst vornehmen.

Eine Rezension eingesandter Monographien wird auf Wunsch gern vorgenommen.

Spezielle Richtlinien über Manuskriptgestaltung, Ausführung der Illustrationen und Korrekturgang der Publikationen können auf Anforderung vom Herausgeber bezogen werden.

ENTOMOLOGISCHE ABHANDLUNGEN

Herausgegeben vom

STAATLICHEN MUSEUM FÜR TIERKUNDE IN DRESDEN

Band 42
1978

250 Jahre
STAATLICHES MUSEUM FÜR TIERKUNDE DRESDEN
1728 – 1978

In Kommission
AKADEMISCHE VERLAGSGESELLSCHAFT GEEST & PORTIG K.-G.
LEIPZIG

Inhalt:

ALLGEMEINES

ARACHNIDA HOMOPTERA/COLEOPTERA

HOMOPTERA

COLEOPTERA

Neue Namen, Synonyme und Kombinationen

COLEOPTERA

Alleculidae

Omophlus lindti sp. n., p. 358: MUCHE

Cerambycidae

Falsoipothalia gen. n., p. 367 – *Falsoipothalia elegans* (FISHER, 1935) comb. n., p. 368: PODANÝ
Ipothalia bicolor sp. n., p. 377 – *I. mixta* sp. n., p. 380 – *I. similis* sp. n., p. 380 – *I. metallica* sp. n., p. 381: PODANÝ
Osphranteria richteri HEYROVSKÝ, 1959, syn. n. zu *O. lata* PIC, 1956, p. 366: PODANÝ

HYMENOPTERA

Tenthredinidae

Nematus salicinus sp. n., p. 355: MUCHE
Rhogogaster bactriana lindti ssp. n., p. 357: MUCHE

Entom. Abh. Mus. Tierk. Dresden Band 42 1978

Verantwortlicher Redakteur: Dr. RAINER EMMRICH

Staatliches Museum für Tierkunde Dresden
DDR – 801 Dresden, Augustusstraße 2

Genehmigt: Ministerrat der Deutschen Demokratischen Republik, Ministerium für Kultur, unter Nr. 105/13/78

Klischees: Graphischer Großbetrieb „Völkerfreundschaft" Dresden

Satz u. Druck: Graphische Werkstätten Zittau-Görlitz, Betrieb VII Oberlausitzdruck Großschönau III-28-2

Das Staatliche Museum für Tierkunde Dresden und seine Publikationen

Im Jahre des 250jährigen selbständigen Bestehens des Staatlichen Museums für Tierkunde Dresden existieren die wissenschaftlichen Publikationen dieses Hauses 103 Jahre und können damit auf eine lange und wechselhafte Geschichte zurückblicken. Alle Höhen und Tiefen der Entwicklung des Museums prägen sich in der Schriftenreihe aus. Die meisten der in dieser Zeit, also seit 1875 erworbenen wertvolleren Sammlungen und Einzelobjekte, die durchgeführten Expeditionen und einige nicht weniger interessante technische Neuerungen fanden in diesen Bänden ihren Niederschlag.

Die Situation des Museums hätte schon in der Mitte des 19. Jahrhunderts zur Gründung einer eigenen Zeitschrift führen können. Während des Maiaufstandes in Dresden im Jahre 1849 wurde aber der Teil des Zwingers, in dem sich das „Naturhistorische Museum" (das Botanik, Mineralogie und Zoologie noch vereinte) befand, zerstört. Dem damaligen Direktor Heinrich Gottlieb Ludwig REICHENBACH gelang es nur mit größter Anstrengung, den von Grund auf nötigen Wiederaufbau des Museums durchzusetzen. Ihm ist überhaupt die weitere Existenz des Museums zu danken, bestanden doch bei der sächsischen Regierung Vorstellungen, von der kostspieligen Rekonstruktion der naturhistorischen Sammlungen abzusehen. So konnte in dieser Periode aus der Not der Situation heraus die herangereifte und notwendig gewordene Gründung einer Museumszeitschrift noch nicht verwirklicht werden.

Der Nachfolger REICHENBACHs, der Arzt, Naturkundler und Forschungsreisende Adolph Bernhard MEYER, hatte das Glück, in einer wirtschaftlich weitaus günstigeren Zeit sein Amt antreten zu können. Er begann, das Museum mit einer Großzügigkeit auszubauen, die es, wie Stewart CULIN 1898 in der „Philadelphia Press" schrieb, zu „the model museum of the world" machte und MEYER „as one of the foremost museum administrators in Europe" auswiesen. MEYER hatte, auch aus Gründen seiner persönlichen Repräsentation, das Bestreben, die wissenschaftliche Bearbeitung seiner Expeditionsergebnisse, insbesondere aus Neuguinea, nicht in vielen Zeitschriften verstreut, sondern in einer Zeitschrift konzentriert zu veröffentlichen. Da ein großer Teil seiner Sammlungen von ihm an das Dresdener Museum verkauft wurde, bot sich ihm so die Begründung für die Schaffung einer museumseigenen Publikation, die neben zoologischen Themen auch ethnographische und anthropologische beinhalten sollte, denn MEYER hatte auf der Basis seiner Sammlungen im Museum entsprechende Abteilungen gegründet (bis 1945 waren Zoologie und Ethnographie in Dresden in einem Museumskomplex vereint).

Die ersten zwei Bände der „zwanglos periodischen" „Mittheilungen aus dem K. Zoologischen Museum zu Dresden" im Verlag R. Zahn in Dresden (Bd. 2 bei Wilhelm Baensch in Dresden) beinhalten daher auch vorwiegend Arbeiten über MEYERsche Sammlungen aus beiden Fachgebieten. Die Zoologie wurde von MEYER, Th. KIRSCH, Th. W. VON BISCHOFF und W. MARSHALL vertreten.

Die Umbenennung des Museums und die Aufnahme technischer Berichte führte schon 1886 zu einer Titeländerung: „Abhandlungen und Berichte des Königl. Zoologischen und Anthropologisch-Ethnographischen Museums zu Dresden" im Verlag von R. Friedländer u. Sohn in Berlin. In diesem Band berichtet MEYER über die von ihm zusammen mit der Dresdener Firma August Kühnscherf u. Söhne entwickelten feuer- und staubsicheren eisernen Sammlungs- und Ausstellungsmöbel, die auch von vielen europäischen Museen, wie in Wien, Prag, Berlin, St. Petersburg und in Nordamerika in Washington benutzt wurden.

Auch der 3. Jahresbericht der ornithologischen Beobachtungsstationen in Sachsen, eine bahnbrechende Einrichtung von MEYER und F. HELM, ist im 2. Band zu finden. Die Zeitschrift wurde mit sehr qualitätvollen Lichtdrucken, Lithographien und Strichätzungen ausgestattet, zum Teil sogar in vorzüglicher Kolorierung. Neben vielen Beschreibungen von Coleopteren durch Th. KIRSCH finden wir auch die Neubeschreibungen MEYERs und L. W. WIGLESWORTH' von Vögeln aus den Ausbeuten MEYERs und der Vettern SARASIN. Besonders die von MEYER neu beschriebenen Paradiesvögel sind in guten Farbtafeln wiedergegeben.

Der 8. Band erschien als Festband anläßlich des 25jährigen Direktoren-Jubiläums von A. B. MEYER, herausgegeben von K. M. HELLER. Die Ergebnisse der MEYERschen Studienreisen durch Museen in Nordamerika und Europa, die er im Auftrage des sächsischen Staates unternommen hatte, wurden in den Bänden 9 und 10 veröffentlicht. Bei diesen Reisen sollten vor allem Fragen der Sicherung der musealen Bestände vor Feuersgefahr untersucht werden. – Ebenfalls hier beschrieben wurden die beiden *Aepyornis*-Eier, die hier als ein Beispiel der während MEYERs Amtsperiode erworbenen Kostbarkeiten stehen sollen.

Zwischen 1903 und 1907 trat nun eine mehrjährige Pause ein, die durch den Abgang A. B. MEYERs und ein folgendes Interregnum bedingt war, bis der Nachfolger Arnold JACOBI den 11. Band im Jahre 1907 herausgeben konnte, jetzt im Verlag B. G. Teubner in Leipzig. Die im Vorwort zu diesem Band ausgesprochene Absicht, jedes Jahr einen Band erscheinen zu lassen (gegenüber dem vorherigen zweijährigen Rhythmus), war jedoch nicht lange durchzuführen, da finanzielle Sorgen und schließlich Krieg und folgende Inflation dem entgegenstanden.

Die Bände 13 und 14 dienten der Publikation der ca. 5000 Zoologica und 1500 Ethnographica, die Otto SCHLAGINHAUFEN von seiner im Auftrage des Museums nach Neuguinea durchgeführten Sammelreise mitgebracht hatte. Gleichfalls publizierte JACOBI über die nach seinen Ideen von den Präparatoren GEISLER und SCHWARZE hergestellten Modelle von Waltieren, die sehr große Popularität erreichten und in „Brehms Tierleben" von O. ZUR STRASSEN auch als Vorlage für die Illustration in dem entsprechenden Kapitel benutzt wurden.

Die Bände 15 und 16 brachten Publikationen über die Ostasienausbeute der Walter STÖTZNERschen Expedition von JACOBI, WEIGOLD, KLEINSCHMIDT, RENSCH, STRESEMANN und REISER über Vögel und Säugetiere. Eine Arbeit von W. MEISE über die Vogelwelt der Mandschurei, basierend auf 2400 Vogelbälgen und 116 Eiern der STÖTZNER-Ausbeute, schließt für einige Jahre die Reihe der zoologischen Veröffentlichungen ab, bis 1937 erscheinen nur ethnographische Beiträge. Die Ursache hierzu war wohl im erneuten Wechsel der Leitung des Museums und durch den Umzug aus dem Dresdener Zwinger in das Gebäude in der Ostraallee 15 zu suchen.

1939 erschien dann mit Band 20, jetzt bei der Akademischen Verlagsgesellschaft m. b. H. in Leipzig im Verlag, der vom Direktor Hans KUMMERLÖWE herausgegebene vorläufig letzte Band mit einer Revision der *Acridiinae* von K. GÜNTHER. Damit war vorerst dem Erscheinen der Zeitschrift eine Grenze gesetzt, da durch Krieg und schwere Nachkriegsjahre, die die Zerstörung und den mühevollen Wiederaufbau des Museums umfaßten, vorerst keine Möglichkeit für die Herausgabe einer wissenschaftlichen Zeitschrift bestand.

Im Jahre 1953 gelang es Robert REICHERT, dem verdienstvollen Leiter des Museums in den Jahren des Wiederbeginnens, den Band 21 (bis heute in Kommission bei der Akademischen Verlagsgesellschaft Geest & Portig K.-G. in Leipzig) herauszubringen.

Die ersten Bände wurden in einer kleinen, für den Buchdruck gar nicht eingerichteten Druckerei in Dresden hergestellt. Erst ab 1960 konnten leistungsfähigere Druckereibetriebe, zunächst in Radeberg und Bischofswerda, später in Zittau, Bautzen, Neugersdorf und Großschönau gewonnen werden, die Satz und Druck der Publikationsreihen übernahmen (alle darüber hinaus nötigen Arbeiten wurden bzw. werden an unserem Museum durchgeführt). Relativ hoher Schwierigkeitsgrad des Schriftsatzes, hoher Illustrationsanteil sowie die verhältnismäßig kleinen Auflagen führten (bis in die Gegenwart) zu mancher komplizierten Situation im Herstellungsgang und damit zur entsprechenden Belastung der redaktionellen Betreuer, bedingt auch durch die im Laufe der Zeit zwangsweise nötig gewordenen Wechsel der Druckereien, von denen auf Grund des Umfangs in der Regel mehrere Betriebe parallel an der Herstellung unserer Publikationen beteiligt sind. Daß wir unsere Reihen seit den letzten Jahren im unveränderten Umfang weiterführen konnten, verdanken wir wesentlich dem Entgegenkommen und der verständnisvollen Unterstützung seitens des Betriebsteiles Oberlausitzdruck Großschönau (Graphische Werkstätten Zittau-Görlitz) und seines kleinen Mitarbeiterkreises, wo sich der überwiegende Teil unserer Publikationen (u. a. beide Jubiläumsbände) heute in der Fertigung befindet.

Seit 1957 fungierte der Direktor Wilhelm GÖTZ als Herausgeber, der sich in den folgenden Jahren ausgesprochen intensiv dieser Arbeit widmete. Unter seiner Leitung wurden die „Abhandlungen und Berichte" seit 1961 mit Band 26 in zwei Reihen („Zoologische Abhandlungen" und „Entomologische Abhandlungen") aufgeteilt, die parallel die Bandzählung weiterführen. Seit 1962 läuft eine dritte Reihe, die „Reichenbachia", benannt nach dem eingangs erwähnten Direktor des Museums, die speziell der entomologischen Taxonomie dient und bis heute 16 Bände umfaßt. 1963 begann die Reihe „Faunistische Abhandlungen", die zuerst nur entomologische Beiträge brachte, seit 1976 aber auch Wirbeltiere mit berücksichtigt. Von ihr erschienen bisher sechs Bände. Die fünfte Reihe „Malakologische Abhandlungen" wurde 1964 eingerichtet und zählt bisher fünf Bände.

Der wesentlich erweiterte Umfang der „Abhandlungen", von denen insgesamt seit 1953 66 Bände (gegen 20 Bände von 1875 bis 1939) erschienen, hatte natürlich zur Folge, daß die Zeitschriften in größerem Maße auch von außenstehenden Wissenschaftlern zur Publikation ihrer Forschungsergebnisse benutzt werden.

Nach dem Abgang von W. GÖTZ wurden von dem Nachfolger im Direktorenamt Rolf HERTEL die Supplementbände zu den „Zoologischen Abhandlungen" und „Entomologischen Abhandlungen" eingeführt, von denen bislang sieben erschienen sind, und die umfangreiche Arbeiten veröffentlichen, wie z. B. die drei Bände von E. WAGNER über die Miriden des Mittelmeerraumes mit insgesamt 1388 Seiten (ein Nachtrag hierzu, ebenfalls als Supplementband, steht unmittelbar vor dem Erscheinen).

Seit 1965 zählt nicht mehr der jeweilige Direktor als Herausgeber, sondern das Staatliche Museum für Tierkunde Dresden als Institution. Die Leitung der Redaktion lag von 1965 bis 1972 in den Händen von Rüdiger KRAUSE, seit 1973 in denen von Rainer EMMRICH. Beide Mitarbeiter haben die stets anfallenden Probleme der Zusammenarbeit mit den Autoren, den Druckereien und dem Verlag sowie die starke zeitliche Belastung, die sie ständig zur Hintansetzung eigener wissenschaftlicher Arbeit zugunsten der Publikationen anderer Kollegen zwangen, mit anerkennenswerter Bereitschaft getragen.

Die Herausgabe der fünf Schriftenreihen und der Supplementbände in solchem Umfang wurde nur möglich, weil das (uns unmittelbar vorgesetzte) Ministerium für Hoch- und Fachschulwesen der Deutschen Demokratischen Republik mit Verständnis und steter Unterstützung diese Arbeit förderte.

Dem Museum aber ermöglicht der weltweite Literaturaustausch mit zur Zeit 671 Partnern in 55 Ländern den Aufbau und die stete Erweiterung seiner Bibliothek sowie eine aktuelle Information über den Stand der Erkenntnisse der Zoologie in der Welt, eine unabdingbare Forderung für die wissenschaftliche und museale Arbeit seiner Wissenschaftler und Techniker. Nicht zuletzt unterstützt der jetzt ca. 45000 Bände und mehrere Zehntausende Sonderdrucke umfassende Bestand der Bibliothek durch den Anschluß an das nationale und internationale Literatur-Ausleihsystem auch viele andere Institutionen und Wissenschaftler, was sich in der verhältnismäßig hohen Zahl der Benutzer dokumentiert.

Die vorliegenden Jubiläumsbände der „Zoologischen Abhandlungen" (Bd. 35) und der „Entomologischen Abhandlungen" (Bd. 42) zeigen einen (durchaus nicht kompletten) Querschnitt durch die gegenwärtige wissenschaftliche Arbeit unseres Museums, ergänzt durch einige Beiträge, die auf der Bearbeitung von Material des Museums fußen, oder von Kollegen, die in enger Kooperation mit dem Museum stehen. Diese Beiträge stellen keine „Sonderanfertigungen" anläßlich eines Jubiläums dar, sondern sind aus der laufenden Arbeit herausgegriffene Themen. Sie zeigen Beispiele sowohl der Bearbeitung des globalen Sammlungsmateriales als auch die von uns traditionell gepflegte Erforschung der heimischen Tierwelt und ihrer gegenwärtigen Aspekte. Sie zeigen aber auch die engen Bindungen zu den Amateurforschern, die durch unser Museum Unterstützung finden und mit den Ergebnissen ihrer Arbeit regelmäßig in unseren Publikationen erscheinen. Auch diese Kontakte zählen wir zu unseren wichtigsten Arbeitsaufgaben.

Der nicht überschreitbare Umfang beider Bände hat es uns leider nicht ermöglicht, mehr der von uns sehr geschätzten Beiträge von Fachkollegen aus dem In- und Ausland mit aufzunehmen. Wir glauben aber, daß die vorangegangenen und folgenden Bände beider Publikationsreihen sowie die zur Zeit in der Herstellung befindlichen Teile unserer übrigen drei Reihen „Reichenbachia" (Bd. 17), „Faunistische Abhandlungen" (Bd. 7) und „Malakologische Abhandlungen" (Bd. 6) ebenso diese vielfältigen freundschaftlichen Beziehungen demonstrieren.

Wir werden uns auch weiterhin bemühen, mit unseren „Abhandlungen" den auf uns entfallenden Teil am weiteren Ausbau der zoologischen Wissenschaft mit bestem Wollen zu erfüllen.

Staatliches Museum für Tierkunde Dresden
Dr. ROLF HERTEL, Direktor

ENTOMOLOGISCHE ABHANDLUNGEN

STAATLICHES MUSEUM FÜR TIERKUNDE IN DRESDEN

Band 42 | Ausgegeben: 28. Dezember 1978 | Nr. 1

Arbeiten zur Fauna der Sächsischen Schweiz (Nr. 11)

Untersuchungen zur Biotopbindung bei Rüsselkäfern der Sächsischen Schweiz

(Coleoptera, Curculionidae)

Mit 1 Karte, 24 Fotos, 30 Diagrammen und 30 Tabellen

RÜDIGER KRAUSE *)

Dresden

Inhalt

I. EINLEITUNG

In dieser Arbeit soll die Frage zu beantworten versucht werden, ob sich bei Rüsselkäfern Biotopbindung nachweisen läßt und durch welche Faktoren diese bedingt sein kann. Für die Lösung bieten sich zwei Wege an:

1. Experimentell-autökologische Untersuchungen zur Erfassung der ökologischen Potenz einzelner Arten und Überprüfung der Ergebnisse anhand der Verbreitung dieser Arten über die wichtigsten Biotope eines Gebietes bei gleichzeitiger Erfassung der für die Arten im Experiment erkannten existenzwichtigen Faktorenbereiche in den einzelnen Biotopen.

*) Die vorliegende Arbeit ist die überarbeitete Fassung einer Dissertation gleichen Titels unter der Betreuung von Prof. Dr. H. J. MÜLLER, Sektion Biologie-Ökologie der Friedrich-Schiller-Universität Jena. Das bei den Untersuchungen eingebrachte Material befindet sich in den Sammlungen des Staatlichen Museums für Tierkunde in Dresden.

2. Erfassung der gesamten Curculionidenfauna der wichtigsten Biotope eines Gebietes mit einheitlichen Fangmethoden, Überprüfung der Verbreitung der einzelnen Arten über die Biotope unter Berücksichtigung ihrer Häufigkeit an ihnen, woraus Schlußfolgerungen zu ihrer Autökologie möglich und Biotopbindungen sichtbar werden.

Allein der zweite Weg war mir möglich.

Um einigermaßen verläßliche Ergebnisse zu erhalten, waren zwei Aufgaben zu bewältigen:

A. In einer natürlichen Landschaft mußten wenigstens die wichtigsten, charakteristischen Biotope nach Möglichkeit in ihren verschiedenen Straten untersucht werden.

B. Die Biotope waren von Beginn bis Ende der normal möglichen Aktivität der Rüsselkäfer, also vom Frühling über den Sommer bis zum Herbst zu bearbeiten.

Nur so kann geklärt werden, ob eine Art an bestimmte Biotope gebunden ist oder nicht, da hierbei auch biotop- oder stratenwechselnde Arten erfaßt werden können.

Über den Artenbestand an Evertebraten, darunter auch Coleopteren, in bestimmten Biotopen oder Biotopgruppen gibt es inzwischen für den mitteleuropäischen Raum eine Anzahl von Arbeiten, unter denen ein hoher Anteil forst- oder agrar-ökologischen Inhalts vertreten ist. Eine Reihe von ihnen enthält Angaben über Curculioniden, und diese wurden soweit als möglich zum Vergleich mit den eigenen Beobachtungsergebnissen herangezogen (s. u. a. BONESS 1953, ECKSTEIN und BUTOWITSCH 1931, FEILER 1970, FRANZ 1950, FRENZEL 1936, KLEINSTEUBER 1969, KLESS 1961, KNOPF 1962, LEITINGER-MICOLETZKY 1940, LOHMEYER und RABELER 1965, MEYER 1958, RABELER 1957, 1962, 1969, RENKEN 1956, SCHNELL 1955, SCHWENKE 1950, STEIN 1967, TISCHLER 1948, 1958). Besondere Bedeutung haben die Arbeiten STEINs (1968a, b, 1969, 1970a, b, c, 1971) zur Dynamik der Curculioniden, die bei der Frage nach Biotopbindung eine wichtige Rolle spielt. Auch in den Untersuchungen, die sich mit den Überwinterungsorten von Insekten befassen (BÄCHLI 1969, RENKEN 1956, SCHNELL 1955), ist die Dynamik der Arten ein entscheidender Faktor. Darüber hinaus gibt es eine Reihe von Arbeiten, die der Ökologie einzelner Arten unter unterschiedlichen Gesichtspunkten gewidmet (ANDERSEN 1934, CHRISTIANSEN und BAKKE 1968, EIDMANN 1964, GRIMM 1973, IOANNISIANI, BIRG und LAVROVA 1970, IOANNISIANI, LAVROVA und BIRG 1970, REZWANI und STEIN 1973, SCHAUERMANN 1973) und ebenfalls zu Vergleichen wertvoll sind. Dagegen kamen die meist recht beziehungslosen Angaben zur Ökologie einzelner Arten faunistischer Arbeiten nur ausnahmsweise zur Auswertung; deren Fülle zu übersehen und k r i t i s c h zu sichten war mir nicht möglich.

Während der Pflanzenwuchs bei zoophagen Coleopteren nur mittelbar – durch die von ihm mitbestimmten abiotischen Faktoren und als Strukturelement – auf deren Verbreitung einwirkt, hat er auf die im wesentlichen phytophagen Rüsselkäfer als trophische Existenzgrundlage unmittelbaren Einfluß. Bei der Ermittlung der Wirtspflanzenarten der von mir gefangenen Rüsselkäfer stützte ich mich vorwiegend auf die kritischen, zusammenfassenden Darstellungen bei DIECKMANN (1972 – *Ceutorhynchinae*, 1974 – *Rhinomacerinae* bis *Apoderinae*, sowie verschiedene kleinere Arbeiten) und SCHERF (1964). Einzelne Angaben wurden auch bei HOFFMANN (1950, 1954, 1958) und anderen Autoren entnommen, ihre Herkunft wird stets zitiert. Von vornherein wird auf die strenge Trennung von Wirtspflanzen, an denen sich eine Art vollständig entwickelt, und Fraßpflanzen, an denen Imagines fressend gefunden werden können, die aber keine Wirtspflanzen sind oder zumindest noch nicht sicher als solche nachgewiesen sind, geachtet. Nur die ersteren werden bei der Erörterung der Autökologie der Curculionidenarten in dieser Arbeit berücksichtigt.

Für meine Untersuchungen wählte ich die Hintere Sächsische Schweiz aus, eine Felslandschaft mit ausgeprägtem Relief (Felsplateaus, Schluchten, Steilhänge, sanfter geneigter Flächen, breitere Talsohlen, ein Bachlauf sind hier eng beisammen) und bis auf wenige Basaltdurchbrüche einheitlichem geologischem Untergrund aus Kreidesandstein. Große Unterschiede im Bodenwasserhaushalt und Geländeklima, bereits in der Vegetation sichtbar, eine Vielzahl von Wald- und Forstgesellschaften sowie einige Waldwiesen grenzen diese fast reine Waldlandschaft von den umliegenden Gebieten ab. Die ökologisch extrem unterschiedlichen Biotope machen wahrscheinlich, daß der Bereich der ökologischen Potenz der einzelnen Arten nicht ausreicht, alle Biotope zu besiedeln und somit in groben Umrissen ihre Verbreitung sichtbar wird.

So war eine zwar ökologisch vielfältige, dennoch für das Gesamtgebiet einheitliche Curculionidenfauna zu erwarten, die wenig durch die Faunen umliegender Gebiete verfälscht ist, zumal die Untersuchungsflächen ziemlich zentral im Gebiet liegen. Die Freiflächen (Wiesen, Schonungen, Wegränder) waren gleichzeitig geeignet, zu überprüfen, wie weit und lange Arten des Waldes auf sie überwechseln und ob andererseits Arten des freien Geländes auch in den Wald eindringen bzw. inwieweit diese Flächen überhaupt von den letzteren Arten erreicht und besiedelt werden. Das setzt voraus, daß sich im Untersuchungsgebiet bei Curculioniden ähnlich wie bei Carabiden Arten des Waldes und der freien Flächen unterscheiden lassen, was zu untersuchen hier gleichzeitig möglich wurde.

II. UNTERSUCHUNGSGEBIET (= UG)

1. Lage, Naturausstattung, Auswahl der Untersuchungsflächen (= UF)

Das Untersuchungsgebiet befindet sich in der Hinteren Sächsischen Schweiz (s. Karte 1) in einer Höhe von etwa 200–552 m ü. NN (Kirnitzschtal im N bzw. Großer Winterberg). Im W wird es durch den Großen Winterberg, im NW und N etwa durch die Linie Roßsteig = Goldstein – Neumannmühle und das Kirnitzschtal begrenzt, dem es nach O bis zur Staatsgrenze folgt, die dann im S das Gebiet abschließt (s. Karte 1). Ein Naturschutzgebiet („Großer Winterberg und Zschand") ist durch viele Sammelstellen in die Untersuchungen einbezogen.

Die reichgegliederte Felslandschaft im Untersuchungsgebiet wird durch Kreidesandstein gebildet, der von tertiären Basaltkuppeln und -gängen (Großer Winterberg, Goldstein, Neunstelliger Hübel) durchsetzt ist. Die Kirnitzsch hat sich tief in den Sandstein eingeschnitten. Hier wie auch auf der Talsohle des Großen Zschandes (vor allem in seinem unteren Teil) finden sich junge, meist nährstoffreichere Verlagerungs- und Schwemmböden. Auf dem Großen Winterberg herrschen pleistozäne Staublehmböden und der Verwitterungsboden des Basalts vor, im Sandsteingebiet Sandböden mit wechselnd hohen Anteilen von Staublehm.

Da das Wasser im Sandstein leicht versickert, sind die Plateaus trocken. Erst in den Schlüchten und an den Unterhängen tritt es wieder hervor, reicht aber nicht zur Bildung ständiger Wasserläufe aus. Die Täler sind daher Trockentäler. Da Basalt und seine Verwitterungsprodukte das Wasser besser zu halten oder zu binden vermögen, weisen die darüberliegenden Böden, z. B. am Großen Winterberg, einen besseren Bodenwasserhaushalt auf. An den Kontaktzonen Basalt – Sandstein kommt es oft zu Hangnässe.

Das zerrissene Sandsteinrelief mit seinen Plateaus, Schluchten, steilen Hängen von wechselnder Exposition und Neigung, mit auf kleinstem Raum sich rasch verändernder Bodenfeuchtigkeit und -zusammensetzung (vom reinen Sand- bis zum reinen Staublehmboden) hat eine Vielzahl forstlicher Standortsformen entstehen lassen, an denen oft stabile, das Regionalklima überdeckende Geländeklimate auftreten. Dieses Mosaik forstlicher Standortsformen und regionalklimatische Unterschiede haben zur Abgrenzung des Teilwuchsbezirkes „Hintere Sächsische Schweiz" durch die Forstwirtschaft geführt (HUNGER 1963), in dem sich alle Sammelstellen befinden.

Das Regionalklima sei durch einige Angaben kurz gekennzeichnet:

Großer Winterberg: mittlere Januartemperatur der Luft ca. —2 °C
mittlere Julitemperatur der Luft ca. +17 °C
mittlere Jahrestemperatur der Luft ca. +7,4 °C
mittlere Jahresschwankung der Lufttemperatur ca. 18 °C (Handbuch d. NSG, V, 1974)
mittlere Jahresniederschlagssumme bei 800 mm (Handbuch d. NSG, V, 1974) (das nur etwa 3 km WNW im Elbtal gelegene Bad Schandau hat bereits nur noch ca. 700 mm Jahresdurchschnittsniederschlag: HUNGER 1963)
zusammenhängende Schneedecke 110 Tage
Nebel 142 Tage
Gewitter 24 Tage
(HUNGER 1963)

Hinterhermsdorf: mittlere Januartemperatur der Luft —2,3 °C
mittlere Julitemperatur der Luft +16,5 °C
mittlere Jahrestemperatur der Luft +6,9 °C
mittlere Jahresniederschlagssumme 889 mm
(Handbuch der NSG, V, 1974)

Reichlich 40 % aller Niederschläge fallen während der Vegetationsperiode von Mai bis August als Starkregen (HUNGER 1963, Handbuch d. NSG, V, 1974).

Zwischen diesen am W- (Großer Winterberg) und O-Rand (Hinterhermsdorf) des Untersuchungsgebietes ermittelten Werten müßten sich normalerweise auch die Werte des Untersuchungsgebietes selbst bewegen. Auf den forstlichen Standortskarten wird das Gebiet des Plateaus des Großen Winterberges klimatisch vom umliegenden Sandsteingebiet unterschieden:

Großer Winterberg: Klimastufe Mf (mittlere Berglagen mit feuchtem Klima),
Valtenberg-Klimaausbildung (Höhe ü. NN 450 m, durchschnittlicher Jahresniederschlag 900–1000 mm, Jahresmitteltemperatur 6–7 °C)

untersuchtes Sandsteingebiet: Klimastufe Uf (untere Lagen des Mittelgebirges und höheres Hügelland mit feuchtem Klima),
Zeughaus-Klimaausbildung (Höhe ü. NN 200–450 m, durchschnittlicher Jahresniederschlag 800–900 mm, Jahresmitteltemperatur 7–8,5 °C).

Alle diese Angaben sind hier aber nur von bedingtem Wert, denn „die Eigenwilligkeit und und Vielfalt der Geländeformen ..." schaffen sich „... ihre eigenen kleinklimatischen Bedingungen, die das Regionalklima weitgehend überdecken oder teilweise sogar aufheben können" (Erläuterungsband 1959). So ist in „den schattigen und windgeschützten Gründen mit Temperaturinversion ... die Verdunstung gering, die Luftfeuchtigkeit hoch, auch durch Hangsickerwasser. Sie gleicht die Temperaturextreme auf diesen Standorten aus (Kellerklima). Außerdem spielen Tau, Reif und Nebel sowie die verzögerte Schneeschmelze und das langsame Abtauen der Eiszapfen in den Schlüchten für die hygrischen

Verhältnisse in diesem Teil der Sächsischen Schweiz eine besondere Rolle. Stark wechselnde Temperaturverhältnisse haben dagegen die exponierten, windoffenen Bastionen, Hörner, Felskanten und Söller, die besonders hohe Maxima der Boden- und Lufttemperaturen im Sommer und extrem tiefe Minima im Winter aufweisen" (Handbuch d. NSG, V, 1974).

Um wenigstens für einige Standorte nähere Angaben zu diesen allgemeinen Feststellungen zu erhalten und so zu einer mikroklimatischen Charakterisierung der Sammelstellen beizutragen, wurden an 10 verschiedenen Stellen im Zschandgebiet vergleichende Messungen vorgenommen. Darüber wird unter II.3 (Mikroklimatische Messungen) berichtet.

Aus der Vielzahl forstlicher Standorte unterschiedlichsten Bodenwasserhaushalts, Bodens und Standortsklimas leitet sich eine Vielzahl potentieller natürlicher Waldgesellschaften ab. Eine Leitgesellschaft ist dagegen kaum zu ermitteln (HUNGER 1963). Vielerorts ist durch den in der Vergangenheit vorgenommenen Fichtenreinanbau die ursprüngliche Waldgesellschaft verschwunden, z. T. aus der Bodenflora noch erkennbar. Bei den vorliegenden Untersuchungen wurden sowohl natürliche Waldgesellschaften als auch die flächenmäßig im Gebiet überwiegenden, standortsfremden Fichtenforsten und andere anthropogene Biotope (Schonungen, Wiesen, Wegränder) berücksichtigt.

In Tälern mit ständigen Wasserläufen ist auf dem Schwemmboden trophisch und hydrologisch bedingt Bach-Eschenwald anzutreffen (HUNGER 1963). Davon wurden bei den Untersuchungen 2 Standorte des Steilario-Alnetums erfaßt (Untersuchungsflächen Nr. 22 und 23). An ähnlichen Stellen ständig wasserführender tiefer Schluchten gedeiht Ahorn-Eschen-Schluchtwald, der nicht nur edaphisch-hydrologisch, sondern auch geländeklimatisch bedingt ist (HUNGER 1963). Von ihm wurden 2 Acero-Fraxineten (Untersuchungsfläche Nr. 18 und 21) und 1 Arunco-Aceretum (Untersuchungsfläche Nr. 17) untersucht. Schattenseitige, hangfeuchte Quadersandstein-Standorte beherbergen rein geländeklimatisch gebunden Fichten-Reliktwald (= Fichten-Schluchtwald, Piceetum hercynicum) (HUNGER 1963), von dem nur ein fragmentarisch ausgebildeter Bestand besammelt wurde (Untersuchungsfläche Nr. 10).

Diesen artenreichen Waldgesellschaften stehen artenarme auf den äußerst nährstoffarmen Felsstandorten gegenüber. HUNGER (1963) schreibt: Die eigentlichen Felsstandorte des Elbsandsteingebietes tragen infolge der auf kleinster Fläche wechselnden, edaphischen und kleinklimatischen Verhältnisse keine einheitliche, fest umrissene Waldgesellschaft. Zwischen den fast nackten, flechtenüberwachsenen, reinen Gesteinspartien bis zu den zeitweise sickerfeuchten Rissen und Scharten finden sich waldgesellschaftlich alle Übergänge vom kiefernkrüppelbestandenen Felsen-Heide-Wald bis zur kleingruppenweise wechselnden Artenkombination von Kiefer mit Tanne, Eiche, Birke, Fichte, Buche." Als physiognomisch typische Felsstandorte des Untersuchungsgebietes wurden 3 Calluno-Querceten einschließlich ihrer Randzone an den südwärts geneigten Felsabstürzen ausgewählt (Untersuchungsflächen Nr. 6, 8 und 11).

Die Basaltstandorte sind im Normalfalle durch ihren Buchenbestand gekennzeichnet. Je 2 Standorte des Melico-Fagetums (Untersuchungsfläche Nr. 1 und 3) sowie des Melico-Fagetums im Übergang zum Luzulo-Fagetum (Untersuchungsflächen Nr. 4 und 20) wurden in diesem Bereich erfaßt.

Ein weiterer, sicher in fast allen Vorkommen zumindest naturnah gebliebener Biotop sind die meist am Grunde der Schluchten gelegenen oligotrophen Naßstandorte, oft nur wenige Quadratmeter große, staunasse Bezirke, die durch üppige Sphagnumpolster gekennzeich-

Tabelle. 1. Kurze Erläuterung der verwendeten Abkürzungen der bearbeiteten

A Symbol der Stamm-Standortsgruppe	Bezeichnung	B Abkürzung für die Substratuntergruppe	C reliefbedingte Mesoklimaform u. Wasserhaushaltsform
In Klimastufe Mf auftretende Standortsformen: Fließ- und stauwasserfreie oder nur			
Mf-R 2	mittelfrische, reiche Standorte	RsBa-5	mäßig frisch
Mf-R 3	trockenere, reiche Standorte	RsBa-6	mäßig trocken
Mf-R 3	trockene, reiche Standorte	RsBa-7	trocken
In Klimastufe Uf auftretende Standortsformen: Fließ- und stauwasserfreie oder nur			
Uf-M 2	mittelfrische, mittlere Standorte	GbLL-5	mäßig frisch
Uf-M 2	mittelfrische, mittlere Standorte	WzLS-5	mäßig frisch
Uf-K 3	trockenere, kräftige Standorte	KgBaK-6	mäßig trocken
Uf-A 3	trockenere, arme Standorte	OsSN-6	mäßig trocken
Uf-SM 1	frischere, mittlere Steilhangkomplexstandorte	PoH-4	frisch bis sehr frisch
Uf-FZ	feuchtkühle, schluchtwaldähnliche Gründe und Schlüchte	UwRK	sehr frisch, feuchtkühl
Uf-SZ 1	frische, ziemlich arme Gründe und Schlüchte	ZgRK	frisch bis sehr frisch
Uf-SZ 2	mittelfrische, ziemlich arme Steilhangkomplexstandorte	PoH-5	mäßig frisch
Uf-SA 3	trockenere, arme Steilhangkomplexstandorte	PoH-6	mäßig trocken bis trocken
UF-	nicht eingeordnet	FK	überwiegend mäßig trocken bis dürr

Standorte (s. Spalte B) nach der Legende (1972).

D	E	F	
Standortsform Bodenform	Lage	Humusform im Normalzustand	Vegetationstyp im Normalzustand
gering beeinflußte, reiche Standorte			
Rotstein-Basalt-Braunerde	Plateaus	frischer bis mäßig frischer Mull	Bingelkraut-Typ
Rotstein-Basalt-Braunerde	Rücken	trockener Mull	Bärenschoten-Bingelkraut-Typ
Rotstein-Basalt-Braunerde	Oberhang, sonnseitig	trockener Mull	Bärenschoten-Bingelkraut-Typ
gering beeinflußte Standorte			
Grillenburger Staublehm-Braunerde	Plateaus, Hänge verschiedener Exposition	frischer bis mäßig frischer Moder	Flattergras-Typ
Waitzdorfer Lehm-Sandst.-Braunerde	Plateaus, Hänge verschiedener Exposition	frischer bis mäßig frischer Moder	Flattergras-Typ
Kleingießhübler Basalt-(Sandstein)-Komplex	Rücken, Kuppen, Oberhänge	mäßig frischer bis trockener, mullartiger Moder	Goldnessel-Typ
Ostrauer Sandstein-Podsol	Rücken, Kuppen, Oberhänge, konvexe Plateaus und Hangteile	trockener Rohhumus	Besenginster-Blaubeer-Drahtschmielen-Typ
Postelwitzer Sandstein-Steilhangkomplex	schattseitige oder konkave Steilhangteile, Kerben und Mulden	frischer Moder	Geißbart-Flattergras-Typ
Uttewalder Reliefkomplex	cañonartige, geschützte Gründe und Schlüchte		
Zeughaus-Reliefkomplex	breitere, offene Gründe und Schlüchte	frischer, rohhumusartiger Moder	Frauenfarn-Kräuter-Drahtschmielen-Typ
Postelwitzer Sandstein-Steilhangkomplex	Steilhänge verschiedener Exposition	mäßig frischer, rohhumusartiger Moder	Kräuter-Drahtschmielen-Typ
Postelwitzer Sandstein-Steilhangkomplex	konvexe und sonnseitige Steilhangteile	trockener Rohhumus	Besenginster-Blaubeer-Drahtschmielen-Typ
Sandstein-Felsenkomplexstandorte	schroffe „Steine" und Felsengebiete, schwer zugänglich		

net sind. Hiervon wurde ein besonders schöner Standort erfaßt (Untersuchungsfläche Nr. 9), der auch in der größten Sommerhitze kaum von Austrocknung bedroht wurde und nur an den Rändern Baumwuchs aufwies, während diese Standorte sonst meist beschattet sind.

Die anthropogenen Fichtenforste stocken heute auf allen möglichen Standorten. 2 Untersuchungsflächen wurden auf Luzulo-Fagetum-Standorten (Nr. 13 und 16) bearbeitet. Noch stärker ist der menschliche Einfluß auf den folgenden Biotopen ausgeprägt.

Zunächst sollen die Schonungen erwähnt werden, die dem Kahlschlag als dem abruptesten Eingriff des Menschen in die Waldlandschaft folgen. Eine ältere Fichtenschonung auf einem Betulo-Quercetum-Standort (Untersuchungsfläche Nr. 15) sowie eine 2jährige auf einem Luzulo-Fagetum-Standort (Untersuchungsfläche Nr. 12), die noch dessen Relikte, andererseits eine Kahlschlag-Gesellschaft des Digitali-Epilobietum aufwies, wurden untersucht. Dazu kam noch 1 Kiefernschonung auf einem Betulo-Quercetum-Standort (Untersuchungsfläche Nr. 5) und eine ältere Buchenschonung (Untersuchungsfläche Nr. 14) auf einem Standort, der – nicht völlig sicher – dem Abieti-Fagetum zuzurechnen ist. Zwei Wegrandzonen wurden einbezogen. Eine ist ihrem Bewuchs nach dem Melico-Fagetum zuzurechnen (Untersuchungsfläche Nr. 2) und liegt auch in einem solchen in SSW-Hanglage, zeigt aber dazu noch Trittrasen- und Frischwiesenarten. Die zweite Untersuchungsfläche (Nr. 7) ist pflanzensoziologisch nicht einzuordnen, sondern ist ein Gemisch von Frischwiesen- und Kohldistelwiesenarten mit Verhagerungszeigern und Laubwaldpflanzen. Sie ist selbst baumfrei, aber ringsum von Fichtenhochwald bzw. -schonung umgeben und liegt auf der Talsohle des Großen Zschandes.

Vereinzelt treten Wiesen im Gebiet auf, die als „Räumichte" von den Bewohnern der umliegenden Dörfer oder von der Forstwirtschaft als Weide oder zur zusätzlichen Heugewinnung und Wildäsung verwendet werden. Sie sind meist schon einige Jahrhunderte alt, und zwei solche wurden ebenfalls besammelt. Eine Untersuchungsfläche (Nr. 19) liegt auf einer Hochfläche auf feinsandigem, alteiszeitlichem Lehm aus Ablagerungen eines alten Kirnitzschlaufes. Sie besteht aus einem Gemisch von Naß- und Feuchtwiesenarten und ist in einem Teil mit Weide bepflanzt, zu dem noch Birken- und Pappelanflug sowie einige Apfelbäume hinzukommen. Ein anderer Teil ist zu einer Fichtenschonung gemacht worden. Ringsum steht Fichtenhochwald. Die zweite Wiese (Untersuchungsfläche Nr. 24) liegt im Kirnitzschtal und besteht in ihrem unteren, ebenen, feuchten Teil aus einer Kohldistelwiese (Polygono-Cirsietum oleracei), während sich ein S-exponierter, hängiger, trokkenerer Teil in seiner Flora einem Arrhenatheretum nähert.

Da die forstliche Standortskartierung bereits manche ökologische Grobcharakterisierung für die vorliegende Arbeit ermöglicht, werden bei der Beschreibung der Sammelstellen auch die Standortsformeln, wie sie den Standortskarten entnommen wurden, angeführt. Deshalb sollen nachfolgend alle bei den Beschreibungen auftauchenden Formeln entsprechend den Standortskarten und deren Legende (1972) näher erklärt werden:
Gegenüber den bei HUNGER (1963) angegebenen Standortsformeln haben sich jene auf den neuen Standortskarten verändert. Im folgenden werden nur die neuen Abkürzungen und deren Erläuterungen entsprechend der zugehörigen Legende von 1972 verwendet, worüber Tabelle 1 Auskunft gibt.

2. Schilderung der Untersuchungsflächen (= UF)

Die Untersuchungsflächen liegen alle im Bereich der Oberförsterei 3 Bad Schandau des Staatlichen Forstwirtschaftsbetriebes Königstein. Ihre topographische Kennzeichnung er-

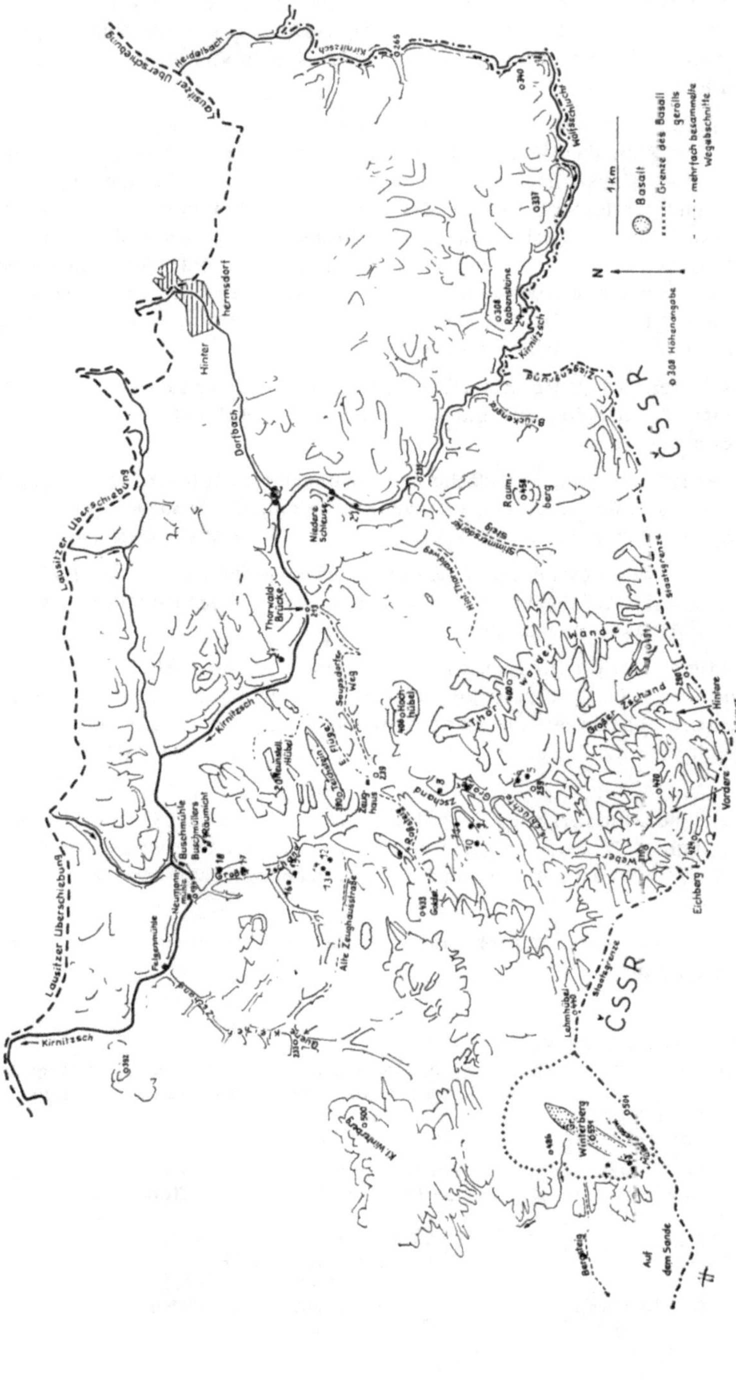

Karte Lage der Untersuchungsflächen (UF 1–24) im Untersuchungsgebiet Die Numerierung entspricht der im Text mitgeteilten (s Kap. II.2)

folgt mittels der Revierkarten durch Nennung des Reviers, der Abteilung, Unterabteilung und Teilfläche, in der sie sich befinden, und – soweit verfügbar – durch Nennung dort oder in der Nähe befindlicher bezeichneter Geländeteile (Namen von Forstorten, Bergen, Schlüchten, Wegen u. a.).

Die untersuchten Flächen werden kurz gekennzeichnet (Exposition, Hangneigung oder anderes), Angaben zur Höhenlage über NN und Bestockungsform und -alter sowie der Standortsform vervollständigen die Beschreibung. Die Abkürzungen für die Standortsformen sind in Tabelle 1 erläutert. Der bei der verwendeten Standortsabkürzung verschiedentlich nach der Bodenfrischeziffer angehängte Buchstabe h besagt, daß sich die UF in Hanglage mit 8 bis 25° Neigung befindet. Die Altersangaben zur Bestockung haben den 1. I. 1975 zum Stichtag. Bei den bearbeiteten Schonungen wurden also die Kiefernschonung im Alter von 3–5 Jahren (1972–1974), die Buchenschonung im Alter von 9–11 Jahren usw. untersucht. Die Lage der UF ist aus Karte 1 ersichtlich.

1972 und 1973 bearbeitete ich 15 UF. Zur Überprüfung der in dieser Zeit erhaltenen Befunde untersuchte ich 1974 9 weitere UF mit wechselnder Gründlichkeit, so daß in diesem Jahr 24 UF kontrolliert wurden.

Für alle von 1972 bis 1974 untersuchten Flächen versuchte ich im Laufe der Zeit möglichst vollständige Florenlisten (ohne Moose) zu erlangen. Diese halten sich in Reihenfolge der Familien, Gattungen und Arten und in der Nomenklatur an ROTHMALER (1958).

Die Florenlisten der nur 1974 bearbeiteten Standorte mußten großenteils aus Zeitgründen unvollständig bleiben; eine Aufgliederung ist bei den wenigen Namen unnötig, die Gattungen sind nach dem Alphabet angeordnet.

Dr. WERNER HEMPEL, Institut für Landschaftsforschung und Naturschutz, Zweigstelle Dresden, bestimmte fast alle Cyperaceen, Juncaceen, Poaceen sowie einige andere, für mich nicht bestimmbare Formen. Anhand der erhaltenen Florenliste schätzte er, soweit es möglich war, den pflanzensoziologischen Zustand der UF ein. Für seine Hilfe danke ich ihm herzlich.

Die Angaben zum Geländeklima ergeben sich z. T. aus dem den einzelnen Standortsformen eigenen Mesoklima, und z. T. aus den eigenen Messungen. Auf letztere wird jeweils verwiesen. Für einige UF mußte ich auf eine nähere Kennzeichnung verzichten, da ich keine Angaben finden konnte.

Die eigenen Messungen sind unter II.3 (Mikroklimatische Messungen) zum besseren Vergleich gemeinsam aufgeführt und erörtert.

UF 1: Großer Winterberg, Buchenwald, W-Seite

Revier 3.05 Schmilka, Abt. 558a13, ca. 510 m ü. NN, wechselnd (5–15°) geneigte W-exponierte Fläche dicht oberhalb der Straße, Standortsform Rs Ba5 (teilweise Übergang zu Rs Ba-6), 95jähriger Buchenbestand.
Untersuchungszeitraum: 1972–1974.

Pflanzensoziolog. Einschätzung: Typischer Buchenwald der Basaltberge, frische Ausbilbildungsform (Melico-Fagetum), im Kontakt zu Fraxinetalia-Gesellschaften.
Flora:

Athyrium filix-femina (LINNÉ)
Milium effusum LINNÉ
Melica uniflora RETZIUS
Hordelymus europaeus (LINNÉ)
Fagus silvatica LINNÉ
Ulmus sp.
Urtica dioica LINNÉ
Stellaria nemorum LINNÉ
Anemone nemorosa LINNÉ
Corydalis cava (LINNÉ)

Abb. 1. Großer Winterberg, Buchenwald, W-Seite (UF 1).

Oxalis acetosella LINNÉ
Mercurialis perennis LINNÉ
Acer pseudoplatanus LINNÉ
Impatiens noli-tangere LINNÉ
Fraxinus excelsior LINNÉ
Galeopsis speciosa MILLER
Lamium galeobdolon (LINNÉ)
Stachys silvatica LINNÉ
Asperula odorata LINNÉ

Geländeklima: keine Messungen.

UF 2: Großer Winterberg, Müllerwiesenweg an der Südkuppe

Revier 3.05 Schmilka, Abt. 558a15, ca. 500 m ü. NN, von WNW nach OSO verlaufende, ca. 50 m lange Wegstrecke am steilen SSW-Hang des Berges, Standortsform Rs Ba-7h, durch verschiedenaltrigen Buchenbestand (30-, 62jährig) und Lichtung führend. Untersuchungszeitraum: 1972–1974.

Pflanzensoziolog. Einschätzung: Typischer Buchenwald der Basaltberge, frische Ausbildungsform (Melico-Fagetum), mit zahlreichen Frischwiesenarten.
Flora:

Melica nutans LINNÉ
Alopecurus pratensis LINNÉ
Holcus mollis LINNÉ
Helictotrichon pubescens (HUDSON)
Dactylis glomerata LINNÉ
Poa nemoralis LINNÉ
Festuca ovina LINNÉ
Festuca pratensis HUDSON
Lolium perenne LINNÉ
Carex muricata LINNÉ
Carpinus betulus LINNÉ
Betula pendula ROTH
Fagus silvatica LINNÉ
Ulmus sp.
Urtica dioica LINNÉ
Rumex sp.
Stellaria holostea LINNÉ
Stellaria graminea LINNÉ
Cerastium holosteoides FRIES
Ranunculus repens LINNÉ
Ribes uva-crispa LINNÉ
Pyrus communis LINNÉ
Rubus idaeus LINNÉ
Rubus „fruticosus" LINNÉ
Fragaria vesca L.
Alchemilla sp.

Abb. 2. Großer Winterberg, Müllerwiesenweg an der Südkuppe (UF 2).

Trifolium repens LINNÉ
Vicia sepium LINNÉ
Vicia dumetorum LINNÉ
Vicia silvatica LINNÉ
Lathyrus vernus (LINNÉ)
Mercurialis perennis LINNÉ
Acer pseudoplatanus LINNÉ
Acer platanoides LINNÉ
Impatiens parviflora DE CANDOLLE
Hypericum perforatum LINNÉ
Viola sp.
Epilobium montanum LINNÉ
Epilobium (?adnatum GRISEBACH)
Chamaenerion angustifolium (LINNÉ)
Lysimachia nummularia LINNÉ
Fraxinus excelsior LINNÉ
Galeopsis bifida BOENNINGHAUS
Scrophularia nodosa LINNÉ
Veronica chamaedrys LINNÉ
Digitalis purpurea LINNÉ
Plantago major LINNÉ
Asperula odorata LINNÉ
Sambucus nigra LINNÉ
Campanula trachelium LINNÉ
Achillea millefolium LINNÉ
Cirsium arvensis (LINNÉ)
Taraxacum officinale WEBER
Prenanthes purpurea LINNÉ

Geländeklima: keine Messungen; starke Insolation.

UF 3: Großer Winterberg, Buchenwald, S-Kuppe

Revier 3.05 Schmilka, Abt. 558a14, ca. 520 m ü. NN, nach S geneigter Hang (ca. 20°), Standortsform Rs Ba-7h, 62jähriger Buchenbestand.
Untersuchungszeitraum: 1972–1974.

Pflanzensoziolog. Einschätzung: Typischer Buchenwald der Basaltberge, frische Ausbildungsform (Melico-Fagetum).
Flora:
Milium effusum LINNÉ
Melica uniflora RETZIUS
Melica nutans LINNÉ
Poa nemoralis LINNÉ
Bromus ramosus HUDSON
Hordelymus europaeus (LINNÉ)

Abb. 3. Großer Winterberg, Buchenwald, S-Kuppe (UF 3).

Maianthemum bifolium (LINNÉ)
Carpinus betulus LINNÉ
Fagus silvatica LINNÉ
Urtica dioica LINNÉ
Asarum europaeum LINNÉ
Anemone nemorosa LINNÉ
Ribes uva-crispa LINNÉ
Lathyrus vernus (LINNÉ)
Mercurialis perennis LINNÉ
Acer pseudoplatanus LINNÉ
Acer platanoides LINNÉ
Viola sp.
Fraxinus excelsior LINNÉ
Pulmonaria officinalis LINNÉ
Galeopsis bifida BOENNINGHAUS
Lamium galeobdolon (LINNÉ)
Stachys silvatica LINNÉ
Scrophularia nodosa LINNÉ
Asperula odorata LINNÉ
Sambucus nigra LINNÉ
Campanula trachelium LINNÉ
Prenanthes purpurea LINNÉ

Geländeklima: keine Messungen; starke Insolation vor der Belaubung.

UF 4: Goldstein, Buchenwald

Revier 3.04 Zeughaus, Abt. 444b3, 340–350 m ü. NN, stark (bis 25°) nach SSO geneigter Hang (vorwiegend oberhalb des Roßsteiges), Standortsform Wz LS-5h, kleinflächig nährstoffreicher durch Polzenitgang, 95jähriger Buchenbestand.
Untersuchungszeitraum: 1974.

Pflanzensoziolog. Einschätzung: Melico-Fagetum (im Übergang zum Luzulo-Fagetum).
Flora (unvollständig):

Asperula odorata LINNÉ
Dactylis glomerata LINNÉ
Digitalis purpurea LINNÉ
Fagus silvatica LINNÉ
Lamium galeobdolon (LINNÉ)
Lathyrus montanus BERNH.
Lathyrus vernus (LINNÉ)
Luzula sp.
Melica sp.
Oxalis acetosella LINNÉ
Picea abies (LINNÉ)
Prenanthes purpurea LINNÉ
Rubus idaeus LINNÉ
Scrophularia sp.

Abb. 4. Goldstein, Buchenwald (UF 4).

Urtica dioica LINNÉ
Vaccinium myrtillus LINNÉ
Vicia silvatica LINNÉ
Viola sp. – kein Mercurialis!

Geländeklima: keine Messungen.

UF 5: Großer Zschand, Kiefernschonung gegenüber Sommerloch

Revier 3.04 Zeughaus, Abt. 457a2, ca. 300–310 m ü. NN, stark (∅ 20°) nach SW geneigter Hang, aufgeforstete Brandfläche, Standortsform PoH-5, 6jährige Kiefernschonung. Untersuchungszeitraum: 1972–1974.

Pflanzensoziolog. Einschätzung: Eichen-Birken-Kiefern-Wald (Betulo-Quercetum).

Flora:

Pteridium aquilinum (LINNÉ)
Pinus silvestris LINNÉ
Picea abies (LINNÉ)
Calamagrostis epigeios (LINNÉ)
Deschampsia flexuosa (LINNÉ)
Poa nemoralis LINNÉ
Carex leporina LINNÉ
Juncus effusus LINNÉ
Populus tremula LINNÉ
Salix aurita LINNÉ
Betula pubescens EHRHART
Betula pendula ROTH
Fagus silvatica LINNÉ
Quercus rubra LINNÉ
Quercus robur LINNÉ
Rumex acetosella LINNÉ
Sorbus aucuparia LINNÉ
Rubus idaeus LINNÉ
Rubus „fruticosus" (LINNÉ)
Chamaenerion angustifolium (LINNÉ)
Vaccinium vitis-idaea LINNÉ
Vaccinium myrtillus LINNÉ
Calluna vulgaris (LINNÉ)
Veronica chamaedrys LINNÉ
Digitalis purpurea LINNÉ
Tussilago farfara LINNÉ
Hypochoeris radicata LINNÉ
Taraxacum officinale WEBER

Abb. 5. Großer Zschand, Kiefernschonung gegenüber Sommerloch (UF 5).

Geländeklima: trocken – warm (bis heiß), starke Insolation, starke Tag-Nacht-Temperaturschwankungen, stark insolierter freier SSW-Hang mit großen Temperaturschwankungen in Boden und Luft, leichter, gut erwärmbarer Boden, stark schwankende Luftfeuchtigkeit, Messungen s. Diagramm 1 und 2 sowie S. 34 ff.

UF 6: Großer Zschand, Kiefernwald gegenüber Sommerloch

Revier 3.04 Zeughaus, Abt. 457a2, ca. 300 m ü. NN, schwach (3°–5°) nach WSW geneigtes, kleines Sandsteinplateau über einer Steilstufe, seitwärts Hang bzw. Rinnen mit Bodenfrische, Standortsform Po H-6, 155jähriger Kiefernwald.
Untersuchungszeitraum: 1972–1974.

Pflanzensoziolog. Einschätzung: Felsheide-Birken-Kiefern-Bestand (Calluno-Quercetum).
Flora:

Pteridium aquilinum (LINNÉ)
Picea abies (LINNÉ)
Pinus silvestris LINNÉ
Deschampsia flexuosa (LINNÉ)
Molinia coerulea (LINNÉ)
Betula pendula ROTH
(Ledum palustre LINNÉ am Rand)
Vaccinium vitis-idaea LINNÉ
Vaccinium myrtillus LINNÉ
Calluna vulgaris (LINNÉ)

Geländeklima: schwach WSW geneigter Felsstandort, trocken-warm, Klimaextreme durch Kiefernaltbestand gemildert, Insolation noch stark, Boden leicht, gut erwärmbar, Messungen s. Diagramm 1 und 2 sowie S. 34 ff.

UF 7: Großer Zschand, Wegrand zwischen Großer Rohrkiefern- und Richterschlüchte

Revier 3.04 Zeughaus, Abt. 459a3, ca. 250 m ü. NN, etwa 50 m langer Abschnitt, vorwiegend links des Weges (s. Abb. 7), ebene Talsohle, Talverlauf von S nach N, angegebene

Abb. 6. Großer Zschand, Kiefernwald gegenüber Sommerloch (UF 6).

Standortsform Po H-5 für diese UF kaum zutreffend (ob Zg RK?), weder Baum- noch Strauchschicht; am angrenzenden O-Hang Fichtendickung, am W-Hang Fichtenhochwald. Untersuchungszeitraum: 1972–1974.

Pflanzensoziolog. Einschätzung: nicht einzugliedern, Gemisch von Frischwiesen- und Kohldistelwiesenarten mit Verhagerungszeigern und Laubwaldpflanzen.

Flora:

Equisetum silvaticum LINNÉ
(Picea abies LINNÉ: ringsum als Hochwald und ältere Schonung)
Thyphoides arundinacea (LINNÉ)
Anthoxanthum odoratum LINNÉ
Alopecurus pratensis LINNÉ
Agrostis stolonifera LINNÉ
Calamagrostis arundinacea (LINNÉ)
Holcus lanatus LINNÉ
Poa annua LINNÉ
Poa trivialis LINNÉ
Festuca ovina LINNÉ
Festuca rubra LINNÉ
Scirpus silvaticus LINNÉ
Carex brizoides JUSLENIUS
Luzula pilosa (LINNÉ)
Urtica dioica LINNÉ
Stellaria nemorum LINNÉ
Stellaria graminea LINNÉ
Cerastium holosteoides FRIES
Lychnis flos-cuculi LINNÉ
Ranunculus repens LINNÉ
Ranunculus acer LINNÉ
Potentilla erecta (LINNÉ)
Potentilla anglica (LAICHARTING)
Alchemilla sp.
Trifolium repens LINNÉ
Trifolium pratense LINNÉ
Lotus uliginosus SCHKUHR
Vicia sepium LINNÉ
Vicia silvaticum LINNÉ
? Vicia dumetorum LINNÉ
Oxalis acetosella LINNÉ
Epilobium (adnatum GRISEB.?)
Epilobium (montanum LINNÉ ?)
Chaerophyllum hirsutum LINNÉ
Lysimachia nummularia LINNÉ
Lysimachia nemorum LINNÉ
Myosotis palustris (LINNÉ)
Scutellaria galericulata LINNÉ
Prunella vulgaris LINNÉ
Galeopsis bifida BOENNINGHAUSEN,

Abb. 7. Großer Zschand, Wegrand zwischen Großer Rohrkiefern- und Richterschlüchte (UF 7).

Mentha arvensis LINNÉ
Veronica chamaedrys LINNÉ
Veronica montana JUSLENIUS
Digitalis purpurea LINNÉ
Plantago major LINNÉ
Plantago lanceolata LINNÉ
Galium uliginosum LINNÉ
Campanula patula LINNÉ
Bellis perennis LINNÉ
Achillea millefolium LINNÉ
Achillea ptarmica LINNÉ

Geländeklima: bodenkühl, frisch, auf baumfreier Talsohle, ausstrahlungs- und daher frostgefährdet, starker Taufall, nur kurze Zeit (jahres- u. tageszeitlich) stark insoliert, sonst feuchte Luft. Messungen s. Diagramm 1 und 2 sowie S. 34 ff.

UF 8: Großer Zschand, Felshorn nördlich der Großen Rohrkiefernschlüchte

Revier 3.04 Zeughaus, Abt. 460a4, ca. 300 m ü. NN, wechselnd (0°–15°) nach SSW geneigte Plateauzone über Steilwand, Standortsform FK bis Po H-6, 155jähriger Kiefernbestand. Untersuchungszeitraum: 1974.

Pflanzensoziolog. Einschätzung: azidophiler Eichen-Kiefernwald (Calluno-Quercetum).
Flora:

Betula pendula ROTH
Calluna vulgaris (LINNÉ)
Deschampsia flexuosa (LINNÉ)
Fagus silvatica LINNÉ
Molinia coerulea (LINNÉ)
Picea abies (LINNÉ)
Pinus silvestris LINNÉ
Quercus petraea (MATT.)
Vaccinium myrtillus LINNÉ
Vaccinium vitis-idaea LINNÉ

Geländeklima: keine Messungen.

Abb. 8. Großer Zschand, Felshorn nördlich der Großen Rohrkiefernschlüchte (UF 8).

UF 9: Großer Zschand, Hüllenschlüchte, oligotropher Naßstandort

Revier 3.04 Zeughaus, Abt. 475a3, ca. 270 m ü. NN, unbewachsene Fläche mit Sphagnum- und Mniumpolstern und freien Wasserstellen, ca. 10 m breit und 20 m lang, in Sandsteinschlucht mit SW-NO-Verlauf, von Fichtenhochwald (ca. 70jährig) umgeben, Standortsform Zg RK.

Untersuchungszeitraum: 1972–1974.

Pflanzensoziolog. Einschätzung: im Bereich des Betulo-Quercetums.

Flora (außer den obengenannten Moosen in der Randzone befindlich):

Pteridium aquilinum (LINNÉ)
Picea abies (LINNÉ)
Agrostis tenuis SIBTH.
Calamagrostis sp.
Deschampsia flexuosa (LINNÉ)
Molinia coerulea (LINNÉ)
Carex canescens LINNÉ
Carex fusca ALLIONI
Juncus effusus LINNÉ
Betula pubescens EHRHART
Betula pendula ROTH
Vaccinium myrtillus LINNÉ
Calluna vulgaris (LINNÉ)
Trientalis europaea LINNÉ

Geländeklima: im Winterhalbjahr fast völlig unbesonnt! Bodenkühl, naß, in Schlucht, Luft feuchtkühl, nur kurze Zeit (jahres- u. tageszeitlich) stark insoliert, starker Taufall, Messungen s. Diagramm 1 und 2 sowie S. 34 ff.

UF 10: Großer Zschand, Hüllenschlüchte, Fichtenwald

Revier 3.04 Zeughaus, Abt. 475a3, ca. 275 m ü. NN, steiler, blockreicher, N-exponierter Hang in Sandsteinschlucht mit SW-NO-Verlauf, Standortsform Zg RK, 70jähriger Fichtenbestand.

Abb. 9. Großer Zschand, Hüllenschlüchte, oligotropher Naßstandort (UF 9).

Untersuchungszeitraum: 1974.

Pflanzensoziolog. Einschätzung: Fichten-Schluchtwald (fragmentarisch entwickeltes Piceetum hercynicum) in starker Durchsetzung mit Dicrano-Quercion-Elementen. Typische Reliefumkehr.

Flora (unvollständig):

Betula sp. (am Rande)
Carex brizoides JUSLENIUS
Deschampsia flexuosa (LINNÉ)
Digitalis purpurea LINNÉ
Fagus silvatica LINNÉ
Larix decidua MILLER
Maianthemum bifolium (LINNÉ)
Mnium sp.
Oxalis acetosella LINNÉ
Picea abies (LINNÉ)
Pinus silvestris LINNÉ
weitere Poaceen, Polypodiaceen
Rhamnus frangula LINNÉ
viel Sphagnum sp.
Sorbus aucuparia LINNÉ
Trientalis europaea LINNÉ
Vaccinium myrtillus LINNÉ
Vaccinium vitis-idaea LINNÉ

Geländeklima: Im Winterhalbjahr fast völlig unbesonnt! Keine Messungen.

UF 11: Großer Zschand, Felshorn zwischen Hüllen- und Pechschlüchte

Revier 3.04 Zeughaus, Abt. 476a2, ca. 310 m ü. NN, ebene bis wechselnd nach SSO geneigte Plateaufläche über Steilwand, Standortsform Os SN-6 bis FK, 116jähriger Kiefernbestand.

Untersuchungszeitraum: 1972–1974.

Pflanzensoziolog. Einschätzung: Felsheide-Birken-Kiefern-Bestand (Calluno-Quercetum).

Abb. 10.
Großer Zschand,
Hüllenschüchte,
Fichtenwald (UF 10).

Flora:

Pteridium aquilinum (LINNÉ)	Fagus silvatica LINNÉ
Picea abies (LINNÉ)	Quercus sp.
Pinus silvestris LINNÉ	Vaccinium vitis-idaea LINNÉ
Molinia coerulea (LINNÉ)	Vaccinium myrtillus LINNÉ
Deschampsia flexuosa (LINNÉ)	Calluna vulgaris (LINNÉ)
Betula pendula ROTH	

Geländeklima: eben bis SSO geneigter Felsstandort, trocken-warm, Insolation noch stark, Klimaextreme durch Kiefernbestand etwas gemildert, Boden leicht, gut erwärmbar, Randzone über Steilwand mit starker Insolation, Messungen s. Diagramm 1 und 2 sowie S. 34 ff.

UF 12: Großer Zschand, Fichtenschonung an der Alten Zeughausstraße

Revier 3.04 Zeughaus, Abt. 478a2, ca. 240 m ü. NN, wechselnd (5°–20°) nach OSO geneigter Hang, teilweise blockig, Standortsform Zg RK, 2jährige Fichtenschonung.

Abb. 11. Großer Zschand, Felshorn zwischen Hüllen- und Pechschlüchte (UF 11).

Untersuchungszeitraum: 1974.

Pflanzensoziolog. Einschätzung: Kahlschlag-Gesellschaft des Digitali-Epilobietum mit Relikten des Luzulo-Fagetums.
Flora (unvollständig):
Betula pendula ROTH
Betula pubescens EHRHART
Carex brizoides JUSLENIUS
Chamaenerion angustifolium (LINNÉ)
Deschampsia flexuosa (LINNÉ)
Digitalis purpurea LINNÉ
Fagus silvatica LINNÉ
Juncus effusus LINNÉ
Maianthemum bifolium (LINNÉ)
Picea abies (LINNÉ)
weitere Poaceen
Rubus idaeus LINNÉ
Rubus sp.
Rumex acetosella LINNÉ
Sorbus aucuparia LINNÉ
Taraxacum officinale WEB.
Urtica dioica LINNÉ
Vaccinium myrtillus LINNÉ

Geländeklima: keine Messungen.

UF 13: Großer Zschand, Fichtenwald an der Alten Zeughausstraße

Revier 3.04 Zeughaus, Abt. 478a3, ca. 270 m ü. NN, eben bis schwach nach S geneigt, Standortsform Gb LL-5, kleinflächig wechselfrisch, 106jähriger Fichtenbestand.
Untersuchungszeitraum: 1974.

Pflanzensoziolog. Einschätzung: Fichtenforst auf Standort eines submontanen Hainsimsen-Buchenwaldes (Luzulo-Fagetum).
Flora:
Calamagrostis villosa (CHAIX)
Carex brizoides JUSLENIUS
Chamaenerion angustifolium (LINNÉ)
Deschampsia flexuosa (LINNÉ)

Abb. 12. Großer Zschand, Fichtenschonung an der Alten Zeughausstraße (UF 12).

Abb. 13. Großer Zschand, Fichtenwald an der Alten Zeughausstraße (UF 13; im Hintergrund UF 14).

Abb. 14. Großer Zschand, Buchenschonung (UF 14).

Digitalis purpurea LINNÉ
Lapsana communis LINNÉ
Luzula sp.
Moehringia trinervia (LINNÉ)
Oxalis acetosella LINNÉ
Polypodiaceen
Picea abies (LINNÉ)
Rumex acetosella LINNÉ
Sorbus aucuparia LINNÉ
Urtica dioica LINNÉ
Vaccinium myrtillus LINNÉ

Geländeklima: keine Messungen.

UF 14: Großer Zschand, Buchenschonung

Revier 3.04 Zeughaus, Abt. 478a3, ca. 270 m ü. NN, eben, von Fichtenhochwald umgeben, Standortsform Gb LL-5, kleinflächig wechselfrisch, 12jährige Buchenschonung. Untersuchungszeitraum: 1972–1974.

Pflanzensoziolog. Einschätzung: wahrscheinlich Tannen-Buchenwald (Abieti-Fagetum), aber nicht typisch.
Flora:
Polystichum aculeatum (LINNÉ)
Abies alba MILLER
Picea abies (LINNÉ)
Pinus silvestris LINNÉ
Deschampsia flexuosa (LINNÉ)
Carex brizoides JUSLENIUS
Salix aurita LINNÉ
Betula pubescens EHRHART
Betula pendula ROTH
Fagus silvatica LINNÉ
Moehringia trinervia (LINNÉ)
Sorbus aucuparia LINNÉ
Rubus idaeus LINNÉ
Rubus „fruticosus" LINNÉ
Chamaenerion angustifolium (LINNÉ)
Vaccinium myrtillus LINNÉ
Calluna vulgaris (LINNÉ)
Digitalis purpurea LINNÉ
Senecio nemorensis LINNÉ

Abb. 15. Großer Zschand, Fichtenschonung am Schneeloch (UF 15).

Geländeklima: nur kurze Zeit (jahres- u. tageszeitlich) stärker insoliert, leicht frostgefährdet, noch bodenkühl, Klimaextreme durch Bestandsklima des umliegenden Fichtenhochwaldes gemildert, Messungen s. Diagramm 1 und 2 sowie S. 34 ff.

UF 15: Großer Zschand, Fichtenschonung am Schneeloch

Revier 3.04 Zeughaus, Abt. 478a2, ca. 260 m ü. NN, schwach (bis 6°) nach N geneigte Fläche, Standortsform wechselnd Wz LS-5 bis Os SN-6, 12jährige Fichtenschonung. Untersuchungszeitraum: 1972–1974.

Pflanzensoziolog. Einschätzung: Fichtenschonung auf Betulo-Quercetum-Standort.
Flora:

Pteridium aquilinum (LINNÉ)
Picea abies (LINNÉ)
Deschampsia flexuosa (LINNÉ)
Moehringia trinervia (LINNÉ)
Betula pendula ROTH
Potentilla erecta (LINNÉ)
Potentilla anglica (LAICHARTING)
Sorbus aucuparia LINNÉ
Rubus idaeus LINNÉ
Rubus „fruticosus" LINNÉ
Chamaenerion angustifolium (LINNÉ)
Trientalis europaea LINNÉ
Vaccinium myrtillus LINNÉ
Calluna vulgaris (LINNÉ)
Veronica chamaedrys LINNÉ
Digitalis purpurea LINNÉ
Galium hercynicum WEIGEL

Geländeklima: noch bodenkühl, ausstrahlungs- und daher frostgefährdet, schwach nordwärts geneigt, im Sommer als freie Fläche stark insoliert, starke Temperaturschwankungen der Luft, Messungen s. Diagramm 1 und 2 sowie S. 34 ff.

Abb. 16. Großer Zschand, Fichtenwald am Schneeloch (UF 16).

UF 16: Großer Zschand, Fichtenwald am Schneeloch

Revier 3.04 Zeughaus, Abt. 478a1, ca. 260 m ü. NN, eben, nach dem S-Rand mit Sandstein-Steilstufe, Standortsform Gb LL-5, kleinflächig nährstoffärmer durch Sand, 124jähriger Fichtenbestand.
Untersuchungszeitraum: 1972–1974.

Pflanzensoziolog. Einschätzung: unklar, Fichtenforst auf Standort eines bodensauren Buchen-Mischwaldes (Luzulo-Fagetum)?
Flora:
Pteridium aquilinum (LINNÉ)
Picea abies (LINNÉ)
Deschampsia flexuosa (LINNÉ)
(Juncus effusus LINNÉ am Rand)
(Betula pendula ROTH am Rand)
Fagus silvatica LINNÉ
(Quercus sp. am Rand)
(Oxalis acetosella LINNÉ am Rand)
(Vaccinium myrtillus LINNÉ am Rand)
Digitalis purpurea LINNÉ
Galium hercynicum WEIGEL

Geländeklima: durch geringere Schwankungen der Boden- und Lufttemperatur und -feuchtigkeit gekennzeichnetes Bestandsklima, Neigung zur trocken-warmen Ausprägung, Messungen s. Diagramm 1 und 2 sowie S. 34 ff.

UF 17: Großer Zschand, Schluchtwald I

Revier 3.04 Zeughaus, Abt. 413a3, ca. 210 m ü. NN, enge, temporär wasserführende Sandsteinschlucht mit S-N-Verlauf, ohne Talsohle, hängig, blockig, Standortsform Uw RK, Bestockung ohne Altersangabe.
Untersuchungszeitraum: 1972–1974.

Pflanzensoziolog. Einschätzung: submontaner Eschen-Schluchtwald (Arunco-Aceretum).

Abb. 17. Großer Zschand, Schluchtwald I (UF 17).

Flora:

Equisetum silvaticum LINNÉ
Athyrium filix-femina (LINNÉ)
Thelypteris oreopteris (EHRH.)
Thelypteris phegopteris (LINNÉ)
(Abies alba und Picea abies zwar nicht am Sammelplatz, aber an den Felswänden darüber)
Milium effusum LINNÉ
Urtica dioica LINNÉ
Rumex sp.
Stellaria nemorum LINNÉ
Moehringia trinervia (LINNÉ)
Anemone nemorosa LINNÉ
Ranunculus sp.
Cardamine amara LINNÉ
Chrysosplenium oppositifolium LINNÉ
Aruncus dioicus (WALT.)
Rubus idaeus LINNÉ
Rubus „fruticosus"?
Filipendula ulmaria (LINNÉ)
Oxalis acetosella LINNÉ
Mercurialis perennis LINNÉ
Acer pseudoplatanus LINNÉ
Impatiens noli-tangere LINNÉ
Chaerophyllum hirsutum LINNÉ
Aegopodium podagraria LINNÉ
Fraxinus excelsior LINNÉ
Myosotis palustris (LINNÉ)
Lamium galeobdolon (LINNÉ)
Lamium maculatum LINNÉ
Veronica montana JUSL.
Valeriana „sambucifolia"
Senecio nemorensis LINNÉ
Taraxacum officinale WEB.
Prenanthes purpurea LINNÉ

Geländeklima: „Kellerklima", bodenkühl, frisch, kaum insoliert durch Lage in Schlucht und in Laubholzbestand; feucht-kühl mit geringen Temperaturschwankungen, Messungen s. Diagramm 1 und 2 sowie S. 34 ff.

UF 18: Großer Zschand, Schluchtwald II

Revier 3.04 Zeughaus, Abt. 413a3, ca. 205 m ü. NN, enge, temporär wasserführende Sandsteinschlucht mit S-N-Verlauf und kleinflächiger, fast ebener Talsohle im Bereich der UF, ca. 100 m talabwärts von UF 17, Standortsform Uw RK, Bestockung ohne Altersangabe.

Abb. 18. Großer Zschand, Schluchtwald II (UF 18).

Untersuchungszeitraum: 1974.

Pflanzensoziolog. Einschätzung: submontaner Bach-Eschenwald (Acero-Fraxinetum).

Flora (unvollständig):

Aegopodium podagraria LINNÉ	Oxalis acetosella LINNÉ
Anemone nemorosa LINNÉ	(Picea abies [LINNÉ] ringsum)
Cardamine amara LINNÉ	Poaceen
Carex brizoides JUSLENIUS	Polypodiaceen
Chrysosplenium alternifolium LINNÉ	Quercus sp.
Equisetum silvaticum LINNÉ	Ranunculus sp.
(Fagus silvatica LINNÉ ringsum)	Rubus „fruticosus"
Filipendula ulmaria (LINNÉ)	(Sorbus aucuparia LINNÉ ringsum)
Fraxinus excelsior LINNÉ	Stellaria nemorum LINNÉ
Impatiens noli-tangere LINNÉ	Urtica dioica LINNÉ

Geländeklima: „Kellerklima", keine Messungen.

UF 19: Buschmüllers Räumicht

Revier 3.04 Zeughaus, Abt. 413, ca. 260 m ü. NN, Waldwiese, teils als Mähwiese, teils als Wildacker, an den Rändern als Weidenheger und Fichtenschonung genutzt, ringsum Fichtenhochwald, eben bis schwach von ONO bis NW geneigt, Boden: feinsandiger, alteiszeitlicher Lehm.

Untersuchungszeitraum: 1972–1974.

Pflanzensoziolog. Einschätzung: Gemisch aus Naß- und Feuchtwiesenarten an Weiden-Pappel-Gebüsch.

Abb. 19. Buschmüllers Räumicht (UF 19).

Flora:

Picea abies (LINNÉ)
Lolium multiflorum LAMARCK
Alopecurus pratensis LINNÉ
Holcus lanatus LINNÉ
Deschampsia caespitosa (LINNÉ)
Dactylis glomerata LINNÉ
Poa compressa LINNÉ
Festuca pratensis HUDSON
Poa pratensis LINNÉ
Glyceria fluitans (LINNÉ)
Carex brizoides JUSLENIUS
Populus tremula LINNÉ
Salix viminalis LINNÉ
Salix (? aurita LINNÉ)
Betula pendula ROTH
Urtica dioica LINNÉ
Rumex aquaticus LINNÉ
Rumex obtusifolius LINNÉ
Rumex acetosa LINNÉ
Polygonum (tomentosum – persicaria)
Chenopodium sp.
Stellaria graminea LINNÉ
Cerastium holosteoides FRIES
Lychnis flos-cuculi LINNÉ
Anemone nemorosa LINNÉ
Ranunculus bulbosus LINNÉ
Ranunculus repens LINNÉ
Ranunculus acer LINNÉ
Erysimum cheiranthoides LINNÉ
Cardamine pratensis LINNÉ
Capsella bursa-pastoris (LINNÉ)
(Malus domestica BORKHAUSEN)
(Sorbus aucuparia LINNÉ)
Potentilla erecta (LINNÉ)
Alchemilla sp.
Medicago lupulina LINNÉ
Trifolium repens LINNÉ
Trifolium pratense LINNÉ
Lotus uliginosus SCHKUHR
Vicia (hirsuta [LINNÉ]?)
Vicia sativa LINNÉ
Lathyrus pratensis LINNÉ
Hypericum perforatum LINNÉ
Pimpinella major (LINNÉ)
Convolvulus arvensis LINNÉ
Myosotis palustris (LINNÉ)
Prunella vulgaris LINNÉ
Mentha arvensis LINNÉ
Veronica chamaedrys LINNÉ
Euphrasia officinalis LINNÉ
Plantago lanceolata LINNÉ
Galium uliginosum LINNÉ
Campanula rotundifolia LINNÉ
Campanula patula LINNÉ
Bellis perennis LINNÉ
Galinsoga quadriradiata RUIZ et PAVON
Achillea ptarmica LINNÉ
Achillea millefolium LINNÉ

Abb. 20. Neunstelliger Hübel, Buchenwald (UF 20).

Tussilago farfara LINNÉ
Cirsium oleraceum (LINNÉ)
Cirsium palustre (LINNÉ)
Taraxacum officinale WEBER
Leontodon autumnalis LINNÉ
Hieracium auricula LINNÉ

Geländeklima: eben bis schwach N-geneigte freie Fläche, ausstrahlungs- und daher frostgefährdet, gutes Wärmespeichervermögen des Bodens, im Sommer stark insoliert, Messungen s. Diagramm 1 und 2 sowie S. 34 ff.

UF 20: Neunstelliger Hübel, Buchenwald

Revier 3.04 Zeughaus, Abt. 420a4, ca. 330 m ü. NN, ringsum sanft geneigte Kuppe, Oberfläche durch alte Löcher von Schürfversuchen gestört, vorwiegend oben und auf W bis SW geneigter Fläche besammelt, Krautvegetation sehr lückig, Standortsform Kg BaK-6, 125-jähriger Buchenbestand.
Untersuchungszeitraum: 1974.

Pflanzensoziolog. Einschätzung: Melico-Fagetum im Übergang zum Luzulo-Fagetum.
Flora (unvollständig):
Asperula odorata LINNÉ
Betula pendula ROTH
Deschampsia flexuosa (LINNÉ)
Fagus silvatica LINNÉ
Lathyrus montanus BERNH.
Luzula sp.
Melica sp.
Oxalis acetosella LINNÉ
Picea abies (LINNÉ)
Vaccinium myrtillus LINNÉ
Vicia silvatica LINNÉ

Geländeklima: (trocken, warm), keine Messungen.

Abb. 21. Kirnitzschtal, Schluchtwald oberhalb der Dreisteigenbrücke (UF 21).

UF 21: Kirnitzschtal, Schluchtwald oberhalb Dreisteigenbrücke
Revier 3.03 Hirschewald, Abt. 396a1, ca. 210 m ü. NN, steiler, teilweise blockiger, nach S geneigter Unterhang an der Kirnitzsch unterhalb der Straße, Standortsform Po H-4, umliegender Fichtenbestand 100jährig, für Laubhölzer der UF ist gleiches anzunehmen. Untersuchungszeitraum: 1974.

Pflanzensoziolog. Einschätzung: Acero-Fraxinetum.
Flora (unvollständig):
Acer pseudoplatanus LINNÉ
Alnus glutinosa (LINNÉ)
Anemone nemorosa LINNÉ
Carpinus betulus LINNÉ
Equisetum sp.
Euphorbia dulcis LINNÉ
Fagus silvatica LINNÉ
Fragaria sp.
Galium silvaticum LINNÉ
Geranium robertianum LINNÉ
Lamium galeobdolon (LINNÉ)
Mercurialis perennis LINNÉ
Oxalis acetosella LINNÉ
Plantago major LINNÉ
Poaceen
Polypodiaceen
Rubus idaeus LINNÉ
Rubus sp.
Stellaria holostea LINNÉ
Taraxacum officinale WEB.
Thalictrum aquilegifolium LINNÉ
Urtica dioica LINNÉ
Vicia sp.
Viola sp.

Geländeklima: keine Messungen.

UF 22: Kirnitzschtal, Dorfbachmündung
Revier 3.03 Hirschewald, Abt. 375c1, ca. 225 m ü. NN, kleinflächige, wenige Meter breite, ebene Talsohle dicht über dem Spiegel der Kirnitzsch, Talverlauf von SO nach NW, Stand-

Abb. 22. Kirnitzschtal, Dorfbachmündung (UF 22), Blick von oben, im Hintergrund die Kirnitzsch.

ortsform Po H-4, UF selbst ohne Baumbestand, aber stark beschattet durch ringsumstehende Bäume.
Untersuchungszeitraum: 1972–1974.

Pflanzensoziolog. Einschätzung: bachbegleitender Erlensaum (Stellario-Alnetum).
Flora:

Picea abies (LINNÉ)
Carex brizoides JUSLENIUS
Salix aurita LINNÉ
Carpinus betulus LINNÉ
Alnus glutinosa (LINNÉ)
Urtica dioica LINNÉ
Rumex sp.
Stellaria nemorum LINNÉ
Ficaria verna HUDSON
Cardaminopsis halleri (LINNÉ)
Chrysosplenium alternifolium LINNÉ
Chrysosplenium oppositifolium LINNÉ
Rubus idaeus LINNÉ
Rubus „fruticosus" LINNÉ
Geum urbanum LINNÉ
Filipendula ulmaria (LINNÉ)
Oxalis acetosella LINNÉ
Geranium palustre TORNER
Geranium robertianum LINNÉ
Mercurialis perennis LINNÉ
Acer platanoides LINNÉ
Impatiens noli-tangere LINNÉ
Circaea lutetiana LINNÉ
Chaerophyllum hirsutum LINNÉ
Aegopodium podagraria LINNÉ
Fraxinus excelsior LINNÉ
Myosotis sp.
Galeopsis speciosa MILLER
Galeopsis bifida BOENNINGHAUS
Lamium galeobdolon (LINNÉ)
Lamium maculatum LINNÉ
Senecio nemorensis LINNÉ
Cirsium oleraceum (LINNÉ)

Geländeklima: feucht-kühl, keine Messungen.

Abb. 23. Kirnitzschtal, Erlenwäldchen oberhalb der Niederen Schleuse (UF 23).

UF 23: Kirnitzschtal, Erlenwäldchen oberhalb Niedere Schleuse

Revier 3.03 Hirschewald, Abt. 374a3, ca. 235 m ü. NN, Tal etwas stärker geweitet, Verlauf von SSW nach NNO, eben, mit kleiner Böschung von der Straße, ca. 1 m über dem Kirnitzschtal, abgelesene Standortsform Po H-5 für diese UF sicher nicht zutreffend, sondern als Bachtälchen-Standort zu bezeichnen, lichter Erlenbestand ohne Altersangabe. Untersuchungszeitraum: 1974.

Pflanzensoziolog. Einschätzung: bachbegleitender Erlensaum (Stellario-Alnetum).
Flora (unvollständig):

Aegopodium podagraria LINNÉ
Alnus glutinosa (LINNÉ)
Anemone nemorosa LINNÉ
Caltha palustris LINNÉ
Cardaminopsis halleri (LINNÉ)
Carex brizoides JUSLENIUS
Chrysosplenium alternifolium LINNÉ
Cirsium oleraceum (LINNÉ)
Ficaria verna HUDSON
Filipendula ulmaria (LINNÉ)
Lamium maculatum LINNÉ
Poaceen
Polypodiaceen
Rubus sp.
Stellaria nemorum LINNÉ
Urtica dioica LINNÉ

Geländeklima: keine Messungen.

UF 24: Kirnitzschtal, Wiesen (unterhalb Hinterdittersbacher Brücke)

zur LPG Hinterhermsdorf gehörig, im Bereich des Reviers 3.01 Hinterhermsdorf, an der Staatsgrenze, ca. 245–250 m ü. NN, in Talweitung der Kirnitzsch, Talverlauf von O nach W, UF mit hängigem, trockenerem oberen Teil und ebenem, feuchtem unteren Teil. Untersuchungszeitraum: 1972–1974.

Pflanzensoziolog. Einschätzung: Kohldistelwiese (Polygono-Cirsietum oleracei) im unteren Teil, im oberen Teil hoher Anteil von Arrhenaterion-Arten.

Abb. 24. Kirnitzschtal, Wiesen unterhalb der Hinterdittersbacher Brücke (UF 24).

Flora:
Alopecurus pratensis LINNÉ
Holcus lanatus LINNÉ
Deschampsia caespitosa (LINNÉ)
Dactylis glomerata LINNÉ
Cynosurus cristatus LINNÉ
Poa trivialis LINNÉ
Glyceria fluitans (LINNÉ)
Lolium sp.
Scirpus silvaticus LINNÉ
Carex brizoides JUSLENIUS
Carex fusca ALLIONI
Carex hirta LINNÉ
Juncus effusus LINNÉ
Luzula campestris (LINNÉ)
Alnus sp.
Urtica dioica LINNÉ
Rumex acetosa LINNÉ
Polygonum bistorta LINNÉ
Stellaria nemorum LINNÉ
Cerastium holosteoides FRIES
Lychnis flos-cuculi LINNÉ
Anemone nemorosa LINNÉ
Ficaria verna HUDSON
Ranunculus repens LINNÉ
Ranunculus acer LINNÉ
Cardamine pratensis LINNÉ
Malus domestica BORKHAUSEN ?
Potentilla erecta (LINNÉ)
Filipendula ulmaria (LINNÉ)
Medicago lupulina LINNÉ
Trifolium repens LINNÉ
Trifolium pratense LINNÉ
Lotus sp.
Vicia sepium LINNÉ
Aegopodium podagraria LINNÉ
Heracleum sphondylium LINNÉ
Pimpinella major (LINNÉ)
Myosotis palustris (LINNÉ)
Prunella vulgaris LINNÉ
Galeopsis sp.
Veronica chamaedrys LINNÉ
Campanula rotundifolia LINNÉ
Campanula patula LINNÉ
Bellis perennis LINNÉ
Achillea ptarmica LINNÉ
Achillea millefolium LINNÉ
Chrysanthemum leucanthemum LINNÉ
Cirsium oleraceum (LINNÉ)
Taraxacum officinale WEBER
Hieracium pilosella LINNÉ

Geländeklima: keine Messungen.

3. Mikroklimatische Messungen

Die schon durch unterschiedliche Lage und Vegetation der UF zu erwartenden Unterschiede in ihrem Geländeklima wurden an 10 UF des Großen Zschandes durch Messungen belegt und sind zum Teil extrem. Die Untersuchungen waren aus folgenden Gründen schwierig:

Sie sollten den vollen, 24stündigen Gang der Temperatur und Luftfeuchtigkeit an verschiedenen Standorten im Boden und bodennahen Bereich möglichst gleichzeitig erfassen (Lufttemperatur in 10 cm Höhe und am Boden, Bodentemperatur in 5 cm, z. T. auch in 10 cm Tiefe, relative Luftfeuchtigkeit in 10 cm Höhe), denn erst dadurch sind vergleichende Messungen sinnvoll.

Automatische Aufzeichnungen für diese Werte waren nicht möglich. Mit 2 Personen konnte an 5 von 10 Standorten etwa gleichzeitig 2stündlich gemessen werden (meinem Kollegen HORST BEMBENEK danke ich für seine Hilfe bei diesen aufwendigen Untersuchungen sehr herzlich. Ohne seine Unterstützung wären die Messungen in dieser Form nicht möglich gewesen). Die restlichen Standorte wurden einen Tag später untersucht. Etwa gleichbleibende Wetterlage – nur Schönwettertage zeigen klare Unterschiede – ist Vorbedingung für den Vergleich der gemessenen Werte aller 10 Standorte während einer Untersuchungsperiode. Die Messungen im Herbst 1973 mußten durch Schlechtwettereinbruch vorzeitig abgebrochen werden und sind daher nur bedingt vergleichbar.

Jeweils im Frühling, Sommer und Herbst 1973 (27./28. bzw. 29./30. III.; 25./26. bzw. 27./28. VI.; 9. X.) wurde gemessen, um die klimatischen Entwicklungsbedingungen der für bestimmte Standorte charakteristischen Insektenarten grob umreißen zu können.

Zur Messung der Lufttemperatur 10 cm über dem Boden wurde jeweils ein Extremthermometer (1 °C-Einteilung, beim Ablesen auf 1/2 °C geschätzt) mit der Skala nach unten (und der Gehäuserückwand nach oben) waagerecht aufgehängt. In gleicher Weise wurde ein Extremthermometer auf den Boden gelegt, um die Wärme am Boden zu messen. Die zwischen den 2stündlichen Kontrollen aufgetretenen Minima oder Maxima wurden stets notiert, die Stifte dann wieder auf den Thermometerstand während des Ablesens herabgezogen. Die Temperaturentwicklung war dadurch gut zu verfolgen, auch wenn während der Kontrolle durch zeitweilige Bewölkung oder aufgekommenen Wind die Quecksilbersäule zurückgegangen war. Ein Haarhygrometer (10 cm waagerecht über dem Boden mit der Skala nach oben) diente der Kontrolle der relativen Luftfeuchtigkeit. Ein Bodenthermometer (0,2 °C-Einteilung, beim Ablesen auf 0,1 °C geschätzt) für 5 cm, z. T. zusätzlich eines für 10 cm Tiefe, gab die Bodentemperatur an.

Alle Thermometer wurden vor Beginn der Messungen bei verschiedenen Temperaturen miteinander verglichen, um Mißweisungen durch ungenaue Thermometer auszuschalten, die Haarhygrometer wurden vorher gemeinsam geeicht.

Je nach Eigenart des Standortes standen die Meßgruppen fast ganztägig im Schatten (z. B. Schluchtwald) oder in der Sonne (z. B. Kiefernschonung), wobei aber durch das nach oben gekehrte Gehäuse eine direkte Bestrahlung der Quecksilbersäule durch die Sonne verhindert wurde. Die Temperaturen stiegen noch an, wenn das Thermometer mit der Skala nach oben gedreht wurde, notiert wurden solche Werte aber nicht. Stets wurde der Witterungsverlauf vermerkt.

Nachstehend seien die Meßergebnisse aller Standorte nach Jahreszeiten geordnet erörtert (alle Temperaturangaben in °C):

Frühling

Die relative Luftfeuchtigkeit ist nachts durchgehend bei 100 %, tagsüber treten auf freien Flächen (UF 5, 7, 15, 19) Werte zwischen 30 und 40 % auf, an den anderen Stellen macht sich der Einfluß des Bestandsklimas bemerkbar (UF 6 – hier einmal durch kurze Besonnung 36 %, sonst stets mehr; 11; 14 – diese Buchenschonung ist schon stark verwachsen und vom Hochwald umgeben; 16), dort liegen die tiefsten Werte zwischen 40 und 50 %. UF 9 und 17 zeigen ihre besondere Lage (Schlucht) an: geringster Wert von UF 9 sind 75 % (Naßstandort, Messung über Sphagnumpolster), von UF 17 44 % (kurzzeitige Sonneneinstrahlung, der nächsthöhere Wert liegt bereits wieder bei 75 %!).

Die Lufttemperaturen (am Boden und bei 10 cm Höhe ähnlich, aber am Boden zu größeren Extremen neigend) zeigen vor allem in ihren Maxima die unterschiedliche Besonnung der Standorte an: UF 5 (max. +32° am Boden, +23° bei 10 cm Höhe), 6 (+27° bzw. +24°), 11 (+25° bzw. +21°), 15 (+25° bzw. +21°) mit zumindest zeitweilig stärkerer Insolation, UF 9 (+12,5° bzw. +12°) und UF 17 (+14,5° bzw. +15,5°) mit der geringsten. UF 16 zeigt warm-ausgeglichene Temperaturen (+19,5° bzw. +17°). Interessant sind UF 7 und 19. Erstere (in Tallage) zeigt den Einfluß des kühlen, frischen Bodens durch geringere Lufttemperaturen am Boden (max. +18°) gegenüber der in 10 cm Höhe an (max. +23°), die durch die Sonneneinstrahlung für kurze Zeit stark ansteigt. Der Standort ist frostgefährdet. In Plateaulage, frei, eben bis schwach durchschnittlich nordwärts geneigt, ebenfalls frostgefährdet, befindet sich UF 19. Die Lufttemperatur am Boden beträgt dementsprechend maximal +16,5° gegenüber +20° in 10 cm Höhe. UF 14 (stark verwachsen, ringsum von Fichtenhochwald umgeben) hat vor allem im Frühling und Herbst verminderte Insolation, dazu hemmt wechselfeuchter Staublehmboden die Wärmespeicherung – +15° bzw. +14° beträgt die Temperatur am Boden und in 10 cm Höhe.

Feuchte, kühle Böden, schwächer insolierte, ausstrahlungs- und damit frostgefährdete Flächen zeigen also geringere bis etwa gleiche Maximaltemperaturen am Boden als in 10 cm Höhe an, gut besonnte Standorte und leichtere Böden zeigen einige °C höhere Lufttemperaturen am Boden gegenüber denen in 10 cm Höhe an (s. auch Diagramm 1 und 2). Die Bodentemperatur bei 5 cm Tiefe ist ebenfalls aufschlußreich: Sie zeigt an sonnigen Standorten schon Maximalwerte bis zu +9°, +10°, ja +16° an (UF 6, 11; 19; 5), bleibt an kürzer besonnten Stellen bei +5,5° bis +6,5° (UF 7, 14, 15, 16), in den Schluchten gar bei +4° bzw. +4,3° (UF 9, 17) stehen. Die insgesamt 6 Messungen in 10 cm Tiefe ergaben maximal +2,6°, +3,9° und +4,2° in den Schluchten und Tallagen, wo die Bodentemperatur bereits stärker durch das Bodenwasser geprägt wird (UF 9, 17, 7), und je +8,2° an UF 5 und 19 sowie +5,6° auf UF 15.

Sommer

Es zeigen sich prinzipiell gleiche Unterschiede wie im Frühling: die stark insolierten Standorte weisen entsprechend dem höheren Sonnenstand tagsüber sogar nur eine relative Luftfeuchtigkeit zwischen 20 und 30 % auf, auf den Kiefernstandorten (UF 6, 11) ist der Einfluß des Bestandsklimas abgeschwächt. Die Messungen vom 27./28. VI. fallen durch am 28. VI. gegen Mittag einsetzende Bewölkung nicht so extrem aus. UF 9 und 17 (letzterer durch Belaubung fast völlig vor Sonne geschützt) zeigen einmal 34 % durch kurzzeitige Besonnung (nächsthöherer Wert bereits wieder 61 %) bzw. überhaupt nur minimal 79 % an.

Die stark insolierten Standorte haben wieder eine um einige °C höhere maximale Lufttemperatur am Boden als in 10 cm Höhe, die nur kurz besonnten, bodenkühlen, feuchte-

ren Standorte zeigen geringere Lufttemperaturen am Boden als in 10 cm Höhe an.
Die Bodentemperaturen (5 cm Tiefe) sind an sonnigen Stellen z. T. merkwürdig unterschiedlich; die Eigenheiten des jeweiligen Standortes (Boden, Exposition und Neigung) spiegeln sich in diesen Unterschieden wider, wenn wir die aussagekräftigen, nachts oder in den frühen Morgenstunden auftretenden Minima betrachten:

Bodenkühle, feuchte Standorte mit minimal +10,8° und +10,6° (UF 17, 7), aber an UF 9 (in Sphagnum gemessen) +12,2° (leichter Wärmestau?, vielleicht im oder durch das oberflächennahe Wasser?), an den sonnigeren Standorten (hier sind nun auch UF 14 und 15 einzubeziehen, die wenigstens in den Mittagsstunden im Sommer stärker insoliert sind) +12,5° bis +14°, an UF 16 (s. auch Lufttemperaturen Frühling) im Fichtenhochwald Einfluß ausgeprägten Bestandsklimas (Minimum bei +14,6°). UF 19 speichert die Wärme im Boden sehr gut (Minimum bei +16,6°!). Die minimalen Bodentemperaturen bei 10 cm betragen bei besonnten UF +14,4° (UF 5) und +13,4° (UF 15), bei bodenkühlen (UF 7, 9, 17) +10,6°, +12,2° und wieder +10,6°. UF 19 zeigt wieder die gute Wärmespeicherung des Bodens: minimal +16,6°!

Die während der 24 h aufgetretenen Minima und Maxima sowie der davon abhängige größte Schwankungsbereich der Werte des jeweiligen Standortes passen zu den bereits erhaltenen Befunden (vergleiche hierzu auch Diagramme 1 und 2).

Herbst

Durch Schlechtwettereinbruch bedingt, konnte nur an 5 Standorten über ca. 16 h gemessen werden. Die Meßzeit lag zwischen 16 h (1. Kontrolle) und 6 bis 8 h morgens, die warmen Mittagsstunden fehlen also. Die maximalen Bodentemperaturen sind aber mit ziemlicher Sicherheit vergleichbar, da die Maxima der gleichen Standorte bei früheren Messungen etwa zur gleichen späten Tageszeit auftraten.

Der Boden ist durch gespeicherte Wärme 6–8° wärmer als zu etwa gleicher Zeit im Frühling (Bodentemperaturen in 5 cm Tiefe der untersuchten Standorte). Die Lufttemperaturen sind durch den Schlechtwettereinbruch nicht mehr ohne weiteres vergleichbar, doch liegen sie bei schönem Wetter wahrscheinlich ähnlich wie die im Frühling. Das ergibt sich andeutungsweise aus den Werten gegen 16 und 18 h (also vor der Wetteränderung!) im Vergleich zu den Messungen im Frühling.

Anschließend sei eine kurze, verbale Charakterisierung des Mikroklimas der UF anhand der gesamten Meßwerte jedes einzelnen Standortes gegeben:

Einschätzung des Standortsklimas

UF 5: stark insolierter freier SSW-Hang mit großen Temperaturschwankungen in Boden und Luft, leichter, gut erwärmbarer Boden, trocken-warm (bis heiß), stark schwankende Luftfeuchtigkeit.

UF 6: schwach nach WSW geneigter Felsstandort, trocken-warm, Klimaextreme durch Kiefernaltbestand gemildert, Insolation noch stark, Boden leicht, gut erwärmbar.

UF 7: bodenkühl, frisch, auf baumfreier Talsohle, ausstrahlungs- und daher frostgefährdet, starker Taufall, nur kurze Zeit (jahres- und tageszeitlich) stark insoliert, sonst feuchte Luft.

UF 9: bodenkühl, naß, in Schlucht, Luft feuchtkühl, nur kurze Zeit (jahres- und tageszeitlich) stark insoliert, starker Taufall.

UF 11: eben bis nach SSO geneigter Felsstandort, trocken-warm, Insolation noch stark, Klimaextreme durch Kiefernbestand etwas gemildert, Boden leicht, gut erwärmbar, Randzone.

UF 14: nur kurze Zeit (jahres- und tageszeitlich) stärker insoliert, leicht frostgefährdet, noch bodenkühl, Klimaextreme durch Bestandsklima des umliegenden Fichtenhochwaldes gemildert.

UF 15: noch bodenkühl, ausstrahlungs- und daher frostgefährdet, schwach nordwärts geneigt, im Sommer als freie Fläche stark insoliert, starke Temperaturschwankungen der Luft.

UF 16: durch geringere Schwankungen der Boden- und Lufttemperatur und -feuchtigkeit gekennzeichnetes Bestandsklima, Neigung zur trocken-warmen Ausprägung.

UF 17: bodenkühl, frisch, kaum insoliert durch Lage in Schlucht und in Laubholzbestand; feucht-kühl mit geringen Temperaturschwankungen.

UF 19: eben bis schwach nach N geneigte freie Fläche, ausstrahlungs- und daher frostgefährdet, gutes Wärmespeichervermögen des Bodens, im Sommer stark insoliert.

In den Diagrammen 1 und 2 sind die Durchschnittstemperaturen aller kontrollierten 10 UF (Boden in 10 und 5 cm Tiefe, Luft am Boden und in 10 cm Höhe) vom Frühjahr und Sommer festgehalten. Die Durchschnittswerte wurden aus der Summe der während der Kontrollen abgelesenen Temperaturen, die durch die Anzahl der Kontrollen dividiert wurden, errechnet. Die UF wurden nach der Höhe ihrer Durchschnittstemperaturen angeordnet, diese Reihen lassen im wesentlichen sowohl vertikal als auch zeitlich Übereinstimmungen erkennen, auch weisen sie beim Vergleich untereinander auf das weite ökologische Spektrum der ausgewählten UF hin. Andererseits lassen innerhalb der Anordnung erkennbare Wechsel der UF in begrenztem Maße – gleichfalls vertikal und zeitlich – die standörtlichen Besonderheiten erkennen. Diese Wechsel sind im wesentlichen auf Bodenfrische und Insolation zurückzuführen. So rücken z. B. die UF 14 und 15 im Sommer mit gestiegenem Sonnenstand durch stärkere Insolation in ihren Lufttemperaturen nach oben, UF 7 hingegen (Tallage in S-N-Richtung) fällt durch relativ geringere Insolation zurück. Der Wechsel zwischen UF 7 (bodenfrisch) und UF 9 (staunaß, Tallage in O-W-Richtung) nach ihren Bodentemperaturen ist gleichfalls ein solches Beispiel:

UF 9 ist im Frühjahr fast unbesonnt, kaltes Schmelzwasser sammelt sich in der engen Schlucht und fließt oberflächlich ab – UF 7 erhält Schmelzwasser aus bereits besser besonnten Bereichen mit günstigerer Luftzirkulation, das zügig abfließt, und wird in den Mittagsstunden besonnt. Der Boden ist auf UF 9 noch sehr kalt, auf UF 7 gering, aber merklich wärmer. Im Sommer nimmt die Insolationsdauer auf UF 7 mäßig, die -intensität stark zu, das bewegte Bodenwasser hält die Bodentemperatur niedrig. Auf UF 9 nehmen Dauer und Intensität der Insolation stark zu, das gestaute Wasser der Naßstelle zeigt oberflächlichen Wärmestau. So rückt UF 9 im Sommer vor UF 7.

Auch der vertikale Temperaturunterschied auf der gleichen UF deckt solche standörtlichen Besonderheiten auf. Diagramm 2 zeigt Durchschnitts- und Extremtemperaturen vom Boden in 5 (bzw. 10) cm Tiefe bis zur Luft in 10 cm Höhe bei den 10 kontrollierten UF. Je größer der Sprung zwischen Boden- und Lufttemperatur ist, desto stärker ist die Insolation des Standortes. Ist dieser Sprung im Frühjahr gering, im Sommer groß, dann spiegelt sich darin die Lage der UF wider, die im Frühjahr – durch Felsen oder umliegenden Hochwald – nicht oder spärlich besonnt wird, obwohl sie selbst eine Freifläche darstellt, im Sommer aber durch höheren Sonnenstand stark insoliert wird.

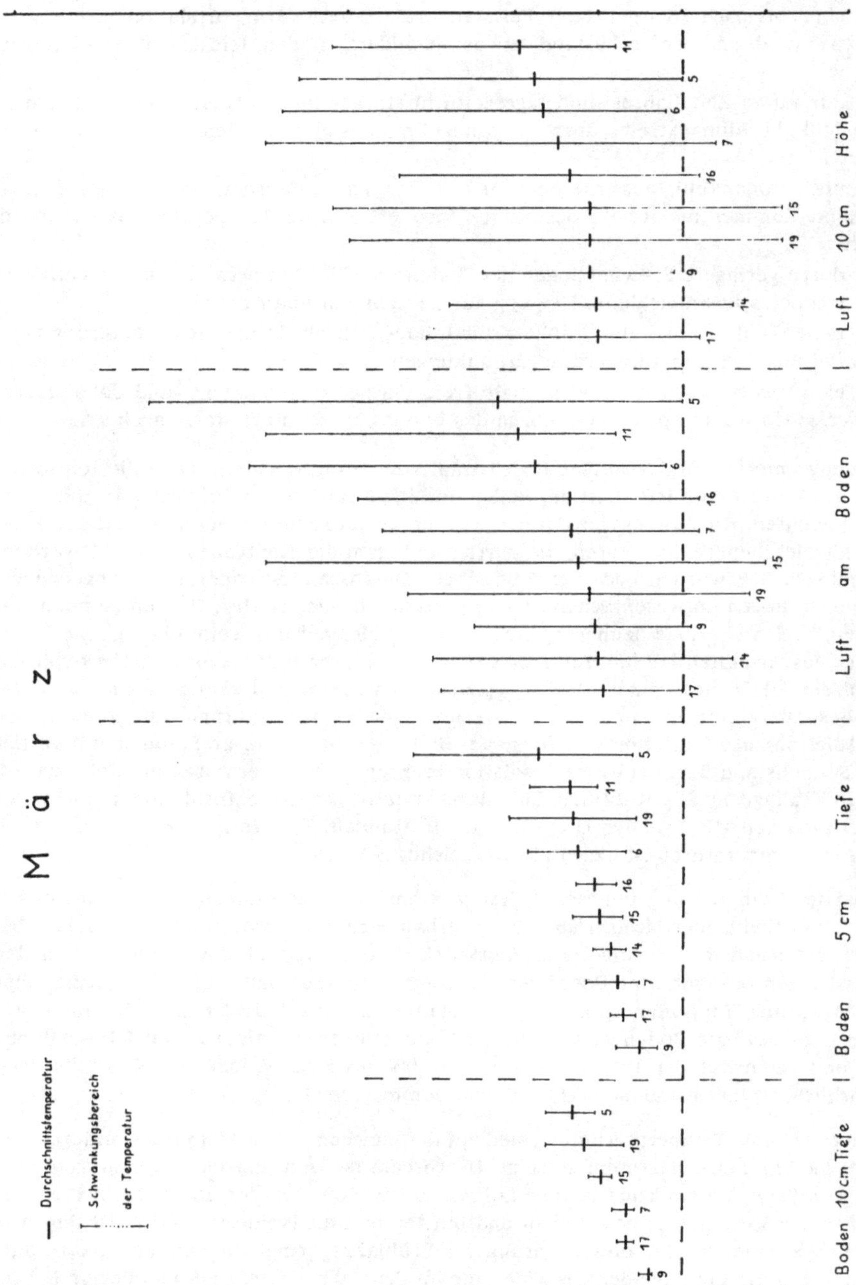

Diagr. 1. Mittelwerte und Schwankungsbereich der Temperaturen innerhalb von 24 Stunden auf 10 UF im März und Juni 1973. In 10 cm Bodentiefe wurde nur an 6 Stellen gemessen. Unter den einzelnen Temperaturbereichen ist die Nummer der UF vermerkt.

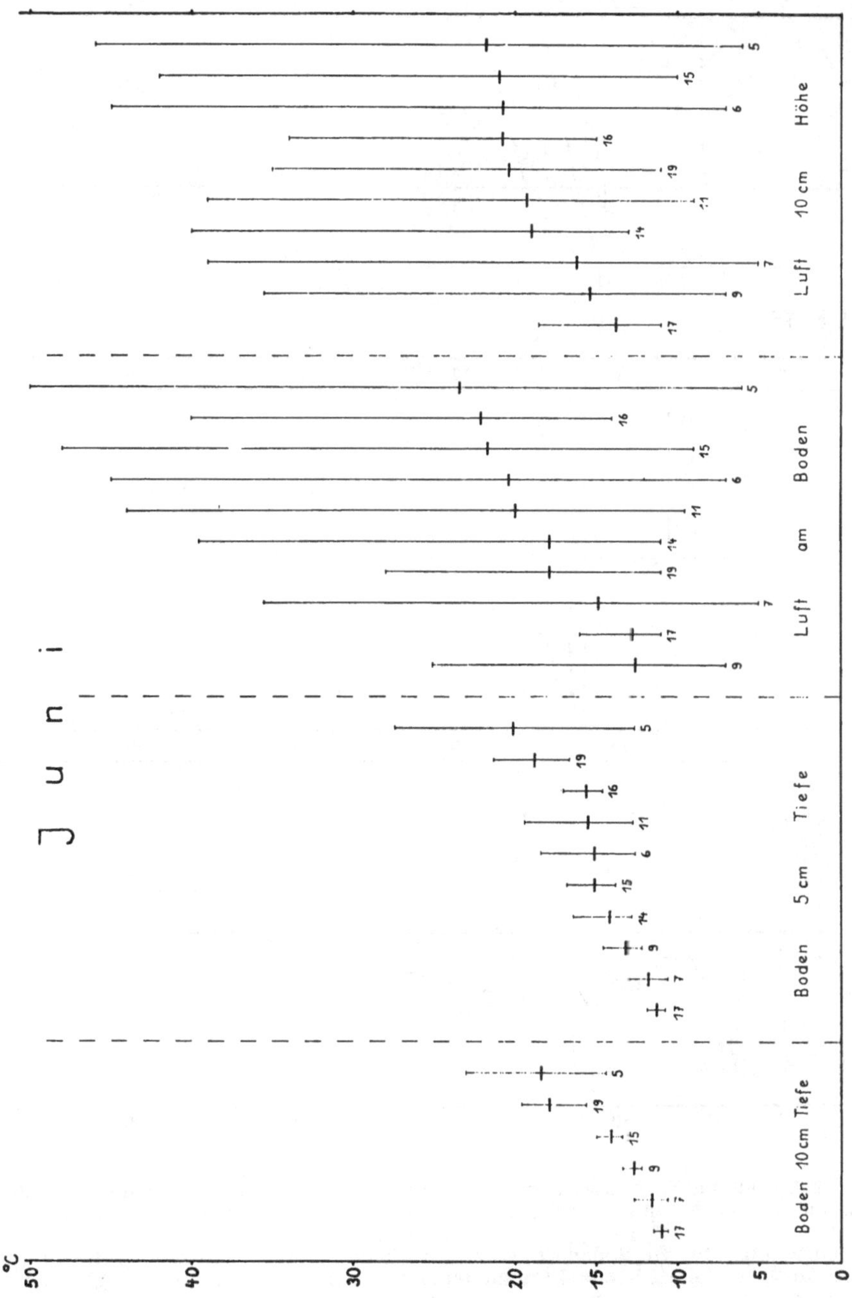
Juni
Luft 10 cm Höhe
Luft am Boden
Boden 5 cm Tiefe
Boden 10cm Tiefe
°C
50
40
30
20
15
10
5
0

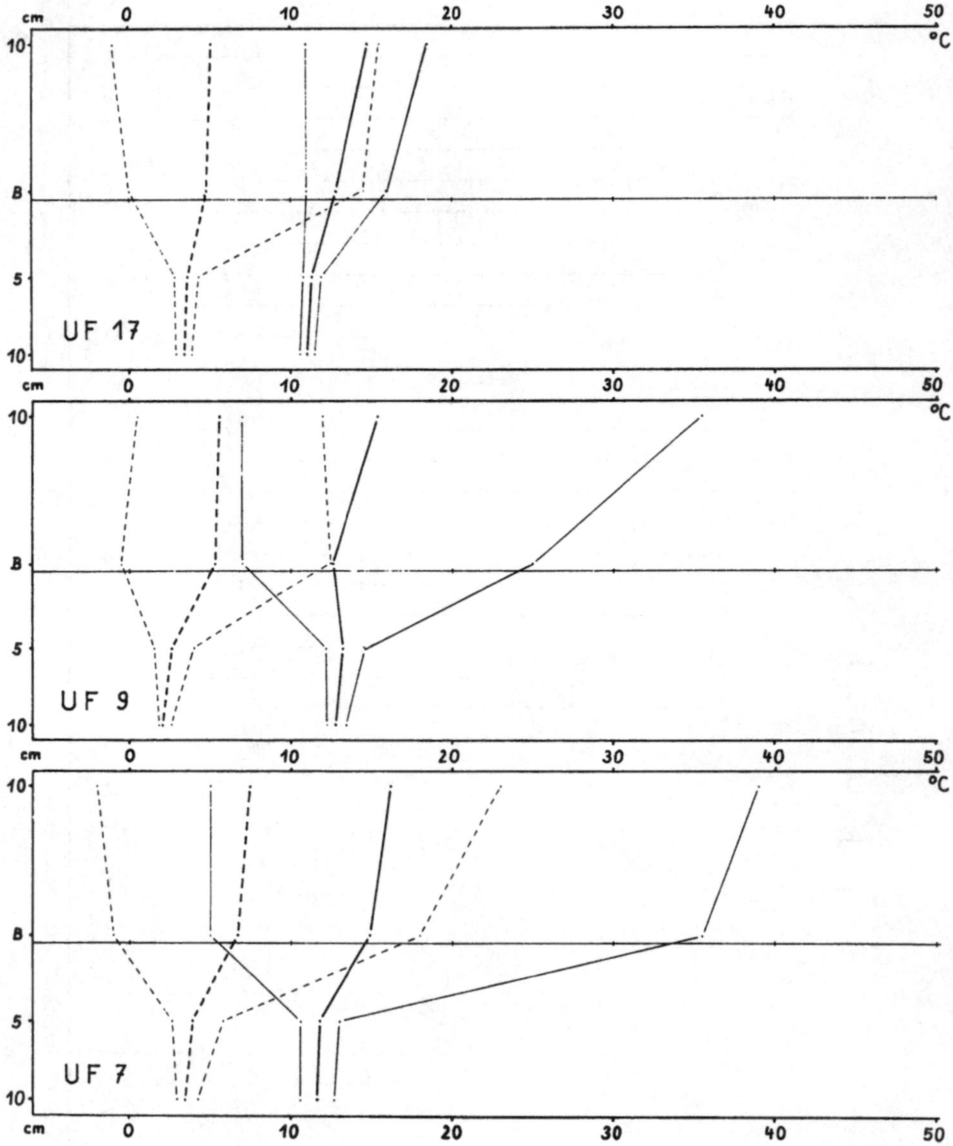

Diagr. 2. Mittel- und Extremwerte der Temperaturen im Verlauf von 24 Stunden im Boden in 10 und 5 cm Tiefe, in der Luft am Boden und in 10 cm Höhe bei 10 UF im März und Juni 1973.
B = Lufttemperatur am Boden, fette unterbrochene Linie = Mitteltemperatur im März, magere unterbrochene Linie = Extremtemperaturen im März, fette ausgezogene Linie = Mitteltemperatur im Juni, magere ausgezogene Linie = Extremtemperaturen im Juni.

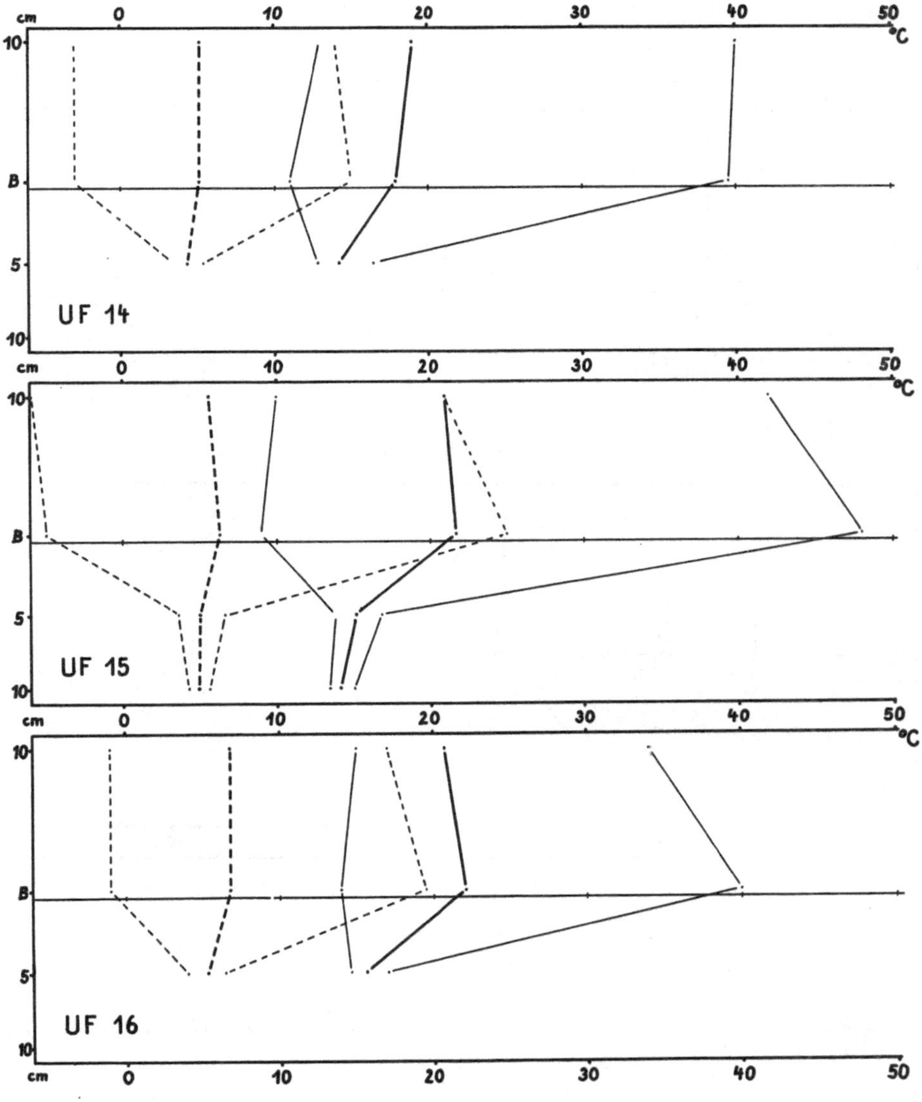
cm
0
10
20
30
40
50
°C
10
B
5
10
UF 14
UF 15
UF 16

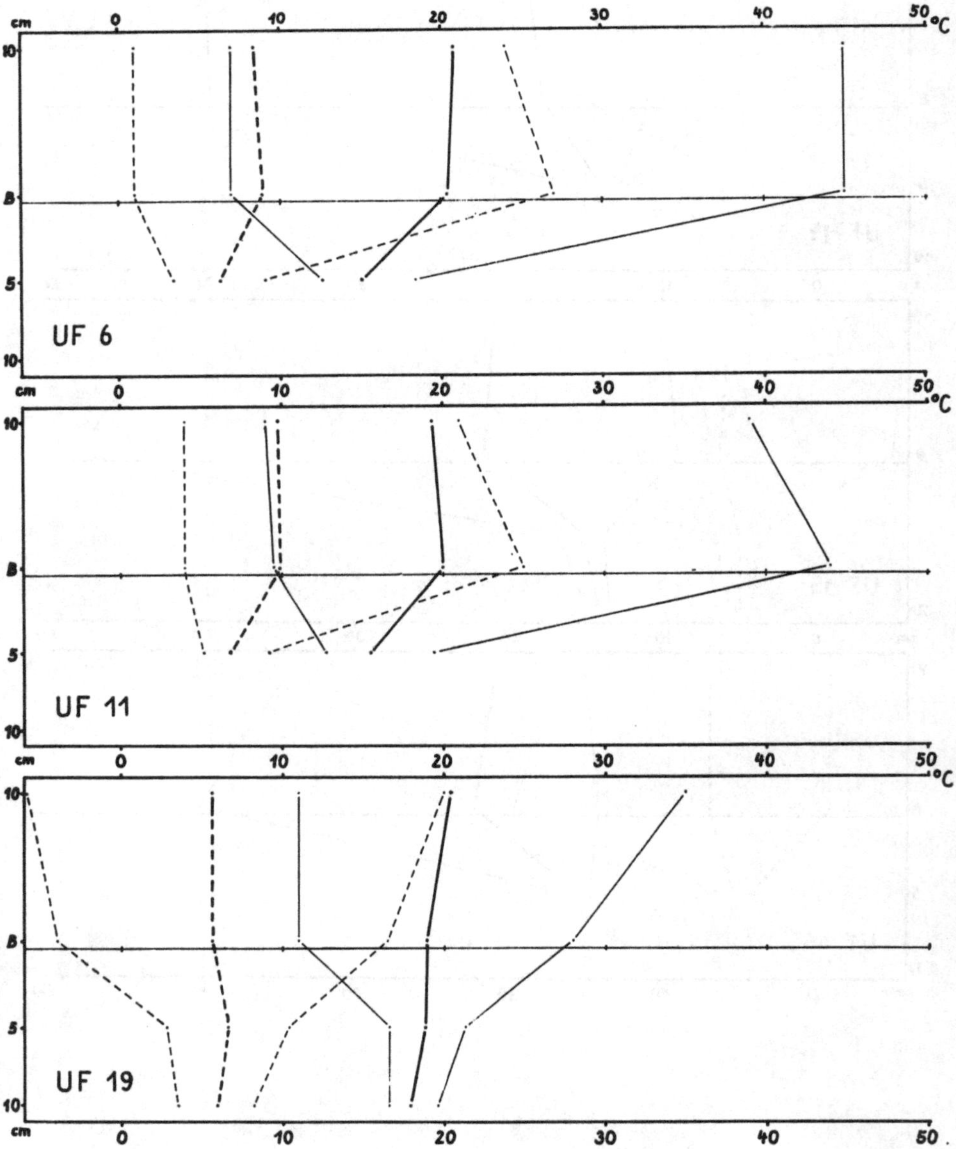
UF 6
UF 11
UF 19
cm
°C
0
10
20
30
40
50
10
8
5

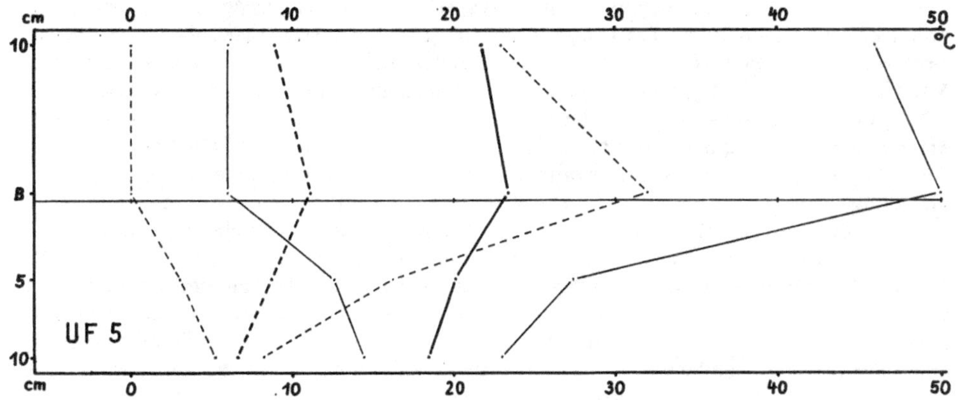

UF 17 zeigt durch größere Temperaturschwankungen der Luft im Frühjahr gegenüber dem Sommer die Abschwächung der Insolation mit zunehmender Laubentfaltung deutlich an.

III. ARBEITSMETHODEN

1. Fangmethoden

Zur Erfassung der Curculionidenfaunen der Biotope wandte ich 3 bewährte entomologische Fangmethoden an:

Käscherfang in der Krautschicht, Bodenfallenfang an der Bodenoberfläche, Bodengesiebeproben für die Streu- und oberste Bodenschicht, womit drei wichtige Horizonte des Aufenthaltes der Curculioniden erfaßt wurden. Die Baumschicht mußte aus technischen Gründen unberücksichtigt bleiben; die Strauchschicht wurde, soweit vorhanden, beim Käschern der Krautschicht mit erfaßt, sie war in den meisten Fällen ohnehin beim Käschern nicht sauber von der Krautschicht zu trennen.

Anfangs (1972) versuchte ich mit festgelegten Schlagzahlen zu käschern, um den Ansprüchen auf Genauigkeit und damit Vergleichbarkeit der Ergebnisse Genüge zu tun. Es zeigte sich bald, daß bei der Eigenart der UF diese – formale – Genauigkeit fehl am Platze war. Es lassen sich auch innerhalb einer UF – mit wenigen Ausnahmen – keine vergleichbaren Schläge erzielen. Brombeergestrüpp am einen, Bruch- und Fallholz oder Reisig am nächsten, starke Hangneigung und Blockwerk (schon normal schwer begehbar, beim Käschern umso mehr) oder stark lückige Vegetation und viel Fallaub u. a. an den weiteren machten dieses Vorhaben unmöglich. Das Netz blieb oft hängen, Blockwerk oder blanke Streu mußten umgangen werden usf. Die mit festgesetzten Schlagzahlen gekäscherten Curculionidenzahlen waren auch nicht sehr groß. Daher ging ich dazu über (1973/74), kleine UF nach Möglichkeit völlig abzukäschern, an größeren wenigstens alle erkennbaren charakteristischen Teilflächen (im Kiefernwald der Felsplateaus z. B. Adlerfarn-, Blaubeer-, Preiselbeer- und Heidekrautbestände, auf Wiesen feuchtere und trockenere Stellen mit unterschiedlichem Bewuchs, charakteristische Einzelpflanzen – Filipendula, Rumex usw.) zu erfassen, ohne mich auf bestimmte Schlagzahlen festzulegen. Es muß sich auch theoretisch gleich bleiben, ob auf diese Weise 20 oder 200 Schläge geführt werden; der prozentuale Anteil der einzelnen Arten am Gesamtfang des jeweiligen Standortes darf sich hierbei nicht verändern. Die aus den Fängen der folgenden Jahre (1973/74) zusammengestellten Artentabellen der UF zeigen sowohl im Vergleich gegeneinander als auch im Vergleich mit 1972, daß dieser Schluß richtig ist. Lediglich der Anteil auf der Bodenoberfläche lebender Arten nimmt von 1972 nach 1974 ab, weil nur von 1972 bis Mitte 1973 Fallen an den mehrjährig besammelten UF ausgesetzt wurden, ab Mitte 1973 bis 1974 der Fallenfang nicht fortgeführt wurde. Barberfallen wurden außer auf UF 4 und 20 auf allen UF gesetzt, und zwar so, daß sie von Ende März/Anfang–Mitte April 1972 an fangbereit standen. Die Fallen am Großen Winterberg (UF 1, 2, 3) wurden erst Mitte Mai bis Ende Juni gesetzt. Aus diesem Grunde wurden die 1972 ausgebrachten Fallen bis Anfang Juni 1973 belassen und kontrolliert, um das Fehlen eventuell im Frühling aktiver Arten zu vermeiden. Die 1974 an den neu hinzugekommenen UF gesetzten Fallen standen von Ende März bis Anfang oder Mitte November. Mit wenigen Ausnahmen (UF 11, 24: je 10 Fallen) wurden je UF 5 Fallen eingesetzt. Das waren runde Plastbecher mit einem oberen Durchmesser von 6 cm, die etwa bis 3 cm Höhe mit Aethylenglykol, seltener mit Formalin (3–4%ig) gefüllt wurden. Die Fallen wurden nicht nach einem starren Schema verteilt, sondern in charakteristischen Teilflächen oder an Einzelpflanzen gesetzt, um möglichst das gesamte Spektrum der auf der Bodenoberfläche lebenden Curculioniden zu erfassen. Eine größere Anzahl zerstörter Fallen (Fuchs, Rotwild, unverhoffter Viehauftrieb auf Wiesen, stellenweise wahrscheinlich auch durch Menschenhand) mindert die Auswertbarkeit der Fallenfänge, doch zeigen diese durch die wiederholten Kontrollen über längere Zeit dennoch ein charakteristisches Artenspektrum gegenüber den Käscherfängen.

Die in der Literatur weitverbreitete Empfehlung, die Fallen mit einem eigens für diesen Zweck angefertigten Dach (meist Plast) abzudecken, war im vorliegenden Falle nicht zu verwirklichen. Das Untersuchungsgebiet hat sich im Verlaufe des letzten Jahrzehnts aus einem abgelegenen in ein vielbesuchtes Gebiet für Erholungssuchende verwandelt, wo Touristen, Urlauber, Bergsteiger, Pilz- und Beerensammler oft bis in die entferntesten Winkel dringen. Ein künstliches Schutzdach wirkt wie ein Blickfang, deshalb tarnte und überdeckte ich die Fallen im Wald mit größeren, hohl darübergelegten Rindenstücken oder Blättern, auf Wiesen oder in starker Krautvegetation deckte ich ebenfalls mit Blättern oder an der Spitze darübergezogenen Gräsern u. a. ab.

Ähnlich wie die Bodenfallenfänge unterscheiden sich auch die Fänge aus Bodengesiebeproben in ihrem Artenspektrum von den Käscherfängen. Zum Sieben verwendete ich ein Käfersieb nach REITTER.

Auf eine tabellarische Gegenüberstellung der Arten nach der Fangweise, mittels derer sie eingebracht wurden, verzichte ich, da mono-, plero- und allaxorophe bis allaxotope Formen hierbei vermischt würden. Es wäre eine aufwendige saisonale Trennung der Fänge nötig, und diese brächte letzten Endes eine wenig übersichtliche Tabelle hervor. Stattdessen wurde bei den näher beschriebenen Arten (s. Autökologie der Arten) aus ihrem je Fangmethode erlangten Anteil auf das Aufenthaltsstratum der Imagines hingewiesen.

Ich mußte darauf verzichten, die Streu- und obere Bodenschicht mit Angabe von Literzahlen oder nach Quadratmetern zu erfassen und zu untersuchen. Auch hier suchte ich jeweils alle charakteristischen Teilflächen der UF einzubeziehen, siebte auch unter bestimmten Pflanzenarten oder Einzelpflanzen, wenn ich Fraßspuren entdeckte oder den Verdacht hatte, daß sich Curculioniden daran aufhielten.

Außer mit diesen drei Fangmethoden fing ich auch noch durch gezieltes Suchen im Gelände verschiedene Curculioniden, vor allem, um ihr Vorkommen auf bestimmten Pflanzen nachzuweisen oder wenn ihre Existenz mit den genannten Methoden nicht zu ermitteln war (Holzbewohner). Ihre Zahl war gering und fällt gegenüber der Gesamtmenge kaum ins Gewicht.

Die Anwendung einer Fangmethode, z. B. des Käscherns, sagt noch nichts darüber aus, ob das plötzliche Ausbleiben einer Art in den Ausbeuten durch „Biotopwechsel" oder jahreszeitlich bedingt durch den Wechsel in ein anderes Stratum des selben Biotops verursacht wird. Auch kann eine nachtaktive, tagsüber am Boden inaktive Art beim Käschern völlig fehlen, obwohl sie typisch für den Biotop ist. Die kombinierte Anwendung der drei Methoden ermöglicht begründete Schlußfolgerungen in dieser Hinsicht. Sie erlaubt auch präzisere Aussagen zur Bionomie der Arten.

Da Curculionidenlarven großenteils nicht freilebend und daher mit den angewandten Methoden kaum zu fangen sind, bleiben sie hier unberücksichtigt. Sie in diese Arbeit einzubeziehen hätte mein Leistungsvermögen weit überschritten.

Insgesamt wurden bei den speziellen Fängen von 1972–1974 147 Arten (6371 Individuen) festgestellt. Weitere von 1967–1975 bei einzelnen Fängen, z. T. auf anderen Flächen erbeutete 1426 Tiere konnten zusätzlich für phänologische oder ökologische Auswertungen hinzugezogen werden. Diese zusätzlich einbezogenen Stücke sind in Tabelle 2 je Art jeweils in Klammern angeführt.

Ich bestimmte die gefangenen Curculioniden großenteils selbst. Die Bestimmungsliteratur ist im Literaturverzeichnis enthalten. Gleichzeitig konnte ich mich auf reiches Vergleichsmaterial in unseren Sammlungen stützen. Dr. LOTHAR DIECKMANN, Institut für Pflanzenschutzforschung (Abt. Taxonomie der Insekten) Eberswalde, bestimmte mir verschiedene Arten mit diffizilen Merkmalen und wies mich selbst in deren Bestimmung ein, so daß alle Artenlisten der UF grundsätzlich bis zur Art determinierte Tiere anführen und vollständig sind. Für seine Hilfe und manchen Hinweis zur Biologie und zum Fang verschiedener Arten bin ich ihm besonders dankbar.

Die Methoden zur Erlangung mikro- und mesoklimatischer Werte sind unter II.3 (Mikroklimatische Messungen, S. 34 ff) beschrieben.

IV. CURCULIONIDENFAUNA

1. Liste der gefangenen Curculioniden-Arten (Tabelle 2)

Die vorliegende Liste gibt eine Übersicht über die nachgewiesenen Arten und die Individuenzahlen sowie über deren Bionomie, Wirtspflanzen, Dynamik, Aktivität und Verbreitung, soweit es mir möglich war, Angaben hierüber aus der Literatur zu erlangen. Mit ihrer Hilfe ist bereits eine grobe Kennzeichnung der Autökologie vieler Arten möglich, die durch die Befunde im Untersuchungsgebiet oft noch präzisiert werden kann. Umgekehrt lassen sich dadurch die Artenkombinationen der Curculioniden der einzelnen UF bis zu einem gewissen Grade ursächlich deuten.

Diese Liste ist ein Versuch, dem Ökologen für Untersuchungen an Curculioniden eine kurze Übersicht über wichtige Fakten zur Entwicklung, Lebensweise und Verbreitung eines Teils der heimischen Arten der Familie darzubieten. Sie ist noch in vielen Punkten zu ergänzen, und wenn das getan wird, hat sie – über den Rahmen der vorliegenden Arbeit hinaus – ihren Sinn erfüllt. So manche Ergänzung läßt sich bereits nach den Schlußfolgerungen in den Kapiteln zur Ökologie und Phänologie einzelner Arten vornehmen.

Um die Vielzahl der Angaben und der zugehörigen Literaturangaben tabellarisch, also übersichtlich, erfassen zu können, müssen Abkürzungen verwendet werden, die auch, wo nötig, in allen anderen Tabellen benutzt werden. Da ein Großteil dieser Abkürzungen von mir aus der Literatur nur übernommen wurde, also dem Leser geläufig ist, dürfte die Lesbarkeit der Tabellen nicht allzu sehr gemindert sein. Nachfolgend erläutere ich Spalte für Spalte – in ihrer Reihenfolge am Tabellenkopf – alle Abkürzungen.

In Klammern () folgen arabische Zahlen, die auf die Arbeiten verweisen, denen die Angaben entnommen sind:

(1) = SCHERF 1964
(2) = DIECKMANN 1968, 1972, 1974
(3) = RENKEN 1956
(4) = eigene Beobachtungen nach Stichproben
(5) = HOFFMANN 1950, 1954, 1958
(6) = REITTER 1916
(7) = GRIMM 1973
(8) = STEIN 1970b
(8a) = STEIN 1968b
(9) = SCHNELL 1955
(10) = DIECKMANN 1971, 1973
(11) = HLISNIKOVSKY 1965
(12) = DIECKMANN 1963
(13) = IOANNISIANI, BIRG u. LAVROVA 1970
(14) = SCHAUERMANN 1973
(15) = DIECKMANN u. FRITZSCHE 1971
(16) = FOLWACZNY 1974
(17) = MÄRKEL 1857

Spalte I n d i v i d u e n : Die erste Zahl nennt die durch die bei den Untersuchungen zum Thema der Arbeit vorgenommenen Fänge erbeuteten Tiere. Die in () gesetzten Zahlen verweisen auf noch a u ß e r h a l b dieser Untersuchungen im UG gefangene Exemplare, die in den Listen der Jahresgesamtfänge der einzelnen UF nicht genannt sind, aber vielfach zur Stützung aut- und synökologischer oder phänologischer Deutungen und Befunde herangezogen werden.

Spalten D y n a m i k und t a g - / n a c h t a k t i v :

b = brachypter (Apterie eingeschlossen)
d = flügeldimorph
m = makropter
F = Flugbeobachtungen liegen vor
t = tagaktiv
n = nachtaktiv

Bei einigen Angaben zur Aktivität verschiedener Arten führe ich eigene Beobachtungen an, da mir Angaben aus der Literatur nicht bekannt sind, obwohl hierüber bei der Häufigkeit der Tiere mit Sicherheit Kenntnisse bei Sammlern und Spezialisten vorhanden sind. Gerade die vielen Lücken in dieser Spalte sind ein Ausdruck für den Mangel an genauen Angaben über Tatsachen, die als selbstverständlich angesehen und daher nicht für wichtig gehalten werden, obwohl sie ungemein wichtig sind. Denn würde man an den gleichen Standorten z. B. bei Tage u n d in der Dunkelheit käschern, unterschieden sich sicher die Dominanzklassen und -grade der Arten in diesen Ausbeuten wesentlich, wenn nicht gar auch die Artenspektren selbst. Der Fang mit Barberfallen kann diese Unterschiede wieder ausgleichen, doch ist es oft schwer zu entscheiden, ob es sich um eine nachtaktive u n d / o d e r um eine lediglich auf der Bodenoberfläche lebende Art handelt. Auf jeden Fall läßt sich beim Vergleich von Käscher-, Fallen- und Gesiebefang sowohl etwas zum Aufenthaltsstratum als auch oft zur tageszeitlichen Aktivität aussagen. Bei den Angaben zur Dynamik mußten, um einige Übersicht zu gewinnen, Stichproben am eigenen Material vorgenommen werden, wenn bei anderen Autoren keine Angaben zu finden waren. Bei in wenigen Stücken gefangenen Arten wurden nur manchmal 1–2 Tiere untersucht (selten), bei häufigeren Arten meist zwischen 5 und 10. Es ist daher durchaus möglich, daß die eine oder andere mit b oder m bezeichnete Art sich in Zukunft noch als flügeldi- bis -polymorph erweisen wird.

Spalte Überwinterung, Generationszyklus:

E = Eier
I = Imagines
L = Larven (mit $L_{1,2}$ usw. = Larvenstadium 1,2 usw.)
P = Puppen

Klammerung ( ) der Stadien bedeutet, daß nach dem gegenwärtigen Stand der Kenntnisse anzunehmen ist, daß die Art in diesem Stadium nur in begrenztem Maße oder nicht regelmäßig überwintert. Die geklammerten arabischen Ziffern, z. B. (2), sind wieder Literaturnachweise.

Spalten ekto-, endo-, mono-, oligo-, polyphag und Wirtspflanzen erfassen nur die Ernährung der Larven, wobei bedeuten:

/ = monophag
// = oligophag
/// = polyphag
en = endophag
ek = ektophag

Außerdem sind die Pflanzenteile bezeichnet, an oder in denen sich Larven entwickeln:

Ausl = Ausläufer
Bl = Blätter
Blü = Blüten
Fr = Früchte und Samen
Kn = Knospen
Nad = Nadeln
o W = ohne, außer Wurzel
Pf = gesamte Pflanze
Rhiz = Rhizom
St = Stiel, Stamm, Stengel, Ast, Zweig
Tr = Trieb
W = Wurzel

Wirtspflanzen werden die Pflanzen genannt, in denen sich die Larven entwickeln. Die Fraßpflanzen der Imagines habe ich aus Platzmangel und aus der Ansicht heraus, daß sie in diesem Rahmen weniger wichtig sind, nicht anführen wollen. Ihre Zahl ist oft größer als die der Wirtspflanzen, denn die Imagines führen häufig einen Reifungsfraß an Pflanzenarten aus, die nicht zu den Wirtspflanzen der Art gehören. Gerade die Wirtspflanzen sind aber für die Ermittlung eventueller Biotopbindungen wichtig.

Spalte Verbreitung: Die Angaben richten sich nach dem Verzeichnis der mitteleuropäischen Käfer HORIONs (1951); wo vorhanden, wurden auch solche aus den Veröffentlichungen DIECKMANNs verwendet.

Afr = Afrika
Alger = Algerien
As = Asien
b = boreal oder boreo-
Balk = Balkanhalbinsel
Chi = China
E = Europa
Finnl = Finnland
Ital = Italien
K = Klein-
Kk = Kaukasus
m = montan
M = Mittel-
Med = Mittelmeergebiet
n = nördlich
N = Norden, Nord-
ö = östlich
O = Osten, Ost-
s = südlich
S = Süden, Süd-
Sib = Sibirien
Skand = Skandinavien
sp = sporadisch
V = Vorder-
vorw = vorwiegend
w = westlich
W = Westen, West-

Tabelle 2

Art	Individuen	tag-/ nacht-aktiv	Dynamik	Überwinterungstyp/ Generationszyklus
RHINOMACERINAE				
Rhinomacer FABRICIUS, 1787				
attelaboides FABRICIUS, 1787	2 -	-	m(2)	L?P?I?(2)I(4)/ univoltin(2)
RHYNCHITINAE				
Pselaphorhynchites SCHILSKY, 1903				
nanus (PAYKULL, 1792)	14 (1)	-	m(4)	L(1,2)/univoltin (1)
tomentosus (GYLLENHAL, 1839)	6 -	-	m(4)	L(1,2)/univoltin (1)
Coenorhinus THOMSON, 1859				
germanicus (HERBST, 1797)	2 (7)	-	m(4)	I(2)/univoltin (1)
Byctiscus THOMSON, 1859				
betulae (LINNE, 1758)	1 (1)	-	m(4)	I(2)/univoltin (1)
Deporaus LEACH, 1819				
betulae (LINNÉ, 1758)	14 (12)	-	mF(4)	I(2)/univoltin (1,2)
APODERINAE				
Apoderus OLIVIER, 1807				
coryli (LINNÉ, 1758)	1 (3)	-	m(4)	(I)(2)/univoltin (1)
APIONINAE				
Apion HERBST, 1797				
violaceum KIRBY, 1808	10 (9)	-	m(8)	I(3)/univoltin (1)
marchicum HERBST, 1797	1 (1)	-	-	- / -
curtirostre GERMAR, 1817	22 (21)	-	m(8)	- /univoltin(1)
miniatum GERMAR, 1833	3 (6)	-	m(4)d(8)	- /univoltin(1)
cruentatum WALTON, 1844	32 (7)	-	b(-d?)(4)	I(4)/-
sanguineum DEGEER, 1775	1 (3)	-	m(4)	- /univoltin(1)
pallipes KIRBY, 1808	364 (5)	-	m(4)	I(4,5)/univoltin (5)
urticarium HERBST, 1784	7 -	-	m(4)	- /univoltin(1)
onopordi KIRBY, 1808	1 (1)	-	dF(8)	- /univoltin(1)
hookeri KIRBY, 1808	1 (2)	-	-	I(3)/univoltin (1)
ebeninum KIRBY, 1808	16 (1)	-	b(4)	- /univoltin(1)
loti KIRBY, 1808	1 -	-	m(8)	I(3)/univoltin (1)
sicardii DESBROCHERS, 1893	4 (2)	-	m(4)	- / -
aethiops HERBST, 1797	2 (1)	-	m(8)	I(3,9)/univoltin (1)

ekto-,endo-,mono-, oligo-,polyphag	Wirtspflanzen	Verbreitung
//enBlü(2)	Pinus silvestris, P. pinaster(2)	E KAs(2)
//enTr(1,2)	Salix sp.,Betula sp.,Alnus sp.(2)	E MAs Sib(2)
//enTr(1,2)	Salix sp.(1,2), seltener Populus sp.(2)	E Sib
disj.//enTr(1,2)	Salix sp.,Rosaceae,Quercus sp.(1,2)	E V-MAs Sib
///ekBlRolle(1,2)	Alnus,Betulus,Carpinus,Corylus, Cydonia, Fagus,Malus,Populus,Pyrus, Salix,Tilia,Vitis(1,2)	E V-MAs Sib N-China
//ekBlRolle(1,2)	Betula sp.,Alnus glutinosa, Carpinus betulus,Fagus silvatica(1,2)	E Sib
//ekBlRolle(1,2)	Corylus avellana,Alnus glutinosa, Betula pendula(1,2)	E VAs Sib Chi
//enSt(1)	Rumex acetosa,crispus,pulcher(1,11)	paläarkt.
/ ?enWGalle(1)	Rumex acetosella(1,11)	paläarkt.
//enBl(1)	Rumex acetosa,acetosella,patientia u. a.(1,10)	W-M-N-OE sp As
//enSt?W?(1)	Rumex obtusifolium(1,11)	M-SE sNE KK KAs
/en (10)	Rumex acetosa(10)	N-ME sp SE VAs
/enStGalle(1)	Rumex acetosella(1,11)	E Kk Alg
/enSt(5)	Mercurialis perennis(4,5)	ME sNE
/enSt(1)	Urtica dioica(1)	ME sNE Kk
//enW(1)	Arctium lappa,Carduus nutans,Onopordon acanthium,Centaurea jacea u.a.(1)	S-ME sNE K-MAs
//enBlü(1)	Chrysanthemum leucanthemum,Matricaria sp., Anthemis sp.(1,11)	S-ME sNE Kk Alg
//enSt(1)	Lathyrus vernus(1), Vicia dumetorum?(4)	S-ME sNE Kk
//enFr(1)	Lotus corniculatus,tenuifolius(10)	E VAs NAfr
/enFr(2)	Lotus uliginosus(10)	E wNAfr
-	Pisum sativa,Vicia sp.,Lathyrus sp.(11)	paläarkt.

Tabelle 2 (1. Fortsetzung)

Art	Individuen	tag-/ nacht-aktiv	Dynamik	Überwinterungstyp/ Generationszyklus
viciae PAYKULL, 1798	3 (1)	-	m(4)	I(9)/univoltin (1)
ervi KIRBY, 1808	9 (11)	-	mF(8)	?I(4)/univoltin?(4)
pseudocerdo DIECKMANN, 1971	1 -	-	-	I(10)/univoltin (10)
virens HERBST, 1797	703 (29)	t u. n (8a)	dF(8)	I(3,8,9)/univoltin(1)
flavipes PAYKULL, 1792	138 (9)	-	mF(8)	I(3,9)/univoltin(1)
nigritarse KIRBY, 1808	1 -	-	mF(8)	-/-
apricans HERBST, 1797	7 (1)	-	mF(8)	I(3,9)/univoltin(1)
OTIORHYNCHINAE				
Otiorhynchus GERMAR, 1824				
niger FABRICIUS, 1775	22 (54)	-	b(5)	- /2jährig
porcatus (HERBST, 1795)	23 (24)	-	b(5)	I(4)/ -
scaber (LINNÉ, 1758)	91 (61)	-	b(5,8)	I(4)/-
equestris (RICHTER, 1821)	29 (8)	-	b(5)	I(4)/-
singularis (LINNÉ, 1767)	33 (34)	n(7)	b(5,7)	L+I(7)/ -
subdentatus BACH, 1854	6 (30)	-	b(5)	-/-
salicis (STROEM, 1788)	2 (10)	-	b(5)	-/-
Peritelus GERMAR, 1824				
hirticornis (HERBST, 1795)	37 (22)	-	b(4)	?I(4)/?univoltin (4)
Trachyphloeus GERMAR, 1817				
bifoveolatus BECK, 1817	2 -	-	b(8)	I(3)/univoltin (1)
aristatus (GYLLENHAL, 1827)	5 (1)	n(6)	-	?I(4)/-
Rhinomias REITTER, 1894				
forticornis (BOHEMAN, 1843)	124 (22)	-	b(4)	L(4)/?univoltin (4)
Phyllobius GERMAR, 1824				
viridicollis (FABRICIUS, 1801)	634 (48)	t(4)	mF(4,5)	- /univoltin(1)
oblongus (LINNÉ, 1758)	18 (1)	-	mF(5,8)	L_5(1)/univoltin (1)
piri (LINNÉ, 1758)	46 (35)	-	mF(5,8)	
maculicornis GERMAR, 1824	6 (1)	-	mF(5,8)	L(1,13)/univoltin(1,13)
argentatus (LINNÉ, 1758)	436 (16)	t(4)	mF(5,8)	L(1,13)L_5(14)/ univoltin(1,13,14)
arborator (HERBST, 1795)	1553 (83)	t(4)	mF(5,8)	L(13)/univoltin (13)

ekto-,endo-,mono-, oligo-,polyphag	Wirtspflanzen	Verbreitung
//enFr(1)	Vicia cracca, ?hirsuta,?Melilotus officinalis(1)	paläarkt.
-	Vicia cracca(11)	paläarkt.
//enFr(10)	Vicia villosa,cracca(10)	öM-S-SOE
//enW(1)	vor allem Trifolium repens und pratense(8a)	paläarkt.
//enBlü(1)	Trifolium repens,agrarium,medium, hybridum(1)	paläarkt.
-	Trifolium repens?(9)	S-ME sNE Med Kk Sib
//enFr(1)	Trifolium pratense,montanum(1)	paläarkt.
///ekW(1)	Gramineen,Picea abies,Pinus strobus,Larix decidua,Abies alba,Acer sp.,Frax.excelsior(1)	m-suba ME
ekW(1)	-	ME sNE
ekW(1)	-	N-ME
ekW(1)	-	m söME bis Sib
///ekW(1)	Rubus idaeus(5),Pinus silvestris (1)	ME sNE
ekW(1)	Pinaceen(1)	m ME
ekW(1)	-	bm N-ME
? ekW(1)	-	ME sNE
ekW(1)	-	E Kk
ekW(1)	-	ME sNE Kk
-	-	ME SOE Kk KAs
///ekW(1)	Gramineen(1)	N-ME NBalk
///ekW(1)	Pirus sp.,Prunus sp.,Fragaria vesca Rumex sp.,Lamium sp.,Poa,Phleum(1)	M-SE sNE Sib
///ekW(1)	Populus sp.,Rumex sp.,Gramineen(1)	E Sib (Pers)
///ekW(1)	Betula sp. u.a.Laubhölzer(13),Aego-podium podagraria,Gramineen(1)	E Sib
///ekW(1)	Fagus silvatica(14),dazu Quercus sp., Gramineen(1),Betula sp.,Populus sp.(13)	E Kk Sib
///ekW(1)	Betula sp. u.a.Laubhölzer(13)	O-ME Finnl.

Tabelle 2 (2. Fortsetzung)

Art	Individuen	tag-/ nacht-aktiv	Dynamik	Überwinterungstyp/ Generationszyklus
calcaratus (FABRICIUS,1792)	42 (61)	-	m(5)	- / -
urticae (DEGEER, 1775)	142 (32)	-	m(5,8)	L(1)/univoltin (1)
BRACHYDERINAE				
Polydrusus GERMAR, 1817				
mollis (STROEM, 1768)	1 (4)	-	-	- / -
impar GOZIS, 1782	69 (1)	-	m(4)	- / -
atomarius (OLIVIER, 1808)	2 (3)	-	-	L(1)/univoltin (1)
pterygomalis BOHEMAN, 1840	2 -	-	-	- / -
cervinus (LINNÉ, 1758)	18 (5)	-	m(4)	L(1)/univoltin (1)
undatus (FABRICIUS, 1781)	41 (38)	-	m(4)	$L_{3/4}$+P(14)/ -
Liophloeus GERMAR, 1824				
tessulatus (MÜLLER, 1776)	5 (4)	n(5)	b(8)	L(5)L+I(1)/ 2jährig(1)
Sciaphilus STEPHENS, 1831				
asperatus (BONSDORFF, 1785)	24 (24)	-	b(8)	I(TISCHLER 1948, STEIN 1970c)/ univoltin(1)
Brachysomus SCHOENHERR, 1826				
echinatus (BONSDORFF, 1785)	30 -	-	b(5)	I(3)/ -
Barypeithes DUVAL, 1853				
mollicomus (AHRENS, 1812)	77 (10)	-	b(4)	L(1)/univoltin (1)
Brachyderes SCHOENHERR, 1836				
incanus (LINNÉ, 1758)	2 (14)	-	b(5)	L+I(1)/univoltin(1)
Strophosoma BILLBERG, 1820				
melanogrammum (FORSTER, 1771)	312 (92)	-	b(7)	I(1,3)auch $L_{3/4}$ (14)/univoltin (1)
capitatum (DEGEER, 1775)	106 (32)	-	b(7)	I(1,3)auch $L_{3/4}$(14) univoltin(1)
Barynotus GERMAR, 1824				
obscurus (FABRICIUS, 1775)	5 (6)	-	b(8)	- / -
moerens (FABRICIUS, 1792)	8 (3)	-	-	- / -
Sitona GERMAR, 1817				
griseus (FABRICIUS, 1775)	1 -	-	-	I(1,3)/univoltin (1)
cambricus STEPHENS, 1831	20 (1)	-	m(4)	I(4)/univoltin(1)
tibialis (HERBST, 1795)	1 (1)	-	-	- / -
lineatus (LINNÉ, 1758)	58 (19)	-	mF(8,9)	E+P+I(15)L+I(9)/ univoltin(1)

ekto-,endo-,mono-, oligo-,polyphag	Wirtspflanzen	Verbreitung
-	-	M-SE sNE Sib
///ekW(1)	Urtica dioica,Fragaria vesca(1)	M-SE sNE Kk Sib
/// W(1)	-	N-ME Balk
/// W(1)	Picea excelsa,Pinus silvestris (5)	vorw. m ME Ital
/// W(1)	-	ME
/// W(1)	-	M-SE sNE Kk Sib
///ekW(1)	Gramineen, z.B. Dactylis glomerata(1)	E Sib
/// W(1)	-	E WSib
?//?ek-enW(1)	Heracleum sphondylium(1,5),Archangelica officinalis,Levisticum officinale,Carduus acanthoides,nutans(1)	M-SE sNE
?/enW(1)	?Primula "officinalis"(1)	E
?//	?Gramineen(Hinweis:6)	E Kk Sib
?///ekW(1)	Fragaria vesca,Agropyron repens (1),Calluna vulgaris?(4)	ME sNE
//ek(-en)W(1)	Pinus silvestris,Abies concolor, Picea abies,Quercus robur(1)	N-ME (bis M-Ital, N-Balk)
///ekW(1)	Deschampsia flexuosa,Pinus silvestris, Rumex obtusifolius, Quercus petraea,robur(1),Fagus silv.(14)	M-SE sNE
///ekW(1)	Calluna vulgaris(1,5),vermutlich viele Gramineen(1),Fagus silv.(14)	N-ME
-	-	N-ME Ital
-	-	ME sNE
//ek-enW(1)	Lupinus sp.(1)	ME sNE Ital
/en-ekW(1)	Lotus uliginosus(12)	M-WE Marokko
//ek-enW(1)	-	M-SE Kk
//en-ekW(1)	Medicago sp.,Trifolium sp.,Vicia sp., Pisum sativum,Phaseolus vulgaris(1)	paläarkt.

Tabelle 2 (3. Fortsetzung)

Art	Individuen	tag-/ nacht-aktiv	Dynamik	Überwinterungstyp/ Generationszyklus
suturalis STEPHENS, 1831	48 (24)	-	d(8)	I(4)/-
sulcifrons (THUNBERG, 1798)	66 (27)	-	dF(8)	E+I(9)I(13)/ univoltin(1)
puncticollis STEPHENS, 1831	6 (3)	-	-	L(1)I(9)/univoltin(1)
flavescens (MARSHAM, 1802)	133 (30)	-	mF(8)	(L)(1)L?+P+I(9)/ univoltin(1)
crinitus (HERBST, 1795)	2 -	-	-	- /univoltin(1)
hispidulus (FABRICIUS, 1776)	29 (5)	-	dF(8,9)	E+I(1,9)/univoltin(1)
humeralis STEPHENS, 1831	3 (1)	-	-	I(9)/univoltin (1)
LEPTOPINAE				
Tropiphorus SCHOENHERR, 1842				
carinatus (MÜLLER, 1776)	27 (4)	-	b(4)	I(4)/-
COSSONINAE				
Rhyncolus GERMAR, 1824				
ater (LINNÉ, 1758)	1 (3)	n(16)	mF(5,16)	L(1)/ -
TANYSPHYRINAE				
Tanysphyrus SCHOENHERR, 1826				
lemnae (PAYKULL, 1792)	1 -	-	m(5)	I(3)/univoltin (1)
NOTARINAE				
Notaris GERMAR, 1817				
acridulus (LINNÉ, 1758)	4 (2)	-	m(4)	I(3)/univoltin (1)
aterrimus HAMPE, 1850	24 (23)	-	b(4)	I(4)/ -
Grypus GERMAR, 1817				
equiseti (FABRICIUS, 1775)	1 (1)	-	m(8)	L(1)/univoltin (1)
CURCULIONINAE				
Miccotrogus SCHOENHERR, 1826				
picirostris (FABRICIUS, 1787)	25 (5)	-	m(8)	I(15)/univolt.(1) mehrere Generat.(15)
Anthonomus GERMAR, 1817				
varians (PAYKULL, 1792)	5 (1)	-	m(2)	I(2)/univoltin (1)
pedicularius (LINNÉ, 1758)	1 -	-	m(2)	I(2)/univoltin (1)
rubi (HERBST, 1795)	5 (4)	-	m(2)	I(2,3)/univoltin(1)
Bradybatus GERMAR, 1824				
kellneri BACH, 1854	1 -	-	m(2)	I(2)/ -
fallax GERSTÄCKER, 1860	1 -	-	m(2)	I(2)/ -

ekto-, endo-, mono-, oligo-, polyphag	Wirtspflanzen	Verbreitung
//en-ekW(1)	Trifolium pratense(9)	paläarkt.
//en-ekW(1)	Trifolium pratense(1,9), Lotus corniculatus(1)	E Kk
//en-ekW(1)	Trifolium pratense, repens, Lotus corniculatus(1,9)	M-SE sNE Kk NAfr
//en-ekW(1)	Trifolium repens, pratense, Medicago sativa, lupulina, Lotus uliginosus(1,9)	E Med Sib
//en-ekW(1)	Vicia sativa, Medicago sativa, lupulina, Trifolium pratense, Pisum sativum, Phaseolus vulgaris, Lens esculenta	S-ME Med Kk Sib
//en-ekW(1)	Trifolium repens, pratense, Medicago lupulina, sativa(1,9)	S-ME sNE Kk Sib (1)
//en-ekW(1)	Medicago sativa, lupulina, minima, Trifolium hybridum(1,9)	S-ME sNE Med Kk MAs
-	-	ME sNE
//phytosaprophag(1)	Acer, Fraxinus, Alnus, Quercus, Corylus, Fagus, Carpinus, Populus, Salix, Sorbus, Picea, Abies, Pinus, Larix(16)	E Sib
//enBl(1)	Lemna sp., Calla palustris, Spirodela polyrrhiza(1)	E Jap
?//enAusl-St(1)	Glyceria aquatica(1)	E Sib
-	-	m öME
//enSt-Rhiz(1)	Equisetum arvense, palustre(1)	N-ME Sib
//enFr(1)	Trifolium hybridum, pratense(1)	E
//enBlü(1,2)	Pinus silvestris, montana, selten Picea abies(1,2)	E VAs Sib
//enBlü(1,2)	Crataegus sp.(1,2)	E VAs MAs NAfr
//enBlü(1,2)	Fragaria sp., Rubus sp., Rosa sp., Geum sp.(1,2)	E V-OAs Alger
//enFr(2)	Acer campestre, monspessulanum, platanoides, opalus(2) Imagines auf Acer platanoides, pseudoplatanus(2)	E(außer Skand u. Balk) VAs W-M-OE

Tabelle 2 (4. Fortsetzung)

Art	Individuen	tag-/nacht-aktiv	Dynamik	Überwinterungstyp/ Generationszyklus
Brachonyx SCHOENHERR, 1826				
pineti (PAYKULL, 1792)	4 (1)	-	m(2)	I(2)/univoltin (1)
Curculio LINNÉ, 1758				
salicivorus PAYKULL, 1792	2 (1)	-	-	L(1)/Früh-u.Spätsommergenerat.(1)
PISSODINAE				
Pissodes GERMAR, 1817				
notatus (FABRICIUS, 1787)	1 (1)	-	m(4)	- /univoltin(1)
pini (LINNÉ, 1758)	3 (1)	-	m(4)	- /univoltin(1)
harcyniae (HERBST, 1795)	1 (3)	-	m(4)	- /univoltin(1)
piniphilus (HERBST, 1795)	1 -	-	-	- /univoltin(1)
Magdalis GERMAR, 1817				
duplicata GERMAR, 1819	3 (1)	-	m(5)	- / -
ACICNEMIDINAE(=TRACHODINAE)				
Trachodes GERMAR, 1824				
hispidus (LINNÉ, 1758)	3 -	-	b(4)	- /univoltin(1)
HYLOBIINAE				
Hylobius GERMAR, 1817				
abietis (LINNÉ, 1758)	28 (26)	-	m(5)	L+I(1)/verschied. Generationszyklen(1)
pinastri (GYLLENHAL, 1813)	5 (4)	-	m(5)	- / -
Liparus OLIVIER, 1807				
germanus (LINNÉ, 1758)	24 (4)	-	b(5)	L(1)/2jährig(1)
Leiosoma STEPHENS, 1831				
deflexum (PANZER, 1795)	10 (1)	-	b(5)	- / -
Plinthus GERMAR, 1817				
tischeri GERMAR, 1824	6 (27)	-	b(5)	I(17)/ -
Alophus SCHOENHERR, 1826				
triguttatus (FABRICIUS, 1775)	1 (5)	-	b(8)	- / -
Hypera GERMAR, 1817				
zoilus (SCOPOLI, 1763)	17 (1)	vorw. n(15)	d(8)	E+L+I(1,9,15)/ Kühl-u.Warmbrüterzyklus(1)
nigrirostris (FABRICIUS, 1775)	12 (1)	-	dF(8,9)	I(3,9,15)/?2Generat.(15)univolt.(1)
arator (LINNÉ, 1758)	12 -	-	m(4)	I(3,15)/univoltin(1)
elongatus (PAYKULL, 1792)	1 (1)	-	-	- /univolt.(1) ?2 Generat.(15)
plantaginis (DEGEER, 1775)	2 -	-	-	- / -

ekto-,endo-,mono-, oligo-,polyphag	Wirtspflanzen	Verbreitung
/enNad(2)	Pinus silvestris(1,2)	W-M-N-O-SOE WSib
//Galleninquiline(1)	Salix sp. in Tenthrediniden-Gallen (1)	E Alger Sib
//enSt(1)	Pinus sp.,Larix decidua(1)	E WSib
//enSt(1)	Pinus sp.,Picea abies(1)	N-ME Sib
//enSt(1)	Picea abies,Pinus silvestris, Abies alba(1)	N-ME
//enSt(1)	Pinus silvestris,strobus,Abies nordmanniana	N-ME
//enSt(1)	Pinus silvestris,Picea abies, Larix decidua(1)	N-ME Sib
//phytosaprophag(1)	Quercus sp.(1)	N-ME
//enW(-St)(1)	Pinus sp.,Picea abies(1)	E Sib
//enW-St(1)	Pinus silvestris,Picea abies(1)	N-ME Sib
?/enRhiz(W)(1)	Petasites hybridus(1)	m ME
//?ek?enW-St-Ausl(1)	Ranunculus repens,montanus,Anemone nemorosa,Caltha palustris(1)	M-SE spor NE
disj//enRhiz(17,4)	"Aspidium spinulosum"(17)	m söME
-	-	W-ME
//ekPf o W(1)	Trifolium pratense,repens,Medicago sativa,falcata(1,9,15)	paläarkt.
//ek(-en)Pf o W(1)	Trifolium sp.,Medicago sativa(1)	E Med
//ekPf o W(1)	Dianthus sp.,Lychnis flos-cuculi,Scleranthus annuus,Spergula arvensis u.a.m.(1)	E
//ekPf o W(1)	Cerastium arvense,Stellaria uliginosa,crassifolia(1)	E
-	-	S-ME sNE Med

Tabelle 2 (5. Fortsetzung)

Art	Individuen	tag-/ nacht-aktiv	Dynamik	Überwinterungstyp/ Generationszyklus
postica GYLLENHAL, 1813 = variabilis (HERBST, 1795)	3 (1)	-	d(8)	I(9,15)/univoltin(1)
viciae (GYLLENHAL, 1813)	2 -	-	-	- / -
RHYNCHOPHORINAE(=CALANDRINAE)				
Cionus CLAIRVILLE, 1798				
tuberculosus (SCOPOLI, 1763)	6 (10)	-	m(4)	- / -
hortulanus (GEOFFROY,1795)	1 (13)	-	m(4)	- /univoltin(1)
alauda (HERBST, 1784)	1 (2)	-	-	- / -
Stereonychus SUFFRIAN, 1854				
fraxini (DEGEER, 1781)	67 (8)	-	m(4)	?I(4) /univoltin (1)
Cleopus STEPHENS, 1831				
pulchellus (HERBST, 1795)	2 -	-	-	- /univoltin(1)
CRYPTORHYNCHINAE				
Cryptorhynchus ILLIGER, 1807				
lapathi (LINNÉ, 1758)	1 (1)	-	-	(E)L(1)E+I(15)/ 2jährig(1)
Acalles SCHOENHERR, 1826				
pyrenaeus BOHEMAN, 1844	1 (2)	-	-	- / -
camelus (FABRICIUS, 1792)	19 (4)	-	b(4)	I(4)/-
echinatus (GERMAR, 1824)	12 -	-	b(4)	- / -
Echinodera WOLLASTON, 1864				
hypocrita (BOHEMAN, 1837)	11 (2)	-	b(4)	?I(4)/-
CEUTORHYNCHINAE				
Rhinoncus STEPHENS, 1831				
perpendicularis (REICH, 1797)	4 (1)	-	m(8)	I(2,3)/univoltin (1,2)
pericarpius(LINNÉ, 1758)	71 (17)	-	m(8)	I(2)/univoltin (1,2)
henningsi WAGNER, 1936	10 (2)	-	m(4)	I(2)/univoltin (1,2)
bruchoides (HERBST, 1784)	5 (1)	-	m(4)	I(2)/univoltin (1,2)
castor (FABRICIUS, 1792)	2 (3)	-	m(4)	I(2,3)/univoltin (1,2)
Rutidosoma STEPHENS, 1831				
fallax (OTTO, 1897)	28 (9)	-	b(4)	I(2,4)/univoltin(2)
Coeliodes SCHOENHERR, 1837				
rubicundus (HERBST, 1795)	12 -	-	m(4)	I(2)/univoltin (2)
Auleutes DIETZ, 1896				
epilobii (PAYKULL, 1800)	4 -	-	-	- /univoltin(1, 2)

ekto-,endo-,mono-, oligo-,polyphag	Wirtspflanzen	Verbreitung
//ekPf o W(1)	Medicago sp.,Melilotus sp.,Trifolium sp.,Vicia sp.,Lotus corniculatus(1)	E NAfr N-MAs
//ekBl(1)	Vicia silvatica,tenuifolia,Lathyrus aphaca(1)	E
//ekBl(1)	Scrophularia nodosa,aquatica(1)	M-SE sNE
//ekBl+Blü(1)	Scrophularia nodosa,aquatica,Verbascum nigrum,phlomoides(1)	M-SE sNE Sib
//ekBl(1)	Scrophularia nodosa,aquatica,canina(1)	W-M-SE NAfr
/ekBl(1)	Fraxinus excelsior(1)	S-ME sNE NAfr
//ekBl(1)	Scrophularia nodosa,aquatica(1)	S-ME sNE NAfr
//enSt(1)	Salix sp.,Populus sp.,Alnus sp. (1)	E Sib
-	-	m-suba ME
-	-	M-SE
-	-	M-SOE Kk
-	-	S-ME
//enSt(1,2)	Polygonum aviculare,persicaria,lapathifolium,hydropiper,mite,amphibium(1,2)	E Sib NAfr
//enSt-W(1,2)	Rumex acetosa,maritimus,conglomeratus,hydrolapathum,obtusifolium,crispus(1,2)	paläarkt.
/enW(1,2)	Polygonum bistorta(1,2)	ME
//enSt(-W)(1,2)	Polygonum lapathifolium,persicaria, hydropiper(1,2)	E Sib
//enW(-St)(1,2)	Rumex acetosella(1,2)	E Sib
/enBlStgr(2,4)	Oxalis acetosella(2,4)	M-SE ?arkto-alpin(2)
//semi-ekBlü(1,2)	Betula pendula,nana(1,2)	E Kk
/enStGalle(1,2)	Chamaenerion angustifolium(1,2)	N-ME Sib

Tabelle 2 (6. Fortsetzung und Schluß)

Art	Individuen	tag-/nacht-aktiv	Dynamik	Überwinterungstyp/ Generationszyklus
Ceutorhynchus GERMAR, 1824				
contractus (MARSHAM, 1802)	30 (1)	-	m+b(2)	I(3)/univoltin (1,2)
erysimi (FABRICIUS, 1787)	11 (3)	-	mF(8)	I(3)/univoltin (1,2)
chalybaeus GERMAR, 1824	2 -	-	-	I(2)/univoltin (1,2)
quadridens (PANZER, 1795)	24 (8)	-	m(2)	I(2,3)/univoltin(1,2)
cochleariae (GYLLENHAL, 1813)	7 (5)	-	m(4)	I(2)/univoltin (1,2)
pleurostigma (MARSHAM, 1802)	1 -	-	m(2)	L(1,2)I(1,2)/ univolt.m.Frühj.-u.Herbststamm(1,2)
napi GYLLENHAL, 1837	3 (1)	-	m(2)	I(2)/univoltin (1,2)
assimilis (PAYKULL, 1792)	6 (3)	-	-	I(2,3)/univoltin (1,2)
angulosus BOHEMAN, 1845	3 (9)	-	m(4)	I(2)/univoltin (2)
Neosirocalus NERESHEIMER & WAGNER, 1938				
floralis (PAYKULL, 1792)	121 (15)	-	m(8)	I(2,3,4)/univoltin(1,2)
Ceutorhynchidius DUVAL, 1854				
troglodytes (FABRICIUS, 1787)	11 (1)	-	m(8)	I(2)/univoltin (2)
Cidnorhinus THOMSON, 1865				
quadrimaculatus (LINNÉ, 1758)	345 (98)	-	mF(4)	I(?L)(2)/univoltin(1,2)
MECININAE				
Gymnaetron SCHOENHERR, 1826				
labile (HERBST, 1795)	3 -	-	-	- / -
pascuorum (GYLLENHAL, 1827)	1 -	-	-	- / -
melanarium (GERMAR, 1821)	11 -	-	m(4)	I(5)/ -
Miarus SCHOENHERR, 1826				
campanulae (LINNÉ, 1767)	37 (30)	-	m(4)	- /univoltin (1)
ANOPLINAE				
Anoplus SCHOENHERR, 1826				
plantaris (NAEZEN, 1794)	14 -	-	m(5)	- /univoltin (1)
roboris SUFFRIAN, 1840	2 (20)	-	m(5)	I(3)/univoltin (1)
RHYNCHAENINAE				
Rhynchaenus CLAIRVILLE & SCHELLENBERG, 1798				
fagi (LINNÉ, 1758)	11 (2)	(t 7)	mF(7,8)	I(3,7)/univoltin(1)
rusci (HERBST, 1795)	4 (3)	-	m(4)	- /bivoltin möglich(1)
salicis (LINNÉ, 1758)	20 (4)	-	m(4)	- / -
stigma (GERMAR, 1821)	36 (18)	-	m(4)	- /univoltin (1)
Rhamphus CLAIRVILLE & SCHELLENBERG, 1798				
pulicarius (HERBST, 1795)	1 -	-	-	L(1)/univoltin (1)

ekto-,endo-,mono-, oligo-,polyphag	Wirtspflanzen	Verbreitung
disj//enBl(2)	Brassicaceen,Papaveraceen,Resedaceen u.a.(1,2)	E
//enBl-St-W(1,2)	Brassicaceen, vor allem Capsella bursa-pastoris(1,2)	E Sib
//enSt-BlStGalle (1,2)	Brassicaceen, vor allem Thlaspi arvense(1,2)	N-M-OE Balk
disj//enBl-St(1,2)	Brassicaceen, Reseda,Tropaeolum, Cannabis(1,2)	E Kk NAfr
//enFr(1,2)	verschiedene Brassicaceen,vor allem Cardamine pratensis(1,2)	N-ME
//enSt-WGalle(1,2)	Brassicaceen(1,2)	E Sib NAfr
//enSt(1,2)	Brassica sp.,Raphanus raphanistrum, Barbarea intermedium(1,2)	W-M-SE NAfr
//enFr(1,2)	Brassica sp.,Rhaphanus sp.,Sinapis sp.(1,2)	E VAs
//enSt(1,2)	Galeopsis speciosa,tetrahit,Stachys palustris,Lycopus europaeus(1,2)	W-ME sNE SSib
//enFr(1,2)	Brassicaceen,vor allem Capsella bursa-pastoris(1,2)	E Sib V-MAs NAfr
/enSt(1,2)	Plantago lanceolata(1,2)	E VAs Sib NAfr
/enW(1,2)	Urtica dioica(1,2)	E V-MAs Sib
-	-	M-SE sNE
/enFr(1)	Plantago lanceolata(1)	M-SE sNE Kk Med
//enSt(5)	Veronica sp.(5)	W-S-ME sNE S d.europ. Teils d. SU
//enFr(1)	Campanula sp.,Phyteuma sp.(1)	bm N-ME
//enBl(1)	Betula pendula,pubescens,Alnus glutinosa(1)	E Sib
//enBl(1)	Alnus incana(1)	E
/enBl(1,7)	Fagus silvatica(1)	M-SE sNE
//enBl(1)	Betula pubescens,pendula(1)	E Sib
//enBl(1)	Salix sp.,Populus tremula(1)	E Sib
//enBl(1)	Salix repens,Alnus glutinosa,Betula pendula,Corylus avellana (1)	E Sib
//enBl(1)	Salix sp.,Betula sp.,Populus sp.(1)	E

2. Fangergebnisse auf den einzelnen UF

Nachfolgend werden die Arten der einzelnen UF nach ihrer Häufigkeit und nach Fangweise angeordnet aufgeführt. Auf eine weitere Unterteilung nach Fangterminen wurde der Übersichtlichkeit halber verzichtet. Die wichtigsten phänologischen Daten sind bei der Besprechung der Phänologie der einzelnen Arten berücksichtigt. Zeitlich genau unterteilte handgeschriebene Tabellen der jeweiligen Jahresfänge liegen zur Einsichtnahme beim Autor vor.

Die Unterteilung der Dominanzklassen und -grade wurde nach folgendem Schema vorgenommen:

Dominante (Grade 5–3): 5 = 64–100 %, 4 = 36–63 %, 3 = 16–35,9 %
Subdominante (Grad 2): 4–15,9 %
Rezedente (Grade 1 und +): 1 = 1–3,9 %, + = 0,1–0,9 %

Erläuterung der Symbole und Abkürzungen:

++ = Arten, die während aller Untersuchungsjahre (1972–1974) nachgewiesen wurden
+ = Arten, die während zweier Untersuchungsjahre nachgewiesen wurden
B = Barberfallenfang, G = Gesiebefang, K = Käscherfang.

Die Abkürzungen der Verbreitungsangaben entsprechen jenen in Tabelle 2 und sind dort erläutert.

Für UF 24 gilt folgende Einteilung:

++ = Arten, die während aller Jahre nur oder überwiegend auf dem trockenen Wiesenteil gefangen wurden
+ = Arten, die während zweier Jahre nur oder überwiegend auf dem trockenen Wiesenteil gefangen wurden
○○ = Arten, die während aller Jahre nur auf dem nassen Wiesenteil gefangen wurden
○ = Arten, die während zweier Jahre nur auf dem nassen Wiesenteil gefangen wurden
●● = Arten, die während aller Jahre auf beiden Teilflächen gefangen wurden, z. T. in unterschiedlicher Häufigkeit, aber rückläufig nicht mehr genau verfolgbar
● = Arten, die während zweier Jahre auf beiden Teilflächen gefangen wurden, z. T. in unterschiedlicher Häufigkeit, aber rückläufig nicht mehr genau verfolgbar

1974 wurden beide Teilflächen von UF 24 gesondert besammelt, um die Unterschiede in der Curculionidenfauna genauer zu erfassen, was vorher nicht konsequent geschah.

Tabelle 3. UF 1; Großer Winterberg, Buchenwald, W-Seite, 1972-1974

	Nr.	Art	Individuen G	B	K	insges.	% des Gesamtfangs
++	1.	Phyllobius argentatus	-	1	325	326	53,01
++	2.	Apion pallipes	3	-	94	97	15,77
++	3.	Stereonychus fraxini	-	1	56	57	9,27
++	4.	Rhinomias forticornis	27	5	1	33	5,37
+	5.	Phyllobius calcaratus	-	-	14	14	2,28
++	6.	Strophosoma melanogrammum	3	2	7	12	1,95
++	7.	Polydrusus undatus	1	-	7	8	1,3
++	8.	Acallcs camelus	2	5	1	8	1,3
+	9.	Rhynchaenus fagi	-	-	8	8	1,3
++	10.	Otiorhynchus hirticornis	-	1	5	6	0,98
	11.	Otiorhynchus singularis	2	-	4	6	0,98
	12.	Phyllobius arborator	-	-	5	5	0,81
+	13.	Barynotus moerens	-	5	-	5	0,81
+	14.	Leiosoma deflexum	5	-	-	5	0,81
++	15.	Rutidosoma fallax	2	-	1	3	0,49
	16.	Cidnorhinus quadrimaculat.	-	-	5	5	0,98
	17.	Sitona sulcifrons	-	-	2	2	0,33
	18.	Sitona crinitus	-	-	1	1	0,16
	19.	Sitona tibialis	-	-	1	1	0,16
	20.	Polydrusus pterygomalis	-	-	1	1	0,16
	21.	Barynotus obscurus	-	1	-	1	0,16
	22.	Trachodes hispidus	-	-	1	1	0,16
	23.	Echinodera hypocrita	-	1	-	1	0,16
	24.	Rhinoncus perpendicularis	-	-	1	1	0,16
	25.	Ceutorhynchus erysimi	-	-	1	1	0,16
	26.	Ceutorhynchus contractus	-	-	1	1	0,16
	27.	Ceutorhynchus quadridens	-	-	1	1	0,16
	28.	Neosirocalus floralis	-	-	1	1	0,16
	29.	Miccotrogus picirostris	-	-	1	1	0,16
	30.	Apion flavipes	-	-	1	1	0,16
	31.	Apion apricans	-	-	1	1	0,16
	32.	Deporaus betulae	-	-	1	1	0,16
		Individuen:	45	22	548	615	

Tabelle 4. UF 2; Großer Winterberg, Müllerwiesenweg an der S-Kuppe, 1972-1974

	Nr.	Art	Individuen G	B	K	insges.	% des Gesamtfangs
++	1.	Phyllobius viridicollis	1	-	200	201	40,2
++	2.	Apion pallipes	21	3	69	93	18,6
++	3.	Cidnorhinus quadrimaculat.	11	2	32	45	9
++	4.	Phyllobius argentatus	-	-	35	35	7
+	5.	Apion virens	2	-	20	22	4,4
++	6.	Apion ebeninum	-	5	10	15	3
+	7.	Apion ervi	3	-	6	9	1,8
+	8.	Rhinomias forticornis	-	8	-	8	1,6

Tabelle 4 (Fortsetzung)

	Nr.	Art	Individuen G	B	K	insges.	% des Gesamtfangs
+	9.	Otiorhynchus hirticornis	1	1	4	6	1,2
+	10.	Notaris aterrimus	4	2	-	6	1,2
++	11.	Otiorhynchus singularis	1	3	1	5	1
++	12.	Barypeithes mollicomus	3	2	-	5	1
+	13.	Strophosoma melanogrammum	-	2	3	5	1
++	14.	Apion urticarium	1	-	4	5	1
+	15.	Apion flavipes	-	-	5	5	1
+	16.	Phyllobius calcaratus	-	-	4	4	0,8
+	17.	Sitona hispidulus	4	-	-	4	0,8
++	18.	Anthonomus rubi	-	-	4	4	0,8
+	19.	Acalles echinatus	2	1	-	3	0,6
	20.	Cionus tuberculosus	-	-	3	3	0,6
+	21.	Polydrusus undatus	1	-	1	2	0,4
+	22.	Leiosoma deflexum	-	1	1	2	0,4
+	23.	Hypera arator	-	-	2	2	0,4
	24.	Phyllobius arborator	-	-	1	1	0,2
	25.	Polydrusus pterygomalis	-	-	1	1	0,2
	26.	Brachysomus echinatus	-	1	-	1	0,2
	27.	Sitona lineatus	-	-	1	1	0,2
	28.	Rhinoncus pericarpius	1	-	-	1	0,2
	29.	Neosirocalus floralis	-	-	1	1	0,2
	30.	Cionus hortulanus	-	-	1	1	0,2
	31.	Miccotrogus picirostris	1	-	-	1	0,2
	32.	Rhynchaenus fagi	-	-	1	1	0,2
	33.	Apion apricans	-	-	1	1	0,2
	34.	Deporaus betulae	-	-	1	1	0,2
	35.	Coenorhinus germanicus	-	-	1	1	0,2
		Individuen:	57	31	412	500	

Tabelle 5. UF 3; Großer Winterberg, Buchenwald, S-Kuppe, 1972-1974

	Nr.	Art	Individuen G	B	K	insges.	% des Gesamtfangs
++	1.	Apion pallipes	8	-	160	168	41,9
++	2.	Phyllobius argentatus	-	-	57	57	14,21
++	3.	Rhinomias forticornis	4	26	-	30	7,48
++	4.	Cidnorhinus quadrimaculat.	7	-	22	29	7,23
+	5.	Brachysomus echinatus	15	1	10	26	6,48
+	6.	Barypeithes mollicomus	7	11	3	21	5,24
	7.	Phyllobius arborator	-	-	11	11	2,74
++	8.	Acalles camelus	3	6	2	11	2,74
++	9.	Otiorhynchus singularis	3	1	5	9	2,24
++	10.	Echinodera hypocrita	5	3	1	9	2,24
+	11.	Acalles echinatus	2	3	-	5	1,25
+	12.	Neosirocalus floralis	2	-	3	5	1,25
++	13.	Notaris aterrimus	4	-	-	4	1

Tabelle 5 (Fortsetzung)

Nr.	Art	Individuen G	B	K	insges.	% des Gesamtfangs
14.	Rhinoncus pericarpius	2	-	-	2	0,5
+ 15.	Apion flavipes	-	-	2	2	0,5
16.	Otiorhynchus hirticornis	-	-	1	1	0,25
17.	Sitona lineatus	-	-	1	1	0,25
18.	Ceutorhynchus contractus	1	-	-	1	0,25
19.	Ceutorhynchus quadridens	-	-	1	1	0,25
20.	Rhynchaenus fagi	-	-	1	1	0,25
21.	Bradybatus fallax	1	-	-	1	0,25
22.	Bradybatus kellneri	1	-	-	1	0,25
23.	Miccotrogus picirostris	-	-	1	1	0,25
24.	Apion urticarium	-	-	1	1	0,25
25.	Apion ebeninum	1	-	-	1	0,25
26.	Apion loti	-	-	1	1	0,25
27.	Apion aethiops	-	-	1	1	0,25
	Individuen:	66	51	284	401	

Tabelle 6. UF 4; Goldstein, Buchenwald, 1974. Kein Fallenfang!

Nr.	Art	Individuen G	B	K	insges.	% des Gesamtfangs
1.	Phyllobius arborator	-	-	31	31	26,27
2.	Strophosoma melanogrammum	6	-	23	29	24,58
3.	Phyllobius argentatus	-	-	18	18	15,25
4.	Phyllobius viridicollis	-	-	17	17	14,41
5.	Cidnorhinus quadrimaculat.	1	-	4	5	4,24
6.	Cionus tuberculosus	-	-	3	3	2,54
7.	Cleopus pulchellus	-	-	2	2	1,69
8.	Miccotrogus picirostris	-	-	2	2	1,69
9.	Rutidosoma fallax	2	-	-	2	1,69
10.	Otiorhynchus hirticornis	-	-	1	1	0,85
11.	Rhinomias forticornis	-	-	1	1	0,85
12.	Polydrusus impar	-	-	1	1	0,85
13.	Acalles echinatus	1	-	-	1	0,85
14.	Echinodera hypocrita	-	-	1	1	0,85
15.	Rhinoncus castor	-	-	1	1	0,85
16.	Anthonomus rubi	-	-	1	1	0,85
17.	Cionus alauda	-	-	1	1	0,85
18.	Apion aethiops	-	-	1	1	0,85
	Individuen:	10	-	108	118	

Tabelle 7. UF 5; Großer Zschand, Kiefernschonung gegenüber Sommerloch, 1972-1974

	Nr.	Art	G	B	K	insges.	% des Gesamtfangs
			Individuen				
++	1.	Phyllobius arborator	-	-	258	258	68,99
++	2.	Strophosoma melanogrammum	15	4	32	51	13,64
++	3.	Pselaphorhynchites nanus	-	-	13	13	3,48
++	4.	Rhynchaenus stigma	-	-	10	10	2,67
+	5.	Strophosoma capitatum	2	-	5	7	1,87
++	6.	Anoplus plantaris	-	-	6	6	1,6
++	7.	Polydrusus undatus	-	-	4	4	1,07
+	8.	Rhynchaenus rusci	-	-	4	4	1,07
++	9.	Sitona lineatus	1	-	2	3	0,8
	10.	Polydrusus cervinus	-	-	2	2	0,53
	11.	Hypera nigrirostris	1	1	-	2	0,53
	12.	Pselaphorhynchites tomentos.	-	-	2	2	0,53
	13.	Otiorhynchus singularis	-	-	1	1	0,27
	14.	Sitona sulcifrons	-	-	1	1	0,27
	15.	Sitona flavescens	-	-	1	1	0,27
	16.	Sitona griseus	-	-	1	1	0,27
	17.	Hypera arator	1	-	-	1	0,27
	18.	Pissodes pini	-	-	1	1	0,27
	19.	Auleutes epilobii	-	-	1	1	0,27
	20.	Ceutorhynchus contractus	-	1	-	1	0,27
	21.	Ceutorhynchus assimilis	-	-	1	1	0,27
	22.	Gymnaetron melanarium	-	-	1	1	0,27
	23.	Apion cruentatum	1	-	-	1	0,27
	24.	Deporaus betulae	-	-	1	1	0,27
		Individuen:	21	6	347	374	

Tabelle 8. UF 6; Großer Zschand, Kiefernwald gegenüber Sommerloch, 1972-1974

	Nr.	Art	G	B	K	insges.	% des Gesamtfangs
			Individuen				
++	1.	Phyllobius arborator	-	3	79	82	39,05
++	2.	Strophosoma melanogrammum	5	10	21	36	17,14
++	3.	Otiorhynchus scaber	7	19	-	26	12,38
++	4.	Strophosoma capitatum	3	2	12	17	8,1
++	5.	Polydrusus undatus	-	-	13	13	6,19
+	6.	Polydrusus impar	-	4	6	10	4,76
	7.	Hylobius abietis	-	6	-	6	2,86
	8.	Barypeithes mollicomus	-	4	-	4	1,9
+	9.	Otiorhynchus singularis	-	2	1	3	1,43
+	10.	Anthonomus varians	2	-	1	3	1,43
+	11.	Neosirocalus floralis	1	-	1	2	0,95
+	12.	Brachonyx pineti	-	-	2	2	0,95

Tabelle 8 (Fortsetzung)

Nr.	Art	G	B	K	insges.	% des Gesamtfangs
		Individuen				
13.	Otiorhynchus hirticornis	-	-	1	1	0,48
14.	Polydrusus cervinus	-	-	1	1	0,48
15.	Rhinomias forticornis	-	1	-	1	0,48
16.	Pissodes notatus	-	-	1	1	0,48
17.	Anoplus plantaris	-	-	1	1	0,48
18.	Rhamphus pulicarius	-	-	1	1	0,48
	Individuen:	18	51	141	210	

Tabelle 9. UF 7; Großer Zschand, Wegrand zwischen Großer Rohrkiefern- und Richterschlüchte, 1972-1974

	Nr.	Art	G	B	K	insges.	% des Gesamtfangs
			Individuen				
++	1.	Phyllobius arborator	-	-	43	43	18,22
++	2.	Cidnorhinus quadrimaculatus	4	-	37	41	17,37
++	3.	Apion virens	1	-	32	33	13,98
++	4.	Sitona lineatus	-	-	15	15	6,36
++	5.	Sitona sulcifrons	2	-	11	13	5,51
++	6.	Apion flavipes	1	-	11	12	5,08
++	7.	Sitona hispidulus	4	-	4	8	3,39
++	8.	Sitona flavescens	2	-	6	8	3,39
+	9.	Phyllobius viridicollis	-	-	7	7	2,97
++	10.	Notaris aterrimus	1	6	-	7	2,97
+	11.	Sitona suturalis	-	-	5	5	2,12
++	12.	Sciaphilus asperatus	1	-	3	4	1,69
+	13.	Leiosoma deflexum	1	-	2	3	1,27
	14.	Tropiphorus carinatus	1	-	2	3	1,27
	15.	Otiorhynchus niger	-	-	2	2	0,85
+	16.	Otiorhynchus equestris	-	-	2	2	0,85
	17.	Miarus campanulae	-	-	3	3	1,27
	18.	Strophosoma melanogrammum	1	-	1	2	0,85
	19.	Sitona cambricus	-	-	2	2	0,85
	20.	Sitona puncticollis	-	-	2	2	0,85.
+	21.	Barynotus obscurus	-	1	1	2	0,85
+	22.	Hypera nigrirostris	-	1	1	2	0,85
	23.	Ceutorhynchus angulosus	-	-	2	2	0,85
	24.	Otiorhynchus scaber	1	-	-	1	0,42
	25.	Otiorhynchus salicis	-	-	1	1	0,42
	26.	Rhinomias forticornis	-	-	1	1	0,42
	27.	Sitona crinitus	-	-	1	1	0,42
	28.	Hypera viciae	-	-	1	1	0,42
	29.	Hylobius pinastri	-	1	-	1	0,42
	30.	Grypus equiseti	-	-	1	1	0,42
	31.	Notaris acridulus	1	-	-	1	0,42

Tabelle 9 (Fortsetzung)

Nr.	Art	Individuen G	B	K	insges.	% des Gesamtfangs
32.	Rutidosoma fallax	1	-	-	1	0,42
33.	Neosirocalus floralis	-	-	1	1	0,42
34.	Ceutorhynchus contractus	1	-	-	1	0,42
35.	Ceutorhynchus quadridens	-	-	1	1	0,42
36.	Ceutorhynchus cochleariae	-	-	1	1	0,42
37.	Apion cruentatum	-	-	1	1	0,42
38.	Apion apricans	-	-	1	1	0,42
	Individuen:	23	10	203	236	

Tabelle 10. UF 8; Großer Zschand, Felshorn nördlich der Großen Rohrkiefernschlüchte, 1974

Nr.	Art	Individuen G	B	K	insges.	% des Gesamtfangs
1.	Phyllobius arborator	-	4	49	53	39,55
2.	Strophosoma capitatum	6	3	19	28	20,9
3.	Strophosoma melanogrammum	4	3	6	13	9,7
4.	Barypeithes mollicomus	1	11	-	12	8,96
5.	Polydrusus cervinus	-	-	9	9	6,72
6.	Coeliodes rubicundus	-	-	5	5	3,73
7.	Otiorhynchus hirticornis	-	2	2	4	2,99
8.	Otiorhynchus singularis	-	1	2	3	2,24
9.	Hylobius abietis	-	2	-	2	1,49
10.	Brachyderes incanus	-	-	1	1	0,75
11.	Pissodes piniphilus	-	-	1	1	0,75
12.	Neosirocalus floralis	-	-	1	1	0,75
13.	Brachonyx pineti	-	-	1	1	0,75
14.	Anoplus plantaris	-	-	1	1	0,75
	Individuen:	11	26	97	134	

Tabelle 11. UF 9; Großer Zschand, Hüllenschlüchte, oligotropher Naßstandort, 1972-1974

Nr.	Art	Individuen G	B	K	insges.	% des Gesamtfangs
++ 1.	Phyllobius arborator	-	-	22	22	61,11
2.	Otiorhynchus niger	-	-	3	3	8,33
+ 3.	Neosirocalus floralis	-	-	3	3	8,33
+ 4.	Ceutorhynchus contractus	-	-	2	2	5,56
5.	Otiorhynchus subdentatus	-	1	-	1	2,78
6.	Phyllobius viridicollis	-	-	1	1	2,78
7.	Rhinoncus perpendicularis	-	-	1	1	2,78
8.	Ceutorhynchus quadridens	-	-	1	1	2,78
9.	Anthonomus varians	1	-	-	1	2,78
10.	Apion viciae	-	-	1	1	2,78
	Individuen:	1	1	34	36	

Tabelle 12. UF 10; Großer Zschand, Hüllenschlüchte, Fichtenwald, 1974

Nr.	Art	Individuen G	B	K	insges.	% des Gesamtfangs
1.	Phyllobius arborator	-	1	66	67	73,63
2.	Otiorhynchus hirticornis	-	2	9	11	12,09
3.	Otiorhynchus niger	-	-	5	5	5,49
4.	Otiorhynchus singularis	-	2	-	2	2,2
5.	Otiorhynchus scaber	-	1	-	1	1,1
6.	Phyllobius viridicollis	-	-	1	1	1,1
7.	Rhinomias forticornis	-	1	-	1	1,1
8.	Ceutorhynchus quadridens	-	1	-	1	1,1
9.	Rhynchaenus stigma	-	-	1	1	1,1
10.	Rhinomacer attelaboides	1	-	-	1	1,1
	Individuen:	1	8	82	91	

Tabelle 13. UF 11; Großer Zschand, Felshorn zwischen Hüllen- und Pechschlüchte, 1972-1974

Nr.	Art	Individuen G	B	K	insges.	% des Gesamtfangs
++ 1.	Phyllobius arborator	-	2	84	86	45,99
++ 2.	Barypeithes mollicomus	6	23	-	29	15,51
++ 3.	Strophosoma capitatum	5	6	14	25	13,37
+ 4.	Hylobius abietis	-	17	-	17	9,09
+ 5.	Polydrusus cervinus	-	-	5	5	2,67
+ 6.	Polydrusus impar	-	-	3	3	1,6
7.	Magdalis duplicata	-	-	3	3	1,6
+ 8.	Coeliodes rubicundus	1	-	2	3	1,6
9.	Otiorhynchus niger	-	-	2	2	1,07
+ 10.	Strophosoma melanogrammum	-	1	1	2	1,07
+ 11.	Pissodes pini	-	-	2	2	1,07
12.	Otiorhynchus singularis	1	-	-	1	0,53
13.	Otiorhynchus scaber	-	-	1	1	0,53
14.	Phyllobius viridicollis	-	-	1	1	0,53
15.	Brachyderes incanus	-	-	1	1	0,53
16.	Ceutorhynchus assimilis	-	-	1	1	0,53
17.	Brachonyx pineti	-	-	1	1	0,53
18.	Anthonomus varians	-	-	1	1	0,53
19.	Anoplus plantaris	-	-	1	1	0,53
20.	Apion virens	-	-	1	1	0,53
21.	Deporaus betulae	-	-	1	1	0,53
	Individuen:	13	49	125	187	

Tabelle 14. UF 12; Großer Zschand, Fichtenschonung an der Alten Zeughausstraße, 1974

Nr.	Art	Individuen G	B	K	insges.	% des Gesamtfangs
1.	Phyllobius arborator	-	-	6	6	16,22
2.	Phyllobius viridicollis	-	-	4	4	10,81
3.	Otiorhynchus niger	-	-	3	3	8,11
4.	Otiorhynchus hirticornis	-	3	-	3	8,11
5.	Strophosoma melanogrammum	-	1	2	3	8,11
6.	Strophosoma capitatum	-	-	2	2	5,41
7.	Sitona lineatus	-	-	2	2	5,41
8.	Hylobius abietis	-	2	-	2	5,41
9.	Otiorhynchus scaber	1	-	-	1	2,7
10.	Phyllobius calcaratus	-	-	1	1	2,7
11.	Polydrusus impar	-	-	1	1	2,7
12.	Polydrusus cervinus	-	-	1	1	2,7
13.	Polydrusus atomarius	-	-	1	1	2,7
14.	Sitona sulcifrons	-	-	1	1	2,7
15.	Sitona suturalis	-	-	1	1	2,7
16.	Auleutes epilobii	-	-	1	1	2,7
17.	Ceutorhynchus contractus	-	-	1	1	2,7
18.	Ceutorhynchus quadridens	-	-	1	1	2,7
19.	Miccotrogus picirostris	-	-	1	1	2,7
20.	Apion viciae	-	-	1	1	2,7
	Individuen:	1	6	30	37	

Tabelle 15. UF 13; Großer Zschand, Fichtenwald an der Alten Zeughausstraße, 1974

Nr.	Art	Individuen G	B	K	insges.	% des Gesamtfangs
1.	Phyllobius arborator	-	1	56	57	29,84
2.	Polydrusus impar	-	1	28	29	15,18
3.	Otiorhynchus scaber	2	23	3	28	14,66
4.	Strophosoma melanogrammum	4	6	13	23	12,04
5.	Rhinomias forticornis	7	12	1	20	10,47
6.	Rutidosoma fallax	15	-	2	17	8,9
7.	Strophosoma capitatum	-	2	4	6	3,14
8.	Cidnorhinus quadrimaculatus	-	-	4	4	2,09
9.	Otiorhynchus singularis	-	-	2	2	1,05
10.	Barypeithes mollicomus	2	-	-	2	1,05
11.	Neosirocalus floralis	-	-	2	2	1,05
12.	Trachodes hispidus	-	-	1	1	0,52
	Individuen:	30	45	116	191	

Tabelle 16. UF 14; Großer Zschand, Buchenschonung, 1972-1974

	Nr.	Art	Individuen G	B	K	insges.	% des Gesamtfangs
+	1.	Phyllobius arborator	-	-	136	136	67,66
+	2.	Strophosoma melanogrammum	-	-	31	31	15,42
+	3.	Otiorhynchus scaber	1	2	6	9	4,48
	4.	Polydrusus impar	-	-	6	6	2,99
+	5.	Rhynchaenus stigma	1	-	3	4	1,99
	6.	Rhynchaenus salicis	-	-	3	3	1,49
+	7.	Strophosoma capitatum	-	-	2	2	1
	8.	Auleutes epilobii	-	-	2	2	1
	9.	Anoplus plantaris	-	-	2	2	1
	10.	Otiorhynchus subdentatus	-	-	1	1	0,5
	11.	Phyllobius calcaratus	-	-	1	1	0,5
	12.	Hylobius abietis	-	-	1	1	0,5
	13.	Hylobius pinastri	-	-	1	1	0,5
	14.	Plinthus tischeri	-	1	-	1	0,5
	15.	Curculio salicivorus	-	-	1	1	0,5
		Individuen:	2	3	196	201	

Tabelle 17. UF 15; Großer Zschand, Fichtenschonung oberhalb Schneeloch, 1972-1974

	Nr.	Art	Individuen G	B	K	insges.	% des Gesamtfangs
++	1.	Phyllobius arborator	-	-	534	534	88,7
++	2.	Strophosoma melanogrammum	10	-	13	23	3,82
++	3.	Phyllobius viridicollis	1	-	12	13	2,16
+	4.	Polydrusus undatus	-	-	7	7	1,16
+	5.	Otiorhynchus niger	-	1	3	4	0,66
+	6.	Otiorhynchus scaber	2	1	1	4	0,66
+	7.	Strophosoma capitatum	1	-	2	3	0,5
+	8.	Rhynchaenus stigma	-	-	3	3	0,5
	9.	Phyllobius calcaratus	-	-	2	2	0,33
	10.	Sitona sulcifrons	-	-	2	2	0,33
	11.	Otiorhynchus hirticornis	-	-	1	1	0,17
	12.	Phyllobius maculicornis	-	-	1	1	0,17
	13.	Sitona sulcifrons	-	-	1	1	0,17
	14.	Sitona lineatus	1	-	-	1	0,17
	15.	Rhynchaenus rusci	-	-	1	1	0,17
	16.	Apion marchicum	-	-	1	1	0,17
	17.	Apion flavipes	-	-	1	1	0,17
		Individuen:	15	2	585	602	

Tabelle 18. UF 16; Großer Zschand, Fichtenwald oberhalb Schneeloch, 1972-1974

	Nr.	Art	Individuen G	B	K	insges.	% des Gesamtfangs
+	1.	Phyllobius arborator	-	-	63	63	37,06
++	2.	Strophosoma melanogrammum	3	20	14	37	21,76
++	3.	Otiorhynchus scaber	3	11	1	15	8,82
++	4.	Strophosoma capitatum	-	7	7	14	8,24
++	5.	Polydrusus impar	1	2	13	16	9,41
++	6.	Rhinomias forticornis	2	8	1	11	6,47
	7.	Barypeithes mollicomus	-	3	-	3	1,76
+	8.	Hylobius pinastri	-	3	-	3	1,76
	9.	Deporaus betulae	-	-	2	2	1,18
	10.	Otiorhynchus niger	-	-	1	1	0,59
	11.	Otiorhynchus hirticornis	-	-	1	1	0,59
	12.	Rhyncolus ater	-	-	1	1	0,59
	13.	Trachodes hispidus	1	-	-	1	0,59
	14.	Acalles pyrenaeus	-	1	-	1	0,59
	15.	Ceutorhynchus contractus	-	-	1	1	0,59
		Individuen:	10	55	105	170	

Tabelle 19. UF 17; Großer Zschand unterhalb Zeughaus, Schluchtwald (I), 1972-1974

	Nr.	Art	Individuen G	B	K	insges.	% des Gesamtfangs
++	1.	Liparus germanus	-	-	22	22	34,38
++	2.	Otiorhynchus equestris	-	-	11	11	17,19
+	3.	Liophloeus tessulatus	-	-	4	4	6,25
+	4.	Phyllobius calcaratus	-	-	3	3	4,69
+	5.	Phyllobius arborator	-	-	3	3	4,69
	6.	Stereonychus fraxini	-	-	2	2	3,13
+	7.	Cidnorhinus quadrimaculatus	-	-	2	2	3,13
+	8.	Ceutorhynchus contractus	-	-	2	2	3,13
	9.	Otiorhynchus scaber	-	1	-	1	1,56
	10.	Otiorhynchus niger	-	-	1	1	1,56
	11.	Otiorhynchus subdentatus	-	-	1	1	1,56
	12.	Phyllobius viridicollis	-	-	1	1	1,56
	13.	Tropiphorus carinatus	1	-	-	1	1,56
	14.	Barynotus moerens	1	-	-	1	1,56
	15.	Sitona lineatus	-	-	1	1	1,56
	16.	Hypera nigrirostris	1	-	-	1	1,56
	17.	Acalles echinatus	1	-	-	1	1,56
	18.	Rhinoncus bruchoides	-	-	1	1	1,56
	19.	Rhinoncus perpendicularis	-	-	1	1	1,56
	20.	Cooliodes rubicundus	1	-	-	1	1,56
	21.	Anoplus plantaris	-	-	1	1	1,56
	22.	Apion flavipes	-	-	1	1	1,56
	23.	Apion apricans	-	-	1	1	1,56
		Individuen:	5	1	58	64	

Tabelle 20. UF 18; Großer Zschand unterhalb Zeughaus, Schluchtwald (II), 1974

	Nr.	Art	Individuen G	B	K	insges.	% des Gesamtfangs
o	1.	Otiorhynchus equestris	1	1	9	11	28,95
o	2.	Phyllobius arborator	-	-	5	5	13,16
	3.	Rhinomias forticornis	1	3	-	4	10,53
	4.	Otiorhynchus porcatus	2	-	-	2	5,26
o	5.	Liparus germanus	-	1	1	2	5,26
o	6.	Coeliodes rubicundus	-	-	2	2	5,26
	7.	Neosirocalus floralis	-	-	2	2	5,26
o	8.	Anoplus plantaris	-	-	2	2	5,26
	9.	Rhynchaenus salicis	-	-	2	2	5,26
o	10.	Otiorhynchus niger	-	-	1	1	2,63
	11.	Sciaphilus asperatus	-	-	1	1	2,63
o	12.	Tropiphorus carinatus	-	1	-	1	2,63
o	13.	Liophloeus tessulatus	-	-	1	1	2,63
	14.	Sitona sulcifrons	-	-	1	1	2,63
	15.	Sitona suturalis	-	-	1	1	2,63
		Individuen:	4	6	28	38	

Tabelle 21. UF 19; Buschmüllers Räumicht (Waldwiese), 1972-1974

	Nr.	Art	Individuen G	B	K	insges.	% des Gesamtfangs
++	1.	Apion virens	18	6	540	564	36,77
++	2.	Phyllobius viridicollis	2	-	236	238	15,51
++	3.	Apion flavipes	1	-	81	82	5,35
++	4.	Sitona flavescens	6	10	60	76	4,95
+	5.	Neosirocalus floralis	1	-	75	76	4,95
++	6.	Rhinoncus pericarpius	5	10	31	46	3
+	7.	Sitona suturalis	2	-	35	37	2,41
+	8.	Cidnorhinus quadrimaculatus	12	-	16	28	1,83
++	9.	Sitona sulcifrons	1	3	23	27	1,76
++	10.	Apion cruentatum	1	-	22	23	1,5
++	11.	Sitona cambricus	4	1	13	18	1,17
++	12.	Rhynchaenus stigma	-	-	18	18	1,17
++	13.	Phyllobius oblongus	-	-	18	18	1,17
++	14.	Sitona lineatus	2	-	15	17	1,11
++	15.	Apion curtirostre	-	-	17	17	1,11
++	16.	Sciaphilus asperatus	9	-	7	16	1,04
++	17.	Rhynchaenus salicis	-	-	15	15	0,98
++	18.	Tropiphorus carinatus	6	8	-	14	0,91
++	19.	Hypera zoilus	1	2	11	14	0,91
++	20.	Sitona hispidulus	1	2	10	13	0,85
++	21.	Phyllobius piri	-	4	7	11	0,72
++	22.	Ceutorhynchidius troglodyt.	1	-	10	11	0,72

Tabelle 21 (Fortsetzung)

Nr.	Art	Individuen G	B	K	insges.	% des Gesamtfangs
++ 23.	Gymnaetron melanarium	1	-	9	10	0,65
24.	Ceutorhynchus quadridens	-	-	10	10	0,65
+ 25.	Miarus campanulae	-	-	9	9	0,59
26.	Apion violaceum	-	1	8	9	0,59
++ 27.	Otiorhynchus porcatus	4	5	-	9	0,59
+ 28.	Ceutorhynchus contractus	-	-	8	8	0,52
++ 29.	Phyllobius arborator	-	-	7	7	0,46
+ 30.	Miccotrogus picirostris	1	-	6	7	0,46
31.	Strophosoma melanogrammum	4	-	2	6	0,39
++ 32.	Trachyphloeus aristatus	5	-	-	5	0,33
33.	Sitona puncticollis	-	-	4	4	0,26
+ 34.	Hypera arator	1	-	3	4	0,26
++ 35.	Pselaphorhynchites tomentos.	-	-	4	4	0,26
36.	Deporaus betulae	-	-	4	4	0,26
+ 37.	Apion sicardii	-	-	4	4	0,26
+ 38.	Ceutorhynchus assimilis	-	-	4	4	0,26
39.	Rhinomias forticornis	-	3	-	3	0,2
++ 40.	Polydrusus undatus	-	-	3	3	0,2
+ 41.	Hypera postica (=variabilis)	-	-	3	3	0,2
+ 42.	Ceutorhynchus cochleariae	-	-	3	3	0,2
+ 43.	Gymnaetron labile	-	-	3	3	0,2
++ 44.	Apion miniatum	-	-	3	3	0,2
45.	Phyllobius maculicornis	-	-	2	2	0,13
46.	Sitona humeralis	-	-	2	2	0,13
47.	Hypera plantaginis	-	-	2	2	0,13
+ 48.	Rhinoncus bruchoides	1	-	1	2	0,13
+ 49.	Apion apricans	-	-	2	2	0,13
50.	Otiorhynchus singularis	-	-	1	1	0,07
51.	Otiorhynchus scaber	-	-	1	1	0,07
52.	Otiorhynchus hirticornis	-	-	1	1	0,07
53.	Barynotus obscurus	-	-	1	1	0,07
54.	Alophus triguttatus	1	-	-	1	0,07
55.	Hypera viciae	-	-	1	1	0,07
56.	Cryptorhynchus lapathi	-	-	1	1	0,07
57.	Pissodes harcyniae	-	-	1	1	0,07
58.	Rhinoncus castor	-	-	1	1	0,07
59.	Coeliodes rubicundus	-	-	1	1	0,07
60.	Ceutorhynchus erysimi	-	-	1	1	0,07
61.	Ceutorhynchus pleurostigma	-	-	1	1	0,07
62.	Ceutorhynchus napi	-	-	1	1	0,07
63.	Ceutorhynchus chalybaeus	1	-	-	1	0,07
64.	Gymnaetron pascuorum	-	-	1	1	0,07
65.	Anthonomus pedicularius?	-	-	1	1	0,07
66.	Curculio salicivorus	-	-	1	1	0,07
67.	Apion sanguineum	-	-	1	1	0,07
68.	Apion onopordi	-	-	1	1	0,07
69.	Apion nigritarse	-	-	1	1	0,07
70.	Apion viciae	-	-	1	1	0,07
71.	Coenorhinus germanicus	-	-	1	1	0,07
72.	Pselaphorhynchites nanus	-	-	1	1	0,07
73.	Apoderus coryli	-	-	1	1	0,07
	Individuen:	92	55	1388	1535	

Tabelle 22. UF 20; Neunstelliger Hübel, Buchenwald, 1974. Kein Fallenfang !

Nr.	Art	Individuen G	B	K	insges.	% des Gesamtfangs
1.	Strophosoma melanogrammum	-	-	36	36	81,82
2.	Polydrusus undatus	-	-	3	3	6,82
3.	Polydrusus impar	-	-	2	2	4,55
4.	Strophosoma capitatum	-	-	1	1	2,27
5.	Rutidosoma fallax	1	-	-	1	2,27
6.	Deporaus betulae	-	-	1	1	2,27
	Individuen:	1	-	43	44	

Tabelle 23. UF 21; Kirnitzschtal, Schluchtwald oberhalb Dreisteigenbrücke , 1974

Nr.	Art	Individuen G	B	K	insges.	% des Gesamtfangs
1.	Phyllobius arborator	-	5	22	27	39,13
2.	Rhinomias forticornis	3	2	7	12	17,39
3.	Apion pallipes	-	-	7	7	10,14
4.	Rutidosoma fallax	1	-	3	4	5,8
5.	Brachysomus echinatus	1	1	1	3	4,35
6.	Otiorhynchus scaber	2	-	-	2	2,9
7.	Sitona lineatus	-	-	2	2	2,9
8.	Acalles echinatus	-	2	-	2	2,9
9.	Otiorhynchus subdentatus	-	-	1	1	1,45
10.	Otiorhynchus equestris	1	-	-	1	1,45
11.	Polydrusus mollis	-	-	1	1	1,45
12.	Polydrusus undatus	-	-	1	1	1,45
13.	Sciaphilus asperatus	-	-	1	1	1,45
14.	Rhinoncus perpendicularis	1	-	-	1	1,45
15.	Neosirocalus floralis	-	-	1	1	1,45
16.	Ceutorhynchus erysimi	-	-	1	1	1,45
17.	Apion pseudocerdo	-	-	1	1	1,45
18.	Deporaus betulae	-	-	1	1	1,45
	Individuen:	9	10	50	69	

Tabelle 24. UF 22; Kirnitzschtal, Dorfbachmündung, 1972-1974

	Nr.	Art	Individuen G	B	K	insges.	% des Gesamtfangs
++	1.	Cidnorhinus quadrimaculatus	5	-	33	38	32,2
+	2.	Phyllobius arborator	-	-	30	30	25,42
+	3.	Stereonyhcus fraxini	2	-	6	8	6,78
+	4.	Phyllobius urticae	-	-	6	6	5,08
+	5.	Neosirocalus floralis	-	-	5	5	4,24
+	6.	Ceutorhynchus contractus	-	-	4	4	3,39
++	7.	Otiorhynchus subdentatus	-	-	2	2	1,69
+	8.	Otiorhynchus equestris	-	1	1	2	1,69
	9.	Barynotus moerens	-	1	1	2	1,69
+	10.	Hypera nigrirostris	-	-	2	2	1,69
	11.	Apion virens	2	-	-	2	1,69
	12.	Otiorhynchus salicis	-	-	1	1	0,85
	13.	Phyllobius viridicollis	-	-	1	1	0,85
	14.	Phyllobius calcaratus	-	-	1	1	0,85
	15.	Sitona lineatus	-	-	1	1	0,85
	16.	Rhinomias forticornis	-	-	1	1	0,85
	17.	Barynotus obscurus	-	-	1	1	0,85
	18.	Sciaphilus asperatus	-	-	1	1	0,85
	19.	Tropiphorus carinatus	1	-	-	1	0,85
	20.	Rhinoncus bruchoides	-	-	1	1	0,85
	21.	Ceutorhynchus quadridens	-	-	1	1	0,85
	22.	Ceutorhynchus erysimi	-	-	1	1	0,85
	23.	Rhynchaenus fagi	-	-	1	1	0,85
	24.	Tanysphyrus lemnae	-	-	1	1	0,85
	25.	Apion urticarium	-	-	1	1	0,85
	26.	Apion apricans	-	-	1	1	0,85
	27.	Apion hookeri	-	-	1	1	0,85
	28.	Rhinomacer attelaboides	-	-	1	1	0,85
		Individuen:	10	2	106	118	

Tabelle 25. UF 23; Kirnitzschtal, Erlenwäldchen oberhalb Niedere Schleuse, 1974

Nr.	Art	Individuen G	B	K	insges.	% des Gesamtfangs
1.	Cidnorhinus quadrimaculatus	10	-	112	122	40,13
2.	Phyllobius urticae	-	-	106	106	34,87
3.	Phyllobius arborator	-	-	21	21	6,91
4.	Phyllobius calcaratus	-	-	15	15	4,93
5.	Neosirocalus floralis	-	-	6	6	1,97
6.	Ceutorhynchus erysimi	-	-	6	6	1,97
7.	Ceutorhynchus contractus	1	-	4	5	1,64
8.	Ceutorhynchus quadridens	-	-	5	5	1,64
9.	Sitona lineatus	-	1	3	4	1,32
10.	Anoplus roboris	1	-	1	2	0,66

Tabelle 25 (Fortsetzung)

Nr.	Art	Individuen G	B	K	insges.	% des Gesamtfangs
11.	Deporaus betulae	-	-	2	2	0,66
12.	Otiorhynchus porcatus	1	-	-	1	0,33
13.	Otiorhynchus hirticornis	-	-	1	1	0,33
14.	Phyllobius viridicollis	-	-	1	1	0,33
15.	Polydrusus atomarius	-	-	1	1	0,33
16.	Sitona sulcifrons	-	-	1	1	0,33
17.	Hypera arator	1	-	-	1	0,33
18.	Rhinoncus bruchoides	-	-	1	1	0,33
19.	Ceutorhynchus napi	-	-	1	1	0,33
20.	Ceutorhynchus cochleariae	-	-	1	1	0,33
21.	Ceutorhynchus angulosus	-	-	1	1	0,33
	Individuen:	14	1	289	304	

Tabelle 26. UF 24; Kirnitzschtal, Wiesen unterhalb Hinterdittersbacher Brücke, 1972-1974

	Nr.	Art	Individuen G	B	K	insges.	% des Gesamtfangs
●●	1.	Phyllobius viridicollis	1	4	143	148	23,64
++	2.	Apion virens	12	5	64	81	12,94
++	3.	Sitona flavescens	6	28	14	48	7,67
++	4.	Phyllobius piri	-	-	35	35	5,59
oo	5.	Phyllobius urticae	-	-	35	35	5,59
++	6.	Apion flavipes	3	-	31	34	5,43
oo	7.	Cidnorhinus quadrimaculatus	1	-	25	26	4,15
++	8.	Miarus campanulae	-	1	24	25	3,99
●●	9.	Rinoncus pericarpius	3	9	10	22	3,51
●●	10.	Sitona sulcifrons	3	1	14	18	2,88
●	11.	Neosirocalus floralis	-	-	15	15	2,4
+	12.	Sitona lineatus	1	-	12	13	2,08
●●	13.	Miccotrogus picirostris	-	-	12	12	1,92
●●	14.	Otiorhynchus porcatus	8	3	-	11	1,76
oo	15.	Rhinoncus henningsi	1	-	9	10	1,6
oo	16.	Tropiphorus carinatus	3	2	2	7	1,12
o	17.	Notaris aterrimus	4	-	3	7	1,12
●●	18.	Apion cruentatum	1	1	4	6	0,96
+	19.	Hypera nigrirostris	-	2	3	5	0,8
o	20.	Plinthus tischeri	-	5	-	5	0,8
	21.	Apion curtirostre	-	-	5	5	0,8
o	22.	Sitona hispidulus	2	1	1	4	0,64
●	23.	Sitona suturalis	3	-	1	4	0,64
+	24.	Hypera zoilus	-	3	1	4	0,64
●	25.	Phyllobius arborator	-	-	5	5	0,8

Tabelle 26 (Fortsetzung)

	Nr.	Art	Individuen G	B	K	insges.	% des Gesamtfangs
+	26.	Hypera arator	2	-	2	4	0,64
	27.	Phyllobius maculicornis	-	-	3	3	0,48
•	28.	Strophosoma melanogrammum	1	-	2	3	0,48
	29.	Notaris acridulus	1	-	2	3	0,48
•	30.	Ceutorhynchus contractus	-	-	3	3	0,48
	31.	Otiorhynchus scaber	2	-	-	2	0,32
+	32.	Trachyphloeus bifoveolatus	1	-	1	2	0,32
	33.	Sciaphilus asperatus	-	1	1	2	0,32
•	34.	Ceutorhynchus quadridens	-	-	2	2	0,32
	35.	Ceutorhynchus cochleariae	-	-	2	2	0,32
	36.	Apion apricans	-	-	2	2	0,32
	37.	Strophosoma capitatum	-	-	1	1	0,16
	38.	Polydrusus impar	-	-	1	1	0,16
	39.	Sitona humeralis	1	-	-	1	0,16
	40.	Barynotus obscurus	-	1	-	1	0,16
	41.	Hypera elongatus	-	1	-	1	0,16
	42.	Ceutorhynchus chalybaeus	-	1	-	1	0,16
	43.	Ceutorhynchus erysimi	-	-	1	1	0,16
	44.	Ceutorhynchus napi	-	1	-	1	0,16
	45.	Anoplus roboris	-	-	1	1	0,16
	46.	Apion violaceum	-	-	1	1	0,16
	47.	Apion cruentatum	1	-	-	1	0,16
	48.	Byctiscus betulae	-	-	1	1	0,16
		Individuen:	61	70	495	626	

3. Zur Autökologie ausgewählter Arten

a. Erörterungen und Vergleiche zur Autökologie ausgewählter Arten

Es werden entweder Arten ausgewertet, die in größeren Mengen gefangen wurden, oder solche, die bei geringerer Zahl eine deutliche Bevorzugung eines Biotops oder einer Gruppe ähnlicher Biotope erkennen lassen.

Die Besprechung der einzelnen Arten beginnt mit den eigenen Ergebnissen und vergleicht diese, soweit möglich, mit den Befunden anderer Autoren. Dabei werden, wenn bekannt oder erschließbar, Wirtspflanzen(-bindung), abiotische Faktoren, Dynamik, tageszeitliche Aktivität, Dominanz- und Präsenzverhältnisse, zum Teil besiedelte Standortsformen und Verbreitungstyp behandelt.

Zum Teil wurden auch Stücke in die Bewertung einbezogen, die nicht bei den speziellen Fängen zu diesem Thema gefangen worden sind. Sie wurden nach einem Schrägstrich genannt. Beispiel Nr. 30 *Notaris aterrimus*: „Von insgesamt 47 gefangenen Tieren (24/23) wurden nur 9 gekäschert."

Bei der Bewertung der Fänge unter autökologischen Gesichtspunkten steht die Frage nach der Bindung der Arten an bestimmte Straten des Biotops und nach ihrer tageszeitlichen Aktivität zwangsläufig an erster Stelle. Sie bestimmen das Fangergebnis und die daraus abgeleiteten Schlußfolgerungen zur Autökologie der Arten wie auch den synökologischen Vergleich der UF wesentlich. Vieles ist in dieser Hinsicht noch unbekannt oder wird auch als so banale Wahrheit empfunden, daß es als kaum beobachtens- und vermerkenswert erscheint. Es soll daher kurz erörtert werden, was sich mit der verwendeten Fangmethodik und -periodik an Angaben erschließen läßt, und was von beiden nicht mehr zu erreichen ist.

Es ist eine allgemein bekannte, im besonderen Falle aber meist nur schwer zu ermittelnde Tatsache, daß bei vielen Insekten die tageszeitliche Aktivität einer bestimmten Periodik unterliegt, so daß zumindest nach den ausgeprägten Extremen einerseits tag-, andererseits nachtaktive Arten unterschieden werden können. Mit der Aktivitätsperiodik kann ein periodischer Stratenwechsel im selben Biotop verbunden sein oder auch nicht. Von Stratenwechsel und Aktivitätsperiodik sind letztlich die Fangergebnisse abhängig, andererseits lassen diese wieder Rückschlüsse auf beide Faktoren zu.

Wenn Kraut- (und Strauch-)schicht als ein wichtiges Stratum, die Bodenoberfläche und die obere Streuschicht als ein zweites wesentliches Stratum angesehen werden (eine feinere Gliederung ist im Einzelfalle jederzeit möglich, wäre aber hier auf Grund der recht groben Arbeitsmethodik vermessen), lassen sich folgende Kombinationen zwischen tageszeitlicher Aktivität und Aufenthalt in einem der beiden Straten denken (siehe hierzu das Kombinationsschema auf S. 80):

Die Kombinationen 3 (tagaktive Art der Bodenoberfläche bzw. der Streuschicht, die zur nächtlichen Ruhephase in die Krautschicht emporsteigt) und 7 (nachtaktive Art der Bodenoberfläche bzw. der Streuschicht, die zur Ruhephase am Tage in die Krautschicht emporsteigt) dürften wohl kaum vorkommen und können aus den folgenden Betrachtungen weggelassen werden. Die Kombinationen 1, 2, 4, 5, 6 und 8 erscheinen dagegen ohne weiteres möglich, zum Teil weisen Beobachtungen auf deren Richtigkeit.

(Beispiel: *Phyllobius arborator* ist im UG zu Kombination 1 zu rechnen. Er ist der häufigste Curculionide des UG. Er ist tagaktiv. Fast alle Tiere stammen aus Käscherfängen, nur 16 der insgesamt 1553 aus Barberfallen, woraus zu schließen ist, daß er keinen von der tageszeitlichen Aktivität abhängigen Stratenwechsel vornimmt.)

Folgende Gruppen lassen sich anhand der angewendeten Fangmethodik und -periodik voneinander trennen:

1. Gruppe: bestehend aus den Kombinationen 1 und 5, im wesentlichen nur durch Käscherfang erbeutet; Dauerbewohner der Krautschicht, die keinen tageszeitlichen Stratenwechsel vornehmen; Unterscheidung in tag- und nachtaktive Arten im vorliegenden Falle nicht möglich, nur durch Beobachtung erschließbar.
2. Gruppe: Kombination 2, tagaktive Arten der Krautschicht, die zur nächtlichen Ruhephase den Boden (Oberfläche, Streuschicht, auch Stengelbasisbereich der Pflanzen) aufsuchen, und die demnach in größerer Zahl in Käscherfängen auftreten, aber auch in Barberfallen noch mit stärkerem Anteil an der Gesamtzahl gefangen werden.
3. Gruppe: bestehend aus den Kombinationen 4, 6 und 8, also aus nachtaktiven Krautschichtbewohnern, die sich am Tage zur Ruhephase zum Boden begeben, nachtaktiven Bodenbewohnern, die auch während der Ruhephase am Tage am Boden bleiben, und umgekehrt tagaktiver Bodenbewohner, die auch während der nächtlichen Ruhephase am Boden bleiben. Auch hier ist eine weitere Unterteilung nur durch Beobachtungen möglich.

Mit einer den möglichen Kombinationen angepaßten Fangmethodik und -periodik müßte es möglich sein, den tatsächlichen Anteil der Arten mit entsprechenden Kombinationen

	tagaktiv								nachtaktiv							
Kombination Nr.	1		2		3		4		5		6		7		8	
aktiv in Stratum	Kr		Kr		Bo		Bo			Kr		Kr		Bo		Bo
passiv in Stratum		Kr		Bo		Kr		Bo	Kr		Bo		Kr		Bo	
am Tag (t), nachts (n)	t	n	t	n	t	n	t	n	t	n	t	n	t	n	t	n
Fangmeth. u. -periodik																
Käschern (t)	●	○	●	—	(—	○)	—	—	●	○	—	○	(●	—)	—	—
Fallenfang	—	—	—	●	(●	—)	●	●	—	—	●	—	(—	●)	●	●
Gesiebe (t)	—	—	—	○	(●	—)	●	○	—	—	●	—	(—	○)	●	○

● = mit der vorliegenden Fangmethodik und -periodik tatsächlich erfaßbare Kombinationen, wobei bei den Barberfallen keine Unterscheidung Tag-/Nachtfang erfolgen kann, da sie dauernd fangbereit stehen

○ = theoretisch erfaßbare Kombination (bei entsprechender Fangmethodik und -periodik)

Kr = Krautschicht, Bo = Boden(oberfläche)

für einzelne Standorte festzustellen bzw. solche Kombinationen überhaupt erst zu ermitteln.

Für die ökologische Interpretation von Aufsammlungen sind solche Untersuchungen sehr wichtig, wenn Fehldeutungen vermieden werden sollen. Diese Betrachtungen gelten im wesentlichen für die Aktivitätszeit der Imagines der Arten, also den Sommer im weitesten Sinne. Vor bzw. nach dieser Periode ändert sich der Anteil der je Fangmethode erbeuteten Tiere einer Art wesentlich.

Als Beispiel kann *Apion pallipes* dienen. 32 der insgesamt 364 Tiere wurden mit Gesieben, 3 in Barberfallen (IV–VI) gefangen. Der Rest wurde gekäschert. Wenn die Monate III/IV, V–IX und X/XI jeweils für sich betrachtet werden, ergibt sich folgende Verteilung zwischen aus Käscher- und Gesiebefängen stammenden Exemplaren:
III/IV – 13 Gesiebe-, 27 Käscherfangtiere,
V–IX – 7 Gesiebe-, 302 Käscherfangtiere,
X/XI – 12 Gesiebe-, kein Käscherfangtier.

Während des Frühjahres und Herbstes ist also ein relativ großer Anteil in Gesiebeproben eingetragen worden, der Anteil aus dem Käscherfang ist noch sehr gering bzw. fällt bereits aus. Während des Sommers stammen fast alle Tiere aus Käscherfängen, weshalb mit Recht abzuleiten ist, daß *A. pallipes* als Imago ständiger Bewohner der Krautschicht ist, der keinen tageszeitlich periodischen Wechsel des Stratums (Krautschicht – Boden) vollzieht. Ein solcher Wechsel tritt nur jahreszeitlich bedingt (Überwinterung) ein oder ist bei Schlechtwetterlagen zu erwarten.

Zu diesen Deutungsmöglichkeiten der Fangergebnisse gesellt sich noch eine weitere (und sicher nicht die letzte), die durch eine Arbeit von REZWANI und STEIN (1973) über verschiedene *Sitona*-Arten möglich ist. Sie untersuchten die Präferenda der Imagines für abiotische Faktoren und stellten fest, daß z. B. der am meisten kältepräferente *Sitona hispidulus* sich vorwiegend am Boden und der Pflanzenbasis, der am meisten wärmeliebende *S. lineatus* sich vorwiegend in der oberen Krautschicht aufhält. Eine kurze Übersicht zeigt eine Parallele zwischen den experimentellen Ergebnissen REZWANIs und STEINs und den eigenen Fangergebnissen (s. unter *Sitona*-Arten S. 107 ff).

1 *Coeliodes rubicundus*

8 (= 66,7 %) der insgesamt 12 erbeuteten Tiere stammen von zwei Calluno-Querceten (UF 8, 11). Das stimmt mit dem Vorkommen der Wirtspflanze (Betula pendula) überein. Wahrscheinlich ist das Calluno-Quercetum der Vorzugsbereich der Art, obwohl sie dort rezedent ist; vielleicht wird sich das Betulo-Quercetum gleichfalls noch dafür erweisen. Nach DIECKMANN (1972) erscheinen die Käfer der neuen Generation Mitte VII– A VIII, begeben sich aber bald ins Winterquartier. Hierbei scheinen sie auch andere Biotope aufzusuchen, wie Gesiebe- und frühe Käscherfänge (A V) in Schluchten (UF 17, 18), wo Birke fehlt, beweisen.

10 der 12 Exemplare stammen aus Käscherfängen, 2 aus Bodengesieben. Der Käfer ist also wahrscheinlich ständiger Bewohner der Strauch- und Baumschicht und sucht den Boden nur zur Überwinterung auf.

2 *Strophosoma capitatum* und 7 *S. melanogrammum*

Obwohl beide Arten vielfach gemeinsam nebeneinander vorkommen, lassen sich Vorzugsbereiche für jede erkennen, in denen jeweils die eine Art der anderen überlegen ist; *S. capitatum* bevorzugt das Calluno-Quercetum (66 % aller Tiere = 70 Ex.) und ist auf Luzulo-Fagetum-Standorten schwächer vertreten (19,8 % = 21 Ex.), d. h. sie tritt im Calluno-Quercetum dominant(-subdominant), im Luzulo-Fagetum rezedent(-subdominant) auf. Mit *melanogrammum* verhält es sich umgekehrt; sie ist auf Luzulo-Fagetum-Standorten sowie im Übergang vom Melico- zum Luzulo-Fagetum dominant(-subdominant) (40,4 % = 126 Ex.), im Calluno-Quercetum taucht sie als dominante, subdominante und rezedente Form auf (16,3 % = 51 Ex.). Beide Arten treffen auch noch auf zwei Betulo-Quercetum-Standorten, die von einer Kiefern- bzw. Fichtenschonung eingenommen werden, mit 9,4 bzw. 23,7 % aller gefangenen Tiere der jeweiligen Art (*capitatum* bzw. *melanogrammum*) in nennenswerter Zahl aufeinander (10 bzw. 74 Ex.) und sind dort rezedent bzw. subdominant bis rezedent.

Verteilung auf die Standortsformen: auf wärmeren und trockeneren Standorten, wie FK, PoH-6, OsSN-6 (-WzLS-5) *melanogrammum* zu 23,7 %, *capitatum* zu 68,8 % des Gesamtfangs der Art, auf mäßig frischen bis mäßig trockenen Standorten, wie GbLL-5, PoH-5, WzLS-5h, Kg BaK-6 mit 66,6 % bzw. 28,3 % vertreten. Das läßt es möglich erscheinen, daß *capitatum* im warm-trockenen Bereich, *melanogrammum* bei mäßiger Bodenfrische und -temperatur optimale Entwicklungsbedingungen findet.

FEILER (1970) fand *melanogrammum* auf allen 10 UF in Fichtenstangenhölzern des Bielatalgebietes der westelbischen Sächsischen Schweiz als sub- bis eudominante Art in Barberfallen, am häufigsten (eudominant) auf 2 UF bei 220 und 250 m NN, deren Krautschicht überwiegend von Deschampsia flexuosa gebildet wurde, während andere Arten (Vaccinium myrtillus, Pteridium aquilinum) nur auf je einer UF auftraten und spärlich waren. Nur Moose bildeten noch spärliche Bestände. Die Strauchschicht fehlte. *Strophosoma capitatum* war überhaupt nicht in den Aufsammlungen vertreten. Diese Art trat dafür in je 3 von je 5 untersuchten Kiefernalt- und -stangenhölzern der Dübener Heide östlich Leipzig auf.

ECKSTEIN und BUTOWITSCH (1931) fingen *S. capitatum* in großer Zahl bei Eberswalde auf einem wiederaufgeforsteten Kiefernkahlschlage in Fanggräben. Der Boden dieser Fläche war feinkörniger, humoser, tiefgründiger Dünensand, auf dem Vaccinium myrtillus, V. vitis-idaea, Deschampsia flexuosa, Calamagrostis epigeios sowie einzelne Birken und Wacholder wuchsen.

GRIMM (1973) führt beide Arten aus 60- bis 120jährigem Hainsimsen-Buchenbestand des Sollings an, vermerkt aber, daß *melanogrammum* häufiger und auch in Fichtenbeständen zu finden sei. Die Schlupfzeiten beider Arten sind dort gleich und temperaturkorreliert. Die Imagines fressen nach GRIMMs Beobachtungen an Buchenblättern in den Baumkronen, auch an Fallaub sowie im Frühjahr an Anemone nemorosa, Oxalis acetosella, Buchenkeimlingen und zarten Rindenstücken zu jeder Tages- und Nachtzeit bereits bei Temperaturen, die wenig über 0 °C liegen. „Tiefe Temperaturen scheiden als Mortalitätsfaktoren für den in der Streu überwinternden Käfer aus", ertragen doch die Tiere in Laborversuchen 16 h lang —20 °C (GRIMM l. c.).

SCHWENKE (1950) wies im südwestlichen Fläming und seinem Elbevorland *S. melanogrammum* im Melica- und Milium-Buchenwald nach, während er *S. capitatum* in allen von ihm untersuchten Kiefernwaldtypen, im Eichen-Birken-Kiefernwald, Melica- und Milium-Buchenwald und sogar noch im Auenwald fand, letztere Art tritt im Eichen-Birken-Kiefernwald mit größter Stetigkeit und Dichte auf.

KNOPF (1962) führt bei einem Vergleich mittels Barberfallenfängen zwischen Waldstandorten auf Buntsandstein (Hainsimsen-Buchen-Mischwald) und Muschelkalk (Blaugras-Buchenwald, Kalkbuchenwald, Karstbuchenwald) beide Arten nur aus dem Luzulo-Fagetum des Buntsandsteins auf, davon aber *melanogrammum* mit hohem (35 %), *capitatum* mit niedrigem Anteil (4 %) an der Gesamtausbeute der Coleopteren.

V. PFETTEN (1925) entdeckte *S. melanogrammum* wiederholt in der Streu von Fichtenwäldern in Bayern.

RABELER (1951) ermittelte *S. capitatum* als typische Art eines 80jährigen Kiefernforstes in der Umgebung von Hannover, der einen fast einheitlichen Moosrasen und eingestreute Flecken von Deschampsia flexuosa, Calluna vulgaris (kümmernd) und Eichenkeimlinge in der Feldschicht hatte und sich von einem Querceto-roboris-Betuletum ableitete.

RENKEN (1956) fand beide Arten in Schleswig-Holstein im Winterlager in den dunklen Innensäumen von Wäldern auf schweren Böden, in Wallhecken auf schweren Böden, in den Außensäumen trockener Wälder leichter Böden (letztere meist S-exponierte Nadelwaldränder mit Calluna auf Standorten ehemaliger Querceto-Betuleten), überdies in der Nadelstreu des Waldesinnern von Fichtenwäldern. Da beide Arten flugunfähig sind, dürften sie an den genannten Orten gleichzeitig indigen sein.

TISCHLER (1948) erbeutete gleichfalls in Schleswig-Holstein beide Arten sowohl in Eichen-Hainbuchen- als auch in Eichen-Birken-Knicks und führt später (1958) *melanogrammum* als Art der Feldgehölze an.

THIELE (1956) scheidet beide Arten als Differentialarten des Querceto-Fagetums im Niederbergischen Land aus.

Nach allen diesen Befunden sind beide Arten, die im Larvalstadium poly- und ektophage Wurzelfresser, im Imaginalstadium gleichfalls polyphag sind, zwar euryök und überschneiden sich vielfach in ihren Vorkommen, bevorzugen aber letztlich doch verschiedene Biotope:
S. melanogrammum den Bereich des Luzulo-Fagetums und der vielfach darauf stockenden Fichtenforste, *S. capitatum* den des Betulo-Quercetums (und in der Sächsischen Schweiz das Calluno-Quercetum) und die darauf angesiedelten Kiefernforsten.

RABELER (1962) fand bei seinen Untersuchungen in Waldgesellschaften des mittleren und oberen Wesergebietes *S. melanogrammum* bezeichnenderweise im Luzulo-Fagetum am häufigsten, auch im Melico - Fagetum dryopteridetosum war die Art häufig, *S. capitatum* fehlte dort. Diese Art kommt dafür (RABELER 1957) in Eichen-Birkenwäldern auf Sandböden im nordwestdeutschen Raum stetig und vorherrschend vor, *S. melanogrammum* ist dort weniger häufig.

3 *Hylobius abietis* und 24 *H. pinastri*

Die Verteilung beider Arten ist im UG ökologisch verschieden: *Hylobius pinastri* wurde – wenn auch stets ziemlich vereinzelt – im Bereich der Schluchten und des (Fichten-)Hochwaldes gefangen (7 Ex. in Barberfallen, nur 2 wurden gekäschert bzw. aufgelesen). Dagegen muß *H. abietis* als indigene Art der Kiefernwälder der Felsplateaus gelten, von wo er sekundär auch auf Schonungen übergreift und dort als Sukzessionsart zu bewerten ist: Mit zunehmendem Alter der auf wiederaufgeforsteten Kahlschlägen belassenen Stümpfe verliert er seine Entwicklungsmöglichkeiten und taucht nur noch als Imago zum Fressen an den Jungpflanzen auf, während die Eiablage anderwärts erfolgen muß. Von 50 gefangenen Stücken stammen 29 aus Barberfallen auf Felsplateaus, der Rest wurde an unterschiedlichen Stellen vorwiegend an frisch geschlagenem, gestapeltem Fichtenholz aufgelesen, war also sicher nur angelockt (über Lockstoffe s. HESSE, KAUTH und WÄCHTLER

1955, Z. angew. Ent. 37: 239–244). Der Unterschied in der Verbreitung beider Arten ist wahrscheinlich temperaturbedingt: CHRISTIANSEN und BAKKE (1968) stellten als Präferenztemperatur von *H. abietis* für Fressen der Imagines und Eiablage +20° bis +25 °C, im Mittel ca. +22 °C fest. DINGLER (1925) wie EIDMANN (1964) geben an, daß sich mit zunehmender Wärme (+25° bzw. über +20 °C als Optimalbereiche) die Entwicklung beschleunigt und ohne Unterbrechungen abläuft; damit wird die Generationenfolge unmittelbar beeinflußt. Auch durch diese Beobachtungen schält sich der Kiefernwald der Felsplateaus als ständiger Entwicklungsbiotop von *H. abietis* im UG heraus, was gleichzeitig durch den zu beobachtenden Fraß an Kiefernnaturverjüngung deutlich wird. Da Käscherfänge kaum Tiere einbrachten, Barberfallenfänge aber beständig, ist zu schließen, daß *H. abietis* dämmerungs- oder nachtaktiv ist. Die Populationsdichte ist wahrscheinlich auf den Plateaus nicht sehr stark, Kalamitäten im UG haben ihre Ursache sicherlich in den auf den Kahlschlägen belassenen Fichtenstümpfen. Für *H. pinastri* liegen bisher keine experimentellen Untersuchungen vor, doch macht auch EIDMANN (1964) auf die zu *H. abietis* unterschiedliche Ökologie aufmerksam. Im westelbischen Elbsandsteingebiet bietet sich nach dem noch vorhandenen Material von FEILER (1970) ebenfalls ein ökologisch unterschiedliches Verbreitungsbild: In Fichtenstangenhölzern, in denen *H. abietis* kaum Entwicklungsbedingungen finden dürfte, fing er sich zumeist in einzelnen Stücken (20 noch vorhandene von insgesamt 29, die FEILER aufführt) auf 8 der 10 untersuchten Flächen. Damit deutet sich gleichzeitig ein Schwärmverhalten von *H. abietis* an, denn wäre er auf diesen UF indigen, müßten bei den hohen Fallenzahlen (je 10 pro UF) mehr Tiere vorhanden sein. Auch die eigenen Fänge an frisch geschlagenem Holz und die schnelle Besiedlung aufgeforsteter Kahlschläge sind Indizien für solches Schwärmverhalten.

Im Gegensatz zu *H. abietis* stammen 10 von 11 Ex. von *H. pinastri* (FEILER führt insgesamt 16 Ex. an) von einer um 20° nach N geneigten Fläche bei ca. 310 m NN, wo die Art wahrscheinlich auch indigen sein dürfte und was gleichfalls wie bei den eigenen Fangergebnissen auf eine Bevorzugung kühlerer Orte (und daher auch Hochwald anstelle von Kahlschlägen) hinweist. Gleichzeitig ist aus den genannten Fakten zu schließen, daß im UG Kiefer die normale und ständige Wirtspflanze von *H. abietis* ist, während Fichte im wesentlichen nur sekundär befallen wird, wenn die entsprechenden mikroklimatischen und trophischen Voraussetzungen hierzu geschaffen werden. Demgegenüber muß für *H. pinastri* offensichtlich aus den gleichen Ursachenkomplexen heraus Fichte als normale Wirtspflanzenart im UG gelten.

4 *Barypeithes mollicomus*

Am häufigsten tritt die flugunfähige Art in südexponierten Calluno-Querceten auf (UF 8, 11) (FK-Standorte mit Übergängen zu PoH-6 und OsSN-6) (40 von 77 Ex.) und ist dort subdominant in den Fängen, doch ist sie auch in südexponierten Melico-Fageten (26 Ex.) noch stark vertreten und dort auf UF 3 noch einmal subdominant (RsBa-7h - Standort). Auch in Fichtenforsten auf Luzulo-Fagetum-Standorten ist sie noch anzutreffen (rezedent auf UF 13, 16) und zeigt damit eine ziemlich weite ökologische Potenz bei Bevorzugung des trocken-warmen Bereichs.

Für den westelbischen Teil der Sächsischen Schweiz wies FEILER (1970) die Art in 50–60-jährigen Fichtenbeständen mit Barberfallen häufig nach.

Verteilung auf die Fangmethoden: 19 G, 58 B. Damit erweist sich *B. mollicomus* als Bewohner der Bodenoberfläche und – wie schon SCHWENKE (1950) feststellt – als Bewohner des Hemiedaphons.

Derselbe Autor gibt für das Mittelelbegebiet und das nördlich angrenzende Gebiet des Flämings und seines Vorlandes verschiedene Kiefernwaldtypen (Cladonia-, Myrtillus-, Gras-, Eichen-Birken-Kiefernwald) als bevorzugten Lebensraum der Art an, führt aber gleichfalls ihr Vorkommen in Melica-Buchenwald auf. BODE (1973) nennt sie als eine der wenigen Curculioniden-Arten, die er auf Rekultivierungsflächen des Braunkohlengebietes südöstlich Braunschweigs nachweisen konnte, und zwar aus einer 45jährigen Kiefernaufforstung (in 5jährigen Kulturen fehlte sie noch). FRANZ (1950) nennt *mollicomus* für Österreich als xerotherm und gibt als Verbreitungsschwerpunkt Trockenböden (von Trockenrasen wie -wäldern) an.

Da *B. mollicomus* flugunfähig ist, muß er bei solcher Verbreitungsskala schon polyphag sein, wie SCHERF (1964) auch schreibt. Die Larve lebt ektophag an Wurzeln. Er führt Fragaria vesca und Agropyrum repens als sichere Wirtspflanzen an. Dazu müßte auch Calluna vulgaris zählen, denn ich fand verschiedentlich bei Grabungen in reinen Calluna-Beständen im Boden im Wurzelbereich völlig frisch entwickelte Käfer. Gleichzeitig zeigt die Verbreitung im UG auf Flächen, denen Calluna völlig fehlt, daß weitere Wirtspflanzenarten da sein müssen. Auch die Vegetationsaufnahme der Fläche von FEILER (1970), in der sich fast 250 Exemplare in Barberfallen fingen, weist auf weitere Wirtspflanzenarten:

Baumschicht: dicht geschlossenes, 58jähriges Fichtenstangenholz; Strauchschicht: fehlend; Feldschicht: mit Deschampsia flexuosa 3 (= $^1/_4$–$^1/_2$ der Fläche deckend), Vaccinium myrtillus r (= sehr selten), Moosschicht mit Leucobryum glaucum + (= spärlich), Hypnum cupressiforme +, Dicranella heteromalla +, Dicranum scoparium +. Wenigstens eine der hier genannten Pflanzenarten ist vermutlich auch eine weitere Wirtspflanzenart (D. flexuosa?, V. myrtillus?) von *B. mollicomus.*

In den von FEILER (1970) bearbeiteten westelbischen Fichtenbeständen tritt *mollicomus* vor allem in niedrigeren, geschützteren Lagen auf, am häufigsten auf einer ebenen Fläche bei 220 m NN, der die obige Vegetationsaufnahme entstammt, während er auf den rauheren Hochflächen bei ca. 500 m NN nur eine untergeordnete Rolle spielt. Derselbe Autor fing *B. mollicomus* gleichfalls mit Barberfallen in der Dübener Heide in großer Zahl in Kiefernbeständen, wo sie oft sub- bis eudominant ist. Aus allen diesen Angaben wird ersichtlich, daß die Art trocken-warme Lebensräume bevorzugt und wahrscheinlich polyeurytherm ist.

Bereits MÄRKEL (1841, 1844) kannte die Art – ebenfalls aus dem Gebiet der Sächsischen Schweiz – aus der Nadelstreu von Fichtenwäldern. Er stellte ihn zu den myrmecophilen Arten, der vor allem bei *Formica rufa,* aber auch *F. fuliginosa* vorkomme.

5 *Polydrusus undatus*

Die Verteilung der Art ist merkwürdig: Der höchste Prozentsatz stammt aus einem Calluno-Quercetum (UF 6, dort subdominant), obwohl sie in diesem Biotoptyp sonst ziemlich selten ist oder fehlt. Es ist der gleiche Standort, an dem auch *Otiorhynchus scaber* und *Strophosoma melanogrammum,* die den Bereich des Luzulo-Fagetums bevorzugen, in größerer Zahl vorkommen, obwohl sie sonst gleichfalls in Calluno-Querceten selten sind oder fehlen. Sicher ist die enge Nachbarschaft zu Fichtenwald mit eingesprengter Buche und die Unterhanglage mit anderen mikroklimatischen Bedingungen (s. Kapitel „Mikroklimatische Messungen" und Artenspektren der einzelnen Biotope) die Ursache für das gehäufte Auftreten aller drei Arten auf UF 6.

P. undatus ist Strauch- und Baumschichtbewohner, die meisten Stücke stammen aus Käscherfängen, nur sehr wenige aus Barberfallen. Die Art scheint Nadelwald im allgemeinen zu meiden, auch Fichtenforste auf Luzulo-Fagetum-Standorten werden nicht oder kaum besiedelt. FEILER (1970) konnte sie in Fichtenstangenhölzern des Bielatalgebietes im westelbischen Teil der Sächsischen Schweiz mit Barberfallen überhaupt nicht nachweisen, und KLEINSTEUBER (1969) fand sie nicht in den Pflanzengesellschaften eines Kammhochmoores des Oberen Westerzgebirges. Da andererseits Wiesen im UG nicht im Vorkommensbereich der Art liegen (vereinzelte Tiere von solchen UF stammen aus Käscherfängen, bei denen auch die angrenzende Gebüschvegetation gestreift wurde, wo der Käfer, vor allem an Birke, beobachtet werden konnte), scheinen vorwiegend Laubbäume, nicht aber Koniferen und krautige Pflanzen zum Wirtspflanzenkreis von *undatus* zu gehören. Auch in den Untersuchungen von BONESS, SCHNELL, STEIN und TISCHLER über Coleopteren von Wiesen und Agrarkulturen taucht *P. undatus* nicht auf.

SCHAUERMANN (1973) zählt die Art zu den regelmäßigen Bewohnern von 60-, 80- und 123jährigen Hainsimsen-Buchenbeständen des Sollings, beobachtete ihn aber nie im Trientalis-Fichtenwald. THIELE (1956) fand sie in einem SW-exponierten Querceto-Fagetum des Niederbergischen Landes bei 275–300 m NN.

Es scheint nach allen obigen Befunden so, als ob *P. undatus* lichteren Laubwald mit mäßig frischem bis mäßig trockenem (bis trockenem) Boden bevorzuge (Betulo-Quercetum, Melico- und vor allem Luzulo-Fagetum). Die im UG besiedelten Standortsformen sind (PoH-4,5), PoH-6, WzLS-5 bis OsSN-6, RsBa-5, RsBa-7h, Kg BaK-6.

Die Häufung in e i n e m (UF 6) von drei untersuchten Calluno-Querceten wurde bereits zu erklären versucht.

RABELER (1962) fand *P. undatus* in geringer Zahl im Melico-Fagetum typicum und dryopteridetosum sowie Luzulo-Fagetum des oberen und mittleren Wesergebietes.

6 *Anoplus plantaris*

Sämtliche Tiere der makropteren Art wurden gekäschert, sie scheint also ständiger Bewohner der Strauch-(und Baum-)schicht zu sein. Sie hat Betula pendula und pubescens als Wirtspflanzen, auch Alnus glutinosus wird dazu gerechnet. Im UG sind die Vorkommen von Betula und Alnus ziemlich streng getrennt, dabei hebt sich der Verbreitungsbereich der Birke (vor allem von pendula) auf trocken-warmen Standorten auch als Fundgebiet von *A. plantaris* heraus:

Calluno-Quercetum (3 Ex.) und Kiefernschonung auf Betulo-Quercetum-Standort (6 Ex.), auch auf einer Buchenschonung mit etwas Birke (Standort eines ?Abieti-Fagetums) (2 Ex.), aber dort wahrscheinlich nur noch als Gast. Die Art bleibt stets nur rezedent. 3 Tiere aus Schluchtwald (ohne Erle, aber auf den darüberliegenden Fels- und Hangoberkanten vereinzelt mit Birke) zeigen, daß *A. plantaris* (ähnlich Nr. 1 *Coeliodes rubicundus* von den gleichen UF) auch andere Biotope– vielleicht zur Überwinterung? – aufsucht. Für die Imagines der verwandten Art *A. roboris* hat RENKEN (1956) in Schleswig-Holstein die Überwinterung an Waldrändern in Ufernähe nachgewiesen, wobei der Autor vermerkt, daß diese (unter anderen Arten) ohnehin meist an feuchten Orten zu finden sei. *A. roboris* ist im UG im Kirnitzschtalgebiet auf jungen Erlen (Alnus glutinosus), einer weiteren Wirtspflanzenart von *Anoplus plantaris*, zu fangen. Da für *Anoplus roboris* wiederum Alnus incanus als Wirtspflanze genannt wird, ist zumindest für das UG zu schließen, daß

1. *Anoplus plantaris* (klimatisch bedingt?) Betula sp. zur Wirtspflanze hat und Alnus incanus meidet,

2. *Anoplus roboris* Alnus glutinosus zur Wirtspflanze hat (ob im UG Alnus incanus vorkommt und gleichfalls als Wirtspflanze von *A. roboris* angenommen wird, bleibt zu klären).

Anoplus plantaris und *roboris* schließen sich also im UG ökologisch in ihren Vorkommen aus.

7 *Strophosoma melanogrammum* s. unter 2 *Strophosoma capitatum*.

8 *Phyllobius arborator*

Die gut flugfähige Art kommt in höchster Zahl (52,2 %) dominant auf 2 Betulo-Quercetum-Standorten vor, die eine Kiefern- bzw. eine Fichtenschonung tragen, daneben noch in schwächeren, aber beständigen Vorkommen auf Calluno-Querceten (14,6 %). Der Rest wurde auf einer Vielzahl von Standorten gefangen, doch scheint die Art dort im wesentlichen nur zugeflogen zu sein, obwohl sie vielfach dominant auftritt: ?Abieti-Fagetum (9 %), Luzulo-Fagetum (8 %), weiter Übergang Melico-Luzulo-Fagetum, Melico-Fagetum, Piceetum hercynicum, Stellario-Alnetum, Acero-Fraxinetum, Arunco-Aceretum, Digitali-Epilobietum mit Relikten des Luzulo-Fagetums (auf dieser jetzt 3—4jährigen Fichtenschonung wird sich ein weiterer fester Entwicklungsherd bilden), Wegränder und Wiesen. Die hohen Fangzahlen auf einigen wenigen Standorten einerseits und die im VI/VII zu beobachtende Schwärmphase von *P. arborator* rechtfertigen diese Einschätzung.

Die Entwicklungsbiotope der Art befinden sich auf mäßig frischen bis trockenen (-dürren) Standorten wie PoH-5, WzLS-5 bis OsSN-6 (hier am häufigsten), auch FK bis PoH-6, OsSN-6 bis FK, PoH-6. Nur 16 der insgesamt 1553 gefangenen Tiere stammen aus Barberfallen, alle anderen wurden gekäschert. *P. arborator* ist daher als ständiger Bewohner der Strauch-(und Baum-)schicht zu werten, der keinen tageszeitlich periodischen Stratenwechsel vollzieht. IOANNISIANI, BIRG und LAVROVA (1970) geben nach ihren Untersuchungen im Raum von Brest Birke (Wurzeln) als wichtigste Wirtspflanze von *P. arborator* an und fingen ihn in großer Zahl zusammen mit *maculicornis* und *argentatus* in den Biotopen „Mischwald am Sumpf" (mesophil; eben, sandig, einzelne Birkenstreifen in Nadelwald) (99,8 % der Arten) und „Birkenwald auf Hügel". Letzterer Biotop wurde gleichzeitig von *P. maculicornis* bevorzugt. Die Autoren schreiben, daß Birkenansiedlungen verschiedenen Charakters nicht nur der Ernährungsbiotop der Imagines, sondern auch der Entwicklungsbiotop der Larven seien, doch seien dies nicht die einzigen Vorkommensbereiche der Arten. Ihre ökologische Potenz ist offensichtlich größer; auch besteht wahrscheinlich noch ein Unterschied zwischen dem Spektrum der Nährpflanzen der Larven und dem der Fraßpflanzen der Käfer. Letztere fressen an Eberesche, Espe, Grau- und Schwarzerle, Hasel, Weide, Linde, Eiche, Hainbuche, wildem Apfel, Heckenrose und Erdbeere (l. c.). Die Eiablage soll auf der O b e r seite von Blättern der Birke und anderer Laubhölzer stattfinden (l. c.), aber auch auf der Rinde der Wurzeln. Ich fand Käfer außer an Birke auch an Rubus sp., Sorbus aucuparia und Aruncus dioicus fressend, und zwar an Standorten, wo sich *P. arborator* nach der von den drei Autoren genannten, zur Entwicklung benötigten Temperatursumme (Luft 1963 bzw. 1964 1931 bzw. 1929 °C, Boden 1963 bzw. 1964 2070 bzw. 2120 °C) gar nicht entwickeln kann (Piceetum hercynicum, Acero-Fraxinetum, Stellario-Alnetum, Arunco-Aceretum). Er muß hier als Gast gelten, auch wenn er dominant auftritt, um so mehr, als er sehr fluglustig ist und zum beginnenden Hochsommer (A VII) eine Schwärmphase hat. Damit findet auch die weite Verbreitung im UG ihre Erklärung, die für sich allein genommen zu einer ökologischen Fehleinschätzung führen würde.

Die Vorkommen der Hauptmasse der Art, die bereits erwähnten bevorzugten Standorte im UG sowie die von IOANNISIANI, BIRG und LAVROVA (1970) ermittelte Temperatursumme für die Entwicklung deuten auf die Wärmepräferenz der Art. Sie wird sich sicher im Experiment (als Imago) als poly-eurytherm erweisen.

In der Umgebung von Brest haben *Phyllobius arborator*, *P. maculicornis* und *P. argentatus* getrennte Vorkommen (IOANNISIANI, LAVROVA und BIRG 1970). *P. maculicornis* lebt dort in gut besonnten und durchlüfteten, trockenen Birkenansiedlungen mit schütterer Krautschicht auf Hügeln und wird als thermophil eingeschätzt. *P. arborator* besiedelt vorwiegend mesophile Biotope, die gut besonnt und durchwärmt, aber auch noch genügend feucht sind, also vorwiegend dichtere junge Birkenansiedlungen mit dichtem Graswuchs. Er gilt (l. c.) als mesophile Art. *P. argentatus* kommt grundsätzlich (l. c.) auf hygrophilen Standorten vor, wo dichter Birkenunterwuchs und eine gut ausgeprägte Krautschicht mit Meso- und Hygrophyten vorhanden sind, aber auch Torfboden. Solche Biotope sind stets gut durchfeuchtet, manchmal von Wiesen (im Überschwemmungsbereich von Gewässern) begrenzt; *P. argentatus* wird als hygrophil eingestuft. Die Bodenfeuchtigkeit (und Temperatur) spielt also nach diesen Autoren für die Verbreitung der drei Arten eine entscheidende Rolle.

Auch im UG schließen sich die drei Arten in ihrer Verbreitung gegenseitig aus. *P. arborator* bevorzugt das Betulo-Quercetum und Calluno-Quercetum (vielleicht noch Randzonen des Luzulo-Fagetums), *argentatus* ist auf das Melico-Fagetum beschränkt (s. Nr. 18 *Phyllobius argentatus*), *maculicornis* ist nur in sehr wenigen Stücken auf Wiesen gefangen worden (auch STEIN 1967 führt je ein Exemplar von einer Goldhafer- und einer Glatthaferwiese Hessens an). TISCHLER (1948) fand *maculicornis* in Eichen-Hainbuchen-Knicks Schleswig-Holsteins an Crataegus.

In Übereinstimmung zu den Beobachtungen IOANNISIANIs, BIRGs und LAVROVAs (1970) an *P. arborator* im Gebiet von Brest kann auch für das UG Birke als hauptsächliche Wirtspflanze gelten. Es ist in diesem Zusammenhang interessant, daß *P. arborator* trotz der weiten Verbreitung der Birke in unserem Gebiet vor allem offensichtlich das Flachland meidet; so führt z. B. SCHWENKE (1950) diese Art nicht aus seinen Untersuchungen in zahlreichen Waldgesellschaften des südwestlichen Flämings und seines Elbevorlandes an.

LEITINGER-MICOLETZKY (1940) gibt wahrscheinlich eine Fehleinschätzung, wenn er die Art in der Umgebung von Lunz (Österreich) für eine Waldart hält, die stärkere Besonnung meidet. Er fand sie dort einige Male auf einer kleinen Lichtung in einem 30–40jährigen Fichtenbestand auf jungen Erlen. Da sie dort nur auf der genannten Lichtung auftauchte, den anderen Flächen völlig fehlte, das Untersuchungsgebiet des Autors in der montanen Zone bei etwa 900 m NN lag und die UF zwischen 23 und 25° nach WNW, NNW und NW geneigt waren (eine sogar 33°), kann es sich nur um ein pessimales Vorkommen handeln. Auch in den eigenen Untersuchungen sind bei streng beschränkten Vorkommen und geringen Stückzahlen einer Art sicher Pejusbereiche erfaßt worden, die möglicherweise Anlaß zu ökologischen Fehldeutungen geben (s. z. B. Nr. 9 *Apion ebeninum* oder Nr. 10 *Apion urticarium*). Doch ist es besser, solche Befunde und Deutungen anzuführen, als stillschweigend eine Lücke in unserem Wissen um die Ökologie der Arten zu übergehen, zumal gerade solche Vorkommen das Erkennen der die Verbreitung begrenzenden Faktoren erleichtern.

9 *Apion ebeninum*

In einer Waldrandzone im Melico-Fagetum (UF 2, RsBa-7h) war die stets rezedente Art in geringer Zahl von Vicia dumetorum zu käschern, und sicher entwickelt sie sich auch daran. 1 Ex. wurde auch im unmittelbar anschließenden Melico-Fagetum der UF 3 gefangen. Da Vicia dumetorum für das UG als Wärmezeiger gelten kann, das Areal von *A. ebeninum* (S-ME, sNE, Kk) vorwiegend südlich gelegen ist und er auf dem gut insolierten SSW-Hang bisher im UG sein einziges Vorkommen hat, ist es sicher richtig, ihn als wärmeliebende Art einzustufen.

SCHERF (1964) nennt Lathyrus vernus als Wirtspflanze. Diese kommt verstreut im UG vor, ohne daß *A. ebeninum* dort gefangen wurde. Daher ist anzunehmen, daß Vicia dumetorum im UG die tatsächliche (oder bevorzugte) Wirtspflanze ist. SCHNELL (1955) nennt *ebeninum* aus Schleswig-Holstein von Leguminosenkulturen gleichfalls als Art, die auf Lathyrus und Vicia (!) vorkomme.

KLESS (1961) rechnet *A. ebeninum* zu den südlichen Arten, die im Wutachgebiet (Schwarzwald) vor allem im Bereich der Berglindenwälder auftritt. MEYER (1958) fand die Art auf dem Tübinger Spitzberg in seinen Fanggebietsgruppen I, II, III, die Xero- und Mesobrometen, Steppenheidegebüsche und -wälder, pontischen Kiefernwald, einige Wegränder, Arrhenathereten und geschützt liegende, stark insolierte Wiesen enthalten.

Wahrscheinlich stellt das UG für *A. ebeninum* insgesamt einen Pejusbereich dar, so daß nur ein so engbegrenztes südexponiertes Vorkommen und die Wahl der auf freier Fläche wachsenden Vicia dumetorum anstelle der im Walde verbreiteten Frühlingsplatterbse (Lathyrus vernus) übrigbleibt.

10 *Apion urticarium*

Trotz weiter Verbreitung der Wirtspflanze (Urtica dioica) auf vielen UF wurde die monophage Art nur in 7 Stücken gefangen; 5 Ex. in einer sonnigen Wegrandzone des Melico-Fagetums (UF 2, dort rezedent) sowie 1 Ex. im unmittelbar anschließenden Melico-Fagetum (UF 3). 1 weiteres Tier aus einem Stellario-Alnetum des Kirnitzschtales (UF 22) muß für diesen Standort als Irrgast gelten.

Lediglich auf UF 2 wurde *A. urticarium* über 3 Jahre hinweg nachgewiesen, das Vorkommen ist also sicher beständig. Es ist zu vermuten, daß die Temperatur die Verbreitung der Art im UG begrenzt. KLESS (1961) führt sie aus dem Wutachgebiet (Schwarzwald) von Ruderalstellen, also freien, sicher gut besonnten Stellen an.

6 der 7 Ex. sind gekäschert, eines stammt aus Gesiebe E III von UF 2, so daß anzunehmen ist, daß die Art im selben Biotop überwintert.

11 *Brachysomus echinatus*

Maximal in trockenem Melico-Fagetum verbreitet (27 Ex. auf Rs Ba-7h - Standort), dazu 3 Ex. aus dem Acero-Fraxinetum (PoH-4). Alle UF sind stark südwärts geneigt bei sehr unterschiedlicher Bodenfrische. Auf den insgesamt nur 3 UF, die die Art besiedelt, ist sie zweimal subdominant (UF 3, 10) und einmal rezedent (UF 2).

Verteilung auf die Fangmethoden: 16 G (davon 8 im VI), 3 B, 11 K. *B. echinatus* scheint ein Bewohner der Streuschicht und des oberen Wurzelbereiches (bei Poaceen?) zu sein, worauf auch REITTERs Angabe (1916) deutet, und an der Oberfläche nur in geringem Maße aktiv zu sein. Die Gesiebefänge im VI weisen darauf hin. Die relativ hohe Zahl von

Käscherfängen kommt durch einen Fang von 10 Exemplaren an einem Tage mit sehr feuchtem Wetter nach tagelangem Regen zustande, und es ist anzunehmen, daß die Tiere aus dem triefend nassen Boden die „Flucht nach oben" in die Krautschicht angetreten hatten. Die flugunfähigen Käfer überwintern wahrscheinlich im Entwicklungsbiotop (8 G E III auf UF 3); nach RENKENs (1956) Befunden ist das für Schleswig-Holstein sicher.

B. echinatus kommt nach REITTER (1916) unter Laub und an trockenen Grasplätzen vor. In Gefangenschaft fraßen 9 Ex. an den Blatträndern von Melica sp., das ich einlegte. Vielleicht entwickelt sich die Art oligophag im Wurzelbereich von Poaceen in Laubwäldern (Fageten?, Querceto-Carpineten?), worauf auch die Befunde der anderen Autoren deuten: MEYER (1958) fand sie in der Streu eines Laubholzgebüsches und Laubholzwaldstreifens des Tübinger Spitzberges; RENKEN (1956) als indigenen Bewohner der Streu dunkler Innensäume von Wäldern sowie in Wallhecken jeweils auf schweren Böden, aber auch in der Nadelstreu von Lärchenforsten in Schleswig-Holstein; TISCHLER (1958) ebenfalls im gleichen Gebiet in der Streu von Feldgehölzen.

RABELER (1962) fand *B. echinatus* im Querco-Lithospermetum und Carici-Fagetum des mittleren und oberen Wesergebietes, TOPP (1972) auf einer N-exponierten Wiese mit Obstbäumen und einem O-exponierten Laubbaumbestand mit sehr dichtem Unterwuchs im Stadtgebiet von Kiel.

12 *Echinodera hypocrita*

Die 11 eingetragenen Tiere stammen alle aus dem Bereich des Melico-Fagetums: 9 Ex. von UF 3, 1 Ex. von UF 1, 1 Ex. von UF 4 (Übergang Melico- zum Luzulo-Fagetum). Sie scheint warm-ausgeglichenes Bestandsklima zu bevorzugen, wie das gehäufte Vorkommen auf UF 3 zeigt, aber stark besonnte freie Flächen (UF 2!) zu meiden. Für das Melico-Fagetum ist *E. hypocrita* im UG als seltene, aber typische Art der Streuschicht und des Faulholzes zu werten. Nur 1 Tier wurde gekäschert, alle anderen Stücke der flugunfähigen Art wurden durch Gesiebe oder Barberfallen erbeutet. E III und E X mit Gesieben eingetragene Stücke zeigen, daß die Art im gleichen Biotop als Imago überwintern kann.

KNOPF (1962) fand *E. hypocrita* in einem Hainsimsen-Buchenwald auf Buntsandstein in Barberfallen, KLESS (1961) nennt sie eine seltene, aber typische Art der Buchenmischwälder des Wutachgebietes im Schwarzwald, und MEYER (1958) fand sie auf seine Fanggebietsgruppe III (Steppenheidewald, Gebüsche, einige geschützt liegende, stark insolierte Wiesen) auf dem Tübinger Spitzberg beschränkt.

13 *Acalles camelus*

Der flugunfähige *A. camelus* zeigt die gleiche Verbreitung wie *Echinodera hypocrita,* ist Streuschicht-(und darin wahrscheinlich auch Faulholz-)bewohner. 16 der 19 Tiere wurden in Gesieben oder mit Barberfallen gefangen. Auch MEYER (1958) siebte 4 Exemplare am 8. XII. 1953 und 1 Ex. am 25. X. 1954 aus der Streu des gleichen Biotops am Tübinger Spitzberg, wo er die Art (insgesamt 24 Stück) auch während des ganzen Jahres fing: Streuschicht (Eichen- und Hainbuchenlaub) eines 15 m breiten Gebüsch- und Waldstreifens (mit Crataegus, Rubus, Viburnum lantanum, Tilia cordata, Quercus robur, Carpinus betulus), der an ein Mesobrometum grenzte.

SCHAUERMANN (1973) fand *A. camelus* regelmäßig in 60-, 80- und 123jährigen Hainsimsen-Buchenbeständen (mit spärlicher Kraut- und ohne Strauchschicht) des Sollings. FRANZ (1950) ermittelte in Österreich *A. camelus* einerseits in heliophilen Gehölzen, andererseits auf Auenwaldböden.

14 *Apion pallipes*

Die starken Vorkommen der Art im Melico-Fagetum des UG tragen fast den Charakter einer festen Bindung. Nur im Acero-Fraxinetum des Kirnitzschtales kommt sie noch einmal in geringer Zahl vor. Offensichtlich ist *A. pallipes* an bestimmte klimatische Bedingungen gebunden, die im Melico-Fagetum erfüllt sind, denn obwohl die Wirtspflanze der monophagen Art (Mercurialis perennis) weiter verbreitet ist, folgt sie ihr nicht überall hin. So werden ein feucht-kühles Arunco-Aceretum (UF 17) und ein Stellario-Alnetum (UF 22) gemieden, und die erwähnten Vorkommen auf einem Acero-Fraxinetum, das sich zwar in Unterhanglage befindet, sind auf südexponierte Flächen beschränkt. Besiedelte Standortsformen sind RsBa-7h, RsBa-5, PoH-4.

A. pallipes ist ausgeprägter Krautschichtbewohner, etwa 330 der 364 gefangenen Exemplare wurden beim Käscherfang erbeutet. Rund 30 Ex. stammen aus Gesieben auf den gleichen UF, vorwiegend von E III und E X/A XI, so daß es sicher ist, daß die Art im gleichen Biotop überwintert. Nach den Fangergebnissen nimmt sie keinen tagesperiodischen Stratenwechsel (Krautschicht-Boden) vor, sondern hält sich dauernd in der Krautschicht auf (von V–IX 302 Tiere aus Käscher- und nur 7 aus Gesiebefang, 2 aus Barberfallen).

Die Wirtspflanze, Mercurialis perennis, wird bereits von REITTER (1916) erwähnt. HOFFMANN (1958) zitiert eine Angabe, nach der sich die Larve endophag im Stengel entwickeln soll, was wahrscheinlich ist. Ich fing die Art gleichfalls nur auf M. perennis, und in Gefangenschaft nahmen die Käfer willig diese Pflanze als Futter an und erzeugten den runden Lochfraß, der schon im Gelände leicht zu erkennen ist und die Anwesenheit von *A. pallipes* zeigt. Eine Zucht glückte leider nicht. Auch HLISNIKOVSKY (1965) gibt die Art von der gleichen Pflanze an.

15 *Acalles echinatus*

Der gleichfalls flugunfähige *Acalles echinatus* scheint eine größere ökologische Potenz als die beiden vorhergehenden Arten zu besitzen. 8 Ex. wurden im Melico-Fagetum auf RsBa-7h (keines auf UF 1 auf RsBa-5), 2 im Acero-Fraxinetum, 1 im Arunco-Aceretum gefangen. FEILER (1970) fing *A. echinatus* im westelbischen Teil der Sächsischen Schweiz in einigen 50–60jährigen Fichtenstangenhölzern (als *Acalles* sp. aufgeführt) ohne Strauch- und mit spärlicher Krautschicht (vorwiegend Deschampsia flexuosa).

16 *Otiorhynchus singularis*

Die Art, als Larve poly- und ektophager Wurzelfresser, ist im UG im Laubwald, vor allem im Melico-Fagetum, zu finden, wo sie die trockenere Variante bevorzugt. Von den 1972–74 eingebrachten 33 Exemplaren stammen 20 (= 60,5 %) aus diesem Bereich, von weiteren 34 von 1967–71 gesammelten Stücken stammen 13 ebenfalls von da. Der Rest verteilt sich vorwiegend auf andere Laubwaldtypen, die nicht immer näher bestimmt sind. Darüber hinaus scheint O. *singularis* in Calluno-Querceten noch Entwicklungsmöglichkeiten zu haben. Seine weite Verbreitung deutet darauf hin, daß er in dem engverzahnten Biotopmosaik des UG zumindest kleinräumig immer wieder günstige Lebensbedingungen findet. Zuweilen dringt er auch auf Wiesen vor.

Rubus idaeus (HOFFMANN 1950), Pinus silvestris (SCHERF 1964) werden als Wirtspflanzen genannt, doch scheinen gerade diese nicht die wichtigsten Wirtspflanzen im UG zu sein, da sie dort fehlen, wo die Käfer am häufigsten sind.

Nach den Barberfallenfängen von FEILER (1970) ist *singularis* in Fichtenstangenhölzern des Bielatalgebietes in der westelbischen Sächsischen Schweiz oft einzeln, aber weit verbreitet, am häufigsten (29 Ex.) in einem 50–60jährigen Fichtenbestand bei 490 m NN (eben, mit Deschampsia flexuosa [häufig], Calamagrostis villosa [spärlich] und dem Moos Hypnum cupressiforme [spärlich] als einzigen Pflanzen der Krautschicht; Strauchschicht fehlend).

GRIMM (1973) fing die Art in 60- und 120jährigem Hainsimsen-Buchenwald (Luzulo-Fagetum) des Sollings, wo die Käfer polyphag an Knospen und Rinde junger Triebe von Laub- und Nadelbäumen, an frischen Blättern und Fallaub (letzteres im Herbst und Winter) fraßen. Nach SCHAUERMANN (1973) ist die Art dort regelmäßig anzutreffen; die Krautschicht dieser Buchenwälder ist spärlich, die Strauchschicht fehlt.

KLESS (1961) führt die Art als regelmäßigen Bewohner des Auenwaldes im Wutachgebiet (Schwarzwald) an, MEYER (1958) fing sie einzeln in einem Wald- und Gebüschrand des Tübinger Spitzberges, FRANZ (1950) in Österreich in einem heliophilen Gehölz.

Schließlich fand TISCHLER (1948) sie auf Hasel (Corylus avellana) in einem Eichen-Hainbuchen-Knick Schleswig-Holsteins.

O. singularis tritt im Gesamtartenspektrum aller UF nur rezedent auf. Da er nachtaktiv ist (GRIMM 1973), ist er in den Käscherfängen – wie die meisten *Otiorhynchus*-Arten – nur wenig enthalten (17 von 33 Ex.), in Gesieben (7 Ex.) und Barberfallen (9 Ex.) relativ häufig. Die Ruhephase am Tage scheint er nicht nur am Boden, sondern auch auf der Fraßpflanze zu verbringen.

17 *Stereonychus fraxini*

Die monophag auf Esche lebende Art kommt subdominant auf einem Melico-Fagetum-Standort (UF 1) in höchster Zahl vor (85,1 %), wurde aber auf den beiden anderen Standorten nicht gefangen. Ferner wurde sie in einem Arunco-Aceretum (2 Ex. = 3 %) und einem Stellario-Alnetum (8 Ex. = 11,9 %, subdominant) auf PoH-4 nachgewiesen.

Der hohe Prozentsatz von nur einer UF kann wie folgt gedeutet werden: Es befinden sich dort mehr Eschen in der Baumschicht (auf UF 2 keine, auf UF 3 nur wenige), und der frischere Boden (RsBa-5 auf UF 1 statt RsBa-7h auf UF 2 und 3) ließ eine üppige Naturverjüngung der Esche zu, von der *S. fraxini* reichlich gekäschert wurde. Auf UF 2 und 3 ist Esche als Jungpflanze nur spärlich anzutreffen, und das trockenere und wärmere Standortsklima der beiden südexponierten Flächen läßt die Entwicklung der ektophagen blattfressenden Larve nicht zu. Die auf den beiden Schluchtwaldstandorten (UF 17, 22) gefangenen Tiere sind (Verlassen bzw. Aufsuchen des Winterquartiers?) in der Krautschicht gefangen worden; da Esche nur in der Baum-, nicht in der Krautschicht vorhanden ist, erklärt sich wahrscheinlich daraus die geringe Zahl der eingetragenen Käfer.

Der größte Teil der gefangenen Tiere stammt aus Käscherfängen, nur eines aus einer Barberfalle, 2 aus Gesieben (E III, E X). *S. fraxini* lebt also als Imago sicher beständig in der Strauch- und Baumschicht, ohne tageszeitliche Stratenwechsel vorzunehmen. Zur Überwinterung sucht er wahrscheinlich die Streuschicht auf.

RABELER (1962) fing vereinzelt Stücke im Melico-Fagetum elymetosum und Querco-Carpinetum asperuletosum, 1 Ex. auch im Melico-Fagetum allietosum, wo es sicher zugeflogen war, da dort Esche fehlte.

18 *Phyllobius argentatus*

Die Art tritt nach den Fangergebnissen im UG nur im Melico-Fagetum auf und ist dort dominant bis subdominant. Im Übergang zwischen Melico- und Luzulo-Fagetum wurde noch ein weiterer geringer Prozentsatz der Tiere gefangen (4,1 %, UF 4, dort subdominant). Diese regionale Bindung ist eindeutig und im UG noch vom Raumberg belegt. Einzelstücke von anderen Flächen können stets als Gäste von angrenzenden Melico-Fageten gedeutet werden, zumal *P. argentatus* gut flugfähig ist.

Diese enge Bindung an eine Waldgesellschaft im UG ist auffällig, da die Art als Larve ekto- und polyphager Wurzelfresser ist (SCHERF 1964). Da also an anderen Stellen kaum Mangel an Wirtspflanzen herrschen dürfte, müssen wahrscheinlich abiotische Faktoren für diese Bindung verantwortlich und im Melico-Fagetum für diese Art optimal ausgeprägt sein, worauf Konstanz und Dominanz der Art hinweisen. Auch schließt sie sich in ihrem Vorkommen mit *P. arborator* und *maculicornis* entsprechend den Befunden von IOANNISIANI, BIRG und LAVROVA (1970) im Brester Gebiet gegenseitig aus (s. auch Nr. 8 *Phyllobius arborator*). Auch für *argentatus* geben die genannten Autoren (l. c.) Birke als Wirtspflanze mit an. Die Eiablage soll sowohl auf der Oberseite der Blätter, auf der Oberfläche der Wurzeln und unter der Rinde stattfinden, dazu wird eine Angabe von GISHITZKY (1958) erwähnt, wonach die Eier in den Boden abgelegt werden sollen. Als weitere Fraßpflanze wird von den Autoren noch Zitterpappel genannt. DIECKMANN (mdl.) fing *P. argentatus* auf Salweide.

SCHAUERMANN (1973) nennt *argentatus* eine regelmäßige und häufige Art des Hainsimsen-Buchenbestandes im Solling (60-, 80-, 123jährige Bestände), die er nie in Trientalis-Fichtenwäldern beobachtete. Die Eiablage soll in die Streu- und Humusschicht erfolgen. Die Imagines halten sich vorwiegend im Kronenraum der Buchen auf. SCHWENKE (1950) fand *argentatus* im südwestlichen Fläminggebiet und seinem Elbevorland in Eichen-Birken-Kiefernwald sowie im Melico- und Milium-Buchenwald.

TISCHLER (1948) führt ihn von Humulus in Eichen-Hainbuchen-Knicks und von Buchenblättern (1958) in Feldgehölzen Schleswig-Holsteins an.

Es sind also noch andere Waldgesellschaften, die *P. argentatus* Entwicklungsmöglichkeiten bieten.

Besiedelte Standortsformen: RsBa-5, RsBa-7h, WzLS-5h, erstere in höchster Zahl (74,8 % aller Tiere). Dieser Standort war durch gleichmäßig gute Bodenfrische und üppige Naturverjüngung von Fraxinus, Fagus, Acer und Ulmus gekennzeichnet, worauf die Käfer vorwiegend sich aufhielten.

Nur ein einziges Tier stammt aus einer Barberfalle, alle anderen 435 Exemplare wurden gekäschert, die Art ist also während ihrer gesamten Aktivitätsperiode ein ständiger Bewohner der Strauch-(und Baum-)schicht.

Auch RABELER (1962) wies *P. argentatus* in der größten Dichte im Melico-Fagetum nach, in geringerer Zahl im Carici-Fagetum, Querco-Carpinetum und im Luzulo-Fagetum.

19 *Barynotus moerens* und 52 *B. obscurus*

Obwohl von jeder Art nur wenige Exemplare vorliegen, ist, unter Berücksichtigung auch bei anderen Fängen eingetragener Tiere aus dem UG, eine ökologische Trennung beider wahrscheinlich:

B. moerens scheint vorwiegend mäßig frische bis frische Waldstandorte (UF 1 – Melico-Fagetum mit Kontakt zu Fraxinetalia-Gesellschaften, 5 Ex.; UF 17 – Arunco-Aceretum, 1 Ex.; UF 22 – Stellario-Alnetum, 2 Ex.) zu besiedeln, *B. obscurus* mehr offenes Gelände. Beide Formen bleiben stets rezedent, kommen auch auf UF 1 und 22 gemeinsam vor, doch ist auf diesen beiden Waldstandorten *B. obscurus* nur in je 1 Stück gefangen, *B. moerens* in mehreren Stücken (5 bzw. 2) eingetragen worden.

Wenn sämtliche bisher überhaupt im UG gefundenen Tiere von *B. obscurus* (12 Ex.) und *B. moerens* (11 Ex.) nach dem Trennschema Wald – offenes Gelände gegenübergestellt werden, ergibt sich:

Wald	9 Ex. (*B. moerens*)	2 Ex. (*B. obscurus*)
Offenes Gelände	2 Ex. (*B. moerens*)	10 Ex. (*B. obscurus*)

B. obscurus ist flugunfähig, für *B. moerens* ist das gleiche zu erwarten. Da jeweils die reichliche Hälfte bis zwei Drittel aller Tiere in Barberfallen gefangen wurden, sind beide Arten als Bewohner der Bodenoberfläche (oder nachtaktive Krautschichtbewohner, die die Ruhephase am Boden verbringen?) einzustufen.

FRENZEL (1936) fand *B. obscurus* auf einer schwach südexponierten, feuchten Talwiese (rotbrauner, sandiger Lehm) im damaligen Schlesien, und STEIN (1967) fing 2 Tiere auf einer feuchten Glatthaferwiese in Hessen. Derselbe Autor (1970a) wies sie im 1. Jahr auf einer frisch angelegten Leguminosenkultur in der Umgebung von Gießen nach, im 2. Jahr war die Art auf dieser Fläche nicht mehr zu beobachten. TISCHLER (1948) stellte *B. obscurus* auf Leguminosen in Eichen-Hainbuchen-Knicks Schleswig-Holsteins fest. DIECKMANN und FRITZSCHE (1971) nennen Ackerbohne (Vicia faba) und Luzerne als Nährpflanzen der Käfer. Alle diese Angaben weisen ebenfalls darauf hin, daß *B. obscurus* offenes Gelände bevorzugt.

B. moerens wurde von RABELER (1962) im Melico-Fagetum elymetosum und in einem Querco-Lithospermetum gefangen.

20 *Rhinomias forticornis*

Die flugunfähige Art ist im UG weit verbreitet. Ihr Verbreitungsschwerpunkt liegt offensichtlich in Fageten. Von 3 Melico-Fageten (UF 1–3) des Großen Winterberges stammen allein 71 von 121 Exemplaren. Aus Fichtenforsten auf Luzulo-Fagetum-Standorten (UF 13, 16) wurden 31 Ex. eingetragen. Darüber hat *R. forticornis* im Schluchtwald (Acero-Fraxinetum, UF 18, 21; Piceetum hercynicum, UF 10) noch schwächere, aber offensichtlich beständige Vorkommen. Da die standörtlichen Bedingungen im UG sehr rasch wechseln, darf es nicht verwundern, wenn die Art, die hier wahrscheinlich optimale Lebensbedingungen findet, vereinzelt selbst auf Wiesen, in Stellario-Alneten und Calluno-Querceten vordringt. Ihr eigentlicher Lebensbereich sind aber frische bis höchstens mäßig trockene Böden mit gut ausgeprägter Streuschicht darüber, wie sie in den 3 anfangs genannten Bereichen zu finden sind, und wo sie subdominant bis dominant auftritt. Folgende Standortsformen sind damit vorzugsweise besiedelt: RsBa-5 bis -7h, GbLL-5, PoH-4 und UwRK.

Im westelbischen Teil der Sächsischen Schweiz fand FEILER (1970) *R. forticornis* häufig in Fichtenstangenhölzern, am zahlreichsten in zwei dieser (bei 490 und 470 m NN), deren Krautschicht von Deschampsia flexuosa und Calamagrostis villosa gebildet wurden. Letztere Art zeigt den bereits montanen Einschlag der Vegetation an. Bezeichnenderweise fehlt *Barypeithes mollicomus* an diesen beiden hochgelegenen Standorten fast völlig. Überschneidungen im Vorkommen beider Arten gibt es dort in den mittleren Lagen bei

300 bis 350 m NN, während in einem weiteren Fichtenstangenholz bei 220 m NN *B. mollicomus* ein maximales Vorkommen hat und *R. forticornis* fehlt.

Nach FRANZ (1950) ist *R. forticornis* auf feuchte Böden ozeanischer Buchen- und Mischwälder der NO-Alpen beschränkt. SCHAUERMANN (1973) nennt ihn als regelmäßigen Bewohner in 60-, 80- und 123jährigen Hainsimsen-Buchenbeständen (Luzulo-Fageten) des Sollings. Die Übereinstimmung dieser und der eigenen Befunde ist also groß.

In Gefangenschaft befraß *R. forticornis* abgestorbene Blätter von Carpinus betulus am Rand (solche von Fagus silvatica blieben unberührt, sie waren offenbar noch nicht weich genug) und merkwürdigerweise auch frische Blätter von Oxalis acetosella. Er scheint also als Imago polyphag zu sein und sich in der Hauptsache auf abgestorbene Pflanzenteile beschränken zu können.

Merkwürdigerweise erhielt RABELER (1962) bei seinen Untersuchungen an Waldgesellschaften des mittleren und oberen Wesergebietes nur vereinzelte Tiere aus dem Melico-Fagetum elymetosum.

21 *Rutidosoma fallax*

Die flugunfähige, monophag an Oxalis acetosella lebende Art ist – unter Einbeziehung sämtlicher bisher im UG gefangener Tiere – im wesentlichen durch Gesiebe (22 Ex.), weniger durch Käschern (11 Ex.) und nur einmal in einer Barberfalle (1 Ex.) gefangen worden. In Gefangenschaft waren die Tiere auch am Tage auf Oxalis aktiv.

Sie scheinen sich nach den Fangergebnissen vorwiegend im Bereich der Pflanzenbasis aufzuhalten und keinen großen Aktionsradius zu haben. Die Larven entwickeln sich in der dick-schuppigen Anschwellung des Blattstielgrundes am Rhizom, daher ist es wahrscheinlich, daß auch die Eier dort abgelegt werden.

R. fallax ist nach DIECKMANN (1972) vielleicht arkto-alpin verbreitet. Somit wäre anzunehmen, daß die Art ihrer Wirtspflanze auch in die feuchtkühlen Biotope des UG (Arunco-Aceretum, Piceetum hercynicum, Acero-Fraxinetum, Stellario-Alnetum) folgt, doch fehlt sie gerade dort meist (nur in einem südexponierten Acero-Fraxinetum – UF 21 – befand sie sich). Wahrscheinlich bieten die gleichmäßig kühlen Temperaturen der Schluchtstandorte keine oder nur pessimale Entwicklungsbedingungen für *R. fallax*. Dagegen war sie sonst weit verbreitet und je nach Größe der Oxalis-Bestände – meist rezedent – zu finden, am häufigsten (UF 13, subdominant) in einem Fichtenhochwald (Luzulo-Fagetum-Standort) mit ausgedehnten Oxalis-Rasen, die von Carex brizoides überwachsen waren.

Die besiedelten Standortsformen sind GbLL-5 (60,7 % der während der speziellen Untersuchungen gefangenen Tiere), RsBa-5, WzLS-5h, KgBaK-6, PoH-4, PoH-5, also mäßig frische bis mäßig trockene Bereiche.

RABELER (1962) nennt 1 Ex. *R. globulus*, das sich an Populus entwickelt, aus einem Querco-Carpinetum asperuletosum des Wesergebietes. Da Populus dort fehlte, Oxalis aber vorhanden war, ist wohl eine Fehlbestimmung anzunehmen und *R. fallax* dafür einzusetzen.

22 *Polydrusus impar*

Etwa zwei Drittel (45 Ex.) aller gefangenen Tiere wurden auf zwei Standorten des Luzulo-Fagetums mit Fichtenforst gefangen (dort subdominant), der Rest stammt von Calluno-

Quercetum, ? Abieti-Fagetum, Übergang Melico- zu Luzulo-Fagetum, je 1 Ex. von einem Digitali-Epilobietum und einer Wiese. Im Piceetum hercynicum (UF 10) wurde *P. impar* nicht gefangen, dafür aber einzeln in einem oberhalb davon liegenden Calluno-Quercetum (UF 11), ein Hinweis darauf, daß zu kalte Standorte gemieden werden. 74,7 % der gefangenen Tiere stammen von der Standortsform GbLL-5(!) (mäßig frische Staublehm-Braunerde).

An den Stellen des gehäuften Auftretens befand sich Fichtenjungwuchs, von dem die Art gekäschert wurde, wodurch sie als Strauch-(und Baum-)schichtbewohner zu gelten hat. DIECKMANN (mdl.) fand sie in reinen Kieferngebieten an Kiefer, so daß Picea und Pinus wahrscheinlich die Wirtspflanzen sind. REITTER (1916) wies bereits darauf hin, daß *R. impar* auf Nadelhölzern häufig sei.

Im westelbischen Teil der Sächsischen Schweiz trat die Art in Barberfallenfängen von FEILER (1970, dort als *Phyllobius calcaratus* aufgeführt) auf allen 10 UF in 50—60jährigen Fichtenstangenhölzern auf, teilweise subdominant. Auch das deutet auf Fichte als Wirtspflanze.

SCHAUERMANN (1973) fing die Art regelmäßig in 60-, 80- und 123jährigen Hainsimsen-Buchenbeständen des Sollings. Da sich in der Nähe auch Trientalis-Fichtenwälder befanden, ist anzunehmen, daß sie von dort einwandert oder sich – wie im eigenen UG auf den UF mit Übergang vom Melico- zum Luzulo-Fagetum – Fichtenjungwuchs wenigstens vereinzelt in den Buchenbeständen hielt, woran sich die Art entwickelte.

THIELE (1956) wies die Art im Niederbergischen Land auf dem Standort eines Fageto-Quercetums (210 m NN) nach, der von einer jungen Lärchenaufforstung eingenommen wurde.

23 *Otiorhynchus scaber*

Die Vorkommen von *O. scaber* sind auf den ersten Blick recht unterschiedlich und zeigen zudem eine Besonderheit: Von den insgesamt etwa 150 im Laufe der Jahre gefangenen Exemplaren (davon 91 aus den zur vorliegenden Thematik betriebenen Fängen) stammt keines aus dem Bereich der Laubwaldungen des Großen Winterberges auf dem Basaltplateau, das gegenüber dem umliegenden Gebiet eine andere Klimastufe (Mf) mit höheren Niederschlagswerten und niedrigeren Jahresdurchschnittstemperaturen aufweist.

43 der 91 Exemplare stammen aus Fichtenforsten auf Luzulo-Fagetum-Standorten (UF 13, 16, dort subdominant), 26 aus einem kleinflächigen Calluno-Quercetum auf einem Felshorn in Unterhanglage (UF 6, und damit dort subdominant), das unmittelbar an Fichtenwald mit Buche grenzt, während die Art sonst in den bearbeiteten, gut abgegrenzten Calluno-Querceten fehlt oder sehr selten ist. Von UF 14 (? Abieti-Fagetum-Standort, jetzt Buchenschonung) liegen weitere 9 Ex. vor (damit subdominant). Auch auf Waldwiesen dringt *O. scaber* vor. Insgesamt läßt die Art eine Häufung ihrer Vorkommen im Bereich des Hainsimsen-Buchen-, Tannen-Buchen- und des von HUNGER (1963) postulierten Buchen-Tannen-Eichen-Waldes erkennen, muß aber auf Grund ihrer weiten Verbreitung und Flugunfähigkeit als euryök angesehen werden. Schon das läßt annehmen, daß *scaber* wie die meisten *Otiorhynchus*-Arten im Larvalstadium ekto- und polyphager Wurzelfresser ist, wie SCHERF (1964) für die ganze Gattung annimmt.

Sichere Wirtspflanzennachweise fehlen bisher. Da kaum Tiere aus Käscherfängen stammen, wenige aus Bodengesieben, die überwiegende Zahl aus Barberfallen, ist *scaber* als typischer Bewohner der Bodenoberfläche anzusehen.

FEILER (1970) fing die Art vereinzelt in 50–60jährigen Fichtenstangenhölzern der westelbischen Sächsischen Schweiz in Barberfallen.

FRANZ (1950) fand gleichfalls eine weite Verbreitung in Österreich vor: vereinzelt in heliophilen Gehölzen, auf Auenwaldböden, in Heidewäldern der NO-Alpen, etwas häufiger auf Nadelwaldböden tieferer Lagen sowie in subalpinen Nadelhochwald- und Latschenbeständen, jedoch in größter Häufigkeit in feuchten Laubwäldern der O-Alpen.

MEYER (1958) nennt *O. scaber* auf dem Tübinger Spitzberg von den Fanggebietsgruppen I, IV und V: Xero- und Mesobrometen (!) in (O) S (W)-Exposition, Querceto-Betuleten verschiedener Ausprägung sowie in Fichtenbestand.

Ein merkwürdiges Vorkommen fand STEIN (1970a): auf einer frisch angelegten Leguminosenkultur, die durch Rüben-, Kartoffel- und Getreidefelder auf 25–75 m vom nächsten Dauergrünland entfernt war. Im 2. Jahre war *scaber* verschwunden – ein Hinweis darauf, daß Fabaceen keinesfalls zu den Wirtspflanzen zu rechnen sind (auch auf den von mir bearbeiteten UF 6, 13, 14, 16, wo *scaber* subdominant auftritt, sind keine Fabaceen vorhanden) und mit der Anlage dieser Kultur die früher wahrscheinlich auf dieser Fläche vorhandenen Existenzmöglichkeiten für die Art vernichtet wurden.

24 *Hylobius pinastri* s. unter 3 *Hylobius abietis*

25 *Peritelus hirticornis*

Die weite Verbreitung mit fast überall rezedentem Auftreten ist z. Z. nicht zu deuten. Die größte Individuenzahl auf einer UF (11 von 37 Ex.) in einem fragmentarischen Piceetum hercynicum (und damit dort subdominant) dürfte zufällig sein. Die Art scheint auch kleinräumig frischere Stellen des Calluno-Quercetums regelmäßig zu besiedeln (5 Ex.), ihre größte Stetigkeit zeigt sie im Melico-Fagetum (13 Ex. sowie 8 aus früheren Fängen), ist dort aber nur rezedent. Da der Käfer in Gefangenschaft Blätter (Randfraß) von Vaccinium myrtillus gut annimmt, deren Vorkommen in Calluno-Querceten und Luzulo-Fageten (sowie im genannten fragmentarischen Piceetum) mit dem von *P. hirticornis* übereinstimmt, könnte diese Pflanze vielleicht als Wirtsart dienen. Da andererseits V. myrtillus dem Melico-Fagetum fehlt, wäre für diesen Vorkommensbereich mindestens eine zweite Wirtspflanzenart aus einer gänzlich anderen Familie anzunehmen. Daher ist zu erwarten, daß *P. hirticornis* wie viele Arten der Gattung *Otiorhynchus* als Larve ekto- und polyphager Wurzelfresser ist, wie bereits SCHERF (1964) vermutet.

Von den gefangenen 37 Exemplaren stammen 27 aus Käscher-, 9 aus Barberfallenfängen und 1 aus Gesiebe. Die Art ist als Bewohner der Kraut- und Strauchschicht und – in geringerem Maße – der Bodenoberfläche anzusehen. Welchem tageszeitlichen Aktivitätstyp sie angehört und ob sie, wie aus den Fanganteilen fast zu vermuten, Stratenwechsel vornimmt, bleibt festzustellen.

Besiedelte Standortsformen: ZgRK (13 Ex.), RsBa-5 u. 7h (13 Ex.) sowie spärlich auf FK bis PoH-6, WzLS-5h und GbLL-5. Merkwürdigerweise fand ich in der von mir gelesenen Literatur kaum Angaben über diese weitverbreitete Art. Lediglich KNOPF (1962) erwähnt Fänge aus Barberfallen im Luzulo-Fagetum auf Buntsandstein im süddeutschen Raum, und FRANZ (1950) führt Einzelfunde aus heliophilen Gehölzen und von Nadelwaldböden tieferer Lagen Österreichs auf.

26 *Liparus germanus*

Die Verbreitung dieser flugunfähigen Art ist auf feuchtkühle Standorte beschränkt, vor allem auf UwRK des Großen Zschandes (25 Ex. insgesamt, nur 2 Tiere jeweils von einer Wiese in Bachrandnähe und einem Stellario-Alnetum auf PoH-4) des Kirnitzschtales. Die von ihm besiedelten Biotope sind das Arunco-Aceretum und Acero-Fraxinetum. Die geringen Individuenzahlen aus den einzelnen Jahresgesamtfängen dieser UF machen Dominanzangaben für jedes einzelne Jahr sinnlos, werden aber die Fänge von 1972, 1973 und 1974 zusammengerechnet, ergibt sich eine einigermaßen erträgliche Individuenzahl für eine solche Klassifizierung, innerhalb derer *L. germanus* als subdominant bis dominant einzustufen ist.

Nach SCHERF (1964) ist Petasites officinalis die Wirtspflanze von *L. germanus*, diese kommt aber auf beiden UF (17, 18) nicht – auch nicht in der Nachbarschaft – vor. Die meisten Tiere wurden auf Chaerophyllum hirsutum gekäschert oder davon abgelesen. Sie fraßen an dessen Blättern und nahmen diese auch in Gefangenschaft willig an, so daß Ch. hirsutum wohl als weitere Wirtspflanze anzusehen ist. *L. germanus* folgt dieser Pflanze aber nicht auf freie, zeitweilig stärker besonnte Standorte (UF 7, dort ist Ch. hirsutum auch spärlicher). Wahrscheinlich ist er in seiner Entwicklung an ziemlich kühle, gleichmäßige Temperaturen gebunden. Der Entwicklungszyklus der Art ist zweijährig (SCHERF 1964). Das Vorkommen im Großen Zschand bietet eine treffliche Bestätigung dieser Angabe und ist sehr interessant:

Es ist anzunehmen, daß die dortige Population entweder durch einmalige Besiedlung des Gebietes durch die Art in einem Jahr entstanden ist oder – weniger wahrscheinlich – durch unbekannte Ursachen ein Jahrgang in einem empfindlichen Stadium vernichtet wurde. Denn im Großen Zschand konnte sie nur in geradzahligen Jahren (1970, 1972, 1974) gefunden, in den ungeradzahligen trotz eifrigen Suchens nicht entdeckt werden. Deshalb muß sie auch, obwohl sie 1973 nicht gefangen wurde, als s t ä n d i g e r Bewohner dieser Biotope gelten.

Die meisten Stücke wurden gekäschert oder abgelesen, nur sehr wenige stammen aus Barberfallen. Die Käfer halten sich also sicher im wesentlichen in der Krautschicht auf, doch bleibt zu bedenken, daß der kleine Anteil von in Barberfallen gefangenen Tieren auch durch deren geringe Aktivität verursacht sein kann.

KLESS (1961) führt *L. germanus* als typische, aber im Vergleich zu *L. glabirostris* weniger häufige Art der Auenwiesen des Wutachgebietes im Schwarzwald an.

27 *Phyllobius urticae* und 28 *P. calcaratus*

Die Bevorzugung des Stellario-Alnetus (UF 22, 23; 78,8 %, subdominant bis dominant) durch *P. urticae* ist unverkennbar. Die Wiese (UF 24), von der 21,1 % der Tiere eingetragen wurden, grenzt in ihrem unteren, nassen Teil an einen Erlensaum längs der Kirnitzsch und ist dort stark von Urtica durchsetzt, wovon die Stücke genau wie die aus den untersuchten Stellario-Alneten stammen. Die Beziehung zum Stellario-Alnetum ist also auch auf dieser Teilfläche des Wiesenstandorts vorhanden, das beständige Vorkommen an Brennessel bestätigt diese als zumindest häufigste Wirtspflanze im UG. Merkwürdigerweise stammt bisher nur 1 Tier von einer feuchten Wiese auf dem Großen Winterberg, das Gros der Art wurde im Kirnitzschtal gefangen.

Dagegen ist *P. calcaratus* über ein breiteres Spektrum von Biotopen verteilt, doch läßt sich ebenfalls das Stellario-Alnetum als Häufungsbereich der Art feststellen (38,1 %, rezedent bis subdominant), dazu tritt das Melico-Fagetum (42,8 %, rezedent, auf UF 2 nicht vorhanden, größter Anteil – 33,3 % – auf UF 1: Melico-Fagetum mit Kontakt zu Fraxinetalia-Gesellschaften, Standortsform RsBa-5). *P. calcaratus* wurde im Gegensatz zu *urticae* in der größten Zahl vom Winterberg- und dem anschließenden Sandsteingebiet gefangen (unter Berücksichtigung der auch bei anderen Fängen eingetragenen Tiere). Über die Wirtspflanzen von *calcaratus* ist nichts bekannt, doch könnte Rubus „fruticosus" dazu zählen, worauf viele Käfer gefangen wurden.

Fast alle Stücke der beiden makropteren Arten stammen aus Käscherfängen, womit sie als ständige Bewohner der Kraut- bzw. Strauchschicht (letzteres gilt für *calcaratus*) anzusehen sind.

SCHWENKE (1950) stellte *P. calcaratus* im Erlenauenwald, *P. urticae* im Auenwald des Elbevorlandes zum südwestlichen Fläming fest, KLESS (1961) fing ihn auf Auenwiesen des Wutachgebietes im Schwarzwald. TISCHLER (1948) fand *P. urticae* in Eichen-Hainbuchen-Knicks Schleswig-Holsteins.

29 *Cidnorhinus quadrimaculatus*

Die monophag an Urtica dioica lebende, flugfähige Art hat eine weite Verbreitung, doch scheinen zu kühle Biotope (UF 17: Arunco-Aceretum, UF 18: Acero-Fraxinetum) für sie Pejusbereiche darzustellen. Sonst folgt sie der Brennessel an fast alle Orte, ist im Bereich des Melico-Fagetums zu finden (die Häufung im Bereich der südexponierten UF 2 und 3 weist auf eine gewisse Wärmepräferenz zumindest der Imagines) und dort rezedent bis subdominant, gleichermaßen auf Wiesen in kleineren Brennesselbeständen und sogar – rezedent – in einem Fichtenforst auf Luzulo-Fagetum-Standort (UF 13).

Die größte Häufung (35,4 % = 122 Ex., dominant) ließ *C. quadrimaculatus* in einem Stellario-Alnetum (UF 23) des Kirnitzschtales erkennen, und auch in einem zweiten (UF 22, 11 % = 38 Ex.) war er dominant. Wird UF 7 (11,9 % = 41 Ex.) zumindest Kontakt zu einer Bachwaldgesellschaft zugestanden (JUNG 1960 begründet seine Florenliste des Bachwaldes im UG auf 4 UF, davon eine in unmittelbarer Nähe meiner UF 7), so wird eine Bevorzugung des Bachwaldes allgemein sichtbar, sofern – wie im Unterteil des Großen Zschandes – nicht zu kalte Temperaturen herrschen. Für die Entwicklung der endophag in der Wurzel (bis Wurzelhals) lebenden Larven dürfte die Temperatur der obersten Bodenschichten den die Verbreitung der Art im UG begrenzenden Faktor darstellen (ähnliches ist für Nr. 21 *Rutidosoma fallax* zu erwägen). KLESS (1961) führt *quadrimaculatus* als häufig von Ruderalstellen im Wutachgebiet (Schwarzwald) an, TISCHLER (1948) fand ihn in Eichen-Hainbuchen-Knicks Schleswig-Holsteins. Am ehesten sind die eigenen Befunde mit denen SCHWENKEs (1950) in Einklang zu bringen, der *C. quadrimaculatus* als Hauptart (= konstante Dominante) des Auenwaldes (Melica-Buchenwald, Auenwald; auch im Erlenauenwald noch häufig) des Elbevorlandes zum südwestlichen Fläming bezeichnet.

Der größte Teil der Tiere wurde gekäschert, wenige mit Barberfallen gefangen. Auch in Gesiebeproben wurden einige eingetragen, und da verschiedene hiervon E III und E X in den gleichen Biotopen gefunden wurden, ist anzunehmen, daß *C. quadrimaculatus* auch im Entwicklungsbiotop überwintert.

30 *Notaris aterrimus*

Die Vorkommen des überall rezedenten *N. aterrimus* weisen auf keinerlei Bindung an einen bestimmten Biotop, doch scheint er feuchte Standorte (vielleicht in Übereinstimmung zu den Pflanzen, die als Wirtspflanzen zu vermuten sind: Cyperaceen, Gramineen) zu bevorzugen; das sind baumfreie, feuchte, grasig bewachsene Lichtungen in den Schluchten des Sandsteingebietes, feuchte Wiesen. Die Vorkommen in der Wegrandzone eines Melico-Fagetums (UF 2) und auf der unmittelbar anschließenden UF 3 (Melico-Fagetum), also auf gut insolierten Standorten, fallen aus dieser Einschätzung heraus. Vielleicht spielt hier die andere Klimaausprägung des Winterberggebietes (s. Kapitel „Untersuchungsgebiet": Jahresmittel der Temperaturen niedriger, der Niederschläge höher) gegenüber dem umliegenden Sandsteingebiet eine Rolle.

Von insgesamt 47 gefangenen Tieren (24/23) wurden nur 9 gekäschert, der Rest gesiebt oder mit Fallen erbeutet. *N. aterrimus* hält sich also im wesentlichen am Boden oder in dessen Nähe auf. Nach seiner Verbreitung ist der Käfer als polystenohygr und oligostenotherm einzuschätzen. Die Käfer scheinen (Gesiebefänge E III, A XI) im Entwicklungsbiotop zu überwintern.

Auf UF 7 und 24 tritt neben *N. aterrimus* noch *N. acridulus* in ganz geringer Stückzahl auf; letzterer ist im UG weitaus seltener als *aterrimus*.

KLEINSTEUBER (1969) fand 5 Exemplare von *N. aterrimus* in Barberfallen in einem Kammhochmoor des Oberen Westerzgebirges bei etwa 900 m NN. FRENZEL (1936) wies die Art auf einer schwach südexponierten, feuchten Talwiese (670 m NN; rotbrauner, sandiger Lehm) im damaligen Schlesien nach.

31 *Sitona cambricus* am Schluß der Besprechung nach 51 *Otiorhynchus porcatus*

32 *Apion virens*

Die flügeldimorphe, makropter flugfähige Art ist auf Grund ihrer Wirtspflanzen (vor allem Trifolium repens und pratense) an offenes Gelände, zumeist Wiesen (UF 19, 24; 91,7 % = 645 Ex.) und Wegränder (UF 2, 7; 7,8 % = 55 Ex.) gebunden, wo sie im wesentlichen dominant bis subdominant auftritt. 23 weitere, von anderen Wegrandzonen und Wiesen gekäscherte Tiere bestätigen das. *A. virens* kann im UG als euryöke Wiesenart gelten.

Zahlreiche Arbeiten anderer Autoren (BONESS 1953, KLESS 1961, SCHNELL 1955, STEIN 1967) enthalten gleichartige Ergebnisse. *A. virens* ist nach STEIN (1968b) eurytherm, bevorzugt im Frühjahr höhere Temperaturen als im Winter, ist tag- und nachtaktiv. Da er im UG wenig in den Barberfallen enthalten ist (15 von insgesamt 732 Ex.), muß er als ständiger Krautschichtbewohner angesehen werden. Die Gesiebefunde (35 Ex.) liegen vorwiegend in den Frühjahrs- (E III, A IV) und Herbstwochen (E X, A XI) auf Wiesen, so daß STEINs (l. c.) Angabe, *A. virens* überwintere an der Basis der Trifolium-Pflanzen, auch in den Fangergebnissen widergespiegelt wird. Letzterer Autor (1971) rechnet die Art zu denen mit Ausbreitungsphase im Herbst, die also im Herbst während einer Ausbreitungsphase weitere gleichartige Biotope aufsuchen und besiedeln, während ein weiterer Teil der Population am Entwicklungsbiotop verbleibt. Ein weitab von jeglichem Trifolium- und sonstigem Leguminosenstandort A IX in einem Calluno-Quercetum gefangenes Stück weist auf die von STEIN (1970b) vermerkte Flugfähigkeit und die genannte herbstliche Ausbreitungsphase, während welcher dieses Tier als Irrgast in ein Calluno-Quercetum gelangte.

33 *Apion curtirostre*

Sämtliche 22 Tiere des makropteren *A. curtirostre* wurden auf den beiden Wiesen gefangen (UF 19, 24), er bleibt dort rezedent. Obwohl die als Wirtspflanzen nachgewiesenen Rumex-Arten (acetosa, acetosella, patientia u. a., SCHERF 1964) noch auf anderen UF vorkommen (meist beschattet), wurde er dort nicht gefangen. Wahrscheinlich spielen Temperaturverhältnisse für die endophag in Blättern lebende Larve eine wichtige Rolle.

Sämtliche Exemplare wurden gekäschert, die Art scheint also ständiger Krautschichtbewohner zu sein. Allerdings ist die Stückzahl für eine solche Schlußfolgerung noch gering.

SCHWENKE (1950) wies *A. curtirostre* in den von ihm untersuchten Waldtypen des südwestlichen Flämings und seines Elbevorlandes nur im Gras-Kiefernwald nach! (wahrscheinlich auf R. acetosella?). SCHNELL (1955) fing ihn auf Leguminosenkulturen Schleswig-Holsteins an Rumex und fand ihn dort auch auf Wiesen und Weiden, STEIN (1967) vereinzelt in Grünlandgesellschaften Hessens.

Alle Befunde (Vorkommen auf freien Flächen und das Meiden stärker beschatteter Stellen; Nachweis im UG durch Käscherfang) weisen auf eine gewisse Wärmepräferenz und Bindung an stärkere Tag-Nacht-Temperaturschwankungen.

34 *Sitona suturalis* am Schluß der Besprechung unter *Sitona*-Arten.

35 *Apion cruentatum*

Der an Rumex acetosa lebende *A. cruentatum* hat auf Wiesen seinen Verbreitungsschwerpunkt, bleibt aber dort rezedent. Er scheint im Entwicklungsbiotop auch zu überwintern. Darauf deuten 2 Exemplare aus Gesiebe E III und 1 gekäschertes Tier A XI, jeweils von Wiesen. Er hält sich wahrscheinlich ständig in der Krautschicht auf (nur 2 Ex. aus Barberfallen).

Da die Art erst neuerdings wieder von *A. frumentarium* getrennt wurde (DIECKMANN 1973), ist ein Vergleich zu Befunden anderer Autoren nicht möglich.

36 *Rhinoncus pericarpius*

Ein ziemlich hoher Prozentsatz (29,5 %) in Barberfallen gefangener Tiere sowie 10,2 % durch Gesiebe, darunter auch E III eingetragener Stücke dieser makropteren, oligophag an Rumex lebenden Art weisen sie entweder als tageszeitlich periodisch das Stratum wechselnd (Krautschicht – Boden) und/oder wahrscheinlich kältepräferent aus. Ihre Bindung an Wiesen und Wegrandzonen mit Rumex ist offensichtlich, *R. pericarpius* bleibt aber im UG stets rezedent.

37 *Sciaphilus asperatus*

Die flugunfähige Art hat 2 Vorkommensgebiete: Wiesen (22/11), deren pflanzensoziologische Zugehörigkeit in den vorliegenden Fällen nicht klar ist, und feuchte Laubwaldungen (3/14). Da die Wiesen im UG nicht ursprünglich sind, ist anzunehmen, daß *S. asperatus* eine Waldart ist, deren ökologische Potenz auch die Besiedlung nicht zu trockener Wiesen zuläßt. Diese sind vielleicht sogar – temperaturbedingt? – eine optimale Lebensstätte. Die höhere Individuenzahl, die auf Wiesen gefangen wurde, spricht dafür. In jedem Falle ist der Boden aller UF mäßig bis sehr frisch. Es sind folgende Standortsformen, auf denen *asperatus* nachgewiesen wurde: UwRK, PoH-4(-5?) und HN (letztere Form nach alten Standortskarten, Hangnässezonen im Grenzbereich Basalt – Sandstein des Großen Winterberges). Die Wiesenflächen sind auf den Standortskarten nicht erfaßt, sie dürften aber PoH-4 bis -5, GbLL-5 bis WzLS-5 zuzuordnen sein. Die Art ist auch auf den UF mit ihren stärksten Individuenzahlen nur rezedent.

Verteilung auf die Fangmethoden: 10 G, 1 B (sowie 12 B während der Aktivitätsperiode aus anderen Fängen im UG), 14 K. Die Art hat also wahrscheinlich im UG vorwiegend als Bewohner der Bodenoberfläche und niederen Krautschicht gleichermaßen zu gelten. Die Gesiebefunde liegen an den gleichen Orten auch in der kalten Jahreszeit (E III, A X–A XI) und zeigen, daß *asperatus* im gleichen Biotop überwintert. Bereits TISCHLERs (1948) Angaben lassen auf die Identität von Entwicklungs- und Überwinterungsbiotop schließen. *S. asperatus* hat nach SCHERF (1964) Primula officinalis zur Wirtspflanze. Diese kommt auf k e i n e r der UF vor. Entweder stimmt diese Angabe nicht, oder die Art ist zumindest oligophag.

VOLZ (1962) nennt die Larve von *asperatus* als eine der wenigen häufigeren Coleopterenlarven der ansonsten vom „Übergewicht der Lumbriciden geprägten Standorte(n) der Gruppe III" (= Auenwaldböden lehmiger Beschaffenheit, ausschließlich Mullböden) in der südlichen Vorderpfalz, TISCHLER (1948) fand Käfer in der Streu eines Eichen-Hainbuchen-Knicks in Schleswig-Holstein, STEIN (1967a) 2 Ex. in einem Arrhenatheretum elatioris Hessens und vermerkt, daß die Art in Gefangenschaft nicht an Rotklee fraß. FRENZEL (1936) wies die Art auf einer verhältnismäßig trockenen Mähwiese (schwach lehmiger Sand) im ehemaligen Schlesien, PFETTEN (1925) vereinzelt in Bayern in Fichtenforsten, denen etwas Tanne und Buche (teils in der Baum-, teils in der Strauchschicht) beigemengt waren, also auf frischen Standorten, nach. Schließlich führt FRANZ (1950) die Art von Acker- und Grünlandböden tieferer Gebirgslagen Österreichs, und zwar von braunen und grauen A u e n b ö d e n, auf.

Es scheint auf Grund der eigenen Befunde und der Literaturangaben so, als ob die Verbreitung des *S. asperatus* von feuchten Böden abhängig sei, in denen sich die Larve entwickelt.

RABELER (1962) fand bei seinen Untersuchungen in Waldgesellschaften des oberen und mittleren Wesergebietes die Art im Carici-Fagetum, Melico-Fagetum elymetosum und dryopteridetosum sowie im Querco-Carpinetum, 1 Ex. auch im Querco-Lithospermetum.

38 *Neosirocalus floralis*

Das Auftreten dieser makropteren, offensichtlich sehr fluglustigen Art ist bemerkenswert: bis 1973 konnte sie im UG als weitverbreitet, aber nicht häufig gelten. Vereinzelte Käscherfänge in Waldtypen unterschiedlichster Art (Calluno-Quercetum, Melico-Fagetum, Luzulo-Fagetum, Acero-Fraxinetum, Stellario-Alnetum usw.), oft weitab von Cruciferen-Standorten, wiesen auf eine Schwärmphase der Art in den Sommermonaten.

Diese Einschätzung bestätigte sich 1973. Im V wurde auf UF 19 ein Teil der Wiese gepflügt und mit Klee-Gras-Gemisch, stark durchsetzt mit Cruciferen-Unkräutern (vor allem Capsella bursa-pastoris), besät. Mitte VIII konnte *N. floralis*, der vorher dort nur vereinzelt vorkam, in 49 Ex. gefangen werden, wodurch er im Jahresgesamtfang dieser UF zu den dominanten zählte. Bereits 1974 waren im wesentlichen die Cruciferen-Unkräuter durch das gut aufgegangene Klee-Gras-Gemisch verdrängt worden, und trotz intensiver Käscherfänge wurden nur noch insgesamt 13 Stück eingetragen. In dieser Stückzahl war er 1974 auf der UF nur noch rezedent. Bereits STEIN (1967) konnte ähnliches bei Untersuchungen von Grünlandgesellschaften Hessens feststellen.

N. floralis kann für das gesamte Gebiet im allgemeinen als einfliegende Art gelten, das UG selbst stellt im wesentlichen einen Pejusbereich für die Art dar, wo sie nur sehr schwache Populationen entwickeln dürfte. Als typische Wiesenart kann sie trotz ihres gehäuften Auftretens dort nicht gelten, ihr Wirtspflanzenkreis (oligophag an Cruciferen, vor allem an Capsella bursa-pastoris) verweist auf Ödländer, Agro- und Saumbiotope.

Obige Einstufung von *N. floralis* läßt sich auch mit den Befunden anderer Autoren in Übereinstimmung bringen: KLESS (1961) führt die Art aus dem Wutachgebiet (Schwarzwald) vorwiegend von Ruderalstellen an (also sicher Orte mit hohem Cruciferen-Anteil im Bewuchs), GEILER (1967) fing sie in Anzahl auf Luzernefeldern Nordwestsachsens.

RENKEN (1956) nennt sie in seinen Untersuchungen über Winterlager der Insekten in Schleswig-Holstein als subdominanten Gast in dunklen Innensäumen von Wäldern schwerer Böden und Wallhecken auf schweren Böden, als rezedenten Gast an Waldrändern in Ufernähe. Auch in der Nadelstreu des Waldinnern, vor allem von Fichten-, aber auch von Kiefernwäldern, ist er nach diesem Autor als biotopfremde Art enthalten. Das weist erstens auf die gute Flugfähigkeit der Art, zweitens auf Biotopwechsel entsprechend STEIN (1971). Doch Fänge im eigenen UG (UF 19) noch A XI deuten an, daß die Art auch im Sommerbiotop überwintert, so daß eine Zuordnung (Biotopwechsel oder Ausbreitungsphase) hier schwerfällt.

KLEINSTEUBER (1969) fand *N. floralis* unter den Dominanten der Strauchschicht vor allem des Fichten-Moorkiefern- und Moorfichtenwaldes eines Kammhochmoores des Oberen Westerzgebirges bei etwa 900 m NN. Dieses Vorkommen ist ebenfalls schwer zu deuten, möglicherweise kommt diese Ansammlung durch die Schwärmphase zustande.

39 *Apion flavipes*

Durch ihren Wirtspflanzenkreis (oligophag an Trifolium-Arten) ist die gut flugfähige Art vorwiegend an Wiesen und Wegrandzonen gebunden, wo sie meist zu den subdominanten gehört. Nur 5 (= 3,5 %) der 141 hier ausgewerteten Exemplare wurden gesiebt, der Rest gekäschert, wodurch sie als ständiger Krautschichtbewohner zu werten ist. In der Zeit um E III/A IV und E X/A XI konnten nur noch sehr wenige Stücke überhaupt auf den Wiesen gefangen werden, so daß STEINs (1971) Feststellung, daß *A. flavipes* zu den biotopwechselnden Arten gehöre, auch für das UG sicher richtig ist. Wenige Stücke A IV und M IX auf Waldstandorten deuten auf angrenzende Waldungen als Überwinterungsbiotope.

BONESS (1953) fand *A. flavipes* häufig auf Wiesen, SCHNELL (1955) etwa im gleichen Gebiet (Schleswig-Holstein) häufig an Trifolium auf Leguminosenkulturen, aber auch auf Wiesen und Weiden, und führt Wallhecken als Überwinterungsort an, stellt aber fest, daß *A. flavipes* auch im I bis A III häufiger direkt auf den Rot- und Weißkleefeldern anzutreffen sei. Er stellt ihn zu den Arten, die an der Fraßpflanze, seltener am Boden oder nach Biotopwechsel überwintern. RENKEN (1956) nennt nach seinen Untersuchungen in Schleswig-Holstein folgende Überwinterungsorte: dunkle Innensäume der Wälder schwerer Böden (rezedenter Gast); Wallhecken schwerer Böden (dominanter Gast); in geringer Zahl an Waldrändern in Ufernähe; rezedenter Gast auf Außensäumen trockener Wälder auf leichten Böden; biotopfremde Art der Nadelstreu des Waldinnern von Lärchen-, Kiefern- und Fichtenwäldern.

STEIN (1967), der *A. flavipes* häufig in Grünlandgesellschaften Hessens fing, stellte später (1970c) fest, daß die Art im Sommer eine dominante Form (über 10 %) der von ihm untersuchten Wiesen, im Winter aber dort nicht mehr zu finden sei. Er rechnet (1971) *A. flavipes* zu den Arten mit Biotopwechsel (Aufsuchen eines andersartigen Überwinterungsbiotops), wobei die Frühjahrsrückwanderung auf die Entwicklungsbiotope gleichzeitig zur Ausbreitungsphase wird.

KLESS (1961) nennt die Art typisch für trockene Stellen im Wutachgebiet (Schwarzwald), MEYER (1958) fand sie in allen von ihm unterschiedenen Fanggebietsgruppen (I–V) des Tübinger Spitzberges.

40 *Sitona flavescens* am Schluß der Besprechung unter *Sitona*-Arten.

41 *Tropiphorus carinatus*

Die Vorkommen im UG ähneln denen von *Sciaphilus asperatus*, die UF sind im wesentlichen die gleichen. Die Vorkommen auf Wiesen (24/1) sind aber bedeutend stärker als im feuchten Laubwald (3/3). Der Boden aller UF ist mäßig bis sehr frisch, die Standortsformen sind UwRK, PoH-4 (-5?), RsBa-5 (zu den möglichen Standortsformen der Wiesen s. unter *Sciaphilus asperatus*). Die Art ist ebenfalls auf allen UF nur rezedent.

Verteilung auf die Fangmethoden: 15 G, 12 B, 4 K zeigen *T. carinatus* als Bewohner der Bodenoberfläche (eventuell noch des pflanzlichen Detritus), der nur wenig in die Krautschicht emporsteigt. Die Gesiebefunde E III und A XI an den gleichen Orten lassen erkennen, daß die Art in ihrem Biotop überwintert.

Die Angaben in der Literatur sind ähnlich wie bei *S. asperatus* und fast in gleicher Weise begrenzbar wie die eigenen Befunde: nach FRANZ (1950) auf Acker- und Grünlandböden tieferer Gebirgslagen Österreichs, von FRENZEL (1936) aus dem ehemaligen Schlesien von einer schwach südexponierten, feuchten Talwiese (rotbrauner, sandiger Lehm) gemeldet, durch SCHWENKE (1950) als Art des Hemiedaphons des Auenwaldes im Mittelelbegebiet genannt. TISCHLER (1958) gibt *carinatus* von Mercurialis perennis in Feldgehölzen Schleswig-Holsteins an. Ob sich die Angabe der Pflanze auf eigene Beobachtungen gründet oder nur von REITTER (1916) übernommen wurde, ist unklar. M. perennis ist auf den UF, wo *carinatus* vorkommt, nur ein einziges Mal vorhanden, und dort wurde *carinatus* auch nur in einem Stück gefangen. Er muß also auf jeden Fall noch an anderen Wirtspflanzen leben (falls M. perennis überhaupt dazu zu rechnen ist).

Vereinzelt wurde *T. carinatus* von RABELER (1962) im Carici-Fagetum, Melico-Fagetum und Querco-Carpinetum des mittleren und oberen Wesergebietes gefangen.

42 *Rhynchaenus stigma*

Unter den genannten Wirtspflanzengattungen scheint Salix, vor allem aurita und viminalis, im UG die wichtigste zu sein, denn auf freien Fächen mit verhältnismäßig hohem Anteil von Salix im Bewuchs (UF 19, 5, 14) sind allein 89 % (32 von insges. 36 Ex.) gefangen worden. Nur 1 Tier stammt aus Bodengesiebe M X (UF 14). Die erbeuteten *Rhynchaenus*-Arten sind überhaupt in Gesiebefängen auf UF, an denen sie im Sommer mit einiger Regelmäßigkeit gekäschert werden können, sehr selten. Das legt den Gedanken nahe, daß sie, wie der flugfähige *R. fagi* (GRIMM 1973, STEIN 1970b, 1971) zum Überwintern den Biotop wechseln. Der Ort ihrer Überwinterung ist noch unbekannt. Vielleicht suchen sie wie *R. fagi* ihre Winterquartiere thigmotaktisch vorwiegend zwischen Nadeln und Rindenschuppen. Auch BÄCHLI (1969) trug in der Schweiz die meisten überwinternden *R. fagi* aus Rindenproben ein. RENKEN (1956) hingegen fand sie in Schleswig-Holstein in der

Streuschicht an folgenden Orten: dunkle Innensäume der Wälder schwerer Böden, Waldränder in Ufernähe, Nadelstreu im Inneren von Fichtenwäldern. MEYER (1958) fing überwinternde Tiere auf dem Tübinger Spitzberg im Moos von Eichen- und Buchenstämmen und unter Kiefernrinde.

Nur 1 weiteres Exemplar stammt aus einer Barberfalle, alle anderen aus Käscherfängen; der Käfer ist also als ausgeprägter Strauch- und Baumschichtbewohner anzusehen.

Bindung an einen bestimmten Biotop oder auch nur Bevorzugung eines solchen ist im UG nicht festzustellen, die Häufung auf UF 19 (50 %) ist auf die ehemalige Nutzung eines Teils der Wiese als Weidenheger (noch kleine, kümmernde Weiden in der Krautschicht) bzw. noch existierende, unmittelbar angrenzende Weidenheger bedingt. Auf allen UF ist *R. stigma* rezedent.

R. fagi ist nach RABELER (1962) in allen von ihm untersuchten Waldgesellschaften des Wesergebietes häufig: „Bei dieser Art ist die Gesellschaftsbindung, wenigstens vorwiegend, durch die Anwesenheit der Nahrungspflanze bedingt."

43 *Sitona hispidulus* am Schluß der Besprechung unter *Sitona*-Arten.

44 *Ceutorhynchus quadridens*

Der makroptere *C. quadridens* muß wie *Neosirocalus floralis* für das UG im wesentlichen als Einflieger gelten. Weitverstreute Einzelfunde auf ökologisch unterschiedlichen Standorten, wo er stets rezedent bleibt, und das Fehlen eines Häufungsgebietes bedingen diese Einschätzung. Ähnlich *N. floralis* trat er 1973 auf UF 19 gehäuft auf (10 Ex., 1972 und 1974 dort gar nichts!), mit Verschwinden der Cruciferen-Unkräuter verschwindet auch *C. quadridens* dort wieder. Als Wiesenart kann er nicht gelten.

RENKEN (1956) fand ihn verstreut überwinternd in dunklen Innensäumen von Wäldern schwerer Böden, Wallhecken schwerer Böden, Nadelstreu des Waldinnern von Kiefern- und Fichtenwäldern Schleswig-Holsteins. STEIN (1967) fand bezeichnenderweise bei der Untersuchung von Grünlandgesellschaften Hessens nur 4 Ex. auf einer frischangelegten Grünfläche vom Glatthafertyp; im folgenden Jahr war die Art dort bereits wieder verschwunden.

45 *Sitona sulcifrons* am Schluß der Besprechung unter *Sitona*-Arten.

46 *Phyllobius viridicollis*

Die Larve lebt nach SCHERF (1964) als ekto- und polyphager Wurzelfresser an Gramineen. Die Verbreitung im UG entspricht dieser Angabe, doch scheinen Deschampsia flexuosa und die Calamagrostis-Arten, vielleicht auch Glyceria und Typhoides arundinacea nicht zum Wirtspflanzenkreis zu zählen. Letztere bilden auf einigen UF große Bestände, ohne daß *P. viridicollis* in nennenswerter Zahl und Regelmäßigkeit auftritt.

Die Art ist vor allem auf offenes Gelände mit verhältnismäßig vielfältigem Graswuchs (ohne die obengenannten) beschränkt: UF 19, 24, Wiesen; UF 2, Wegrandzone im Melico-Fagetum, wo (auf den genannten 3 UF) insgesamt 92,6 % (= 587 Ex.) der Art gefangen wurden und diese dominant bis subdominant auftritt. An allen anderen Stellen im UG wurde sie nur in geringer Zahl gefangen. Ihr Vorkommen auf weiteren 10 UF ist wahrscheinlich auf ihre Flugfähigkeit einerseits und die Polyphagie der Imagines zurückzuführen. Folgende Pflanzen wurden nach meinen Beobachtungen im UG befressen: Salix viminalis, Betula pendula, Lathyrus pratensis, Alchemilla sp.

Somit sind auch Laubhölzer in den F r a ß pflanzenkreis der Käfer einbezogen, und der Hinweis von IOANNISIANI, LAVROVA und BIRG (1970), daß bei *P. arborator, argentatus* und *maculicornis* Larve und Imago auch an ganz verschiedenen Pflanzen fressen, scheint ebenso für *viridicollis* zuzutreffen.

FRENZEL (1936) fand *P. viridicollis* im ehemaligen Schlesien auf einer feuchten, schwach südexponierten Talwiese (670 m NN; rotbrauner, sandiger Lehm). TISCHLER (1948) fing ihn in Eichen-Hainbuchen-Knicks Schleswig-Holsteins an Humulus und zählt ihn zu den Heckenpräferenten. Merkwürdigerweise führen weder MEYER (1958) aus seinen Untersuchungen am Tübinger Spitzberg noch STEIN (1967) von verschiedenen Grünlandgesellschaften Hessens die Art an.

47 *Sitona lineatus* am Schluß der Besprechung unter *Sitona*-Arten.

48 *Phyllobius piri*

Alle 46 Tiere wurden nur auf den zwei untersuchten Wiesen (UF 19, 24) gefangen, was mit den Angaben SCHERFs (1964) zu den Wirtspflanzen (Rumex sp., Gramineen, Populus sp.) in Einklang zu bringen ist. Populus sp. war aber nur am Rand von UF 19 in einigen Stücken zu finden. Außer auf Wiesen dürfte die Art auch an sonnigen Wegrändern mit entsprechender Vegetation Entwicklungsmöglichkeiten finden, worauf einige Funde aus anderen Fängen schließen lassen. Die Art tritt auf UF 19 rezedent, auf UF 24 subdominant auf. Fast alle Stücke wurden gekäschert, so daß *P. piri* als ständiger Krautschichtbewohner der Wiesen anzusehen ist.

STEIN (1967) fing die Art vereinzelt in Arrhenathereten Hessens und beobachtete, daß die Käfer in Gefangenschaft Rotklee fraßen. Auf frischangelegten Rotklee- und Erbsenkulturen konnte *P. piri* vom selben Autor (1970a) im 1. Jahr nachgewiesen werden, im 2. Jahr war sie dort verschwunden, was darauf hinweist, daß diese Pflanzen nicht zum Wirtspflanzenkreis gehören. TISCHLER (1948) fing die Käfer an Quercus in Eichen-Hainbuchen-Knicks Schleswig-Holsteins. Auch aus diesen Angaben läßt sich entnehmen, daß einerseits die Wirtspflanzen, andererseits die Fraßpflanzen der Imagines durchaus verschieden sein können, wie schon bei anderen *Phyllobius*-Arten erwähnt wurde.

KLESS (1961) nennt *P. piri* als typische Art der Auenwälder des Wutachgebietes (Schwarzwald), während er in den Aufsammlungen MEYERs (1958) auf dem Tübinger Spitzberg offensichtlich fehlt.

49 *Miarus campanulae*

Die Art lebt oligophag an Campanula und Phyteuma. Die Bevorzugung sonniger, freier Flächen ist deutlich. *M. campanulae* ist im UG vor allem auf Wiesen mit Campanula rotundifolia und patula anzutreffen, wo die Käfer oft in den Blüten ihrer Wirtspflanzen sitzen. Die Art bleibt überall rezedent. Nur 1 Ex. der insgesamt gesammelten 67 Ex. wurde in einer Barberfalle gefangen. Somit scheint die Art ständiger Bewohner der Krautschicht zu sein.

Auf UF 2 und 3 ist Campanula trachelium vorhanden, *M. campanulae* wurde dort aber bisher nicht gefangen.

In der verwendeten Literatur konnte ich keine vergleichbaren Angaben finden. Sie gilt als boreomontan verbreitet und oft als selten.

50 *Miccotrogus picirostris*

Entsprechend ihren Wirtspflanzen hat die makroptere, oligophag an Trifolium, vor allem an T. hybridum und pratense lebende Art auf Wiesen (76 % = 19 Ex.) ihren Verbreitungsschwerpunkt, bleibt aber stets rezedent. Fast alle Tiere wurden gekäschert. Einzelstücke aus Melico-Fageten und von einer Schonung weisen auf das Flugvermögen der Art. Auch BODE (1973) fand sie auf einer jeweils 5jährigen Robinien-Roterlen- bzw. Fichten-Lärchen-Schonung in Rekultivierungsgebieten von Braunkohlentagebauen südwestlich Braunschweigs, wo sie bestimmt nicht indigen ist. STEIN (1967) fing sie in mäßiger Zahl auf einigen Grünlandflächen Hessens.

WITSACK (1975) wies ihn im Leutratal bei Jena überwiegend auf einem Dauco-Arrhenatheretum nach, auf dem anschließenden Arrhenatheretum, Mesobrometum und Seslerietum war die Zahl merklich geringer.

51 *Otiorhynchus porcatus*

Die flugunfähige Art ist im UG an Wiesen, vor allem mäßig feuchten bis feuchten Charakters, gebunden, bleibt aber selbst auf diesem ihren Verbreitungsschwerpunkt rezedent. 20 auf den bearbeiteten UF und 22 im Laufe der Zeit an anderen, gleichartigen Standorten gefangenen Exemplare belegen die Bindung an Wiesen eindeutig. Dagegen fallen 5 weitverstreut an anderen Standorten des UG erbeutete Exemplare nicht ins Gewicht, zumal letztlich in diesen Fällen immer Beziehungen zu Wiesenbiotopen zu finden waren. Wirtspflanzen sind nicht bekannt, wie die anderen *Otiorhynchus*-Arten dürfte *porcatus* im Larvalstadium ekto- und polyphager Wurzelfresser sein, und auf Grund seiner Verbreitung nur an krautigen Pflanzen.

Die Angaben anderer Autoren lassen auf eine hinsichtlich Feuchtigkeit und Wärme weite ökologische Potenz der Art schließen, weisen aber gleichfalls auf eine Bevorzugung offenen Geländes hin: FRENZEL (1936) wies *porcatus* auf einer feuchten, schwach südexponierten Talwiese im ehemaligen Schlesien nach; FRANZ (1950) stellte ihn auf Acker- und Grünlandböden tieferer Gebirgslagen in Österreich fest und betont, er sei „auf trockenere und leichtere Böden, im Gebiete vor allem auf sandige, sommertrockene graue Auböden und trockenere Hanglagen beschränkt". Vereinzelt führt er ihn noch von Auenwaldböden und feuchten Buchenwaldböden in ozeanischen Buchen- und Mischwäldern der NO-Alpen an. KLESS (1961) nennt *porcatus* als selten, aber typisch für Buchenmischwälder des Wutachgebietes (Schwarzwald), merkwürdigerweise aber nicht von den im Gebiete vorhandenen Auenwiesen.

RABELER (1962) fand ihn vereinzelt in einigen Querco-Fageten des mittleren und oberen Wesergebietes; sicher erfaßte er damit aber nicht den Verbreitungsschwerpunkt der Art.

52 *Barynotus obscurus* s. unter 19 *Barynotus moerens*

Sitona-Arten

Die hier besprochenen Arten sind alle Bewohner des offenen Geländes und an Fabaceen als Wirtspflanzen gebunden. Daraus ergibt sich ihre Verbreitung im UG: vorwiegend Wiesen, auch lichte Wegränder. In zahlreichen Untersuchungen sind gleiche Vorkommen nachgewiesen worden: Wiesen und Weiden, Leguminosenkulturen, Äcker (BONESS 1953, FRENZEL 1936, LÜCKE 1960, SCHNELL 1955, STEIN 1967 u. a.). GEILER (1965) führt 6 nicht näher bestimmte *Sitona*-Arten als Hauptmasse der Curculionidenarten von Luzernefeldern NW-Sachsens an.

Während bei *S. cambricus* noch keine sicheren Beobachtungen zur Flugfähigkeit vorliegen, wurde bei allen 5 anderen Arten Flug nachgewiesen (STEIN 1970b). Bei RENKEN (1956) finden sich Angaben zu Überwinterungsbiotopen in Schleswig-Holstein.

Bei der Behandlung der einzelnen Arten soll hier nur ein Vergleich der eigenen Befunde und Deutungen mit denjenigen Angaben aus der Literatur erfolgen, die für die eigenen Ergebnisse von Belang sein können.

Experimente von REZWANI und STEIN (1973) ermittelten die Arten *lineatus, sulcifrons* und *humeralis* als eurytherm-euryphot und damit als Bewohner der Krautschicht, *flavescens* und *hispidulus* als stenotherm-stenophot und vorwiegend an die Pflanzenbasis und die Bodenoberfläche gebunden. *S. lineatus* ist die am meisten wärmeliebende, *hispidulus* die am stärksten kältepräferente Art. Mittels einer kleinen Übersicht wird darzustellen versucht, wie sich die von REZWANI und STEIN (1973) vorgelegten experimentellen Ergebnisse auch in den Fangergebnissen widerspiegeln.

Übersicht über die Fangergebnisse bei einigen *Sitona*-Arten im UG.

Arten	*lineatus*	*suturalis*	*sulcifrons*	*cambricus*	*flavescens*	*hispidulus*
Individuen	58	48	66	20	133	29
Käscherfang	91,6 %	89,6 %	85 %	75 %	62 %	51,7 %
Fallenfang	1,7 %	—	6 %	5 %	27,8 %	6,9 %
Gesiebefang	6,7 %	10,4 %	9 %	20 %	10,2 %	41,4 %

31 *Sitona cambricus*

Obwohl diese Art nur in ziemlich geringer Zahl gefangen wurde und meist selten ist, wurden die Fangergebnisse zum Vergleich vermerkt (s. Übersicht). Es hat den Anschein, als ob sie zu den stenotherm-stenophoten Arten gehöre, und da sie offensichtlich nur eine Wirtspflanze hat (Lotus uliginosus, s. DIECKMANN 1963), die zudem nicht häufig ist, tritt sie auf den 2 UF (7 und 19) nur rezedent auf.

34 *Sitona suturalis*

Auch *suturalis* weist einen hohen Anteil durch Käscherfang erbeuteter Tiere auf (89,6 %) und kann wahrscheinlich erstens als eurytherm-euryphote Art, die sich dementsprechend vorwiegend in der oberen Krautschicht aufhält (experimenteller Nachweis dieser Einschätzung noch zu führen) oder zweitens als ständiger Krautschichtbewohner, der keinen tageszeitlich periodischen Stratenwechsel vornimmt, gewertet werden.

STEIN (1967) fing *suturalis* in verschiedenen Grünlandgesellschaften Hessens sowohl durch Käscher- als auch durch Fallenfang in verhältnismäßig hohen Anteilen.

40 *Sitona flavescens*

Die Art ist stenotherm-stenophot und hält sich vorwiegend an der Pflanzenbasis und am Boden auf (REZWANI und STEIN 1973). Ein Blick auf die kleine Übersicht zeigt auch sofort den höheren Anteil von mittels Barberfallen und Gesieben gefangenen Tieren am Gesamtfang.

Nach den Betrachtungen zur Auswertbarkeit der eigenen Fänge ist auch folgende Deutung möglich: tagaktive Art der Krautschicht, die zur nächtlichen Ruhepause den Boden aufsucht. Wahrscheinlich treffen beide Deutungsmöglichkeiten auf ihre Weise zu: die tagaktiven Käfer fressen Blätter in der Krautschicht und suchen wieder den bodennahen Bereich auf.

Nach STEIN (1971) hat *S. flavescens* im Herbst und im Frühjahr eine Ausbreitungsphase, während der ein Teil der Population den Biotop verläßt und andere Biotope gleichen Typs besiedelt. SCHNELL (1955) stellte fest, daß die Art in Schleswig-Holstein an den Fraßpflanzen, seltener am Boden überwintert.

43 *Sitona hispidulus*

Die stenotherm-stenophote, am stärksten kältepräferente Art (unter *lineatus, sulcifrons, humeralis* und *flavescens*) hält sich vorwiegend an der Pflanzenbasis und am Boden auf (REZWANI und STEIN 1973). Im UG wurde sie nur in geringer Zahl gefangen, doch zeigen 51,7 % durch Käscherfang erbeuteter Tiere (gegenüber 91,6 % bei *lineatus*) sowie ein hoher Anteil mit Gesieben eingetragener Exemplare wiederum Übereinstimmung zu den Feststellungen der oben genannten Autoren. Es ist auch wieder möglich, *S. hispidulus* wie *flavescens* als tagaktiv an den Blättern in der Krautschicht fressende, nachts am Boden ruhende, also das Stratum tagesperiodisch wechselnde Art zu deuten.

STEIN (1971) nennt *hispidulus* eine Art, die eine Ausbreitungsphase im Herbst habe. SCHNELL (1955) vermerkt ihre Überwinterung an den Fraßpflanzen und seltener nach Biotopwechsel, was ja nichts anderes bedeutet, als daß ein Großteil der Population am Ort überwintert, ein Teil neue Biotope (gleichen Typs?) aufsucht, also Ausbreitungsphase nach STEIN (1971). Daß *hispidulus* im Herbst Biotope gleichen Typs aufsucht, läßt sich aus RENKENs (1956) Arbeit herauslesen, der zwar *S. lineatus, sulcifrons, griseus, crinitus* in den von ihm untersuchten Winterlagern fand (Hecken, Waldränder und -innensäume, Streuschichten von Nadelwäldern), aber nicht *hispidulus* (und auch nicht *flavescens*!). Bereits E III beobachtete SCHNELL (1955) bei *S. hispidulus* Kopulationen!

45 *Sitona sulcifrons*

Die Art ist nach REZWANI und STEIN (1973) eurytherm-euryphot und hält sich vorwiegend in der oberen Krautschicht auf.

Der hohe Prozentsatz der mittels Käschern eingetragenen Tiere läßt sich sowohl als Bestätigung der Versuchsergebnisse von REZWANI und STEIN (1973) deuten als auch dahingehend, daß die Art ein ständiger Bewohner der Krautschicht ohne tageszeitlich periodischen Wechsel des Stratums (Krautschicht – Boden) ist.

SCHNELL (1955) vermerkt, daß *sulcifrons* an der Fraßpflanze überwintere, selten am Boden, oft aber nach Biotopwechsel, und RENKEN (1956) nennt als Überwinterungsbiotop im gleichen Gebiet Wallhecken auf schweren Böden. STEIN (1971) stuft sie unter die Arten mit Ausbreitungsphase im Frühjahr und Herbst ein, während derer sie neue Biotope gleichen Typs besiedelt. Im UG weist *sulcifrons* nach *lineatus* auch die stärkste Ausbreitungskraft aus, er wurde insgesamt auf 8 UF, darunter auch auf Schonungen und Waldstandorten, gefangen.

47 *Sitona lineatus*

Bereits ANDERSEN (1934) stellte fest, daß die Käfer etwa +25 °C bevorzugen und bei +0,7 °C in Kältestarre verfallen. Auch die Eiproduktion ist nach diesem Autor temperaturabhängig. REZWANI und STEIN (1973) nennen *lineatus* unter 5 *Sitona*-Arten (*lineatus, sulcifrons, flavescens, humeralis, hispidulus*) als die am meisten wärmeliebende Art, die eurytherm und euryphot ist, sich vorzugsweise in der oberen Krautschicht aufhält und den Boden mit seinen kühleren und ausgeglicheneren Temperaturen stärker meidet als die anderen Arten.

Dementsprechend sind die Fangergebnisse im UG: Von den 58 gefangenen Exemplaren stammen nur 1 Ex. aus einer Barberfalle, 4 Ex. aus Gesiebeproben. *S. lineatus* zeigt nach STEIN (1971) im Herbst und Frühjahr eine Wanderphase, während der die Population vom Entwicklungsbiotop in den Überwinterungsbiotop abwandert (Herbst) bzw. vom Überwinterungsbiotop zum Entwicklungsbiotop zieht (Frühjahr). Die Frühjahrswanderung ist gleichzeitig Ausbreitungsphase. SCHNELL (1955) schreibt, daß *lineatus* entweder an der Fraßpflanze oder aber dort am Boden, zum anderen aber auch nach Biotopwechsel überwintere. Diese Befunde, die der Autor auf Grund seiner Untersuchungen auf Leguminosenkulturen Schleswig-Holsteins erhielt, deuten eher auf eine Ausbreitungs- anstelle einer Wanderphase im Sinne STEINs (1971).

RENKEN (1956) gibt für das gleiche Gebiet Überwinterungsbiotope der Art an: Wallhecken schwerer Böden, Außensäume der Wälder (meist Nadelwälder) leichter Böden.

Aus den Angaben von SCHNELL (1955) und SCHERF (1964) lassen sich für *lineatus* mehr Wirtspflanzengattungen ermitteln als für die anderen genannten *Sitona*-Arten. *S. lineatus* zeigt durch seine zahlreichen versprengten Vorkommen im UG, daß die von STEIN (1971) vorgenommene Eingliederung der Art als Biotopwechsler wahrscheinlich auch hier zutrifft, vielleicht auch mit dem größeren Wirts-(zumindest Fraß-)pflanzenkreis in Verbindung steht. Eine schwächere, aber ähnliche Tendenz deutet sich bei *sulcifrons* an (s. Übersicht).

Während ANDERSEN (1934) Rotklee als Notfutter verwendete, das im Versuch den Eiertrag der Art senkte, hielt STEIN (1967) *lineatus* an dieser Pflanze in Dauerzucht.

Nach den vorgenommenen Betrachtungen zur Auswertbarkeit der eigenen Fänge ist – im Vergleich zu den Ergebnissen REZWANIs und STEINs (1973) – auch folgende Einstufung von *lineatus* möglich: tagaktive Art der Krautschicht, die auch während der nächtlichen Ruhephase dort verbleibt (das Stratum also nicht wechselt), so daß sie sich nur in sehr geringer Zahl in Gesiebe- und Fallenfängen und mit höchstem Anteil in Käscherfängen findet.

Neben den unter den Nummern 1–52 angeführten Arten gibt es noch einige weitere, die zwar bei den speziellen Fängen 1972–1974 in ungenügender Stückzahl anfielen, aber mit den Tieren aus anderen Aufsammlungen im UG mehr oder minder grobe Rückschlüsse auf ihre Ökologie zulassen:

Apion ervi: Die makroptere, flugfähige Art ist paläarktisch verbreitet und allgemein wohl nicht selten. Im UG scheint UF 2 das einzige beständige Vorkommen der Art zu erlauben (10 Ex. von insgesamt 19 wurden hier gefangen). Nach HLISNIKOVSKY (1965) wird Vicia cracca als Wirtspflanze angesehen, auch SCHNELL (1955) nennt *A. ervi* von seinen Untersuchungen der Leguminosenkulturen Schleswig-Holsteins von Wickenarten. Auch auf UF 2 sind allein 3 Vicia-Arten vorhanden (aber nicht V. cracca), wovon eine sicherlich hier die Wirtspflanze ist. Alle anderen gefangenen Stücke im UG sind vereinzelte Funde, die schließen lassen, daß die Art nur verflogen war. Auch die untersuchten Wiesen des Gebietes scheinen nicht zu den Entwicklungsbiotopen zu gehören, und es ist interessant, daß

STEIN (1967) die Art bei seinen umfangreichen Untersuchungen von Grünlandgesellschaften Hessens nur in 6 Exemplaren auf drei verschiedenen Flächen fing, wo sie wahrscheinlich ebenfalls nur biotopfremd war.

Otiorhynchus niger: Für die brachyptere, montan bis subalpin verbreitete mitteleuropäische Art werden Gramineen, einige Koniferen (aber nicht Pinus silvestris!), Acer und Fraxinus als Wirtspflanzen genannt (SCHERF 1964). Gerade die Koniferen (Picea abies, Pinus strobus, Abies alba) sowie Acer und Fraxinus lassen vermuten, daß frische Standorte bevorzugt werden. Für das UG muß *O. niger* innerhalb dieser Grenzen als ziemlich euryök gelten, da er weit verbreitet, aber nicht in Menge anzutreffen ist. Den trockenen wie den sehr feuchten Bereich (Calluno-Quercetum, Arunco-Aceretum, Acero-Fraxinetum, Stellario-Alnetum) meidet er aber bzw. er tritt dort höchstens als Gast auf. FEILER (1970) fing ihn vereinzelt in 50–60jährigen Fichtenbeständen der westelbischen Sächsischen Schweiz mit Barberfallen, KLEINSTEUBER (1969) ebenfalls vereinzelt in einem Hochmoor des Oberen Westerzgebirges am Boden und in der Strauchschicht. LEITINGER-MICOLETZKY (1940) nennt ihn als eine der wenigen Curculionidenarten von 1, 18 und 22 Jahre alten Fichtenschonungen der montanen Zone bei etwa 900 m NN bei Lunz (Österreich) auf steil (ca. 25°) nach WNW und NW geneigten Hängen.

Otiorhynchus equestris: Die brachyptere Art ist montan vom südöstlichen Mitteleuropa bis nach Sibirien verbreitet. Im UG besiedelt sie nur feuchte Waldstandorte (Arunco-Aceretum, Acero-Fraxinetum, Stellario-Alnetum) oder von diesen abzuleitende Standorte (feuchte, offene Flächen an Bachrändern). Alle 34 dieser Feststellung zugrunde gelegten Tiere stammen letztlich aus diesem Bereich. Damit ist er in seinen Temperaturansprüchen mit Sicherheit als oligostenotherm zu kennzeichnen (wie *Liparus germanus*). Gefangene Käfer nahmen vor allem Blätter von Epilobium (? montanum) zum Fraß an, wahrscheinlich ist *O. equestris* oligophag. Ranunculus sp., Anemone nemorosa, Urtica dioica, Aegopodium podagraria, Filipendula ulmaria, Alchemilla sp. gering und wahrscheinlich nur notgedrungen. Folgende Pflanzen wurden von ihm nicht beachtet: Lysimachia nemorum, Vicia und Trifolium sp., Stellaria nemorum, Veronica chamaedrys, Ranunculus acer, Trifolium pratense, Tr. repens, Myosotis sp., Chaerophyllum hirsutum, Rumex sp., Geum urbanum, Prenanthes purpurea, Cirsium oleraceum, Valeriana sambucifolia. Alle Pflanzen stammen aus dem Vorkommensbereich von *O. equestris*, doch sind einige (Trifolium, Vicia, Veronica chamaedrys) dort nicht typisch.

Otiorhynchus salicis: Der brachyptere, boreomontan über Nord- und Mitteleuropa verbreitete *O. salicis* kann auf Grund seiner Verbreitung über die Tallagen vor allem des Zschandgebietes und Kirnitzschtales trotz geringer Exemplarzahl (12) mit einiger Sicherheit als oligostenotherm auf frischen Böden eingestuft werden. Er trifft aber nur selten mit *O. equestris* zusammen. Da er wiederholt von Weide abgelesen wurde, ist diese vielleicht auch – wie der Name andeutet – seine bevorzugte Wirtspflanzengattung.

LEITINGER-MICOLETZKY (1940) fand ihn auf einer 18jährigen Fichtenschonung in der montanen Zone bei Lunz (Österreich) auf einem ca. 25° nach NW geneigten Hang, V. PFETTEN (1925) bei seinen Fichtenstreu-Untersuchungen in Bayern in einem etwa 100jährigen Bestand mit etwas Buche und Tanne im Unterwuchs.

Polydrusus cervinus: Die makroptere, eurosibirische Art wurde in insgesamt 23 Stücken gefangen und bevorzugt nach den Fundstellen lichte, zum Trocken-Warmen neigende Standorte (Kiefernwald und -schonung, Vorwaldstadien im Steinbruchgebiet). Gramineen,

z. B. Dactylis glomerata, werden als Wirtspflanzen genannt. TISCHLER (1948) zählt ihn zu den Heckenpräferenten und führt ihn sowohl von Eichen-Hainbuchen- als auch Eichen-Birken-Knicks Schleswig-Holsteins an. RABELER (1957) fand ihn an Eiche in der Strauchschicht nordwestdeutscher Eichen-Birkenwälder.

Liophloeus tessulatus: Die wenigen (7) Tiere der brachypteren, über Mittel- bis Südeuropa und das südliche Nordeuropa verbreiteten Art wurden merkwürdigerweise nur im Bereich des Schlucht- und Bachwaldes (Arunco-Aceretum, Acero-Fraxinetum, Stellario-Alnetum) gefangen. Sie ist anscheinend sonst weiter verbreitet und häufiger, sogar als Schädling bekannt. Sie ist im UG auf jeden Fall an den Fundstellen indigen, aber wahrscheinlich unter pessimalen Bedingungen. Wahrscheinlich ermöglicht ihr eine noch unbekannte Wirtspflanzenart die Existenz, denn von den bekannten Arten befindet sich keine auf den UF.

Anthonomus varians: Die einzigen 6 Exemplare der makropteren, von Europa bis Vorderasien und Sibirien verbreiteten Art wurden in Kiefernwald (4), in Gesiebe auf UF 9 (1, Winterlager) und im Kirnitzschtal (1, verflogen) gefangen. Pinus silvestris und P. montanus, selten Picea abies, gelten als Wirtspflanzen. Deshalb wird *A. varians* als indigene Art des Kiefernwaldes auf den Felsplateaus gewertet. KLEINSTEUBER (1969) fand in einem Hochmoor des Oberen Westerzgebirges die Art fast ausschließlich im Moorkiefernwald in hoher Zahl.

Anthonomus rubi: Der makroptere *A. rubi* ist über Europa, Vorder- bis Ostasien und Algerien verbreitet. Er lebt oligophag an Rosaceen (Fragaria, Rubus, Rosa, Geum). Die 9 Exemplare wurden ziemlich verstreut im UG gefunden, lediglich von UF 2 stammen 5 Tiere. Da Rubus (vor allem kommt wohl R. idaeus im UG in Betracht) vielerorts vorkommt, dürfte *A. rubi* an wärmeren Standorten (s. UF 2, 4) indigen sein.

Brachonyx pineti: Von den 5 vorliegenden Exemplaren der makropteren Art wurden 4 in Kiefernwald, 1 auf UF 19 (verflogen) gefangen. Deshalb wird die an Pinus silvestris gebundene, über weite Teile Europas bis nach Westsibirien verbreitete Art für die Kiefernwälder der Felsplateaus als indigen angesehen. KLEINSTEUBER (1969) fand in einem Hochmoor des Oberen Westerzgebirges *B. pineti* fast ausschließlich in der Strauchschicht des Moorkiefernwaldes.

Leiosoma deflexum: Die brachyptere Art ist über Mittel- und Südeuropa und das südliche Nordeuropa verbreitet. Anemone nemorosa, Caltha palustris sowie Ranunculus repens und montanus sind als Wirtspflanzen bekannt. Mit diesem Spektrum und den insgesamt 11 von UF 1, 2, 7 und 22 stammenden Tieren läßt sich der mäßig frische bis feuchte Bereich für die Existenz von *L. deflexum* als geeignet annehmen. TISCHLER (1958) zählt die Art zu den Formen der Feldgehölze Schleswig-Holsteins, von wo er Anemone nemorosa als Wirtspflanze nennt. RABELER (1962) fand sie in wenigen Stücken im Melico-Fagetum typicum und allietosum sowie Querco-Carpinetum asperuletosum und athyrietosum des mittleren und oberen Wesergebietes. Auf 3 seiner UF war Anemone nemorosa vorhanden, auf einer aber nur R. auricomus als einzige Ranunculacee, so daß diese Art vielleicht ebenfalls zu den Wirtspflanzen zu zählen ist.

Plinthus tischeri: 33 Tiere der brachypteren, montan über das südöstliche Mitteleuropa verbreiteten Art wurden eingebracht. Davon stammen 31 aus Barberfallen, vor allem aus Schluchten und den feuchten Teilen der Kirnitzschwiesen. Bereits durch MÄRKEL (1857) ist diese Art bekannt gewesen. Er fand sie ebenfalls in den Schluchten der Sächsischen

Schweiz im Wehlener Gebiet und schreibt, daß die Imagines Moosfresser seien. Die Larve wurde in „Aspidium spinulosum" (= ?Dryopteris spinulosa = Dorniger Wurmfarn) gefunden. Der gleiche Autor vermerkt noch, daß für die verwandte Art *P. megerlei* Rumex alpinus die Wirtspflanze sei. Wahrscheinlich sind Pflanzen mit dicken Wurzeln, wie eben Farne und Rumex-Arten, zur Entwicklung von *P. tischeri* (und der *Plinthus*-Arten überhaupt) nötig. Das Vorkommen auf Rumex-freien Flächen einerseits und farnfreien Flächen andererseits macht diese Annahme wahrscheinlich. Damit wäre *P. tischeri* als disjunktoligophag anzusehen. Seine Vorkommen an bodenfrischen kühlen Standorten weisen ihn als oligostenotherme Art aus.

Rhinoncus henningsi: Alle 12 Exemplare der makropteren Art stammen aus dem Kirnitzschtal, 10 davon von UF 24. Sie ist über Mitteleuropa verbreitet, ihre Wirtspflanze ist Polygonum bistorta, die auch auf UF 24 vorkommt. Sie muß unter Berücksichtigung ihrer bisher klar ersichtlichen Bindung an die Wirtspflanze als Art der Feuchtwiesen gelten, die wahrscheinlich niedrige Temperaturen bevorzugt.

Ceutorhynchidius troglodytes: 12 Exemplare der makropteren Art, die über Europa, Vorderasien, Sibirien und Nordafrika verbreitet ist, liegen vor, die alle von UF 19 stammen. Plantago lanceolata ist die Wirtspflanze. *C. troglodytes* muß für das UG als Wiesenart gelten, obwohl sie nur von einer UF vorliegt. Der Grund für ihr Fehlen auf UF 24 ist das Fehlen der Wirtspflanze auf dieser Fläche. STEIN (1967) fand 32 von insgesamt 41 Exemplaren bei seinen Untersuchungen der Curculionidenfauna der Grünlandgesellschaften Hessens auf einer feuchten Glatthaferwiese. WITSACK (1975) fand ihn auf einem Dauco-Arrhenatheretum des Leutratales bei Jena (Thüringen) in Anzahl, auf einem trockeneren Arrhenatheretum waren nur noch Einzelstücke zu finden, dem Mesobrometum und Seslerietum fehlte die Art, was sicher auf das Fehlen der Wirtspflanze zurückzuführen ist.

Rhynchaenus rusci: Nur 7 Exemplare der makropteren, eurosibirischen Art wurden gefangen. Betula pubescens und pendula werden als Wirtspflanzen genannt. Sie stammt bis auf Einzelstücke im wesentlichen von UF 5 (Kiefernschonung), wo Birke zur Genüge vorhanden ist. Wahrscheinlich ist sie dort auch indigen. Es bleibt aber unklar, warum *R. rusci* auf den gleichfalls mit Birke durchsetzten Felsstandorten mit Calluno-Quercetum fehlt. Temperaturverhältnisse können hier sicher nicht ausschlaggebend sein. Möglicherweise kommt hier eine regionale Wirtspflanzenbindung zum Ausdruck, nämlich an Betula pubescens, die auf UF 5 vorhanden ist, den Calluno-Querceten aber fehlt.

Rhynchaenus salicis: Die makroptere, eurosibirische Art hat Salix-Arten und Populus tremula als Wirtspflanzen. Die insgesamt 24 Ex. wurden teils vereinzelt im UG gefangen, zum größeren Teil aber von UF 19 eingetragen, wo Salix viminalis vorhanden ist. *R. salicis* ist dort sicher indigen. Sein weites, wenngleich nicht häufiges Vorkommen scheint am ehesten durch das Auftreten der Wirtspflanzen bei oft pessimalen Bedingungen verursacht zu sein.

b. Erörterungen und Schlußfolgerungen zur Frage der Biotopbindung

Die Erörterungen zur Autökologie der einzelnen Arten zeigen, daß bei kaum einer eine feste Biotopbindung (die auch eine feste Biozönose mit einer gleichbleibenden pflanzensoziologischen Einheit einschließt) vorliegt, sondern daß sie vielmehr über ein mehr oder weniger breites Biotopspektrum verbreitet sind, das jeweils etwas von der ökologischen Potenz der Art widerspiegelt. Das ist auch nicht verwunderlich, denn es ist nicht einzusehen, was sich bei den phytophagen Curculioniden noch für andere Abhängigkeiten (die sich ja unter dem Begriff der Vergesellschaftung verbergen) innerhalb einer Geobiozönose als die von den Wirtspflanzen u n d den zur Entwicklung notwendigen Bereichen abiotischer Faktoren vorfinden sollten. Sobald Wirtspflanzen u n d in die ökologische Potenz der Art fallende Bereiche der abiotischen Faktoren vorhanden sind, wird sie – unabhängig davon, um welche Geobiozönose es sich handelt – auch den entsprechenden Biotop besiedeln. Die Untersuchungen haben lediglich noch die Dynamik der Art einerseits und die Vorgeschichte der untersuchten Fläche zu berücksichtigen, denn es ist klar, daß eine brachyptere Art nach für sie katastrophalen Änderungen der Bedingungen, seien sie anthropogener oder witterungsbedingter Natur usw., verschwinden kann und dann lange fehlt, wenn sie nicht auf benachbarten Flächen vorhanden ist und von da wieder einwandert. Ein solches Fehlen kann dann nicht ökologisch gewertet werden.

Biotopbindung im strengen Sinne muß als ein Extremfall in der Ökologie einer Art angesehen werden. Er hat zur Voraussetzung, daß die Art eine für die abiotischen Faktorenamplituden ihres Areals absolut geringe ökologische Potenz hat, die ihr die bleibende Existenz nur in einer engen Faktorenkombination gestattet, die dann nur in einer (oder in sehr wenigen), vom Menschen erkannten Geobiozönose verwirklicht ist (zum anderen muß die ökologische Potenz der Art in allen ihren Stadien bekannt sein, wie andererseits die Faktorenkombinationen aller Standorte bzw. Geobiozönosen eines Gebietes, um die tatsächliche Bindung nachweisen und erklären zu können). Das dürfte in der Natur äußerst selten vorkommen, wenn überhaupt, am ehesten noch bei Phytophagen über die Monophagie, kaum über die abiotischen Faktoren. Bei genaueren Untersuchungen wird sich in den meisten Fällen zeigen, daß – wie bereits aus untersuchten Fällen bekannt – die in einem Gebiet stenöke Art eine weitere ökologische Potenz hat, die nur r e g i o - n a l in einer bestimmten Geobiozönose wirksam werden kann, im Gesamtareal der Art jedoch in mehreren oder gar vielen Geobiozönosen, d. h. sie gilt dort als euryök. Damit wird die lokale oder regionale Bezogenheit der Begriffe stenök und euryök und der Biotopbindung deutlich. Es wäre besser, sie mit fortschreitender Erkenntnis der Autökologie der Arten durch genauere, den jeweiligen Faktor kennzeichnende Begriffe zu ersetzen, wie oligostenotherm, polyeuryhygr usw. und dabei die Potenzbereiche der Arten noch durch Wertangaben zu präzisieren. Dabei wird es nicht ausbleiben, diese Begriffe noch auf die einzelnen Entwicklungsstadien getrennt anzuwenden. Bei entsprechenden Kenntnissen wird diese Nomenklatur bereits mit Erfolg bei den Imagines von Carabiden praktiziert. Deren ökologische Verbreitung kann damit gedeutet und vorausgesagt werden. Die vielfach gemachte Feststellung, daß Arten an ihren Arealrändern in unterschiedlicher Weise (je nach Lage zum Arealzentrum) stenotop (und „stenök") werden, kann somit auch umgekehrt werden: Arten, die in einem Gebiet als stenök und stenotop gelten, befinden sich in Randgebieten ihres Areals. Das kann nicht nur räumlich, sondern m u ß auch zeitlich gesehen werden. *Liparus germanus* ist in seinem gesamten, kleinen Areal (Mitteleuropa) vorwiegend montan verbreitet und muß wohl überall als stenök gelten, ist also n i r - g e n d s euryök. Solche Arten sind aber sicher in anderen Klimaperioden euryök und weiter verbreitet gewesen, so daß ihre heutige Stenökie über ihr gesamtes Areal als Ausdruck eines gegenwärtig reliktären Vorkommens zu werten ist.

Mit anderen Worten: Stenöke Arten sind solche, die sich – räumlich und/oder zeitlich – in Grenzbereichen ihrer ökologischen Potenz befinden.

Die abiotischen Faktoren (vor allem Temperatur, Licht, Feuchtigkeit) spiegeln sich im Großklima wider. In ihm findet die ökologische Potenz der Art ihre weitesten Einpassungsmöglichkeiten. Die Arealgrenzen bringen eine für die ökologische Potenz der Art wesentliche Änderung des Großklimas zum Ausdruck, die Existenz ist nur noch in bestimmten Bereichen möglich. Es werden solche Standorte besiedelt, die durch ein stabiles Eigenklima (Geländeklima) die Wirkung des Großklimas überdecken. Bei der Entstehung solcher Eigenklimate sind vor allem örtliche geomorphologische, geologische, hydrologische Gegebenheiten (und damit Exposition, Inklination u. a.) wirksam. Auch die Wirtspflanzen phytophager Insekten, zumindest der Curculioniden, sind durchaus nicht feststehend, sondern können regional gewechselt werden. Auch das deutet darauf, daß, wenn keine wirklich strenge „Spezialisierung" (sie ist der gegenwärtige Ausdruck dafür, daß nur noch eine oder wenige Wirtspflanzenarten eines ehedem größeren Spektrums im Areal vorhanden sind) vorliegt, die Arten eine weitere ökologische Potenz hinsichtlich der Wirtspflanzen haben als oft bekannt ist. Welche Wirtspflanzenart regional bevorzugt wird, hängt dann nur davon ab, in welchem Biotop die abiotischen Faktoren am günstigsten für die Art sind. Erst wenn Flora und abiotische Faktoren eines Standorts der ökologischen Potenz einer Curculioniden-Art entsprechen, kann sie dort auch indigen sein. Diese Erwägungen werden durch einige Befunde der eigenen Untersuchungen ihres zwar logischen, aber zunächst hypothetischen Charakters enthoben und durchaus wahrscheinlich gemacht:

In Diagramm 3 wurden jeweils alle UF, auf denen die Wirtspflanzenarten der im folgenden behandelten Curculioniden vorkommen, eingezeichnet. Anschließend wurden die Vorkommen der Curculionidenarten nach ihrem prozentualen Anteil eingesetzt (bezeichnenderweise wurden die Arten nicht auf den UF gefangen, wo die Wirtspflanzen fehlten).

Die Vorkommen von *Apion pallipes* (makropter, Wirtspflanze Mercurialis perennis) und *Rutidosoma fallax* (brachypter, Wirtspflanze Oxalis acetosella) zeigen bei weiter Verbreitung ihrer Wirtspflanzen an, daß beide Arten den kalten und feuchten Bereich der Schlucht- und Bachwaldstandorte meiden oder nur in geringer Zahl dort auftreten. Noch deutlicher zeigt sich bei drei an einer gleichen Wirtspflanzenart verbreiteten makropteren Curculioniden, daß abiotische Faktoren wesentlichen Einfluß auf ihre Verbreitung haben müssen: Während *Cidnorhinus quadrimaculatus* ziemlich euryök ist und Urtica fast überall hin folgt (wobei sein Auftreten auch an Orten, wo er auf Grund des Mikroklimas und der entsprechenden Fangergebnisse nicht indigen sein kann, für seine starken Ausbreitungstendenzen spricht) und nur die kältesten, feuchtesten Biotope meidet, ist *Phyllobius urticae* im stark feuchten Bereich verbreitet. Dabei ist aber merkwürdig, daß offenbar noch eine regionale, möglicherweise klimastufenbedingte Begrenzung hinzutritt. An feuchten Stellen des Winterberggebietes (Klimastufe Mf) ist letzterer nicht oder kaum zu finden, seine Vorkommen mit hohen Individuenzahlen liegen fast ausschließlich im Kirnitzschtal (Klimastufe Uf). (Auch bei nahe verwandten Arten anderer Coleopterengruppen lassen sich solche Unterschiede zwischen Kirnitzschtal und Großem Winterberg in der Verbreitung finden!). Demgegenüber scheint die dritte Art, *Apion urticarium* nur strahlungsbegünstigte Stellen zu besiedeln, wobei sich UF 2 als wahrscheinlich einziger ständiger Entwicklungsbiotop heraushebt. An keinem anderen Biotop folgt die Art der im UG so weit verbreiteten Großen Brennessel. Fälle, in denen mehrere monophage Arten auf der gleichen weitverbreiteten Wirtspflanzenart vorkommen, erweisen sich somit als besonders günstig zur Untersuchung des Einflusses abiotischer Faktoren auf die Verbreitung dieser Arten.

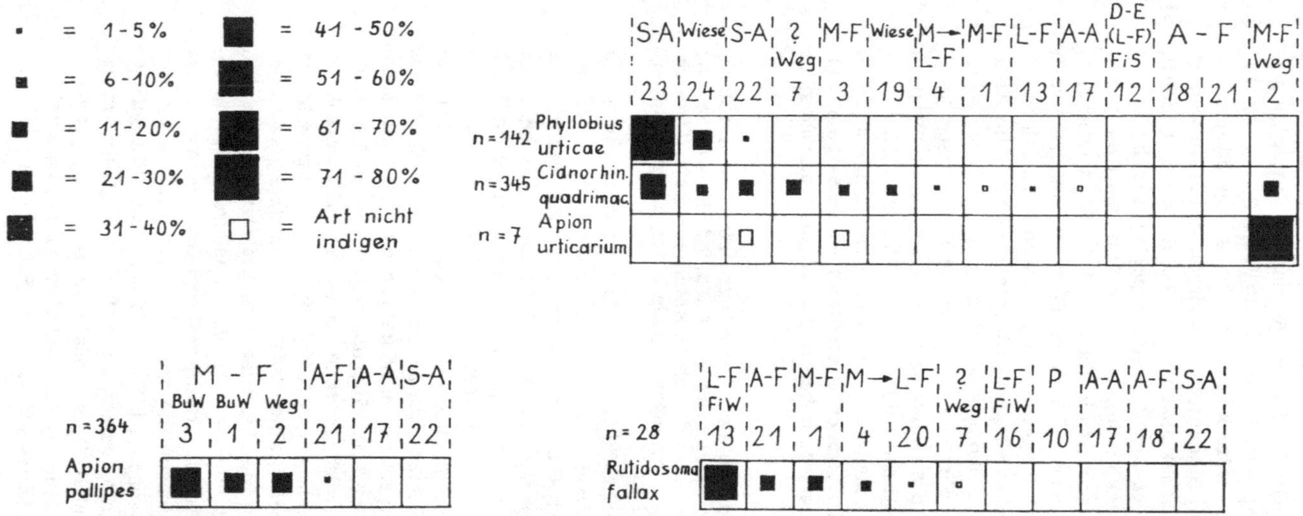

Diagramm 3. Verbreitung einiger Curculioniden- und ihrer Wirtspflanzenarten über die UF. Die Zahl der Wirtspflanzenvorkommen entspricht der Zahl der eingezeichneten UF. Die als indigen angesehenen Vorkommen der Curculioniden wurden als schwarze Quadrate, die als biotopfremde Vorkommen gewerteten als weiße eingezeichnet Erklärung der Abkürzungen s. bei Diagramm 4.

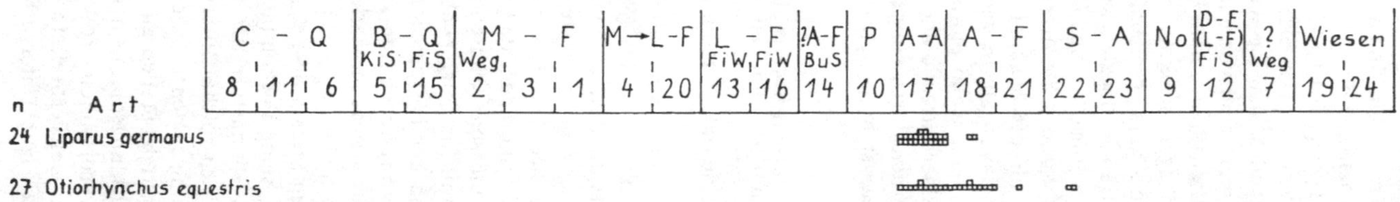

Diagramm 4. Verbreitung von *Liparus germanus* und *Otiorhynchus equestris* über die UF. 1 umrahmtes Feldchen = 1 Exemplar. – A-A = Arunco-Aceretum, A-F = Acero-Fraxinetum, ?A-F = Abieti-Fagetum, B-Q = Betulo-Quercetum, C-Q = Calluno-Quercetum, D-E (L-F) = Digitali-Epilobietum mit Relikten des Luzulo-Fagetums, L-F = Luzulo-Fagetum, M-F = Melico-Fagetum, M→L-F = Übergang vom Melico- zum Luzulo-Fagetum, No = oligotropher Naßstandort, P = Piceetum hercynicum (fragmentarisch), S-A = Stellario-Alnetum, ? = pflanzensoziologische Stellung unklar. – BuS = Buchenschonung, FiS = Fichtenschonung, FiW = Fichtenwald, KiS = Kiefernschonung, Weg = Wegrandzone.

Umgekehrt kann dementsprechend bei strenger regionaler abiotischer Stenökie das Wirtspflanzenspektrum als Begrenzungsfaktor hinzutreten, das die Besiedlung abiotisch für die Art günstiger Biotope verhindert. Dieser Nachweis ist aber schwieriger zu führen, da solche stenöken Arten seltener, ihre ökologische Potenzamplitude hinsichtlich abiotischer Faktoren und erst recht nicht ihr Wirtspflanzenspektrum bekannt sind. Dennoch deuten sich solche Verhältnisse bei den Arten der Schlucht- und Bachwaldstandorte, *Liparus germanus* und *Otiorhynchus equestris*, an (s. Diagramm 4). Ihre Vorkommen lassen es zu, sie als oligostenotherm anzusehen. Ihrem Wirtspflanzenspektrum nach sind sie vermutlich disjunkt oligophag. Für *L. germanus* ist Petasites officinalis (Asteraceae) als Wirtspflanzenart bekannt. Da diese aber auf den UF nicht vorkommt, muß eine andere Art in Betracht gezogen werden, und zwar offensichtlich Chaerophyllum hirsutum (Ammiaceae), von der die Käfer immer wieder eingebracht wurden und deren Blätter sie in Gefangenschaft willig fraßen. Für *Otiorhynchus equestris* ist überhaupt noch keine Wirtspflanzenart bekannt, sicher entwickelt er sich an Staudenpflanzen. Die Käfer nahmen in Gefangenschaft Bätter von Epilobium (?montanum) willig an, andere Pflanzen nur in geringem Maße (s. *Otiorhynchus equestris*, S. 111). Der Bereich des Piceetum hercynicum, der mikroklimatisch sicher für beide Arten geeignet wäre, wird von ihnen nicht besiedelt. Es ist anzunehmen, daß die völlig andersartige Vegetation – und damit das Fehlen potentieller Wirtspflanzenarten – das Fehlen beider Arten in diesem Bereich verursacht. Schließlich wäre auch die Verbreitung von *Plinthus tischeri* in ähnlicher Weise zu deuten, der als oligostenotherm gelten muß, aber floristisch sehr unterschiedliche Bereiche besiedelt: Für ihn sind Farnwurzeln als Entwicklungsorte der Larven angegeben, doch mit Sicherheit hat er sogar noch außerhalb der Pteridophyten Wirtspflanzen (wahrscheinlich Rumex oder Polygonum sp., Polygonaceae). MÄRKEL (1857) gibt noch an, daß die Käfer Moose abweiden.

Noch schwieriger wird dieser Nachweis des Einflusses abiotischer Faktoren und des Wirtspflanzenkreises bei Arten, die oligo- bis polyphag sind, ohne daß der Umfang des Wirtspflanzenspektrums genau bekannt ist (was noch häufig genug vorkommt) und deren „Euryökie" im Gebiet auf eine weite ökologische Potenzamplitude hinsichtlich abiotischer Faktoren hinweist. Hier können nur exakte autökologische Experimente, Zuchtversuche und Freilandbeobachtungen Hand in Hand gehen, wenn Deutungsversuche nicht zur Spekulation verurteilt bleiben sollen.

Auch die Befunde, Überlegungen und Schlußfolgerungen anderer Autoren weisen auf den Einfluß abiotischer Faktoren auf die Verbreitung der Curculioniden hin. HLISNIKOVSKÝ (1965) schreibt am Ende seines Beitrages zur Verbreitung von *Apion*-Arten in der Tschechoslowakei (leider ohne die sicher zahlreich vorhandenen Beispiele gesondert abzuhandeln), „daß viele Arten trotz großer Verbreitung ihrer Fraßpflanzen doch nicht überall vorkommen", zieht aber keine Schlußfolgerungen hieraus. STEIN (1967) stellte anhand der von ihm untersuchten Grünlandgesellschaften Hessens fest, „daß die Artenzahl der Rüsselkäfer auf verschiedenartigen Standorten sehr unterschiedlich sein kann", was nur in geringerem Maße von der Zusammensetzung der Vegetation, sondern in erster Linie von abiotischen Standortsfaktoren abhänge: auf Flächen „mit ausgeglichenen Bedingungen (ist) die Zahl der häufigeren Arten größer ... als auf solchen, die in irgendwelcher Weise vom ‚Normalen' abweichen. Auf letzteren ist besonders der Anteil der Arten mit geringer Populationsdichte erhöht." (Das gilt natürlich nur für im Prinzip gleichartige Vegetation wie die der von STEIN untersuchten Wiesen, in der alle wichtigen Wirtspflanzen überall enthalten sind, was auch an anderer Stelle bei einem Vergleich zwischen Kleeschlag und Wiese zum Ausdruck kommt: „Wenn also eine annähernde Übereinstimmung der Rüsselkäferarten zwischen Ackerrotklee und Wiese festzustellen ist, so liegt das daran, daß auch auf der Wiese die meisten Rüßler den Rotklee zur Wirtspflanze haben."). STEIN mißt dem Einfluß der Temperatur auf die Verbreitung der Curculioniden wesentliche Bedeutung bei. Letztlich geben die experimentellen Befunde (z. B. von ANDERSEN 1934, CHRISTIANSEN und BAKKE 1968, EIDMANN 1964, GRIMM 1973, IOANNISIANI, BIRG und LAVROVA 1970, IOANNISIANI, LAVROVA und BIRG 1970, REZWANI und STEIN 1973, SCHAUERMANN 1973, STEIN 1968b) erste Einblicke in die Potenzamplituden von Arten für bestimmte Faktoren und bei bestimmten Entwicklungsstadien, so daß bei entsprechender Klärung der Faktorenverhältnisse am Standort auch auf ursächliche Deutung der Verbreitung von Curculioniden wenigstens an Einzelbeispielen zu hoffen ist. „Stenöke" Arten sind hier allerdings zunächst besser überschaubar als die in den o. g. Arbeiten behandelten „euryöken" Arten.

Schließlich sei noch auf den Zusammenhang zwischen der Dynamik der Arten und der Biotopbindung hingewiesen: Es ist anzunehmen, daß flugfähige Arten mit Biotopwechsel (z. B. bestimmte *Protapion*- und *Sitona*-Arten, nach STEIN 1971) sicher k e i n e n Biotopwechsel vornähmen, wenn der Entwicklungsbiotop auch die Möglichkeiten der Überwinterung böte, und es wäre dann für diese Arten von einer Bindung an den Bereich der „Wiese" und bestimmter Fabaceen-Kulturen zu sprechen. Unterschiedliche ökologische Potenz der einzelnen Stadien einerseits und zeitlicher Wechsel im gleichen Stadium andererseits als Ursachen des Straten-(Biorophen-) und Biotopwechsels sind möglicherweise ein Hinweis darauf, daß die ursprünglichen Biotope oder Biotopspektren, die während der Herausbildung der Arten vorhanden waren und von ihnen besiedelt wurden, heute nicht mehr vorhanden sind. „Biotopwechsel" und „Biotopbindung" (im Gesamtareal) sind vielleicht nur historisch bedingte Extremfälle, die anzeigen, daß der ursprüngliche weite Lebens- und Verbreitungsbereich der Arten zeitlich wie räumlich (ökologisch) zersplittert, im Vergehen begriffen ist. Zwischen beiden liegt die Unzahl jener Fälle, in denen „euryöke" Arten ohne wesentliche Ortsveränderungen ein weites Spektrum verschiedener Biotope bewohnen und damit erkennen lassen, daß ihre ökologische Potenz noch im weitesten Bereich mit den ökologischen Gegebenheiten ihres Areals in der Gegenwart übereinstimmt.

4. Zur Phänologie ausgewählter Arten (Diagramme 5–25)

Entsprechend der Reihenfolge in Tabelle 2 wird im folgenden versucht, die Phänologie ausgewählter Arten anhand eigener Befunde und der wichtigsten, vor allem in Tab. 2 genannten Literaturangaben darzustellen. Es soll nach Möglichkeit für jede solche Art eine kurze Formel gegeben werden, die durch Nennung des Überwinterungstyps und Generationszyklus auf einen Blick Klarheit über deren Entwicklungsgang gibt, und wie sie in Tab. 2 bereits eingefügt wurden.

Wo es angebracht erschien (viele Individuen, seltene Arten), wurde das Auftreten der Imagines einzelner Arten im UG in Diagrammen dargestellt, die nach dem g e s a m t e n Fang aller Jahre erstellt wurden. Die Diagramme wurden folgendermaßen erarbeitet:

Zahl (n) der ausgewerteten Individuen = 100 %. Die Säulen für jeden Monat drücken den prozentualen Anteil am Gesamtfang, getrennt nach Gesiebe-, Barberfallen- und Käscherfängen, aus. Bei einigen seltenen, mit wenigen Stücken vertretenen Arten wurden die absoluten Individuenzahlen anstelle von Prozentwerten in den Diagrammen verwendet. Bei geringeren Individuenzahlen und – zumindest oft – Übereinstimmung mit mehreren anderen Autoren werden nur die Zeit des maximalen Auftretens sowie die am weitesten in die kalte Jahreszeit (Frühjahr, Herbst) vorgeschobenen Funde angegeben. Durch die

Wertung der Gesamtheit aller Jahresfänge kommen bei den Arten ziemlich weitgespannte Maxima-Perioden zustande, die Maximum-Periode der Arten in den einzelnen Jahren ist meist kürzer. Diese Zeitspanne zeigt an, in welchem Schwankungsbereich das jahreszeitliche Auftreten (Aktivität) der Imagines einer Art regional überhaupt liegt. Die im Jahre zeitigsten bzw. spätesten Käscher- oder Barberfallenfänge sind ebenfalls so zu werten, die Gesiebefänge nur bei solchen S t r e u s c h i c h t a r t e n, die als Larven überwintern.

Erläuterungen zu den folgenden Texten:
III, IV, V usw. = März, April, Mai usw.
A, E, M in Verbindung mit Monatszahlen = Anfang (1. Dekade), Mitte (2. Dekade), Ende (3. Dekade) des Monats.
ÜT/GZ = Überwinterungstyp/Generationszyklus, in gleicher Reihenfolge.
E, I, L, P = Ei-, Imaginal-, Larval-, Pupalüberwinterer als Kennzeichnung des Überwinterungstyps und uni, bi, 2jährig = mit 1(uni), 2(bi) Generationen im Jahr bzw. Entwicklung 2jährig als Kennzeichnung des Generationszyklus.

Die Herleitung der Formel wird kurz vermerkt:
„Formel nach Tab. 2" = die eigenen Befunde gestatten keine Rückschlüsse, genaue Angaben in der Literatur (enthalten in Tab. 2) erlauben die Aufstellung der Formel.
„I uni (s. Tab. 2)" = Imaginalüberwinterung ist durch eigene Befunde gesichert; daß die Art nur 1 Generation im Jahre hat, wurde Tab. 2 entnommen.
„L (s. Tab. 2) uni" = Larvalüberwinterung nach genauen Literaturangaben lt. Tab. 2; daß die Art eine Generation pro Jahr ausbildet, wurde den eigenen Befunden entnommen.

Die Beispiele von *Barypeithes mollicomus* und *Phyllobius arborator* zeigen im folgenden, wie wichtig es ist, künftig standortsbezogen genaue phänologische Beobachtungen an Arthropoden im Biotopmosaik einer Landschaft vorzunehmen, weil dadurch sowohl die ökologische Potenz der Arten als auch die ökologische Valenz der Standorte für die Arten sichtbar werden können. Gleichzeitig müssen phänologische Beobachtungen von vornherein berücksichtigen, ob die untersuchten Arten monoroph bzw. monotop oder allaxoroph bzw. allaxotop sind, da Veränderungen im Aufenthaltsort der Arten das phänologische Bild auf e i n e m Biotop oder Biotoptyp (ohne Berücksichtigung des Biotopmosaiks) wesentlich beeinflussen können.

RHINOMACERINAE

Rhinomacer attelaboides: ÜT/GZ: ? I uni (2).

Die beiden UF (10, 22), auf denen je 1 Exemplar am 29. III. 1974 gesiebt bzw. am 1. IV. 1974 gekäschert wurde, sind ausgesprochen feucht-kühl und ohne Kiefern, die ja die Wirtspflanzen sind. Die darüberliegenden Felskanten tragen aber Kiefern. So ist zu vermuten, daß beide Tiere aus dem Winterlager stammen, mithin die Imago überwintert. Die Käfer sind nach DIECKMANN (1974) von M IV bis M VI zu fangen, die Larve soll sich im Boden verpuppen, die neue Generation im folgenden Frühjahr auftreten.

APIONINAE

Apion violaceum: ÜT/GZ: I uni.

Formel nach Tab. 2. 19 Tiere von M V bis M VIII gefangen.

Apion marchicum: ÜT/GZ: ?

Nur je 1 Ex. vom 26. VI. 1967 und 6. IX. 1974 erlauben keinerlei Rückschlüsse, auch die verwendete Literatur lieferte keine genauen Angaben.

Apion curtirostre: ÜT/GZ: ? I uni (Tab. 2).

Die Tiere wurden von A V bis E VIII gefangen, die meisten von V bis VI. 1 gesiebtes Ex. vom 2. IV. 1971 deutet darauf, daß die Käfer überwintern.

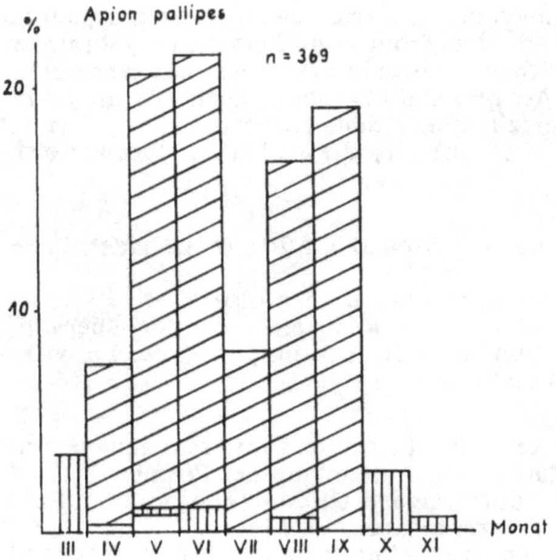

Diagramm 5. Phänologie von *Apion pallipes*. n = Individuenzahl, senkrechte Schraffur = Gesiebefänge, schräge Schraffur = Käscherfänge, nicht schraffierte Säulen = Barberfallenfänge.

Apion cruentatum: ÜT/GZ: ?I ?uni.

A. cruentatum wurde erst neuerdings von *A. frumentarium* getrennt (DIECKMANN 1973). Die meisten der 38 ausgewerteten Exemplare wurden im Verlaufe der Jahre im VIII eingetragen (12 Ex.), auch noch A–M IX (8 Ex.). Früheste gekäscherte Tiere von A IV, späteste von M XI (1 Ex.). E III (2 Ex.) bzw. A IV (1 Ex.) wurden auch Tiere aus Gesieben eingebracht, Überwinterung der Käfer ist also anzunehmen, 1 Generation pro Jahr zu vermuten.

Apion pallipes: ÜT/GZ: I uni.

Formel s. auch Tab. 2. Diagramm 5 gibt das Auftreten aller 369 gefangenen Käfer prozentual geordnet pro Monat und Fangmethode wieder. Deutlich sind 2 Maxima (V/VI und VIII/IX) erkennbar. Gegen E III bzw. E X und A XI steigt der Anteil der mit Gesieben eingetragenen Tiere an, die Käfer überwintern also.

Apion urticarium: ÜT/GZ: ?I uni (s. Tab. 2).

Drei Tiere von A VI, 2 von A VIII und 1 von M IX, jeweils gekäschert, sowie 1 Ex. aus Gesiebe E III deuten auf den üblichen Entwicklungsmodus der Apionen: Imaginalüberwinterung, Larvalentwicklung im Sommer.

Apion loti:

1 Tier vom 7. VI. 1974. Nach Tab. 2 muß die Formel für *A. loti* I uni lauten, doch ist die erst neuerdings durch DIECKMANN (1973) erfolgte Trennung *A. loti* – *A. sicardii* zu berücksichtigen. Die Fangdaten von *A. sicardii* sind: 19. VIII. 1971 1 Ex.; 28. VI. 1973 2 Ex.; 30. VII., 5. VIII. und 8. VIII. 1974 je 1 Ex.

Apion ervi: ÜT/GZ: ?I ?uni.

Insgesamt 20 gefangene Tiere lassen bei einer Verteilung von A V bis M IX eine leichte Häufung (7 Ex.) im V erkennen. Je ein Stück aus Gesiebe E X und A XI deuten auf Imaginalüberwinterung auch bei dieser Art. Es ist zu vermuten, daß dann *A. ervi* wie die anderen *Apion*-Arten auch univoltin ist.

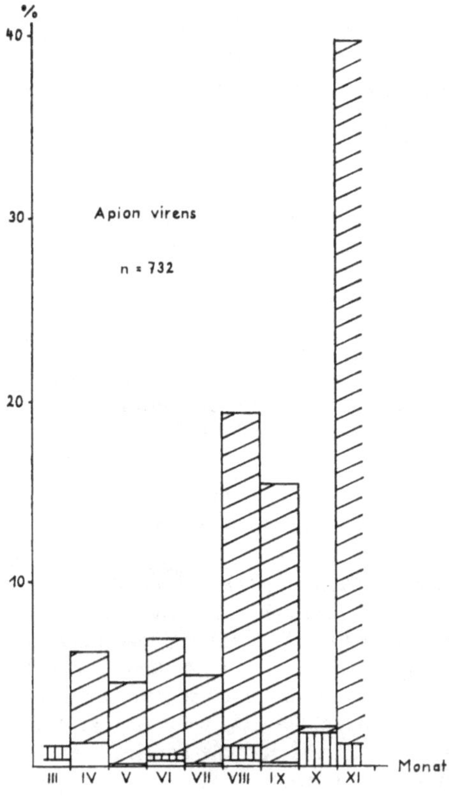

Diagramm 6. Phänologie von *Apion virens*. n = Individuenzahl, Erklärung der Schraffur der Säulen s. Diagramm 5.

Apion pseudocerdo: ÜT/GZ: I uni.

Formel nach Tab. 2. Erst neuerdings durch DIECKMANN (1971) von *A. cerdo* getrennt. Nur 1 Ex. (6. VI. 1974) gefangen.

Apion virens: ÜT/GZ: I uni.

Die Verteilung der 732 im Verlauf der Jahre gefangenen Tiere ist in Diagramm 6 prozentual über Fangmethoden und Monate geordnet dargestellt. Gesiebefänge E III und E X–A XI zeigen die Imaginalüberwinterung der Art an. Durch das Maximum im VIII/IX macht sich das Auftreten der Hauptmasse der neuen Generation bemerkbar. Der hohe Prozentsatz im XI ist durch einen einmaligen, sehr intensiven Käscherfang von etwa dreifacher Dauer als gewöhnlich auf UF 19 zurückzuführen, mit dem eventuell im Biotop verbliebene *Erythrapion*-Arten nachgewiesen werden sollten (1 Ex. *A. cruentatum* befand sich schließlich in der Ausbeute). Der im V 1973 umgebrochene, mit Klee-Gras-Gemisch besäte Teil der Wiese war inzwischen zu einem dichten Kleerasen, der ständig von Wild beweidet wurde, bewachsen. Von hier stammt der hohe Anteil des *A. virens* (auch *Sitona flavescens* wurde in höherer Zahl als in den Sommermonaten an diesem Tage eingetragen). *A. virens* zeigt schon frühzeitig Aktivität, wenn auch geringfügig (s. Anteil des Fallenfangs). Das

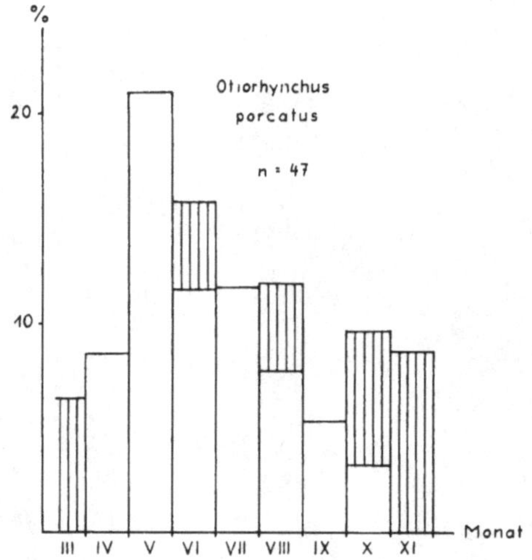

Diagramm 7. Phänologie von *Otiorhynchus porcatus*. n = Individuenzahl, Erklärung der Schraffung der Säulen s. Diagramm 5.

vorliegende Diagramm läßt sich gut mit den Befunden STEINs (1968b) in Einklang bringen: Überwinterung der Käfer, Aktivität auch bei verhältnismäßig niedrigen Temperaturen (Kopulation im Herbst und Frühjahr, auch bei +14,5 °C im II; Eiablage noch bis XI/XII; keine feste Vorzugstemperatur vorhanden), Imagines eurytherm. Eine zweigipflige Verteilungskurve der Käfer im Jahresverlauf deutet sich in den einzelnen Jahren an, ist aber im zusammenfassenden Diagramm nicht vorhanden. Sie wird wohl auch im Freiland praktisch kaum eindeutig zustandekommen, da einerseits dort die Lebensdauer der Käfer bis zu 11 Monaten (STEIN 1968b) betragen dürfte, andererseits das Fortpflanzungsgeschehen zeitlich sehr variabel ist (l. c.), so daß alte und neue Generation sich in sehr weitem Schwankungsbereich überlappen können. Das eindeutige Maximum im VIII/IX (Auftreten der Hauptmasse der neuen Generation) läßt aber keinen Zweifel daran, daß STEINs Angaben auch für das UG Gültigkeit haben.

Apion flavipes: ÜT/GZ: I uni.

Formel nach Tab. 2. Die größte Zahl der insgesamt 148 Tiere wurde im VI gekäschert (59), auch im VII (32) und VIII (28) ist der Anteil noch verhältnismäßig hoch. Das erste Stück wurde A IV, die letzten M IX gekäschert. Von 5 mit Gesiebe eingetragenen Tieren stammt je eines von E X und A XI, ein Hinweis darauf, daß die Art – wie in der Literatur angegeben – Imaginalüberwinterung aufweist.

OTIORHYNCHINAE

Otiorhynchus niger: ÜT/GZ: ?L ?I 2jährig (s. Tab. 2).

69 zur Auswertung herangezogene Tiere lassen eine Häufung im V/VI (48 Ex.) erkennen. Spätester Fangtermin ist A IX (1 Ex.), frühester A IV. Nach SCHERF (1964) dauert die Entwicklung der Art 2 Jahre, der gleiche Autor führt Larvalüberwinterung (in jedem Stadium) an, was mit der Feststellung, daß die Eiablage sich von M V bis E VIII erstrecken könne, übereinstimmt. Bei zweijähriger Entwicklung ist auch Imaginalüberwin-

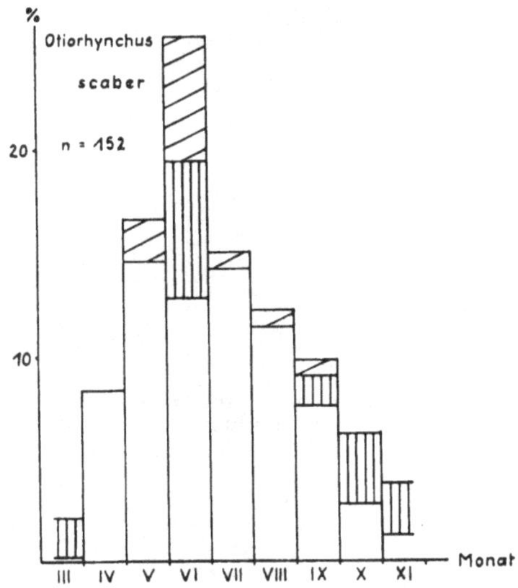

Diagramm 8. Phänologie von *Otiorhynchus scaber*. n = Individuenzahl, Erklärung der Schraffur der Säulen s. Diagramm 5.

terung anzunehmen, was BRAUNS (1964) auch vermerkt (Überwinterung der Käfer in der Puppenhöhle). Die früh erscheinenden Käfer sprechen gleichfalls für Imaginalüberwinterung. Vielleicht leben die Käfer auch mehrere Jahre (vgl. *O. singularis*!), eine Erscheinung, die dann wohl für die meisten *Otiorhynchus*-Arten in Betracht gezogen werden müßte.

Otiorhynchus porcatus: ÜT/GZ: I–.

Die im Verlauf der Jahre vorwiegend mit Barberfallen gesammelten Tiere lassen ein ausgesprochenes Aktivitätsmaximum im Frühjahr bis Frühsommer ([IV]–V–[VI, VII]) erkennen (Diagramm 7). E III bzw. E X und A XI mit Gesieben eingetragene Tiere belegen, daß die Käfer überwintern.

Otiorhynchus scaber: ÜT/GZ: I–.

Das aus den Daten von 152 vorwiegend mit Barberfallen gefangenen Tieren zusammengestellte Diagramm 8 zeigt ein breites Aktivitätsmaximum. Es erstreckt sich etwa von M–E V bis E VII–A VIII. E III sowie E X und A XI mit Gesieben erbeutete Stücke zeigen – gemeinsam mit der zeitigen, aus Fallenfängen ersichtlichen Aktivität – Imaginalüberwinterung an.

Otiorhynchus equestris: ÜT/GZ: I–.

Obwohl von dieser Art nur 37 Exemplare gefangen wurden, soll ein Diagramm (9) das jahreszeitliche Auftreten veranschaulichen. Ihre langdauernde Aktivität von IV bis IX ist deutlich. Der zeitige Beginn im IV an den für sie typischen feucht-kühlen Standorten sowie 1 E III gesiebtes Tier zeigen, daß die Käfer überwintern. Die geringen Stückzahlen, verteilt auf mehrere Jahre, lassen es nicht zu, die verschiedenen Säulenhöhen im Diagramm als Minima oder Maxima der Aktivität zu deuten. 1 Tier legte in Gefangenschaft E VI Eier, die sich nicht entwickelten.

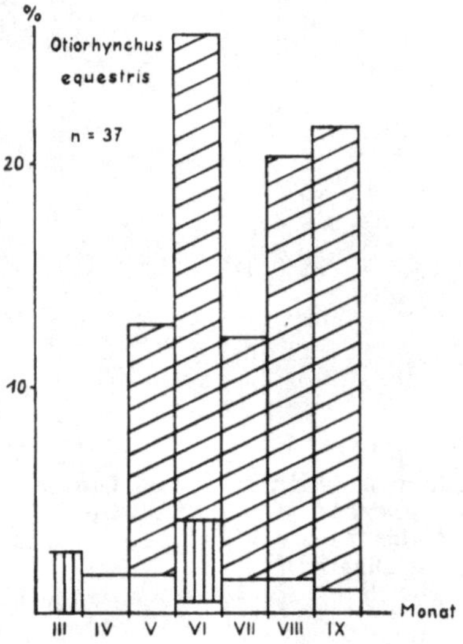

Diagramm 9. Phänologie von *Othiorhynchus equestris*. n = Individuenzahl, Erklärung der Schraffur der Säulen siehe Diagramm 5.

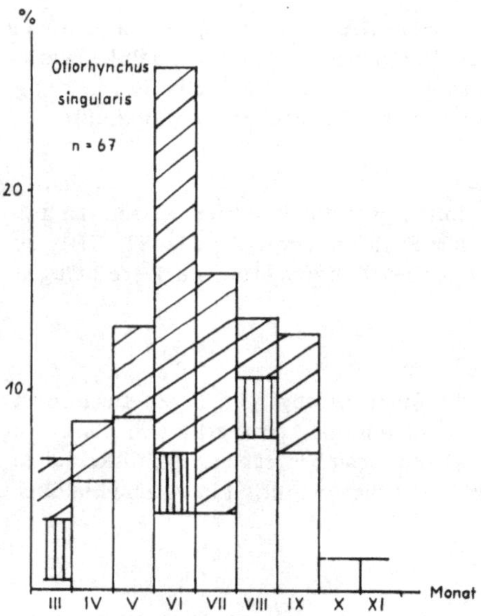

Diagramm 10. Phänologie von *Otiorhynchus singularis*. n = Individuenzahl, Erklärung der Schraffur der Säulen s. Diagramm 5.

Otiorhynchus singularis: ÜT/GZ: L+I–.

GRIMM (1973) beschreibt nach seinen Beobachtungen im Solling die Entwicklung der Art genauer: Lebensdauer der Käfer 2–3 Jahre, wobei diese (lt. ANDISON 1942, zitiert bei GRIMM) auch im 2. und 3. Jahr noch Eier legen können sollen. Schlüpfen temperatur-

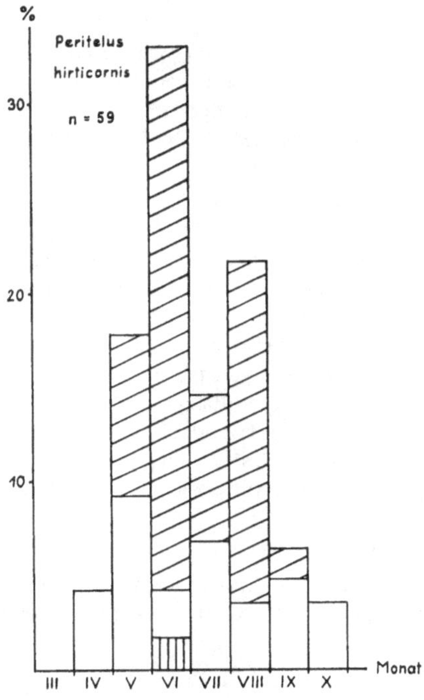

Diagramm 11. Phänologie von *Peritelus hirticornis*. n = Individuenzahl, Erklärung der Schraffunr der Säulen s. Diagramm 5.

korreliert, vorwiegend im V und VI, dann auch Eiablage. Fortpflanzung bisexuell, aber auch thelytoke Parthenogenese möglich. Diagramm 10, zusammengestellt aus den Daten von 67 im Verlaufe der Jahre gefangenen Tiere, zeigt eine Häufung der Funde im Sommer von etwa V bis VIII mit Maximum im VI. E III und A XI gefangene Stücke weisen auf Imaginalüberwinterung, wie es auf Grund der langen Lebensdauer der Käfer auch erwartet werden muß.

Otiorhynchus subdentatus: ÜT/GZ: – –

Aus 33 von V bis IX kontinuierlich gefangenen Stücken lassen sich keine Rückschlüsse ziehen. – Dank der Vermittlung meines Kollegen Dr. A. FEILER konnte ich das von seinen Untersuchungen in 50–60jährigen Fichtenstangenhölzern der westelbischen Sächsischen Schweiz aufbewahrte Material auch in phänologischer Hinsicht überprüfen. Von 161 für *O. subdentatus* und *O. singularis* insgesamt gemeldeten Tieren konnten noch 112 ausgewertet werden, wovon 73 zu *subdentatus*, 39 zu *singularis* gehörten. Alle Exemplare stammen aus Barberfallen. *O. subdentatus* hat ein deutliches Aktivitätsmaximum im V/VI (62 Ex.) und tritt in den folgenden Monaten bis E IX nur noch schwach in Erscheinung. *O. singularis* hat ebenfalls ein Maximum (37 Ex.) im V/VI. Selbst wenn nicht mehr alles Material vorhanden war, zeigt das restliche überprüfte Material, das von im wesentlichen gleichgearteten UF stammt, eine ziemliche Ähnlichkeit und Einheitlichkeit in seiner Phänologie, so daß für *subdentatus* wahrscheinlich ein gleicher Entwicklungsgang wie für *singularis* zu erwarten ist.

Otiorhynchus salicis: ÜT/GZ: – –

Von dieser nicht häufigen Art wurden nur 12 Tiere gefangen, von denen sich 10 auf die Zeit von A V bis A VII verteilen. Ihnen stehen 2 Exemplare von M IX gegenüber, so daß der Eindruck entstehen kann, die Art habe ihre Larvalperiode im Sommer, die neue Generation schlüpfe gegen Herbst, überwintere und schreite im folgenden Frühjahr zur Fortpflanzung. Das Material ist aber sehr gering für einen solchen Schluß.

Peritelus hirticornis: ÜT/GZ: ?I ?uni.

Das Diagramm 11, erstellt aus den Daten aller 59 insgesamt gefangenen Tiere, erweckt den Eindruck, daß *P. hirticornis* zu den univoltinen Imaginalüberwinterern gehöre: Fallenfänge im Frühjahr (IV, V) zeigen die beginnende Aktivität der überwinternden Tiere an. Ab VII setzt Aktivität der neuen geschlüpften Käfer der neuen Generation ein. Die Käscherfangmaxima liegen zeitlich etwas nach den Barberfallenfängen (VI bei den überwinternden Tieren, VIII bei denen der neuen Generation) – die überwinterten bzw. frisch geschlüpften Käfer sind zunächst an der Bodenoberfläche aktiv oder müssen diese passieren, bevor sie in der Kraut- und Strauchschicht stärker in Erscheinung treten. Der hohe Anteil in Barberfallen gefangener Tiere (33,9 % = 20 Ex.) macht auch tageszeitlich periodischen Stratenwechsel wahrscheinlich.

Trachyphloeus bifoveolatus: ÜT/GZ: I uni.

Formel nach Tab. 2. Nur 2 Ex. wurden gefangen (6. VI. 1974 und 30. X. 1973). Das gesiebte Stück deutet auf die Imaginalüberwinterung im UG.

Trachyphloeus aristatus: ÜT/GZ: ?I –.

6 Tiere wurden gefangen: 28. III. 1974 2 Ex. (Gesiebe), 19. V.–2. VI. 1973 1 Ex. (Barberfalle), 3. V. 1972 2 Ex. (Gesiebe), 11. X. 1973 1 Ex. (Gesiebe). Die E III und M X gefangenen Stücke weisen auf Imaginalüberwinterung wie bei *T. bifoveolatus*.

Rhinomias forticornis: ÜT/GZ: L ?uni.

Die 146 im Verlauf der Jahre gefangenen, ausgewerteten Tiere belegen ein Maximum im (V)VI(VII) (Diagramm 12a). Da die Anzahl der mit Gesiebe eingetragenen Stücke im VI gleichfalls am höchsten ist und im III und X/XI kein einziges festgestellt wurde, ist klar, daß die Überwinterung im präimaginalen Stadium (nach dem zeitlichen Auftreten der Käfer im larvalen) stattfindet.

Interessant ist ein Vergleich mit Material von FEILER (1970), das ich überprüfen und auswerten konnte. Er fing vom 9. V.–23. IX. 1966 im Bielatalgebiet in der westelbischen Sächsischen Schweiz 345 Ex. in 50–60jährigen Fichtenstangenhölzern in Barberfallen. Im Diagramm 12b wurde das jahreszeitliche Auftreten dieser Tiere festgehalten, die Stärke der Säulen entspricht der Dauer der einzelnen Fallenfangperioden. Das Maximum im V (A VI) ist eindeutig, zahlreiche frischgeschüpfte Stücke (23,5 % der 345 Ex.) vom 9. V.–6. VI. 1966 zeigen, daß die Verpuppung im Frühjahr erfolgen muß und die Käfer im V schlüpfen. Letztere sterben im Verlaufe des Jahres.

Phyllobius viridicollis: ÜT/GZ: L uni (s. Tab. 2).

Bei 621 ausgewerteten Tieren liegt ein Maximum (83,9 %) im VI, vor allem A VI. Das Auftreten der Imagines ist recht kurz bemessen und dauert von V (12,1 %) bis VII (4 %).

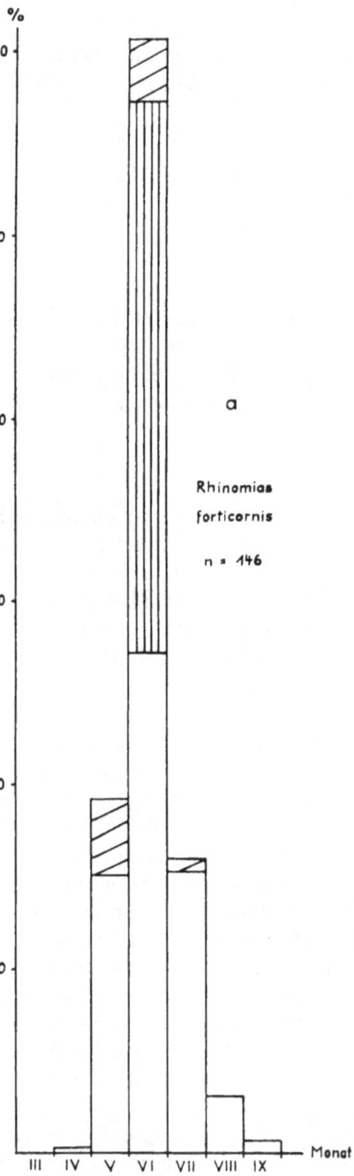

Diagramm 12. Phänologie von *Rhinomias forticornis*. n = Individuenzahl, Erklärung der Schraffur der Säulen s. Diagramm 5 (gilt für 12a). a: eigene Fänge – b: Fänge von FEILER (1970), nur aus Barberfallen! Die Stärke der Säulen entspricht der Dauer seiner Fallenperioden.

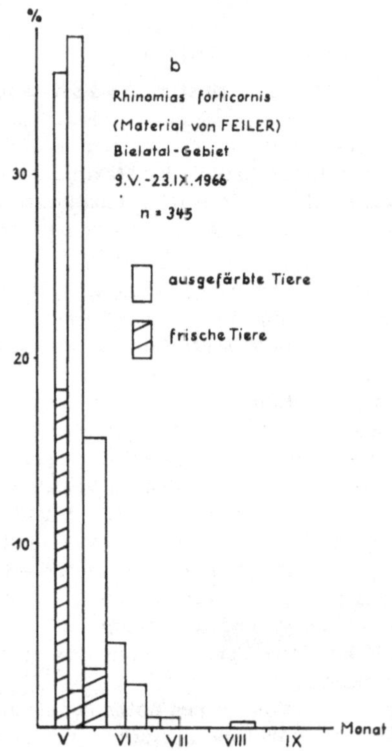

Weder eher noch später wurden Tiere gefangen. Damit ist klar, daß *P. viridicollis* wie die anderen *Phyllobius*-Arten Larval-, vielleicht noch Pupalüberwinterung hat (letztere auf Grund des zeitlichen Auftretens der Käfer unwahrscheinlich). Die Käfer sterben im gleichen Jahr.

Phyllobius oblongus: ÜT/GZ: L_5 uni.

Formel nach Tab. 2. 19 zwischen E V und E VI gefangene Tiere weisen auf die den anderen *Phyllobius*-Arten gleichartige Phänologie, wie sie auch in Tab. 2 zum Ausdruck kommt.

Phyllobius piri: ÜT/GZ: ?L/P möglich, uni.

Insgesamt 85 Ex. wurden ausgewertet. Die ersten stammen von M IV, die letzten von E VI/A VII. Im V ist ein deutliches Maximum (61 Ex. = 71,7 %) vorhanden. Auch dieses Ergebnis deutet auf Larvalüberwinterung, doch ist (s. Tab. 2) Pupalüberwinterung möglich.

Phyllobius argentatus: ÜT/GZ: L(L_5!) uni.

Formel nach Tab. 2. Auch die vorliegenden eigenen Befunde fügen sich in dieses Bild ein: Von 454 ausgewerteten Exemplaren wurden 17 im V gekäschert, 1 in einer Barberfalle gefangen. Im VI wurden 214, im VII 219, A VIII nur noch 1 Ex. gekäschert. Das Aktivitätsmaximum erstreckt sich etwa von A VI bis A VII. Diese Beobachtung stimmt mit denen anderer Autoren überein.

Phyllobius arborator: ÜT/GZ: L uni.

Formel nach Tab. 2, doch stimmen auch die eigenen Ergebnisse damit überein und unterstützen die obige Einstufung. – Das langjährige ermittelte Maximum liegt im VI (rund 400 Ex. 1967–1973), wobei sich sein Beginn etwas verschieben kann. Der kühlfeuchte Frühsommer 1974 verschob das Maximum etwa auf A VII. Die frühesten Fänge liegen E V, die spätesten E VIII, doch ist durchschnittlich A VIII mit den letzten Käfern zu rechnen. Die Diagramme 13a u. b zeigen das jahreszeitliche Auftreten der Käfer von 1967–1973 bzw. von 1974.

Bemerkenswert ist die Verteilung der Maxima auf die einzelnen UF. Im Jahre 1974 ist diese durch die hohe Individuenzahl am besten belegt und damit auswertbar. Bei einer Anordnung, die im wesentlichen der Einschätzung der Standorte nach ihrer Eignung für die Entwicklung der Art vom optimalen bis zum pessimalen Bereich und andererseits etwa den prozentualen Anteilen der auf den einzelnen UF gefangenen Tiere am Jahresgesamtfang der Art folgt, ergeben sich gleichzeitig grobe Übereinstimmungen bei den durch Messungen ermittelten Einstufungen der UF nach deren Durchschnittstemperaturen des Bodens und am Boden im Verlaufe von 24 Stunden! (s. Diagramm 14). Auf den bereits als optimal bezeichneten UF 15 und 5, die gleichzeitig den stärksten Birkenanteil haben, liegen die Maxima bereits im VI und reichen in den VII hinein, auf den anderen UF prägen sich die – zudem schwächeren – Maxima im VII oder gar nicht aus. – Es kann
1. daraus geschlossen werden, daß – unter Zugrundelegung einer bestimmten, für die Entwicklung der Art nötigen Temperatursumme [1]) – auf den beiden für *arborator* optimalen UF die nötige Temperatursumme zuerst erreicht wird, auf den anderen erst später oder gar nicht,
2. aber auch, daß von solchen optimalen Entwicklungsstätten die Populationen ausschwärmen und andere Biotope aufsuchen, wodurch dort die etwas später gelegenen Maxima zustandekommen.

[1]) IOANNISIANI, BIRG und LAVROVA (1970) nennen nach ihren Untersuchungen (Umgebung von Brest) folgende Temperatursummen für *P. arborator*, ermittelt entsprechend dem ersten Auftreten der Käfer im Gelände: 1963 1931 °C Luft, 2070 °C Boden; 1964 1921 °C Luft, 2120 °C Boden.

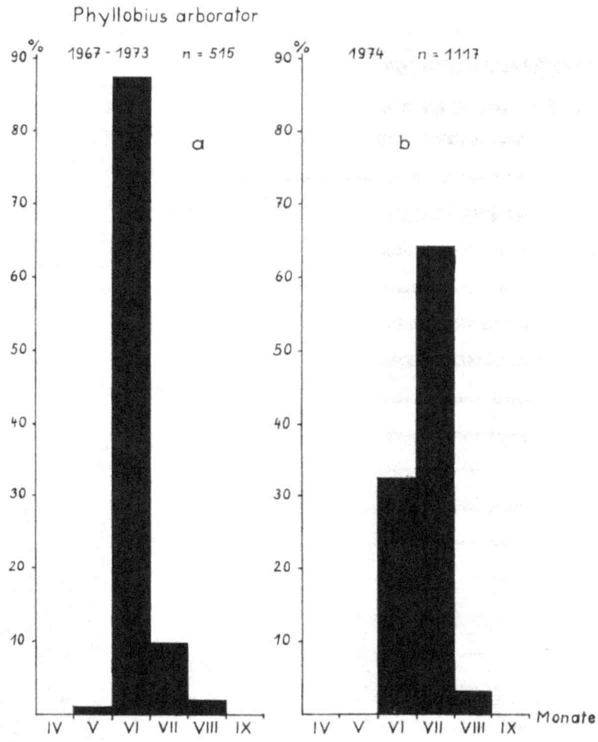

Diagramm 13. Phänologie von *Phyllobius arborator*. n = Individuenzahl, schwarze Säulen = Gesamtheit der nicht nach der Fangmethodik unterteilten Individuen, die vorwiegend gekäschert wurden.
a: Fänge von 1967 bis 1973 – b: Fänge von 1974.

Die Wahrheit wird zwischen beiden Denkmöglichkeiten liegen. Das Calluno-Quercetum muß auf jeden Fall neben den beiden Schonungen auf Betulo-Quercetum-Standorten zu den Entwicklungsbiotopen von *P. arborator* gezählt werden, vielleicht auch weitere günstig exponierte, lichte, wenigstens zeitweise gut besonnte und nicht zu feuchte Stellen mit Birkenanflug, vor allem im Bereich des Luzulo-Fagetums. Doch auf den meisten anderen Standorten kann die Art nicht als indigen gelten.

Aus allem wird klar, daß die Phänologie nicht nur von der Witterung und von regionalklimatischen Gegebenheiten, sondern innerhalb eines Gebietes auf verschiedenen Standorten auch in erheblichem Maße vom Geländeklima sowie vom Vorhandensein oder Fehlen einer Schwärmphase abhängig sein kann. Gleichzeitig wird erneut die Rolle der Birke als wichtigster Wirtspflanze deutlich.

Phyllobius calcaratus: ÜT/GZ: ?I –.

Die Zeit des maximalen Auftretens fällt im UG in den V und VI (81 von insgesamt 89 aus-

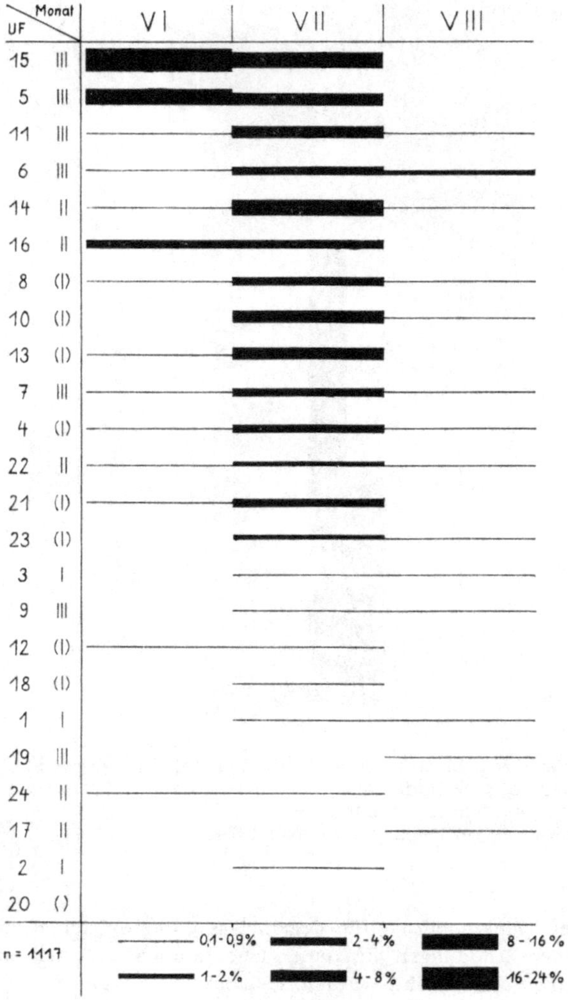

Diagramm 14. Phänologie von *Phyllobius arborator* auf den einzelnen UF im Jahre 1974. n = Individuenzahl (= 100 %). Die Ziffern I, II und III bedeuten, daß die Art im Verlaufe der Untersuchungsjahre 1972 –1974 auf der jeweiligen UF nur in einem Jahr (I und damit 1974), während zweier Jahre (II, also 1974 und 1972 oder 1973) oder während aller drei Jahre (III) gefangen wurde. Die mit (I) bezeichneten UF wurden nur 1974 besammelt, und *P. arborator* wurde dort also bereits während eines Jahres nachgewiesen.

gewerteten Tieren). Die frühesten Fangdaten liegen A V, die spätesten M VII. Somit ist Larvalüberwinterung sehr wahrscheinlich.

Phyllobius urticae: ÜT/GZ: L uni.

Formel nach Tab. 2. Das Auftreten der Käfer dieser Art im UG ist kurz bemessen. Das Maximum erstreckt sich etwa von A VI bis A VII (171 von 180 ausgewerteten Tieren), der früheste Fang geschah E V, der späteste M VII. Das zeigt – wie bei den anderen *Phyllobius*-Arten – Larvalüberwinterung an.

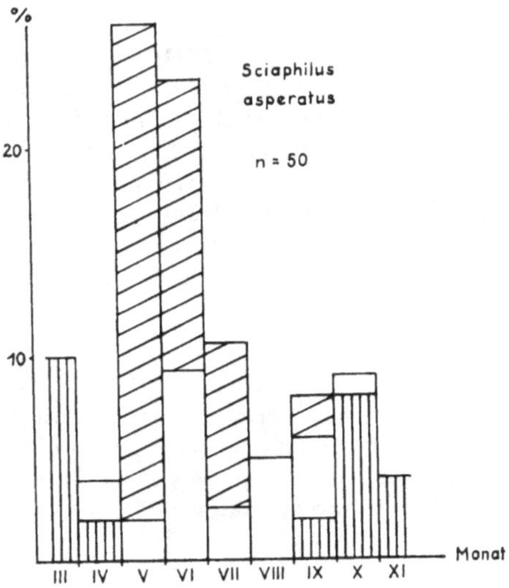

Diagramm 15. Phänologie von *Sciaphilus asperatus*. n = Individuenzahl, Erklärung der Schraffur der Säulen s. Diagramm 5.

BRACHYDERINAE

Brachyderes incanus: ÜT/GZ: L/I uni.

Formel nach Tab. 2. Nur 16 Ex. wurden im Verlaufe der Jahre gefangen, davon 15 im VI.

Polydrusus impar: ÜT/GZ: ?L –.

Insgesamt wurden 64 Ex. gefangen, davon die ersten A VI, die letzten A VIII; eines stammt aus einer Barberfalle zwischen A VIII und A IX 1974. Zeit des maximalen Auftretens ist (E VI) VII. Larvalüberwinterung ist auf Grund dieser Fangergebnisse ziemlich sicher.

Polydrusus cervinus: ÜT/GZ: L uni.

Formel nach Tab. 2. Von 23 ausgewerteten Tieren stammen die am frühesten gekäscherten 2 von A V (1968 u. 1974), 13 aus dem VI und 8 von A VII. Damit fügt sich *P. cervinus* nach seiner Phänologie in das Bild der übrigen *Polydrusus*-Arten ein.

Polydrusus undatus: ÜT/GZ: $L_{3/4}$/P (s. Tab. 2.) –.

Insgesamt 77 Ex. wurden ausgewertet: Das erste Tier stammt von A IV 1974, das letzte von A VIII 1974. Ein schwaches Maximum deutet sich im V/VI an, doch ist die Mehrzahl der Belege insgesamt ziemlich gleichmäßig von E IV/A V bis A VII verteilt. Nach SCHAUERMANN (1973) verlassen die Käfer im Solling den Boden bei Temperaturen von mindestens +8 °C von E IV bis E V. Die Lebensdauer der Käfer betrug bis zu 7/8 Monaten, im Durchschnitt aber 45 Tage nach Verlassen des Bodens, die der Larven bis zu 18 Monaten (l. c.). Die Verpuppung erfolgt E IX bis E X, die Puppe überwintert, doch überwintern außerdem auch Larven des 3. und 4. Stadiums (l. c.).

Liophloeus tessulatus: ÜT/GZ: L/I 2jährig.

Formel nach Tab. 2. Insgesamt 9 Ex. verteilen sich auf die Zeit von E V bis E VI.

Sciaphilus asperatus: ÜT/GZ: I uni.

Formel nach Tab. 2. Aus Untersuchungen von TISCHLER (1948) und STEIN (1970c) geht bereits hervor, daß Käfer überwintern. Das aus den Daten von 50 Tieren zusammengestellte langjährige Mittel wird durch Diagramm 15 wiedergegeben. Frühe (E III/A IV) und späte (M X/A XI) Gesiebefänge zeigen die Überwinterung der Käfer an. Es hat den Anschein, als ob vor allem die überwinternden Käfer in die Krautschicht emporsteigen (Kopula?, Fraß?), während die der neuen Generation vorwiegend am Boden bleiben. Die Larvalentwicklung müßte in den VI/VII fallen, denn ab VIII setzt eine schwache, aber deutliche Steigerung der Fallenfänge ein, die das Auftreten der neuen Generation anzeigt.

Brachysomus echinatus: ÜT/GZ: I –.

Die Überwinterung kann im Imaginalzustand stattfinden, wie RENKENs (1956) Untersuchungen zeigen. Auch im UG wurden E III 8 Tiere gesiebt. Die Verteilung der restlichen Stücke läßt keine Rückschlüsse zu. Tiere aus Barberfallen im IV (1) und VII (2), aus weiteren Gesieben im VI (8) sowie merkwürdigerweise gekäscherte Exemplare von VI (1) und VII (10), wobei wahrscheinlich ist, daß die Tiere aus dem durchtränkten Boden (vorher starker Regen) in die Krautschicht getrieben wurden.

Barypeithes mollicomus: ÜT/GZ: L uni.

Formel nach Tab. 2. Das von 86 Tieren ermittelte Maximum liegt VI/VII, der früheste Fangtermin E V, der späteste – 1 Ex. aus einer Barberfalle – zwischen M IX und E X.

Ein Vergleich mit Material der Arbeit von FEILER (1970) ist interessant, selbst wenn es wahrscheinlich nicht mehr vollständig vorlag: 366 im Jahre 1966 in der westelbischen Sächsischen Schweiz in Fichtenstangenhölzern mit Barberfallen gefangene Tiere lagen zur Auswertung vor. Das Maximum (239 Ex.) war eindeutig und lag in der Zeit von E V bis A VI. Frühester Fangtermin (1 Ex.) zwischen 9. und 16. V., spätester zwischen 1. und 11. VIII.

Der phänologische Unterschied zwischen einem für *B. mollicomus* optimalen und einem dem pessimalen Bereich genäherten Standort wird in geradezu klassischer Weise deutlich, wie das folgende Beispiel zeigt (s. hierzu auch *Phyllobius arborator*).

FEILERs UF 8 (220 m NN, ebener Talstandort, mit viel Deschampsia flexuosa, sehr selten Vaccinium myrtillus), erbrachte 246 Ex. (Wertung als optimaler Standort), seine UF 10 (310 m NN, ca. 20° N-exponiert, mit Deschampsia flexuosa, Pteridium aquilinum, Sorbus aucuparia, Betula pendula, Carex brizoides – letztere drei sehr selten) 51 Ex. (Wertung als dem pessimalen Bereich naher Standort). Die Tiere beider UF verteilen sich zeitlich wie folgt:

	V		VI			VII			VIII	
	9.–16.	16.–24.	24.–6.	6.–16.	16.–27.	27.–4.	4.–14.	14.–25.	25.–1.	1.–11.
UF 8	1	50	195	?	?	—	—	—	—	—
UF 10	—	—	—	1	2	8	28	11	—	1

Auf der optimalen UF 8 ist offensichtlich mit der Wende E V/A VI das Maximum erreicht, selbst wenn mit Sicherheit anzunehmen ist, daß für mindestens 2 Fangperioden (in der Übersicht mit ? gekennzeichnet) noch Material vorhanden gewesen sein muß. Auf der pessimalen UF 10 ist erst A–M VII bei geringen Individuenzahlen ein Maximum erreicht (auf UF 8 hatten von 246 Tieren noch 47 ein zartes, hellbraunes Integument, das anzeigte, daß die Exemplare frisch geschlüpft waren). Wird nun noch unterstellt, daß ähnlich wie bei *Phyllobius arborator* eine bestimmte Temperatursumme zur Entwicklung der Art notwendig ist, läßt sich schlußfolgern, daß auf UF 8 diese Temperatursumme eher als auf UF 10 erreicht wird, so daß die Bewertung optimal – pessimal wiederum eine Stützung erführe. Die zeitlich verschiedene Ausprägung der Maxima in Verbindung mit den unterschiedlichen Individuenzahlen der Standorte suggerieren andererseits geradezu den Gedanken, daß die Entwicklung von *B. mollicomus* von einer bestimmten Temperatursumme abhängig ist.

Strophosoma melanogrammum und *S. capitatum*: ÜT/GZ: I/$L_{3/4}$ uni.

Formel nach Tab. 2. Nach GRIMM (1973) schlüpfen die Imagines beider Arten im Solling etwa E VIII bis A XI, in dieser Zeit fressen sie auch noch an Blättern, später und vor allem im Frühjahr an Fallaub. Doch kann auch Larvalüberwinterung stattfinden ($L_{3/4}$), so daß erst im folgenden Frühjahr Käfer schlüpfen. Die Fortpflanzungsperiode fällt dort in die Monate V–VII, die alte Generation stirbt etwa von V bis VIII ab. Beide Arten schlüpfen temperaturkorreliert etwa gleichzeitig. *S. melanogrammum* pflanzt sich parthenogenetisch, *S. capitatum* bisexuell, aber auch durch thelytoke Parthenogenese fort. Die Gonaden reifen etwa A V bis M VI, *S. capitatum* kopuliert zwischen E IV/A V–E VII. Die Käfer fressen zu jeder Tages- und Nachtzeit schon bei Temperaturen wenig über 0 °C, auch sind sie sehr widerstandsfähig gegen Kälte (alle Angaben nach GRIMM l. c.). SCHAUERMANN (1973) gibt für beide Arten aus dem gleichen Gebiet wie GRIMM 4 Larvalstadien an; die Verpuppung beginnt ab E VII, was mit den von GRIMM genannten Schlupfzeiten gut übereinstimmt. SCHAUERMANN (l. c.) gibt gleichfalls Larvalüberwinterung als möglich an ($L_{3}/_{4}$). Alle diese Befunde weisen darauf hin, daß bei beiden Arten Entwicklungspausen lediglich in Form (thermischer?) Quiescenzen auftreten. Auch ist bei der zeitlichen Schwankungsbreite des Auftretens der alten und neuen Generation und ihres gegenseitigen Überlappens bei der verwendeten Fangmethodik und -periodik ein phänologisches Bild zu erwarten, das in den Sommermonaten im weitesten Bereich ein Maximum erkennen läßt, und keine ins Einzelne gehende Interpretation gestattet. Tatsächlich schwanken auch die Maxima im eigenen UG in der Sächsischen Schweiz etwa von VI bis VIII, in den Fallenfangergebnissen deutet sich eine zweigipflige Kurve an, deren Gipfel sicher durch das Einsetzen der Aktivität nach Überwinterung bzw. nach dem Schlüpfen der neuen Generation bedingt sind, wenn sich die Käfer jeweils aus den oberen Bodenschichten auf die Oberfläche emporarbeiten, bevor sie sich zur Fortpflanzungszeit bzw. zum Fraß in die Strauch- oder Baumschicht begeben, doch bereits in den Käscherfängen läßt sich keine sichere Untergliederungsmöglichkeit mehr erkennen. Gesiebefänge beider Arten sowohl A–M X als auch E III und Barberfallenfänge, die zeitig einsetzen (ab A IV) und spät enden (bis XI) zeigen die Imaginalüberwinterung an.

Barynotus obscurus und *B. moerens*: ÜT/GZ: ? I –

Beide Arten liegen nur in geringen Stückzahlen vor, die im Verlaufe der Jahre gefangen wurden, doch liegen die Fangdaten (zeitige Barberfallenfänge) so, daß auf Imaginalüberwinterung zu schließen ist. Bei beiden Diagrammen (16a u. b) wurden statt der Prozentzahlen der Individuendurchschnitt pro Monat angegeben. Bei *B. obscurus* deutet sich die für Imaginalüberwinterer typische zweigipflige Häufung an: im Frühjahr/Frühsommer für die Überwinterer, im Hoch- und Spätsommer für die neue Generation. Das Diagramm von *B. moerens* ist nicht klar zu deuten, doch dürfte sich dessen Phänologie und Entwicklung kaum von der des *B. obscurus* unterscheiden.

Sitona-Arten:

Da die meisten der bei den vorliegenden Untersuchungen nachgewiesenen Arten in großer Zahl auf Wiesen, Weiden und Feldkulturen, vor allem solchen der Leguminosen, zu fangen

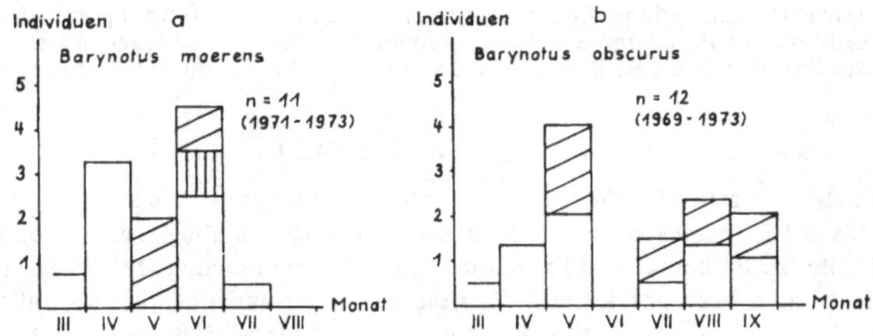

Diagramm 16. Phänologie der beiden *Barynotus*-Arten. n = Individuenzahl, Erklärung der Schraffur der Säulen s. Diagramm 5.
a: *B. moerens* – b: *B. obscurus*.

sind und im UG nur eine bescheidene Rolle spielen, sollen sie kurz behandelt werden. Ihre Phänologie wurde teils pauschal, teils detailliert bei Bearbeitung von Agrobiozönosen geschildert; im wesentlichen stimmen die eigenen Funde damit überein. Allgemein ist im V/VI ein Maximum der *Sitona*-Arten zu beobachten (GEILER 1967, STEIN 1967). Ein Blick auf die ÜT/GZ-Formeln der Arten, soweit vorhanden, zeigt, daß von Ei- über Larval-, Pupal- und Imaginalüberwinterung alles möglich ist, so daß STEINs (1967) Feststellung sicher zutrifft: „Fest steht auf jeden Fall, daß die Gattung nicht nur als Imago, sondern auch in allen übrigen Stadien, wenigstens lokal, in der Lage ist zu überwintern." Wenn sich dennoch Individuenmaxima (im V/VI) bei den Fängen der Arten allgemein herausstellen, dann sicher nicht, weil sie einen jahreszeitlich feststehenden Entwicklungsmodus haben, sondern weil die klimatischen Bedingungen unserer Zonen in der offensichtlich durchlaufenden, nur durch (? thermische) Quiescenzen unterbrochenen Entwicklung die Überwinterung bestimmter Stadien begünstigen (z. B. Imaginalüberwinterung), die anderer Stadien wahrscheinlich teilweise selektieren. Zum anderen stellte STEIN (1971) gerade unter den *Sitona*-Arten solche mit Ausbreitungs- und Wanderverhalten im Frühjahr und Herbst fest, wodurch in dieser Zeit der Eindruck zahlenmäßiger Verringerung der Populationen dieser Arten auf der Beobachtungsfläche entsteht, der in Wirklichkeit nicht – zumindest nicht im angenommenen Ausmaße – vorhanden ist.

STEIN (l. c.) schreibt weiter: „Die Kopulation ist bei den meisten Arten zeitlich nicht genau festgelegt und scheint während des ganzen Lebens möglich zu sein. Als ausreichend erwies sich bei manchen Arten eine Begattung im Herbst, worauf auch noch im nächsten Frühjahr befruchtete Eier abgelegt werden konnten." Kopulationen und Eiablage scheinen in weitem Schwankungsbereich temperaturabhängig und daher jahreszeitlich variabel zu sein, wodurch natürlich alle möglichen Stadien tatsächlich in die Wintermonate gelangen können. Bei *S. hispidulus* beobachtete SCHNELL (1955) bereits E III Kopulationen. ANDERSEN (1934) stellte fest, daß die Eiablage bei *S. lineatus* einsetzt, wenn die Temperaturen wenigstens für einige Stunden täglich über +13 °C liegen. Die Zeit der Eiablage liegt für diese Art überwiegend im VI bis VIII!

Die pauschale Wertung des phänologischen Bildes der *Sitona*-Arten ist also wenig sinnvoll. STEINs (1971) Feststellung, daß unter ihnen Arten mit Wanderphase (Aufsuchen eines anderen Biotoptyps zur Überwinterung, Rückflug in den Entwicklungsbiotoptyp im Frühjahr) auftreten (*S. lineatus, S. puncticollis*), nötigt zur Vorsicht. Wird nur in einem be-

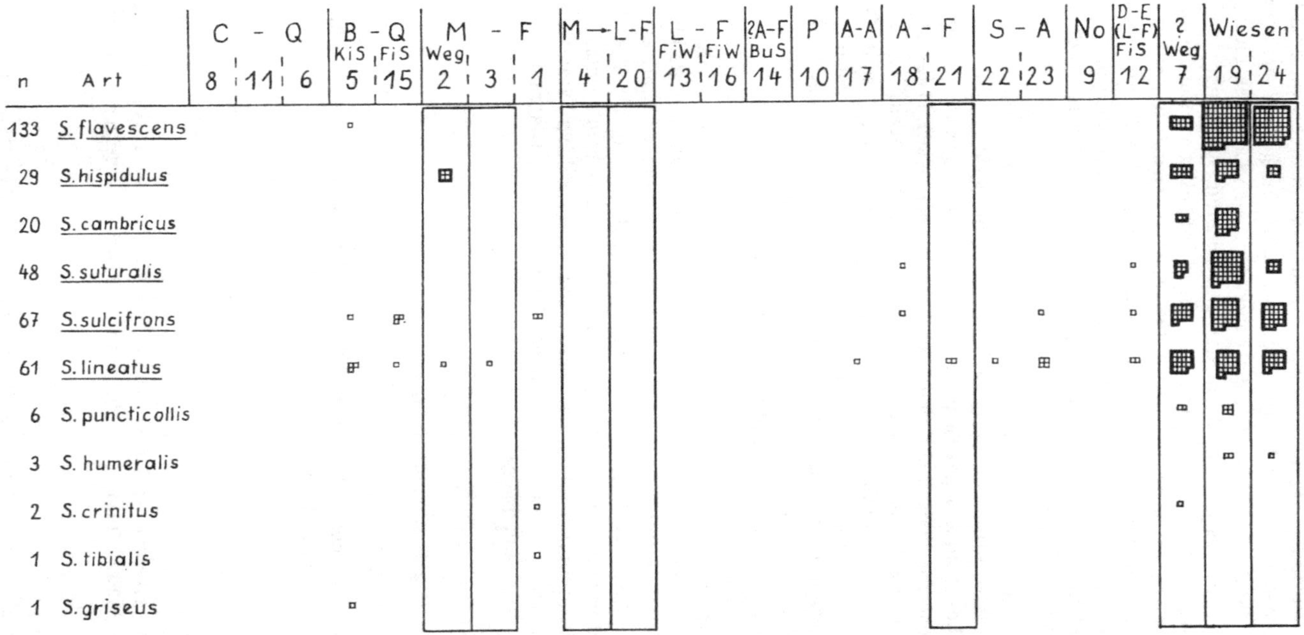

Diagramm 17. Verbreitung der *Sitona*-Arten über die einzelnen UF.
1 umrahmtes Feldchen = 1 Exemplar. Dick umrahmte Vorkommen: Art wird für die UF als indigen angesehen; normal umrandete Vorkommen: Art gilt für die UF als biotopfremd. Unterstrichene Artnamen: Art wird für das UG als autochthon angesehen; nicht unterstrichene Artnamen: Art muß für das UG als Einflieger gelten. Erklärung der Abkürzungen s. Diagramm 4.

stimmten Biotoptyp gefangen (z. B. Weide und Wiese), dann muß beispielsweise im Herbst und im zeitigen Frühjahr eine Art mit Wanderungsphase dort nur gering vertreten sein, obwohl theoretisch die gleiche Individuenzahl vorhanden ist, nur in anderen Biotoptypen (Waldränder, Hecken usw.); das Maximum auf der untersuchten Fläche nach der Rückwanderung (z. B. im V/VI) ist also trügerisch und ist nur für die Fläche, nicht für den Entwicklungsmodus der Art bezeichnend! Andere Arten, die nur Ausbreitungsphase (nach STEIN 1971) haben, also während einer Schwärmphase gleichartige Biotope besiedeln und dort auch überwintern, werden bei entsprechender Fangtechnik auch in der kalten Jahreszeit noch auf der gleichen Fläche in großer Zahl nachzuweisen sein (*S. flavescens*, *S. sulcifrons*, *S. humeralis*, *S. hispidulus*).

Eine Übersicht (Diagramm 17) über alle während der speziellen Untersuchungen gefangenen Sitonen zeigt, daß einige Arten nur in Einzelstücken, z. T. noch auf UF ohne Fabaceen, wohl generell als Einflieger im UG anzusehen sind (*S. crinitus*, *S. griseus*, *S. humeralis*, *S. puncticollis*, *S. tibialis*). Die Wiesen und eine Wegrandzone heben sich als artenreichste Flächen heraus, auf denen eine Anzahl Arten (*S. cambricus*, *S. flavescens*, *S. hispidulus*, *S. lineatus*, *S. sulcifrons*, *S. suturalis*) mit ziemlicher Sicherheit indigen sind. Die von STEIN (1971) für *S. flavescens* und *S. hispidulus* genannte Ausbreitungsphase, während der nur gleichartige Biotope wieder aufgesucht werden, spiegelt sich in der Verbreitung beider Arten wider. Vielleicht sind auch *S. suturalis* und *S. cambricus* (hier zusätzlich Bindung an Lotus uliginosus) diesem Ausbreitungstyp zuzurechnen. Dagegen zeigt sich an der Streuung der Funde von *S. lineatus* die von STEIN (1971) angegebene Wanderphase (Aufsuchen andersartiger Biotope zur Überwinterung, Ausbreitung auf weitere gleichartige Biotope bei Rückwanderung im Frühjahr). Bei gleicher Deutung der Funde müßte dann wohl auch *S. sulcifrons* entgegen STEINs Befunden eine Wander- statt einer Ausbreitungsphase haben. Das bliebe zu untersuchen. Insgesamt vermag die Überprüfung der Verbreitung der einzelnen Arten selbst bei recht geringen Stückzahlen durchaus Anhaltspunkte zum Ausbreitungsverhalten und zur Klärung, an welchen Standorten die Arten indigen sein können, zu liefern (s. auch *Ceutorhynchus*-Arten, Diagramm 24, unter IV.4. „Zur Phänologie ausgewählter Arten").

S. griseus: ÜT/GZ: I uni.

Formel nach Tab. 2. Nur 1 gekäschertes Ex. A VIII 1974.

S. cambricus: ÜT/GZ: I uni (s. Tab. 2).

E III gesiebte und A XI gekäscherte Tiere zeigen Imaginalüberwinterung an. Wahrscheinlich tritt gegen IX die neue Generation auf (s. Diagramm 18).

S. tibialis: ÜT/GZ: – –.

Nur 2 gekäscherte Stücke vom 2. VI. 1973 und 3. VII. 1974.

S. lineatus: ÜT/GZ: E/L/P/I uni.

Formel nach Tab. 2. 83 ausgewertete Stücke lassen eine Häufung im (V)VI erkennen. Art mit Wanderphase nach STEIN (1971). Gesiebefänge A IV und E X zeigen Imaginalüberwinterung an.

S. suturalis: ÜT/GZ: I –.

Gesiebefänge E III und E X zeigen Imaginalüberwinterung an. Maximales Auftreten (37 von insgesamt 66 Ex.) im VI bis A VII.

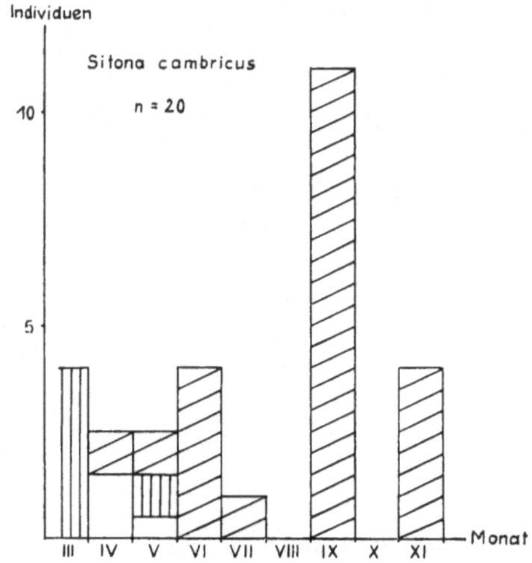

Diagramm 18. Phänologie von *Sitona cambricus*. n = Individuenzahl, Erklärung der Schraffur der Säulen s. Diagramm 5.

S. sulcifrons: ÜT/GZ:E/I uni.

Formel nach Tab. 2. 90 ausgewertete Tiere lassen zwei Häufungszeiten erkennen: VI (20 Ex.) und VIII/IX (39 Ex.), die wahrscheinlich durch die überwinterten Käfer bzw. durch die der neuen Generation bedingt sind. Gesiebefänge E III und E X sowie ein gekäschertes Stück A XI zeigen Imaginalüberwinterung an. Art mit Ausbreitungsphase im Herbst und Frühjahr nach STEIN (1971).

S. puncticollis: ÜT/GZ: L/I uni.

Formel nach Tab. 2. Die 9 gefangenen Tiere stammen merkwürdigerweise von M VIII bis A XI (Imaginalüberwinterung), nur eines von E VI. Art mit Wanderphase nach STEIN (1971). Vielleicht nur Einflieger im Gebiet?

S. flavescens: ÜT/GZ: (L)/P/I uni.

Formel nach Tab. 2. Frühe (E III/A IV) und späte (E X/A XI) Fallen-, Käscher- und Gesiebefänge zeigen Imaginalüberwinterung an. Eine im Hochsommer und Herbst gesteigerte Fangrate (von VIII bis XI 100 von insgesamt 154 Ex.) zeigt das Auftreten der neuen Generation an. Art mit Ausbreitungsphase im Herbst und im Frühjahr nach STEIN (1971).

S. crinitus: ÜT/GZ: – uni (s. Tab. 2).

Nur 2 gekäscherte Stücke vom 21. VI. 1972 und 2. VII. 1974.

S. hispidulus: ÜT/GZ: E/I uni.

Formel nach Tab. 2. E III und E X/A XI gesiebte, auch A XI noch gekäscherte Stücke zeigen Imaginalüberwinterung an. 34 eingetragene Ex. verteilen sich ziemlich gleichmäßig, in den Monaten V (8 Ex.) und IX (7 Ex.) wurde der höchste, im VII (1 Ex.) der geringste Anteil gefangen. Art mit Ausbreitungsphase im Herbst nach STEIN (1971).

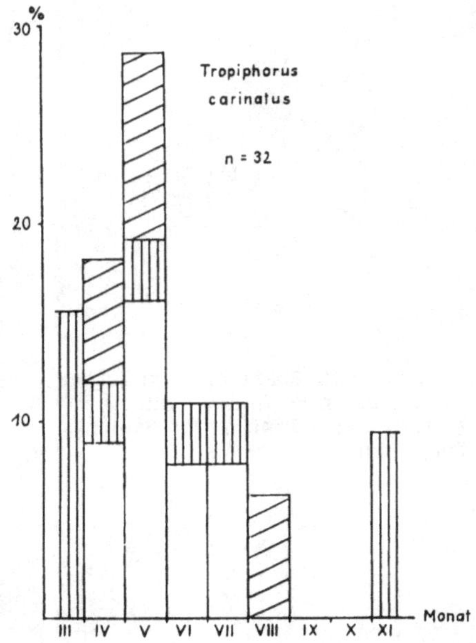

Diagramm 19. Phänologie von *Tropiphorus carinatus*. n = Individuenzahl, Erklärung der Schraffur der Säulen s. Diagramm 5.

S. humeralis: ÜT/GZ: I uni.

Formel nach Tab. 2. Nur 4 Tiere liegen vor: 1 gesiebtes Stück vom 31. X. 1973 und 2 am 13. XI. 1974 gekäscherte zeigen Imaginalüberwinterung an, ein weiteres wurde am 11. V. 1971 gekäschert. Art mit Ausbreitungsphase im Herbst und im Frühjahr nach STEIN (1971). Einflieger im Gebiet?

LEPTOPINAE

Tropiphorus carinatus: ÜT/GZ: I –.

Das Diagramm 19, auf 32 ausgewerteten Exemplaren aufbauend, zeigt eindeutig die Überwinterung der Imagines an. Das Maximum im V (28,6 % = 9 Ex.) ist klar, vor allem durch den Anteil des Barberfallenfanges.

COSSONINAE

Rhyncolus ater: ÜT/GZ: L (s. Tab. 2)–.

Nur 4 Tiere liegen vor: je 1 Ex. aus Baumstumpf vom 2. IV. 1974 und 22. VI. 1967, 1 gekäschertes Ex. vom 3. VII. 1974 und 1 Ex. aus einer Barberfalle vom 14.–30. VII. 1971.

Von der verwandten Art *R. elongatus* wurden – außerhalb der speziellen Aufsammlungen – insgesamt 10 Ex. gefangen, wovon 1 von 2. IV. 1974 und 3 vom 2. XI. 1971 darauf hinweisen, daß Imaginalüberwinterung stattfindet. 6 weitere Tiere stammen aus Kiefern- und Fichtenstümpfen im VI.

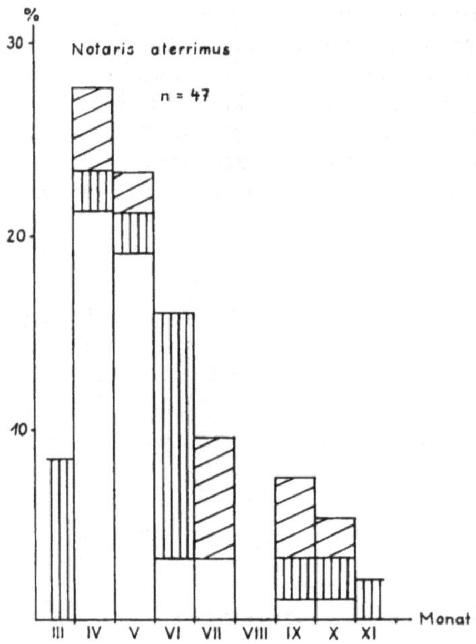

Diagramm 20. Phänologie von *Notaris aterrimus*. n = Individuenzahl, Erklärung der Schraffur der Säulen s. Diagramm 5.

NOTARINAE

Notaris acridulus: ÜT/GZ: I uni.

Formel nach Tab. 2. Nur insgesamt 6 Tiere, wovon 1 E III gesiebtes und 1 A IV gekäschertes auf Imaginalüberwinterung weisen; je 2 weitere Stücke von A VI und M IX.

Notaris aterrimus: ÜT/GZ: I –.

Das zeitige Maximum (IV/V), vor allem in den Fallenfängen, sowie Gesiebefänge E III und E X/A XI weisen eindeutig auf Imaginalüberwinterung. Die wenigen Fänge im Herbst zeigen, daß die neue Generation wenig aktiv bleibt und die Fortpflanzungsperiode mit der damit verbundenen größeren Aktivität erst im folgenden Frühjahr beginnt (s. Diagramm 20).

Grypus equiseti: ÜT/GZ: L uni.

Formel nach Tab. 2. Nur 2 gekäscherte Tiere vom 11. V. 1968 und 31. V. 1972 liegen vor.

CURCULIONINAE

Miccotrogus picirostris: ÜT/GZ: I uni/mehrere Generationen.

Formel nach Tab. 2. Die Frage nach der tatsächlichen Anzahl der Generationen bleibt zu klären. Die Daten der 28 ausgewerteten Tiere liegen merkwürdig: 1 Ex. aus einer Barberfalle M IV, 1 gekäschertes Ex. A V, dann ein Maximum von A VI bis A VIII (25 Ex.), worauf erst M XI ein Tier aus Gesiebe wieder folgt. RENKEN (1956) nennt *M. picirostris* von seinen gründlichen Untersuchungen der Winterlager von Insekten in Schleswig-Holstein nicht. So wäre, falls tatsächlich Imaginalüberwinterung in größerem Umfange vorkommt, anzunehmen, daß die Art im Entwicklungsbiotop verbleibt, doch kann sie auch dort nicht in größerer Zahl überwintern, sonst hätte sie STEIN (1970c) von seinen Untersuchungen sicher angeführt. Andererseits sprechen die obengenannten, M IV bzw. M XI im UG gefangenen Tiere für Imaginalüberwinterung. Vielleicht ist letztere eine – nur wenig verwirklichte – Möglichkeit, und *M. picirostris* überwintert vorwiegend in einem präimaginalen Stadium.

Anthonomus varians: ÜT/GZ: I uni.

Formel nach Tab. 2. Nur 6 Ex. wurden eingetragen, die über vier Monate verteilt sind: 3. IV. 1974 1 Ex. (gekäschert), 6. IV. 1972 1 Ex. (gesiebt), 23. VII. 1974 1 Ex. (gekäschert), 4. VIII. 1973 1 Ex. (gesiebt), 4. VIII. 1974 1 Ex. (gekäschert), 9. X. 1973 1 Ex. (gesiebt).

KLEINSTEUBER (1969) gibt für *A. varians* in einem Kammhochmoor des Oberen Westerzgebirges in den Monaten V und VI maximales Auftreten an.

Bradybatus kellneri: ÜT/GZ: I (s. Tab. 2) –.

Nur 1 gesiebtes Tier vom 28. VI. 1972 liegt vor.

Bradybatus fallax: ÜT/GZ: I (s. Tab. 2).

Nur 1 gesiebtes Stück vom 30. X. 1973 (Hinweis auf Imaginalüberwinterung).

Brachonyx pineti: ÜT/GZ: I uni.

Formel nach Tab. 2. Nur 5 Exemplare wurden von A IV bis E V gefangen.

ACICNEMIDINAE

Trachodes hispidus: ÜT/GZ: – uni (s. Tab. 2).

Je 1 gekäschertes Ex. von A V und A VII sowie 1 gesiebtes Ex. von E III sind vorhanden. Letzteres läßt vermuten, daß auch Imaginalüberwinterung vorkommt. 5 Ex. des Materials der Arbeit von FEILER (1970) wurden 1966 in Barberfallen zu folgenden Zeiten gefangen: 9.–16. V. (2), 16.–24. V. (2), 14.–25. VII. (1 Ex.).

HYLOBIINAE

Hylobius abietis: ÜT/GZ: L/I, verschiedene Generationszyklen.

Formel nach Tab. 2. 48 im Verlaufe der Jahre gefangene Tiere lassen nach der Datierung der Fänge aus Barberfallen und Einzelfunden im Gelände eine Häufung im V/VI erkennen (18 Einzelfunde, 16 Exemplare aus Barberfallen). Zeitige und späte Aktivität im IV bzw. X ist durch Einzeltiere in Barberfallen belegt, die auf Imaginalüberwinterung weisen. Insgesamt entsteht der Eindruck, als ob die Art im UG univoltin sei und ihre Fortpflanzungsperiode im V/VI habe, doch ist dieser Schluß auf Grund der geringen Individuenzahl mit Vorbehalt zu betrachten. Der jeweils verwirklichte Typ des Generationszyklus ist in erster Linie temperaturabhängig, wie verschiedene Untersuchungen zeigen (DINGLER 1925, EIDMANN 1964).

Offensichtlich ergibt sich die Trennung von dem verwandten *H. pinastri* auch hinsichtlich der Ökologie, wobei unterschiedliche Temperaturansprüche die ausschlaggebende Rolle spielen dürften (s. hierzu auch unter Kapitel IV.3. „Zur Autökologie ausgewählter Arten").

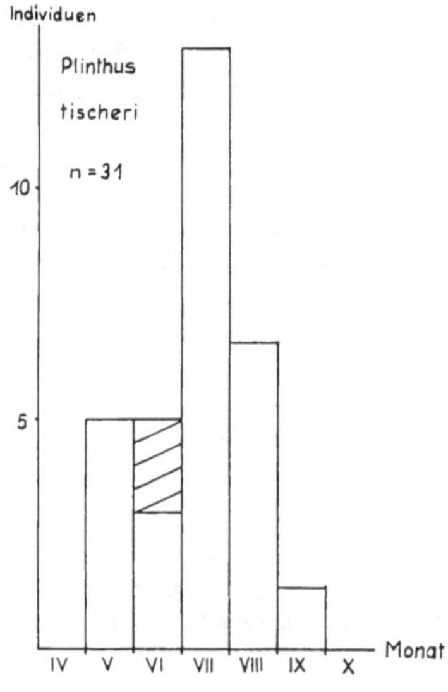

Diagramm 21. Phänologie von *Plinthus tischeri*. n = Individuenzahl, Erklärung der Schraffur der Säulen s. Diagramm 5.

Hylobius pinastri: ÜT/GZ: —.

Die wenigen (9) Exemplare wurden vorwiegend in Barberfallen von V bis VII gefangen (7 Ex.), 2 Ex. im V und IX gekäschert. Im Material der Arbeit von FEILER (1970) befanden sich 11 Tiere aus der westelbischen Sächsischen Schweiz aus Barberfallen, die ebenfalls von V bis VII gefangen worden waren.

Liparus germanus: ÜT/GZ: L 2jährig.

Formel nach Tab. 2. Das Auftreten der Käfer der Population im Gebiet des Großen Zschandes (UF 17, 18) jeweils in den Jahren 1970, 1972 und 1974 (sowie deren Fehlen 1971 und 1973) bestätigt die 2jährige Entwicklungsdauer der Art auch für das UG. Von insgesamt 29 Tieren wurde eines bereits M IV, weitere 23 von A V bis E VI gefangen. Je 2 stammen aus dem VII und VIII. Da die Standorte außerordentlich kühl sind und im Frühjahr die Sonne dort nur sehr kurz und flachwinklig einstrahlt, also kaum zu erwarten ist, daß innerhalb kurzer Zeit eine Entwicklung von der überwinternden Larve bis zur Imago stattfindet, ist auch Pupal-, vielleicht gar Imaginalüberwinterung (Käfer in der Puppenwiege) in Betracht zu ziehen.

Leiosoma deflexum: ÜT/GZ: —.

11 Exemplare sind nach ihren Fangdaten ziemlich gleichmäßig verteilt: E III 3 Ex. (gesiebt), M IV 1 Ex. (gesiebt), M V 2 Ex. (gesiebt), E V 1 Ex. (gekäschert), A–E VI 1 Ex. (Barberfalle), A und M VII je 1 Ex. (gekäschert), A IX 1 Ex. (gekäschert). Die drei E III gesiebten Stücke stammen aus dem sehr warmen Frühjahr 1974, so daß mir der Rückschluß auf Imaginalüberwinterung nicht ohne weiteres gerechtfertigt erscheint.

Plinthus tischeri: ÜT/GZ: I (s. Tab. 2) –.

Von dieser Art konnten im Verlaufe der Jahre 34 Tiere eingetragen werden, davon sind 31 in Diagramm 21 ausgewertet. Es weist für *P. tischeri* ein eindeutiges Maximum im VII auf. Es scheint so, als ob die Phänologie der Art, die vorwiegend nasse Wiesen und Schluchtstandorte besiedelt, zeitlich stark variiere, so daß neben Imaginal- auch Larvalüberwinterung stattfinden könne. MÄRKEL (1857) berichtet, daß die Larve im September gefunden worden sei.

Alophus triguttatus: ÜT/GZ: ——.

5 Tiere stammen von folgenden Monaten: E III 1 Ex. (gesiebt), M V–A VI 3 Ex. (aus Barberfallen), A VII 1 Ex. (gekäschert). Das gesiebte Exemplar von E III weist auf Imaginalüberwinterung.

Hypera zoilus: ÜT/GZ: E/L/I, Kühl- und Warmbrütergeneration.

Formel nach Tab. 2. Nur 18 Tiere wurden eingetragen, die sich ziemlich gleichmäßig verteilen: III 1 Ex. (aus Barberfalle), IV 2 Ex. (aus Barberfalle), V 2 Ex. (aus Barberfalle), VI 1 gekäschertes Ex., VII 2 gekäscherte Ex., IX und XI je 5 gekäscherte Ex. Imaginalüberwinterung kann durch die frühen und späten Daten als sicher gelten.

Die Art überwintert im Entwicklungsbiotop, wie aus den Angaben von SCHNELL (1955) hervorgeht. Nach STEIN (1971) ist *H. zoilus* eine Art mit Ausbreitungsphase im Herbst. GEILER (1967) fand auf nordwestsächsischen Luzernefeldern eine schwache Häufung im Hochsommer bis Herbst.

Hypera nigrirostris: ÜT/GZ: I ? 2 Generationen/uni.

Formel nach Tab. 2. Insgesamt 13 Exemplare wurden eingetragen: IV 3 Ex. aus Barberfallen, 2 gekäscherte Ex.; V 1 Ex. aus Barberfalle; VI 5 gekäscherte Ex.; X und XI je 1 gesiebtes Ex. (die beiden letzteren verweisen auf Imaginalüberwinterung).

Nach STEIN (1971) zeigen Teile der Populationen von *H. nigrirostris* Wanderverhalten. Tatsächlich wurden im UG 5 der 13 Tiere auf Standorten mit Wald und Schonung gefangen, nur 6 stammen von einem Wiesenstandort (UF 24 und Umgebung), 2 von einer Wegrandzone (UF 7). Bereits SCHNELL (1955) vermerkt Biotopwechsel durch Flug bei *H. nigrirostris*, in den Untersuchungen RENKENs (1956) im gleichen Gebiet (Schleswig-Holstein) wird die Art auch aus verschiedenen Überwinterungsbiotopen genannt.

Hypera arator: ÜT/GZ: I uni.

Formel nach Tab. 2. 9 Exemplare sind wie folgt verteilt: IV 1 Ex., V 1 Ex., VI 2 Ex., VII 1 Ex., VIII 1 Ex., alle gekäschert; X 1 Ex., XI 2 Ex., alle gesiebt (Hinweis auf Imaginalüberwinterung). 2 der 9 Tiere stammen aus einem Erlengehölz bzw. einer Kiefernschonung, 6 von Wiesen, 1 von einer Wegrandzone im Melico-Fagetum (UF 2). Vielleicht ist auch das ein Hinweis auf Wanderverhalten von Populationsteilen. Auch RENKEN (1956) wies *H. arator* als Überwinterer in Außensäumen trockener Wälder auf leichten Böden in Schleswig-Holstein nach. Ein Maximum im V läßt sich aus den Angaben von ECKSTEIN und BUTOWITSCH (1931) ableiten, die von 61 auf einem Kiefernkahlschlag nachgewiesenen Tieren 47 im V fingen.

Hypera plantaginis: ÜT/GZ: ——.

Nur 3 Tiere wurden am 8. VIII., 25. VIII. und 13. XI. 1974 gekäschert, letzteres Stück weist auf Imaginalüberwinterung.

Hypera viciae: ÜT/GZ: ——.

2 Tiere wurden am 5. VI. und 3. VII. 1974 gekäschert.

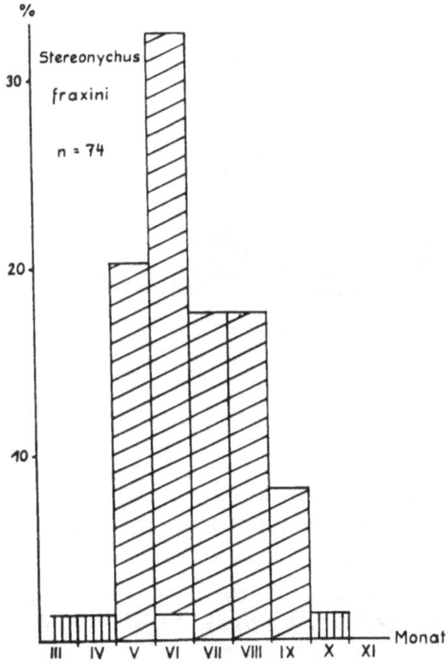

Diagramm 22. Phänologie von *Stereonychus fraxini*. n = Individuenzahl, Erklärung der Schraffur der Säulen s. Diagramm 5.

RHYNCHOPHORINAE

Stereonychus fraxini: ÜT/GZ: ?I uni (s. Tab. 2).

Diagramm 22 hat die Daten von 74 Tieren zur Grundlage. Imaginalüberwinterung wird durch Gesiebefunde E III/A IV (je 1 Ex.) und E X (1 Ex.) wahrscheinlich. Im VI deutet sich ein Maximum an, doch läßt sich mit dem vorliegenden Material nicht auf das Auftreten überwinterter Tiere einerseits und einer neuen Generation andererseits schließen.

CRYPTORHYNCHINAE

Acalles pyrenaeus: ÜT/GZ: – –.

Nur 3 Tiere wurden in Barberfallen gefangen: 19. V.–2. VI. 1973, 16. VII.–19. VIII. 1972, 9.–16. IX. 1970.

Acalles camelus: ÜT/GZ: I –.

Barberfallenfänge im V und VII/VIII (s. Diagramm 23) deuten eine Phänologie mit 2 Aktivitätsmaxima, 1 gesiebtes Stück A XI Imaginalüberwinterung an. Interessant ist ein Vergleich mit den Daten von 24 Stücken, die MEYER (1958) auf dem Tübinger Spitzberg aus der Streu siebte: 8. XII. 1953 4 Ex., 28. IV. 1954 1 Ex., 2. VI. 3 Ex., 13. VII. 2 Ex., 13. VIII. 12 Ex., 15. IX. 1 Ex. und 25. X. 1954 1 Ex. Imaginalüberwinterung ist also sicher.

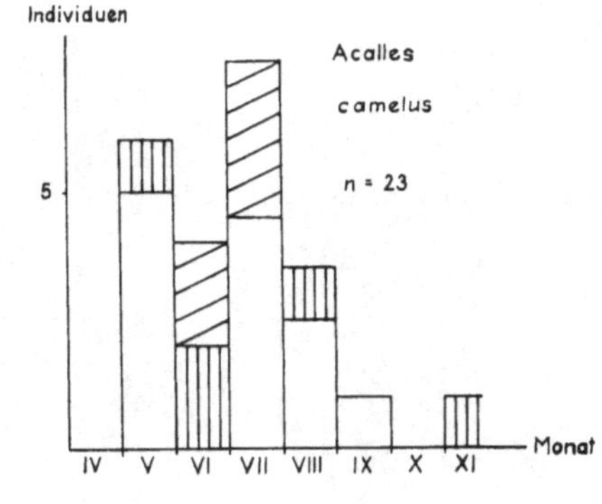

Diagramm 23. Phänologie von *Acalles camelus*. n = Individuenzahl, Erklärung der Schraffur der Säulen s. Diagramm 5.

Acalles echinatus: ÜT/GZ: ?I –.

12 Tiere verteilen sich nach ihren Daten wie folgt: E III 2 Ex. (gesiebt), IV 1 Ex. (aus Barberfalle), V 2 Ex. (aus Barberfalle), VI 3 Ex. (gesiebt) und 1 Ex. (aus Barberfalle), VII und VIII je 1 Ex. (aus Barberfalle). Imaginalüberwinterung ist anzunehmen.

5 Stücke aus dem Material der Arbeit von FEILER (1970) aus Barberfallenfängen 1966 haben folgende Daten: 9.–16. V. (1), 16.–24. V. (1), 24. V.–6. VI. (1), 6.–16. VI. (1), 16.–27. VI. (1). Wahrscheinlich hat die Art in den Monaten V/VI ein Maximum.

Echinodera hypocrita: ÜT/GZ: ?I –.

Barberfallenfänge (5 Ex.) erstrecken sich von V–VIII (4 Ex.); Käscher- und Einzelfänge (4 Ex.) im VII und VIII; Gesiebefänge E III (1 Ex.), VI (2 Ex.) und E X (1 Ex.), womit Imaginalüberwinterung wahrscheinlich wird.

CEUTORHYNCHINAE

Rhinoncus pericarpius: ÜT/GZ: I uni.

Formel nach Tab. 2. 90 Tiere standen zur Auswertung zur Verfügung. Die Daten ergaben ein klares Maximum im V/VI (insgesamt 72 Ex.), 4 E III gefangene Exemplare zeigen Imaginalüberwinterung an.

Rhinoncus henningsi: ÜT/GZ: I uni.

Formel nach Tab. 2. Von A IV bis M IX wurden 12 Tiere gefangen, davon 1 E VI gesiebt, alle anderen gekäschert. Die zeitliche Verteilung ist gleichmäßig.

Rutidosoma fallax: ÜT/GZ: I uni.

Formel nach Tab. 2. 10 E III gefangene (davon 9 gesiebte) und 4 A XI gesiebte Exemplare von insgesamt 36 Ex. belegen Imaginalüberwinterung. Die restlichen 22 Tiere verteilen sich auf IV (1), V (2), VI (11), VIII (7) und IX (1), davon 1 Ex. aus Barberfalle, weitere 9 Ex. gesiebt, 12 gekäschert. In Gefangenschaft hatten am 28. III. 1974 eingetragene Tiere wahrscheinlich A–M IV Eier abgelegt, denn bei einer Kontrolle am 23. IV. 1974 wurden in der bereitgestellten Oxalis-Pflanze Larven verschiedenen Alters gefunden.

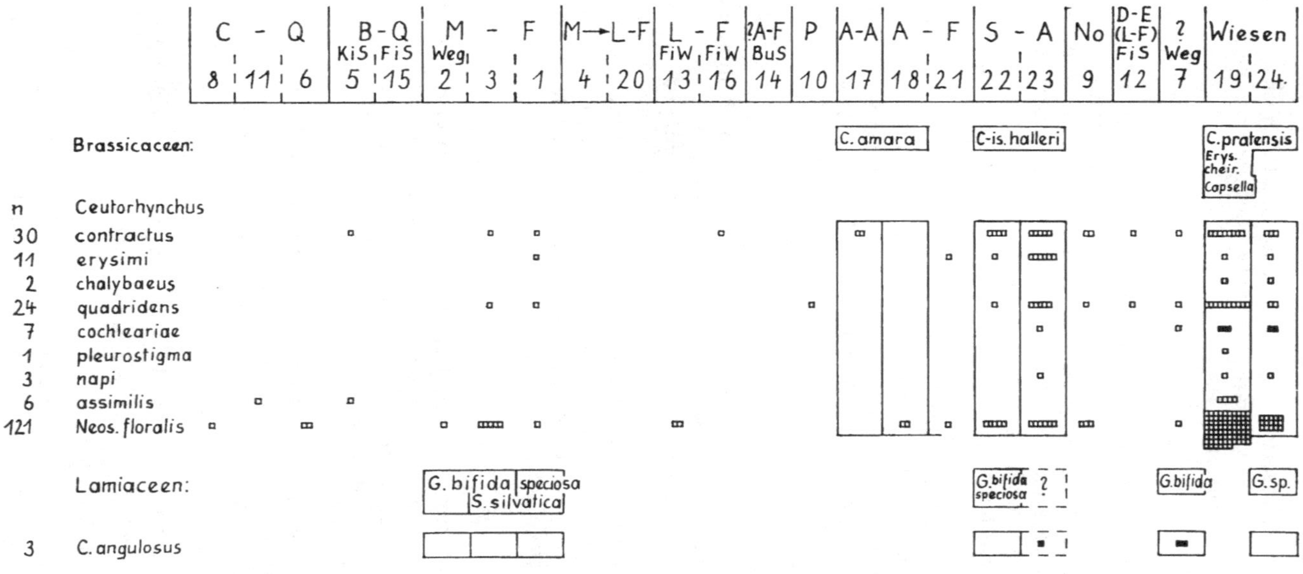

Diagramm 24. Verbreitung von *Neosirocalus floralis* und den *Ceutorhynchus*-Arten über die einzelnen UF. Umrahmte UF sind solche mit Brassicaceen- bzw. Lamiaceen-Vorkommen. 1 umrahmtes Feldchen = 1 Exemplar der betreffenden Curculioniden-Art (schwarz: Art wird auf der UF als indigen angesehen, weiß: Art gilt auf der UF als biotopfremd). C = Cardamine, C-is = Cardaminopsis, Erys. cheir. = Erysimum cheiranthoides, G = Galeopsis, S = Stachys, sp. =species. Erklärung der anderen Abkürzungen s. Diagramm 4.

Coeliodes rubicundus: ÜT/GZ: I uni.

Deutlich sind bei 15 eingetragenen Tieren überwinterte und neue Generation zu trennen: 3 gesiebte Stücke A I und E III sowie 5 gekäscherte im IV/V gehören zur überwinterten, 6 A VIII gekäscherte zur neuen Generation.

Ceutorhynchus-Arten:

Die geringen Stückzahlen bei den an sich weitverbreiteten Arten zeigen allein schon an, daß sie im UG kaum als indigene Arten, sondern als Einflieger anzusehen sind. Eine weitere Unterstützung erfährt diese Deutung, wenn die Verteilung der Funde betrachtet wird (Diagramm 24). Die Tiere wurden meist einzeln an den unterschiedlichsten Orten gefangen, dabei auch auf Wald- und Schonungsflächen, wo keinerlei Cruciferen standen oder wo – bei Anwesenheit von Cruciferen – anzunehmen war, daß die herrschenden Geländeklimate keine Entwicklung der Arten zuließen (z. B. im Schluchtwald). Auf Wiesen und ihnen ähnlichen Flächen war durch geringen Cruciferenanteil oder gar deren Fehlen auch keine Häufung von *Ceutorhynchus*-Arten zu erwarten. Deshalb kann angenommen werden, daß die gefangenen Arten Schwärmverhalten haben, ohne daß im einzelnen sicher entschieden werden kann, ob es sich um eine Wander- oder Ausbreitungsphase im Sinne STEINs (1971) handelt und ob eine solche Einteilung hier überhaupt möglich ist. Eine zeitliche Festlegung der Schwärmperiode kann hier nicht erfolgen, denn diese muß nicht mit den Fangdaten identisch sein.

Diese Einschätzung (Einflieger, Schwärmphase) besteht zu Recht, denn biotoptreue Wiesenarten wurden, selbst wenn sie in großer Zahl gefangen wurden (z. B. *Apion virens*), nur in verschwindend geringer Zahl an anderen Standorten angetroffen. Auch die in größerer Zahl vorliegende, in das Diagramm 24 eingearbeitete Art *Neosirocalus floralis* macht hiervon trotz 44,7 % auf Wiesen u. a. gefangener Tiere keine Ausnahme, denn ein beträchtlicher Teil davon ist (s. Kapitel „Autökologie", Nr. 38) ebenfalls durch Anflug nach Umbruch und Neuansaat eines mit Cruciferenunkräutern durchsetzten Klee-Gras-Gemisches auf einem Teil der UF 19 bedingt.

Ceutorhynchus contractus: ÜT/GZ: I uni.

Formel nach Tab. 2. Von 23 Tieren wurden 2 E III gesiebt, 1 A IV gekäschert; von E III bis VI insgesamt 16 Ex. gefangen (überwinterte Generationen), aus dem VII stammt kein einziges Stück, von VIII bis X 8 Tiere (neue Generation).

Ceutorhynchus erysimi: ÜT/GZ: I uni.

Formel nach Tab. 2. Von 21 Exemplaren wurden 13 von A IV bis A VI gekäschert (überwinterte Generation), aus dem VII stammt kein Exemplar, von VIII bis A XI 8 Tiere, wobei 1 E X gesiebtes, 1 A XI gekäschertes Ex. auf Imaginalüberwinterung weisen.

Ceutorhynchus chalybaeus: ÜT/GZ: I uni.

Formel nach Tab. 2. 1 E III gesiebtes Tier und 1 im III in einer Barberfalle gefangenes zeigen Imaginalüberwinterung an.

Ceutorhynchus quadridens: ÜT/GZ: I uni.

Formel nach Tab. 2. 32 Tiere wurden eingetragen, deren Daten auf Frühjahrs-Frühsommer-Maximum (V/VI 16 Ex.) und ein Hochsommer-Maximum deuten (VIII 11 Ex.). Das erste Stück wurde A IV gekäschert, aus den Monaten IX, X und XI liegt keines vor.

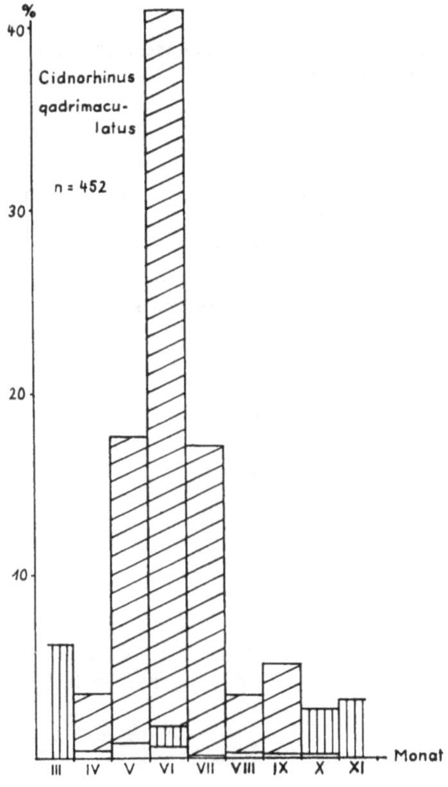

Diagramm 25. Phänologie von *Cidnorhinus quadrimaculatus*. n = Individuenzahl, Erklärung der Schraffur der Säulen s. Diagramm 5.

Ceutorhynchus cochleariae: ÜT/GZ: I uni.

Formel nach Tab. 2. 13 Tiere wurden von E IV bis A VII gefangen, die meisten im VI (7).

Ceutorhynchus napi: ÜT/GZ: I uni.

Formel nach Tab. 2. 2 Exemplare wurden A und M IV, 1 A VI gekäschert, ein viertes stammt aus einer Barberfalle M IV–M V.

Ceutorhynchus assimilis: ÜT/GZ: I uni.

Formel nach Tab. 2. 9 Tiere wurden von A V bis M VIII gekäschert.

Ceutorhynchus angulosus: ÜT/GZ: I uni.

Formel nach Tab. 2. 9 Exemplare wurden im VI gefangen, je 1 im VII, VIII und A IX.

Neosirocalus floralis: ÜT/GZ: I uni.

Formel nach Tab. 2. 136 Tiere wurden gefangen, doch ist das normale phänologische Bild aus der Verteilung der Fangdaten nicht abzuleiten, da ein Großteil der Tiere einer Neubesiedlungswelle auf einem gepflügten, neubesäten Wiesenteil (UF 19) zuzurechnen ist. Die ersten Käscherfänge liegen E IV/A V, die letzten A XI, die Gesiebefänge A IV und M X.

Ceutorhynchidius troglodytes: ÜT/GZ: I uni.

Formel nach Tab. 2. A IV wurde das erste Tier gekäschert, weitere gekäscherte Exemplare liegen von E IV (1), E V (4), VI (3), VII (1), VIII (1) vor. 1 frisches, M X gesiebtes Tier zeigt Imaginalüberwinterung an.

Cidnorhinus quadrimaculatus: ÜT/GZ: (L?)/I uni.

Formel nach Tab. 2. Das Diagramm 25, zusammengestellt aus den Daten von 452 Tieren, läßt ein klares Maximum im VI erkennen. Überwinternde Tiere sind durch Gesiebefänge E III und M X/A XI belegt. Die Barberfallenfänge sind sehr gering und kommen wahrscheinlich nur zustande, wenn die Käfer im Frühjahr bzw. nach dem Schlüpfen den Boden verlassen und in die Krautschicht emporsteigen, deren ständige Bewohner sie offenbar sind.

MECININAE

Gymnaetron labile: ÜT/GZ: – –.

Nur 3 Stücke wurden gekäschert: 30. V. und 20. VI. 1972, 19. IX. 1973.

Gymnaetron pascuorum: ÜT/GZ: – –.

Nur 1 Tier wurde am 12. VIII. 1973 gekäschert.

Gymnaetron melanarium: ÜT/GZ: I (s. Tab. 2) –.

Die 11 gefangenen Tiere verteilen sich nach ihren Daten wie folgt: E III 1 Ex. (gesiebt; ob überwintert, ist fraglich, da aus dem warmen Frühjahr 1974), VI 7 Ex. (gekäschert), VII 2 Ex. (gekäschert), VIII 1 Ex. (gekäschert).

Miarus campanulare: ÜT/GZ: – uni (s. Tab. 2).

Die Art zeigt im VI ein Maximum. Die insgesamt 68 Tiere wurden wie folgt gefangen: V 1 Ex. aus Barberfalle und 9 Ex. – wie alle folgenden – gekäschert, VI 29 Ex., VII 14 Ex., VIII 15 Ex. Da Fänge von III, IV, IX, X und XI fehlen, ist anzunehmen, daß *M. campanulae* im präimaginalen Zustand überwintert.

ANOPLINAE

Anoplus plantaris: ÜT/GZ: – uni (s. Tab. 2).

Alle 14 Tiere wurden gekäschert: A IV 1 Ex., V 4 Ex., VI 3 Ex., VII 2 Ex., VIII 4 Ex.

Anoplus roboris: ÜT/GZ: I uni.

Formel nach Tab. 2. 21 Exemplare wurden gekäschert, 1 gesiebt: E IV 1 Ex., V 15 Ex., VI 5 Ex. (davon 1 E VI gesiebt), VIII 1 Ex.

RHYNCHAENINAE

Rhynchaenus fagi: ÜT/GZ: I uni.

Formel nach Tab. 2. Insgesamt wurden nur 13 Tiere gekäschert: E IV 1 Ex., VI 4 Ex., VII 5 Ex., VIII 1 Ex., IX 2 Ex.

Rhynchaenus rusci: ÜT/GZ: – bi möglich (s. Tab. 2).

Formel nach Tab. 2. Die Fangmonate der 7 gekäscherten Stücke sind VI (2), VII (2) und VIII (3).

Rhynchaenus salicis: ÜT/GZ: – –.

25 Exemplare wurden in den Monaten V (10), VI (4), VII (4) und VIII (7) gekäschert.

Rhynchaenus stigma: ÜT/GZ: – uni (s. Tab. 2).

53 Tiere wurden gekäschert: V 8 Ex., VI 15 Ex., VII 7 Ex., VIII 22 Ex. sowie nur noch 1 Ex. von A IX. 1 Ex. wurde M X gesiebt (Hinweis auf Imaginalüberwinterung).

Rhamphus pulicarius: ÜT/GZ: L uni.

Formel nach Tab. 2. Nur 1 Ex. wurde am 4. VIII. 1973 gekäschert.

5. Synökologischer Vergleich der UF

a. Zur Methodik der Auswertung

Zunächst soll das Artenspektrum der einzelnen UF dargestellt werden, wobei versucht wird, zwischen biotopeigenen und biotopfremden Arten zu unterscheiden – ein Bemühen, das, wie sich im folgenden zeigen wird, eine unabdingbare Voraussetzung für einen sinnvollen Vergleich eines Mosaiks so unterschiedlicher Geobiozönosen nach ihrer Curculionidenfauna ist. Die strenge Trennung von biotopfremden und biotopeigenen Arten ist eine schwierige Aufgabe. Jede Art muß an jedem Standort gesondert beurteilt werden. Für die im autökologischen Teil näher besprochenen Arten ist die Einteilung oft möglich, doch treten auch Grenzfälle auf, deren Einstufungen mit starken subjektiven Mängeln behaftet sein können. Erst recht gilt das für die restlichen Arten, die auf Grund zu geringen Materials und/oder nicht deutbarer Verbreitung von einer näheren Beurteilung ausgeschlossen wurden. Die Fehlerquelle für die letzteren ist noch größer. Dennoch gibt es Möglichkeiten, die eine mittelbare Kontrolle der Einstufungen gestatten und deren Richtigkeit wahrscheinlich machen.

Erstens dienen bestimmte Gesichtspunkte als Grundlage der Einstufung:
a) bei häufigen Arten das ökologische Verbreitungsmuster im UG,
b) Vorhandensein oder Fehlen der Wirtspflanzen auf der UF,
c) Makropterie (und wenn nachgewiesen, Flugvermögen) oder Brachypterie (-Apterie) der betreffenden Arten unter Berücksichtigung der benachbarten Standorte,
d) Beständigkeit des Vorkommens im Verlaufe der Fangjahre unter Berücksichtigung der Individuenzahl der Art auf der UF gegenüber der Gesamtindividuenzahl der Art auf allen UF,
e) Vergleich mit den Befunden anderer Autoren über die Verbreitung, die Biologie und die Autökologie der Art einschließlich der – leider kaum vorhandenen – experimentellen Ergebnisse.

Zweitens sind die bei den mit verschiedenen Methoden des Standortsvergleichs erhaltenen Ergebnisse (s. Diagramme 26–28) und deren Übereinstimmungen oder Unterschiede eine mittelbare, rückwirkende Kontrolle für die vorgenommenen Einschätzungen.

Im autökologischen Teil war zumindest bei einem Teil der Arten auf Grund ihrer Verbreitung über die einzelnen UF die Frage nach Biotopbindung oder -bevorzugung zu klären, wobei versucht wurde, die eigenen Befunde mit den Angaben in der Literatur zu vergleichen. Die hierbei gewonnenen Erkenntnisse lassen sich nun wiederum anwenden,

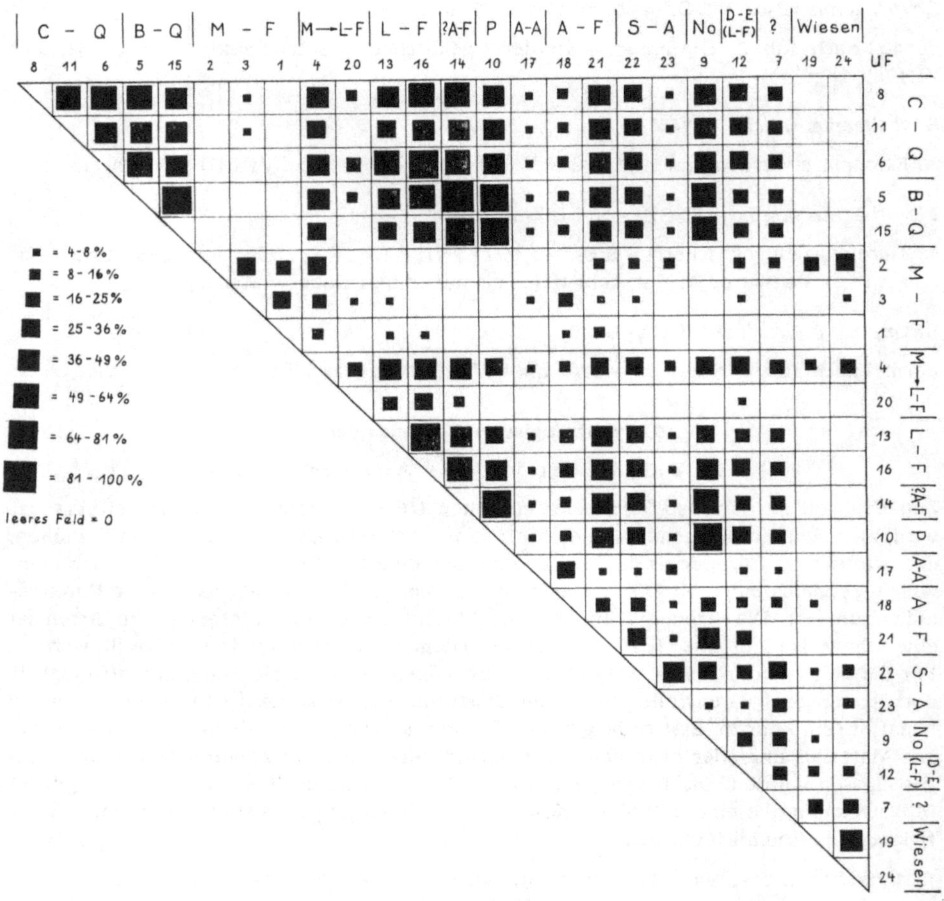

Diagramm 26. Vergleich der Curculionidenfaunen der UF mittels der Werte der Dominantenidentität nach RENKONEN.
A-A = Arunco-Aceretum, A-F = Acero-Fraxinetum, ?A-F = ?Abieti-Fagetum, B-Q = Betulo-Quercetum, C-Q = Calluno-Quercetum, D-E (L-F) = Digitali-Epilobietum mit Relikten des Luzulo-Fagetums, L-F = Luzulo-Fagetum, M-F = Melico-Fagetum M→L-F = Übergang vom Melico- zum Luzulo-Fagetum, No = oligotropher Naßstandort, P = Piceetum hercynicum (fragmentarisch), S-A = Stellario-Alnetum, ? = pflanzensoziologische Stellung unklar.
BuS = Buchenschonung, FiS = Fichtenschonung, FiW = Fichtenwald, KiS = Kiefernschonung, Weg = Wegrandzone.

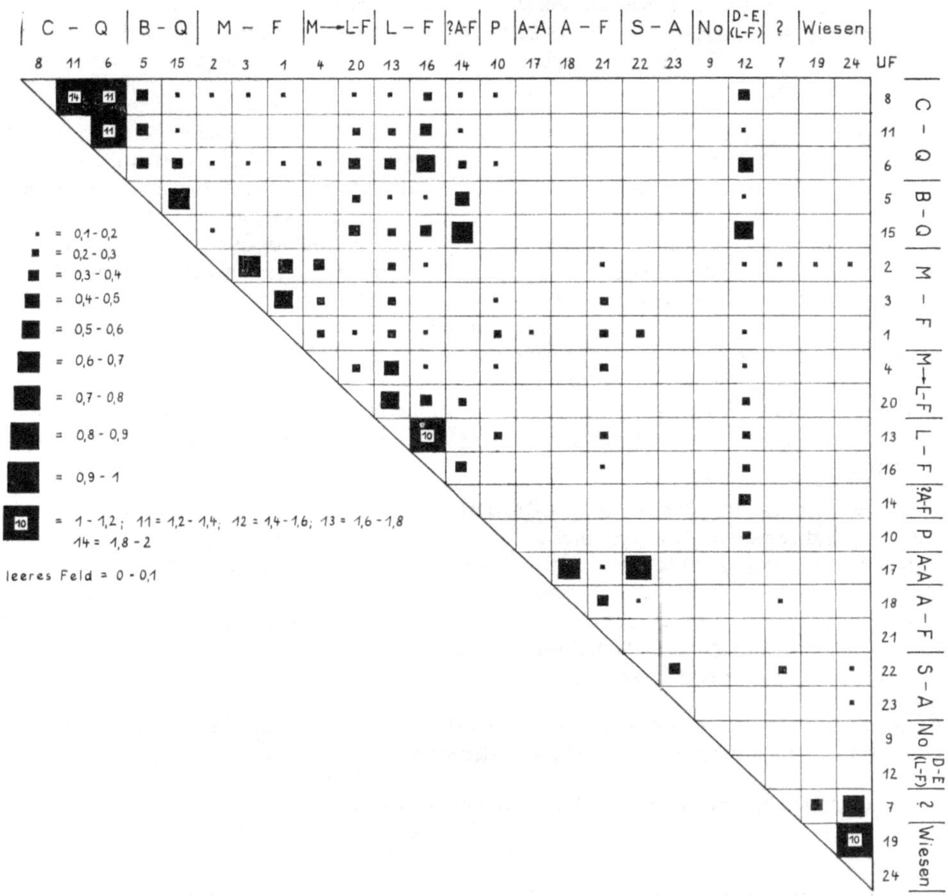

Diagramm 27. Vergleich der Curculionidenfaunen der UF mittels der JACCARDschen Werte der Artenidentität nach den auf den UF für indigen angesehenen Curculioniden-Arten. – Erläuterung der Abkürzungen s. Diagramm 26.

um 1. auch im Gesamtartenspektrum der Curculioniden der einzelnen UF einerseits und der ökologischen, hier auf abiotischen Faktoren und der Vegetation beruhenden Charakterisierung der einzelnen UF Übereinstimmung bzw. Unterschiede und deren mögliche Ursachen zu ermitteln und zu erwägen, woraus sich künftig einmal die Möglichkeit ableiten lassen müßte, aus der bloßen Kenntnis der Curculionidenfauna einer Geobiozönose deren ökologische Charakterisierung vorzunehmen, und 2., um die einzelnen UF miteinander zu vergleichen, ihre ökologische Ähnlichkeit oder Verschiedenheit darzustellen. Zur Darstellung der zweiten Beziehungen ist das RENKONEN-Gitter wegen seiner Übersichtlichkeit gut geeignet.

Oft werden zum synökologischen Vergleich verschiedener UF die RENKONEN-Werte (Dominantenidentität) und/oder die JACCARDschen Zahlen (Artenidentität) benutzt. Auch im vorliegenden Falle wurden zunächst die RENKONEN-Werte ermittelt und dargestellt (s. Diagramm 26).

Alle subdominanten und dominanten Arten von 4 % bis – im theoretischen Extremfalle – 100 % wurden zur Berechnung dieser Werte herangezogen. Ein Blick auf dieses Diagramm zeigt, wie unbefriedigend dieser Vergleich ausfällt. Calluno- und Betulo-Quercetum, Luzulo-Fagetum und ein fragliches Abieti-Fagetum, Piceetum hercynicum, bis zu einem gewissen Grade Acero-Fraxinetum und Stellario-Alnetum und sogar ein torfmoosreicher, oligotropher Naßstandort heben sich als einander ähnliche Bereiche heraus, obwohl sie teilweise äußerst unterschiedlich sind. Dieses Ergebnis wird erklärlich, wenn die in Kapitel IV.3 (unter Nr. 8) und IV.4 erläuterte Autökologie und Phänologie von *Phyllobius arborator* in Betracht gezogen wird, der wesentlich am Zustandekommen der RENKONEN-Werte der genannten Bereiche beteiligt ist. Diese Art muß auf einem Teil der UF als biotopfremd angesehen werden, und die Ähnlichkeit innerhalb so unterschiedlicher Bereiche kommt im wesentlichen durch diese oft biotopfremde, hochgradig dominante Art zustande.

So wurden als weiterer Schritt die JACCARDschen Zahlen (Artenidentität) auf der Grundlage aller Indigenae der UF errechnet (s. Diagramm 27). Hier verzerrt aber die rein qualitative Betrachtung das Bild wiederum erheblich. UF 17 (Arunco-Aceretum) und 22 (Stellario-Alnetum) haben hiernach z. B. größere Ähnlichkeit als etwa die Standorte des Melico-Fagetums (UF 1, 2, 3) untereinander, und der im Bereich des Betulo- und Calluno-Quercetums indigen auftretende *Phyllobius arborator*, der die Dominanzverhältnisse beider Bereiche wesentlich prägt, erscheint hier unterbewertet.

Es blieb daher noch ein weiterer, letzter Schritt: Die Vereinigung des qualitativen und quantitativen Elements a l l e r Indigenae der jeweils zu vergleichenden UF.

Die JACCARDsche Zahl wurde nach folgender Formel errechnet:

$$A_I = \frac{A_g}{A_1 + A_2}$$

A_I ist die Artenidentität, A_g die Anzahl der den zwei verglichenen Standorten gemeinsamen indigenen Arten, A_1 bzw. A_2 sind die Zahlen der jeweils nur auf der 1. bzw. 2. UF vorhandenen indigenen Arten. Der RENKONEN-Wert ($= D_I$) für alle Indigenae (auch die Rezedenten) wurde in der üblichen Weise (RENKONEN 1938, BALOGH 1958) ermittelt, doch wurden die Prozentzahlen verwertet, wie sie sich aus der Gleichsetzung der Individuenzahlen der Indigenae u n d biotopfremden Arten mit 100 % ergaben, um den Einfluß der Biotopfremden sichtbar zu lassen (in der Kopfleiste von Diagramm 28 eingezeichnet).

Nun wurden nur noch D_I und A_I multipliziert:

$$B_I = D_I \cdot A_I$$

B_I ist der Wert der biozönologischen Ähnlichkeit (oder Identität). Damit gelangt in etwas veränderter Weise der WAINSTEIN-Index (WAINSTEIN 1967, ČERNOV 1971) zur Anwendung.

Es bleibt zu überlegen, ob dieser Index, beim Vergleich zweier UF auf die Biotopfremden angewandt, als Kennwert für die Gleichartigkeit oder Verschiedenheit der Beeinflussung durch fremde Elemente dienen kann.

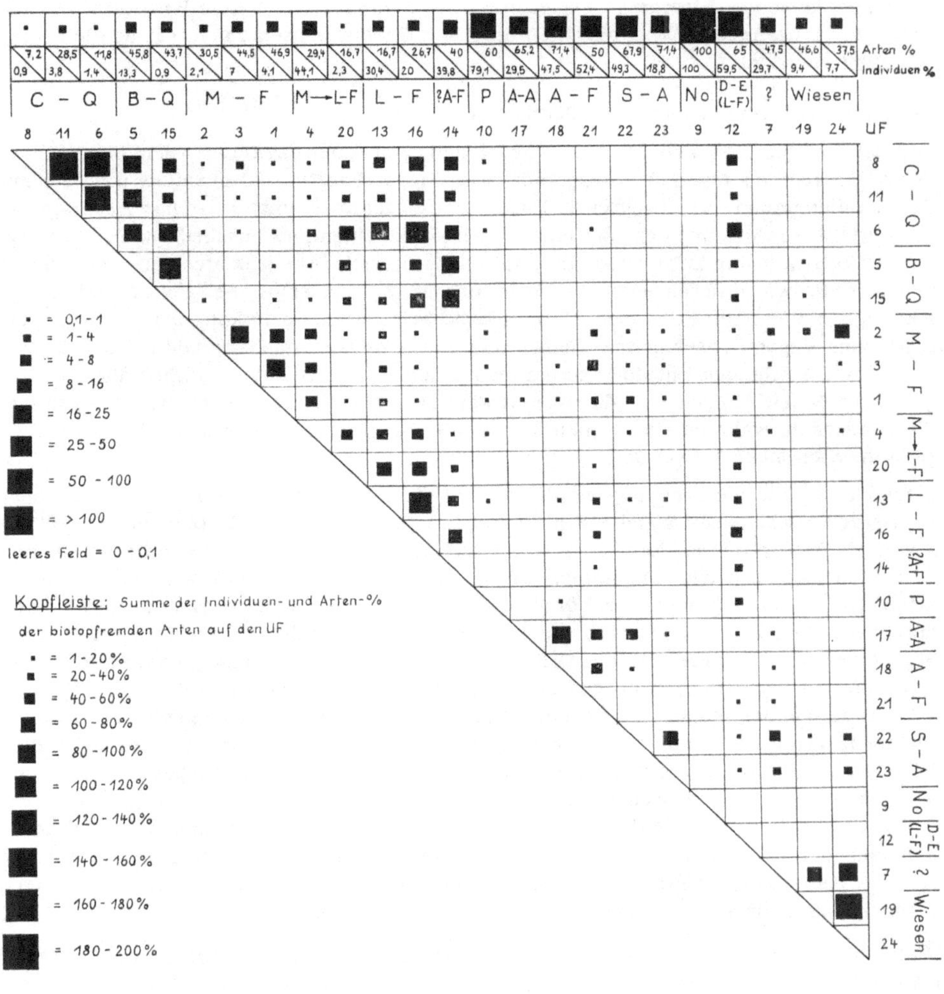

Diagramm 28. Vergleich der Curculionidenfaunen der UF mittels der WAINSTEIN-Indizes der biozönologischen Ähnlichkeit nach den auf den UF für indigen angesehenen Curculionidenarten. In der Kopfleiste ist der Anteil biotopfremder Arten nach Arten- und Individuenprozenten sowie durch Summierung beider Werte festgehalten. Erläuterung der Abkürzungen s. Diagramm 26.

Das Ergebnis dieses Versuchs entspricht noch am ehesten den sowohl physiognomisch als auch an der Curculionidenfauna wahrnehmbaren Übereinstimmungen und Unterschieden der UF (s. Diagramm 28).

Der hohe Arbeitsaufwand wird durch das wirklichkeitsgetreuere Ergebnis gerechtfertigt. Die biotopfremden Arten können, nach Arten- und Individuenprozenten unterteilt, in einer Randleiste des Diagramms eingezeichnet werden und zeigen dem Betrachter gleichzeitig, wie stark oder schwach die entsprechenden Geobiozönosen durch fremde Elemente beeinflußt werden.

Es lassen sich zusammengehörige Bereiche unterscheiden:

Das Calluno-Quercetum hebt sich deutlich ab und zeigt Ähnlichkeiten mit dem Bereich des Betulo-Quercetums und Luzulo-Fagetums. Das Melico-Fagetum ist ebenfalls nach seiner Curculionidenfauna gut abgegrenzt. Das Luzulo-Fagetum konnte in reiner Ausprägung nicht erfaßt werden, läßt sich aber noch als Ähnlichkeitskomplex ausgliedern. Der Bereich der Schluchtwaldstandorte weist gleichfalls in sich viele Ähnlichkeiten auf, zeigt aber andererseits, wie differenziert er noch in sich ist, so daß selbst bei gleicher pflanzensoziologischer Einstufung zweier UF die Ähnlichkeit geringer sein kann als bei zwei verschiedenen Vegetationseinheiten. Genauere Untersuchungen sind hier wie bei der Erfassung des Bereichs des Luzulo-Fagetums wünschenswert. Als letzter, nicht näher untergliederter Bereich heben sich die Wiesen klar heraus und zeigen noch Beziehungen zu Wegrandzonen, während sie zu allen übrigen Flächen nur noch schwache oder gar keine Ähnlichkeiten mehr aufweisen.

Letztlich ist ohne die Trennung biotopfremder und biotopeigener Arten ein verläßlicher Vergleich verschiedener Standorte nicht möglich. Das Auftreten als Imagines euryöker Arten als biotopfremde dominante Arten auf anderen Standorten ist sicher auch ein Grund und zugleich eine Erklärung, warum durchaus nicht nur SCHWENKEs „Hauptarten" (= konstante Dominanten) ökologisch signifikant sind (oder eben auch nicht), sondern auch Rezedenten ohne rechte Erklärung zur ökologischen Charakterisierung von Standorten herangezogen werden: Die letzteren, meist stenöken Arten werden durch biotopfremde in den Hintergrund gedrängt; innerhalb der Indigenae würden sie hingegen sehr oft zu den dominanten oder subdominanten Formen zählen. Das Beispiel der bei den Indigenae arten- und individuenarmen Schluchtstandorte, an denen der biotopfremde *Phyllobius arborator* vorherrscht, zeigt das deutlich. Die Einbeziehung eines reichhaltigen Spektrums an Geobiozönosen erweist sich für die Ermittlung der Autökologie und den Vergleich der Standorte gleichermaßen nötig. Es ist daher auch nicht angängig, in jedem Falle bloße Häufigkeitswerte, wie bei den konstanten Dominanten, ohne genauere Kenntnis der Autökologie dieser Arten zur ökologischen Vergleichsbasis unterschiedlicher Standorte zu nehmen, wie das in der Synökologie noch oft geschieht.

Da bei der bloßen Verwendung und Gegenüberstellung der RENKONEN-Werte und JACCARDschen Zahlen (anstelle des WAINSTEINschen Index) methodisch bedingte Asymmetrien im RENKONEN-Gitter auftreten können, seien die wichtigsten Kombinationen der Übereinstimmung oder Verschiedenheit kurz erläutert:

	RENKONEN-Wert	JACCARDsche Zahl
1. Fall	hoch	niedrig
2. Fall	niedrig	hoch
3. Fall	niedrig	niedrig
4. Fall	hoch	hoch

Der 3. Fall weist auf geringe, der 4. Fall auf große ökologische Ähnlichkeit der verglichenen Standorte für die bearbeitete Organismengruppe. Der 1. Fall liefert 2 Deutungsmöglichkeiten:

a) Auf beiden Standorten dominiert eine (oder wenige) biotopfremde gemeinsame Art(en), die die Indigenae in den Hintergrund drängen. Letztere zeigen wenig Übereinstimmung – die Standorte sind ökologisch unterschiedlich.

b) Die gemeinsame(n) dominante(n) Art(en) ist (sind) auf einem der beiden Standorte biotopfremd, auf dem anderen indigen, die Indigenae dieses ersten Standortes sind wiederum zu den Rezedenten verwiesen und zeigen wenig Übereinstimmung zu denen des zweiten Standortes – auch hier sind die verglichenen Standorte also ökologisch unterschiedlich. Dieser Fall kann z. B. bei unmittelbarer Nachbarschaft der UF auftreten. Für die Fläche, auf der die dominante Art biotopfremd ist, ist oft Randlage (Nachbarschaft) nachzuweisen. a) wie b) zeigen an, daß zumindest eine der beiden verglichenen Flächen stark durch biotopfremde Elemente beeinflußt wird.

Der 2. Fall weist auf zwei ökologisch ähnliche Standorte für die untersuchte Gruppe. Auf ihnen können, z. B. durch Randlage (und damit Nachbarschaft zu anderen Flächen)
a) auf beiden Flächen verschiedenartige biotopfremde dominante Arten,
b) auf einer Fläche eine biotopfremde, auf der anderen Fläche eine indigene Art dominant sein. Diese zweite Fläche wird dann meist keine Randlage, sondern eine zentrale Lage inmitten eines größeren Bestandes haben, so daß der Einfluß durch biotopfremde Arten benachbarter, ökologisch verschiedener Standorte wegfällt, während der erstere Standort oft Randlage hat.

Nicht zuletzt können starke Asymmetrien auf falsche Einstufungen (biotopfremd – biotopeigen) zurückzuführen sein. Werden sie dieser ihrer Natur nach erkannt, ist ihr Wert um keinen Deut geringer einzuschätzen als der der richtigen, „positiven" Befunde. Sie sind als Ausdruck des Standes der Kenntnisse und als Anregung zu weiteren zielgerichteten Untersuchungen wertvoll.

Der vorgenommene Symmetrienvergleich läßt die Grenzen beider Methoden gut erkennen und führt letztlich zu ihrer Kombination bei den Indigenae nach Abtrennung der biotopfremden Arten.

Innerhalb des Artenspektrums e i n e s Standortes bietet das prozentuale Verhältnis von biotopeigenen zu biotopfremden Arten (nach Arten und Individuen) einen Hinweis auf die Beeinflussung durch das umliegende Gebiet:

1. Hoher Indigenae-, geringer Biotopfremden-Anteil: stabiles Ökosystem mit zentraler Lage innerhalb eines geschlossenen gleichartigen Bestandes oder – bei Randlage – von ausgeprägt extremem Charakter (z. B. Calluno-Quercetum auf Felsriffen und -kanten), der schwärmenden biotopfremden Arten den Aufenthalt in größerer Menge nicht gestattet.

2. Geringer Indigenae-, hoher Biotopfremden-Anteil:
a) Randlage eines stabilen Ökosystems zu andersartigen Systemen oder
b) instabiles Gefüge (Sukzessionsstadium), vor allem im Beginn (Pionierstadium, z. B. Schonungen, Agrozönosen).

b. Die Curculionidenfaunen der UF

Abkürzungen in den Besprechungen der einzelnen UF: b = brachypter (einschl. apter), m = makropter, F= Flug bei dieser Art beobachtet, I = Imaginal-, L = Larval-, P = Pupal-, E = Eiüberwinterung, uni = univoltin.
Bei der Einstufung der Arten in die Dominanzklassen wurde jeweils die G e s a m t z a h l der Individuen einer UF zugrundegelegt, d. h. bei den von 1972–1974 besammelten UF wurden die Jahresfänge zusammengefaßt und der Anteil der Arten daran errechnet.

UF 1: Großer Winterberg, W-Seite, Buchenwald

Diese UF ist durch gute Bodenfrische gekennzeichnet. Das drückt sich im floristischen Kontakt dieses Melico-Fagetums zu Fraxinetalia-Gesellschaften aus, unter den Curculioniden zeigt der monophag an Esche lebende *Stereonychus fraxini* diese Besonderheit an. Von den insgesamt 32 nachgewiesenen Arten sind 17 als biotopeigen (indigen) zu werten: *Acalles camelus* (b, I/–), *Apion pallipes* (m, I/uni), *Barynotus moerens* (b, ?I/–), *B. obscurus* (b,?I/–), *Echinodera hypocrita* (b,?I/–), *Leiosoma deflexum* (b,–/–), *Otiorhynchus singularis* (b,L+I/–), *Peritelus hirticornis* (b,?I/? uni), *Phyllobius argentatus* (mF,L/uni), *P. calcaratus* (m, ?L–), *Polydrusus undatus* (m, L+P/–), *Rhinomias forticornis* (b, L/?uni), *Rhynchaenus fagi* (mF, I/uni), *Rutidosoma fallax* (b, I/uni), *Stereonychus fraxini* (m, ?I/uni), *Strophosoma melanogrammum* (b, I+L/–), *Trachodes hispidus* (b, –/uni).

Davon finden hier *A. pallipes, P. argentatus, R. forticornis* und *S. fraxini* offenbar optimale Bedingungen vor; *P. argentatus* konnte bisher nur im Melico-Fagetum nachgewiesen werden. Ein hoher Anteil flugunfähiger Arten (11) steht 6 makropteren gegenüber, bei denen *A. pallipes* und *P. argentatus*, wahrscheinlich auch *S. fraxini* durch ihre ziemlich enge Bindung ihre strenge Abhängigkeit von abiotischen Faktoren zeigen (denn die Wirtspflanzen sind weiter verbreitet), die für diese Arten im Bereich des Melico-Fagetums allein günstig zu sein scheinen. Die restlichen Arten besitzen – teils durch die Fänge belegt, teils bei geringeren Stückzahlen nur vermutbar – eine weitere ökologische Potenz.

Ein Teil der sich im Boden- bis Streuschichtbereich entwickelnden Arten (*Otiorhynchus-, Phyllobius-, Polydrusus*-Arten) wechselt als Imago zum Teil oder ausschließlich als Primärkonsument in die Kraut- bzw. Strauch- bis Baumschicht. Diese Arten sind im UG bis auf *P. argentatus* meist ziemlich euryök und daher nicht sehr aussagekräftig. Der Anteil der larval wie imaginal im Boden- bis Oberflächenbereich lebenden Formen ist für Vergleiche wichtiger. Vorkommen oder Fehlen der letzteren gestatten z. B. bei den phytosaprophagen Arten (*Acalles, Echinodera, Trachodes, ?Rhinomias*) Rückschlüsse auf die Entwicklung der Streuschicht und die Insolation des Standortes.

15 Arten müssen als biotopfremd gelten:
Apion apricans, A. flavipes, Ceutorhynchus contractus, C. erysimi, C. quadridens, Cidnorhinus quadrimaculatus, Deporaus betulae, Miccotrogus picirostris, Neosirocalus floralis, Phyllobius arborator, Polydrusus pterygomalis, Rhinoncus perpendicularis, Sitona crinitus, S. sulcifrons, S. tibialis.

Die biotopfremden Arten sind wahrscheinlich alle flugfähig, bei einigen wurde Flug bereits beobachtet. Alle haben grundsätzlich andere Vorzugsbereiche als das Melico-Fagetum, oder es konnten gar keine im UG festgestellt werden. Oft (bei *A. apricans, C. contractus, C. erysimi, R. perpendicularis, S. crinitus, S. tibialis*) führen nur wenige, weit verstreute Einzelfunde insgesamt, z. T. ohne Vorkommen der Wirtspflanzen, zu der Schlußfolgerung, daß die Arten zugeflogen sind.

Mit den 2 anderen UF (2, 3) im Bereich des Melico-Fagetums hat UF 1 folgende gemeinsame Dominanten: *Apion pallipes, Phyllobius argentatus.*

Zu diesen beiden kommen noch weitere gemeinsame Indigenae hinzu: *Rhinomias forticornis, Peritelus hirticornis, Rhynchaenus fagi, Otiorhynchus singularis.*

Mit diesen beiden UF besteht – naturgemäß – die größte Übereinstimmung nach gemeinsamen biotopeigenen und dominanten Arten gegenüber allen anderen UF (s. Diagramm 26, 27, 28).

Darüber hinaus zeigt sich noch Ähnlichkeit zu einem Übergang zwischen Melico- und Luzulo-Fagetum (*Phyllobius argentatus* als gemeinsame Dominante, derselbe sowie *Strophosoma melanogrammum, Rutidosoma fallax, Peritelus hirticornis* und *Rhinomias forticornis* als gemeinsame indigene Arten). Die Ähnlichkeit mit dem Luzulo-Fagetum selbst (UF 13, 16) ist von den Dominanten her recht gering und beschränkt sich auf einen kleinen Prozentsatz von *Rhinomias forticornis*, die gemeinsamen biotopeigenen Arten sind neben

Rhinomias forticornis Strophosoma melanogrammum (euryöke Waldart des UG mit Verbreitungsschwerpunkt im Luzulo-Fagetum) und *Trachodes hispidus*. Daneben sind von UF 13 noch *Otiorhynchus singularis* und *Rutidosoma fallax* zu nennen. Diese Arten können wahrscheinlich allesamt als Relikte der ehemaligen Waldgesellschaft in den heutigen Fichtenforsten gelten.

Größere Übereinstimmung ergibt sich noch einmal mit einem Acero-Fraxinetum des Kirnitzschtals (UF 21), das auch von der Flora her Anklänge an das Melico-Fagetum hat: *Rhinomias forticornis* und *Apion pallipes* als gemeinsame Dominanten, zu diesen beiden noch *Rutidosoma fallax* als dritte gemeinsame indigene Art.

Die Identität biotopeigener Arten verschiedener anderer UF (20: Übergang Melico- zu Luzulo-Fagetum, 10: fragmentarisches Piceetum hercynicum, 17: Arunco-Aceretum, 22: Stellario-Alnetum, 12: Digitali-Epilobietum mit Relikten des Luzulo-Fagetums) beruht wiederum auf im UG ziemlich euryöken Waldarten (*Strophosoma melanogrammum, Rutidosoma fallax, Polydrusus undatus, Peritelus hirticornis, Otiorhynchus singularis, Rhinomias forticornis*). Dominantenidentität fehlt überwiegend oder bleibt in geringen Grenzen.

UF 2: Großer Winterberg, S-Kuppe, Müllerwiesenweg

UF 2 beherbergt eine Saumgesellschaft des Melico-Fagetums. Ihre lichte, sonnige SSW-Hanglage mit Graswuchs drückt sich auch in der Curculionidenfauna aus, die neben Arten des umliegenden Melico-Fagetums vor allem auch solche der Wiesen (*Phyllobius viridicollis, Apion virens, A. flavipes, Sitona hispidulus*), offener feuchter Standorte (*Notaris aterrimus*) und trocken wärmerer Waldbereiche (*Barypeithes mollicomus*, vor allem im Calluno-Quercetum) enthält. Darüber hinaus haben 2 *Apion*-Arten unter allen UF hier ihr einziges, beständiges Vorkommen: *A. ebeninum, A. urticarium*, obwohl ihre Wirtspflanzen weiter verbreitet sind.

35 Arten wurden insgesamt nachgewiesen, davon sind 25 mit mehr oder minder großer Sicherheit den biotopeigenen zuzurechnen: *Acalles echinatus* (b, ?I/–), *Anthonomus rubi* (m, I/uni), *Apion ebeninum* (b, –/uni), *A. ervi* (mF, ?I/?uni), *A. flavipes* (mF, I/uni), *A. pallipes* (m, I/uni), *A. urticarium* (m, ?I/uni), *A. virens* (dF, I/uni), *Barypeithes mollicomus* (b, L/uni), *Brachysomus echinatus* (b, I/–), *Cidnorhinus quadrimaculatus* (mF, I/uni), *Cionus hortulanus* (m, –/uni), *C. tuberculosus* (m, –/–), *Leiosoma deflexum* (b, –/–), *Notaris aterrimus* (b, I/–), *Otiorhynchus singularis* (b, L+I/–), *Peritelus hirticornis* (b, ?I/?uni), *Phyllobius argentatus* (mF, L/uni), *P. calcaratus* (m, ?L/–), *P. viridicollis* (mF, L/uni), *Polydrusus undatus* (m, L+P/–), *Rhinomias forticornis* (b, L/?uni), *Rhynchaenus fagi* (mF, I/uni), *Sitona hispidulus* (dF, E+I/uni), *Strophosoma melanogrammum* (b, L+I/–).

Unter den indigenen Arten überwiegen hier die makropteren bzw. flügeldimorphen Arten (15) gegenüber den brachypteren (10). Die hohe Zahl der Indigenae weist auf die vielfältigeren Existenzmöglichkeiten eines solchen offenen Saumbiotops gegenüber einer geschlossenen Waldbiozönose für Curculioniden hin. Gleichzeitig muß solchen Flächen letztlich der Charakter eines Übergangsstadiums zugeschrieben werden, aus der im Sukzessionsgange die hier indigen gewordenen Wiesen- und anderen Arten wieder verschwinden werden.

Die reichere Flora und bessere Insolation und Wärme sind offenbar Ursache für das verstärkte Auftreten sich in der Kraut-(bis Baum-)schicht entwickelnder Arten.

Die 10 als biotopfremd gewerteten Arten sind: *Apion apricans, Coenorhinus germanicus, Deporaus betulae, Hypera arator, Miccotrogus picirostris, Neosirocalus floralis, Phyllobius arborator, Polydrusus pterygomalis, Rhinoncus pericarpius, Sitona lineatus.* Diese sind wiederum im wesentlichen makropter und haben andere Vorzugsbereiche (Wiesen, Betulo-Quercetum) oder lassen im UG gar keine erkennen.

Die mit den beiden anderen Melico-Fageten gemeinsamen indigenen Dominanten bzw. Rezedenten sind *Apion pallipes, Phyllobius argentatus* bzw. *Rhinomias forticornis, Peritelus hirticornis, Rhynchaenus fagi, Otiorhynchus singularis.* Mit diesen beiden UF (1, 3) besteht naturgemäß die größte Ähnlichkeit nach dominanten und indigenen Arten. Darüber hinaus zeigt sich noch große Übereinstimmung mit UF 4 (Übergang zwischen Melico- und Luzulo-Fagetum); *Phyllobius argentatus, P. viridicollis* (dort biotopfremd), *Cidnorhinus quadrimaculatus* sind die gemeinsamen dominanten, *Strophosoma melanogrammum, Anthonomus rubi, Rhinomias forticornis, Peritelus hirticornis, Acalles echinatus* und *Cionus tuberculosus* weitere gemeinsame indigene Arten.

Durch *Apion pallipes* als gemeinsamer indigener dominanter Art und *Rhinomias forticornis, Brachysomus echinatus, Acalles echinatus* als weiteren gemeinsamen indigenen Arten ergibt sich noch einige Ähnlichkeit mit einem Acero-Fraxinetum (UF 21), das auch floristisch Beziehungen zum Melico-Fagetum hat. Dagegen ist *Cidnorhinus quadrimaculatus* als ziemlich euryöke, einzige gemeinsame dominante und indigene Art mit Stellario-Alneten (UF 22, 23) gering zu werten.

Cidnorhinus quadrimaculatus, Barypeithes mollicomus, Otiorhynchus singularis, Rhinomias forticornis und *Strophosoma melanogrammum* als gemeinsame indigene Arten mit UF 13 und *Strophosoma melanogrammum, Rhinomias forticornis, Barypeithes mollicomus* als gemeinsame Indigenae mit UF 16 (beides Fichtenforste auf Luzulo-Fagetum-Standorten) zeigen Beziehungen zum Luzulo-Fagetum an.

Die Ähnlichkeit zu Wiesenstandorten, die durch die offene Lage zustandekommt und sich in der Flora widerspiegelt, findet auch in der Curculionidenfauna ihren Ausdruck: *Cidnorhinus quadrimaculatus, Phyllobius viridicollis* und *Apion virens* sind gemeinsame indigene Dominante, *Apion flavipes, Sitona hispidulus* gemeinsame Indigenae mit UF 24. *Phyllobius viridicollis, Apion virens* sind gemeinsame Dominante, *Cidnorhinus quadrimaculatus, Apion flavipes, Sitona hispidulus, Polydrusus undatus* gemeinsame Indigenae mit UF 19.

UF 3: Großer Winterberg, S-Kuppe, Buchenwald

Die unmittelbar an UF 2 grenzende Fläche ist südexponiert, somit wärmebegünstigt, stellenweise etwas zur Trockenheit neigend. Die Curculionidenfauna weist dementsprechend neben den weiter verbreiteten auch offensichtlich wärmeliebende Arten sowie von UF 2 hier eindringende Formen auf.

Von den insgesamt 27 erbeuteten Arten sind 15 als biotopeigen zu werten: *Acalles camelus* (b, I/–), *A. echinatus* (b, ?I/–), *Apion pallipes* (m, I/uni), *Barypeithes mollicomus* (b, L/uni), *Brachysomus echinatus* (b, I/–), *Bradybatus fallax* (m, I/–), *B. kellneri* (m, I/–), *Cidnorhinus quadrimaculatus* (mF, I/uni), *Echinodera hypocrita* (b, ?I/–), *Notaris aterrimus* (b, I/–), *Otiorhynchus singularis* (b, L+I/–), *Peritelus hirticornis* (b, ?I/?uni), *Phyllobius argentatus* (mF, L/uni), *Rhinomias forticornis* (b, L/?uni), *Rhynchaenus fagi* (mF, I/uni).

Von diesen Arten können *Acalles echinatus, Barypeithes mollicomus, ?Brachysomus echinatus, Echinodera hypocrita* und vielleicht auch die beiden *Bradybatus*-Arten als Wärmeindikatoren gelten. 9 flugunfähige Arten stehen 6 makropteren gegenüber.

Auch hier ist mit 8 als Imagines bodenbewohnenden Arten ein Hinweis auf die gut entwickelte Streuschicht gegeben, die (trotz Standortsform RsBa-7h!) für ausgeglichene Feuchtigkeit in diesem Bereich sorgt.

Als biotopfremd müssen 12 Arten gelten: *Apion aethiops, A. ebeninum, A. flavipes, A. loti, A. urticarium, Ceutorhynchus contractus, C. quadridens, Miccotrogus picirostris, Neosirocalus floralis, Phyllobius arborator, Rhinoncus pericarpius, Sitona lineatus.* Bis auf *Apion ebeninum* sind alle Arten makropter oder flügeldimorph. Der brachyptere *A. ebeninum* wurde nur in einem einzigen Stück gefangen, auf der unmittelbar angrenzenden UF 2 liegt sein einziges beständiges Vorkommen. Deshalb werte ich ihn hier als biotopfremd. Gleiches gilt für den makropteren *A. urticarium.* Alle Arten haben andere Vorzugsbereiche oder sind so verstreut oder vereinzelt auf den verschiedensten UF gefangen worden, daß sie nirgends als indigen gelten können.

Mit den beiden anderen Melico-Fagetum-Standorten gemeinsame indigene dominante Arten sind *Apion pallipes* und *Phyllobius argentatus,* weitere gemeinsame indigene Arten sind *Rhinomias forticornis, Peritelus hirticornis, Rhynchaenus fagi, Otiorhynchus singularis.*

Ein höheres Maß an Dominantenidentität besteht nur mit UF 4 (Übergang vom Melico- zum Luzulo-Fagetum) durch *Phyllobius argentatus* und *Cidnorhinus quadrimaculatus,* Identität nach indigenen Arten durch die beiden gemeinsamen Dominanten und *Rhinomias forticornis, Acalles echinatus, Peritelus hirticornis.* Größere Übereinstimmung nach dominanten und indigenen Arten besteht auch noch zu UF 21 (Acero-Fraxinetum). Gemeinsame Dominanten sind dort *Rhinomias forticornis, Apion pallipes* und *Brachysomus echinatus,* dazu kommt als weitere biotopeigene Art *Acalles echinatus.*

Einige recht euryöke, biotopeigene Arten hat UF 3 auch mit UF 10 (fragmentarisches Piceetum hercynicum) (*Peritelus hirticornis, Otiorhynchus singularis, Rhinomias forticornis*) und UF 13 (Fichtenforst auf Luzulo-Fagetum-Standort) gemeinsam (*Rhinomias forticornis, Barypeithes mollicomus, Otiorhynchus singularis, Cidnorhinus quadrimaculatus*).

Beziehungen zum Calluno-Quercetum sind von den dominanten Arten her gar nicht, von den indigenen nur durch das gemeinsame Vorkommen von *Barypeithes mollicomus* gegeben. Die Temperaturverhältnisse sind wahrscheinlich hierbei der entscheidende gemeinsame gleichartige Faktor.

UF 4: Goldstein, Buchenwald

Auf dieser UF ist ein Übergangsstadium zwischen Melico- und Luzulo-Fagetum vorhanden. Der augenscheinliche Unterschied zu UF 1–3 ist das Fehlen von Mercurialis perennis, wodurch *Apion pallipes* keine Existenzmöglichkeit findet. UF 4 wurde erst ab A VI bis A XI 1974 durch Käscher- und Gesiebefänge vergleichsweise besammelt. Barberfallen wurden nicht ausgebracht. Das macht sich im Artenspektrum bemerkbar, Arten der Streuschicht und Bodenoberfläche sind nur in geringer Stückzahl vertreten.

Von 17 Arten sind 12 als biotopeigen anzusehen: *Acalles echinatus* (b, ?I/–), *Anthonomus rubi* (m, I/uni), *Cidnorhinus quadrimaculatus* (mF, I/uni), *Cionus alauda* (–, –/–), *Cionus tuberculosus* (m, –/–), *Cleopus pulchellus* (–, –/uni), *Peritelus hirticornis* (b, ?I/?uni), *Phyllobius argentatus* (mF, L/uni), *Polydrusus impar* (m, ?L/–), *Rhinomias forticornis* (b, L/?uni), *Rutidosoma fallax* (b, I/uni), *Strophosoma melanogrammum* (b, L+I/–). *Polydru-*

sus impar dürfte sich an natürlichem Fichtenjungwuchs im oberen Teil der UF entwickeln, vielleicht dringen die Tiere auch aus umliegenden Fichtenbeständen zusätzlich ein. Nur 5 der indigenen Arten sind brachypter.

5 makroptere biotopfremde Arten sind vorhanden: *Phyllobius arborator* stammt von einer benachbarten Schonung und den darüberliegenden Calluno-Querceten, *Phyllobius viridicollis* fliegt sicher ebenfalls von grasigen, besonnten Stellen der benachbarten Schonung und Wegrandzone ein. *Miccotrogus picirostris*, *Rhinoncus castor* und *Apion aethiops* (alle m) müssen von weiter her kommen.

Cidnorhinus quadrimaculatus, *Phyllobius arborator*, *P. argentatus*, *P. viridicollis* und *Strophosoma melanogrammum* gehören zum Kreis der dominanten Arten (sub- und dominante).

Durch das Auftreten zweier dominanter biotopfremder Arten sind Ähnlichkeiten zu einer Reihe von UF vorgetäuscht, die in Wirklichkeit gar nicht existieren oder viel schwächer sind: durch *Phyllobius arborator* mit UF 5, 6, 8, 11, 15 (Calluno- und Betulo-Quercetum, auf denen er indigen ist), während tatsächlich nur über das euryöke *Strophosoma melanogrammum*, das jeweils indigen ist, sehr schwache Beziehungen bestehen, durch *P. viridicollis* mit UF 19 und 24 (Wiesen, auf denen er indigen ist). Desweiteren werden engere Beziehungen, als wirklich vorhanden sind, durch einige euryöke Arten (*Strophosoma melanogrammum*, *Cidnorhinus quadrimaculatus*) und *Phyllobius arborator* (als auch auf weiteren UF biotopfremde dominante Art) mit anderen Biotopen vorgespiegelt:

Mit UF 20 (gleichfalls Übergang vom Melico- zum Luzulo-Fagetum, vorwiegend durch *S. melanogrammum*), UF 13, 16 (Fichtenforste auf Standorten des Luzulo-Fagetums), UF 18, 21, 22, 23 (Schluchtwaldstandorte), UF 12 und 7. Erst durch den Vergleich der indigenen Arten läßt sich diese formale Ähnlichkeit besser bewerten. Hierbei zeigen sich – von den bereits bei UF 1, 2 und 3 besprochenen Ähnlichkeiten zu den Artenspektren der Melico-Fageten abgesehen – nur noch Beziehungen zu UF 6 (frischere Variante des Calluno-Quercetums; *Strophosoma melanogrammum*, *Peritelus hirticornis*, *Polydrusus impar*), UF 20 (Übergang Melico- zu Luzulo-Fagetum; *Polydrusus impar*, *Strophosoma melanogrammum*, *Rutidosoma fallax*), UF 13 (*Strophosoma melanogrammum*, *Rhinomias forticornis*, *Polydrusus impar*, *Rutidosoma fallax*, *Cidnorhinus quadrimaculatus*), und UF 16 (*Strophosoma melanogrammum*, *Rhinomias forticornis*, *Polydrusus impar*) (beides Fichtenforst auf Luzulo-Fagetum-Standort), UF 10 (Piceetum hercynicum; *Peritelus hirticornis*, *Rhinomias forticornis*), UF 21 (Acero-Fraxinetum; *Rutidosoma fallax*, *Rhinomias forticornis*, *Acalles echinatus*) und UF 12 (Digitali-Epilobietum mit Relikten des Luzulo-Fagetums; *Strophosoma melanogrammum*, *Peritelus hirticornis*).

Die Ähnlichkeit zu Wiesen, Calluno- und Betulo-Querceten wird also im wesentlichen durch die biotopfremden Dominanten von UF 4 vorgetäuscht.

UF 5: Großer Zschand, Kiefernschonung gegenüber Sommerloch

Die stark insolierte, nach SW geneigte Fläche trägt eine Kiefernschonung auf einem Betulo-Quercetum-Standort und ist die wärmste der UF. Das drückt sich in der Curculionidenfauna aus, die viele Formen des Calluno-Quercetums (und Betulo-Quercetums) (*Phyllobius arborator*, *?Polydrusus undatus*, *?Anoplus plantaris*, *Strophosoma capitatum*, *Pissodes pini*, *?Polydrusus cervinus*), aber auch der Freiflächen (vor allem Wiesen und Agrozönosen) (*Sitona lineatus*, *S. sulcifrons*, *S. flavescens*, *S. griseus*, *Ceutorhynchus contractus*, *C. assimilis*, *Gymnaetron melanarium*, *Apion cruentatum*, *Hypera nigrirostris*, *H. arator*, alle als biotopfremd anzusehen, Stückzahl auch sehr gering) enthält.

13 Arten der insgesamt 24 sind mehr oder weniger sicher als indigen zu werten: *Anoplus plantaris* (m, —/uni), *Auleutes epilobii* (m ist zu vermuten, —/uni), *Deporaus betulae* (mF, I/uni), *Phyllobius arborator* (mF, L/uni), *Pissodes pini* (m, —/uni), *Polydrusus cervinus* (m, L/uni), *P. undatus* (m, $L_{3/4}$+P/—), *Pselaphorhynchites nanus* (m, L/uni), *P. tomentosus* (m, L/uni), *Rhynchaenus rusci* (m, —/bi möglich), *R. stigma* (m, —/uni), *Strophosoma capitatum* (b, $L_{3/4}$+I/uni), *S. melanogrammum* (b, $L_{3/4}$+I/uni).

Für die *Pselaphorhynchites*- und *Rhynchaenus*-Arten, *Deporaus betulae* und *Auleutes epilobii* war im UG bisher kein Vorzugsbereich festzustellen, doch weisen die Vorkommen von *Pselaphorhynchites nanus* darauf hin, daß er lichte, offene, warme Flächen bevorzugt. Das euryöke *Strophosoma melanogrammum* zeigt im Luzulo-Fagetum einen Häufigkeitsbereich. Die restlichen Arten haben im wesentlichen im Calluno- und Betulo-Quercetum ihren Verbreitungsschwerpunkt. *Phyllobius arborator* hat hier — nach UF 15 — einen optimalen Entwicklungsbereich gefunden. — Der Anteil makropterer Arten ist mit 11 sehr hoch, nur die beiden *Strophosoma*-Arten sind brachypter.

Deutlich macht sich die starke Insolation auf dieser aufgeforsteten Brandfläche im Fehlen typischer Boden- bis Oberflächenbewohner unter den Imagines bemerkbar. Nur die beiden ziemlich euryöken *Strophosoma*-Arten (hier als eine Art gerechnet), die offenbar nach den Fängen auf der Bodenoberfläche wie in der Strauchschicht gleichermaßen leben, sind zu finden. Durch verhältnismäßig artenreichen Aufwuchs an Gehölzen bei guter Insolation ist dafür ein relativ hoher Anteil an Arten vorhanden, die ihre Larvalzeit im Bereich der Kraut- und Strauchschicht verbringen.

11 Arten sind biotopfremd: *Apion cruentatum* (das einzige hier gefangene Stück wies gegenüber den Alae-Stummeln der anderen untersuchten Tiere von Wiesen wesentlich längere Rudimente auf!), *Ceutorhynchus assimilis, C. contractus, Gymnaetron melanarium, Hypera arator, H. nigrirostris, Otiorhynchus singularis, Sitona flavescens, S. griseus, S. lineatus, S. sulcifrons.*

Auch unter ihnen ist der größte Teil der Arten, soweit bekannt, dimorph oder makropter (7), 2 sind brachypter (davon ist *Otiorhynchus singularis* als Einwanderer aus dem benachbarten Wald anzusehen), für 2 (*Ceutorhynchus assimilis, Sitona griseus*) fand ich keine Angaben, doch ist anzunehmen, daß sie flugfähig sind.

Der Vergleich mit den Artenspektren anderer UF ist schwierig, da nur noch 2 Fichtenschonungen und 1 Buchenschonung mit anderer Exposition untersucht wurden. Sowohl nach der Identität biotopeigener Arten und der biotopeigenen Dominanten ergeben sich Ähnlichkeiten mit den 3 Calluno-Querceten (UF 6, 8, 11) (gemeinsame indigene Dominanten sind *Phyllobius arborator*, z. T. *Strophosoma melanogrammum*, weitere gemeinsame Indigenae — wenn auch nicht auf allen verglichenen UF — sind *Strophosoma capitatum, Polydrusus cervinus, Anoplus plantaris, Polydrusus undatus, Pissodes pini, Deporaus betulae*). Die große Ähnlichkeit mit UF 15 (Fichtenschonung) kommt durch *Phyllobius arborator* als einziger gemeinsamer, indigener, dominanter Art zustande sowie durch folgende weiteren indigenen gemeinsamen Arten: *Strophosoma melanogrammum, Rhynchaenus stigma, Polydrusus undatus, Strophosoma capitatum, Rhynchaenus rusci.*

Ähnlichkeiten nach der Dominantenidentität und der Artenidentität der Indigenae sind noch im Bereich des Luzulo-Fagetums gegeben (UF 4, 13, 16, 14, 20): von den Dominanten her nur durch *Phyllobius arborator* und *Strophosoma melanogrammum*, wobei zum Teil hohe Werte erreicht werden und *P. arborator* nicht an allen verglichenen UF indigen ist, bei den gemeinsamen indigenen Arten durch *Strophosoma melanogrammum*, *S. capitatum*; auf UF 14 kommen *Rhynchaenus stigma* und *Auleutes epilobii*, auf UF 20 *Polydrusus undatus* hinzu.

Alle anderen, nur im Bereich der Dominanten vorhandenen Ähnlichkeitsbeziehungen, etwa zu Stellario-Alneten, Acero-Fraxineten, Piceetum hercynicum, sind im wesentlichen durch den dort biotopfremden *Phyllobius arborator* bedingt. Zum Melico-Fagetum und dem Bereich der Wiesen sind die geringsten Beziehungen zu finden.

UF 6: Großer Zschand, Kiefernwald gegenüber Sommerloch

Dieser Standort ist kleinflächig und weist an seinen Rändern etwas höhere Bodenfrische auf. Seine Curculionidenfauna hat auch etwas mehr Ähnlichkeit zu der des Luzulo-Fagetums als die der beiden anderen bearbeiteten Calluno-Querceten.

Von insgesamt 17 festgestellten Arten sind wahrscheinlich 15 biotopeigen: *Anoplus plantaris* (m, –/uni), *Anthonomus varians* (m, I/uni), *Barypeithes mollicomus* (b, L/uni), *Brachonyx pineti* (m, I/uni), *Hylobius abietis* (m, L+I/verschiedene Zyklen), *Otiorhynchus scaber* (b, I/–), *O. singularis* (b, L+I/–), *Peritelus hirticornis* (b, ?I/?uni), *Phyllobius arborator* (mF, L/uni), *Polydrusus cervinus* (m, L/uni), *P. impar* (m, ?L/–), *P. undatus* (m, $L_{3/4}$+P/–), *Rhamphus pulicarius* (–, L/uni) (einziges Exemplar aus dem gesamten UG überhaupt, ob wirklich indigen?), *Strophosoma capitatum* (b, $L_{3/4}$+I/–), *S. melanogrammum* (b, $L_{3/4}$+I/–).

Davon sind *Phyllobius arborator* im Gesamtfang 1972–74 dominant, *Otiorhynchus scaber*, *Strophosoma melanogrammum*, *S. capitatum*, *Polydrusus undatus* und *P. impar* subdominant. 9 Arten sind makropter, 6 brachypter. Unter den brachypteren Arten befinden sich ziemlich euryöke, die hier durchaus noch Existenzmöglichkeiten finden, aber im wesentlichen andere Verbreitungsbereiche haben (*Otiorhynchus scaber*, *O. singularis*, *Strophosoma melanogrammum*) oder gar keinen Verbreitungsschwerpunkt erkennen lassen (*Peritelus hirticornis*). Auch der makroptere *Polydrusus impar* ist hierher zu zählen. Die anderen 10 Arten haben im Calluno- und Betulo-Quercetum ihren für das UG günstigsten Vorkommensbereich.

Nur 2 Arten sind als biotopfremd zu werten: der makroptere *Neosirocalus floralis* und der brachyptere *Rhinomias forticornis*. Von letzterem ist zu vermuten, daß er ein Irrgast von unmittelbar angrenzenden frischeren Bodenrinnen ist. Ob *Rhamphus pulicarius* indigen oder nur ein Zuflieger im Gebiet ist, bleibt abzuwarten. Da Betula-, Populus- und Salix-Arten als Wirtspflanzen dienen und auch im UG vorhanden sind, wurde er als indigen angesehen.

Die Übereinstimmung des Artenspektrums zu dem der beiden anderen Calluno-Querceten ist groß, doch weist es auch zu denen der Luzulo-Fageten (UF 20, 13, 16 – und einer an UF 13 grenzenden Buchenschonung = UF 14) durch *Phyllobius arborator*, *Otiorhynchus scaber*, *Strophosoma melanogrammum*, *S. capitatum*, *Polydrusus undatus*, *P. impar*, z. T. auch *Barypeithes mollicomus*, *Peritelus hirticornis* nähere Beziehungen sowohl nach Identität der Dominanten als auch Indigenae auf, und auch die Schonungen (UF 5, 12, 15) weisen manche Ähnlichkeit mit UF 6 auf. Von den anderen UF hingegen ist UF 6 gut abgegrenzt.

UF 7: Großer Zschand oberh. Zeughaus, Wegrand zwischen Großer Rohrkiefern- und Richterschlüchte

Der baumfreie Standort, der ein pflanzensoziologisch nicht zu deutendes Gemisch von Frischwiesen- und Kohldistelwiesenarten, Verhagerungszeigern und Laubwaldpflanzen trägt, dürfte größtenteils aus einem Bachwald hervorgegangen sein. Eine der Vegetationsaufnahmen JUNGs (1960), die dieser zur Kennzeichnung der Bachwaldflora des UG vornahm, liegt auf UF 7 und unmittelbar daneben.

Mit 38 nachgewiesenen Arten hebt sich die Curculionidenfauna nach ihrer Formenzahl bereits deutlich von den meisten Waldstandorten des UG ab. 20 sind als biotopeigen anzusehen: *Apion flavipes* (mF, I/uni), *A. virens* (dF, I/uni), *Barynotus obscurus* (b, ?I/–), *Ceutorhynchus angulosus* (m, I/uni), *Cidnorhinus quadrimaculatus* (mF, [?L] I/uni), *Grypus equiseti* (m, L/uni), *Leiosoma deflexum* (b, –/–), *Miarus campanulae* (m, ?L/uni), *Notaris acridulus* (m, I/uni), *N. aterrimus* (b, I/–), *Otiorhynchus equestris* (b, I/–), *O. salicis* (b, –/–), *Sciaphilus asperatus* (b, I/uni), *Sitona cambricus* (m, I/uni), *S. flavescens* (mF, (L) +P+I/uni), *S. hispidulus* (dF, E+I/uni), *S. lineatus* (mF, E+L+P+I/uni), *S. sulcifrons* (dF, E+I/uni), *S. suturalis* (d, I/–), *Tropiphorus carinatus* (b, I/–).

Ähnlich wie auf UF 2 spiegelt sich die durch das Fehlen der Baumschicht stärkere Insolierung im Auftreten typischer Wiesenarten des UG wider (*A. flavipes, A. virens, M. campanulae, S. asperatus, S. cambricus, S. flavescens, S. hispidulus, S. lineatus, S. sulcifrons, S. suturalis, T. carinatus*). *S. asperatus* und *T. carinatus* haben z. T. noch geringere, aber beständige Vorkommen in bodenfrischem Laubwald. Eine weitere Gruppe bevorzugt gleichfalls offene, feuchtere Flächen, ohne daß diese unbedingt Wiesencharakter trügen (*B. obscurus, N. acridulus, N. aterrimus*). Für *C. angulosus, G. equiseti* und *L. deflexum* lassen sich keine genaueren Angaben machen, die beiden letzteren scheinen aber feuchtere Standorte zu benötigen. *C. quadrimaculatus* ist im UG ziemlich euryök mit Häufung im Stellario-Alnetum, *O. equestris* ist eine typische Art kühl-feuchter Schlucht- und Bachwaldstandorte, und *O. salicis* muß, ohne genauere Festlegung auf jeden Fall als Zeiger bodenkühler, feuchter bis frischer Standorte gelten.

Ein hoher Anteil makropterer Arten (13) ist gegenüber den 7 brachypteren vorhanden. – *C. quadrimaculatus, S. lineatus, S. sulcifrons* und *A. flavipes* gehören zu den dominanten und subdominanten Arten.

Folgende 18 Arten werden als biotopfremd angesehen: *Apion apricans, A. cruentatum, Ceutorhynchus cochleariae, C. contractus, C. quadridens, Hylobius pinastri, Hypera nigrirostris, H. viciae, Neosirocalus floralis, Otiorhynchus niger, O. scaber, Phyllobius arborator, P. viridicollis, Rhinomias forticornis, Rutidosoma fallax, Sitona crinitus, S. puncticollis, Strophosoma melanogrammum.* Mit einem hohen Anteil brachypterer Arten (5) sind gleichzeitig typische Vertreter der umliegenden Fichtenforste vorzufinden und weisen auf die Grenzlage von UF 7 zu anderen Biotopen hin: *O. niger, O. scaber, R. forticornis, R. fallax, S. melanogrammum.* Dazu ist noch der makroptere *H. pinastri* zu zählen. *P. arborator*, der auf Betulo- und Calluno-Querceten seinen Verbreitungsschwerpunkt hat, ist die einzige biotopfremde dominante Art. Alle anderen Rezedenten haben auf Wiesen und offenem Gelände ihre Vorkommensbereiche; die Art ihrer Verbreitung im UG sowie sehr geringe Stückzahlen weisen sie als Gäste auf UF 7 aus.

Mit dem Indigenae-Spektrum und den dominanten Formen sind auch die Beziehungen zu den anderen UF vorauszusehen. Von den Indigenae her bieten sich nur schwache Beziehungen zu einem Wegrand im Melico-Fagetum (UF 2) durch die Wiesenarten, während dort als Arten der benachbarten Biotope vor allem die Elemente des Buchenwaldes erscheinen. Zu UF 18 und 22 (Acero-Fraxinetum und Stellario-Alnetum) sind durch *O. equestris*, *S. asperatus*, *T. carinatus*, fallweise auch *C. quadrimaculatus*, *B. obscurus* und *O. salicis* Ähnlichkeiten vorhanden. Mit UF 19 und 24 hingegen stimmt UF 7 fast im gesamten Spektrum der Wiesenarten überein und hat mit diesen daher die größte Ähnlichkeit überhaupt.

In der Dominantenidentität wird durch den biotopfremden *P. arborator* fast überall ein geringer Übereinstimmungswert erreicht, im Bereich des Stellario-Alnetums trägt *C. quadrimaculatus* zu einem höheren Wert bei. Auf subdominanten Wiesenarten von UF 7 beruhen die Werte zu UF 19 und 24.

UF 8: Großer Zschand, Felshorn nördl. der Großen Rohrkiefernschlüchte, Kiefernwald

Dieses nur 1974 besammelte Calluno-Quercetum weist einen hohen Anteil biotopeigener, für die Calluno-Querceten charakteristischer Arten unter den gefangenen Curculioniden auf.

Von insgesamt 14 nachgewiesenen Formen können 13 als indigen gelten (darunter sind auch solche einbezogen, die nur in geringer Stückzahl gefangen wurden, aber an Kiefer gebunden sind): *Anoplus plantaris* (m, –/uni), *Barypeithes mollicomus* (b, L/uni), *Brachonyx pineti* (m, I/uni), *Brachyderes incanus* (b, L+I/uni), *Coeliodes rubicundus* (m, I/uni), *Hylobius abietis* (m, L+I/verschiedene Zyklen), *Otiorhynchus singularis* (b, L+I/–), *Peritelus hirticornis* (b, ?I/?uni), *Phyllobius arborator* (mF, L/uni), *Pissodes piniphilus* (–, –/uni), *Polydrusus cervinus* (m, L/uni), *Strophosoma capitatum* (b, $L_{3/4}$+I/–), *S. melanogrammum* (b, $L_{3/4}$+I/–).

Davon sind *Phyllobius arborator* und *Strophosoma capitatum* dominant, *S. melanogrammum*, *Barypeithes mollicomus* und *Polydrusus cervinus* subdominant. Mit *Otiorhynchus singularis*, der eine schwache Bevorzugung des Melico-Fagetums in seiner trockneren Ausprägung erkennen läßt, *Peritelus hirticornis*, der vorerst als euryök gelten muß und keine Bindung erkennen läßt, sowie *Strophosoma melanogrammum*, der weit verbreitet ist, aber im Luzulo-Fagetum einen Verbreitungsschwerpunkt hat, finden 3 euryöke Arten noch Existenzmöglichkeiten. Alle anderen genannten Arten haben hier (sowie ein Teil im Bereich des Betulo-Quercetums) gehäufte Vorkommen. – Der hohe Anteil makropterer Arten (8 gegenüber 5 brachypteren) fällt auf.

Der flugfähige *Neosirocalus floralis* ist die einzige biotopfremde Art. Die Ähnlichkeit des Artenspektrums zu dem der beiden anderen bearbeiteten Calluno-Querceten (UF 6, 11) ist sowohl nach den dominanten als auch indigenen Arten groß. Zwar sind noch Beziehungen zu anderen UF vorhanden, insbesondere nach Dominanten bei UF 16 und 14, doch ist dies vor allem auf den gemeinsamen hohen Anteil an *Phyllobius arborator* und *Strophosoma melanogrammum* zurückzuführen. So stellt sich das Calluno-Quercetum als ziemlich gut abgegrenzter, eigenständiger Bereich unter den anderen Geobiozönosen der Hinteren Sächsischen Schweiz heraus.

UF 9: Großer Zschand oberh. Zeughaus, Hüllenschlüchte, oligotropher Naßstandort

Die kleinflächige Naßstelle wurde im Bereich ihrer Sphagnum- und Mnium-Polster, die den größten Teil der Fläche einnahmen, und ihrer Randpartien besammelt. Durch hoch anstehendes, saures Stauwasser, äußerst geringe Insolierung und damit kaltes Mikroklima und die damit verbundene floristische Armut des Standortes kann diese UF keiner der im UG bisher nachgewiesenen Curculionidenarten Entwicklungsmöglichkeiten bieten. Die Ausbeuten sind dementsprechend äußerst individuenarm.

Das bedeutet, daß alle 10 von 1972 bis 1974 dort nachgewiesenen Arten (insgesamt 36 Exemplare!) biotopfremd sind: *Anthonomus varians* (m, I/uni), *Apion viciae* (m, I/uni), *Ceutorhynchus contractus* (d, I/uni), *C. quadridens* (m, I/uni), *Neosirocalus floralis* (m, I/uni), *Otiorhynchus niger* (b, ?L?I/2jährig), *O. subdentatus* (b, –/–), *Phyllobius arborator* (mF, L/uni), *P. viridicollis* (mF, L/uni), *Rhinoncus perpendicularis* (m, I/uni).

Nach ihrer Herkunft sind die Arten wie folgt einzuordnen: Die brachypteren *Otiorhynchus niger* und *O. subdentatus* stammen aus dem umliegenden Fichtenwald, *Phyllobius arborator* und *Anthonomus varians* (Wintergast) aus dem darüberliegenden Calluno-Quercetum (UF 11 und Umgebung), die beiden *Ceutorhynchus*-Arten, *Neosirocalus floralis* und *Phyllobius viridicollis* von offenem Gelände (Wiesen, Wegränder, Agrobiotope). Für *Apion viciae* und *Rhinoncus perpendicularis* liegen aus dem UG bisher nur wenige Einzelstücke vor, eine Einschätzung ist nicht möglich. Außer den beiden brachypteren *Otiorhynchus*-Arten sind alle anderen makropter und zugeflogen, da deren nächste mögliche Entwicklungsstätten weit entfernt liegen.

Bei einem Vergleich der Artenidentität der Indigenae einerseits und der Dominantenidentität andererseits wird deutlich, wie wichtig die Trennung biotopeigener und biotopfremder Arten ist, wenn der Standortsvergleich nicht zu völlig falschen Ergebnissen führen soll: Alle Ähnlichkeiten zwischen UF 9 und den anderen UF im Bereich der Dominantenwerte sind formal, da sie nicht auf gemeinsamen indigenen dominanten Arten beruhen. Erst die JACCARDschen Zahlen auf der Grundlage der Indigenae bringen die völlige Verschiedenheit dieses von allen anderen untersuchten Standorten zum Ausdruck! Gleichzeitig zeigt sich am Beispiel des Dominantenidentitäts-Wertes zu UF 10 (fragmentarisches Piceetum hercynicum etwa 100 m talaufwärts in der gleichen Schlucht, in abgeschwächter Form unmittelbar an UF 9 grenzend) der Einfluß der Nachbarschaftslage zwischen den UF 9, 10 und 11 (also zum umliegenden Fichtenwald und darüberliegenden Felsheide-Kiefernwald) sehr deutlich: Der aus dem Calluno-Quercetum in UF 9 und 10 gleichstark einfliegende *Phyllobius arborator* einerseits und der auf UF 10 indigene *Otiorhynchus niger* verhelfen zu einem ziemlich hohen Dominantenwert zwischen UF 9 und 10, da UF 9 im Gesamtfang 1972–74 4, UF 10 (1974) nur 3 dominante und subdominante Arten aufzuweisen hat.

UF 10: Großer Zschand oberh. Zeughaus, Hüllenschlüchte, Fichtenwald

Dieses fragmentarische Piceetum hercynicum liegt nordexponiert am Unterhang und zum Teil auf der engen Talsohle einer Schlucht und dürfte mikroklimatisch der UF 9, die nur etwa 100 m talab liegt, stark ähneln. Am Hang treten stellenweise infolge hoher Bodenfeuchtigkeit Sphagnum- und Mniumpolster auf. Auch diese UF ist, wenn man von dem zugeflogenen dominanten *Phyllobius arborator* absieht, sehr individuenarm an Curculioniden. Die nur 1974 vorgenommenen Fänge ergaben 10 Arten, von denen 4 brachyptere als biotopeigen gewertet werden: *Otiorhynchus niger* (b, ?L?I/2jährig), *O. singularis* (b, L+I/uni), *Peritelus hirticornis* (b, ?I/?uni), *Rhinomias forticornis* (b, L/?uni). Davon dürften für O *singularis* und *R. forticornis* hier nur pessimale Entwicklungsbedingungen vorliegen. *O. niger* und *P. hirticornis*, die im UG keinerlei Häufung in irgendeinem Bereich erkennen lassen und zunächst als euryök gelten müssen, sind mit 5 bzw. 11 Exemplaren bereits subdominant. Somit ist die Curculionidenfauna dieser UF wenig aussagekräftig.

6 Arten sind als biotopfremd anzusehen: *Ceutorhynchus quadridens, Otiorhynchus scaber, Phyllobius arborator, P. viridicollis, Rhinomacer attelaboides, Rhynchaenus stigma.* Bei dem brachypteren *O. scaber* muß auch in Betracht gezogen werden, daß er vielleicht unter Pessimalbedingungen indigen ist, doch ist es wahrscheinlich, daß diese ziemlich euryöke Art, die Fageten im weitesten Sinne zu bevorzugen scheint, als Einwanderer von den unmittelbar gegenüberliegenden, südexponierten, unteren Gegenhangpartien stammt, die wahrscheinlich ein Abieti-Fagetum tragen müßten.

Alle anderen Arten sind makropter. *P. arborator* und *Rhinomacer attelaboides* (Wintergast!) kommen aus dem darüberliegenden Calluno-Quercetum, *P. viridicollis* und *Ceutorhynchus quadridens* sind verflogene Stücke aus offenem Gelände, für *R. stigma* (nur 1 Ex.) ließ sich bisher kein Verbreitungsschwerpunkt im UG erkennen, und da Salix (offensichtlich die wichtigste Wirtspflanzengattung im UG) hier fehlt, ist er sicher ebenfalls zugeflogen. Im Bereich der Dominantenidentität auftretende geringere (2–3) oder höhere Werte (4–6) zwischen UF 10 und dem Bereich des Calluno-Quercetums, Betulo-Quercetums und Luzulo-Fagetums sind vorwiegend auf *P. arborator* zurückzuführen. Als gemeinsame Indigenae zum Bereich der Fageten treten so weit verbreitete Arten wie *O. singularis, Peritelus hirticornis, Rhinomias forticornis* auf.

Eine 2jährige Fichtenschonung auf einem Luzulo-Fagetum-Standort, die einen alten Fichtenforst ablöste, läßt sowohl bei den Indigenae (*O. niger, P. hirticornis*) als auch bei den gemeinsamen Dominanten (die beiden vorigen Arten und *P. arborator!*) noch Ähnlichkeiten erkennen. Die beiden Indigenae müssen wohl noch als Relikte der Curculionidenfauna des alten Fichtenforstes angesehen werden, die nur pessimale Existenzbedingungen finden oder zunächst im Laufe der Zeit gar verschwinden werden. – Zu anderen Bereichen sind nur sehr geringe oder keine Ähnlichkeiten vorhanden.

UF 11: Großer Zschand, Felshorn zwischen Hüllen- und Pechschlüchte, Kiefernwald

Insgesamt wurden 21 Arten festgestellt, von denen 15 als indigen gelten können: *Anoplus plantaris* (m, –/uni), *Anthonomus varians* (m, I/uni), *Barypeithes mollicomus* (b, L/uni), *Brachonyx pineti* (m, I/uni), *Brachyderes incanus* (b, L+I/uni), *Coeliodes rubicundus* (m, I/uni), *Hylobius abietis* (m, L+I/verschiedene Zyklen), *Magdalis duplicata* (m, –/–), *Otiorhynchus singularis* (b, L+I/–), *Phyllobius arborator* (mF, L/uni), *Pissodes pini* (m, –/uni), *Polydrusus cervinus* (m, L/uni), *P. impar* (m, ?L/–), *Strophosoma capitatum* (b, $L_{3/4}$+I/–), *S. melanogrammum* (b, $L_{3/4}$+I/–).

Zu den im Gesamtfang 1972–74 dominanten und subdominanten Arten gehören *Phyllobius arborator, Barypeithes mollicomus, Strophosoma capitatum, Hylobius abietis.* Fast alle Arten haben – teils nachgewiesen, teils zunächst nur erschließbar – im UG ihren Verbreitungsschwerpunkt im Calluno- und Betulo-Quercetum. Nur *Otiorhynchus singularis* dürfte hier einen Pessimalbereich finden; *Strophosoma melanogrammum* hat seine stärksten Vorkommen im Bereiche des Luzulo-Fagetums.

6 Arten haben als biotopfremd zu gelten: *Apion virens, Ceutorhynchus assimilis, Phyllobius viridicollis,* die in Wiesen und Agrozönosen ihren Optimalbereich finden, sowie *Otiorhynchus scaber* und *O. niger,* die aus dem anschließenden fichtenreicheren Teil des Felshorns eingedrungen sein dürften. Für *Deporaus betulae* war, obwohl Betula im Calluno-Quercetum häufig ist, bisher kein ständiges Vorkommen nachzuweisen, daher wird er als biotopfremd angesehen.

Während zu den beiden anderen Calluno-Querceten (UF 6, 8) durch eine Reihe gemeinsamer dominanter und biotopeigener Arten erwartungsgemäß enge Beziehungen sichtbar werden, sind mit anderen Bereichen nur geringe oder gar keine Ähnlichkeiten vorhanden. Lediglich der Bereich des Luzulo-Fagetums ist durch im wesentlichen euryöke Arten faunistisch ähnlich. Offenbar kommt dieser Bereich im UG standortsbedingt am häufigsten mit dem Calluno-Quercetum der Felsgebiete in Kontakt (räumlich wie ökologisch).

UF 12: Großer Zschand unterh. Zeughaus, Fichtenschonung an der Alten Zeughausstraße

Diese nur 1974 besammelte UF trug eine zweijährige Fichtenschonung mit einer Kahlschlaggesellschaft des Digitali-Epilobietums und Relikten des Luzulo-Fagetums, die noch von dem bis 1972 dort vorhandenen alten Fichtenforst herrührten. Die Fläche liegt am südwärts geneigten Unterhang und ist am Talboden bodenfrisch, am oberen Teile ziemlich trocken. Sie war einerseits offensichtlich erst im Stadium der Wiederbesiedlung durch Curculioniden begriffen und andererseits noch mit Relikten der alten Fichtenforstfauna durchsetzt. Keine Art trat in größerer Zahl auf, so daß 1 dominante und 7 subdominante Arten unter den insgesamt 20 mit nur 37 Exemplaren nachgewiesenen Formen auftraten. Der Standort ist also sehr individuenarm und steht am Beginn einer Sukzession der Curculionidenfauna, die erst mit dem Hochwaldstadium abgeschlossen sein wird. Unter Berücksichtigung dieses Stadiums werden 7 Arten als wahrscheinlich indigen angesehen:

1. Relikte: *Otiorhynchus niger* (b, ?L?I/2jährig), *O. scaber* (b, I/–), *Peritelus hirticornis* (b, ?I/?uni), *Phyllobius calcaratus* (m, ?L/–), *Strophosoma capitatum* (b, $L_{3/4}$+I/–), *S. melanogrammum* (b, $L_{3/4}$+I/–).
2. Neuansiedler (durch Beobachtung erwiesen): *Hylobius abietis* (m, L+I/verschiedene Zyklen).

Wahrscheinlich werden sich die meisten der Reliktarten unter pessimalen Bedingungen im unteren, feuchteren Teil erhalten können. *Strophosoma capitatum* wird wahrscheinlich – entsprechend seiner Bevorzugung trockener und wärmerer Standorte – zunehmen. Nachdem die Besiedlung der frischen Stümpfe erfolgt und die Entwicklung daran beendet ist, wird *Hylobius abietis* wieder aus den Reihen der Indigenae verschwinden. Dafür werden folgende Arten, die zur Zeit noch zu den biotopfremden zählen (äußerst geringe Stückzahlen), im Verlaufe der nächsten Jahre als Indigenae immer mehr in Erscheinung treten: (möglicherweise *Auleutes epilobii* [–, –/uni]), *Phyllobius arborator* (mF, L/uni), *Polydrusus cervinus* (m, L/uni). Die beiden letzteren haben ihren Verbreitungsschwerpunkt in trockeneren und wärmeren Bereichen des UG.

Dagegen werden *Apion viciae, Ceutorhynchus contractus, C. quadridens, Miccotrogus picirostris, Phyllobius viridicollis, Polydrusus atomarius, P. impar, Sitona lineatus, S. sulcifrons* und *S. suturalis* stets biotopfremd bleiben, da für fast alle die Wirtspflanzen fehlen, und *Polydrusus impar* sich offenbar im UG nur in Altbeständen an Nadelholzunterwuchs entwickelt. Höchstens für *Phyllobius viridicollis* käme noch eine kürzere Ansiedlungsperiode in Betracht. Außer *P. atomarius* stammen alle Arten von Wiesen und anderem offenen Gelände, und sie sind alle flügeldimorph oder makropter.

Der hohe Anteil von Arten des offenen Geländes überhaupt auf Schonungen einerseits und an feuchten Standorten (vergleiche Schlucht- und Bachwaldstandorte!) andererseits zeigt, daß die Kombination Wärme/Helligkeit bzw. Feuchtigkeit auf schwärmende Curculioniden in dieser großen Waldlandschaft einen stärkeren Landereiz ausüben als die geschlossenen Waldungen selbst.

Von der Identität der indigenen Arten her zeigen sich die stärksten Ähnlichkeiten mit dem Calluno-Quercetum und Betulo-Quercetum sowie mit den von diesen beeinflußten, benachbarten UF und denen des Luzulo-Fagetums. Auch das ist bei den meist ziemlich euryöken Indigenae der UF 12 durchaus erklärlich. Gegenüber Wiesen und feuchten Standorten aber sind die Identitätswerte äußerst gering.

UF 13: Großer Zschand unterh. Zeughaus, Fichtenwald an der Alten Zeughausstraße

Diese UF ist durch eine großflächige Krautschicht aus Carex brizoides, Oxalis acetosella und Calamagrostis villosa gekennzeichnet und wurde nur 1974 besammelt.

Insgesamt 12 Arten wurden nachgewiesen, davon sind 10 als biotopeigen zu betrachten: *Barypeithes mollicomus* (b, L/uni), *Cidnorhinus quadrimaculatus* (mF, [L?] I/uni), *Otiorhynchus scaber* (b, I/–), *O. singularis* (b, L+I/–), *Polydrusus impar* (m, ?L/–), *Rhinomias forticornis* (b, L/?uni), *Rutidosoma fallax* (b, I/uni), *Strophosoma capitatum* (b, $L_{3/4}$+I/–). *S. melanogrammum* (b, $L_{3/4}$+I/–), *Trachodes hispidus* (b, –/uni). Darunter gehören *P. impar, O. scaber, S. melanogrammum, R. forticornis, R. fallax* zu den subdominanten Arten.

Im UG hat *R. impar* nach den bisherigen Befunden hier seinen Verbreitungsschwerpunkt (Fichtenjungwuchs in Fichtenforsten auf Luzulo-Fagetum-Standorten auf GbLL-5), auch die ziemlich euryöken *S. melanogrammum, O. scaber, R. forticornis* und *R. fallax* lassen eine Häufung im Bereich der Luzulo-Fagetum-Standorte erkennen. *B. mollicomus* und *S. capitatum* treten im UG im Calluno-Quercetum am häufigsten auf, haben aber auch im Bereich der Fageten beständige Vorkommen. Über den brachypteren *T. hispidus* lassen sich keine Aussagen machen. *C. quadrimaculatus* und *O. singularis* sind ebenfalls ziemlich euryök mit gehäuften Vorkommen im Stellario-Alnetum bzw. Melico-Fagetum trockenerer Ausprägung. Nur *C. quadrimaculatus* und *P. impar* sind makropter, alle anderen brachypter.

Die 2 biotopfremden Arten sind *Phyllobius arborator* und *Neosirocalus floralis*, die beide Einflieger sind, wobei *P. arborator* die dominante Art im Gesamtfang ist. UF 15, die optimale Stätte für *P. arborator*, liegt nur etwa 150 m entfernt. Auf UF 13 fehlen die Wirtspflanzen, vor allem Birke, für ihn, auch ist die Fläche durch die Baumschicht wenig besonnt.

Durch das Vorkommen einer Reihe ziemlich euryöker Arten ist sowohl von den Werten der Dominantenidentität als auch der Artenidentität der Indigenae her einige Ähnlichkeit zu einer Anzahl von UF gegeben, so zum Bereich des Calluno- und Betulo-Quercetums und des Übergangs vom Melico- zum Luzulo-Fagetum, vor allem aber zu UF 16, einem etwas trockenen Fichtenforst, der 200–250 m entfernt liegt und dessen Standort (nicht sicher) dem Luzulo-Fagetum zuzuordnen ist.

Mit den Artenlisten von UF 13 und 16 ist wahrscheinlich bereits das durchschnittliche Arteninventar für Fichtenforste auf mäßig frischen Böden (also etwa im Bereich von GbLL-5) gut erfaßt. Es spricht für die Gleichartigkeit dieses Faunenbestandes, daß auch FEILER (1970) in der westelbischen Sächsischen Schweiz auf 10 verschiedenen UF mit Fichtenstangenhölzern allein mit Barberfallen 13 Arten fing, wovon 10 auch auf UF 13 und 16 nachgewiesen wurden und dort bis auf *O. niger* gleichzeitig als indigen gelten: *Barypeithes mollicomus, Hylobius pinastri, Otiorhynchus niger, O. scaber, O. singularis, Polydrusus impar* (dort als *Phyllobius calcaratus* aufgeführt), *Rhinomias forticornis, Rhyncolus* (= *Eremotes) ater, Strophosoma melanogrammum, Trachodes hispidus*. Die restlichen 3 von FEILER gefundenen Arten *Acalles echinatus, Otiorhynchus subdentatus* und *Hylobius abietis* sind im UG gleichfalls vorhanden.

Trotz vieler Beziehungen zu anderen UF durch für das UG euryöke Arten stellen sich zum Bereich der Wiesen und Schlucht- und Bachwaldstandorte (außer dem Piceetum hercynicum) keine Ähnlichkeiten heraus.

UF 14: Großer Zschand unterh. Zeughaus, Buchenschonung

Auf der ringsum von Fichtenforst umgebenen, unmittelbar an UF 13 grenzenden Schonung wurden 1972–74 15 Arten gefangen. Sie muß als ziemlich individuenarm gelten, nur während des heißen Sommers 1974 änderte sich dieses Bild durch starkes Auftreten von *Phyllobius arborator*. Es muß erwogen werden, ob diese Art sich – wenigstens in günstigen Jahren? – auf der UF entwickeln kann, da auch einiger Birkenanflug in der Randzone der Schonung vorhanden ist. Der Großteil der Käfer stammt aber mit Sicherheit von der etwa 150 m entfernten UF 15, wo *P. arborator* von 1972–74 stets in großer Zahl auftrat.

9 Arten können, einschließlich *P. arborator* (unter Vorbehalt), als biotopeigen gewertet werden: *Auleutes epilobii* (–, –/uni), *Otiorhynchus scaber* (b, I/–), *O. subdentatus* (b, –/–), *Phyllobius arborator* (mF, L/uni), *Plinthus tischeri* (b, I/–), *Rhynchaenus salicis* (m, –/–), *R. stigma* (m, –/uni), *Strophosoma capitatum* (b, $L_{3/4}$+I/–), *S. melanogrammum* (b, $L_{3/4}$+ I/–). Mit diesem Indigenae-Spektrum weist UF 14 neben einigen euryöken Arten auch solche auf, deren ökologisches Verbreitungsmuster im UG noch nicht zu übersehen ist (*Auleutes epilobii, Otiorhynchus subdentatus, Rhynchaenus*-Arten). Mit *Plinthus tischeri* tritt eine Art auf, die offensichtlich kühle, feuchte Böden und Pflanzen mit starken Wurzeln oder Rhizomen (Rumex-, Polygonum-, Farn-Arten?) zur Larvalentwicklung benötigt. Die geringen Individuenzahlen machen deutlich, daß hier – entsprechend dem Alter der Schonung (9–11 Jahre) – mit dem dichten, strauchigen Wuchs der angepflanzten Buchen und Tannen, den dazwischen wuchernden Weiden und riesigen Brombeerranken im UG licht- und wärmeliebende Arten, wie z. B. *P. arborator, Pselaphorhynchites nanus, Anoplus plantaris* nicht mehr da oder im Verschwinden begriffen sind, höchstens noch als Gast auftreten (*Anoplus plantaris*), andererseits den unter Pessimalbedingungen überdauernden Relikten des alten Fichtenforsts (auf ?Abieti-Fagetum-Standort) noch keine besseren Existenzmöglichkeiten entstanden sind. Wahrscheinlich sind die älteren Schonungen und Stangenhölzer mit ihrem dichten Schlußgrad und der oft fast krautschichtlosen, von starker, schlecht zersetzter Streuschicht bedeckten Oberfläche generell kein günstiger Ort für Phyto- und Zoophagen unter den Coleopteren (*Staphylinidae* ausgenommen), denn auch die Chrysomeliden- und Carabidenfauna solcher Bestände ist sehr spärlich.

Durch *Phyllobius arborator, S. capitatum, S. melanogrammum* und *O. scaber* ist die Dominanten- und Indigenaeidentität mit dem Calluno- und Betulo-Quercetum noch hoch (Nachbarschaftsbeziehungen zu UF 15 – s. auch UF 16 – wirken sich überdies aus) und macht sich zum Teil auch noch im Bereich des Luzulo-Fagetums (einschließlich Übergang zum Melico-Fagetum) bemerkbar. Mit anderen UF bestehen hinsichtlich der Indigenae keine Ähnlichkeiten mehr, bei den dominanten nur durch den dort biotopfremden *P. arborator*.

Biotopfremd sind 6 Arten: *Anoplus plantaris, Curculio salicivorus, Hylobius abietis, H. pinastri, Phyllobius calcaratus, Polydrusus impar*. Für *H. abietis* und *H. pinastri* sowie *P. impar* fehlt das Nährsubstrat. *Anoplus plantaris* dürfte nur Irrgast sein, da er trockenere und wärmere Bereiche (Calluno-, Betulo-Quercetum) bevorzugt. *P. calcaratus* hat seinen Vorzugsbereich im Stellario-Alnetum und Melico-Fagetum frischer Ausprägung. Möglicherweise kann er hier als potentieller Wiederbesiedler gelten. *C. salicivorus* (1 Ex., Galleninquiline an Salix) liegt nur in insgesamt 3 Stücken aus dem UG vor und ist wahrscheinlich hier als eingeflogenes Stück zu werten.

UF 15: Großer Zschand unterh. Zeughaus, Fichtenschonung oberhalb Schneeloch

Die schwach nordwärts geneigte Fichtenschonung befindet sich auf einem Betulo-Quercetum-Standort und ist floristisch ziemlich arm. Die Fläche ist frostgefährdet.

Von den 16 gefangenen Arten sind 9 als indigen anzusehen: *Otiorhynchus niger* (b, ?L?I/2jährig), *O. scaber* (b, I/–), *Phyllobius arborator* (mF, L/uni), *P. viridicollis* (mF, L/uni), *Polydrusus undatus* (m, $L_{3/4}$+P/–), *Rhynchaenus rusci* (m, –/bi bis uni), *R. stigma* (m, –/uni), *Strophosoma capitatum* (b, $L_{3/4}$+I/uni), *S. melanogrammum* (b, $L_{3/4}$+I/uni).

Von ihnen ist *Phyllobius arborator* über alle Untersuchungsjahre hinweg als einzige Art im Höchstmaß dominant, woraus zu schließen ist, daß er hier eine optimale Entwicklungsstätte hat. Die je zwei *Otiorhynchus-* und *Strophosoma*-Arten sind brachypter, die restlichen 5 Arten makropter. Die 4 brachypteren Arten sind solche mit im UG ziemlich großer ökologischer Potenz.

Die 7 biotopfremden Arten *Apion flavipes, A. marchicum, Phyllobius calcaratus, P. maculicornis, Sitona lineatus, S. sulcifrons* bewohnen vor allem Wiesen oder frischeren Hochwald (*P. calcaratus*). *Peritelus hirticornis* dürfte (als Wiederbesiedler) aus den umliegenden Fichtenstangenhölzern oder dem etwas entfernteren Fichtenhochwald eingewandert sein.

Durch *Phyllobius arborator* besitzt UF 15 mit den Calluno-Querceten (UF 6, 8, 11) eine gemeinsame indigene dominante Art, durch *Strophosoma melanogrammum* und *capitatum* (UF 6, 8, 11) sowie durch *Polydrusus undatus* und *Otiorhynchus scaber* (UF 6) gemeinsame indigene Arten. Ähnlich lose, ebenfalls durch die gleichen euryöken Arten, erweisen sich die Beziehungen zum Bereich des Luzulo-Fagetums: *P. arborator* ist – wenn überhaupt – die gemeinsame, dort oft nicht einmal indigene dominante Art. Gemeinsame Indigenae sind *Strophosoma melanogrammum, S. capitatum, Otiorhynchus scaber*, auch *Rhynchaenus stigma* (mit UF 14). Der hohe Wert der Dominantenidentität zu UF 10 (Piceetum hercynicum, fragmentarisch) wird durch den dort biotopfremden *P. arborator* verursacht. Die JACCARDsche Zahl aus den Indigenae ist gering, da nur eventuell *Otiorhynchus niger* beiden gemeinsam sein könnte. Mit einer jungen (2jährigen) Fichtenschonung (UF 12), die in der Curculionidenfauna noch die Relikte des einstigen Fichtenhochwaldes auf Luzulo-Fagetum-Standort, aber auch „Neubesiedler" sowie vorübergehende Gastarten aufweist, bestehen noch größere Ähnlichkeiten hinsichtlich der Indigenae.

Mit allen anderen UF bestehen in der Dominantenidentität nur über den dort meist biotopfremden *P. arborator* formale Ähnlichkeiten, deren Äußerlichkeit durch den Vergleich der indigenen Arten sofort sichtbar wird.

UF 16: Großer Zschand unterh. Zeughaus, Fichtenwald am Schneeloch

Dieser etwas trockenere Fichtenforst hat ausgedehnte Bestände von Deschampsia flexuosa und Pteridium aquilinum in der Krautschicht. An einer südwärts geneigten, felsigen Steilstufe befindet sich etwas Birkenanflug, der vielleicht – zumindest in günstigen Jahren? – Entwicklungsmöglichkeiten für *Strophosoma capitatum* und *Phyllobius arborator* bietet. Doch für letzteren muß daneben auf jeden Fall mit Anflug von der etwa 30–40 m entfernten UF 15 gerechnet werden, wo die Art Massenvorkommen hat.

Von 15 Arten werden 11 als biotopeigen angesehen, darunter *P. arborator* mit Vorbehalt, da sich dessen Individuenzahl in erster Linie aus Einfliegern und nur mit geringem Anteil aus indigenen Tieren zusammensetzen dürfte: *Acalles pyrenaeus* (b, –/–), *Barypeithes mollicomus* (b, L/uni), *Hylobius pinastri* (m, –/–), *Otiorhynchus scaber* (b, I/–), *Phyllobius arborator* (mF, L/uni), *Polydrusus impar* (m, ?L/–), *Rhinomias forticornis* (b, L/?uni), *Rhyncolus ater* (mF, L/–), *Strophosoma capitatum* (b, $L_{3/4}$+I/–), *S. melanogrammum* (b, $L_{3/4}$ +I/–), *Trachodes hispidus* (b, –/uni). Mit *R. ater*, dem brachypteren *T. hispidus* und dem wahrscheinlich auch brachypteren *A. pyrenaeus* befinden sich drei bemerkenswerte, phytosaprophage Arten in der Ausbeute, doch können diese Einzelstücke nicht zur ökologischen Charakterisierung der UF herangezogen werden, da die wenigen im UG überhaupt gefangenen Tiere in ihren Vorkommen bisher keine Bevorzugung bestimmter Bereiche erkennen lassen. Ähnlich verhält es sich mit dem makropteren *H. pinastri*. Dieser wurde bisher vorwiegend in Tallagen (niemals auf Felsstandorten und Schonungen) in geringer Stückzahl gefangen (während *H. abietis* die in Klammern angeführten Bereiche eindeutig bevorzugt). Daher ist Fichte im UG wahrscheinlich die Wirtspflanze von *H. pinastri*, während Kiefer ausscheidet. *B. mollicomus*, *P. arborator* und *S. capitatum* weisen auf eine schwach temperaturbegünstigte, nicht zu feuchte Lage, mit *O. scaber*, *P. impar*, *R. forticornis* und *S. melanogrammum* sind typische Arten von Fichtenforsten auf Standorten des Luzulo-Fagetums erfaßt. – 7 brachypteren Arten stehen 4 makroptere gegenüber.

Die eintönige, vor allem aus Deschampsia flexuosa und Pteridium aquilinum bestehende Krautschicht enthält keinerlei Curculionidenlarven. Kraut- bis Baumschichtbewohner unter den Imagines sind nur *P. arborator*, *P. impar* und die beiden *Strophosoma*-Arten, doch halten sich die beiden letzteren auch am Boden auf. Der hohe Anteil imaginal boden- und oberflächenbewohnender Arten gegenüber den Kraut- und Baumschichtbewohnern drückt also die Tatsache „arme Kraut- und Baumschicht“, „starke Streu“ (hier Nadelstreu mit geringem [Buchen-]Laubanteil) deutlich aus. Diese Deutungsmöglichkeiten bloßer Zahlen sind zwar variabel, aber auf jeden Fall gegeben und unter Berücksichtigung der einzelnen Arten auch präzisierbar.

Die 4 biotopfremden Arten sind: *Ceutorhynchus contractus*, *Deporaus betulae*, *Otiorhynchus niger*, *Peritelus hirticornis*. Die beiden ersten sind eingeflogen, die beiden letzten wahrscheinlich aus einem unmittelbar einige m darunterliegenden Tälchen eingewandert. Dort befindet sich gleichfalls Fichtenjungwuchs, am Hange Heidelbeere, so daß für die beiden Arten Entwicklungsmöglichkeiten bestehen könnten.

Für die Ähnlichkeiten nach den Werten der Dominanten- und Artenidentität gilt das bei UF 13 Festgestellte. Bemerkenswert ist der hohe Übereinstimmungsgrad beider Werte zu UF 6, ein Hinweis auf den engen Kontakt zwischen Calluno-Quercetum und Luzulo-Fagetum im Bereich der Felsstandorte auf Grund rasch wechselnder Standortsverhältnisse. Die größte Übereinstimmung besteht zwischen UF 13 und 16.

UF 17: Großer Zschand unterh. Zeughaus, Schluchtwald I (Arunco-Aceretum)

Ein gleichmäßig kühl-feuchtes Klima kennzeichnet diese UF und spiegelt sich auch in der Curculionidenfauna wider. Diese ist sehr individuenarm. Von insgesamt 23 nachgewiesenen Arten können nur wenige (8) mit einiger Sicherheit als indigen gelten, doch sind darunter solche von hoher ökologischer Aussagekraft: *Acalles echinatus* (b, ?I/–), *Barynotus moerens* (–, ?I/–), *Liophloeus tessulatus* (b, L+I/2jährig), *Liparus germanus* (b, L/2jährig), *Otiorhynchus equestris* (b, I/–), *Phyllobius calcaratus* (m, ?L/–), *Stereonychus fraxini* (m, ?I/uni), *Tropiphorus carinatus* (b, I/–).

Nur 2 Arten sind makropter, der Rest ist brachypter (*Barynotus moerens* ist vermutlich ebenso brachypter wie der verwandte *B. obscurus*). *Liparus germanus* und *Otiorhynchus equestris* müssen als stenotope, oligostenotherme Arten des Schlucht- und Bachwaldes gelten. Für die restlichen Arten stellt die UF wahrscheinlich nur einen Pessimalbereich dar. Hier wie bei den anderen Schlucht- und Bachwaldstandorten ist ein relativ wie absolut geringer Anteil an Arten auffallend, die ihre Larvalperiode in der Kraut-(bis Baum-)schicht verbringen, obwohl diese Flächen zu den gerade in ihrer Krautschicht mäßig artenreichen bis artenreichen gehören. Es ist sicher keine Fehlannahme, die Ursache hierfür in den gleichmäßig kühlen Temperaturen zu sehen.

Die Zahl der biotopfremden Arten ist hoch (15), diese wurden zumeist nur in Einzelstücken festgestellt und stammen vorwiegend von Wiesen und offenem Gelände: *Anoplus plantaris* (Wintergast?), *Apion apricans, A. flavipes, Ceutorhynchus contractus, Cidnorhinus quadrimaculatus* (Wirtspflanze Urtica dioica reichlich vorhanden, doch in 3 Fangjahren nur 2 Ex.! – biotopfremd!), *Coeliodes rubicundus* (Wintergast?), *Hypera nigrirostris, Otiorhynchus niger, O. scaber, O. subdentatus* (alle 3 Einwanderer aus Nachbarbiotopen?), *Phyllobius arborator, P. viridicollis, Rhinoncus bruchoides, R. perpendicularis, Sitona lineatus*. Bis auf die drei *Otiorhynchus*-Arten sind alle Arten flügeldimorph oder makropter. Es ist wahrscheinlich, daß die feuchten, floristisch reichen Schlucht- und Bachwaldstandorte vielen schwärmenden Arten im UG im Sommer mikroklimatisch und von den Fraßpflanzen her einige Zeit den Aufenthalt erlauben, vielleicht bei längerer Trockenheit und Hitze eine Lockwirkung ausüben, doch als Entwicklungsbiotope kommen sie selbst bei reichlichem Vorkommen von Wirtspflanzen für viele Arten auf Grund ungünstiger abiotischer Faktoren nicht in Betracht. Auf diese Weise kommt ein hoher Prozentsatz biotopfremder Arten am Gesamtartenspektrum der UF zustande, wie er nicht nur im vorliegenden Falle, sondern auch bei den bearbeiteten Acero-Fraxinetum- und Stellario-Alnetum-Standorten zu beobachten ist.

Der Vergleich der Artenspektren der Schlucht- und Bachwaldstandorte macht die Schwierigkeiten deutlich, sowohl floristisch als auch faunistisch feste Verbände im Gebiet wirklich abgrenzen zu können. Bereits floristisch bestehen zwischen den beiden Acero-Fraxineten (und auch zwischen den beiden Stellario-Alneten) deutliche Unterschiede, in der Curculionidenfauna noch mehr. Dagegen sind die nur etwa 100 m voneinander entfernten UF 17 (Arunco-Aceretum) und UF 18 (Acero-Fraxinetum) in ihrer Curculionidenfauna viel ähnlicher. Schlußfolgerungen zu diesem und anderen Fällen werden in Kapitel V gezogen. Die Unterschiede nach den Arten innerhalb der drei Gesellschaften Arunco-Aceretum, Acero-Fraxinetum und Stellario-Alnetum sollen nachfolgend genauer dargestellt werden. Zu UF 18 (Acero-Fraxinetum, mit 15 Arten) besteht die größte Ähnlichkeit im Curculionidenspektrum. *Liparus germanus, Otiorhynchus equestris* und der biotopfremde *Phyllobius arborator* sind gemeinsame dominante Arten, die beiden erstgenannten sowie *Liophloeus tessulatus* und *Tropiphorus carinatus* sind die gemeinsamen Indigenae. Das zweite Acero-Fraxinetum (UF 21 mit 18 Arten), im Kirnitzschtal gelegen, hat bereits floristisch Anklänge an ein Melico-Fagetum und läßt auch in der Curculionidenfauna wenige Beziehungen zu UF 17 erkennen: einzige gemeinsame (sub)dominante, auf beiden UF biotopfremde Art ist *Phyllobius arborator*. An gemeinsamen Indigenae sind nur noch *Acalles echinatus* und *Otiorhynchus equestris* zu nennen.

Zu einem Stellario-Alnetum (UF 22 mit 9 Arten) im Kirnitzschtal zeigt UF 17 wiederum große Ähnlichkeit: Beiden ist zwar nur der jeweils biotopfremde (sub)dominante *Phyllobius arborator* gemeinsam, so daß die Dominantenidentität gering ist, doch weist ein hoher Wert der Artenidentität der Indigenae auf größere ökologische Ähnlichkeit der Standorte: *Otiorhynchus equestris, Phyllobius calcaratus, Barynotus moerens, Stereo-*

nychus fraxini, Tropiphorus carinatus. Ein zweites Stellario-Alnetum (UF 23 mit 21 Arten) im Kirnitzschtal, bereits physiognomisch recht verschieden vom ersten, zeigt bei den Indigenae nur *Phyllobius calcaratus* als gemeinsame subdominante Art, als weitere gemeinsame subdominante, aber jeweils biotopfremde Art tritt *P. arborator* hinzu.

Zu allen anderen Bereichen des UG zeigt UF 17 keinerlei Ähnlichkeit mehr. Das Piceetum hercynicum, hier als Fichtenschluchtwald bezeichnet, böte sicher mikroklimatisch gleiche Möglichkeiten zur Entwicklung der Arten von UF 17, der krasse Unterschied in der Flora bedingt hier aber auch einen krassen Unterschied in der Curculionidenfauna beider Bereiche.

UF 18: Großer Zschand unterh. Zeughaus, Schluchtwald II (Acero-Fraxinetum)

Das Mikroklima ist dem der UF 17 gleichzusetzen. Flora und Curculionidenfauna beider UF ähneln sich ziemlich.

Von den 15 nachgewiesenen Arten sind 6 brachyptere als indigen zu werten: *Liophloeus tessulatus* (b, L+I/2jährig), *Liparus germanus* (b, L/2jährig), *Otiorhynchus equestris* (b, I/–), *Rhinomias forticornis* (b, L/?uni), *Sciaphilus asperatus* (b, I/uni), *Tropiphorus carinatus* (b, I/–).

Liparus germanus und *Otiorhynchus equestris* haben im Bach- und Schluchtwald (offenbar im Bereich der Hochstaudenvegetation) beständige Vorkommen, anderswo sind sie nicht anzutreffen. *Liophloeus tessulatus* hat im UG eine ähnliche Verbreitung, doch zeigt sein oft schädliches Auftreten an Kulturpflanzen in anderen Gebieten eine viel weitere ökologische Potenz an, so daß anzunehmen ist, daß er hier wie *Sciaphilus asperatus* und *Tropiphorus carinatus* (die ihren Verbreitungsschwerpunkt auf Wiesen haben) und *Rhinomias forticornis* (optimal in Fageten) nur einen pessimalen Existenzbereich findet.

Die restlichen biotopfremden Arten stammen vorwiegend aus offenem Gelände, nur der brachyptere *Otiorhynchus niger* dürfte aus benachbarten Waldbiotopen eingewandert sein: *Anoplus plantaris* (Wintergast?), *Coeliodes rubicundus* (Wintergast?), *Neosirocalus floralis, Otiorhynchus niger, O. porcatus* (vielleicht auch indigen?), *Phyllobius arborator, Rhynchaenus salicis, Sitona sulcifrons, S. suturalis.* Davon sind bis auf die beiden *Otiorhynchus*-Arten alle flügeldimorph oder makropter.

Während zwischen der Curculionidenfauna von UF 18 und UF 17 (Arunco-Aceretum) noch große Ähnlichkeit besteht, ist sie zwischen UF 18 und UF 21 (einem weiteren Acero-Fraxinetum im Kirnitzschtal) nur noch gering, zum Stellario-Alnetum und allen anderen Bereichen überhaupt nicht mehr gegeben. Die Übereinstimmungen zu UF 17 sind bereits dargelegt (s. unter UF 17). Zu UF 21 bestehen von den Dominanten her nur über den indigenen *Rhinomias forticornis* Beziehungen, *Phyllobius arborator* ist zwar beiden UF gleichfalls als dominante Art gemeinsam, aber jeweils biotopfremd. Gemeinsame Indigenae sind nur noch *Otiorhynchus equestris* und *Sciaphilus asperatus*.

UF 19: Buschmüllers Räumicht oberh. der Buschmühle

Diese auf einer Hochfläche gelegene Waldwiese, in Randbezirken noch als Fichtenschonung und Weidenheger genutzt, ist floristisch vorwiegend aus Arten der Naß- und Feuchtwiesen zusammengesetzt. Sie ist mit 73 Curculionidenarten die artenreichste der UF. Davon können 39 als Indigenae angesehen werden, darunter einige von den angrenzenden, z. T. die Wiese durchsetzenden Laubhölzern (vor allem Weidenschößlinge): *Alophus triguttatus* (b, –/–), *Apion cruentatum* (b[–d?], ?I/uni), *A. curtirostre* (m, ?I/uni), *A. flavipes* (mF, I/uni), *A. miniatum* (d, ?I/uni), *A. sicardii* (m, –/–), *A. violaceum* (m, I/uni), *A. virens* (dF, I/uni), *Barynotus obscurus* (b, ?I/–), *Ceutorhynchus cochleariae* (m, I/uni), *Ceutorhynchidius troglodytes* (m, I/uni), *Cidnorhinus quadrimaculatus* (mF, [?L]I/uni), *Deporaus betulae* (mF, I/uni), *Gymnaetron labile* (–, –/–), *G. melanarium* (m, L/–), *Hypera arator* (m, I/uni), *H. postica* (d, I/uni), *H. zoilus* (d, E+L+I/Kühl- u. Warmbrütergeneration), *Miarus campanulae* (m, ?I/uni), *Miccotrogus picirostris* (m, I/uni oder poly?), *Otiorhynchus porcatus* (b, I/–), *Phyllobius oblongus* (mF, L_5/uni), *P. piri* (mF, ?L+P/uni), *P. viridicollis* (mF, L/uni), *Polydrusus undatus* (m, $L_{3/4}$+P/–), *Pselaphorhynchites tomentosus* (m, L/uni), *Rhinoncus bruchoides* (m, I/uni), *R. pericarpius* (m, I/uni), *Rhynchaenus salicis* (m, –/–), *R. stigma* (m, –/uni), *Sciaphilus asperatus* (b, I/uni), *Sitona cambricus* (m, I/uni), *S. flavescens* (mF, [L]+P+I/uni), *S. hispidulus* (dF, E+I/uni), *S. lineatus* (mF, E+L+L+I/uni), *S. sulcifrons* (dF, E+I/uni), *S. suturalis* (d, I/–), *Trachyphloeus aristatus* (–, ?I/–), *Tropiphorus carinatus* (b, I/–). Während für *D. betulae*, *P. oblongus*, *P. tomentosus*, *R. bruchoides*, *R. salicis*, *R. stigma* und letztlich auch für *H. arator* und *H. postica* bisher im UG kein ökologisch deutbares Verbreitungsmuster gefunden werden konnte, *C. quadrimaculatus* und *P. undatus* ziemlich euryök sind, aber Vorzugsbereiche erkennen lassen, sind für die restlichen Arten Wiesen mit mehr oder weniger großer Sicherheit Verbreitungsschwerpunkt oder gar alleiniger Vorkommensbereich. Davon zählen *A. flavipes*, *A. virens*, *P. viridicollis* und *S. flavescens* zu den im Gesamtfang dominanten und subdominanten Arten.

5 brachyptere Arten bilden einen sehr geringen Anteil gegenüber 31 flügeldimorphen oder makropteren. *Gymnaetron labile* ist wahrscheinlich makropter, *T. aristatus* brachypter. Nur wenige der vielen Arten, die den Larvalzustand im Boden- und Streuschichtbereich verbringen, sind im Imaginalzustand noch Boden- bis Oberflächenbewohner. Der Wiesen-„detritus" ist gegenüber der Streuschicht des Waldes auch viel schwächer ausgebildet, der Boden meist fester. Ein großer Teil der das Stratum von der Larval- zur Imaginalperiode wechselnden Arten wird von den *Sitona*- und *Phyllobius*-Arten gebildet, die als Larven ektophag (bis endophag) an den Wurzeln der Wirtspflanzen leben, als Imagines über den Wirtspflanzenkreis hinaus an unspezifischen Fraßpflanzen zu finden sind. Ein von vornherein relativ und absolut hoher Anteil von Arten, die sich als Larven in der Krautschicht entwickeln, zeigt – wie gegenteilig bei den Schlucht- und Bachwaldstandorten – den Einfluß der guten Insolierung und damit verbundenen höheren, stärker schwankenden Temperaturen bei floristisch artenreicher Krautschicht an.

34 Arten sind biotopfremd: *Anthonomus pedicularius*, *Apion apricans*, *A. nigritarse*, *A. onopordi*, *A. sanguineum*, *A. viciae*, *Apoderus coryli*, *Ceutorhynchus assimilis*, *C. chalybaeus*, *C. contractus*, *C. erysimi*, *C. napi*, *C. pleurostigma*, *C. quadridens*, *Coeliodes rubicundus*, *Coenorhinus germanicus*, *Cryptorhynchus lapathi*, *Curculio salicivorus*, *Gymnaetron pascuorum*, *Hypera plantaginis*, *H. viciae*, *Neosirocalus floralis*, *Otiorhynchus scaber*, *O. singularis*, *Peritelus hirticornis*, *Phyllobius arborator*, *P. maculicornis*, *Pissodes harcyniae*, *Pselaphorhynchites nanus*, *Rhinomias forticornis*, *Rhinoncus castor*, *Sitona humeralis*, *S. puncticollis*, *Strophosoma melanogrammum*. Ein großer Teil der Arten ist aus der angewandt- bzw. agrarökologisch-entomologischen Literatur von Feldern, Wiesen, Weiden bekannt (*Apion*-, *Ceutorhynchus*-, *Hypera*-Arten). Ihre Makropterie (zumindest Flügeldimorphismus) einerseits, ihre geringe, meist noch auf unterschiedliche UF verteilte Stückzahl stempeln sie zu eingeflogenen Formen. Die *Ceutorhynchus*-Arten stellten sich zum größten Teil erst nach dem Umbruch eines Teils der Wiese im Jahre 1973 und dem damit einhergehenden Auftreten von Cruciferen-Unkräutern ein, z. T. in größerer Zahl, aber bereits 1974 waren die Individuenzahlen wieder stark zurückgegangen. Daher

werden sie mit Recht als eingeflogene Stücke gewertet. Eine Ausnahme macht *C. cochleariae*, für den Cardamine pratensis als hauptsächliche Wirtspflanzenart vor verschiedenen anderen genannt wird. Diese ist auf den Wiesen des UG (UF 19, 24) in geringer Dichte vorhanden, so daß *cochleariae* dort als indigen gewertet werden kann. Seine geringen Stückzahlen könnten als das Ergebnis der geringen Dichte der Wirtspflanze betrachtet werden.

Einen schwierig zu beurteilenden Komplex stellen die Laubholzbewohner dar. Ein Teil dieser makropteren Formen (in Anzahl gefangen, ziemlich weit im UG verbreitet – oft „euryök" ohne genauere Aussagemöglichkeit) wurde, wenn die Wirtspflanzen vorhanden waren, zu den Indigenae gerechnet, andere makroptere, die trotz Vorkommens der Wirtspflanzen nur in geringer Zahl gefunden wurden, zu den biotopfremden gezählt. Solche formale Einstufung kann nur durch genaue autökologische Kenntnisse überwunden werden. Zum Teil liegen für einige in vereinzelten Stücken gefangenen Arten andere Vorzugsbereiche vor (*Coeliodes rubicundus, Phyllobius arborator, Pselaphorhynchites nanus*). Eine dritte Gruppe ist verhältnismäßig leicht zuzuordnen: Es sind eingewanderte Einzeltiere von Arten, die den umliegenden Fichtenforst und seine laubholzreicheren Randzonen besiedeln (*Otiorhynchus scaber, O. singularis, Peritelus hirticornis, Rhinomias forticornis, Strophosoma melanogrammum*).

Da sich eine große Artenzahl des Spektrums von UF 19 als Arten der Wiesen oder offenen Geländes im UG deutlich heraushebt, sind Ähnlichkeiten zu Waldstandorten kaum zu erwarten, wie auch die Gitterdiagramme 26, 27 und 28 zeigen. Nur zu zwei offenen Saumbiotopen (Wegrandzonen – UF 2 und 7) sowie selbstverständlich zu UF 24 (gleichfalls Wiese) bestehen Übereinstimmungen in Dominantenidentität und Artenidentität der Indigenae.

Zu UF 2 und 7 sind die Identitätswerte der Indigenae und Dominanten gering und beruhen nur auf den entsprechenden Wiesenarten dieser beiden UF, die Dominantenwerte kommen vor allem durch *A. virens* und *P. viridicollis* zu UF 2, durch *A. flavipes* und *A. virens* zu UF 7 zustande. Zu UF 24 besteht die größte Übereinstimmung sowohl nach einer Vielzahl gemeinsamer Indigenae als auch nach *A. flavipes, A. virens, P. viridicollis* und *S. flavescens* als gemeinsamen Dominanten und Subdominanten.

UF 20: Neunstelliger Hübel, Buchenwald

UF 20 ist ein ziemlich trockener Standort (Kg BaK-6), auf dem sich ein Übergang zwischen Melico- und Luzulo-Fagetum befindet. Auch hier fehlt wie auf UF 4 Mercurialis perennis, so daß *Apion pallipes* keine Entwicklungsmöglichkeiten findet. Der Standort ist nur kleinflächig, z. T. mit Buchenstangenholz im Unterstand und randwärts mit Birkenanflug und Adlerfarnbeständen durchsetzt. Er wurde nur von A VI bis A XI 1974 vergleichsweise mit Gesiebe- und Käscherfängen besammelt, Barberfallen wurden nicht ausgebracht.

Nur 6 Arten wurden insgesamt gefangen, davon sind 5 als indigen zu werten: *Polydrusus impar* (m, ?L/–), *P. undatus* (m, L+P/–), *Rutidosoma fallax* (b, I/uni), *Strophosoma capitatum* (b, L+I/–), *S. melanogrammum* (b, L+I/–). Davon ist *S. melanogrammum* dominant, die beiden *Polydrusus*-Arten sind mit sehr geringen Stückzahlen noch subdominant. *Deporaus betulae* (m) wird als biotopfremde Art angesehen, für ihn ließ sich bisher kein Vorzugsbereich im UG feststellen, seine Vorkommen waren auch ziemlich vereinzelt.

Die genannten Arten sind wenig aussagekräftig. Merkwürdigerweise fehlt *Phyllobius arborator* völlig in den Aufsammlungen, obwohl ringsumher Felsstandorte und offenere

Hangflächen mit Birke vorhanden sind, von wo er ohne weiteres einfliegen könnte. Auch *Rhinomias forticornis* wurde bisher noch nicht nachgewiesen; vielleicht reichte die Fangintensität nicht aus.

Zum Calluno- und Betulo-Quercetum (UF 5, 6, 8, 11, 15) ergeben sich durch euryöke Arten, die im Bereich des Luzulo-Fagetums oder einem der beiden verglichenen Bereiche gehäufte Vorkommen erkennen lassen (*Polydrusus undatus, Strophosoma capitatum, S. melanogrammum*) und durch *Polydrusus impar* Ähnlichkeiten im Gitterdiagramm. Die größere Ähnlichkeit mit UF 6 (*Strophosoma melanogrammum, Polydrusus impar, P. undatus* als gemeinsame indigene dominante Arten, dazu *Strophosoma capitatum* als weitere indigene gemeinsame Art) zeigen dessen besondere Stellung innerhalb der bearbeiteten Calluno-Querceten an.

Zum Melico-Fagetum weist die Curculionidenfauna von UF 20 kaum Beziehungen auf, doch dürfte der Artenbestand mit den Fängen von 1974 auch noch nicht voll erfaßt sein. Zu UF 4 (gleichfalls Übergang vom Melico- zum Luzulo-Fagetum) bestehen gleichfalls nur geringe Beziehungen (*Strophosoma melanogrammum* als gemeinsame indigene dominante, *Rutidosoma fallax* und *Polydrusus impar* als weitere gemeinsame indigene Arten). Zu zwei Fichtenforsten (UF 13, 16) auf Standorten des Luzulo-Fagetums und einer Buchenschonung auf einem Abieti-Fagetum-Standort (UF 14) ergeben sich erneut durch die gemeinsamen indigenen Arten *Strophosoma melanogrammum, S. capitatum, Polydrusus impar*, zu UF 13 zusätzlich durch *Rutidosoma fallax*, nähere Beziehungen, wobei *S. melanogrammum* und *P. impar* als gemeinsame Dominanten auftreten. Auch zu einer 2jährigen Fichtenschonung (Digitali-Epilobietum mit Relikten des Luzulo-Fagetums, vorher Fichtenforst), die sich erst im Stadium der beginnenden Besiedlung durch Curculioniden befindet, läßt UF 20 noch durch *Strophosoma melanogrammum* als gemeinsamer Dominante und *S. capitatum* als weiterer indigener Art noch Beziehungen erkennen, doch treten die hieraus errechneten Werte im Gitter kaum in Erscheinung. Mit allen anderen Bereichen besteht keine Ähnlichkeit.

UF 21: Kirnitzschtal oberh. Dreisteigenbrücke, Schluchtwald

Diese UF (Acero-Fraxinetum) liegt in Unterhanglage unmittelbar an und über der Kirnitzsch. Das Talprofil ist – wahrscheinlich durch geologische Störungen bedingt – nicht, wie im Sandstein üblich, U-förmig (Cañon), sondern steil V-förmig. Dies sowie die Südexposition der Fläche (Talverlauf in diesem Abschnitt O–W) machen das Mikroklima vermutlich (keine Messungen) etwas wärmer und bei verbesserter Luftzirkulation etwas trockener als das der UF 17 und 18 im Großen Zschand. Galium sylvaticum, Stellaria holostea und Thalictrum aquilegifolium am oberen Rande der UF weisen auf diesen mikroklimatischen Unterschied hin. Physiognomisch, floristisch und nach der Curculionidenfauna unterscheidet sich dieses Acero-Fraxinetum von jenem des Großen Zschandes ziemlich stark (vergleiche unter UF 18).

Von 18 gefangenen Arten werte ich 9 als biotopeigen: *Acalles echinatus* (b, ?I/–), *Apion pallipes* (m, I/uni), *A. pseudocerdo* (–, I/uni), *Brachysomus echinatus* (b, I/–), *Otiorhynchus equestris* (b, I/–), *O. scaber* (b, I/–), *Rhinomias forticornis* (b, L/?uni), *Rutidosoma fallax* (b, I/uni), *Sciaphilus asperatus* (b, I/uni). Davon sind *Rhinomias forticornis, Apion pallipes, Rutidosoma fallax* und *Brachysomus echinatus* zu den dominanten und subdominanten Arten zu rechnen. Bis auf die beiden *Apion*-Arten sind alle brachypter. Keine der indigenen Arten hat hier ihren Verbreitungsschwerpunkt, doch bieten sich für eine Reihe von Bodenoberflächen- und Streuschichtbewohnern vielseitige Existenzmöglichkeiten (*A. echinatus*,

B. echinatus, R. forticornis, R. fallax). Für *Apion pallipes, Otiorhynchus scaber, O. equestris* und *Sciaphilus asperatus* bietet UF 21 wahrscheinlich nur noch Pessimalbedingungen. 9 Arten sind biotopfremd: *Ceutorhynchus erysimi, Deporaus betulae, Neosirocalus floralis, Otiorhynchus subdentatus, Phyllobius arborator, Polydrusus mollis, P. undatus, Rhinoncus perpendicularis, Sitona lineatus.* Davon ist der brachyptere *Otiorhynchus subdentatus* wahrscheinlich als Zuwanderer aus benachbartem Fichtenforst anzusehen, die anderen Arten dürften zugeflogen sein, da sie makropter sind (das ist unter Berücksichtigung der anderen *Polydrusus*-Arten auch für *P. mollis* zu erwarten). Offenes Gelände oder trockenere und wärmere Waldtypen sind die Verbreitungsschwerpunkte dieser Arten; für *Otiorhynchus subdentatus, Deporaus betulae, Polydrusus mollis* war keinerlei Bevorzugung eines bestimmten Bereiches im UG zu erkennen. *Phyllobius arborator* ist dominant und häufigste Art in der Ausbeute dieser UF!

Während von der Artenidentität der Indigenae her erwartungsgemäß keine oder sehr geringe Ähnlichkeit zu Calluno- und Betulo-Querceten, zu verschiedenen sonstigen Standorten (UF 7, 9, 12) und Wiesen bestehen und selbst das Stellario-Alnetum keine Beziehungen zu UF 21 aufweist (Vergleich mit Arunco-Aceretum und anderem Acero-Fraxinetum s. unter UF 17 und 18), deuten sich solche im Bereich des Melico-Fagetums und Luzulo-Fagetums an. Je 3–4 Arten hat UF 21 mit UF 1 (*A. pallipes, R. forticornis, R. fallax*), UF 2 und UF 3 (*A. echinatus, A. pallipes, B. echinatus, R. forticornis*) gemeinsam. Als gemeinsame indigene dominante Arten treten *Rhinomias forticornis* und *Apion pallipes*, mit UF 3 auch *Brachysomus echinatus* auf.

Zu UF 4 (Übergang zwischen Melico- und Luzulo-Fagetum) treten *A. echinatus, R. forticornis* und *R. fallax* als gemeinsame Indigenae auf, doch nur der biotopfremde *Phyllobius arborator* ist beiden als gemeinsame dominante Art eigen. Im Bereich des Luzulo-Fagetums sind mit zwei Fichtenforsten (UF 13, 16) durch *Otiorhynchus scaber* und *Rhinomias forticornis* (und bei UF 13 noch *Rutidosoma fallax*) gemeinsame Indigenae gegeben. Bei den gemeinsamen Dominanten bestimmt aber bereits der für UF 21 biotopfremde *P. arborator* den Wert.

UF 22: Kirnitzschtal, Dorfbachmündung

Dieser bodenkühle, ständig frische, nur etwa 30–40 cm über dem Kirnitzschspiegel gelegene Standort hat mikroklimatisch Ähnlichkeit zum Unterabschnitt des Großen Zschandes und ist an Curculioniden sehr individuenarm.

Von 28 Arten sind 9 als indigen anzusehen, darunter einige, die hier nur pessimale Bedingungen finden: *Barynotus moerens* (–, ?I/–), *B. obscurus* (b, ?I/–), *Cidnorhinus quadrimaculatus* (mF, [?L]I/uni), *Otiorhynchus salicis* (b, –/–), *O. equestris* (b, I/–), *Phyllobius calcaratus* (m, ?L/–), *P. urticae* (m, L/uni), *Stereonychus fraxini* (m, ?I/uni), *Tropiphorus carinatus* (b, I/–). Im Gesamtfang 1972–1974 sind *Cidnorhinus quadrimaculatus, Phyllobius urticae* und *Stereonychus fraxini* indigene dominante und subdominante Arten. Brachypter sind 5 (*B. moerens* dürfte hierzu zu rechnen sein, obwohl keine Überprüfung stattfand), makropter 4 Arten. Die im UG bevorzugt im Bereich des Stellario-Alnetums auftretenden *Cidnorhinus quadrimaculatus* und *Phyllobius urticae* dürften hier auf Grund des kühlen Mikroklimas keine optimalen Bedingungen mehr finden. *Otiorhynchus salicis* und *O. equestris* sind als Indikatoren solchen Mikroklimas anzusehen.

19 Arten sind mit mehr oder weniger Sicherheit als biotopfremd zu werten: *Apion apricans, A. assimile, A. hookeri, A. urticarium, A. virens, Ceutorhynchus contractus, C. ery-*

simi, *C. quadridens*, *Hypera nigrirostris*, *Neosirocalus floralis*, *Otiorhynchus subdentatus*, *Phyllobius arborator*, *P. viridicollis*, *Rhinomacer attelaboides*, *Rhinomias forticornis*, *Rhinoncus bruchoides*, *Rhynchaenus fagi*, *Sitona lineatus*, *Tanysphyrus lemnae*. Die meisten Arten stammen von Wiesen und anderem offenen Gelände, *P. arborator* und *R. attelaboides* (Wintergast) aus trockeneren und wärmeren Waldtypen, *R. fagi* wahrscheinlich aus den benachbarten Hangwaldungen, von wo auch die beiden einzigen brachypteren Arten, *Otiorhynchus subdentatus* und *Rhinomias forticornis*, eingewandert sein dürften. Alle anderen Arten sind flügeldimorph oder makropter. Mit *P. arborator* und *Neosirocalus floralis* sind zwei biotopfremde Arten unter den dominanten und subdominanten zu finden. Die größten Ähnlichkeiten in der Curculionidenfauna bestehen mit UF 17 (Vergleich s. dort) und 23. Mit UF 23 (gleichfalls Stellario-Alnetum, aber bereits wieder floristisch und nach Lage – und damit Mikroklima – verschieden) hat UF 22 *Cidnorhinus quadrimaculatus*, *Phyllobius urticae* und *P. calcaratus* als Indigenae, die beiden ersteren sowie den biotopfremden *P. arborator* als dominante Arten gemeinsam.

Ähnlichkeiten zu den Curculionidenspektren der anderen UF sind kaum vorhanden. Lediglich UF 1 (Melico-Fagetum im Kontakt zu Fraxinetalia-Gesellschaften) hat mit *Stereonychus fraxini*, *Barynotus moerens* und *B. obscurus* sowie *Phyllobius calcaratus* gemeinsame Indigenae mit UF 22, und mit UF 7 (Wegrandzone mit Kontakt zu ehemaligem Bachwald) hat UF 22 *B. obscurus*, *C. quadrimaculatus*, *O. equestris*, *O. salicis* und *T. carinatus* als Indigenae gemeinsam. – Zu allen anderen Bereichen sind keine näheren Beziehungen zu entdecken.

UF 23: Kirnitzschtal, Erlenholz oberh. Niedere Schleuse

Dieses in einer kleinen Talweitung an der Kirnitzsch gelegene, besser als UF 22 besonnte Stellario-Alnetum stellt – sieht man von der lichten Baumschicht aus Erle ab – schon einen Übergang zu den nassen Wiesenteilen im Kirnitzschtal dar, die nach Abholzung des Baumbestandes eben aus Bachwald hervorgegangen sein mögen. Die Curculionidenfauna weist aber von den Indigenae und Dominanten her noch keine größeren Ähnlichkeiten zu Wiesen wie überhaupt zu allen anderen Bereichen des UG auf; lediglich zu UF 22 (Vergleich s. dort) bestehen Beziehungen.

Von 21 gefangenen Arten können 6 als indigen gelten: *Anoplus roboris* (m, I/uni), *Ceutorhynchus angulosus* (m, I/uni), *Cidnorhinus quadrimaculatus* (mF, I/uni), *Otiorhynchus porcatus* (b, I/–), *Phyllobius calcaratus* (m, ?L/–), *P. urticae* (m, L/uni). Damit sind bis auf den brachypteren *Otiorhynchus porcatus*, der seinen Verbreitungsschwerpunkt auf Wiesen hat, alle Indigenae makropter. *C. quadrimaculatus*, *P. urticae* und *P. calcaratus* sind dominant bzw. subdominant, die beiden ersteren finden hier optimale Entwicklungsmöglichkeiten, wie die für die UF höchsten Individuenzahlen beweisen. *Anoplus roboris* ist im Kirnitzschtal an Erle nicht selten. *Ceutorhynchus angulosus*, der sich an Galeopsis, Stachys und Lycopus entwickelt und im UG s t e t s an feuchten Standorten gefangen wurde, wird hier deshalb als indigen angesehen.

Ein hoher Anteil (15) an Arten ist biotopfremd und stammt vorwiegend von Wiesen und offenerem Gelände, nur wenige Arten (*Peritelus hirticornis*, *Deporaus betulae*, auch *Polydrusus atomarius?*) kommen aus anderen Waldtypen: *Ceutorhynchus cochleariae*, *C. contractus*, *C. erysimi*, *C. napi*, *C. quadridens*, *Deporaus betulae*, *Hypera arator*, *Neosirocalus floralis*, *Peritelus hirticornis*, *Phyllobius arborator*, *P. viridicollis*, *Polydrusus atomarius*, *Rhinoncus bruchoides*, *Sitona lineatus*, *S. sulcifrons*. Bis auf den brachypteren *P. hirticornis* sind alle biotopfremden Arten flügeldimorph oder makropter (für *P. atomarius* ist das im Hinblick auf die makropteren anderen *Polydrusus*-Arten gleichfalls zu vermuten).

UF 24: Kirnitzschtal, Wiesen (unterh. Hinterdittersbacher Brücke)

Diese in einen oberen, geneigten, trockeneren und einen unteren, ebenen, feuchteren Teil gegliederte Wiese enthält Arten des Arrhenatherions (Oberteil) und des Polygono-Cirsietum oleracei (Unterteil). Der feuchtere Teil dürfte aus einem ehemaligen Stellario-Alnetum hervorgegangen sein oder zumindest engen Kontakt damit gehabt haben. In ihm ist eine kleine sumpfige Stelle gelegen. Die UF unterliegt der Beweidung, die Flora – und deshalb wahrscheinlich auch die Curculionidenfauna – ist einförmiger als auf UF 19.

48 Curculionidenarten wurden hier nachgewiesen, wovon 30 zu den biotopeigenen gestellt werden: *Apion cruentatum* (b [?–d],?I/?uni), *A. curtirostre* (m, ?I/uni), *A. flavipes* (mF, I/uni), *A. violaceum* (m, I/uni), *A. virens* (dF, I/uni), *Barynotus obscurus* (b, ?I/–), *Ceutorhynchus cochleariae* (m, I/uni), *Cidnorhinus quadrimaculatus* (mF, [?L] I/uni), *Hypera arator* (m, I/uni), *H. nigrirostris* (dF, I/?bi, uni), *H. zoilus* (d, E+L+I/Kühl- u. Warmbrütergeneration), *Miarus campanulae* (m, ?L/uni), *Miccotrogus picirostris* (m, I/uni bis poly), *Notaris acridulus* (m, I/uni), *N. aterrimus* (b, I/–), *Otiorhynchus porcatus* (b, I/–), *Phyllobius piri* (mF, ?L+P/uni),*P. urticae* (m, L/uni), *P. viridicollis* (mF, L/uni), *Plinthus tischeri* (b, I/–), *Rhinoncus henningsi* (m, I/uni), *R. pericarpius* (m, I/uni), *Sciaphilus asperatus* (b, I/uni), *Sitona flavescens* (mF, [L]+P+I/uni), *S. hispidulus* (dF, E+I/uni), *S. lineatus* (mF, E+L+P+I/uni), *S. sulcifrons* (dF, E+I/uni), *S. suturalis* (d, I/–), *Trachyphloeus bifoveolatus* (b, I/uni), *Tropiphorus carinatus* (b, I/–). Fast alle Arten sind typische Formen der Wiesen oder des offenen Geländes. Die ziemlich euryöken *C. quadrimaculatus* und *P. urticae* haben im Stellario-Alnetum ihren Verbreitungsschwerpunkt. Zusammen mit den beiden *Notaris*-Arten, *P. tischeri* und *R. henningsi* charakterisieren sie den unteren, feuchteren Teil der Wiese. Kennzeichnend für den oberen Teil sind die *Apion*- und *Sitona*-Arten, *M. campanulae*, *M. picirostris*, *P. piri*, *P. viridicollis* und *T. bifoveolatus*.

Zu den im Gesamtfang dominanten und subdominanten Formen gehören (in der Reihenfolge ihrer Häufigkeit) nur Indigenae: *P. viridicollis*, *A. virens*, *S. flavescens*, *P. urticae*, *P. piri*, *C. quadrimaculatus*, *M. campanulae*. – 8 brachypteren Arten stehen 22 flügeldimorphe oder makroptere gegenüber.

18 Arten müssen als biotopfremd gelten: *Anoplus roboris*, *Apion apricans*, *Byctiscus betulae*, *Ceutorhynchus chalybaeus*, *C. contractus*, *C. erysimi*, *C. napi*, *C. quadridens*, *Hypera elongatus*, *Neosirocalus floralis*, *Otiorhynchus scaber*, *Phyllobius arborator*, *P. calcaratus*, *P. maculicornis*, *Polydrusus impar*, *Sitona humeralis*, *Strophosoma capitatum*, *S. melanogrammum*.

11 Arten sind makropter oder flügeldimorph und als zugeflogen zu werten. *Anoplus roboris* stammt von dem angrenzenden Erlensaum am Bach. Die 3 brachypteren Arten sind aus dem angrenzenden Fichtenwald eingewandert. Es ist wahrscheinlich, daß *B. betulae*, *C. chalybaeus* und *H. elongatus* wie die meisten Angehörigen dieser Gruppen makropter oder flügeldimorph sind. *P. maculicornis* wurde im UG bisher nur in 6 Stücken auf Wiesen (UF 19, 24) gefangen. Sollte er hier tatsächlich autochthon sein, dann nur unter pessimalen Bedingungen. Es ist aber wahrscheinlicher, daß er in einem bei den Untersuchungen nicht erfaßten Bereich vorkommt oder aber im gesamten UG nur als Einflieger auftritt. IOANNISIANI, LAVROVA und BIRG (1970) kommen anhand ihrer Fangergebnisse und Beobachtungen zu der Feststellung, daß *P. maculicornis* eine thermophile Art sei.

Das Gros der Arten wird von typischen Bewohnern der Wiesen und des offenen Geländes gebildet. Übereinstimmungen nach Werten der Dominanten- und Artenidentität ergeben sich daher durch die Wiesenarten zu ähnlichen Bereichen: UF 2 (Wegrand in einem Melico-Fagetum) und UF 7 (feuchte Wegrandzone auf einer Schluchtsohle). Eine schwache, aber beständige Ähnlichkeit läßt sich zu UF 22 und 23 (Stellario-Alnetum) feststellen. Der nasse Teil der Wiese bringt durch *C. quadrimaculatus* und *P. urticae* zum Ausdruck, daß er wahrscheinlich von einem ehemaligen Stellario-Alnetum abzuleiten ist. Auch die Ähnlichkeit zu UF 7 ist – neben den Wiesenarten – durch *C. quadrimaculatus* entstanden. Die größte Übereinstimmung nach einer Vielzahl gemeinsamer Indigenae und Dominanten (*P. viridicollis, A. virens, S. flavescens, A. flavipes*) besteht erwartungsgemäß mit der zweiten Wiese auf UF 19 (s. auch dort).

Zu allen anderen Bereichen bestehen keine Ähnlichkeiten (der Wert der Dominantenidentität zu UF 4 kommt vor allem durch den dort biotopfremden *P. viridicollis* zustande). Damit hebt sich insgesamt der Bereich der Wiesen als eigenständig von den Waldstandorten des UG völlig ab. Die Wiesenarten unter den Curculioniden zeigen nur eine geringe Tendenz, in andere Bereiche einzudringen, andererseits dringen die Waldarten nur in geringer Zahl auf Wiesen vor.

V. ERÖRTERUNGEN UND SCHLUSSFOLGERUNGEN

Nach dem Vergleich der einzelnen UF miteinander, der über den WAINSTEIN-Index der Indigenae das beste Ergebnis liefert, läßt sich folgendes feststellen:

1. Die UF bestimmter Bereiche heben sich nach ihren Curculionidenfaunen ziemlich klar von andersartigen ab und sind untereinander ähnlich. Diese Verschiedenheiten und Ähnlichkeiten der Standorte sind physiognomisch wahrnehmbar und hatten bereits zu ihrer Wahl als UF geführt. Oft sind damit gleichzeitig pflanzensoziologische Einheiten grob umrissen (z. B. Calluno-Quercetum, Melico-Fagetum). Diese können z. T. klimatisch und/oder edaphisch für das UG als Sonderstandorte gelten. Aber auch andere als pflanzensoziologische Gemeinsamkeiten drücken sich in den Identitätswerten aus, so z. B. offene Lage ohne oder mit sehr lückiger Baumschicht bei wenigstens z. T. ähnlicher Flora (vgl. hierzu die Werte zwischen den UF 2, 7, 19 und 24). Gleicherweise, nur mit entgegengesetztem Ergebnis, nämlich fehlender oder äußerst armer indigener Curculionidenfauna, bewirkt gemeinsamer saurer, kalter Boden in Verbindung mit der entsprechenden Flora trotz unterschiedlicher pflanzensoziologischer Einstufung durch das Fehlen einer aussagekräftigen, artenreichen Curculionidenfauna eine Abgrenzung gegen alle anderen Bereiche und gegeneinander selbst (UF 9 – oligotropher Naßstandort; UF 10 – fragmentarisches Piceetum hercynicum).

2. Die Artenspektren und Dominanzgrade der Arten der einzelnen UF müssen als Ausdruck der dort herrschenden abiotischen Faktoren und der floristischen Zusammensetzung der dort vorhandenen Vegetation gesehen werden. Daß damit die pflanzensoziologische Einheit als Ausdruck der standörtlichen Bedingungen einerseits vielfach mit einer sich im wesentlichen wiederholenden Curculionidenfauna als Ausdruck der standörtlichen Bedingungen u n d der dort vorhandenen Flora andererseits zusammenfällt, erscheint logisch. Doch ist der N a m e einer pflanzensoziologischen Einheit durchaus nicht in der Lage, stets innerhalb der mit gleichnamigen Vegetationseinheiten bedeckten Standorte noch auftretende Unterschiede (vor allem der Temperatur- und Feuchtigkeitsverhältnisse) sowie einzelne floristische Unterschiede auszudrücken, weshalb von einer generellen

Deckung Pflanzengesellschaft – Fauna der bearbeiteten Tiergruppe nicht gesprochen werden kann. [2])

Das Beispiel der Schluchtwaldstandorte soll diese Schlußfolgerungen stützen (s. hierzu Diagramm 28): Anhand der Abbildungen und Beschreibungen ist der Charakter der hier zu besprechenden UF 10 (fragmentarisches Piceetum hercynicum), UF 17 (Arunco-Aceretum), UF 18 und 21 (Acero-Fraxinetum), UF 22 und 23 (Stellario-Alnetum) zu ersehen. Zwischen den beiden Stellario-Alneten wie auch zwischen den beiden Acero-Fraxineten müßte jeweils die größte Ähnlichkeit in der Curculionidenfauna zu erwarten sein. Doch ist z. B. die Ähnlichkeit zwischen UF 17 und 18 (Arunco-Aceretum zu Acero-Fraxinetum) größer als zwischen den beiden Acero-Fraxineten. Das entspricht aber auch dem äußeren Bild der beiden Standorte. Entscheidend dürften hier die räumliche Nachbarschaft und die gleichen mikroklimatischen Bedingungen bei UF 17 und 18 einerseits, die räumliche Entfernung und unterschiedlichen mikroklimatischen Bedingungen bei UF 18 und 21 andererseits sein (was nach der Lage vermutbar ist, aber zu prüfen wäre). Die beiden Stellario-Alneten ähneln sich hingegen am stärksten trotz wahrscheinlicher klimatischer Unterschiede. UF 22 (auf enger Schluchtsohle, geringe Insolation) ähnelt daher dem Arunco-Aceretum (UF 17), während von diesem zu UF 23 (größere Talweitung, stärkere Insolation) nur noch sehr geringe Übereinstimmung besteht. Während hier also wahrscheinlich mikroklimatische Unterschiede bzw. Ähnlichkeiten bestimmend für die Identitätswerte der Curculionidenfauna sind, sind umgekehrt fehlende Übereinstimmungen in der Curculionidenfauna bei sicher stärkerer mikroklimatischer Ähnlichkeit zwischen dem Fichtenschluchtwald (fragmentarisches Piceetum hercynicum, UF 10) und den UF 17 (Arunco-Aceretum) und 22 (Stellario-Alnetum) durch die hier völlig unterschiedliche Flora bedingt. Die pflanzensoziologische Gleichheit der UF drückt also vorhandene Unterschiede in den abiotischen Faktoren nicht in dem für die Curculioniden (und das gilt sicher für die meisten tierischen Organismengruppen) nötigen Maße aus. Umgekehrt ist ja gleiches Mikroklima bzw. Geländeklima allein noch kein Garant für gleiche Pflanzengesellschaften, der Boden und Wasserhaushalt spielen bekanntlich eine wesentliche Rolle hierbei. Neben der Feststellung des pflanzensoziologischen Status einer Geobiozönose ist also stets auch die Erfassung der abiotischen Faktoren (Gelände- bzw. Mikroklima, Boden, Wasserhaushalt, Struktur u. a.) unumgänglich. Nur so können ursächliche Beziehungen ihrer Teile zueinander geklärt, Vergleiche zu anderen Geobiozönosen zufriedenstellend geführt werden (Das geht über den Rahmen meiner Arbeit bereits hinaus). Die im vorliegenden Falle zutage getretenen Unterschiede zeigen aber deutlich, daß pflanzensoziologische Einheiten als Richtprinzip für die Einordnung tierischer Organismengruppen (und wahrscheinlich von Geobiozönosen überhaupt) allein nur bedingt verwendbar sind. Die hier bearbeiteten Curculioniden-„Taxozönosen" stellen sich letztlich als eine Summe voneinander unabhängiger Arten dar, die entsprechend ihren ökologischen Potenzen die einzelnen Geobiozönosen besiedeln – oder auch nicht, dann treten sie höchstens als Gäste auf. Daß dann bei im wesentlichen gleichartigen Bedingungen auch im wesentlichen gleichartige Curculionidenfaunen auftreten, ist nur folgerichtig. Da es völlig gleiche Standorte nicht gibt, sind auch

[2]) Der Ausdruck „Tier*gesellschaft*" sollte zumindest bei Untersuchungen, die nur eine bestimmte taxonomische Gruppe (gleich welcher Kategorie) zum Gegenstand haben, genauso wie der Ausdruck „Gemeinschaft" nicht verwendet werden. Vergesellschaftung setzt gegenseitige Abhängigkeit voraus. Diese besteht nicht zwischen den einzelnen Curculionidenarten, sondern von jeder Art zu den abiotischen Faktoren und den Wirtspflanzen.

die innerhalb festgesetzter Einheiten vorhandenen Unterschiede in der Curculioniden-fauna als Ausdruck der jeweiligen standörtlichen Besonderheiten innerhalb des vorgegebenen Rahmens zu werten, angefangen bei Unterschieden des Artenspektrums vom generalisierten „Typenspektrum" [3]) über Unterschiede in den Dominanzgraden bei den Indigenae einerseits bis zu Arten- und Individuenanteilen biotopfremder Elemente andererseits.

Bei all diesen Schlußfolgerungen muß berücksichtigt werden, daß detailliertere pflanzensoziologische Analysen an den UF vielleicht manchen „Unterschied" tierischer Besiedlung gleichartiger pflanzensoziologischer Einheiten erklären und damit verschwinden lassen würden, wie bereits RABELER (1962) annimmt, der zoozönotische Unterschiede innerhalb einer pflanzensoziologischen Assoziation darauf zurückführt, daß innerhalb dieser letztlich verschiedene Subassoziationen untersucht wurden.

Die Tatsache, daß der Begriff der Biozönose den Gegenbegriff des Biotops erfordert (und umgekehrt), und beide unter dem Überbegriff der Geobiozönose zusammengefaßt sind, innerhalb derer die pflanzensoziologische Einheit nur ein Glied darstellt, weist darauf hin, daß pflanzensoziologische Einheiten als Bezugssysteme für geobiozönologische Untersuchungen nur als zunächst praktikabelste Methode nutzbar sind. Wahrscheinlich ist es generell der einzig mögliche Weg, bei der Erforschung von Lebensgemeinschaften von den Einteilungsprinzipien der Landschaftslehre auszugehen, ihre kleinsten Einheiten, die Physiotope, auf ihre Übereinstimmungen mit den sie besiedelnden Organismen zu untersuchen. Mit den Kennzeichen des Physiotops dürfte ein wesentlicher Teil der für eine Geobiozönose entscheidenden abiotischen Faktoren zu ihrer eigenen Charakterisierung gestellt werden können. Das entspräche der Einsicht, daß weniger „Lebensgemeinschaften" in sich bindende Beziehungen ihrer einzelnen Glieder entwickeln, sondern daß diese Gemeinschaften Artenkonglomerate der verschiedensten Taxa auf der Grundlage ihrer ökologischen Potenz im weitesten Sinne und historischer Gegebenheiten sind. Beziehungen ihrer Glieder sind erst auf dieser Grundlage möglich und sekundärer Natur. Ausfall einzelner Glieder ist durchaus möglich, ohne daß diese Lücke durch ein taxonomisch wie ökologisch gleichermaßen gleichartiges anderes Glied ausgefüllt werden muß.

Zur Frage der Kongruenz von Tier- und Pflanzengesellschaften, die ja auf das engste mit der Frage nach der „Biotopbindung" verbunden ist, gibt es inzwischen in einer Anzahl von Arbeiten Feststellungen und Erörterungen (MÜLLER 1975a; RABELER 1960, 1965; SCHAEFER 1970; TIETZE 1974). Ein Zitat von RABELER (1960) soll an den Anfang gestellt werden:

„Die Pflanzengesellschaft stellt, als Vegetationsabschnitt und als floristische Artenverbindung, für die Tiergesellschaft einen Komplex von standörtlichen Umweltfaktoren dar, der für die Umgrenzung der Biozönose ebenso wichtig ist wie der Komplex der abiotischen Faktoren. Die Artenzusammensetzung der Pflanzengesellschaft ist aber ihrerseits durch die Gesamtheit der abiotischen Standortsfaktoren und durch die Wirkung des Tierlebens auf die Vegetation mitbestimmt. Man darf also erwarten, daß die Pflanzengesellschaften mit denkbarer Genauigkeit Standorte mit einer Gesamtheit aufeinander abgestimmter abiotischer und biotischer Faktoren umschreiben und im Gelände abgrenzen. Dadurch wird die Untersuchung der Tiergesellschaft im engsten Zusammenhang mit der Pflanzengesellschaft desselben Standortes möglich, . . .". RABELER (l. c.) schreibt weiter: „Eine bis

[3]) Da dieses „Typenspektrum" das aus vielen Vergleichen ähnlicher Geobiozönosen gefundene Minimum unter im wesentlichen unter gleichen Bedingungen vorkommenden Arten ist, ist der Begriff „Unterschied" vor allem als zusätzlich vorkommende Indigenae zu verstehen.

in alle Einzelheiten gleiche Faktorenzusammensetzung wiederholt sich wohl so gut wie nie, und so entsprechen sich auch die Artenverbindungen von Pflanzen und Tieren in den Biozönosen gleicher Standorte nicht restlos, zumal auch noch der viel berufene historische Faktor der Besiedlung hinzukommt. Aber sie haben angenähert übereinstimmende Artenbestände, mit denen sie sich von den ebenfalls angenähert übereinstimmenden Artenbeständen anderer Standorts- und Biozönosetypen unterscheiden. Da in einer bestimmten Landschaft von Geologie und Allgemeinklima her nach Gestein, Bodenart, Höhenlage, Relief, Standortsklima, Wasserhaushalt und menschlicher Wirtschaftsweise nur eine begrenzte Zahl von immer wiederkehrenden Standortstypen vorgebildet ist, lassen sich Typen von Biozönosen mit bestimmten zeitlichen Sukzessionsreihen und räumlicher Kontaktgruppierung unterscheiden."

Solche Übereinstimmung, aber keine genaue Deckungsgleichheit, ist immer wieder festzustellen, wie auch die vorangegangenen Untersuchungen zeigen. Von einer solchen formalen Übereinstimmung schließt RABELER (1965) auf der Basis der allgemein anerkannten Biozönose-Definition auf die Wechselwirkung zwischen den Organismen (und abiotischen Faktoren):

„In solch einer biologischen Organisation bedingen sich alle Bestandteile gegenseitig, sie sind voneinander abhängig und wirken unmittelbar oder mittelbar alle aufeinander ein."

Die abiotischen Faktoren sind aber letztlich jene, welche die Organisation alles Lebenden bedingen und ermöglichen, so auch die Erscheinung einer Organisation von Lebewesen mit- und untereinander, einer Gemeinschaft oder Gesellschaft (Biozönose). Gerade die Kenntnis der ökologischen Potenz der Arten einerseits und der ökologischen Valenz der Standorte (d. h. der Kenngrößen ihrer abiotischen Faktoren – und, auf Konsumenten bezogen, der daher auf ihnen möglichen Produzenten) für die einzelnen Arten andererseits ist aber zur Zeit noch so gering, daß eine Fülle genauer Beobachtungen nötig ist, um die Übereinstimmungen von abiotischen Gegebenheiten und biologischen Folgeerscheinungen als ursächlich deutbare Übereinstimmungen zu erkennen. Aber erst auf dieser Grundlage setzt das Beziehungsgefüge der biotischen Glieder untereinander an, und so sind zwei wichtige, teils mit-, teils gegeneinander wirkende Faktorenkomplexe zu beachten (von PEUS 1954 in dem Begriff der „ökologischen Umwelt" zusammengefaßt):

1. Abiotische Faktoren, auf deren Grundlage 2. biotische Faktoren existieren, die – im theoretischen Extremfalle entweder jeweils für sich allein – gegenseitig einander über viele Stufen nach beiden Seiten hin mehr oder weniger stark beeinflussend, die Existenzgrundlage der einzelnen Art und ihre Verknüpfung im Gefüge bedingen. Das veranlaßte PEUS (1954), auf Grund der spezifischen „ökologischen Umwelt" jeder Art die Begriffe Biotop und Biozönose als Kunstbegriffe aufzulösen:

„Da ... jede Species bzw. Population nach Maßgabe der (sich ändernden) Beschaffenheit i h r e r Umwelt auf sich allein gestellt lebt, sehen wir keine Möglichkeit, von einer Selbstregulation seitens der Gesamtheit der anwesenden Organismen zu sprechen; es ist nichts da, was diese Funktion steuern sollte, worin eine Selbsterhaltung des Ganzen begründet liegen und worauf sich ein Bei-Bestand-Halten beziehen könnte. Nicht einmal der Bestand der einzelnen Arten reguliert sich selbst, sondern w i r d reguliert durch die Umweltfaktoren ...". Weiter meint PEUS (l. c.): „Man kann also gewiß in der an gleichen Biotopen wiederkehrenden gleichen Zusammensetzung der Bewohnerschaft eine Regelmäßigkeit erblicken. Sie ist jedoch einfach nur der Ausdruck dafür, daß die betreffenden Arten dort ihre Umwelten verwirklicht sehen. ... Diese Umwelten nutzt jede Species für sich aus, so gut sie es kann."

Letztlich ist zumindest für einzelne Beziehungsgefüge (Wirtspflanze – Primärkonsument, Wirtsart – Parasit) eine zwangsläufige Regulierung vorhanden (auf jeden Fall unter dem Gesichtspunkt Anwesenheit – Abwesenheit der Arten), d. h. die Arten w e r d e n durch ihre „ökologische Umwelt" reguliert, wie PEUS (l. c.) schreibt. Eines muß klar bleiben:

keine Art besitzt eine Selbstregulation, es sei denn, man versteht die Grenzen ihrer ökologischen Potenz als solche. Aber auf der letzteren aufbauend ergibt sich das Prinzip der Regulation einer Geobiozönose in Zeit und Raum unter im wesentlichen gleichbleibenden äußeren Bedingungen.

Somit ergeben sich also doch für Geobiozönosen, sofern sie ihrer Natur und Definition nach erkannt sind und ungeachtet aller Übergänge zwischen ihnen, immer wiederkehrende Artenspektren sowohl pflanzlicher als auch tierischer Komponenten. Über deren funktionelles Zusammenspiel im Gesamtrahmen ist jedoch meist wenig bekannt.

SCHAEFER (1970) rückt die strukturelle Bedeutung der Vegetation in den Vordergrund: „Weil die Pflanzen zu dem Umweltmosaik gehören, das das Verteilungsmuster der Tierarten bedingt, besteht zweifellos eine Korrelation zwischen der Verteilung von Tier- und Pflanzenwelt. Diese Beziehung ist aber nicht für alle Gruppen an eine bestimmte pflanzensoziologische Kategorie gebunden." Auch von dieser Warte her kommt er zu dem Schluß: „Gut definierte pflanzensoziologische Einheiten bedingen für tiersoziologische Untersuchungen eine sehr brauchbare methodologische Grundlage."

Formale lokale Übereinstimmungen zwischen Phytozönose und „Zootaxocoenose" findet TIETZE (1974) für die Carabiden von Grünlandgesellschaften, und zwar bereits ursächlich verknüpft mit der ökologischen Potenz der Carabiden hinsichtlich abiotischer Faktoren, wie er sie aus eigenen Untersuchungen und Befunden anderer Autoren ermittelte. Sie allein lassen aber noch keinen funktionellen Zusammenhang zwischen Phytozönose und Zootaxozönose erkennen, wie ihn MÜLLER (1975a) fordert, der diesen letztlich in der Stellung der Glieder im trophischen System sieht. Er sieht ebenfalls die Arteninventare von Zoozönosen als Ergebnisse der ökophysiologischen Leistungsfähigkeit der regional verfügbaren Taxa einerseits und des Maschenwerks der lokalen ökologischen Valenzamplituden der Standorte an. MÜLLER (l. c.) kommt daher zu dem Schluß, daß es ökologisch unwahrscheinlich sei, daß Kongruenzbeziehungen zwischen ganzen Phyto- und Zoozönosen gefunden werden. Die Stellung der Tierarten im Trophiesystem sei zu unterschiedlich, weshalb eine Gegenüberstellung der Spermatophytozönosen (um die es sich ja meist handelt) und der durchschnittlich viel enger gefaßten Zoozönosen unterbleiben und lediglich einzelne Glieder der letzteren den Phytozönosen zugeordnet werden sollten. Doch wesentlich sind die Direktbeziehungen zwischen den Gliedern der Geobiozönose und dieser selbst, d. h. aber nichts anderes als ökologische Potenz gegenüber abiotischen Faktoren u n d Stellung im Trophiesystem gleichermaßen zu berücksichtigen und von Fall zu Fall zu bewerten.

Dazu sind grundsätzlich Überlegungen nötig: Jede Pflanzengesellschaft wird von den Geobotanikern möglichst klar zu umreißen versucht, wobei als allgemeines Charakteristikum ein minimales Artenspektrum übrigbleibt, das aus dem Vergleich vieler gleichartiger Standorte mit ihren Pflanzengesellschaften entstand und das der Kennzeichnung dieser Gruppierung oder Gesellschaft dient. Dieses Minimalspektrum zeigt gleichzeitig die groben Umrisse des abiotischen Faktorengefüges des besiedelten Standortstyps an und ist, wenn es sich nicht um ökologisch scharf ausgeprägte Sonderstandorte und darauf siedelnde Gesellschaften handelt, meist durch ziemlich euryöke Arten gekennzeichnet. Bei feineren Untergliederungen kommen weitere Arten zum Minimalspektrum hinzu, die oft schon in bestimmter Hinsicht „stenöker" sind oder wo bereits durch diese Bereicherung eine genauere und dabei einengende Kennzeichnung der ökologischen Valenz der Standorte sichtbar wird. Darüber hinaus tauchen in pflanzensoziologischen Aufnahmen stets Reihen von Arten auf, die nicht zur entsprechenden bearbeiteten Einheit gehören und daher nur temporär vorhanden sind. Letztere sind ein Ausdruck der Beeinflussung durch gänzlich andere Bereiche. Da zudem noch zahllose Kontakte zwischen pflanzensoziologischen Einheiten vorkommen, sind also bereits das Erkennen, die Abgrenzung und Gliederung von Phytozönosen mit Schwierigkeiten und Unsicherheiten belastet. Insgesamt soll eine Gesellschaft mit ihrem Minimalartenspektrum aber als Ausdruck der am Standort herrschenden abiotischen Faktoren angesehen werden. Ähnliches ist für „Tiergesellschaften" zu fordern. Hierbei muß berücksichtigt werden, daß die Glieder der „Zoozönosen" auch bei intensivem Sammeln schwerer vollständig zu erfassen sind als die Glieder von „Phytozönosen". Bereits hier liegt eine wesentliche Fehlerquelle, die „Inkongruenzen" verursachen kann. Da gleichzeitig die „regionale Verfügbarkeit" (MÜLLER 1975a) bei pflanzlichen und tierischen Biozönosegliedern auf Grund unterschiedlicher ökologischer Potenzen und historischer Gegebenheiten nicht gleichartig ist, dürfen Vergleiche zunächst nicht über einen regionalen begrenzten Rahmen hinausgehen, wenn sie nicht ebenfalls zu Fehleinschätzungen führen sollen.

Während Pflanzengesellschaften im wesentlichen Produzentengesellschaften sind, sind „Tiergesellschaften" Konsumentengesellschaften, in denen Carnivore, Parasiten, Destruenten, Mycetophage, Phytophage enthalten sind. Für Betrachtungen über Übereinstimmungen und Nichtübereinstimmungen von „Pflanzen-" und „Tiergesellschaften" können uns nur Direktbeziehungen eines Gliedes zu anderen oder zu bestimmten Faktoren helfen.

Das heißt aber, daß ein unmittelbarer Vergleich „Phytozönose – Carnivoren-Taxozönose" („Carabidozönose") logisch nicht stichhaltig ist. Ein solcher Vergleich kann nur mittelbar erfolgen: Beide sind nur auf ihre Übereinstimmung mit dem Komplex der abiotischen Standortsfaktoren zu prüfen und erst dann gegenüberzustellen, indem sie als verschiedenartige Ausdrücke dieses Faktorengefüges zu werten sind, die sich bei sich wiederholenden gleichartigen Faktorengefügen wiederholen werden. Nur insofern kann man von einer Kongruenz sprechen, und weder weiter noch enger sollte dieser Begriff gefaßt werden. Untergliederungen der „Zootaxozönosen" durch Hinzutreten weiterer Glieder (Taxa) analog dem gleichen hierarchischen Prinzip in der Pflanzensoziologie sind möglich und gleichfalls als Ausdruck der genaueren Abgrenzung der ökologischen Valenz der Standorte zu werten. Solche „Varianten" müßten in „Phyto-" wie „Zootaxozönose" in ökologisch gleicher Richtung verlaufen, d. h. im wesentlichen auf die gleichen Ursachen zurückzuführen sein. „Phyto-" und „Carnivorenzönose" kongruieren also in ihren Beziehungen zum abiotischen Faktorengefüge eines Standortstyps, aber nicht auf unmittelbarer trophischer Basis miteinander, mit anderen Worten, beide können nur auf ihre Kongruenz mit dem Standort verglichen werden, bevor sie selbst zueinander in Beziehungen gesetzt werden. Je stärker eine „Phytozönose" rückwirkend das abiotische Faktorengefüge beeinflußt und stabilisiert, desto eher ist zu erwarten, daß – ähnlich wie auf extremen Standorten – eine spezifische „Carnivorenzönose" vorhanden ist.

Weiter sind genau wie bei den pflanzensoziologischen Aufnahmen auch Arten zu finden, die biotopfremd sind. Gerade auf der klaren Trennung von Indigenae und Biotopfremden muß aber ein solcher Vergleich ebenfalls aufbauen. In der ungenügenden Berücksichtigung dieser Tatsache scheint eine weitere Ursache mancher „Inkongruenz" zu liegen.

Der mittelbare Vergleich über das Gefüge der Standortsfaktoren ist gleichfalls für „Phyto-" und „Destruenten-Zootaxozönose" zu fordern. Carnivoren wie Destruenten scheinen insgesamt hinsichtlich des Nahrungssubstrats wenig spezifisch zu sein, so daß das Nahrungsangebot sicher über eine Vielzahl von Geobiozönosetypen hinweg Existenzgrundlage bietet und daher im wesentlichen die abiotischen Faktoren (einschließlich der Strukturele-

Arten		Calluno-Quercetum auf Sandstein (Gr. Zschand)				Melico-Fagetum auf Basalt (Gr. Winterberg)			
	Nr. der UF	11	8	V.P.	6	1	2	3	O-Seite
	Untersuch.-Zeit	1972-74	1974	1967-71	1972-74	1972-74	1972	1972	1968-70
Carabus problematicus		+++	+++	+++	+++	-	-	-	-
Carabus arcensis		+++	+++	+++	+++	-	-	-	-
Notiophilus hypocrita		+++	-	+++	-	-	-	-	-
Metabletus foveatus		+++	-	+++	-	-	-	-	-
Bradycellus similis		+++	-	+++	-	-	-	-	-
Notiophilus biguttatus		++	++	-	++	-	-	+	-
Carabus intricatus		-	-	++	++	-	++	-	-
Bradycellus collaris		-	-	++	-	-	++	-	-
Pterostichus metallicus		-	-	++	++	+++	+++	+++	+++
Carabus violaceus		++	-	++	-	++	-	++	++
Cychrus caraboides		-	+	+	+	++	++	-	-
Carabus linnei		-	+	+	+	+++	+++	+++	+++
Carabus nemoralis		-	-	++	-	+++	-	+++	+++
Carabus auronitens		+	-	-	-	+++	(+++)	-	+++
Notiophilus palustris		-	-	+	-	-	-	-	-
Pterostichus oblongopunctatus		-	-	+	-	-	-	-	-
Pterostichus niger		-	-	+	-	++	++	-	-
Amara similata		-	-	-	-	-	-	+	-
Bembidion lampros		-	-	-	-	-	-	+	-
Harpalus latus		-	-	-	-	-	+	-	-
Bradycellus harpalinus		-	-	-	-	-	+	-	-
Harpalus quadripunctatus		-	-	-	-	-	+	-	-
Metabletus truncatellus		-	-	-	-	-	++	-	-
Trichotichnus laevicollis		-	-	-	-	++	++	++	-
Molops piceus		-	-	-	-	+++	+++	-	-
Pterostichus aethiops		-	-	-	-	+++	+++	+++	-
Carabus hortensis		-	-	-	-	+++	+++	+++	+++
Abax ater		-	-	-	-	+++	+++	+++	+++
Artenzahl je UF:		8	5	15	7	12	16	11	7
davon Indigenae:		7	3	10	5	12	13	8	7

Tabelle 28. Gegenüberstellung der Carabidenfaunen verschiedener Calluno-Querceten und Melico-Fageten aus dem UG.
V. P. = Vordere Partschenhörner, ca. 450 m NN, +++ = als indigen und den jeweiligen Bereich bevorzugend gewertete Art, ++ = als indigen gewertete Art mit anderem Vorzugsbereich, + = als biotopfremd gewertete Art, (+++) = in trockenerem Teil des Bereichs schwindend, noch als indigen gewertet.

mente) verbreitungsbegrenzend wirken. Eine Gegenüberstellung der „Carabidozönosen" verschiedener Calluno-Querceten und Melico-Fageten (Tabelle 28) des UG soll einige der erörterten Punkte erläutern.

Die Carabidenfaunen von je vier Standorten des Calluno-Quercetums und Melico-Fagetums im UG werden nebeneinandergestellt. Die schon so oft diskutierte Erscheinung tritt ein:

Einerseits werden, besonders durch für den jeweiligen Bereich charakteristische oder ihn bevorzugende Arten bestimmte „Typenspektren" sichtbar, die letztlich Ausdruck von Kongruenzerscheinungen sind. Diese „Typenspektren" werden durch eine Anzahl weiterer Arten, meist von Standort zu Standort verschieden, ergänzt, so daß der Eindruck nicht richtig faß- und abgrenzbarer Einheiten entsteht. Man muß sich vor Augen halten, daß es selbst bei Beschränkung auf eine Familie schwer ist, alle vorhandenen Arten auf einem Standort tatsächlich zu erlangen, so z. B. sehr kleine Arten bestimmter mosaikartiger Ausschnitte einer Biozönose, wie des Hemiedaphons unter Calluna-Büschen, und daß die

Arten	Nr. der UF / Untersuch.-Zeit	Calluno-Quercetum auf Sandstein (Gr. Zschand)				Melico-Fagetum auf Basalt (Gr. Winterbg.)		
	Nr. der UF	11	8	V. P.	6	1	2	3
	Untersuch.-Zeit	1972-74	1974	1967-71	1972-74	1972-74	1972-74	1972-74
p h y t o p h a g								
Anoplus plantaris (Betula)		+++	+++	-	+++	-	-	-
Anthonomus varians (Pinus)		+++	-	-	+++	-	-	-
Brachonyx pineti (Pinus)		+++	+++	-	+++	-	-	-
Brachyderes incanus (Pinus)		+++	+++	+++	-	-	-	-
Coeliodes rubicundus (Betula)		+++	+++	-	-	-	-	-
Hylobius abietis (Pinus)		+++	+++	+++	+++	-	-	-
Barypeithes mollicomus (?Calluna)		+++	+++	-	+++	-	++	++
Strophosoma capitatum (?Calluna)		+++	+++	+++	+++	-	-	-
Phyllobius arborator (Betula)		(+++)	(+++)	(+++)	(+++)	-	-	-
Polydrusus cervinus (Gramineen)		(+++)	(+++)	-	(+++)	-	-	-
Polydrusus impar (Picea)		-	++	-	++	-	-	-
Otiorhynchus singularis (Pinus, ?Fagus)		++	++	++	++	+++	+++	+++
Magdalis duplicata (Pinus)		++	-	++	-	-	-	-
Strophosoma melanogrammum (Deschampsia fle-		++	++	++	++	++	++	-
Magdalis violacea (Pinus) xuosa, ?Fagus)		-	-	++	-	-	-	-
Pissodes pini (Pinus)		++	-	-	-	-	-	-
Pissodes piniphilus (Pinus)		-	++	-	-	-	-	-
Pissodes notatus (Pinus)		-	-	++	-	-	-	-
Polydrusus undatus (?Betula, ?Fagus)		-	-	++	++	++	++	-
Peritelus hirticornis (Vaccinium myrtillus?,?)		-	++	++	++	++	++	++
Otiorhynchus scaber (?)		-	-	++	++	-	-	-
Sitona hispidulus (Trifolium repens)		-	-	-	-	-	++	-
Phyllobius viridicollis (Gramineen)		-	-	-	-	-	++	-
Cionus tuberculosus (Scrophularia)		-	-	-	-	-	++	-
Cionus hortulanus (Scrophularia)		-	-	-	-	-	++	-
Apion virens (Trifolium repens)		-	-	-	-	-	++	-
Apion urticarium (Urtica dioica)		-	-	-	-	-	++	-
Apion flavipes (Trifolium repens)		-	-	-	-	-	++	-
Apion ervi (?Vicia)		-	-	-	-	-	++	-
Apion ebeninum (?Vicia dumetorum)		-	-	-	-	-	++	-
Anthonomus rubi (Rubus)		-	-	-	-	-	++	-
Bradybatus kellneri (Acer)		-	-	-	-	-	-	++
Bradybatus fallax (Acer)		-	-	-	-	-	-	++
Notaris aterrimus (?Gramineen)		-	-	-	-	-	++	++
Rutidosoma fallax (Oxalis)		-	-	-	-	++	-	-
Barynotus obscurus (?)		-	-	-	-	++	-	-
Barynotus moerens (?)		-	-	-	-	++	-	-
Brachysomus echinatus (?)		-	-	-	-	-	++	++
Cidnorhinus quadrimaculatus (Urtica dioica)		-	-	-	-	-	++	++
Leiosoma deflexum (Anemone, Ranunculus)		-	-	-	-	++	++	-
Phyllobius calcaratus (?Rubus)		-	-	-	-	++	++	-
Stereonychus fraxini (Fraxinus)		-	-	-	-	(+++)	-	-
Rhynchaenus fagi (Fagus)		-	-	-	-	+++	+++	+++
Rhinomias forticornis (?)		-	-	-	-	+++	+++	+++
Phyllobius argentatus (Fagus)		-	-	-	-	+++	+++	+++
Apion pallipes (Mercurialis perennis)		-	-	-	-	+++	+++	+++
p h y t o s a p r o p h a g								
Acalles camelus		-	-	-	-	++	-	++
Acalles echinatus		-	-	-	-	-	++	++
Echinodera hypocrita		-	-	-	-	++	-	++
Trachodes hispidus		-	-	-	-	++	-	-
Biotopfremde Arten		6	1	2	2	15	11	12
Anzahl der indigenen Arten:		14	14	12	14	17	25	15

Tabelle 29. Gegenüberstellung der Curculionidenfaunen verschiedener Calluno-Querceten und Melico-Fageten des UG nach den als indigen gewerteten Arten. Die biotopfremden Arten sind bei der Besprechung der Curculionidenfaunen der einzelnen UF (s. Kap. IV.5.b) namentlich aufgeführt.
Abkürzungen s. Legende zu Tab. 28.

Individuendichte im Calluno-Quercetum bei Carabiden gering ist. Zum anderen sind die biotopfremden Arten aus diesem Arteninventar auszugliedern. Diese Aussonderung, im Einzelfalle sicher noch mit Unsicherheiten belastet, wurde nach dem ökologischen Verbreitungsmuster der Arten im UG vorgenommen. Somit besteht die Schwierigkeit einer klaren Einschätzung allgemein in folgenden, in enger Beziehung stehenden Punkten:

1) das Arteninventar vollständig zu erfassen,
2) biotopeigene und biotopfremde Arten zu trennen,
3) zwischen durch die Sammelintensität und -methodik fehlenden und tatsächlich fehlenden sowie tatsächlich neu hinzutretenden Arten zu unterscheiden, und
4) die ökologischen Ursachen hierfür zu ermitteln.

Ausfall bekannter und Hinzutreten neuer Arten können ihre Ursache nur in der Inkongruenz bzw. Kongruenz der ökologischen Potenz dieser Arten und ökologischen Valenz des Standorts für sie und/oder in der „regionalen Verfügbarkeit" haben. Gerade die Kenntnis der ökologischen Valenz der Standorte, die doch zusammen mit der genauen Kenntnis der Autökologie der Arten ein begründetes Erkennen und Gliedern oder – im Gegenteil – ein Bestreiten der Existenz überorganismischer interspezifischer Regulationssysteme erst ermöglicht, ist äußerst ungenügend. Kongruenz im vorher definierten Sinne muß es geben und spiegelt sich auch in Tabelle 29, die eine Darstellung der Curculionidenfaunen der beiden Bereiche für das UG gibt, wider.

Auch für die Carabiden des Melico-Fagetums läßt sich ein „Typenspektrum" erkennen. Gleichzeitig deutet sich hier bei UF 2 die „ökologisch gleiche Richtung" der Änderung von „Phyto-" und „Zootaxozönose" zu Kombinationen einer lichteren, trocken-wärmeren Ausprägung dieser Randzone an (floristisch: Wiesenarten sowie 3 Vicia-Arten – V. dumetorum, V. sepium, V. silvaticum; faunistisch: *Metabletus truncatellus, Carabus intricatus* als wärmeliebende indigene Formen, vielleicht sind auch *Harpalus quadripunctatus, H. latus, Bradycellus hapalinus, B. verbasci* indigen). Floristisch wie faunistisch lassen sich also wärmeliebende, lichte Waldstandorte oder Freiflächen bevorzugende Arten nachweisen.

Bei den phytophagen Curculioniden (Tab. 29) ist neben den abiotischen Faktoren die Flora unmittelbar verbreitungsbestimmend. Nur die Phytosaprophagen (in Tab. 29 gesondert aufgeführt), sind nicht unmittelbar von der Flora abhängig. Der Vergleich „Phyto-" – „Curculioniden-Taxozönose" hat für jedes Glied gleichzeitig über die abiotischen Standortsfaktoren u n d die Flora zu erfolgen, was methodisch schwieriger ist, da der Grad der Beeinflussung durch beides von Art zu Art unterschiedlich sein kann. Dennoch zeigen sich auch hier Kongruenzerscheinungen mit einem „Typenspektrum" (unterstrichene Arten) und begleitenden Arten, die – nicht immer genau faßbar – mit verschiedenen abiotischen Faktoren und wechselnder Vegetation übereinstimmen, d. h. „ökologisch gleiche Richtung" haben. So drückt sich die Südlage von UF 2 und 3 in wärmeliebenden Formen (*Barypeithes mollicomus, Brachysomus echinatus*) aus, die UF 1 (feuchterer, dichterer Hochwald, Westlage) fehlen; letztere wird dafür durch *Stereonychus fraxini* gekennzeichnet. Auf der strahlungsbegünstigten lichten UF 2 deuten gleich drei *Apion*-Arten (*ebeninum, ervi, urticarium*) auf veränderte Bedingungen gegenüber UF 1 und 3 mit Buchenhochwald. Gleichzeitig taucht hier eine Reihe von Wiesencurculioniden auf.

Die zwangsläufige Beschränkung auf „Taxozönosen" (hier Curculioniden, aber auch Carabiden, Araneen, Zikaden, Milben) offenbart eine wichtige Tatsache: Ihre Glieder lassen untereinander k e i n e wesentlichen, existenzbedingenden Beziehungen erkennen, selbst nicht unter carnivoren Gruppen. Hieran kann auch die Tatsache nichts ändern, daß eine

Art die andere unter anderen mit dezimieren kann, das geschieht sicher oft, vielleicht auf den unterschiedlichsten Stadien, gegenseitig und bedroht letzten Endes nicht die Existenz beider Arten in der gleichen Biozönose, nicht einmal wesentlich den Grad der Abundanz, da auch genügend andere Beute zur Verfügung steht. Die artenreichen „Taxozönosen" der genannten Gruppen sind Beispiele hierfür. Auf ein Beispiel bezogen: SCHAEFER (1974) konnte im Freiland bei *Pardosa purbeckensis* und *Pardosa pullata* sowie *Pirata piraticus*, die im gleichen Biotop vorkamen, keine wesentlichen Konkurrenzeffekte beobachten.

Es ist wahrscheinlich ein Kennzeichen von Taxozönosen terrestrischer Tiergruppen gleicher Organisation, also etwa im Range einer Familie, zumindest bei Arthropoden, daß ihre Glieder in keinen existenzbedingenden oder -beeinflussenden Beziehungen zueinander stehen. Es ist vielmehr auf Grund des bekannten Tatsachenmateriales zu schließen, daß der Grad der wechselseitigen Beeinflussung von Biozönosegliedern (und damit die Regulationswirkung) mit wachsender Ähnlichkeit der Vorkommensbereiche bei wachsender organisatorisch-phylogenetischer Verschiedenheit zunimmt, und umgekehrt, daß bei wachsender organisatorisch-phylogenetischer Ähnlichkeit der Biozönoseglieder sich deren Vorkommensbereiche mehr und mehr trennen und ihre gegenseitigen Beziehungen abnehmen.

Diese beziehungslose Koexistenz der Arten einer Familie ist bei den Curculioniden sichtbar, ihre Abhängigkeiten bestehen von abiotischen Faktoren und Wirtspflanzen.

Bereits LOHMEYER und RABELER (1965) erkannten, „daß sich auch bei diesen pflanzenfressenden Tieren eine standörtliche Gruppierung nach Pflanzengesellschaften beobachten läßt, wie sie ganz ähnlich bei den vorwiegend carnivoren Laufkäfern zu sehen war. Die Gesamtökologie der Standorte macht sich auch in der Verteilung dieser pflanzenfressenden Tiere bemerkbar. Die ernährungsbiologische Bindung an Pflanzenarten ist nur ein Faktor, der das Vorkommen mitbestimmt. Sie kann bei einzelnen Arten sehr stark ausschlaggebend sein, sie fügt sich aber im ganzen gesehen, wie die Wirksamkeit aller Einzelfaktoren, in die Komplexwirkung der am Standort wirkenden Umweltfaktoren ein."

Räumt man diesen direkten, ursächlichen Beziehungen zwischen den einzelnen Biozönosegliedern untereinander und vor allem zwischen ihnen und dem Gefüge der Standortfaktoren die gebührende Beachtung bei einem Vergleich ein, dann muß zwangsläufig der Begriff der „Taxozönose" verschwinden („Taxozönosen" sind gerade solche Artenkombinationen, deren Glieder – im Widerspruch zur Bedeutung des Wortes – keine unmittelbaren Beziehungen zueinander haben), andererseits muß es theoretisch gleichgültig bleiben, ob der ihr zugrundeliegende Umfang angesichts der „Phytozönose" zu klein erscheint. Bei einer sauberen Trennung nach Direktbeziehungen müssen sich Kongruenzen im definierten Sinne ergeben, und erst aus einer Reihe solcher zu erwartender Kongruenzen unter den verschiedenartigsten Gesichtspunkten und mit den verschiedenartigsten Gruppen von Biozönosegliedern ergibt sich eine solche Biozönose nach Umfang, Struktur und funktionellem Zusammenspiel, eine „selbst" regulative überorganismische Organisation. „Regulation" aber, funktionelles Zusammenspiel, besteht nur insofern, als die ökologischen Potenzen aller Glieder, die auf der Grundlage des standörtlichen Faktorengefüges existieren können, im Falle der Direktbeziehung der Glieder untereinander diesen die Koexistenz erlauben.

Die vielen, in den verschiedensten Arthropodengruppen immer wieder auftretenden trophisch bedingten Gruppen der Phytophagen, Saprophagen, Mycetophagen, Carnivoren, Parasiten sind ein Ausdruck der in der Evolution wirkenden ungerichteten Variabilität einerseits und der von der Umwelt realisierten Möglichkeiten zur Existenz solcher Gruppen, die in den verschiedensten Taxa zu den verschiedensten Zeiten unabhängig voneinander entstanden. Biozönosen sind Produkte der ökologischen Potenz der Arten (im weitesten Sinne), in denen sich die einzelnen Glieder auf der Grundlage der standörtlichen Faktoren selbst selektiert haben und unter im wesentlichen gleichbleibenden äußeren Einflüssen (Klima, Lage, Boden) etwa gleichbleibend erhalten können, d. h. deren Glieder durch die Unterschiedlichkeit oder die Weite der ökologischen Potenz genügend Abstand halten können oder müssen, so daß sie ihre Existenz gegenseitig nicht gefährden. Sukzessionsstadien sind demgemäß selektive Vorstufen.

Abschließend seien noch einige kleine, nicht immer zur völligen Zufriedenheit ausgefallene Versuche angeführt, auch auf anderer Grundlage und unter anderen Gesichtspunkten bestimmte Ähnlichkeiten oder Charakteristika einzelner Standorte oder Standortstypen und ihrer Curculionidenfaunen darzustellen, wobei sich immer wieder zeigt, daß pauschale Wertungen sehr vorsichtig vorgenommen werden müssen.

1. REMMERT und WÜNDERLING (1973) stellten in einer Vorbemerkung Überlegungen an, weshalb einerseits in subarktischen Tundren und andererseits auf alpinen Matten bei etwa gleichen Durchschnittstemperaturen die ersteren verhältnismäßig artenarm, die letzteren artenreicher seien. Sie vermuten, daß – entsprechend der Kaufmannschen Regel – die größeren Temperaturschwankungen im orealen Bereich als Entwicklungsimpulse und beschleunigend wirken, so daß dort mehr Arten existieren können.

Bereits beim Beurteilen der Artenspektren der einzelnen UF fiel auf, daß relativ wenige indigene Arten an den floristisch meist recht reichen, gleichmäßig kühl-feuchten Schluchtwaldstandorten auftraten, so daß an eine Parallele zu den Überlegungen REMMERTs und WÜNDERLINGs zu denken wäre.

Ich suchte einige Wirtspflanzenarten des UG, die von mit Sicherheit autochthonen Curculionidenarten besiedelt sind, heraus, stellte deren Verbreitung über die einzelnen UG dar und vermerkte, ob sie von den entsprechenden, indigenen Curculioniden besiedelt seien oder nicht (Diagramm 29). Es wurden solche Arten ausgesucht, die durch ihre Verbreitung – bei Oligophagie – klare Beziehungen zu bestimmten Wirtspflanzen erkennen lassen (und dann möglichst in größerer Zahl vorlagen) oder die von vornherein als monophag bekannt waren (hier können auch geringere Individuenzahlen genügen). Die umrahmten Felder zeigen das Vorkommen der Wirtspflanzenarten an, nur gestrichelt umrahmte Felder bedeuten, daß die Wirtspflanzenart nur sehr spärlich oder nur im Randbereich der Fangfläche vorkommt (ein solches Vorkommen wird bei den Berechnungen nur mit dem Wert 0,5 eingesetzt).

Es ist auffällig, daß vor allem der Bereich der Schluchtstandorte und der Sukzessionsstandorte auch bei dieser Probe in seinem Wirtspflanzenangebot nur schwach genutzt erscheint. Die Ursachen dürften in den abiotischen Faktoren liegen (s. a. Besprechungen zur Autökologie der einzelnen Arten), für die Schluchtwaldstandorte könnte bei Zutreffen der Hypothese REMMERTs und WÜNDERLINGs eine Parallele zu den von ihnen geschilderten Erscheinungen vorliegen. Anhand von Urtica dioica läßt sich nachweisen, daß sich mit dem Wechsel der Standortsbedingungen (obwohl diese letztlich nicht genau bekannt sind) auch verschiedene Curculionidenarten auf ihr ansiedeln, und das gleiche ist für Picea abies wahrscheinlich. Im Gegensatz hierzu wäre zu überprüfen, ob eine oligophage Curculionidenart mit dem Wechsel des Standorts verschiedene Wirtspflanzenarten besiedelt (und damit vielleicht gar nicht so stark unterschiedene abiotische Faktorenbereiche, als der bloße äußere Eindruck vermuten läßt), d. h., daß vielleicht Oligo- oder Polyphagie der Arten durch „Stenökie" gegenüber bestimmten abiotischen Faktoren hervorgerufen werden oder zumindest deren Ausdruck sind. Diese Frage versuchte ich an-

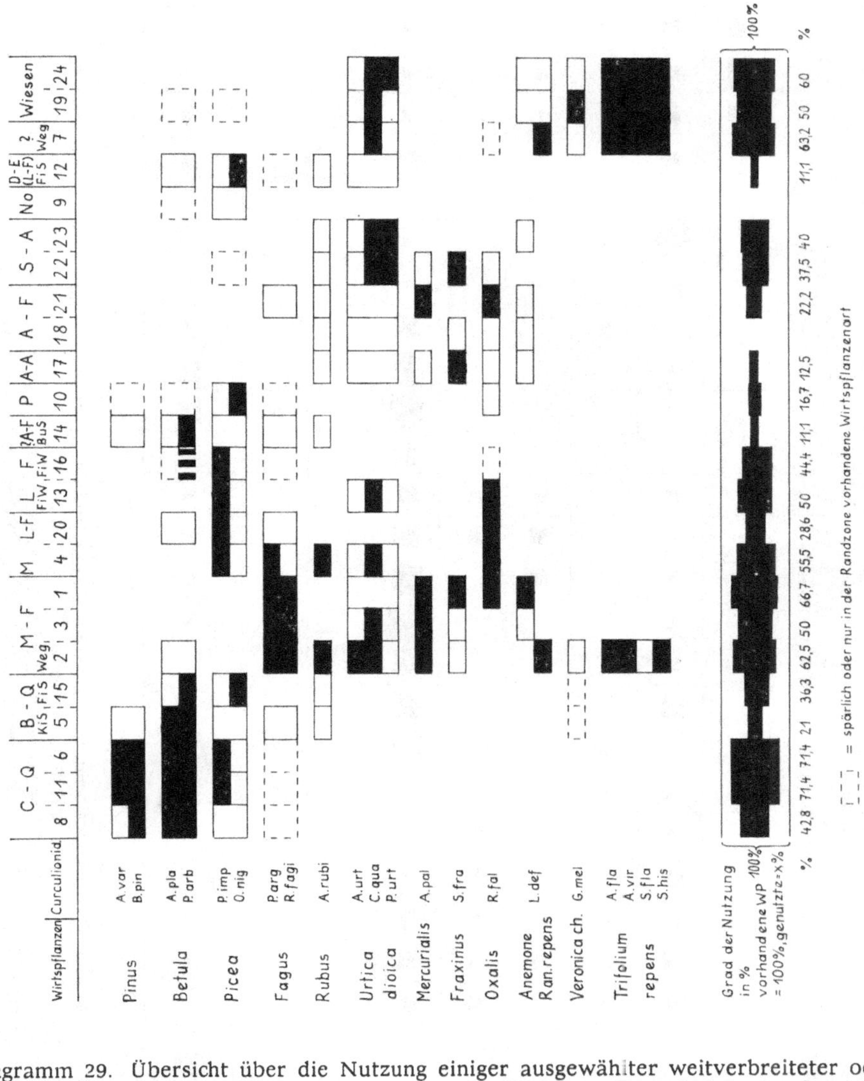

Diagramm 29. Übersicht über die Nutzung einiger ausgewählter weitverbreiteter oder charakteristischer Wirtspflanzenarten durch Curculionidenarten auf den einzelnen UF. WP = Wirtspflanzen, Ran. = Ranunculus, Veronica ch. = Veronica chamaedrys.

A. fla = *Apion flavipes*, A. pal = *Apion pallipes*, A. pla = *Anoplus plantaris*, A. rubi = *Anthonomus rubi*, A. urt = *Apion urticarium*, A. var = *Anthonomus varians*, A. vir = *Apion virens*, B. pin = *Brachonyx pineti*, C. qua = *Cidnorhinus quadrimaculatus*, G. mel = *Gymnaetron melanarium*, L. def = *Leiosoma deflexum*, O. nig = *Otiorhynchus niger*, P. arb = *Phyllobius arborator*, P. arg = *Phyllobius argentatus*, P. imp = *Polydrusus impar*, P. urt = *Phyllobius urticae*, R. fagi = *Rhynchaenus fagi*, R. fal = *Rutidosoma fallax*, S. fla = *Sitona flavescens*, S. fra = *Stereonychus fraxini*, S. his = *Sitona hispidulus*.

Die Abkürzungen in der Kopfleiste sind in der Legende von Diagramm 26 erläutert.

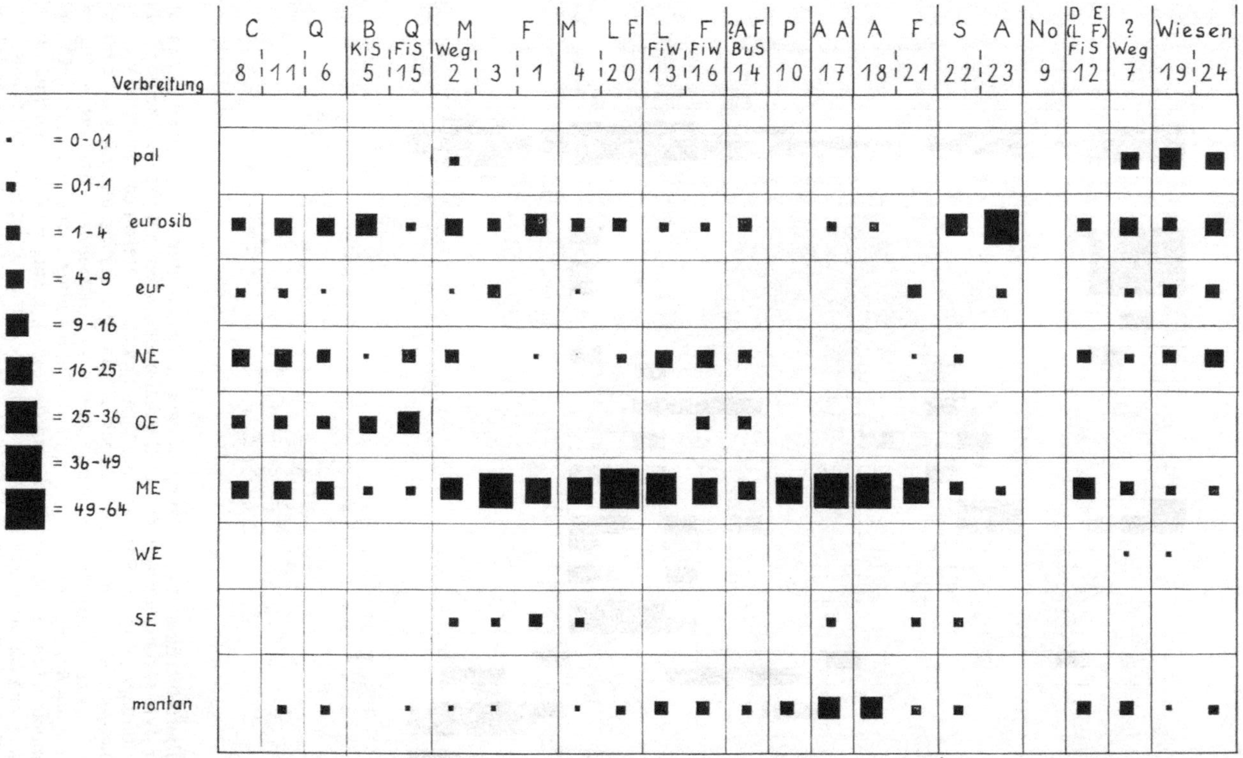

Diagramm 30. Anteil der Verbreitungstypen der Curculioniden, kombiniert nach Arten- und Individuenprozenten, auf den einzelnen UF.
eur = europäisch, eurosib = eurosibirisch, ME = vorwiegend mitteleuropäisch, NE = vorwiegend nordeuropäisch, OE = vorwiegend osteuropäisch, pal = paläarktisch, SE = vorwiegend südeuropäisch, WE = vorwiegend westeuropäisch verbreitet. Die Abkürzungen in der Kopfleiste sind in der Legende von Diagramm 26 erläutert.

hand der brachypteren *Strophosoma melanogrammum* und *capitatum* zu klären, kam aber zu keinem befriedigenden Ergebnis, weil offensichtlich deren Wirtspflanzenkreis noch unzureichend bekannt ist.

Auf eine weitere, für das UG bedeutsame und interessante Erscheinung ist hinzuweisen: Obwohl die Wirtspflanzen sonst weit verbreiteter Curculionidenarten im UG vorhanden sind (Trifolium repens, pratense u. a. für *Apion seniculus*, Calluna vulgaris für *Micrelus ericae*, Viola-Arten für *Orobitis cyaneae*), fehlen die letzteren bisher in den Aufsammlungen völlig, und es liegt nahe, wiederum abiotische Faktoren hierfür verantwortlich zu machen. Es ist sicher eine genauso dankbare Aufgabe, anstelle des Vorkommens phytophager Arten in allen möglichen Biotopen und Regionen einmal zu untersuchen, wo sie trotz Vorhandenseins ihrer Wirtspflanzen überall n i c h t vorkommen.

Eine solche Analyse verspricht ebensoviel Aufklärung zu deren Ökologie zu liefern wie der gewöhnlich praktizierte Weg der Erfassung ihrer Verbreitung nach meist recht pauschalen Gesichtspunkten, und auch die ökologische Charakterisierung der einzelnen Standortstypen könnte auf Grund solcher Negativbefunde oft wesentlich detaillierter erfolgen.

2. Schließlich wurden noch, ähnlich wie bei MEYER (1958), die Verbreitungstypen der auf den einzelnen UF indigenen Curculioniden je Standort dargestellt, (aber nach Arten- und Individuenanteil kombiniert) (s. Diagramm 30).

Individuen- und Artenprozente je Gruppe eines Standortes wurden multipliziert und durch 100 dividiert. Dieser Versuch müßte bei einer noch genaueren Kenntnis des Verbreitungstyps jeder einzelnen Art sicher noch klarer ausfallen, als es hier der Fall ist, vor allem sind mehr offensichtlich montan-submontan verbreitete Arten vorhanden, als die nach HORION (1951) vorgenommene Einteilung erkennen läßt.

Dennoch läßt sich eine grobe Gliederung erkennen: Der Bereich der Wiesen und Wegrandzonen ist der einzige, in dem regional-paläarktisch verbreitete Arten vorkommen. Im tatsächlichen und potentiellen Laubwaldbereich des UG häufen sich die mitteleuropäisch verbreiteten Arten (eine Ausnahme bildet das Stellario-Alnetum mit einem hohen Anteil eurosibirischer Formen, je offener es liegt). Im Bereich des Calluno-Quercetums tritt der Anteil der mitteleuropäisch verbreiteten Arten zugunsten der eurosibirischen, nord- und osteuropäischen zurück (die einzige, quantitativ aber stark in Erscheinung tretende osteuropäische Art ist *Phyllobius arborator*). Auf den beiden extremen Schluchtstandorten mit S-N-Erstreckung, UF 17 (Arunco-Aceretum) und 18 (Acero-Fraxinetum), ist die Häufung montaner Formen klar erkennbar.

Auch dieses letzte Diagramm bringt also, obwohl unter anderen Gesichtspunkten erstellt, eine grobe Kennzeichnung offensichtlich zusammengehöriger Bereiche, wie sie bereits detaillierter das Diagramm 28 auf der Grundlage des WAINSTEIN-Index aufdeckt.

Tabelle 30. Verteilung der mono- und allaxorophen indigenen Arten auf die UF. (B = Streuschicht bis Bodenoberfläche, K = Kraut-(bis Baum-)schicht, weitere Abkürzungen s. Diagramm 26). War eine Art in etwa gleichen Anteilen am Boden wie in der Kraut- (bis Baum-)schicht anzutreffen, wurde sie jedem dieser Straten mit einem Wert von 0,5 zugerechnet).

Pflanzensoz. Einheit	abweichender Zustand	Nr. der UF	monoroph B(L/I)	monoroph K(L/I)	allaxoroph B(L)→K(I)	Summe der indig. Arten
C – Q		8	3,5	4	5,5	13
		11	3	6	6	15
		6	5	4	6	15

Pflanzensoz. Einheit	abweichender Zustand	Nr. der UF	monoroph B(L/I)	K(L/I)	allaxoroph B(L)→K(I)	Summe der indig. Arten
B – Q	KiS	5	1	8	4	13
	FiS	15	2	2	5	9
M – F	Weg	2	7	9	9	25
		3	8	4	3	15
		1	9	3	5	17
M→L–F		4	3,5	4	4,5	12
		20	1,5	0	3,5	5
L – F	FiW	13	6	0	4	10
	FiW	16	7	0	4	11
?A – F	BuS	14	3,5	3	2,5	9
P		10	2	0	2	4
A – A		17	3,5	1	3,5	8
A – F		18	3	0	3	6
		21	5,5	2	1,5	9
S – A		22	2,5	1	5,5	9
		23	1	2	3	6
No		9	0	0	0	0
D–E(L–F)	FiS	12	3	0	4	7
?	Weg	7	7,5	3	9,5	20
Wiesen		19	8	20	11	39
		24	10	11	9	30

3. Tabelle 30 zeigt die Zahl der als indigen gewerteten Curculionidenarten je UF sowie den jeweiligen Anteil zeitlebens monoropher Streuschicht- bis Bodenoberflächenbewohner bzw. Kraut-(bis Baum-)schichtbewohner sowie der allaxorophen Arten, die nach Larvalentwicklung im Boden- oder Streuschichtbereich als Imagines die Kraut-(bis Baum-)schicht besiedeln. Einige allgemeine Tendenzen lassen sich erkennen:

Wiesen- und Wegrandzonen mit wenigstens z. T. aus Wiesenpflanzen bestehendem Bewuchs enthalten die meisten indigenen Arten (UF 2, 7, 19, 24 mit 20–39 Indigenae). Die beiden naturnah gebliebenen Waldbereiche des Calluno-Quercetums und Melico-Fagetums folgen mit 13–17 indigenen Curculionidenarten. Das Melico-Fagetum läßt seine gut entwickelte Streuschicht an einem höheren Anteil von monorophen Streuschicht- bis Bodenoberflächenbewohnern erkennen und weist (bis auf die Wegrandzone UF 2) dafür wenig monorophe Kraut-(bis Baum-)schichtbewohner auf. Die schlecht ausgebildete, z. T. verarmte Krautschicht in den auf Luzulo-Fagetum-Standorten stockenden Fichtenforsten wird im Fehlen oder Zurücktreten monoropher Krautschichtbewohner sichtbar (die Gesamtzahl der Indigenae ist bereits etwas vermindert), während der Streuschichtbereich trotz Nadelstreu noch verhältnismäßig gut besiedelt wird. Hierfür ist sicher der gegenüber dem Calluno-Quercetum (mit seiner Nadelstreu und w e n i g monorophen Streuschicht- bis Bodenoberflächenbewohnern) bessere Bodenwasserhaushalt verantwortlich. Die Schonungen (UF 5, 12, 14, 15) haben trotz unterschiedlichsten Bewuchses durch stärkere Insolation (Streuschicht schwächer und austrocknungsgefährdet) einen geringen Anteil monoropher Streuschicht- bis Bodenoberflächenbewohner und eine verringerte Artenzahl insgesamt. Bei UF 14 tritt auf Teilflächen das Gegenteil ein: dicht verwucherter Bestand verwehrt die Sonneneinstrahlung auf dem Boden fast völlig, das Ergebnis ist das gleiche. Die wenigsten indigenen Arten haben die schlecht besonnten Schluchtstandorte (UF 10, 17, 18, 21, 22, 23) unabhängig von ihrer pflanzensoziologischen Gruppierung und trotz z. T. floristisch reichen Bewuchses, was mit Sicherheit auf die niedrigen Temperaturen zurückzuführen ist, die zumeist nur die Entwicklung einiger euryöker Arten (unter pessimalen Bedingungen) bzw. einiger oligostenothermer Arten zuläßt.

Je genauer künftige Untersuchungen geführt werden und solche Zusammenhänge berücksichtigen, desto mehr wird es gelingen, Arten- und Dominanzspektren von Standorten ursächlich zu deuten und umgekehrt aus diesen Rückschlüssen auf herrschende Faktorenkombinationen am Standort zu ziehen.

VI. ZUSAMMENFASSUNG

1) In der Waldlandschaft der ostelbischen Hinteren Sächsischen Schweiz wurden die Bereiche des Calluno-Quercetums, Betulo-Quercetums (Kiefern- bzw. Fichtenschonung tragend), Melico-Fagetums (einschließlich einer Wegrandzone), des Übergangs vom Melico- zum Luzulo-Fagetum, des Luzulo-Fagetums (Fichtenforst tragend), eines fraglichen Abieti-Fagetums (Buchenschonung tragend), eines fragmentarischen Piceetum hercynicum, des Arunco-Aceretums, Acero-Fraxinetums, Stellario-Alnetums, eines oligotrophen Naßstandortes mit Sphagnum, einer Wegrandzone, eines Digitali-Epilobietums mit Resten des Luzulo-Fagetums (Fichtenschonung) und zweier pflanzensoziologisch nicht genau einzuordnender Waldwiesen mittels Gesiebe-, Barberfallen- und Käscherfang von 1972–74 (15 Standorte) bzw. nur 1974 (9 zusätzliche Standorte) auf ihre Curculionidenfauna untersucht, um bei ausgewählten Arten dieser Gruppe zu erforschen, ob und in welchem Grade sie Biotopbindung zeigen. Neben floristischen Aufnahmen auf den einzelnen Untersuchungsflächen wurden im Bereiche des Calluno-Quercetums, Betulo-Quercetums, Luzulo-Fagetums, des fraglichen Abieti-Fagetums, Arunco-Aceretums, der Wegrandzone und der oligotrophen Naßstelle sowie einer Wiese je eine 24stündige mikroklimatische Messung im Frühjahr und Sommer, teilweise im Herbst vorgenommen, um eventuelle Abhängigkeiten von abiotischen Faktoren genauer zu erkennen.

2) Eine Liste der gefangenen Curculionidenarten (Tab. 2) wurde zusammengestellt, die die nomenklatorisch vollständige Bezeichnung der Arten, Angaben zum Entwicklungs- und Generationszyklus und Überwinterungstyp, zur Ernährungsweise und zum Wirtspflanzenkreis, zu Dynamik, tageszeitlicher Aktivität (wenig Daten!) und Verbreitung enthält, wie sie sich aus vergleichendem Literaturstudium, zu einem geringen Teil auch aus eigenen Beobachtungen ergaben.

Die Verbreitung ausgewählter Arten läßt einige Aussagen zu deren Autökologie zu und führt zu dem Schluß, daß eine enge Biotopbindung als Extremfall in der Überschneidung der Grenzen der ökologischen Potenz der Art und ihrer Verbreitung sowie der ökologischen Valenz des Standorts im Untersuchungsgebiet nur selten auftritt. Die Verbreitung der Art im Untersuchungsgebiet ist vom Wirtspflanzenkreis und/oder von abiotischen Faktoren abhängig. Beide Faktorenkomplexe können sowohl einander überdecken als auch – in der Regel – gemeinsam wirken. Bei der Darstellung der Phänologie der Arten deutete sich an zwei Beispielen an, daß sie temperatur- und damit standortsabhängig innerhalb eines kleinen Gebietes sein kann.

3) Beim synökologischen Vergleich der Curculionidenspektren der einzelnen Untersuchungsflächen wurde die Wichtigkeit der Trennung von biotopeigenen und biotopfremden Arten dargelegt und der WAINSTEIN- (= VAJNŠTEJN-)Index der „biozönologischen Ähnlichkeit" jeweils gegenüber dem RENKONEN-Wert der Dominantenidentität und der JACCARDschen Zahl der Artenidentität, auf deren beiden Prinzipien der VAJNŠTEJN-Index aufbaut, als vorteilhafter gewertet. Die Frage der Kongruenz von „Phyto-" und „Zootaxozönosen" wird erörtert, der Begriff der Kongruenz unter dem Gesichtspunkt D i r e k t -

b e z i e h u n g e n von Biozönosegliedern untereinander (im wesentlichen trophisch) bzw. von diesen zum Faktorengefüge am Standort (im wesentlichen abiotisch-strukturell) betrachtet und auf dieser Grundlage Kongruenz als logische Folge angesehen. „Inkongruenzen" werden auf mangelnde Kenntnis der ökologischen Valenz der Standorte und der ökologischen Potenz der Biozönoseglieder zurückgeführt. Kongruenz wird am Beispiel von Carabiden- und Curculioniden-„Taxozönosen" des Untersuchungsgebietes nachzuweisen versucht. Allerdings muß der Begriff der „Taxozönose" (in seiner engen Fassung, meist auf der Basis von Familien) als irreführend gelten: „Taxozönosen" zeichnen sich durch die B e z i e h u n g s l o s i g k e i t ihrer Glieder aus, es ist besser, anstelle dieses Begriffes Bezeichnungen wie Artenspektrum, -kombination, -inventar zu verwenden.

Summary

INVESTIGATIONS ON THE CURCULIONIDS OF SAECHSISCHE SCHWEIZ AND THEIR CONNECTIONS TO THE BIOTOPES

1) In the woodland of east-Elbian Hintere Saechsische Schweiz, various regions with woodland, forestal, meadow, and ridge associations (see chapter II, 1) have been investigated for their Curculionid fauna by catching with coleopter's riddle, pitfall trapping, and sweeping in the years from 1972 to 1974 (15 locations) or 1974 only (9 locations). This was to check whether and to which extent selected species of this group are connected to their biotopes. In addition to floristic investigation of the individual regions, some locations (see chapter II, 3) have been measured microclimatically for 24 hours each in spring and summer, sometimes even in autumn, to detect possible dependence on abiotic elements with better precision.

2) A list of Curculionid species catched (Table 2) contains the species designations in complete nomenclature, details of development and generation cycles and the type of hibernation, mode of nutrition, host plant spectrum, dynamic, diurnal activity (few data), and distribution as resulting from comparison between reference literature or own observation (minor contribution).

Distribution of selected species gives some evidence concerning their autecology and leads to the conclusion that close connection to the biotope – as an extreme in overlapping of boundaries of the species' ecological potency and their distribution and of the ecological valency of the location – is seldom found in the area investigated. Distribution of the species in this area depends on the host plant spectrum and/or on abiotic elements. Both element complexes can overlap each other and – as usual – act in common. Within representation of species phenology, two examples indicated that it can depend on temperature and, thus, on the location inside a small zone.

3) In synecological comparison of Curculionid spectra of single areas investigated, the importance of separation of coenobiontic and xenocoenous species is shown, and the WAINSTEIN (VAJNŠTEJN) index of „biocoenological similarity" has been found to be more advantageous than RENKONEN's value of the identity of dominants and JACCARD's figure of the identity of species (the VAJNŠTEJN index is based on the principles of both). The problem of congruence of „phytotaxocoenoses" and „zootaxocoenoses" is discussed, the term of congruence regarded relative to the direct relations between the single biocoenological links (in general trophically) and from them to the element framework in the location (in general abiotic-structurally), and congruence on this basis considered as a logical consequence. „Incongruences" are attributed to the lack of knowledge

in ecological valency of the locations and the ecological potency of the biocoenological links. Congruence is tried to be proved by the example of „taxocoenoses" of Carabids and Curculionids in the area under investigation. However, the term of „taxocoenoses" (in its restricted significance, mainly on the basis of families) must be considered as misleading: „taxocoenoses" are characterized by the lack of relations between their links so that it is better to replace this term by designations such as species spectrum, species combination or species stock.

VII. DANKSAGUNG

Herr Prof. Dr. H.-J. MÜLLER, Sektion Biologie-Ökologie der Friedrich-Schiller-Universität Jena, stellte mir das Thema dieser interessanten, schwierigen und zugleich reizvollen Aufgabe und betreute mich dabei. Er nahm sich stets Zeit für Aussprachen, gab Hinweise und Ratschläge, die mir halfen und in diese Arbeit eingeflossen sind, wofür ich ihm herzlich danke.

Eine so umfangreiche und vielschichtige Arbeit wie diese wäre mir ohne viele Helfer nicht möglich gewesen, die nachstehend Genannten haben besonderen Anteil daran:

Mein Kollege H. BEMBENEK half mir bei den strapaziösen mikroklimatischen Messungen im Gelände (s. a. S. 34).
Herr Dr. L. DIECKMANN (Eberswalde), Abt. Taxonomie der Insekten des Instituts für Pflanzenschutzforschung, determinierte mir schwierig erscheinende Curculionidenarten und wies mich in deren Bestimmung ein (s. a. S. 45).
Mein Kollege Dr. A. FEILER verhalf mir zu dem Material, das bei seinen Untersuchungen in etwa 40–60jährigen rauchgeschädigten Fichtenforsten in der westelbischen Sächsischen Schweiz (1966) angefallen war, so daß ich die von ihm gefangenen Arten, wenn auch nach der Zahl nicht mehr vollständig erhalten, in meine Vergleiche einbeziehen konnte.
Herr Dr. W. HEMPEL, Institut für Landschaftsforschung und Naturschutz Halle, Zweigstelle Dresden, bestimmte mir eine Reihe von Pflanzen und nahm die pflanzensoziologische Einschätzung der Untersuchungsflächen vor (s. a. S. 10).
Meine Dienststelle, das Staatliche Museum für Tierkunde Dresden, und ihr Direktor, Kollege Dr. R. HERTEL, stellten mich großzügig für die umfangreichen Geländearbeiten frei, alles notwendige Arbeitsgerät stand mir zur Verfügung.
Mein Kollege G. HOFFMANN fertigte die fotografischen Reproduktionen für meine Arbeit an.
Meine Kollegin M. KRENKEL schrieb mit nimmermüder Geduld und Aufmerksamkeit den gesamten Text mit seinen vielen, gestalterisch oft schwierig zu bewältigenden Tabellen.
Herr Oberförster H. KRIWANEK, Herr Revierförster R. SCHARFE und vor allem Herr Revierförster G. STEINER und seine Frau (alle Forstbezirk 3 des Staatlichen Forstwirtschaftsbetriebes Königstein) förderten mein Vorhaben durch Genehmigung zur Einsicht in die forstlichen Standorts- und Wirtschaftskarten, Hinweise zum Gelände, Informationen zur Vorgeschichte einzelner Untersuchungsflächen (z. B. Schonungen) sowie vor allem durch Gewährung von Quartier, womit manche Erleichterung in der täglichen Arbeit und der bei so umfangreichen Untersuchungen notwendige mehrtägige Verbleib im Untersuchungsgebiet möglich waren.
Meine Familie hatte Verständnis für meine Arbeit, die damit oft verbundene lange Abwesenheit und trug viele Belastungen, die mit meinem Vorhaben verbunden waren.

Allen möchte ich für ihre Anteilnahme, ihre Hilfe und ihr Verständnis herzlich danken. Die nüchterne Aufzählung der mir gegebenen Unterstützungen kann nichts über die moralische Hilfe und Bestärkung, die ich durch sie während der Durchführung meiner Arbeit erfuhr, sagen. Daß ich meine Untersuchungen bis zum Abschluß führte, ist der beste Ausdruck dafür.

VIII. LITERATUR

ANDERSEN, K., 1934: Der Einfluß der Umweltbedingungen (Temperatur und Ernährung) auf die Eierzeugung und Lebensdauer eines Insekts (*Sitona lineata* L.) mit postmetaboler Entwicklung und langer Legezeit. – Z. ang. Ent., **20**: 85–115.

ANDISON, H., 1942 (zitiert nach GRIMM 1973): The occurrence of the clay-coloured weevil (*Brachyrhynchus singularis* L.) in British Columbia. – Proc. ent. Soc. Brit. Columbia, **38**: 8–10.

BÄCHLI, G., 1969: Beitrag zur Kenntnis der Überwinterungsstätten von Insekten im Wald. – Viertelj.schr. naturforsch. Ges. Zürich, **114**: 455–460.

BAJTENOV, M. S., 1974: Žuki roda *Otiorhynchus* Germar (*Coleoptera, Curculionidae*) v Kazachstane. In: Fauna, sistematika i biologija nasekomych Kazachstana. Akademija nauk Kazachskoj SSR. Trudy Instituta zoologii, Tom **35**: 158–192. Alma-Ata 1974.

BALOGH, H., 1958: Lebensgemeinschaften der Landtiere. Berlin.

BODE, E., 1973: Beiträge zu den Erscheinungen einer Sukzession der terricolen Zoozönose auf Rekultivierungsflächen. Dissertation, Braunschweig.

BONESS, M., 1953: Die Fauna der Wiesen unter besonderer Berücksichtigung der Mahd. (Ein Beitrag zur Agrarökologie). – Z. Morph. Ökol. Tiere, **42**: 225–277.

BRAUNS, A., 1964: Taschenbuch der Waldinsekten. Jena.

ČERNOV, JU. I., 1971: O nekotorych indeksach, ispol'zuemych pri analize struktury životnogo naselenija suši. – Zool. žurnal, Moskva, **50**/7: 1079–1092.

CHRISTIANSEN, E., und BAKKE, A., 1968: Temperature Preference in Adults of *Hylobius abietis* L. during Feeding and Oviposition. – Z. angew. Ent., **62**: 83–89.

DIECKMANN, L., 1963: *Sitona cambricus* Stephens und seine Verwandten (*Coleoptera, Curculionidae*). – Reichenbachia, Mus. Tierk. Dresden, **2**/40: 17–27.

—, 1968: Revision der westpaläarktischen *Anthonomini (Coleoptera, Curculionidae)*. – Beitr. Ent., **17**/3–4: 377–564.

—, 1970: Zur Nomenklatur einiger europäischer Rüsselkäfer-Gattungen (*Coleoptera: Curculionidae*). – Beitr. Ent., **20**/1–2: 111–128.

—, 1971: Revision der *Apion cerdo*-Gruppe. – Ent. Nachr. (Dresden), **15**: 93–99; und Nachtrag, ibid., p. 111.

—, 1972: Beiträge zur Insektenfauna der DDR: *Coleoptera – Curculionidae: Ceutorhynchinae*. – Beitr. Ent., **22**/1–2: 3–128.

—, 1973: *Apion*-Studien (*Coleoptera: Curculionidae*). – Beitr. Ent., **23**/1–4: 71–92.

—, 1974: Beiträge zur Insektenfauna der DDR: *Coleoptera – Curculionidae (Rhinomacerinae, Rhynchitinae, Attelabinae, Apoderinae)*. – Beitr. Ent., **24**/1–4: 5–54.

— und FRITZSCHE, R., 1971: Pflanzenschädlinge, Band 7: Käfer. Radebeul.

DINGLER, M., 1925: Rüsselkäferstudien. I. Die Generation des *Hylobius abietis* L. – Z. angew. Ent., **11**: 1–22.

ECKSTEIN, K., und BUTOWITSCH, V., 1931: Beiträge zur Kenntnis der Fauna der Kiefernkahlschläge. – Z. angew. Ent., **18**: 615–633.

EIDMANN, H. H., 1964: Studien über die Entwicklung von *Hylobius abietis* L. im Freiland und in Laboratoriumszuchten. – Z. angew. Ent., **54**: 140–149.

ERLÄUTERUNGSBAND zu den Standortskarten des Ostelbischen Elbsandsteingebietes. Herausgegeben vom Institut für Forsteinrichtung und Standortserkundung Potsdam, Arbeitsgruppe Dresden, 1959. Manuskript.

FEILER, A., 1970: Untersuchungen über die Bodenfauna rauchgeschädigter Fichten- und Kiefernbestände am Beispiel des Elbsandsteingebietes und der Dübener Heide. Dissertation (unveröff.), Techn. Univ. Dresden, Sekt. Forstwirtschaft.

FOLWACZNY, B., 1973: Bestimmungstabelle der paläarktischen *Cossoninae (Coleoptera, Curculionidae)* ohne die nur in China und Japan vorkommenden Gattungen, nebst Angaben zur Verbreitung. – Ent. Bl., **69**/2: 65–180. Krefeld.

FRANZ, H., 1950: Bodenzoologie als Grundlage der Bodenpflege. Berlin.

FREMUTH, J., 1971: Die mitteleuropäischen Arten der Gattung *Barypeithes* Duval. Studien zu einer Revision der Gattung *Barypeithes* Duval (*Coleoptera, Curculionidae*). – Annot. zool. bot., Nr. 65: 1–30. Bratislava.

FRENZEL, G., 1936: Untersuchungen über die Tierwelt des Wiesenbodens. Jena.

GEILER, H., 1967: Die Coleopteren des Luzerne-Epigaions von Nordwestsachsen. – Faun. Abh. Mus. Tierk. Dresden, **2**/3: 19–36.

GIŽITZKIJ, JA. K., 1958 (zitiert nach IOANNISIANI, BIRG und LAVROVA 1970): Berezowyj listowoj dolgonosik na plodowych kulturach. – Zašč. rast., **2**: 45.

GRIMM, R., 1973: Zum Energieumsatz phytophager Insekten im Buchenwald. I. Untersuchungen an Populationen der Rüsselkäfer (*Curculionidae*) *Rhynchaenus fagi* L., *Strophosomus* (Schönherr) und *Otiorhynchus singularis* L. – Oecologia, Berlin, **11**: 187–262.

HANDBUCH der Naturschutzgebiete der DDR, Band V (Bezirke Dresden, Karl-Marx-Stadt, Leipzig). 1974. Autorenkollektiv des Instituts für Landschaftsforschung und Naturschutz Halle. Leipzig/Jena/Berlin.

HLISNIKOVSKÝ, J., 1965: Beitrag zur Verbreitung der Arten der Gattung *Apion* Herbst in der ČSSR. – Faun. Abh. Mus. Tierk. Dresden, **1**/5: 191–206.

HOFFMANN, A., 1950/54/58: Coléoptères Curculionides I, II, III. In: Faune de France, **52**, **59**, **62**. Paris.

HORION, A., 1951: Verzeichnis der Käfer Mitteleuropas, 2. Abt. Stuttgart.

HUNGER, W., 1963: Standörtliche und regionale Gliederung des Elbsandsteingebietes. – Ber. Arbeitskr. z. Erforsch. d. Sächs. Schweiz, **I**: 26–86. Pirna.

IOANNISIANI, T. G., BIRG, A. V., und LAVROVA, N. K., 1970: Materialy po biologii slonikov roda *Phyllobius* (*Coleoptera, Curculionidae*). – Zool. žurnal, Moskva, **49**/3: 384–389.

IOANNISIANI, T. G., LAVROVA, N. K. und BIRG, A. V., 1970: Ekologičeskie osobennosti nekotorych vidov roda *Phyllobius* Germ. (*Coleoptera, Curculionidae*) Belorussii. – Entom. obozrenie, Leningrad, **49**/4: 800–809.

JUNG, E., 1960: Die Waldgesellschaften der hinteren Sächsischen Schweiz am Beispiel des Großen Zschandes. – Ber. Arbeitsgem. sächs. Bot. N. F., **II**: 75–112. Dresden.

JUNK, W., und SCHENKLING, S., 1910–1933: Coleopterorum Catalogus, Band XXVII bis XXX (*Curculionidae*). Berlin/s'Gravenhage.

KIESEWETTER, H. VON, und MÄRKEL, F., 1847: Eine entomologische Excursion im Riesengebirge im Juli 1846 (Fortsetzung). – Ent. Ztg., Stettin, **8**: 73–87.

KLEINSTEUBER, E., 1969: Faunistisch-ökologische Untersuchungen an Coleopteren eines Hochmoores im Oberen Westerzgebirge. – Veröff. Mus. Naturk. Karl-Marx-Stadt, **4**: 1–76.

KLESS, J., 1961: Tiergeographische Elemente in der Käfer- und Wanzenfauna des Wutachgebietes und ihre ökologischen Ansprüche. – Z. Morph. Ökol. Tiere, **49**: 541–628.

KNOPF, H. E., 1962: Vergleichende ökologische Untersuchungen an Coleopteren aus Bodenoberflächenfängen in Waldstandorten auf verschiedenem Grundgestein. – Z. angew. Ent., **49**: 353–369.

LEGENDE zu den Standortskarten des Staatlichen Forstwirtschaftsbetriebes Königstein. Bearbeitet 1972 Erkundungsbrigade Königstein (Leitung H. KARST). VEB Forstprojektierung Potsdam, Betriebsteil Dresden.

LEITINGER-MICOLETZKY, E., 1940: Die Tiersukzession auf Fichtenschlägen. – Zool. Jahrb. (Syst.), **73**: 467–504.

LOHMEYER, W., und RABELER, W., 1965: Aufbau und Gliederung der mesophilen Laubmischwälder im mittleren und oberen Wesergebiet und ihre Tiergesellschaften. – Biosoziologie. Ber. ü. d. Intern. Sympos. in Stolzenau/Weser 1960 d. Intern. Vereinigung f. Veget.kd., p. 238–257.

LÜCKE, E., 1960: Die epigäische Fauna auf Zuckerrübenfeldern unterschiedlicher Bodenverhältnisse im Göttinger Raum. – Z. angew. Zool., **47**: 43–90.

MÄRKEL, F., 1841: Beiträge zur Kenntnis der unter Ameisen lebenden Insekten. – Germars Z. f. Entom., **3**: 203–225.

—, 1857: Zwei entomologische Oden. Hierzu ein Kommentar – Allg. Dtsch. Naturhist. Ztg. „Isis", Dresden, N. F., **3**: 161–180.

MEYER, K.-H., 1958: Faunistisch-ökologische Untersuchungen zur Coleopterenfauna des Spitzberges bei Tübingen. – Jahreshefte d. Ver. f. Vaterländ. Naturk. in Württemberg, **113**: 147–246.

MÜLLER, H.-J., 1975a: Zur Problematik der Kongruenz von Phyto- und Zoocoenosen – Mitt. Sekt. Geobot. Phytotax. d. Biol. Ges. d. DDR, p. 127–136.

—, 1975b: Über die Eingliederung der epigäischen Entomofauna in Vegetationseinheiten des Leutratales (Thüringen) am Beispiel der Zikaden (*Homoptera, Auchenorhyncha*). – Mitt. Sekt. Geobot. Phytotax. d. Biol. Ges. d. DDR, p. 195–213.

PAARMANN, W., 1966: Vergleichende Untersuchungen über die Bindung zweier Carabidenarten (*P. angustatus* Dft. und *P. oblongopunctatus* F.) an ihre verschiedenen Lebensräume. – Z. wiss. Zool., **174**: 83–176. Leipzig.

PEUS, W., 1954: Auflösung der Begriffe „Biotop" und „Biozönose". – Dt. Ent. Z., NF, **1**: 271–308.

PFETTEN, J. VON, 1925: Beiträge zur Kenntnis der Waldstreu. Fichtenstreuuntersuchungen. – Z. angew. Ent., **11**: 35–54.

RABELER, W., 1951: Biozönotische Untersuchungen im hannoverschen Kiefernforst. – Z. angew. Ent., **32**: 591–598.

—, 1957: Die Tiergesellschaft eines Eichen-Birkenwaldes im nordwestdeutschen Altmoränengebiet. – Mitt. flor. soz. Arbeitsgem., N. F., Heft 6/7: 297–319. Stolzenau.

—, 1960: Biozönotik auf der Grundlage der Pflanzengesellschaften. – Mitt. flor.-soz. Arbeitsgem., N. F., Heft 8: 311–332. Stolzenau.

—, 1962: Die Tiergesellschaften von Laubwäldern (Querco-Fagetea) im oberen und mittleren Wesergebiet. – Mitt. flor.-soz. Arbeitsgem., N. F., Heft 9: 200–229. Stolzenau.

—, 1965: Die Pflanzengesellschaften als Grundlage für die landbiozönotische Forschung. – Biosoziologie. Ber. ü. d. Intern. Sympos. in Stolzenau/Weser 1960 d. Intern. Vereinigung f. Veget.kd., p. 43–49.

—, 1969: Zur Kenntnis der nordwestdeutschen Eichen-Birkenwaldfauna. – Schriftenr. f. Veget.kd., Heft 4: 131–154.

REITTER, E., 1916: Fauna Germanica. Die Käfer des Deutschen Reiches. Bd. V. Stuttgart.

REMMERT, H., und WÜNDERLING, K., 1970: Temperature Differences between Arctic and Alpine Meadows and Ecological Significance. – Oecologia, Berlin, **4**: 208–210.

RENKEN, W., 1956: Untersuchungen über Winterlager der Insekten. – Z. Morph. Ökol. Tiere, **45**: 34–106.

RENKONEN, O., 1938: Statistisch-ökologische Untersuchungen über die terrestrische Käferwelt der finnischen Bruchmoore. – Ann. zool. soc. zool.-bot. fenn. Vanamo, **6**/1: 1–226.

REZWANI, A., und STEIN, W., 1973: Untersuchungen zur Temperatur- und Helligkeitspräferenz von *Sitona*-Arten (*Col. Curculionidae*). – Pol. Pismo ent., **43**: 819–826.

ROTHMALER, W., 1958: Exkursionsflora von Deutschland. Gefäßpflanzen. Berlin.

SCHAEFER, M., 1970: Einfluß der Raumstruktur in Landschaften der Meeresküste auf das Verteilungsmuster der Tierwelt. – Zool. Jahrb. (Syst.), **97**: 55–124.

—, 1974: Experimentelle Untersuchungen zur Bedeutung der interspezifischen Konkurrenz bei 3 Wolfsspinnen-Arten (*Araneida: Lycosidae*) einer Salzwiese. – Zool. Jahrb. (Syst.), **101**: 213–235.

SCHAUERMANN, J., 1973: Zum Energieumsatz phytophager Insekten im Buchenwald. II. Die produktionsbiologische Stellung der Rüsselkäfer (*Curculionidae*) mit rhizophagen Larvenstadien. – Oecologia, Berlin, **13**: 313–350.

SCHERF, H., 1964: Die Entwicklungsstadien der mitteleuropäischen Curculioniden (Morphologie, Bionomie, Ökologie). – Abh. senckenberg. naturf. Ges., **506**: 1–335. Frankfurt a. M.

SCHNELL, W., 1955: Synökologische Untersuchungen über Rüsselkäfer der Leguminosekulturen. – Z. Morph. Ökol. Tiere, **37**: 197–238.

SCHWENKE, W., 1950: Vergleichend-biocoenologische Untersuchungen im Waldgebiet des südwestlichen Flämings und seines Elbe-Vorlandes. (Ein Beitrag zum Problem der Abgrenzung biocoenologischer Einheiten). Inaugural-Dissertation, Univ. Leipzig.

STEIN, W., 1967: Die Rüsselkäferfauna des Grünlandes und ihre phytopathologische Bedeutung. – Z. angew. Ent., **60**: 3–59 (I. Teil) und 141–181 (II. Teil).

—, 1968a: Der Einfluß des Flügeldimorphismus auf die Ausbreitung von Curculioniden-Arten. – Z. angew. Ent., **61**: 442–445.

—, 1968b: Zur Biologie, Morphologie und Verhaltensweise von *Apion virens* Hbst. (*Col., Curculionidae*). – Oecologia, Berlin, **1**: 49–86.

—, 1969: Die Bedeutung der Wander- und Ausbreitungsphasen von Curculioniden für die Wiederbesiedlung einer Wiese nach Insektizid-Einwirkung. – Anz. f. Schädlingskd. u. Pflanzenschutz, **42**/7: 104–106.

—, 1970a: Die Besiedlung von wiesenfernen Leguminosen-Kulturen durch Curculioniden. – Anz. f. Schädlingskd. u. Pflanzenschutz, **42**/10: 151–155.

—, 1970b: Über die Ausbildung der Hinterflügel bei Curculioniden (Coleopt.). – Z. angew. Ent., **66**/4: 372–380.

—, 1970c: Hibernation of Curculionids in Meadows and Red-Clover Fields. – Oecologia, Berlin, **4**: 218–220.

—, 1971: Das Ausbreitungs- und Wanderverhalten von Curculioniden und seine Bedeutung für die Besiedlung neuer Lebensräume. In: „Dispersal und dispersal power of carabid beetles" (Sympos. Biol. Stat., Wijster, Nov. 1969): Misc. Papers Landb. Hogesch. Wageningen, **8**: 111–118.

THIELE, H.-U., 1956: Die Tiergesellschaften der Bodenstreu in den verschiedenen Waldtypen des Niederbergischen Landes. – Z. angew. Ent., **39** 316–367.

TIETZE, F., 1974: Zur Kongruenz von zootaxozönotischen Einheiten (*Carabidae*) und Grünlandgesellschaften. – Mitt. d. Biol. Ges. d. DDR, p. 151–163.

TISCHLER, W., 1948: Biocönotische Untersuchungen an Wallhecken. – Zool. Jahrb. (Syst.), **77**: 284–400.

—, 1958: Synökologische Untersuchungen an der Fauna der Felder und Feldgehölze. – Z. Morph. Ökol. Tiere, **47**: 54–114.

TOPP, W., 1972: Die Besiedlung eines Stadtparks durch Käfer. – Pedobiologia, **12**: 336–346.

VOLZ, P., 1962: Beiträge zu einer pedozoologischen Standortslehre. Nach Untersuchungen in der südlichen Vorderpfalz. – Pedobiologia, **1**/4: 242–290.

WAINŠTEIN (= VAJNŠTEJN), B. A., 1967: O nekotorych ocenki schodstva biocenosov. – Zool. žurnal, Moskva, **46**/7: 981–986.

WITSACK, W., 1975: *Curculionidae*. In: Beiträge zur Strukturanalyse der epigäischen Arthropodenfauna von 4 Rasengesellschaften des NSG „Leutratal". Teilbericht (B) der Arbeitsgruppe Jena, Leitung Prof. H.-J. MÜLLER, WB Ökologie der Sekt. Biologie. Manuskript. Friedrich-Schiller-Universität Jena.

Anschrift des Autors:

Dr. R. Krause, Staatliches Museum für Tierkunde Dresden,

DDR – 801 Dresden, Augustusstraße 2.

ENTOMOLOGISCHE ABHANDLUNGEN

STAATLICHES MUSEUM FÜR TIERKUNDE IN DRESDEN

Band 42 Ausgegeben: 28. Dezember 1978 Nr. 2

Das Typen-Material der Zikaden (Homoptera, Auchenorrhyncha) des Staatlichen Museums für Tierkunde Dresden

IV. Teil: Cicadoidea

RAINER EMMRICH

Dresden

Als weiterer Teil [1]) folgt hier die Erfassung der Typenexemplare der Gruppe der *Cicadoidea* (Taxonomie und Nomenklatur, wie bei den vorhergehenden Gruppen, nach den entsprechenden Teilen des General Catalogue of the Homoptera von METCALF). Naturgemäß enthält die Zusammenstellung vor allem Typenexemplare der von JACOBI aufgestellten Arten. JACOBI begann ca. ab 1900 mit der Bearbeitung von Material dieser Gruppe, vorerst mit der Bearbeitung des großen Bestandes der Dresdener Naturalienfirma STAUDINGER/BANG-HAAS, und führte diese Arbeiten in den folgenden Jahren rasch fort. In dieser Periode (ungefähr bis zum Beginn des 1. Weltkrieges) wuchs auch die Sammlung des Museums rasch an. Das von JACOBI bearbeitete Material aus dieser Gruppe entstammte allen zoogeographischen Regionen (mit Ausnahme der paläarktischen), vorwiegend der orientalischen und der neotropischen Region. Zum Teil im Austausch mit dem Material JACOBIs gelangten auch vereinzelt Typenexemplare von HAUPT, EDM. SCHMIDT, DISTANT, KARSCH und MELICHAR in das Dresdener Museum.

Die folgende Zusammenstellung enthält neben den als „Typen" in irgendeiner Form etikettierten Exemplaren auch ungekennzeichnete Stücke von Arten, die jedoch Typenwert besitzen oder aus der originalen Typenserie stammen. Das betrifft besonders die nicht speziell gekennzeichneten Typenexemplare von DISTANT. Da es unmöglich war, die Originaldiagnosen aller vorhandenen Arten einzusehen, ist es wahrscheinlich, daß sich unter dem übrigen Material noch Exemplare mit potentiellem Typenwert befinden. Mit der Übernahme des restlichen Materials der Firma STAUDINGER/BANG-HAAS in den Jahren ab 1955 gelangten auch bei dieser Gruppe in einigen Fällen Exemplare aus originalen Typenserien zu den schon vorhandenen Stücken hinzu. Mit aufgeführt werden auch diejenigen Arten mit ihren Typenexemplaren, die nach ihrer Veröffentlichung früher oder später wieder eingezogen bzw. synonymisiert wurden.

[1]) Die vorhergehenden Teile erschienen wie folgt: Teil I+II in Entom. Abh., Bd. 39, Nr. 5, 1973; Teil III in Entom. Abh., Bd. 40, Nr. 3, 1974.

Im Anhang folgen wiederum die „Arten", welche bereits nominell durch JACOBI gekennzeichnet wurden, über welche jedoch keine Beschreibungen in der Literatur vorliegen. Im übrigen gelten auch hier die in Teil I gemachten Vorbemerkungen.

Die im Dresdener Museum vorhandene Singzikaden-Kollektion ist als qualitativ reichhaltig zu bezeichnen. Sie umfaßt ca. 565 Arten bzw. subspezifische Einheiten (nach dem Stand der Determinationen JACOBIs). Typenmaterial befindet sich von 56 Arten bzw. subspezifischen Einheiten im Museum.

Cicadidae

aliena JACOBI, 1902 (*Heteropsaltria*)
(Sitz.-Ber. Ges. naturf. Freunde Berlin, 1902, Nr. 3, p. 76)
2 ♂ Syntypen (= Holotypus + 2 Paratypen, 1 ♂ beschädigt), Shortland-Inseln, Salomonen-Archipel, RIBBE.

bullata EDM. SCHMIDT, 1924 (*Pomponia*)
(Soc. Ent., Stuttgart, 39, p. 48)
1 ♂ Syntypus, Pengalengan, Java occident., leg. FRUHSTORFER.

caesar JACOBI, 1902 (*Mogannia*)
(Sitz.-Ber. Ges. naturf. Freunde Berlin, 1902, Nr. 1, p. 21–22)
1 ♂ Holotypus, Mau-Son, Tonking [Vietnam], leg. FRUHSTORFER.

circumscripta JACOBI, 1910 (*Platypleura*)
(Sitz.-Ber. Ges. naturf. Freunde Berlin, 1910, Nr. 7, p. 299–300, tabl. 1, fig. 1, 1a)
1 ♂ Syntypus, Manow, Deutsch-Ostafrika [Tansania].

distanti JACOBI, 1902 (*Talainga*)
(Sitz.-Ber. Ges. naturf. Freunde Berlin, 1902, Nr. 1, p. 21)
2 ♂ Syntypen (= Holotypus + 1 Paratypus), Mau-Son, Tonking [Vietnam], leg. FRUHSTORFER.

dubia JACOBI, 1927 (*Cicadatra* [?])
(Ent. Mitteil., 16, p. 216–217)
1 ♂ Holotypus, Kabul, Paghman-Gebirge, Afghanistan.

electa JACOBI, 1902 (*Gaeana*)
(Sitz.-Ber. Ges. naturf. Freunde Berlin, 1902, Nr. 1, p. 20)
2 ♀ Syntypen (= Holotypus + 1 Paratypus), Mau-Son, Tonking [Vietnam], leg. FRUHSTORFER.

hahnei EDM. SCHMIDT, 1919 (*Ugada*)
(Stettin. Ent. Z., 80, p. 366–368)
1 ♀ Syntypus, Lamey, Kamerun, KRIBI.

hirta KARSCH, 1890 (*Platypleura*)
(Berlin. Ent. Z., 35, p. 100)
1 ♂ Syntypus, Transvaal [Südafrika], KNOTHE.

klapperichi JACOBI, 1944 (*Semia*)
(Mitt. Münchn. Ent. Ges., 34, p. 8–9)
Material: 1 ♂ 2 ♀, Kuatun, Fukien, leg. KLAPPERICH; 3 ♂ 1 ♀, Prov. Fukien, China, leg.
2 ♂ 1 ♀ Paratypen (MANNHEIMS), Kuatun, Fukien, leg. KLAPPERICH. Zusätzliches
KLAPPERICH.

leechi DISTANT, 1890 (*Cicada*)
(Entomologist, 23, p. 90)
1 ♂ (unbezeichnet, = Syntypus), Wa-Shan, China, PRATT.

luculenta DISTANT, 1883 (*Zammara*)
(Proc. Zool. Soc. London, 1883, p. 187–188, tabl. 25, fig. 4, 4a–b)
1 ♂ (unbezeichnet, = Holotypus), ohne Fundort („Museum antiquum").

meyeri DISTANT, 1883 (*Cosmopsaltria*)
(Proc. Zool. Soc. London, 1883, p. 189, tabl. 25, fig. 2, 2a–b)
2 ♂ (unbezeichnet, = Holotypus + 1 Paratypus), Celebes, MEYER.

oculata JACOBI, 1910 (*Munza*)
(Sitz.-Ber. Ges. naturf. Freunde Berlin, 1910, Nr. 7, p. 300–301, tabl. 1, fig. 2)
1 ♂ Holotypus, Nyassa, Deutsch-Ostafrika [Tansania].

parvula JACOBI, 1904 (*Fidicina*)
(Sitz.-Ber. Ges. naturf. Freunde Berlin, 1904, Nr. 7, p. 157–159)
1 ♂ 2 ♀ Syntypen (= Holotypus + 2 Paratypen), Rio Grande d. Sul, Brasilien, ex coll. STAUDINGER. Zusätzliches Material: 5 ♂ 3 ♀, Rio Grande d. Sul, ex coll. STAUDINGER.

pekinensis HAUPT, 1923 (*Cicada*)
(Deut. Ent. Z., 1923, p. 296–297)
1 ♂ 1 ♀ Syntypen, Peking, Westberge, leg. Exp. STÖTZNER. Zusätzliches Material: 1 ♂, Peking, Westberge, leg. Exp. STÖTZNER.

posidonia JACOBI, 1902 (*Terpnosia*)
(Sitz.-Ber. Ges. naturf. Freunde Berlin, 1902, Nr. 1, p. 22; und Zool. Jb. Syst., 21, 1905, p. 434)
1 ♂ Holotypus, Mau-Son, Tonking [Vietnam], leg. FRUHSTORFER. Zusätzliches Material: 1 ♂, Mau-Son, Tonking [Vietnam], leg. FRUHSTORFER.

pygmaea JACOBI, 1910 (*Munza*)
(Sitz.-Ber. Ges. naturf. Freunde Berlin, 1910, Nr. 7, p. 301, tabl. 1, fig. 3)
6 ♂ Syntypen, Delagoabay, Portugiesisch-Ostafrika [Moçambique].

renschi JACOBI, 1941 (*Terpnosia*)
(Zool. Jb. Syst., 74, p. 281, tabl. 5, fig. 13–14)
1 ♂ Syntypus, Palawangan, Lombok, leg. Sunda-Exp. RENSCH.

smaragdula HAUPT, 1920 (*Chloropsalta*)
(Deut. Ent. Z., 1920, p. 411–412)
1 ♀ (unbezeichnet, aus der originalen Typenserie), Urfa, Mesopotamien [Irak].

strigicollis JACOBI, 1907 (*Proarna*)
(Abh. Ber. Zool. Anthr.-Ethn. Mus. Dresden, Bd. 11, Nr. 5, p. 6–7, fig. 2)
1 ♀ Syntypus, Kolumbien, PEHLKE.

tonkiniana JACOBI, 1905 (*Cosmopsaltria*)
(Zool. Jb. Syst., 21, p. 429–430, tabl. 21, fig. 1)
3 ♂ Syntypen (= Holotypus + 2 Paratypen), Chiem-Hoa, Zentral-Tonking [Vietnam], leg. FRUHSTORFER.

veligera JACOBI, 1903 (*Platypleura*)
(Zool. Jb. Syst., 19, p. 766–767, tabl. 44, fig. 1)
2 ♀ Syntypen, Ennia Galla, Habesch [Äthiopien], leg. NEUMANN.

vitellina JACOBI, 1904 (*Fidicina*)
(Sitz.-Ber. Ges. naturf. Freunde Berlin, 1904, Nr. 7, p. 155–157, fig. 1)
1 ♂ Syntypus, Paraguay.

Tibicinidae

crinita DISTANT, 1883 (*Tettigarcta*)
(Proc. Zool. Soc. London, 1883, p. 188, pl. 25, fig. 5, 5a–c)
1 ♂ (unbezeichnet, = Holotypus), Nov. Holl. 501 [Australien].

crocea DISTANT, 1883 (*Carineta*)
(Proc. Zool. Soc. London, 1883, p. 191–192, pl. 25, fig. 1, 1a–b)
1 ♂ (unbezeichnet, = Holotypus), Chiriqui, Kolumbien, „Museum antiquum" (vgl. JACOBI, Abh. Ber. Zool. Anthr.-Ethn. Mus. Dresden, Bd. 11, Nr. 5, 1907, p. 17).

frontalis KARSCH, 1890 (*Quintilia*)
(Berlin. Ent. Z., 35, p. 119)
1 Ex. Syntypus (beschädigt, hinterer Teil des Abdomens fehlt), Kapland [Südafrika].

garleppi JACOBI, 1907 (*Carineta*)
(Abh. Ber. Zool. Anthr.-Ethn. Mus. Dresden, Bd. 11, Nr. 5, p. 20, fig. 28)
1 ♂ Syntypus, Curoico, Bolivien N, leg. GARLEPP.

haemorrhagica JACOBI, 1904 (*Parnisa*)
(Sitz.-Ber. Ges. naturf. Freunde Berlin, 1904, Nr. 7, p. 159–160)
2 ♂ Syntypen (= Holotypus + 1 Paratypus), Espir. Santo, Brasilien, ex coll. STAUDINGER.

harderi EDM. SCHMIDT, 1925 (*Lembeja*)
(Soc. Ent., Stuttgart, 40, p. 43)
1 ♀ Syntypus, Sumba, GRELAK.

insularis f. *borneensis* HAUPT, 1924 (*Huechys*)
(Deut. Ent. Z., 1924, p. 216)
6 ♂ 6 ♀ (unbezeichnet, aus der originalen Typenserie), Borneo [Kalimantan] (z. T.: Njabang), ex coll. STAUDINGER.

insularis f. *lombokensis* HAUPT, 1924 (*Huechys*)
(Deut. Ent. Z., 1924, p. 216)
1 ♂ (unbezeichnet, aus der originalen Typenserie), Sambalun, Lombok, leg. FRUHSTORFER.

insularis f. *sumatrana* HAUPT, 1924 (*Huechys*)
(Deut. Ent. Z., 1924, p. 215)
1 ♂ (unbezeichnet, aus der originalen Typenserie), Singalong, W-Sumatra, ex coll. STAUDINGER.

lateritia JACOBI, 1910 (*Orapa*)
(Sitz.-Ber. Ges. naturf. Freunde Berlin, 1910, Nr. 7, p. 302, tabl. 1, fig. 4)
1 ♂ Holotypus, Iringa: Manow, Deutsch-Ostafrika [Tansania].

maculosa DISTANT, 1883 (*Perissoneura*)
(Proc. Zool. Soc. London, 1883, p. 190, tabl. 25, fig. 3)
1 ♀ (unbezeichnet, = Holotypus), Celebes [Sulawesi], MEYER.

minor JACOBI, 1917 (*Abroma*)
(VOELTZKOW, A., Reise in Ostafrika in den Jahren 1903–1905, 3. Bd., Stuttgart, p. 525–526)
1 ♂ 2 ♀ Syntypen, Tulear, Madagaskar, leg. VOELTZKOW.

nana JACOBI, 1903 (*Acrilla*)
(Sitz.-Ber. Ges. naturf. Freunde Berlin, 1903, Nr. 1, p. 13–14, fig. 5)
1 ♂ 2 ♀ Syntypen (= Holotypus + 2 Paratypen), Milne-Bay, Neuguinea. Zusätzliches Material: 2 ♂ 3 ♀, Milne-Bay, Neuguinea, ex coll. STAUDINGER.

nenians JACOBI, 1903 (*Gymnotympana*)
(Sitz.-Ber. Ges. naturf. Freunde Berlin, 1903, Nr. 1, p. 14–15, fig. 3, 4)
1 ♂ 1 ♀ Syntypen, Milne-Bay, Neuguinea.

parvula HAUPT, 1924 (*Huechys*)
(Deut. Ent. Z., 1924, p. 211)
12 ♂ 5 ♀ (unbezeichnet, aus der originalen Typenserie), Mindanao (Kolambugan, Momungan, Pt. Bango, Butuan), Catbalogan (alle Philippinen), ex coll. STAUDINGER.

phoenicura f. *balabakensis* HAUPT, 1924 (*Huechys*)
(Deut. Ent. Z., 1924, p. 212)
8 ♂ 1 ♀ (unbezeichnet, aus der originalen Typenserie), Balabak, Borneo [Kalimantan], ex coll. STAUDINGER.

phoenicura f. *palawanensis* HAUPT, 1924 (*Huechys*)
(Deut. Ent. Z., 1924, p. 212)
6 ♂ 4 ♀ (unbezeichnet, aus der originalen Typenserie), Palawan, ex coll. STAUDINGER.

picadae JACOBI, 1907 (*Carineta*)
(Sitz.-Ber. Ges. naturf. Freunde Berlin, 1907, Nr. 7, p. 201–202, fig. 1)
2 ♂ Syntypen (= Holotypus + 1 Paratypus), Rio Grande d. Sul, Brasilien, ex coll. STAUDINGER.

putoni DISTANT var. [JACOBI, 1927] (*Paharia*)
(Ent. Mitteil., 16, p. 218)
1 ♀ (unbezeichnet), Semipalatinsk.

reductus JACOBI, 1902 (*Tibicen*)
(Sitz.-Ber. Ges. naturf. Freunde Berlin, 1902, Nr. 1, p. 22–23; und Zool. Jb. Syst., 21, 1905, p. 431–435, tabl. 21, fig. 5)
1 ♂ Syntypus, Mau-Son, Tonking [Vietnam], leg. FRUHSTORFER; 1 ♂ Syntypus, Than-Moi, Tonking, ROLLE (= Holotypus + 1 Paratypus).

russula JACOBI, 1903 (*Drepanopsaltria*)
(Sitz.-Ber. Ges. naturf. Freunde Berlin, 1903, Nr. 1, p. 10–12, fig. 1, 2)
1 ♂ 1 ♀ Syntypen, Deutsch-Neuguinea [Papua Neuguinea]. Zusätzliches Material: 1 ♂, Bongu, K.-Wilhelm-Land, Neuguinea.

segmentaria KARSCH, 1890 (*Stagira*)
(Berlin. Ent. Z., 35, p. 127)
1 ♂ Syntypus, Kaffraria [Südafrika].

sinensis JACOBI, 1944 (*Lycurgus*)
(Mitt. Münchn. Ent. Ges., 34, p. 9–10)
3 ♂ 4 ♀ Paratypen (MANNHEIMS), Kuatun, Fukien, leg. KLAPPERICH. Zusätzliches Material: 2 ♀, Kuatun, Fukien, leg. KLAPPERICH; 2 ♂, Prov. Fukien, China, leg. KLAPPERICH; 2 ♂ 2 ♀, Ningpo, China; 1 ♂, Fukien, China S.

sumatrana EDM. SCHMIDT, 1918 (*Scieroptera*)
(Stettin. Ent. Z., 79, p. 287–288)
2 ♂ (unbezeichnet), Soekaranda, Sumatra, leg. DOHRN.

sumbana JACOBI, 1941 (*Hucchys*)
(Zool. Jb. Syst., 74, p. 280–281)
6 ♀ Syntypen, Sumba, ex coll. STAUDINGER.
sumbana var.: 1 ♀, Sumba, ex coll. STAUDINGER.

tetraspila JACOBI, 1907 (*Carineta*)
(Abh. Ber. Zool. Anthr.-Ethn. Mus. Dresden, Bd. 11, Nr. 5, p. 21–22, fig. 32)
1 ♂ Holotypus, Callanga, Peru S, leg. GARLEPP.

tincta DISTANT, 1909 (*Prasia*)
(Trans. Ent. Soc. London, 1909, p. 393–394)
1 ♂ (unbezeichnet, = Syntypus [?]), S.-Celebes [Sulawesi], Paumuang, leg. FRUHSTORFER.

titschacki JACOBI, 1941 (*Carineta*)
(TITSCHACK, E., Beiträge zur Fauna Perus, Bd. 1, p. 94–95 [= Bd. II, Jena 1951, p. 91–92])
2 ♀ Syntypen, Palco, Südperu, leg. Hamburger Südperu-Exp. Zusätzliches Material: 1 ♂, Palco, Südperu, leg. Hamburger Südperu-Exp.; 1 ♂, bei Ocana, Südperu, leg. Hamburger Südperu-Exp.

turbida JACOBI, 1907 (*Carineta*)
(Abh. Ber. Zool. Anthr.-Ethn. Mus. Dresden, Bd. 11, Nr. 5, p. 17–18, fig. 23)
1 ♂ Syntypus, Callanga, Peru S, leg. GARLEPP.

ventralis JACOBI, 1907 (*Carineta*)
(Abh. Ber. Zool. Anthr.-Ethn. Mus. Dresden, Bd. 11, Nr. 5, p. 19, fig. 27)
1 ♂ Holotypus, Marcapata, Peru S, leg. GARLEPP.

ventricosa MELICHAR, 1914 (*Inyamana*)
(Československ. Spol. Ent. Čas., 11, p. 1–2, fig. 1)
2 ♂ Paratypen (HELLER), Kumbulu, Deutsch-Ostafrika [Tansania].

voeltzkowi JACOBI, 1917 (*Trismarcha*)
(VOELTZKOW, A., Reise in Ostafrika in den Jahren 1903–1905, 3. Bd., Stuttgart, p. 525)
1 ♂ 1 ♀ Syntypen, Tulear, Madagaskar, leg. VOELTZKOW.

Aus der Gruppe der *Cicadoidea* fanden sich wie bei den vorhergehenden Gruppen ebenso einige Exemplare an, die von JACOBI mit Namenszetteln versehen und als „Typen" etikettiert waren (z. T. mit dem Zusatz „in litt."), über deren berechtigten Status als „n. sp." damals offenbar keine Zweifel bestanden. Eine Veröffentlichung unterblieb jedoch. Sie werden im folgenden genannt.

Cicadidae

collaris JACOBI (*Meimuna*)
1 ♂ „Typus", Quang-Tri [Vietnam]; 1 ♂ (unbezeichnet), ohne Fundort.

elongata JACOBI (*Platylomia*)
1 ♂, Chapa, Tonking [Vietnam], JEANVOINE.

jeanvoinei JACOBI (*Teretiza* JACOBI, gen. in litt.!)
2 ♀, Chapa, Tonking [Vietnam], JEANVOINE.

madurana JACOBI (*Tanna*)
2 ♂ 1 ♀ „Typen", 2 ♂ „Cotypen", Shembaganur, Madura, Indien.

microcephala JACOBI (*Meimuna*)
1 ♂ „Typus", Chapa, Tonking [Vietnam], JEANVOINE.

mongolica HAUPT (*Melampsalta*)
1 ♂ 1 ♀ „Typen", Peking, Westberge, leg. Exp. STÖTZNER. Zusätzliches Material: 1 ♂ 2 ♀, Peking, leg. Exp. STÖTZNER. (Vgl. *Melampsalta peltosoma* UHL., Deut. Ent. Z., 1923, p. 297–298, fig. 1, 2).

nigrifacies JACOBI (*Rihana*)
1 ♂ „Typus", Kimbalu, Borneo [Kalimantan], leg. WATERSTRADT.

siamensis JACOBI (*Meimuna*)
1 ♂, Hinlap, Siam [Thailand?], leg. FRUHSTORFER; 1 ♂, Siam.

sumbawensis JACOBI (*Cryptotympana*)
2 ♂ 2 ♀, Sumbawa, ex coll. STAUDINGER.

szetschuanica JACOBI (*Euterpnosia*)
1 ♂, Szetschuan, leg. Exp. STÖTZNER.

tonkiniana JACOBI (*Tanna*)
1 ♂ „Typus", Than-Moi, Tonking [Vietnam], leg. FRUHSTORFER.

Zusammenfassung

Die Erfassung der Typenbestände wird mit der Gruppe *Cicadoidea* fortgesetzt. Es werden Angaben zu 56 Arten bzw. infraspezifischen Einheiten gemacht (Autoren: JACOBI, daneben HAUPT, EDM. SCHMIDT, DISTANT, KARSCH und MELICHAR). Eine Reihe weiterer Exemplare liegen in von ihren Autoren nominell bereits gekennzeichneten Arten vor (10 Arten von JACOBI, 1 Art von HAUPT), über die jedoch keine Beschreibungen publiziert wurden.

Summary

THE TYPES OF LEAFHOPPERS (HOMOPTERA, AUCHENORRHYNCHA) IN THE STAATLICHES MUSEUM FUER TIERKUNDE DRESDEN

The registration of the type-specimens within the group mentioned above is continued by the *Cicadoidea*. Towards 56 species respectively infraspecific terms short notes are given (authors: JACOBI, besides HAUPT, EDM. SCHMIDT, DISTANT, KARSCH, and MELICHAR). In addition, also those specimens are listed which already have been designated by name by JACOBI (10 species) and HAUPT (1 species), but without any published description.

Anschrift des Autors:
Dr. R. Emmrich, Staatliches Museum für Tierkunde Dresden,
DDR – 801 Dresden, Augustusstraße 2.

ENTOMOLOGISCHE ABHANDLUNGEN

STAATLICHES MUSEUM FÜR TIERKUNDE IN DRESDEN

Band 42 Ausgegeben: 28. Dezember 1978 Nr. 3

Zur Fauna einiger Arthropodengruppen des Flächennaturdenkmals „Saugartenmoor" in der Dresdener Heide

(Arachnida: Araneae et Opiliones; Homoptera: Cicadelloidea et Psylloidea; Coleoptera: Carabidae, Chrysomelidae et Curculionidae)

Mit 3 Fotos, 2 Diagrammen und 5 Tabellen

HEINZ HIEBSCH, RAINER EMMRICH und RÜDIGER KRAUSE
Dresden

Das im Nordosten der Stadt Dresden vorgelagerte (verwaltungsmäßig jedoch zu dieser gehörige) geschlossene Waldgebiet der Dresdener Heide weist an verschiedenen Stellen noch kleine anmoorige Flächen auf, wo sich auf staunassem Untergrund eine schwache Vertorfung ausgebildet hat. Von den in KOEPERT u. PUSCH (1932) erwähnten drei „echten Mooren" in der Dresdener Heide ist eines (im jetzigen Gebiet von Hellerau) der Bebauung zum Opfer gefallen, das zweite (im Revier 67 der Heide) ist weitgehend durch Baumbewuchs und Absinken des Grundwasserspiegels verändert. Das dritte, das sogenannte „Saugartenmoor" (ca. 240 m NN) in der Mitte der Dresdener Heide (Rev. 203) ist jedoch weitgehend in seiner ursprünglichen Gestalt erhalten geblieben und wurde daher vom Rat der Stadt Dresden 1967 als Flächennaturdenkmal unter Schutz gestellt. Es ist als ein durch Verlandung entstandenes Zwischenmoor (mit noch vorhandener zentraler Stillwasserfläche) anzusehen, das stellenweise Übergänge zum Hochmoor erkennen läßt. Seiner Entstehung nach handelt es sich um eine abflußlose Senke zwischen pleistozänen Sanden (mit noch heute gut erkennbaren Dünenbildungen in der Umgebung) auf Lausitzer Granodiorit als Urgestein. Da vom Saugartenmoor wie von anderen einstigen Vermoorungen des Heidegebietes Pollenanalysen vorliegen, läßt sich der Beginn des Vertorfungsprozesses etwa zu Beginn des Boreals festlegen (ca. 6800 v. u. Z.). Die Ablagerungen erreichten bis jetzt (1958) maximal 2,85 m, im Durchschnitt jedoch nur ca. 1,5 m (diese sowie alle folgenden Angaben aus KOEPERT u. PUSCH sowie PESCHEL u. DEGENKOLB 1968). Das äußere Erscheinungsbild des Moores wird heute geprägt von einer Torfmoos-Bultenzone, die als Schwingdecke ausgebildet ist (Sphagnum nemorum, Sph. palustre; Vaccinium oxycoccus; daneben Eriophorum angustifolium, weniger E. vaginatum; Drosera rotundifolia). Dieser schließt sich nach außen zu eine verschieden breite, floristisch vielfältigere Zone an, in welcher die Sauergräser dominieren (PESCHEL u. DEGENKOLB nennen 9 Carex-Arten, u. a. C. rostrata und C. fusca), daneben sind Juncus conglomeratus und J. articulatus vertreten, ergänzt durch weitere Feuchtezeiger (Viola palustris, Lysimachia vulgaris, Potentilla erecta). In diese Zone reichen aber auch noch in aufgelockerter Form die Arten der Torfmoos-Moosbeere-Bulten. Sie geht dann zu den Rändern hin größtenteils mit artenarmen Gramineenbeständen (dominierend Molinia coerulea, daneben Agrostis

Abb. 1. FND „Saugartenmoor" in der Dresdener Heide. Blick auf den östlichen, mittleren und westlichen Teil der Schwingdecke mit verschieden stark fortgeschrittener Verlandung.

stolonifera) in einen Kiefern-Birken-Wald (Jungwuchs) über. An den exponierten Stellen folgt sofort der umgebende trockene Adlerfarn-Kiefern-Wald. – Die Fläche des gesamten Moorgebietes beträgt ca. 0,45 ha.

Ausgangspunkt der Untersuchung war die Frage, ob und in welcher Weise sich dieses flächenmäßig kleine, jedoch noch gut erhalten gebliebene Moorgebiet auch durch eine entsprechende eigenständige Fauna indigener Arten auszeichnet. Daneben ist die Ermittlung von Arteninventaren unter Naturschutz stehender Gebiete für zukünftige Vergleiche ohnehin von Interesse. Zur Auswertung herangezogen wurden hier die eingangs im Untertitel erwähnten Arthropodengruppen.

Untersuchungsmethodik

Zur Erfassung der Arthropodenfauna wurden in den Jahren 1975 (16. 5.–12. 11.) und 1976 (15. 4.–25. 10.) seitens des Museums für Tierkunde Dresden folgende Aufsammlungen durchgeführt: [1])

Bodenfallenfänge (1975: 15, 1976: 10 Fallen; in Verbänden zu jeweils 3 bzw. 2 Fallen, Fangflüssigkeit Äthylenglykol) mit Leerungen in Abständen von minimal 2, maximal 4 Wochen im oben genannten Zeitraum, getrennt nach Sphagnum-Vaccinium oxycoccus-Bultenzone, Carex-Eriophorum-Übergangszone und Molinia-Randsaum.

Käscherfänge (1975: 10, 1976: 9 Aufsammlungen im oben genannten Zeitraum, 1977: 1 Aufsammlung am 28. 3.) in Abständen von minimal 2, maximal 4 Wochen, für alle drei genannten Zonen insgesamt. Gleichzeitig wurden die Gehölze auf der Moorfläche (Pinus silvestris, Betula pendula) und am Rand dieser (Pinus, Betula, Picea, Anflug verschiedener Laubhölzer) durch Abklopfen mit besammelt.

Infolge der räumlich geringen Ausbildung einer Zonierung außerhalb der Torfmoos-Moosbeeren-Bultenzone (in der Übergangszone lebte jedoch zumindest von den pflanzengebundenen Arten die reichste Fauna) und ihrer wechselseitigen Verflechtung wurden die Käscherfänge nach ihrer Herkunft nicht weiter differenziert, sondern für die gesamte Moorfläche als eine Einheit gewertet. Zur Erfassung der Homopteren und Coleopteren wurden alle Zonen während jeder Aufsammlung jeweils im gleichen Turnus ca. 2 Stunden lang abgekäschert. Dabei wurden alle erbeuteten Homopteren so weit als möglich quantitativ entnommen, was es zumindest ermöglichte, die einzelnen Relativanteile der Arten innerhalb jeder Aufsammlung quantitativ zu bestimmen und damit zeitlich untereinander vergleichbar zu machen. Die übrigen hier ausgewerteten Coleopterengruppen wurden in den Käscherfängen nur in qualitativer Hinsicht berücksichtigt.

A. Spinnen (Arachnida: Araneae)

(Bearbeiter: H. HIEBSCH)

1. Artenspektrum

In der Zeit vom 16. 5. 1975 bis 28. 3. 1977 konnten bei 18 Fallenleerungen an 5 verschiedenen Moorstandorten 71 Spinnenarten (zu 17 Familien gehörend) nachgewiesen werden.

Beim Käscherfang von Mai bis September 1976 an 5 Fangterminen gelang der Nachweis von 21 Spinnenarten, wobei 9 Arten nur mit dieser Methode erfaßt wurden. – In den

[1]) Diese Arbeiten erfolgten mit Genehmigung des Rates der Stadt Dresden, Abt. Umweltschutz u. Wasserwirtschaft, vom 5. 5. 1975 u. 13. 4. 1976.

Bodenfallen sind insgesamt 1546 Individuen registriert worden mit einem Anteil an Jungspinnen von 20 %. – Beim Abkäschern der Vegetation im Moorbereich sind 57 Individuen gefangen worden mit einem Anteil an Jungspinnen von 36 %.

Folgende systematische Zusammenstellung der Spinnen nach der Nomenklatur von PROSZYNSKI u. STAREGA (1971) gibt einen Überblick über die Artenmannigfaltigkeit und deren Anteil an der Moorfauna. Zur Charakterisierung werden folgende Abkürzungen verwandt:

r = rezedent (Spinnenanteil unter 4 %)
sd = subdominant (Spinnenanteil von 4–16 %)
d = dominant (Spinnenanteil von 16–36 %)
ed = eudominant (Spinnenanteil von 36–64 %)
1) = inadulte Spinne
1,1) = subadultes Männchen und Weibchen
1, = Männchen
,1 = Weibchen
V) = inadultes Tier, im Mai gefangen
V.VII, = Männchen, im Mai und Juli gefangen
,IX–XI = Weibchen, von September bis November gefangen
F 1 = Bodenfalle im Seggen-Sphagnum-Bestand
F 2 = Bodenfalle in Sphagnum-Moosbeeren-Bulten
F 3 = Bodenfalle im reinen Sphagnum
F 4 = Bodenfalle im Seggen-Sphagnum-Eriophorum-Bestand
F 5 = Bodenfalle am Sphagnum-Molinia-Waldrand
K = Käscherfang

Systematische Zusammenstellung der Spinnenarten des Saugartenmoores

Fam. Amaurobidae:

Callobius claustrarius (HAHN): 2, F 4 r IX,

Fam. *Agelenidae*

Histopona torpida (C. L. KOCH): 4, F 2 u. 4 r IX–X.V,

Coelotes inermis (L. KOCH): 17) 4,9) 19,11 F 1 u. 5 sd F 2–4 r VII–VIII) X–V, IX–VI

Coelotes terrestris (WIDER): 16, F 1–5 r VIII–X,

Cybaeus angustiarum L. KOCH: 1,1 F 2 VIII,VIII

Cicurina cicurea (FABRICIUS): 2,1) 22,6 F 2 sd F 1,3,4,5 r VII–VIII) X–III, VIII–IX.III–VI

Fam. *Lycosidae*:

Pardosa lugubris (WALCKENAER): ,2 F 1, 5 r ,VI–VII

Pardosa pullata (CLERCK): 7) ,2) 8,9 F 2 r VII–VIII) V–VII,V–VII

Pirata hygrophilus THORELL: 27) 20,55) 204,70 F 3–5 d F 1 sd F 2 r VIII–V) VI–VIII, VI–X

Pirata piscatorius (CLERCK): 3,4) ,3 F 1–5 r ,1) K VII–VIII),V.X

Pirata uliginosus (THORELL): 18) 17,34) 255,181 F 2 u. 3 ed F 1,4,5 d VIII–V) V–VII, V–XI

Trochosa spinipalpis (F. O. P.-CAMBRIDGE): 15) 18,38) 30,29 F 1–5 sd V–IX) V.VIII–X, V–X

Trochosa terricola THORELL: 3) 8,4 F 2–4 r VI) V.VIII–X, V.VI–IX

Tarentula sp.: ,1) F 1 r VIII)

Fam. *Pisauridae*:

Pisaura mirabilis (CLERCK): 1,) K V)

Fam. *Trechaleidae*:

Dolomedes fimbriatus (CLERCK): 1) F 2 u. 4 2),8) K V.VIII–IX)

Fam. *Zoridae*:

Zora spinimana (SUNDEVALL): 1) 1,) 1,1 F 2,4,5, r VIII.X) V,VIII

Fam. *Araneidae*:

Araneus quadratus CLERCK: 1) F 2 r 3),1) K VIII–IX)

Meta segmentata (CLERCK): ,2) 5, K V) V.IX,

Fam. *Tetragnathidae*:

Tetragnatha extensa (LINNAEUS): 2) 1,2) 2,1 K V.IX) V–VI,VI

Tetragnatha montana SIMON: ,1 K ,V

Tetragnatha pinicola L. KOCH: 1) F 1 r IX)

Pachygnatha degeeri SUNDEVALL: 1, F 2 r III,

Pachygnatha listeri SUNDEVALL: 2) 22,33 F 1,3,4,5, sd F 2 r 1,1 K VII–VIII) V–X, V–X

Fam. *Linyphiidae*:

Agyneta cauta (O. P.-CAMBRIDGE): 1,1 F 2,4 r VII,VII

Bathyphantes gracilis (BLACKWALL): 5,15 F 1–5 r V.VIII,V.VII–X

Bathyphantes nigrinus (WESTRING): 3,18 F 1,2,4,5 r V, V.VII–IX

Bathyphantes parvulus (WESTRING):2,10 F 1,2,4,5 r VII,VII–VIII

Centromerus arcanus (O. P.-CAMBRIDGE): 5,4 F 1,2,3,5 r V–VI,VII.IX–III

Centromerus sylvaticus (BLACKWALL): 1, F 5 r III,

Centromerus expertus (O. P.-CAMBRIDGE): ,7 F 1,2,4,5 ,V.VII

Diplostyla concolor (WIDER): ,2 F 2 r ,VI.VIII

Floronia bucculenta (CLERCK): ,1 F 2 r ,1 K ,VIII.XI

Hillhousia misera (O. P.-CAMBRIDGE): 1, F 2 r VII,

Lepthyphantes flavipes (BLACKWALL): ,7 F 2,3,4 r ,V–VI.VIII–X

Lepthyphantes mansuetus (THORELL): ,2 F 1,2 r ,VI.XI

Lepthyphantes mengei KULCZYNSKI: 1,14 F 1,2,4,5 r X, VI–X

Lepthyphantes tenebricola (WIDER): 1,) ,1 F 1,4 r X),VII

Lepthyphantes tenuis (BLACKWALL): ,2 F 2,5 r ,V.VIII

Linyphia hortensis SUNDEVALL: 1) 1, F 3 r, 3 K V) V,V–VI

Linyphia triangularis (CLERCK): ,1) 1,3 F 3–5 r 3,7 K VII) VIII–IX,VIII–X

Microlinyphia pusilla (SUNDEVALL): 1,) F 1 r X)

Neriene peltata (WIDER): ,1 F 5 r ,1 K ,V.VII

Fam. *Erigonidae*:

Ceratinella brevis (WIDER): 2,3 F 2–5 r V,VII–VIII

Pelecopsis radicicola (L. KOCH): ,1 F 4 r ,VIII

Cornicularia kochi (O. P.-CAMBRIDGE): ,2 F 1 u. 4 r ,V–VI

Dicymbium nigrum (BLACKWALL): ,1 F 1 r ,VI

Micrargus herbigradus (BLACKWALL): 1, F 2 r VIII,

Pocadicnemis pumila (BLACKWALL): ,9 F 1,2,4,5 r ,V–VIII
Trachynella nudipalpis (WESTRING): ,2 F 3 u. 4 r ,VIII.X
Wideria antica (WIDER): 14,38 F 4 sd F 1,2,3,5 r III–V.X,V–VIII
Wideria cucullata (C. L. KOCH): 2,1 F 1,4,5 r V,VIII
Wideria melanocephala (O. P.-CAMBRIDGE): 7,9 F 1–5 r VII–VIII,VII–VIII
Wideria psilocephala (MENGE): 2, F 5 r VI,
Gongylidiellum latebricola (O. P.-CAMBRIDGE): 2,1 F 1,2 r VII–VIII,VI
Notioscopus sarcinatus (O. P.-CAMBRIDGE): 2,20 F 1–5 rIII,V–VII
Oedothorax gibbosus (BLACKWALL): 1,3 F 1 u. 5 r VI,V–VI
Oedothorax tuberosus (BLACKWALL): 2,5 F 1,2,5 r V–VI,VI–VIII
Oedothorax retusus (WESTRING): 1, F 1 r VII,

Fam. *T h e r i d i i d a e* :
Episinus angulatus (BLACKWALL): 1,1 F 1 u. 3 r VII,VIII
Euryopsis flavomaculata (C. L. KOCH): 2, F 2 u. 3 r V–VI,
Neottiura bimaculata (LINNAEUS): 1, K VI,
Robertus lividus (BLACKWALL): 1,1) 3,3 F 1–5 r IX)VII.X,IX–X

Fam. *M i m e t i d a e* :
Ero furcata (VILLERS): 1) F 2 r X)

Fam. *G n a p h o s i d a e* :
Drassodes pubescens (THORELL): ,1 F 2 r ,VII
Zelotes latreillei (SIMON): 1) ,1 F 1 u. 2 r VIII) ,VI
Zelotes petrensis (C. L. KOCH): 1, F 2 r VIII,

Fam. *C l u b i o n i d a e* :
Phrurolithus festivus (C. L. KOCH): 1,1) 2,5 F 2 u. 4 r VIII–IX) VIII,VI–VIII
Clubiona lutescens WESTRING: 1, F 1 r VI,

Fam. *L i o c r a n i d a e* :
Agroeca brunnea (BLACKWALL): ,1) 2,7 F 1–5 r VIII) V.X,V.VIII.X

Fam. *T h o m i s i d a e* :
Diaea dorsata (FABRICIUS): ,1 K ,VI
Misumena vatia (CLERCK): ,1 K ,IX
Xysticus cristatus (CLERCK): 1) K IX)
Oxyptila trux (BLACKWALL): 1,) F 4 r VIII)

Fam. *S a l t i c i d a e*
Synageles venator (LUCAS): 1, K VIII,
Bianor aurocinctus (OHLERT): 1, K VIII,
Evarcha falcata (CLERCK): ,1 F 4 r ,2 K ,VI.VIII
Sitticus caricis (WESTRING): 1,1 F 2 r 1,1 K VIII,VI.VIII
Sitticus rupicola (C. L. KOCH): 1,) F 4 r 1,),1 K V–VI) ,VIII
Neon reticulatus (BLACKWALL): 1,2 F 1 u. 2 r VIII,VII–VIII

Die größte Artenentfaltung ist bei den *Linyphiidae* mit 19, den *Erigonidae* mit 16 und den *Lycosidae* mit 8 Arten zu verzeichnen. In der Aktivitätsdichte ist die Reihenfolge umgekehrt. Die *Lycosidae* stellen 69 %, die *Erigonidae* 9 % und die *Linyphiidae* und die *Agelenidae* 7 % des Individuenanteils.

In der Artengarnitur tritt eudominant *Pirata uliginosus* hervor. Dieser Wasserjäger ist ein typischer Hochmoorbewohner und ist in den Erzgebirgsmooren regelmäßig auf den intakten Hochmoorflächen, sowohl im Moorkiefernwald als auch auf den offenen Moorstandorten, zu finden. Im Flachland werden nur einige atlantisch getönte Moore besiedelt. Ihr Vorzugsbereich sind die Sphagnumdecken, und ihr eudominantes Auftreten unterstreicht den besonderen Charakter des Saugartenmoores.

An den von ihr besiedelten Standorten tritt die dominante *Pirata hygrophilus* etwas zurück. Dieser Wasserjäger ist ein ausgeprägter Sumpfbewohner, der sumpfige und moorige, zum Teil beschattete Lokalitäten besiedelt. In den Tieflandmooren ist es die dominierende Art aller Zwischenmoorkerngesellschaften, in den Erzgebirgshochmooren werden daher vorrangig die stärker vernäßten Regenerationszonen besiedelt. Auch im Saugartenmoor gehören die nährstoffreicheren, vernäßten Randzonen zu den Pflanzengesellschaften mit der größten Aktivitätsdichte von *P. hygrophilus*. Diese beiden dominanten Arten stellen bereits 57 % des Individuenanteils.

Subdominant treten *Coelotes inermis*, *Trochosa spinipalpis* und *Pachygnatha listeri* mit einem Individuenanteil von 16 % auf. Hierbei ist *Trochosa spinipalpis* zu den regelmäßigen Moorbesiedlern zu zählen. Sie ist, wie *P. hygrophilus*, eine hygrobionte Art, die auf allen Sumpfflächen, auf feuchten bis nassen Wiesen, an Gewässerufern und in allen bisher untersuchten Mooren anzutreffen ist. Sie zeigt dabei eine stärkere Bevorzugung der besonnten Standorte.

Coelotes inermis und *Pachygnatha listeri* sind dagegen typische Waldbewohner mit einer höheren Feuchtigkeitsbindung. Es werden von ihnen bevorzugt Auen-, Schlucht- bzw. Mittelgebirgswälder besiedelt. Bei diesen beiden subdominanten Arten wird besonders die Randbeeinflussung des Waldes auf das nur 4500 m^2 große Moor deutlich. Es zeigt sich aber auch, daß die Moliniagürtel und die Seggenzonen eine gewisse Pufferwirkung beim Faunenaustausch besitzen. Die rezedenten Arten mit einem Artenanteil von 93 % und einem Individuenanteil von 27 % zeigen recht unterschiedliche ökologische Ansprüche.

Typische Moorarten unter den Einzelfunden sind *Notioscopus sarcinatus* und *Hillhousia misera*. Sie gehören zu den steten Besiedlern von Torfmoospolstern vor allem des Tief- und Hügellandes.

Zu den markantesten Spinnenarten der Moore des Tieflandes gehören *Dolomedes fimbriatus* und *Pirata piscatorius*, die im Saugartenmoor in unserem Gebiet ihre obere Verbreitungsgrenze erreichen.

Eine dominante Wolfsspinne der Erzgebirgsmoore, *Pardosa pullata*, gehört zu den rezedenten Besiedlern der Sphagnumdecken. Sie ist nach der allgemeinen Verbreitung auf allen humusreichen, kurzrasigen, wechselfeuchten Wiesen zu finden und zeigt in den Hochmooren eine Vorliebe für die frei belichteten Torfmoosdecken. Zu den regelmäßig in Mooren zu findenden Arten sind weiterhin *Agyneta cauta*, *Cornicularia kochi*, *Pocadicnemis pumila*, *Trachynella nudipalpis*, *Centromerus expertus* zu rechnen. Eine gewisse Moorbindung im Tiefland besitzt auch *Centromerus arcanus*. Im Mittelgebirge besiedelt sie neben den Hochmooren noch die verschiedenen Typen von Mittelgebirgswäldern. Aus dem Tiefland wird sie nur von Moorstandorten gemeldet.

Ein Drittel der rezedenten Spinnenarten gehört zu den Besiedlern feuchter Wälder. Durch ihren höheren Feuchtigkeitsanspruch sind sie in der Lage, die wechselfeuchten Grenzbereiche zu besiedeln. Hierbei finden besonders die Zwergspinnen *Ceratinella brevis, Pelecopsis radicicola, Micrargus herbigradus, Wideria antica* und *W. psylocephala* sowie die Baldachinspinnen *Bathyphantes gracilis, B. nigrinus, Diplostyla concolor, Floronia bucculenta, Centromerus sylvaticus, Lepthyphantes flavipes* und *L. tenebricola* noch vorteilhafte mikroklimatische Bedingen für ihren engeren Lebensbereich vor.

Eine geringe Abhängigkeit von der Feuchtigkeit, aber ein größeres Lichtbedürfnis besitzen die Wolfsspinnen *Pardosa lugubris und Trochosa terricola*, die Baldachinspinnen *Lepthyphantes mansuetus, L. tenuis* und *L. mengei*, die Zwergspinnen *Wideria cucullata, W. melanocephala* und *Gongylidiellum latebricola*, die Glattbauchspinnen *Zelotes petrensis*, die Springspinne *Neon reticulatus* sowie der Spinnenfresser *Ero furcata*. Ihr Besiedlungsschwerpunkt sind lichte Wälder, Heideflächen und Streuwiesen.

Für die Arten *Sitticus caricis, Clubiona lutescens, Oedothorax retusus, O. tuberosus, O. gibbosus, Dicymbium nigrum* und *Tetragnatha montana* haben die Flächen den Vorrang in der Besiedlung, die neben der freien Belichtung noch hohe Feuchtwerte aufweisen.

Noch unabhängiger von der Feuchtigkeit und zum Teil der Belichtung sind die Arten, die in der Feldschicht ihren Lebensraum besitzen und größtenteils mittels Käschern nachgewiesen wurden. Hierzu gehören die Radnetzspinne *Meta segmentata*, die Raubspinne *Pisaura mirabilis*, die Baldachinspinnen *Linyphia hortensis* und *L. triangularis*, die Kugelspinne *Neottiura bimaculata*, die Krabbenspinnen *Diaea dorsata* und *Misumena vatia* sowie die Springspinnen *Synageles venator, Bianor aurocinctus* und *Evarcha falcata*.

2. Zur Phänologie der Spinnenarten

Durch die unterschiedlichen Aktivitätszeiten der einzelnen Spinnenarten zeigt sich im jahreszeitlichen Auftreten eine Aktivitätsspitze der Alttiere im Juni bis Mitte Juli und der Jungtiere Ende Juli bis Anfang August. Hierbei überwiegt in den ersten Monaten die Aktivität der Männchen, in der zweiten Jahreshälfte die der Weibchen.

11 Spinnenarten haben eine ausgedehnte Reifezeit und sind über mehrere Monate aktiv anzutreffen. Zu dieser Gruppe gehört die subdominante *Pachygnatha listeri*.

27 Arten sind zu den diplochronen Spinnenarten zu zählen, mit zwei deutlich getrennten Aktivitätsperioden im Frühjahr und Herbst. Die subdominanten Arten *Ceolotes inermis* und *Trochosa spinipalpis* haben eine solche Entwicklung.

Weitere 39 Arten sind stenochron sommerreif mit der größten Aktivität vom Früh- bis zum Spätsommer. Die dominanten Arten *Pirata uliginosus* und *P. hygrophilus* sind diesem Aktivitätstyp zuzuordnen.

Ihre Fortpflanzungszeit im Spätherbst und Winter haben *Centromerus sylvaticus, C. expertus* und *Cicurina cicurea*.

3. Faunenvergleich mit den Mooren des Tieflandes und des Mittelgebirges

Das nächstgelegene Hochmoor liegt bei Georgenfeld im Osterzgebirge, in dem bei Untersuchungen in den Jahren 1964 und 1969 74 Spinnenarten ermittelt wurden. Mit dem Saugartenmoor hat dieses Hochmoor 34 Arten gemeinsam. Von den typischen Moorbewohnern ist *Pirata uliginosus* hervorzuheben, die als eudominante Art im Saugartenmoor den besonderen Charakter dieses Zwischenmoores unterstreicht. Auch die nachgewiesenen Trichterspinnen mit einem Verbreitungsschwerpunkt im Mittelgebirge finden im Saugartenmoor noch zusagende Lebensbedingungen. Die dominante *Pirata hygrophilus* und die subdominante *Trochosa spinipalpis* sind sowohl in den Hochmooren als auch in den Heidemooren vertreten. Weitere vier Arten – *Pardosa pullata, Agyneta cauta, Micrargus herbigradus* und *Robertus lividus* – sind unter den rezedenten Arten in den Tiefland- und Mittelgebirgsmooren zu finden.

Mit dem nächstgelegenen untersuchten Heidemoor, dem Commerauer Jesor, hat das Saugartenmoor 27 von 78 Arten gemeinsam. Unter den Subdominanten trifft dies für *Pachygnatha listeri* zu. Für eine Reihe von rezedenten Arten dürfte im Saugartenmoor (ca. 240 m NN) die Höhenverbreitung erreicht sein. So wird im Saugartenmoor die Artenmannigfaltigkeit durch die Verzahnung der Moorfaunen der Mittelgebirge und des Tieflandes bewirkt, wobei die montane Tönung etwas stärker in Erscheinung tritt.

B. Weberknechte (Arachnida: Opiliones)

(Bearbeiter: H. HIEBSCH)

1. Artenspektrum

Im Sammelzeitraum von Mai 1975 bis März 1977 konnten 8 Weberknechtarten im Saugartenmoor nachgewiesen werden:

Paranemastoma quadripunctatum (PETRY): 1) 2,2 F 2–5 IX) VIII X,X–XI
Europäisch verbreiteter Fadenkanker mit Bevorzugung der Streuschicht feuchter Wälder der Mittelgebirge. Es ist eine eurychrone Art mit stärkerer Aktivität im Herbst. Vorrangige Fundplätze im Saugartenmoor sind die mit Moosbeeren überzogenen Sphagnumdecken.

Nemastoma lugubre (MÜLLER), Schwärzlings-Population: 5,2 F 1 u. 2 III–V,V–VI
Europäisch verbreiteter nachtaktiver Fadenkanker, dessen Lebensraum die Mischwälder der Mittelgebirge und der Ebene sind. Diese eurychrone Art hat ihr maximales Auftreten im Vorfrühling und Frühling. Die Fundplätze im Saugartenmoor sind die Moorkerngesellschaften.

Mitostoma chrysomelas (HERMANN): 1,1 F 2 X,X
Im europäischen Verbreitungsgebiet werden feuchte Waldungen der niederen Lagen bevorzugt. Die bisherigen Funde in den sächsischen Bezirken deuten auf eine Spätsommer- und Herbstform hin. Dieser hygrophile Fadenkanker ist in der Moorkerngesellschaft nachgewiesen worden.

Leiobunum blackwalli MEADE: 3,2 F 1,2,4 XI,IX–X
Westeuropäische Art mit großer ökologischer Valenz. Dieser dämmerungsaktive Weberknecht ist in der Feld- und Strauchschicht lichter Wälder anzutreffen und strahlt bis in feuchte, schattige Waldstellen bzw. trockene Lokalitäten im Siedlungsbereich aus. Die bisherigen Nachweise von adulten Tieren liegen im Spätsommer und Herbst. Im Saugartenmoor wurden die Seggenbestände im Grenzbereich zum Wald besiedelt.

Oligolophus tridens (C. L. KOCH:) 1) 1,1 F 5 VI) X,X
Eurosibirische Art, die vom Tiefland bis in das Mittelgebirge bei einer breiten ökologischen Valenz alle geeigneten Lebensräume besiedelt. Sie ist sowohl in mäßig feuchten

Wäldern als auch in Gärten, auf Feldern und Wiesen anzutreffen. Die tagaktiven Tiere sind inadult im Sommeraspekt anzutreffen und die adulten Tiere entwickeln während der Paarungszeit im Herbst ihre größte Aktivität. Im Saugartenmoor sind die Seggenbestände vorrangig besiedelt.

Lophopilio palpinalis (HERBST): 3) ,4 F 1,3,5 VIII) ,XI
Mitteleuropäische Art, die bei ihrer nachtaktiven Lebensweise besonders in der Streuschicht mäßig feuchter Wälder lebt, aber auch im Freiland vielfach zusagende Bedingungen vorfindet. Sie gehört zu den stenochronen Herbst- und Winterformen. Die im Grenzbereich zum Wald liegenden Moorstandorte sind vorrangig besiedelt.

Rilaena triangularis (C. L. KOCH): 3) F 1 u. 3 V)
Mitteleuropäisch verbreitete, tagaktive Art, die im Hügel- und Tiefland in Laubmischwäldern lebt. Die inadulten Tiere überwintern und entwickeln sich zu geschlechtsreifen Tieren im Frühlingsaspekt. Die Nachweise stammen von waldangrenzenden Moorstandorten.

Platybunus bucephalus (C. L. KOCH): 2) F 2 u. 3 III,V)
Mitteleuropäisch verbreitete, hauptsächlich in Gebirgswäldern lebende Art. Die überwinternden Jungtiere werden im Frühlingsaspekt reif. Die Funde wurden auf den Sphagnumdecken des Moores getätigt.

Unter den Weberknechten gibt es keine moorspezifischen Arten. Die stärker an die Feuchtigkeit gebundenen *Nemastoma*-Arten sowie die ausgeprägteren Mittelgebirgsbewohner treten dabei mehr in den zentralen Moorteilen auf. Die Mehrzahl der nachgewiesenen waldbewohnenden Phalangiden dringen nur in den Grenzbereich des Moores vor. Die bei Fallenfängen nachgewiesenen 10 inadulten und 24 adulten Weberknechte zeigen schon den geringen Bevorzugungsgrad für die Moore an.

2. Zur Phänologie der Weberknechtarten

Im jahreszeitlichen Autreten liegen die Aktivitätsspitzen eindeutig im Herbstaspekt durch die vier herbstreifen Arten *Lophopilo palpinalis, Oligolophus tridens, Leiobunum blackwalli* und *Mitostoma chrysomelas* sowie durch die größere Herbstaktivität der eurychronen *Paranemastoma quadripunctatum.* Eine geringere Entfaltung zeigt sich im Frühjahr mit den in diesem Aspekt reifwerdenden Arten *Rilaena triangularis* und *Platybunus bucephalus* sowie mit der hohen Aktivität von *Nemastoma lugubre.*

3. Faunenvergleich mit den Mooren des Tieflandes und des Mittelgebirges

Ein Vergleich mit den Weberknechtfaunen der nächstgelegenen Hochmoore und Heidemoore zeigt, daß das Saugartenmoor mit dem Georgenfelder Hochmoor 5 von 7 Arten gemeinsam hat, mit dem Heidemoor Commerauer Jesor nur die einzige dort gefundene Art. Im Commerauer Jesor dürfte der breite Randsumpf für die Moorbesiedlung durch Weberknechte ein schwer überwindliches Ausbreitungshindernis sein. Begrenzend für einige Arten wirkt die Höhenverbreitung. Das Artenspektrum der Weberknechte ist durch Randbeeinflussung des Waldes groß und weist einen hohen Ähnlichkeitsgrad mit der Hochmoorfauna des Erzgebirges auf.

C. Zikaden (Homoptera: Cicadelloidea)

(Bearbeiter: R. EMMRICH)

1. Artenspektrum

Zur Einordnung in Dominanzgruppen wurden die Anteilwerte der Arten in den Einzelfängen beider Jahre im jeweiligen phänologischen Zeitraum herangezogen. Diese differierten im Vergleich beider Jahre oftmals stark, so daß zur Charakterisierung meist zwei Dominanzklassen herangezogen werden. Zugrunde gelegt wurden die von SCHIEMENZ (1971a) verwendete, hier vereinfachte Dominanzberechnung (rezedent = < 4 %, subdominant = 4–16 %, dominant = > 16 %) sowie Aspekteinordnung ([VF = Vorfrühlingsaspekt], F = Frühlingsaspekt, S 1 = Frühsommeraspekt, S 2 = Hochsommeraspekt, S 3 = Spätsommeraspekt, H = Herbstaspekt). – Festgestellt wurden 58 Arten in 1630 Exemplaren.

Von dieser Zahl entfielen nur 9 Arten in 26 Exemplaren auf die Ausbeute aus den Bodenfallen. Es handelte sich dabei (außer bei *Anoscopus albifrons*) um subdominante bis dominante Arten im jeweiligen Zeitraum, die alle in entsprechend hoher Anzahl auch in den Käscherfängen anfielen. Das ist ohne Zweifel eine Folge der dichten Bewuchsstruktur dieses Habitates, welche die Begegnungswahrscheinlichkeit dieser Insekten mit den Bodenfallen stark vermindert.

Cixius similis KIRSCHBAUM: Rez.-subdom. F (16. 5.–4. 6., 3 Ex.)

Kelisia vittipennis (SAHLBERG): Rez. S 2, dom. S 3, subdom. H (13. 7.–15. 10., 116 Ex., außerdem 1 Ex. in Bodenfalle)

Stenocranus major (KIRSCHBAUM): Rez. VF (15. 4., 1 Ex.)

Eurysula lurida (FIEBER): Rez. S 1 (22. 6., 1 Ex.)

Conomelus anceps (GERMAR): Rez.-subdom. S 2, subdom. S 3, rez. H (13. 7.–15. 10., 25 Ex.)

Megamelus notula (GERMAR): Rez.-subdom. S 2, rez. S 3 + H (9. 7.–15. 10., Larven Sept., brach. u. makr. Ex., 16 Ex.)

Laodelphax striatellus (FALLÉN): Rez. S 1 (?) (13. 7., 1 Ex.)

Hyledelphax elegantulus (BOHEMAN): Rez. S 1 (22.–24. 6., 4 Ex.)

Delphacodes capnodes (SCOTT): Subdom.-dom. F, rez.-subdom. S 1, rez. S 2 + S 3, rez.-subdom. H (6. 5.–17. 9., 42 Ex.)

Delphacodes venosus (GERMAR): Subdom. VF + F (15. 4.–4. 6., 6 Ex.)

Muellerianella fairmairei (PERRIS): Rez.-subdom. S 2, dom. S 3, subdom. H (24. 7.–25. 10., 72 Ex., außerdem 7 Ex. in Bodenfallen)

Xanthodelphax stramineus (STÅL): Rez.-subdom. S 1, rez. S 2 (22. 6.–11. 8., 9 Ex.)

Paradelphacodes paludosa (FLOR): Rez.-subdom. S 1, rez. S 2 (4. 6.–13. 7., 27 Ex.) (1977 1 ♀ am 25. 8.!)

Oncodelphax pullulus (BOHEMAN): Rez.-subdom. S 1 (4. 6.–9. 7., 9 Ex.)

Javesella discolor (BOHEMAN): Rez.-subdom. S 1 (4.–22. 6., 10 Ex.)

Javesella dubia (KIRSCHBAUM): Subdom. S 1 (22. 6., 7 Ex.)

Javesella pellucida (FABRICIUS): Subdom. F, dom. S 2, subdom. S 3 (6. 5.–29. 8., 353 Ex., außerdem 1 Ex. in Bodenfalle)

Javesella simillima (LINNAVUORI): Rez.-subdom. S 1 (22. 6.–9. 7., 10 Ex.)
Die Art wurde bereits vorher in unmittelbarer Nähe des Untersuchungsgebietes gefunden (EMMRICH 1975), so daß ihr Vorkommen hier sehr wahrscheinlich war. Am 9. 7. 1975 wurde von dieser Art ein makropteres ♂ erbeutet (außer diesem sonst nur brachyptere Exemplare). Dieses Exemplar weicht in Habitus und Färbung stark von den brachypteren Tieren ab, erwies sich jedoch durch den kennzeichnenden Aedoeagus als eindeutig zu *J. simillima* gehörig. Da bisher offensichtlich keine makropteren Exemplare der Art bekannt wurden (LINNAVUORI 1948 u. 1969, HULDÉN 1974, VILBASTE 1969 u. 1971, SCHIEMENZ mdl.), sei hier eine kurze Kennzeichnung angefügt.
In Habitus und Färbung an ein makropteres ♂ von *J. pellucida* erinnernd, jedoch wesentlich kleiner und schmäler. – Zwischenräume des Ante- und Postclypeus ebenso wie die der Stirn schwarz, Scheitelgrübchen bräunlich bis schwarz; alle Kopfkiele (besonders auf dem Scheitel) elfenbeinfarben. Pronotum ebenfalls elfenbeinfarben bis weißlich, besonders entlang des Hinterrandes; vordere Grübchen und Seitenteile hinter den Augen geschwärzt. Tegulae weiß. Scutum einschließlich der Kiele schwarz, gegen die Spitze des Scutellums etwas aufgehellt. Abdomen schwarz, hintere Segmentränder gelblich. Vorderflügel weit das Abdomen überragend; durchsichtig, aber leicht getrübt, Adern mit pilosen Tuberkeln. – Gesamtlänge einschließlich der Flügel 3,15 mm, Länge der Vorderflügel 2,55 mm, Pronotumbreite 0,75 mm, Breite der Vorderflügel 0,90 mm; Verhältnis Flügellänge zu Flügelbreite: 2,8.

Neophilaenus lineatus (LINNAEUS): Rez.-subdom. S 2, subdom. S 3, rez.-subdom. H (9. 7.–15. 10., 61 Ex.)

Aphrophora alni (FALLÉN): Rez.-subdom. S 2, rez. S 3 + H (9. 7.–15. 9., 16 Ex.)

Oncopsis flavicollis (LINNAEUS): Rez.-subdom. F + S 1 (27. 5.–22. 6., 15 Ex.)

Oncopsis tristis (ZETTERSTEDT): Rez. S 2 (9.–24. 7., 8 Ex.)

Idiocerus populi (LINNAEUS): Rez. S 2 (13. 7., 3 Ex.)

Anoscopus albifrons (LINNAEUS): Rez. S 3 (25. 8.–15. 9., 1 Ex. in Bodenfalle)

Stroggylocephalus agrestis (FALLÉN): Rez. S 3 (25.–29. 8., 2 Ex.)

Stroggylocephalus livens (ZETTERSTEDT): Dom. F, rez. H (6. 5.–17. 9., 13 Ex., außerdem 2 Ex. in Bodenfallen)

Cicadella viridis (LINNAEUS): Subdom.-dom. S 2, subdom. S 3, rez.-subdom. H (13. 7.–15. 10., 44 Ex., außerdem 4 Ex. in Bodenfallen)

Forcipata citrinella (ZETTERSTEDT): Rez. S 1 (22. 6., 2 Ex.)

Forcipata forcipata (FLOR): Rez. S 1, rez.-subdom. S 3 + H (22. 6.–17. 9., 14 Ex.)

Notus flavipennis (ZETTERSTEDT): Rez.-subdom. S 1 + S 3 (22. 6.–29. 8., 23 Ex.)

Empoasca (Kybos) lindbergi LINNAVUORI: Rez. S 2 + H (13. 7.–25. 10., 7 Ex.)

Empoasca (Empoasca) affinis NAST: Subdom. S 3 + H (29. 8.–15. 10., 27 Ex.)

Empoasca (Empoasca) vitis (GÖTHE): Dom. VF, rez. F + S 3, subdom.-dom. H (28. 3.–11. 11., 25 Ex.)

Edwardsiana frustrator (EDWARDS): Rez. H (25. 10., 1 Ex.)

Eupteryx atropunctata (GOEZE): Rez. S 2 (24. 7., 1 Ex.)

Aguriahana germari (ZETTERSTEDT): Rez.-subdom. H (22. 9.–25. 10., 4 Ex., außerdem 1 Ex. in Bodenfalle)

Zygina (Zygina) flammigera (FOURCROY): Rez. VF + H (15. 4.–15. 9., 2 Ex.)

Zygina (Zygina) tiliae (GEOFFROY): Rez. VF, dom. H (28. 3.–25. 10., 11 Ex.)

Balclutha punctata (THUNBERG): Dom. VF, subdom. F, rez. S 1 + S 2, rez.-subdom. S 3 + H (28. 3.–15. 10., 47 Ex.)

Macrosteles laevis (RIBAUT): Rez. S 2 (6. 8., 4 Ex.)

Macrosteles sexnotatus (FALLÉN): Dom. S 1 + S 2 + S 3, subdom. H (22. 6.–25. 10., 316 Ex.)

Macrosteles viridigriseus (EDWARDS): Rez. S 1 (22. 6., 1 Ex.)

Recilia coronifera (MARSHALL): Rez. S 3 (25. 8., 1 Ex.)

Allygus mixtus (FABRICIUS): Rez. S 3 + H (11. 8.–25. 10., 4 Ex.)

Cicadula albingensis WAGNER: Rez. S 3 (11.–29. 8., 3 Ex.)

Cicadula quadrinotata (FABRICIUS): Subdom. S 1, rez.-subdom. S 2 + S 3, subdom. H (22. 6.–25. 10., 60 Ex.)

Speudotettix subfusculus (FALLÉN): Rez.-subdom. F, rez. S 1 (16. 5.–9. 7., 10 Ex.)

Macustus grisescens (ZETTERSTEDT): Dom. F, subdom-dom. S 1, rez. S 2 + S 3 (16. 5.–25. 8., Larven Okt. u. März, 67 Ex., außerdem 7 Ex. in Bodenfallen)

Athysanus argentarius METCALF: Rez. S 2 (13. 7.–6. 8., 2 Ex.)

Limotettix striola (FALLÉN): Rez. S 2 (6. 8., 1 Ex.)

Streptanus sordidus (ZETTERSTEDT): Rez. S 2 (13. 7., 1 Ex.)

Psammotettix alienus (DAHLBOM): Rez. H (25. 10., 3 Ex.)

Psammotettix confinis (DAHLBOM): Rez. S 2 (6. 8., 1 Ex.)

Errastunus ocellaris (FALLÉN): Rez. S 1 + H (22. 6.–17. 9., 3 Ex.)

Jassargus flori (FIEBER): Rez. S 2 + S 3 (13. 7.–29. 8., 4 Ex.)

Jassargus sursumflexus (THEN): Rez. S 1, rez.-subdom. S 2, subdom. S 3, rez. H (22. 6.–17. 9., 41 Ex., außerdem 2 Ex. in Bodenfallen)

Arthaldeus pascuellus (FALLÉN): Subdom. S 1 (22. 6.–13. 7., 24 Ex.)

Sorhoanus assimilis (FALLÉN): Rez. S 1 +S 2 +S 3 (22. 6.–29. 8., 19 Ex.)

Das festgestellte Artenquantum erscheint für das relativ kleinflächige Untersuchungsgebiet (Naturdenkmal!) zunächst relativ umfangreich. So liegt die Artenzahl höher als in jedem der von SCHIEMENZ (1976) untersuchten vergleichbaren Heide- und Hochmooren der planaren Stufe. Bei einer groben Analyse nach der ökologischen Valenz der Arten lassen sich jedoch verschiedene Artengruppen feststellen:

a. Tyrphophile Arten: 17 % des Arten-, 21 % des Individuenquantums (*Cixius similis, Delphacodes capnodes, D. venosus, Jassargus sursumflexus, Javesella simillima, Kelisia vittipennis, Macustus grisescens, Oncodelphax pullulus, Paradelphacodes paludosa, Stroggylocephalus livens*). Die Existenz einer solchen, zahlenmäßig relativ umfangreichen Gruppe disjunkt verbreiteter Arten (nach Artenanteil an 4., nach Individuenanteil an 3. Stelle unter den ökologischen Gruppen) ist bedeutsam und war nicht ohne weiteres vorauszusetzen. Sie zeigt, daß die biotischen Voraussetzungen für den Fortbestand der Arten auch auf dieser kleinen Fläche gegeben sind.

b. Arten, die vorwiegend an Waldgräser gebunden sind, und die deshalb in der Bodenvegetation der Nadel- und Mischwälder erscheinen: 12 % des Arten-, 2 % des Individuenquantums (*Balclutha punctata, Eurysula lurida, Forcipata forcipata, Hyledelphax elegantulus, Jassargus flori, Javesella discolor, Recilia coronifera, Stenocranus major*). Arten dieser Gruppe können leicht aus dem umgebenden Kiefern-Birken-Wald eindringen, zeigten jedoch keine Massenentwicklung der Individuen.

c. Arten mit dem Verbreitungsschwerpunkt im offenen Grünland außerhalb der Wälder, jedoch ausschließlich oder überwiegend in dessen feuchten bis nassen Ausbildungsformen: 28 % des Arten-, 41 % des Individuenquantums (*Cicadella viridis, Cicadula albingensis, C. quadrinotata, Conomelus anceps, Forcipata citrinella, Limotettix striola, Macrosteles sexnotatus, M. viridigriseus, Megamelus notula, Muellerianella fairmairei, Neophilaenus lineatus, Notus flavipennis, Sorhoanus assimilis, Streptanus sordidus, Stroggylocephalus agrestis, Xanthodelphax stramineus*). Arten dieser Gruppe nehmen erwartungsgemäß hinsichtlich der Arten-, vor allem hinsichtlich der Individuendominanz den ersten Platz ein. Sie stellen auch den Hauptanteill der phänologisch dominierenden Arten.

d. Arten mit dem Verbreitungsschwerpunkt im offenen Grünland, jedoch mit stärker ausgeprägter Euryvalenz und in dessen feuchten, frischen bis trockenen Ausbildungsformen vertreten: 19 % des Arten-, 29 % des Individuenquantums (*Anoscopus albifrons, Aphrophora alni, Arthaldeus pascuellus, Athysanus argentarius, Javesella dubia, J. pellucida, Laodelphax striatellus, Macrosteles laevis, Psammotettix alienus, P. confinis*). Die Arten dieser Gruppe rangieren nach Arten- und Individuenanteil an zweiter Stelle in der Fauna des Untersuchungsgebietes.

e. Arten mit dem Verbreitungsschwerpunkt im offenen Grünland der frischen bis trockenen Ausbildungsform: 3 % des Arten-, < 1 % des Individuenquantums (*Errastunus ocellaris, Eupteryx atropunctata*). Nur 2 Arten der untersuchten Fläche, die dort nicht heimisch sind, können diesem Typ zugeordnet werden.

f. Arten mit vorwiegender Bindung an Gehölze (deshalb von geringerem ökologischen Indikatorwert): 21 % des Arten-, 7 % des Individuenquantums (*Aguriahana germari, Allygus mixtus, Edwardsiana frustrator, Empoasca affinis, E. lindbergi, E. vitis, Idiocerus populi, Oncopsis flavicollis, O. tristis, Speudotettix subfusculus, Zygina flammigera, Z. tiliae*). Dieses artenreichere Spektrum stammt vorwiegend von Gehölz-Jungwuchs am Rand der Moorfläche.

Artenquantum und Anteile der ökologischen Artengruppen drücken aus, daß die Zikadenfauna des Gebietes in den Randbezirken stark von der Umgebung beeinflußt wird. Sie weist dort das vielgestaltigste Artenspektrum auf und gestattet die Existenz ökologisch differenter Arten in unmittelbarer Nachbarschaft.

2. Aspektfolge

Zur folgenden Einordnung der Arten in die phänologischen Aspekte wurden die dominanten sowie die subdominanten Arten, soweit sie in mehr als einer Aufsammlung in diesen Bereich eintraten, herangezogen.

Vorfrühlings- (VF) und Frühlingsaspekt (F): Der erstere entsprach im wesentlichen dem späten Herbstaspekt, gebildet durch *Balclutha punctata, Empoasca vitis* und *Zygina tiliae*, dazu *Delphacodes venosus*. – Im Frühlingsaspekt verblieb nur *Balclutha punctata*, während (neben den erst jetzt auffallenden *Delphacodes capnodes* und *Stroggylocephalus livens*) *Javesella pellucida* (nur 1976!) und *Macustus grisescens* erscheinen. – Im Vorfrühlingsaspekt sind 6, im Frühlingsaspekt sind 10 Arten vertreten.

Frühsommeraspekt (S 1): Neben dem noch vorhandenen *Macustus grisescens* erschien *Macrosteles sexnotatus* (wie im vorhergehenden Fall nur 1976!, 1. Gen.?). In der Abundanz unter diesen lagen *Cicadula quadrinotata* und *Notus flavipennis* (beide 1. Gen.), *Delphacodes capnodes, Paradelphacodes paludosa* und *Arthaldeus pascuellus* (nur 1976!, 1. Gen.?). – Im Frühsommeraspekt sind 24 Arten vertreten.

Hochsommeraspekt (S 2): Neben *Macrosteles sexnotatus* wurde dieser geprägt durch *Javesella pellucida* (2. Gen.), *Cicadella viridis* sowie mit Abstand durch die Cercopiden *Aphrophora alni* und *Neophilaenus lineatus*. – Im Hochsommeraspekt sind 28 Arten vertreten.

Spätsommeraspekt (S 3): Dominierend verblieb weiterhin *Macrosteles sexnotatus* (1976), daneben entwickelten sich *Kelisia vittipennis* und *Muellerianella fairmairei* sehr zahlreich. Subdominant traten aus dem Hochsommeraspekt weiterhin *Javesella pellucida, Neophilaenus lineatus* und *Cicadella viridis* auf, dazu kamen *Balclutha punctata, Cicadula quadrinotata* (2. Gen.), *Conomelus anceps* und *Jassargus sursumflexus*. – Im Spätsommeraspekt sind 24 Arten vertreten.

Herbstaspekt (H): *Kelisia vittipennis, Muellerianella fairmairei, Neophilaenus lineatus* und *Cicadula quadrinotata* bestimmten zu Beginn noch den Herbstaspekt. Später erschienen neben *Balclutha punctata* und *Empoasca affinis* die bereits im Vorfrühlingsaspekt genannten *Empoasca vitis* und *Zygina tiliae*. – Im Herbstaspekt sind 24 Arten vertreten (die meisten nur zu Beginn).

Auch in der Aspektbildung treten die Arten der ökologischen Gruppen c) und d) (Arten des offenen Grünlandes, mit geringerer Valenz des feuchten, mit höherer Valenz des feuchten bis trockenen Typs) hervor. Arten der tyrphophilen Gruppe wurden im Frühlings- und Frühsommeraspekt (*Delphacodes capnodes, Stroggylocephalus livens, Macustus grisescens, Paradelphacodes paludosa*) und im Spätsommeraspekt (*Kelisia vittipennis, Jassargus sursumflexus*) aspektbildend. – Früh- und Hochsommeraspekt wurden besonders 1976 durch die starke Entwicklung von *Javesella pellucida* und *Macrosteles sexnotatus* beeinflußt. Diese Massenentwicklung war zweifellos eine Folge der überdurchschnittlich warmen und trockenen Witterungsperiode Juli/August 1976. *Arthaldeus pascuellus*, als euryvalente Art bekannt, wurde ebenfalls nur 1976 phänologisch bedeutsam. Sie bestätigen, daß, durch günstige Witterungsverhältnisse beeinflußt (s. SCHIEMENZ 1975), bei einzelnen (vor allem euryöken?) Arten starke Schwankungen des Massenwechsels auch in diesem Habitattyp auftreten können. – Die Tendenz der Zunahme des Artenquantums vor allem in den späteren Aspekten (S 2 + S 3) wird auch hier sichtbar. Allerdings scheint, bedingt durch die Vielzahl der Arten, der phänologische Arten- und Individuenzuwachs kontinuierlich zu erfolgen (vgl. SCHIEMENZ 1975: Abb. 1).

3. Zur Bionomie der Arten

Zu 37 Arten, die nach Sammelzeit und Individuenzahl auswertbare Daten lieferten, können Angaben zu Generationszahl und Überwinterungsform gemacht werden, welche die von SCHIEMENZ (1971a+b, 1975, 1976) getroffenen Feststellungen bestätigen, ergänzen bzw. (in wenigen Fällen) von ihnen abweichen. 21 Arten wurden nur in wenigen Exemplaren oder zeitlich begrenzt gefunden, erlauben daher für den konkreten Fall keine Einordnung. (A. = Anfang, M. = Mitte, E. = Ende)

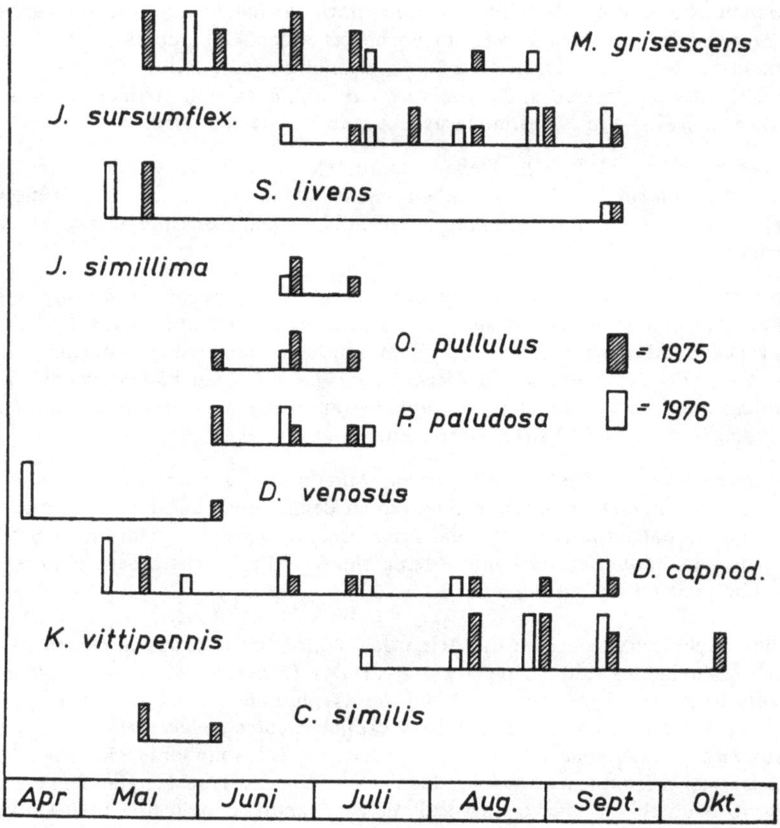

Diagr. 1. Phänologie der tyrphophilen Zikadenarten des Saugartenmoores im Sammelzeitraum 1975/76. Die zur Kennzeichnung verwendeten drei verschiedenen Säulenhöhen geben die drei Dominanzgrade rezedent – subdominant – dominant wieder.

a. Imaginalüberwinterer:

Delphacodes capnodes: Nachweisbar bis M. Juli und wieder ab A. August, d. h. durch die gesamte Vegetationsperiode nachweisbar, evtl. leichter Rückgang im Juli (Diagramm 1). 2 Generationen?

Aguriahana germari: M. September – E. Oktober (3 ♀♀ noch am 25. 10.: überwinternde ♀♀ ?).

Balclutha punctata: Ähnliche Erscheinungszeit wie *Delphacodes capnodes*. 2 Generationen?

Weiter überwintern imaginal: *Delphacodes venosus* (Diagr. 1), *Empoasca affinis*, *E. vitis*, *Stenocranus major*, *Stroggylocephalus livens* (Diagr. 1), *Zygina flammigera*, *Z. tiliae*.

b. Larvalüberwinterer:

Univoltin:

Aphrophora alni, Cixius similis (Diagr. 1), *Javesella discolor, J. dubia, J. simillima* (Diagr. 1), *Macustus grisescens* (Diagr. 1) (nachweisbar bis E. August, juv. Larven im Oktober), *Oncodelphax pullulus* (Diagr. 1), *Paradelphacodes paludosa* (Diagr. 1), *Speudotettix subfusculus, Xanthodelphax stramineus.*

Bivoltin:

Javesella pellucida: 1. Generation (Mai) nur 1975 nachweisbar, die 2. Generationen in beiden Jahren auffallend.

c. Eiüberwinterer:

Univoltin:

Muellerianella fairmairei: E. Juli – E. Oktober. Im Untersuchungsgebiet anscheinend nur 1 Generation, nach SCHIEMENZ (1971a) im Erzgebirge 2 Generationen. Im Untersuchungsgebiet nicht vor E. Juli nachweisbar (1975 u. 1976), dann in abnehmender Abundanz bis E. Oktober vorhanden.

Sorhoanus assimilis: M. Juli – E. August. 1976 1 ♀ bereits am 22. 6.

Weitere univoltine Eiüberwinterer: *Athysanus argentarius, Cicadella viridis, Cicadula albingensis, Jassargus sursumflexus* (Diagr. 1) (ab E. Juni), *Kelisia vittipennis* (Diagr. 1), *Neophilaenus lineatus.*

Bivoltin:

? *Conomelus anceps:* Generationenzahl im Untersuchungsgebiet unklar, nachweisbar E. Juli/A. August und E. August/September, was auf nur 1 Generation hindeutet (nach SCHIEMENZ 1971a aber auch in den Erzgebirgsmooren 2 Generationen).

Megamelus notula: A. Juli – A. August und September/Oktober (Larven M. September [1975]). Die 1. Generation erschien etwas früher als in den Erzgebirgsmooren (SCHIEMENZ 1971a).

Forcipata forcipata: E. Juni und E. August/September, was auf 2 Generationen hinweist, zumal in beiden Perioden auch ♂♂ gefunden wurden (nach SCHIEMENZ 1975 univoltin in den Mooren des Harzes).

Cicadula quadrinotata: E. Juni/A. Juli und E. August/September. Erkennbar 2 Generationen, entsprechend den Verhältnissen in den Mooren des Flachlandes der DDR (SCHIEMENZ 1976), dagegen in den Erzgebirgsmooren nur 1 Generation (SCHIEMENZ 1971a).

? *Macrosteles sexnotatus:* 1. Generation E. Juni – A. August, 2. Generation im September? (wenn vorhanden, wurde diese 1976 von der stark entwickelten 1. Generation überlagert). Nach SCHIEMENZ (1971a) auch in den Erzgebirgsmooren mit 2 Generationen.

? *Arthaldeus pascuellus:* E. Juni/A. Juli (nur 1976, am 22. 6. abundant angetroffen, nach der Erscheinungszeit vermutlich die 1. Generation). Eine 2. Generation war in beiden Jahren nicht erkennbar (nach SCHIEMENZ 1971b im Erzgebirge nur 1 Generation!).

Weitere bivoltine Eiüberwinterer: *Errastunus ocellaris, Notus flavipennis.*

4. Faunenvergleich mit den Mooren des Flachlandes und des Mittelgebirges

Zum Faunenvergleich nach den Untersuchungen von SCHIEMENZ (1971a, 1975, 1976) eignet sich besonders die Gruppe der tyrphophilen Arten, welche gleichzeitig auch die

	Erzgebirgshochmoore										
	Jägersgr. Hm. 630 m	Schönheid. Hm. 660–680 m	Friedrichsh. Hm. 800 m	Hm.Weiters Glash. 890–910 m	Kl. Kranichsee 925 m	M. Rote Pfütze 600 m	Hormersd. Hm. 675 m	Schwarze Heide 835–860 m	Mothäus. Heide 730–760 m	Georgenf. Hm. 855–870 m	Individ.-Dominanz gesamt (%)
Cixius similis KBM.	x	x	x	x		x	x			x	0,07
Kelisia vittipennis (SHLB.)	x	x	x	x	x	x	x	x	x	x	6,8
Hyled. elegantulus (BOH.)	x	x	x	x	x	x	x	x		x	0,4
Delphac. capnodes (SCOTT)											
Delphac. venosus (GERM.)	x	x							x		0,03
Mueller. fairmairei (PERR.)	x	x	x	x	x	x	x	x	x	x	1,5
Tyrphod. albocarinatus (STÅL)											
Tyrphod. distinctus (FL.)	x		x	x	x		x	x	x	x	3,4
Paradelph. paludosa (FL.)		x							x	x	0,02
Oncodelph. pullulus (BOH.)											
Paralib. clypealis (SHLB.)											
Javesella discolor (BOH.)			x	x	x					x	1,2
Javesella pellucida (F.)	x	x	x	x	x	x	x	x	x	x	0,8
Javesella simillima (LNV.)	x							x			1,0
Ommatid. dissimilis (FALL.)											
Neophilaenus lineatus (L.)	x	x	x	x	x	x	x	x		x	1,4
Stroggyloc. livens (ZETT.)	x	x	x		x	x				x	0,2
Cicadella viridis (L.)	x	x	x			x	x	x			0,3
Empoasca vitis (GÖTHE)											
Balclutha punctata (F.)		x	x	x							0,02
Macrost. laevis (RIB.)	x		x	x	x			x	x	x	0,2
Macrost. sexnotatus (FALL.)					x				x	x	1,3
Cicadula quadrinotata (F.)	x	x	x	x	x	x	x	x		x	11,2
Macustus grisescens (ZETT.)	x	x	x	x	x	x		x	x	x	0,8
Scleror. russeolus (FALL.)	x		x	x	x		x				0,3
Psammot. helvolus (KBM.)		x				x	x	x			2,3
Jassarg. sursumflexus (THEN)	x	x	x	x			x	x	x	x	7,7
Diplocol. abdominalis (F.)		x	x	x	x	x	x	x		x	1,3
Arthald. pascuellus (FALL.)	x	x	x		x	x		x		x	0,3
Sorhoan. assimilis (FALL.)		x									0,02
Sorhoan. xanthoneurus (FIEB.)	x	x	x	x	x	x	x	x	x	x	37,4
Cosmotettix panzeri (FL.)	x		x		x			x		x	0,08

Tab. 1. Vergleich der nach Abundanz und Indikatorwert bedeutsamsten Zikadenarten (Haupt- und tyrphophile Arten) hinsichtlich ihrer Verbreitung im Bereich der Erzgebirgshochmoore, des Saugartenmoores und der Lausitzer Heidemoore. Daten nach SCHIEMENZ 1971a, 1976 und mdl.

faunistisch interessantesten Arten enthält. Im folgenden sind die tyrphophilen Arten des Untersuchungsgebietes nach ihren Anteilen an der gesamten Individuensumme aller Arten (in %) in Verbindung mit ihrem faunistischen Verbreitungsbereich in Mooren nach SCHIEMENZ (bes. 1976: Tab. 2) dargestellt, wobei es sich bei letzterem auch in den meisten Fällen um die geographisch nächsten Vorkommen zum Untersuchungsgebiet handelt (s. hierzu auch Tab. 1):

Cixius similis: 0,2 %. – Konstante Dominante in den Heide- und Hochmooren vom Flachland bis in die Kammlagen der Mittelgebirge.

Kelisia vittipennis: 7,2 %. – Hoch konstante Dominante in den Heide- und Hochmooren vom Flachland bis in die Kammlagen der Mittelgebirge.

Delphacodes capnodes: 2,6 %. – Bisher 14 Fundorte in der DDR, darunter 3 Moore in den Kreisen Luckau, Weißwasser sowie Neustrelitz (SCHIEMENZ 1976; s. Tab. 1).

Delphacodes venosus: 0,4 %. – In den Heide- und Hochmooren des Flachlandes sowie im Erzgebirge und im Harz, jedoch wenig konstant und zahlenmäßig vereinzelt.

Art	Zwischenmoor Dresd. Heide		Lausitzer Zwischen- u. Heidemoore						
	Saugartenmoor 240 m	Individuen-Dominanz (%)	Zeißholzer M. 130 m	Commer. Jesor 140 m	Gr. Jeseritzen 130 m	Kl. Jeseritzen 135 m	Berg.-Weißack.M. 77 m	Wanninchen 63 m	Individuen-Dominanz gesamt (%)
Cixius similis KBM.	x	0,2	x	x				x	0,5
Kelisia vittipennis (SHLB.)	x	7,2	x	x	x	x	x	x	9,1
Hyled. elegantulus (BOH.)	x	0,3							
Delphac. capnodes (SCOTT)	x	2,6			x			x	0,3
Delphac. venosus (GERM.)	x	0,4							
Mueller. fairmairei (PERR.)	x	4,8	x		x	x	x	x	2,2
Tyrphod. albocarinatus (STÅL)				x		x		x	1,9
Tyrphod. distinctus (FL.)									
Paradelph. paludosa (FL.)	x	1,6							
Oncodelph. pullulus (BOH.)	x	0,5						x	0,05
Paralib. clypealis (SHLB.)			x						0,1
Javesella discolor (BOH.)	x	0,6							
Javesella pellucida (F.)	x	21,7	x	x	x	x	x	x	3,5
Javesella simillima (LNV.)	x	0,6							
Ommatid. dissimilis (FALL.)							x	x	7,0
Neophilaenus lineatus (L.)	x	3,7	x	x	x	x	x	x	42,6
Stroggyloc. livens (ZETT.)	x	1,0						x	0,2
Cicadella viridis (L.)	x	2,9		x	x	x	x	x	0,6
Empoasca vitis (GÖTHE)	x	1,5	x	x			x		0,3
Balclutha punctata (F.)	x	2,9			x	x	x	x	1,5
Macrost. laevis (RIB.)	x	0,3			x	x			0,3
Macrost. sexnotatus (FALL.)	x	19,4	x						0,1
Cicadula quadrinotata (F.)	x	3,7		x	x	x		x	1,0
Macustus grisescens (ZETT.)	x	4,5	x			x	x	x	2,1
Scleror. russeolus (FALL.)				x	x				1,2
Psammot. helvolus (KBM.)									
Jassarg. sursumflexus (THEN)	x	2,6	x				x	x	5,0
Diplocol. abdominalis (F.)									
Arthald. pascuellus (FALL.)	x	1,5				x	x		0,07
Sorhoan. assimilis (FALL.)	x	1,2							
Sorhoan. xanthoneurus (FIEB.)									
Cosmotettix panzeri (FL.)					x			x	0,07

Paradelphacodes paludosa: 1,6 %. – Noch bei SCHIEMENZ (1971) nur 4 Fundorte in der DDR, dazu 3 Hochmoore im West- und Osterzgebirge (s. Tab. 1).

Oncodelphax pullulus: 0,5 %. – Bisher nur 4 Fundorte in der DDR, außerdem ein Flachmoor im Kreis Luckau (SCHIEMENZ 1976; s. Tab. 1). Bisher südlichster Fundort im Raum der DDR, alle anderen Nachweise liegen im Flachland nördlich davon.

Javesella simillima: 0,6 %. – Außer dem Nachweis aus der unmittelbaren Umgebung bisher nur je 2 Hochmoore in den Kreisen Klingenthal und Marienberg im Erzgebirge sowie in den Kreisen Gotha und Suhl im Thüringer Wald (SCHIEMENZ 1971, 1975; s. Tab. 1).

Stroggylocephalus livens: 1,0 %. – Konstante Dominante in den Heide- und Hochmooren vom Flachland bis in die Kammlagen der Mittelgebirge.

Jassargus sursumflexus: 2,6 %. – Konstante Dominante in den Heide- und Hochmooren vom Flachland bis in die Kammlagen der Mittelgebirge (konstant im Erzgebirge, weniger konstant im Thüringer Wald und im Harz).

Macustus grisescens: 4,5 %. – Hoch konstante Dominante in den Heide- und Hochmooren vom Flachland bis in die Kammlagen der Mittelgebirge.

Weiterführend hierzu erscheint es interessant, tyrphophile Arten sowie konstante Hauptarten der regional nächstliegenden, auf ihre Zikadenfauna untersuchten Moorflächen (10 Hochmoore des Erzgebirges, 6 Zwischen- und Heidemoore der Lausitz) mit den entsprechenden Arten des Untersuchungsgebietes zu vergleichen (Tab. 1). – Die zum Sammelgebiet nächstliegenden untersuchten Moorflächen befinden sich im Osterzgebirge (Kr. Dippoldiswalde: Georgenfelder Hochmoor) sowie auf sächsischem Gebiet im Kr. Bautzen (Commerauer Jesor), von denen das letztere im Vegetationscharakter mehr Beziehungen zum Saugartenmoor aufweist als die stark verheideten anderen Lausitzer Moore. Hierzu werden (in Klammern) auch die Zahlen der jeweils diesen Mooren gemeinsamen Arten des gesamten Artenspektrums angeführt.

a. Arten, die nur in den Lausitzer Mooren, nicht (mehr?) im Saugartenmoor auftreten: Die in den Lausitzer Mooren relativ konstant vertretene *Tyrphodelphax albocarinatus* fehlt im Untersuchungsgebiet offensichtlich (Eriophorum ist jedoch vorhanden!); das gleiche trifft für *Ommatidiotus dissimilis* zu, dessen Areal noch in die Lausitzer Moore hineinreicht. Das Nichtvertretensein von Arten der Gattung *Scleroracus* ist sicher primär durch die im Saugartenmoor fehlende Verheidung bedingt. (Insgesamt 8 Arten wurden nur im Commerauer Moor nachgewiesen.)

b. Arten der Lausitzer Moore, die auch im Saugartenmoor (noch?) auftreten: *Delphacodes capnodes* des ersteren Areals ist im Gebiet abundant vertreten, die Art findet offenbar in den gut entwickelten Sphagnum-Bulten zusagende Bedingungen. *Oncodelphax pullulus* ist hinsichtlich ihres Verbreitungsbereiches auf Grund fehlender Nachweise schwer einzuschätzen, tritt aber offensichtlich im Mittelgebirge nicht mehr auf. *Empoasca vitis* fehlt deutlich allen Mittelgebirgsmooren. (Insgesamt 5 Arten traten nur im Commerauer Moor als auch im Saugartenmoor auf.)

c. Arten der Erzgebirgsmoore, die (noch?) im Saugartenmoor auftreten: Von den in den Hochlagen des Erzgebirges vorkommenden, zur boreomontanen Verbreitung tendierenden Arten sind *Delphacodes venosus, Paradelphacodes paludosa* und *Javesella simillima* noch im Untersuchungsgebiet vertreten. Die ebenfalls im Saugartenmoor Existenz findenden *Hyledelphax elegantulus, Javesella discolor* und (mit Einschränkung) *Stroggylocephalus livens* treten in den Mittelgebirgsmooren stärker in Erscheinung als im Flachland. *Aguriahana germari*, die ebenfalls in diesem Zusammenhang erwähnt werden muß, lebt nach SCHIEMENZ zahlreich auf den Moorkiefern der Erzgebirgsmoore und findet sich im Untersuchungsgebiet offenbar (vereinzelt) auf der gemeinen Kiefer. (Insgesamt 17 Arten sind dem Georgenfelder Moor sowie dem Saugartenmoor gemeinsam.)

d. Arten der Erzgebirgsmoore, die nicht (mehr?) im Saugartenmoor auftreten: *Tyrphodelphax distinctus* und *Sorhoanus xanthoneurus* sind konstante Dominanten der Mittelgebirgsmoore boreomontanen Verbreitungstypus, die dem Untersuchungsgebiet fehlen (erstere Art lebt ebenfalls an Eriophorum). An Stelle der ersteren Art ist hier (wie auch in anderen Flachlandmooren) *Sorhoanus assimilis* vertreten. *Psammotettix helvolus* und *Diplocolenus abdominalis* fehlen ebenso, ihre Verbreitungsbereiche sind jedoch nicht auf das Mittelgebirge begrenzt. (Insgesamt 23 Arten wurden im Georgenfelder Moor nachgewiesen, die sowohl dem Saugartenmoor als auch dem Commerauer Moor fehlen.)

e. Arten mit geschlossenem Verbreitungsbereich von den Erzgebirgsmooren in die Lausitzer Moore, die auch im Saugartenmoor auftreten: Bei diesem Komplex handelt es sich größtenteils um die durch SCHIEMENZ (1976) als hochkonstante Dominanten eingeordneten Arten (*Cixius similis, Kelisia vittipennis, Muellerianella fairmairei, Javesella pellucida, Neophilaenus lineatus, Cicadella viridis, Cicadula quadrinotata, Macustus grises-*

cens, Jassargus sursumflexus). Sie stellten auch hier (nach ihren Anteilen in Käscherfängen) fast die Hälfte der erfaßten Individuen. (Insgesamt 8 Arten hatte das Saugartenmoor sowohl mit dem Georgenfelder Moor als auch mit dem Commerauer Moor gemeinsam.)

Zur Ergänzung sei angeführt, daß 28 Arten des Saugartenmoores weder im Commerauer Moor noch im Georgenfelder Moor nachgewiesen wurden. Bei dieser umfangreichen Gruppe handelt es sich zum Teil um weniger konstant auftretende und nur für das Untersuchungsgebiet charakteristische Arten, andererseits um Moorfremde, die den hohen Grad der Faunenbeeinflussung der kleinen Fläche durch die Umgebung ausdrücken, wie z. B. im hohen Anteil von *Balclutha punctata* als typischer Art der Kiefernwälder. (Das Faunenspektrum umfaßte im Commerauer Moor 23 Arten, im Georgenfelder Moor 50 Arten.)

Vergleicht man die Anteile der tyrphophilen Arten an der jeweiligen Gesamtzahl der erbeuteten Individuen aller Arten zwischen Saugartenmoor einerseits sowie den Erzgebirgs- bzw. Lausitzer Mooren andererseits (Mittelwerte der letzteren), so gehören in den Erzgebirgsmooren (SCHIEMENZ 1971) über die Hälfte der erbeuteten Individuen (58 %) zu den tyrphophilen Arten, was vor allem das Ergebnis der Massenentwicklung von *Sorhoanus xanthoneurus* in den Moorkerngebieten ist. Die Fauna des Saugartenmoores ergab, ähnlich wie in den Lausitzer Mooren (26 %), einen ähnlichen, wenn auch etwas geringeren Individuenanteil tyrphophiler Arten am Gesamtfang von 21 %. Insbesondere ist festzustellen, daß sich die etwa den Kernen der Erzgebirgshochmoore vergleichbare Sphagnum-Vaccinium oxycoccus-Zone mit den Hauptbeständen an Eriophorum keineswegs durch eine abundante Entwicklung tyrphophiler Arten auszeichnet.

Abschließend ist festzustellen, daß bei der Zikadenfauna in der Dominanz der hoch konstanten Hauptarten der Flachmoore (SCHIEMENZ 1976, Tab. 2: Konstanz $>$ 50 %) das hier untersuchte Moorgebiet mit den dort dargestellten voll übereinstimmt. Alle dort genannten 9 Arten bestimmen auch im Untersuchungsgebiet zumindest teilweise die saisonalen Aspekte mit. Bei den weniger konstant auftretenden moortypischen Arten bestehen sowohl Anklänge an das Faunenspektrum der Lausitzer Moore (Gruppe b) wie an dasjenige der Erzgebirgsmoore (Gruppe c). In dieser Kombination muß auch der faunistisch eigenständige Charakter des Gebietes in bezug auf diese Insektengruppe (ähnlich anderer Flachlandmoore) gesehen werden.

D. Blattflöhe (Homoptera: Psylloidea)

(Bearbeiter: R. EMMRICH)

Folgende Blattfloharten wurden im Sammelzeitraum 1975 und 1976 nachgewiesen:

Aphalara polygoni FÖRSTER

2 ♂♂, 15. 10. 1975; 1 ♂, 15. 4. 1976; 1 ♀, 13. 7. 1976. – Holarktische Art mit weiter Verbreitung in der Paläarktis; 2 Generationen, von denen eine überwintert; an Polygonum- und Rumex-Arten (KLIMASZEWSKI 1975).

Livia juncorum (LATREILLE)

1 ♂, 12. 11. 1975; 1 ♂, 6. 5. 1976; 1 ♀, 6. 8. 1976. – Eurosibirische Art mit weiter Verbreitung, 1 Generation (Imaginalüberwinterer), gemein auf sumpfigen Stellen an Juncus sp. (LAUTERER 1976).

Psylla hartigi FLOR

11 ♂♂ 4 ♀♀, 4. 6. 1975; 1 ♂, 27. 5. 1976. – Eine Art der nördlichen Paläarktis, örtlich häufig, an Betula sp. (LAUTERER 1976). Die Funddaten aus beiden Jahren (es handelte

sich in beiden Fällen um frische, teilweise noch unausgehärtete Tiere) lassen erkennen, daß die Art zumindest nicht imaginal überwintert.

Cacopsylla pyrisuga (FÖRSTER)

1 ♂, 15. 10. 1975. – Paläarktische Art, mehr als 1 Generation (Imaginalüberwinterer), an Pyrus communis. Verflogenes Exemplar, untypisch für das Gebiet.

Trioza urticae (LINNAEUS)

1 ♀, 15. 10. 1975; 1 ♂, 12. 11. 1975; 1 ♀, 15. 4. 1976; 1 ♀, 13. 7. 1976; 1 ♂ 1 ♀, 28. 3. 1977. – Kosmopolitische Art, überall häufig und weit verbreitet, mehr als 1 Generation (Imaginalüberwinterer), an Urtica sp. Auch im Untersuchungsgebiet ungleich häufigste Blattflohart.

Bactericera nigricornis (FÖRSTER)

1 ♂, 15. 10. 1975. – Paläarktische Art mit weiter Verbreitung, mehr als 1 Generation (Imaginalüberwinterer), polyphag (LAUTERER 1976).

Heterotrioza remota (FÖRSTER)

1 ♀, 28. 3. 1977. – Paläarktische Art, jedoch nur lokal verbreitet, 1 Generation (Imaginalüberwinterer), an Quercus sp.

Heterotrioza albiventris (FÖRSTER)

1 ♂, 15. 10. 1975. – Paläarktische Art, jedoch nur lokal verbreitet, 2 Generationen (nach LAUTERER 1976) (Imaginalüberwinterer), an Salix sp.

Bei diesem Spektrum handelt es sich durchweg um weit verbreitete Arten mit geringem ökologischen Indikatorwert. Im unmittelbaren Untersuchungsgebiet finden vermutlich nur die Arten *Aphalara polygoni, Livia juncorum, Psylla hartigi* und *Trioza urticae* Entwicklungsmöglichkeiten. Aus der weiteren Umgebung dürften die restlichen Arten stammen, die nur als überwinternde Imagines an Koniferen gesammelt wurden. Mit Ausnahme von *Livia juncorum* sind alle übrigen Arten nicht an feuchte Habitate gebunden. Mit dem von LAUTERER (1976) ermittelten Faunenspektrum aus den Flachland- und Mittelgebirgsmooren der DDR sind zwar 5 Arten gemeinsam (*Livia juncorum, Aphalara polygoni, Psylla hartigi, Bactericera nigricornis, Heterotrioza albiventris*), diese haben ihre Verbreitungsschwerpunkte jedoch außerhalb der genannten Biotope. Arten borealen oder montanen Verbreitungstypus, die teilweise für die Mittelgebirgsmoore kennzeichnend sind, fehlen (zu erwähnen ist in diesem Zusammenhang lediglich *Cacopsylla klapaleki* [ŠULC], von welcher Exemplare in der weiteren Umgebung überwinternd gefunden wurden). Das ärmere Faunenspektrum kann als eine Folge der wesentlich strengeren trophischen Bindungen der Arten an enge Wirtspflanzenkreise gesehen werden, die im Untersuchungsgebiet fehlen.

E. Käfer (Coleoptera: Carabidae, Chrysomelidae, Curculionidae)

(Bearbeiter: R. KRAUSE)

Über die Fangmethodik wurde eingangs bereits berichtet. Die *Carabidae* wurden quantitativ vorwiegend durch Barberfallen, die *Chrysomelidae* und *Curculionidae* nur als Beifang (nicht quantitativ) weitestgehend durch Käschern erbeutet, so daß bei den beiden letzten Gruppen Dominanzangaben unterbleiben müssen.

1. *Carabidae*

24 Arten (429 Exemplare) wurden gefangen, davon 4 Arten (4 Exemplare) allein durch Käschern. In Tab. 2 ist das Fangergebnis dargestellt, dabei wurden grobe Angaben zur Dynamik und zum ökologischen Verhalten angefügt, die bei der Bewertung, ob die je-

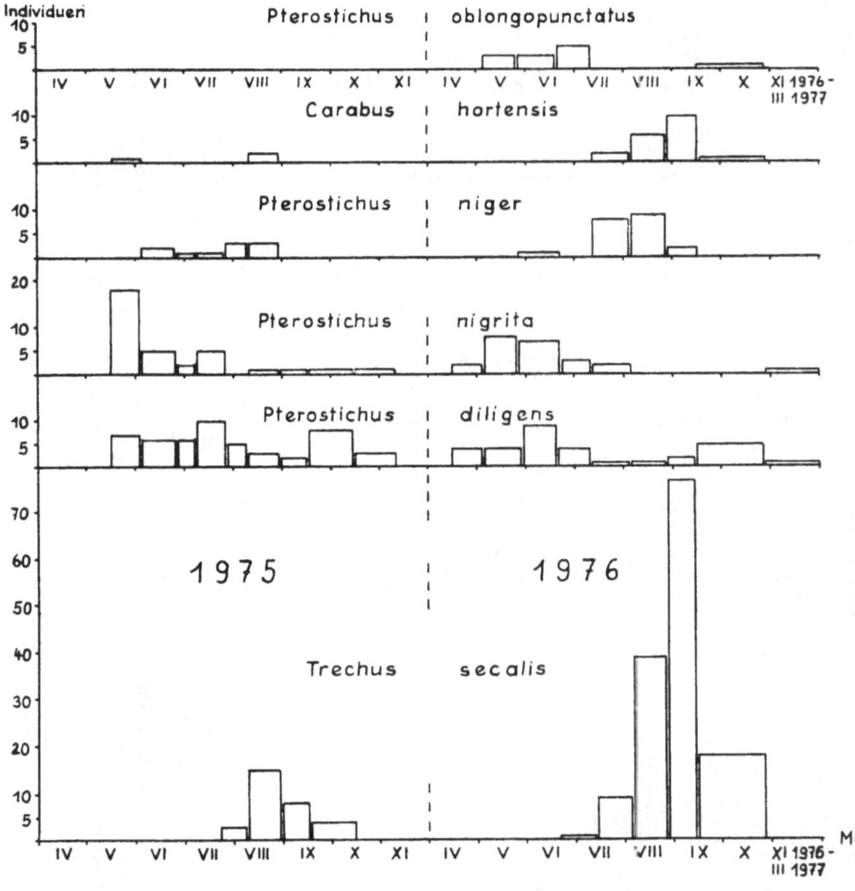

Diagr. 2. Phänologie einiger *Carabidae* des Saugartenmoores nach Fallenfängen. Die Höhe der Säulen entspricht der Individuenzahl, die Breite ungefähr der Dauer der Fallenperiode.

weilige Art als indigen zu gelten hat oder nicht, eine Rolle spielen können. Darüber hinaus ist in Tab. 3 ein Vergleich mit Mooren des Flach- bis Hügellandes (Lausitz) und des Gebirges (Erzgebirge) unternommen worden. Auch darin besteht eine Möglichkeit, den wirklichen Kern der Fauna des Saugartenmoores von den biotopfremden Arten zu trennen [2]).

[2]) Dieses Vergleichsmaterial stammt aus Fallenfängen des Instituts für Landschaftsforschung und Naturschutz, Zweigstelle Dresden. Durch Dr. H. HIEBSCH lag mir für einen Großteil der Moore das Material zur Bestimmung vor, für einige andere überließ er mir die Unterlagen zu dieser Auswertung, so daß hier bisher unveröffentlichte Ergebnisse verwertet werden können. Für sein Entgegenkommen danke ich Dr. H. HIEBSCH sehr herzlich.

Art Carabidae	Individuen K 1975/76	B 1975	B 1976	insges.	Dominanzgrad	Dynamik	Ökol. Gruppe	Fortpfl.-typ
Dominante								
Trechus secalis (PAYKULL)	-	30	144	174	4	b 4	e 2	HB 3
Pterostichus diligens (STURM)	1	50	31	82	3	d 4	e 2	FB 3
Subdominante								
Pterostichus nigrita (PAYKULL)	-	34	23	57	2	m 4	e 1,2	FB 1,3
Pterostichus niger (SCHALLER)	-	10	20	30	2	m 4	e 1,2	HB 1,3
Carabus hortensis LINNÉ	-	3	19	22	2	b 4	W 1	HB 1
Rezedente								
Pterostichus oblongopunctatus (FABRICIUS)	-	-	12	12	1	m 4	W 1	FB 1
Pterostichus aethiops (PANZER)	2	4	6	12	1	b 4	W 4	?FB 4
Carabus violaceus LINNÉ	-	3	8	11	1	b 4	e 1	HB 1,3
Pterostichus minor (GYLLENHAL)	-	5	1	6	1	m 4	(F)2	FB 3
Dyschirius globosus (HERBST)	-	-	5	5	1	b 4	F 1,2	FB 1,3
Bembidion lampros (HERBST)	1	1	1	3	+	d 4	F 1,2	FB 1,3
Loricera pilicornis (FABRICIUS)	-	2	-	2	+	m 4	F 1	FB 1,3
Agonum fuliginosum (PANZER)	-	1	1	2	+	d 4	(W)2	FB 3
Carabus nemoralis MÜLLER	-	-	1	1	+	b 4	e 1	FB 1,3
Carabus arcensis HERBST	-	-	1	1	+	b 4	W 1	FB 1,3
Cychrus caraboides (LINNÉ)	-	-	1	1	+	b 4	W 1	HB 1
Elaphrus cupreus DUFTSCHMIDT	1	-	-	1	+	m 4	U 5	FB 5
Notiophilus palustris (DUFTSCHMIDT)	1	-	-	1	+	d 4	(e)2	FB 3
Bembidion unicolor CHAUDOIR	-	-	1	1	+	b 4	(e)4	FB 4
Calathus melanocephalus (LINNÉ)	-	1	-	1	+	d 4	F 1,2	HB 1,3
Harpalus latus (LINNÉ)	-	1	-	1	+	m 4	(F)4	FB 3
Harpalus rufitarsis (DUFTSCHMIDT)	1	-	-	1	+	m 4	F 2	FB 3
Stenolophus teutonus (SCHRANK)	1	-	-	1	+	m 4	U 5	-
Bradycellus verbasci (DUFTSCHMIDT)	-	-	1	1	+	m 4	-	HB 4
Individuen insges.	8	145	276	429				
Arten insges.	7	13	17	24				

Tab. 2. *Carabidae* des Saugartenmoores. B = Barberfallenfang, b = apter bis brachypter, d = flügeldimorph, e = euryöke Art, F = Freilandart, FB = Frühjahrsbrüter, HB = Herbstbrüter, m = makropter, U = Ufer-, Sumpfart, W = Waldart. Klammerung () bedeutet, daß die Einstufung mit Unsicherheiten behaftet ist. Die Nummern 1–5 geben die Literatur an, aus der die Angaben übernommen oder abgeleitet wurden. Dort ist z. T. weiterführende Literatur bzw. die Originalangabe zu finden.
1 = THIELE u. WEBER 1968, 2 = TIETZE 1973, 3 = TIETZE 1974, 4 = KRAUSE 1974, 5 = FREUDE, HARDE u. LOHSE 1976.
Die Angaben der Dominanzgrade richten sich nach der Einteilung von SCHIEMENZ (1971a): 5 = 64–100 %, 4 = 36–63,9 %, 3 = 16–35,9 %, 2 = 4–15,9 %, 1 = 1–3,9 %, + = 0,1–0,9 %.

Nicht zuletzt kann auch die Phänologie der Art am Standort Anhaltspunkte für die Beurteilung der Arten als biotopfremd oder -eigen liefern. An ihrem Entwicklungsbiotop wird nämlich eine Art beständig vorkommen, so daß ihr phänologisches Bild dem allgemein gültigen entspricht oder ihm sehr ähnelt, bei biotopfremden hingegen ist es zerrissen oder kurz, da diese nur während Perioden erhöhter Aktivität (Schwarmperiode, Aufsuchen feuchter Orte bei Hitze und Trockenheit u. ähnl.) hier auftreten werden (vgl. hierzu Diagramm 2). Grundsätzlich lassen sich alle Fangdaten aller Arten in deren bereits bekanntes phänologisches Bild einfügen, weshalb von einer ausführlichen Darstellung abgesehen wird; Neues käme hierdurch nicht hinzu.

Nur 3 Arten können mit Sicherheit zu den Indigenae gestellt werden: *Trechus secalis*, *Pterostichus diligens* und *P. nigrita*. Bereits bei *P. niger* fällt es schwer zu entscheiden, ob er nur ein Zuwanderer aus dem umliegenden Wald ist oder nicht. Auch die Zugehörigkeit einiger anderer Arten ist kaum zu erkennen, während eine dritte Gruppe auf Grund ihrer Ökologie und Zahl den biotopfremden Arten zugerechnet werden kann.

Nachfolgend seien die Arten im einzelnen bewertet:

Der euryöke, brachyptere *Trechus secalis* (Verbreitung: Nord- bis Mitteleuropa, Sibirien; HORION 1951) bevorzugt feuchte Habitate mit hoher Vegetation auf unterschiedlichen Böden und ist in feuchten Wald-, Verlandungs- und Grünlandgesellschaften anzutreffen. Innerhalb letzterer hat er im Süden der DDR in oligo- und eutrophen Grünlandgesellschaften einen Verbreitungsschwerpunkt (TIETZE 1973). Er ist in unterschiedlicher Häufigkeit in den meisten Mooren vorhanden (Tab. 3), dies und sein beständiges Vorkommen weisen ihn als indigene Art des Saugartenmoores aus. Seine Phänologie zeigt das typische Bild des Herbstbrüters (Diagramm 2).

Der flügeldimorphe *Pterostichus diligens* (Verbreitung: Nord- bis Mitteleuropa, Kaukasus, Sibirien; HORION 1951) ist ebenfalls euryök, aber polyhygr und daher vorwiegend auf feuchten bis nassen, grundwassernahen Standorten mit Verlandungsvegetation, Sümpfen, Mooren und feuchtem Grünland anzutreffen (TIETZE 1973). Auf fast allen verglichenen Mooren in Tab. 3 weist er die Dominanzgrade 3, einmal sogar 4, nur je einmal 2 und 1 auf. Dies sowie die Anzahl und die Beständigkeit des Vorkommens zusammen mit seinem normalen phänologischen Diagramm kennzeichnen ihn als indigene Art des Saugartenmoores.

Pterostichus nigrita ist makropter. Er hat eine weite ökologische und geographische Verbreitung (Europa, Kaukasus, Kleinasien, Sibirien; HORION 1951): Wald- wie Freilandbiotope (außer Äckern) unterschiedlichen Trophiegrades werden von ihm besiedelt, wenn sie genügend feucht sind (TIETZE 1973). Er kommt in allen verglichenen Mooren in unterschiedlicher Häufigkeit vor (Dominanzgrade 1–4). Seine Phänologie ist im Saugartenmoor typisch ausgeprägt. Er wird als indigen gewertet.

Pterostichus niger (Verbreitung: Europa, Kaukasus, Sibirien; HORION (1951) ist polyhygr und polytherm und lebt daher vorwiegend an feuchten Habitaten mit hoher, dichter Krautschicht (Laub-, Misch-, grundwassernahe Kiefernwälder, Verlandungs-, Grünlandgesellschaften) (TIETZE 1973). Die makroptere Art wurde auf allen verglichenen Mooren nachgewiesen, aber oft nur rezedent. Obwohl sie sicherlich verschiedentlich nur Einwanderer ist, wird sie wegen ihres beständigen Vorkommens und ihres phänologischen Bildes noch als indigen angesehen.

Dagegen ist der brachyptere *Carabus hortensis* bereits zu den biotopfremden Arten zu zählen. Seine geringe Exemplarzahl von 1975 sowie seine Phänologie (spätes Auftreten) weisen darauf hin. Er ist eine Waldart. Die hohe Individuenzahl von 1976 läßt sich zwanglos als Begleiterscheinung des Hitzesommers ansehen, während dessen feuchtigkeitssuchende Tiere stärker den Moorbereich aufsuchten.

	Heidemoore der Lausitz				Zwischenmoor Dresdner Heide	Hoch
Naturschutzgebiet	Wanninchener Moor	Bergen Weißacker-Moor	Zeißholz. Moor	Commerauer Jesor	Saugartenmoor	Moor an der Roten Pfütze
Höhe NN	63 m	78 m	105-120 m	140 m	240 m	ca. 600 m
Individuenzahl	477	627	321	29	429	609
Artenzahl	16	33	14	4	24	32
gemeinsame Arten zum Saugartenmoor	7	15	9	3	-	13
prozentualer Anteil der gemeinsamen Arten an der jeweiligen Moorfauna der Carabiden:						
e Trechus secalis	0,4	0,5	45,4	-	40,6	18,9
e Pter. diligens	53,8	25,5	29	20,7	19,1	8,2
e Pter. nigrita	16,8	4,5	4,4	62,1	13,3	10
e Pter. niger	1,3	6,5	0,9	13,8	7	10,8
W Car. hortensis	-	0,5	-	-	5,1	5,7
W Pter. oblongop.	-	2,9	0,3	-	2,8	2
W Pter. aethiops	-	-	-	-	2,8	-
e Car. violaceus	-	3,7	0,3	-	2,6	10,2
(F) Pter. minor	21,2	0,6	0,6	-	1,4	-
F Dysch. globosus	3,6	27,4	-	-	1,2	8,7
F Bemb. lampros	-	0,2	-	-	0,7	-
F Lor. pilicornis	-	0,2	0,3	-	0,5	0,03
(W) Ag. fuliginosum	-	0,5	-	-	0,5	1,6
(e) Not. palustris	-	1,3	-	-	0,2	-
W Car. arcensis	1	3,2	0,3	-	0,2	-
W Cychr. caraboides	-	-	-	-	0,2	0,08
(e) Bemb. unicolor	-	-	-	-	0,2	-
(F) Harp. latus	-	-	-	-	0,2	0,03
F Harp. rufitarsis	-	0,2	-	-	0,2	-

Tab. 3. Vergleich zwischen dem Saugartenmoor, den Heidemooren der Lausitz und den Hochmooren des Erzgebirges nach ihren gemeinsamen Carabidenarten. Die Werte für Weiters Glashütte wurden aus der Veröffentlichung von KLEINSTEUBER (1969) errechnet.

In ausgeprägter Weise wird diese Erscheinung bei *Pterostichus oblongopunctatus* (Verbreitung: Nord- bis Mitteleuropa, Kaukasus, Sibirien, Japan; HORION 1951) sichtbar: 1975 wurde er auf der gesamten Fläche überhaupt nicht, während des Hitzesommers 1976 in 12 Exemplaren gefangen. *P. oblongopunctatus* ist eine Waldart mit Verbreitungsschwerpunkt in trockenwarmen, bodensauren Wäldern (THIELE 1964). Er ist makropter, aber wahrscheinlich nicht flugfähig (PAARMANN 1966), und sein in die Sommermonate fallendes 3. Larvenstadium ist sehr empfindlich gegen Nässe und Hitze (l. c.), beides

m o o r e   d e s   E r z g e b i r g e s

Jägersgrüner Hochmoor	Schönheider Hochmoor	Hormersdorfer Hochmoor	Mothäuser Heide	Friedrichsheider Hochmoor	Schwarze Heide	Georgenfelder Hochmoor	Weiters Glashütte	Kleiner Kranichsee
635 m	660-680 m	670-675 m	730-760 m	780-800 m	840-890 m	876 m	910 m	925-930 m
284	255	308	252	341	331	293	3080	474
23	20	21	17	24	19	17	49	25
13	11	11	9	11	12	8	16	11
28,9	5,5	3,3	-	-	10	0,3	0,6	-
20,4	10,6	14,1	32,9	27,8	30,5	30	22,9	3,6
15,5	50,6	10,4	5,6	21,7	17,8	13,7	1,5	24,5
6	8,2	6,5	1,2	15,8	-	4,8	0,5	2,5
-	-	-	-	-	-	-	-	-
0,4	-	7,1	4	0,3	1,8	1	6	2,3
-	-	-	-	-	0,3	-	0,03	0,4
2,5	0,4	4,2	6,7	3,8	2,4	0,7	6,3	4,6
-	-	0,3	-	-	-	-	-	-
2,1	0,4	4,9	1,2	0,3	0,9	-	0,8	0,8
-	-	2,9	-	-	-	-	0,03	-
-	-	3,6	-	0,6	-	-	0,1	-
3,2	8,6	-	0,4	1,5	12,1	2	0,06	0,2
1,8	2,4	1,3	0,4	1,2	0,3	-	0,9	0,8
1,1	2,7	-	-	4,1	-	-	3,1	8,2
3,9	0,4	-	0,4	-	0,3	1	0,7	0,6
1,1	-	-	-	-	-	-	0,1	-
0,4	0,4	-	-	0,3	-	-	0,2	-
-	-	-	-	-	-	-	-	-

trifft in oberflächennahen Moorbereichen kurzzeitig oft zusammen, so daß hier kaum Existenzmöglichkeiten für *P. oblongopunctatus* da sein können. In den verglichenen Mooren tritt er nicht durchgehend und vorwiegend rezedent auf.

Pterostichus aethiops ist brachypter. Er ist eine Art der kühl-feuchten Wälder (KRAUSE 1974) (Verbreitung: Ost- bis Mitteleuropa, hier nach Süden zu vorwiegend montan; HORION 1951). Seine Phänologie ist noch unklar, da er wenig aktiv ist; auf jeden Fall überwintern Imagines (KRAUSE 1974). LINDROTH (1945) stellte ihn zu den Frühjahrsbrütern. Im Saugartenmoor traten 1976 2 Tiere vom 15. IV. bis 27. V. in Barberfallen auf, 2 weitere Stücke wurden am 15. IV. 1976 und 28. III. 1977 gekäschert (!, Aktivität beim

Verlassen des Winterlagers?), doch der Großteil (8 Exemplare) wurde 1975 und 1976 (je 4) von Mitte VII bis Mitte IX in Fallen gefangen. In den verglichenen Mooren tritt *P. aethiops* nur in geringer Stückzahl in zwei Kammhochmooren des Erzgebirges auf. Es hat den Anschein, als sei er nur ein Einwanderer auf Grund seiner Hygrophilie.

Der brachyptere *Carabus violaceus* gilt als euryvalente Art (THIELE u. WEBER 1968) des Waldes wie des Freilandes und hat nord-, mittel- und osteuropäische Verbreitung (HORION 1951). Während er im Saugartenmoor 1975 nur durch 3 Stücke (2 im VI, 1 im VII) nachgewiesen wurde, traten 1976 8 von Ende VI bis Mitte IX in den Fallen auf. In den anderen Mooren (Tab. 3) ist er fast durchgehend und meist rezedent, selten subdominant zu finden. Nur im Hinblick auf seine weite Verbreitung kann *C. violaceus* für das Saugartenmoor noch als indigen betrachtet werden, doch bleiben Zweifel offen.

Es folgen 6 Arten, die nur in geringer Zahl (1–6 Individuen) gefangen wurden, und die schwer zuzuordnen sind:

Der makroptere *Pterostichus minor* (Verbreitung: Europa, Kaukasus, Sibirien; HORION 1951) zeigt innerhalb der verglichenen Moore eine charakteristische Verbreitung – den Erzgebirgsmooren fehlt er, in allen Lausitzer Mooren ist er vorhanden. Sein dominantes Auftreten im Wanninchener Moor ist bemerkenswert, möglicherweise ist er dort ein Zeiger weitvorgeschrittener Verlandung. Nach TIETZE (1973) bevorzugt diese Art nämlich nasse Habitate mit e u t r o p h e n Böden und dichter, hoher (vor allem Verlandungs-) Vegetation. Innerhalb der Grünlandgesellschaften im Süden der DDR hat die Art nach demselben Autor (l. c.) auf o l i g o t r o p h e n nassen Standorten einen Verbreitungsschwerpunkt. Das schwache, zeitlich zerrissene Auftreten dieses Frühjahrsbrüters (nur 1 Ex. im VI, 4 Ex. im VIII 1975, 1 Ex. Mitte IX bis Ende X 1976) macht es wenig wahrscheinlich, daß er im Saugartenmoor indigen ist.

Dyschirius globosus ist ein Gräber und brachypter (Verbreitung: Europa, Nordafrika, Kaukasus, Sibirien; HORION 1951), bevorzugt frische bis feuchte, sandige bis lehmige Böden und ist ein typischer Bewohner des Grünlandes (TIETZE 1973), innerhalb dessen er im Süden der DDR eutrophes feuchtes Grünland besiedelt (Verbreitungsschwerpunkt). Es ist zu vermuten, daß die kleine, flugunfähige Art im Saugartenmoor an den Randzonen sehr lokal indigen ist, aber nicht an den Fallenstandorten selbst, wo sie 1975 gar nicht auftrat. Wahrscheinlich unternahm sie mit schwankender Bodenfeuchte und -konsistenz Ausweichbewegungen im Randbereich des Moores und geriet 1976 dabei auch an die Fallenstandorte. In den verglichenen Mooren ist *D. globosus* fast durchgehend vorhanden und meist rezedent. Sein dominantes Auftreten im Bergener Moor ist auffällig.

Der flügeldimorphe *Notiophilus palustris* kann mit Einschränkungen als euryök gelten (TIETZE 1973) und ist Frühjahrsbrüter. Die über Europa, Sibirien und Westasien verbreitete Art (HORION 1951) besiedelt in Mitteleuropa nach TIETZE (l. c.) mesophile bis feuchte Habitate mit unterschiedlicher Vegetation (Laub-, Kiefernwald, Moor, Grünland), innerhalb des Grünlandes im Süden der DDR hat sie auf eutrophen Frischwiesen einen Verbreitungsschwerpunkt. Auf den verglichenen Mooren ist sie weitestgehend als rezedente Art vorhanden. Es muß aber dahingestellt bleiben, ob sie wirklich jeweils indigen ist; für das Saugartenmor ist das zu bezweifeln.

Die eurosibirisch und nordamerikanisch verbreitete *Loricera pilicornis* (HORION 1951) ist makropter. Dieser Frühjahrsbrüter wurde nur 1975 zwischen dem 9. VII. und 11. VIII. in 2 Stücken gefangen. *L. pilicornis* ist eine Freilandart, die feucht-kalte Habitate mit sandig-humösem bis anmoorigem Boden bevorzugt und Verlandungs- und Grünlandgesellschaften, Äcker und Waldungen an entsprechenden Stellen bewohnt (TIETZE 1973), wo sie auch vegetationsfreie Flecke benötigt. Im Süden der DDR hat sie auf eutrophem, feuchtem Grünland einen Verbreitungsschwerpunkt (l. c.). Sie wurde nur von einem Teil der verglichenen Moore nachgewiesen und blieb stets rezedent, so daß anzunehmen ist, daß sie dort vielfach nur eingeflogen ist. Für das Saugartenmoor kann das auf Grund der geringen Anzahl, des zeitlichen Auftretens und des Fehlens freier, unbewachsener Stellen als sicher gelten.

Das flügeldimorphe *Agonum fuliginosum* (Verbreitung: Nord- bis Mitteleuropa, Kaukasus, Sibirien; HORION 1951) kann bedingt als Waldart gelten und bevorzugt feuchte bis nasse Habitate, vorwiegend mit Baum- und Strauchvegetation, innerhalb der Grünlandgesellschaften des Südens der DDR hat es auf oligotrophen nassen Standorten einen Verbreitungsschwerpunkt (TIETZE 1973). Im Saugartenmoor trat im VII 1975 und im VIII 1976 je 1 Tier dieses Frühjahrsbrüters in den Fallen auf. In den meisten verglichenen Mooren war *A. fuliginosum* rezedent, nur im Schönheider Hochmoor subdominant. Angesichts der generell geringen Anteile von Fallenfängen gegenüber Lebendfängen (vgl. KRAUSE 1974, p. 102, 107) und der weiten ökologischen Verbreitung im feuchten bis nassen Bereich erscheint es gerechtfertigt, *A. fuliginosum* als im Saugartenmoor indigene Form anzusehen. Sicher trifft das auch für die anderen Moore zu.

Ähnlich kann das brachyptere *Bembidion unicolor* (Verbreitung: Nord- bis Mitteleuropa, Kaukasus, Westsibirien; HORION 1951) eingestuft werden, obwohl von diesem Frühjahrsbrüter nur 1 Stück (Fallenfang: 22. VI.–13. VII. 1976) vorliegt. Diese Art ist im feuchten bis nassen Bereich weit verbreitet und daher bedingt als euryök zu betrachten. Sie ist in nur wenigen der verglichenen Moore und stets rezedent nachgewiesen worden.

Carabus nemoralis (euryvalent nach THIELE u. WEBER 1968), *C. arcensis* und *Cychrus caraboides* (beides Waldarten, allerdings gegensätzlicher Prägung) sind große, agile Formen, die nur in je einem Stück vertreten und als Einwanderer aus dem umliegenden Wald anzusehen sind.

Stenolophus teutonus (Verbreitung: Süd- bis Mittel- und südliches Nordeuropa, Nordafrika; HORION 1951) und *Elaphrus cupreus* (Verbreitung Nord- bis Mitteleuropa, Sibirien; HORION 1951), beide makroptere Uferarten, können trotz dieses ökologischen Verbreitungsbereiches nicht als Indigenae des Saugartenmoores gelten. Beide sind nur in Einzelstücken erbeutet worden, von den verglichenen Mooren sind sie überhaupt nicht belegt.

Weiter sind *Bembidion lampros, Calathus melanocephalus* (beide flügeldimorph), *Harpalus latus, H. rufitarsis* und *Bradycellus verbasci* (alle makropter) aus der indigenen Moorfauna auf Grund ihrer ökologischen Ansprüche zu streichen.

Während es bei den voranstehenden *Araneae, Opiliones* und – wenigstens teilweise – den *Auchenorrhyncha* und *Psylloidea* auf Grund der Fänge von Jungtieren bzw. Larven oft leicht möglich ist, festzustellen, ob die Art indigen ist oder nicht, sind bei den *Carabidae* Larvenfunde bei der hier verwendeten Fangmethode selten. Es wurde deshalb versucht, die Arten anhand des zahlenmäßigen und zeitlichen Auftretens im Saugartenmoor, anhand der Autökologie und des ökologischen Verbreitungsmusters, ihrer Dynamik, ihrer Phänologie und ihrer Verbreitung über eine Reihe zum Vergleich herangezogener Moore als biotopeigen (indigen) oder biotopfremd zu kennzeichnen. Folgende Gruppen lassen sich so erkennen:

1. Biotopeigene Arten:
Trechus secalis, Pterostichus diligens, P. nigrita.

2. Arten, deren Zuordnung mit Unsicherheiten behaftet ist:
a. biotopeigen: *Carabus violaceus, Dyschirius globosus, Bembidion unicolor, Pterostichus niger, Agonum fuliginosum.*
b. biotopfremd: *Carabus hortensis, Notiophilus palustris, Pterostichus aethiops, P. minor,*

3. Biotopfremde Arten:
Carabus nemoralis, C. arcensis, Cychrus caraboides, Elaphrus cupreus, Loricera pilicornis, Bembidion lampros, Stenolophus teutonus, Harpalus latus, H. rufitarsis, Bradycellus verbasci, Calathus melanocephalus, Pterostichus oblongopunctatus.

Dieser Methode haften zwangsläufig noch Mängel an, manche Einstufung ist noch zu subjektiv, und zwar um so mehr, je weniger der genannten Kriterien tatsächlich hinreichend verwertbar durch Fakten begründet sind. Untersuchungen über den Aufenthaltsort der Entwicklungsstadien sind notwendig, um Klarheit zu schaffen. Selbst bei innerhalb der verglichenen Moore weit verbreiteten Arten kann das Urteil nicht immer gleichmäßig ausfallen: So sind *Carabus violaceus* und *Pterostichus oblongopunctatus*, die im Schönheider Moor selten (und wahrscheinlich biotopfremd) sind bzw. fehlen, im Hochmoor Weiters Glashütte sicher indigen. Letzteres ist stark gegliedert, besitzt deutlich abgegrenzten Moorkiefern-, Fichten-Moorkiefern- und Moorfichtenwald (KLEINSTEUBER 1969), also Habitate, die bereits etwas trockener sind, kleinräumig Bestandsklima aufweisen und Waldbewohnern Existenzmöglichkeiten bieten. Das Saugartenmoor ist klein, wenig gegliedert, und deshalb muß ein Großteil der Waldarten als biotopfremd gelten, die geringere Stückzahl wird zum weiteren Indiz. Ähnlich läßt sich bei einem Teil der Freilandarten argumentieren.

Die waldumgebenen Hochmoore des Erzgebirges werden zu einem großen Teil von der Carabidenfauna des Waldes beeinflußt (ob diese dort biotopfremd oder indigen ist, sei zunächst dahingestellt): *Carabus silvestris, C. auronitens, C. arcensis, Cychrus caraboides, Pterostichus oblongopunctatus*, teilweise *Trechus splendens* und *Pterostichus aethiops*, wovon einige auch in den Heidemooren auftreten (*C. arcensis, P. oblongopunctatus*) und drei auch im Saugartenmoor vorhanden sind (*C. arcensis, C. caraboides, P. oblongopunctatus*). Zum anderen scheint die Freilandart *Pterostichus minor* vorwiegend in die Heidemoore einzudringen und den Erzgebirgs-Hochmooren zu fehlen (Ausnahme: Hormersdorfer Hochmoor mit 1 Ex.), im Saugartenmoor tritt sie gleichfalls auf. Es wäre aber von zweifelhaftem Wert, auf Grund der Überschneidung unsicher zuzuordnender oder biotopfremder Formen auf eine „vermittelnde" Stellung des Saugartenmoores zwischen den Heidemooren und den Hochmooren des Erzgebirges zu schließen, genauso können sich hier die Lage des Moores zu seiner Umgebung oder die tiergeographische Situation des Gebietes widerspiegeln, ohne daß die Indigenfauna in diese Unterschiede oder Gleichartigkeiten einbezogen ist.

Die reichhaltig erscheinende Carabidenfauna des Saugartenmoores erweist sich so bei näherer Betrachtung als verhältnismäßig artenarm, was bei seiner geringen Fläche und Gliederung auch erklärlich ist. Der Bestand setzt sich aus weitverbreiteten Arten zusammen, zwei Drittel der Arten müssen als biotopfremd gelten. Indigene montane Arten sowie moorspezifische Formen (*Agonum ericeti, Patrobus assimilis*) fehlen. Eine sich andeutende Verzahnung von Gebirgs- und Flachlandfauna ist nicht so sehr für das Saugartenmoor selbst, sondern für das Gebiet der Dresdener Heide im ganzen kennzeichnend.

Art (Chrysomelidae)	Individuen 1975 K	1975 B	1976 K	1976 B	insges.	Dynamik	Wirtspflanze(n)
Plateumaris sericea (LINNÉ)	-	-	1	-	1	m II	Iris pseudacorus, Carex sp. I
Plateumaris consimilis (SCHRANK)	-	-	1	-	1	m II	Caltha palustris, Carex sp. I
Lema lichenis VOET	-	-	1	-	1	m II	Poaceae I
Lema melanopus (LINNÉ)	-	-	3	-	3	m II	Poaceae I
Cryptocephalus pusillus FABRICIUS	1	-	1	-	2	m II	Salix, Populus, Quercus, Corylus, Betula sp. I
Phaedon cochleariae (FABRICIUS)	-	-	-	1	1	m II	Nasturtium officinale, Rorippa amphibia I
Phyllodecta laticollis SUFFRIAN	1	1	1	1	4	m II	Salix, Populus sp. I
Lochmaea capreae (LINNÉ)	7	2	4	-	13	m II	Salix, Populus, Betula sp. I
Lochmaea suturalis (THOMSON)	-	-	1	1	2	m II	Calluna vulgaris I
Luperus pinicola (DUFTSCHMIDT)	1	-	-	-	1	m II	Pinus nigra, Pinus silvestris I
Longitarsus melanocephalus (DEGEER)	-	-	-	1	1	m II	Plantago sp. I
Haltica ♀ (? lythri AUBÉ)	-	1	-	-	1	m II	Epilobium hirsutum, palustre u. a. I
Lythraria salicariae (PAYKULL)	-	-	1	-	1	m II	Lysimachia sp. I
Crepidodera transversa (MARSHAM)	-	-	1	-	1	m II	Cirsium sp. I
Chaetocnema heikertingeri LJUBIŠČEV/concinna (MARSHAM)	2 (1 ♂ heik.)	-	1	-	3	m II	Polygonaceae, bes. Polygonum aviculare (betr. concinna I)
Chaetocnema aerosa (LETZNER)	-	-	-	1	1	m II	?Scirpus ovatus I
Chaetocnema ♀ (?hortensis [GEOFFROY])	-	-	1	-	1	m II	Poaceae I
Psylliodes picina (MARSHAM)	-	-	1	-	1	m II	Lythrum, Lysimachia, ?Quercus sp. I
Cassida flaveola THUNBERG	-	-	1	-	1	m II	"Alsineen" I (? = Charyophyllaceae: Minuartia)
Individuenzahl	12	4	19	5	40		
Artenzahl	5	3	14	5	19		
	K+B=6		K+B=17				

Tab. 4. *Chrysomelidae* des Saugartenmoores. B = Barberfallenfang, K = Käscherfang, m = makropter; I = nach FREUDE, HARDE u. LOHSE 1966, II = nach eigenen Stichproben.

Curculionidae Art	Individuen 1974	1975 K	1975 B	1976 K	1976 B	ins- gesamt	Dyna- mik	Wirtspflanze(n)
Pselaphorhynchites tomentosus (GYLLENHAL)		1	-	-	-	1	m	Salix, seltener Populus sp.
Deporaus betulae (LINNÉ)		1	-	-	-	1	m	Betula sp., Alnus glutinosa, Carpinus betulus, Fagus silvatica
Apion curtirostre GERMAR		-	-	-	1	1	m	Rumex acetosa, acetosella, patientia u. a.
Apion frumentarium PAYKULL		-	-	1	-	1	-	Rumex acetosella, selten Rumex acetosa
Apion viciae PAYKULL		-	-	1	-	1	m	Vicia cracca, ?hirsuta,?Melilotus officinalis
Apion flavipes PAYKULL		-	-	1	-	1	m	Trifolium repens, agrarium, medium, hybridum
Apion seniculus KIRBY		-	-	1	-	1	m	Trifolium pratense, hybridum, repens
Otiorhynchus scaber (LINNÉ)		-	-	-	1	1	b	-
Otiorhynchus singularis (LINNÉ)	1	1	1	-	-	3	b	Rubus idaeus, Pinus silvestris, Fagus silvatica
Phyllobius piri (LINNÉ)		4	-	-	-	4	m	Populus, Rumex sp., Gramineen
Polydrusus cervinus (LINNÉ)		-	-	1	-	1	m	Gramineen, z.B. Dactylis glomerata
Strophosoma capitatum (DEGEER)		1	7	2	12	22	b	Calluna vulgaris, Fagus silvatica, vermutlich viele Gramineen
Sitona sulcifrons (THUNBERG)		-	-	2	-	2	d	Trifolium pratense, Lotus corniculatus
Sitona flavescens (MARSHAM)		-	-	2	-	2	m	Trifolium repens, pratense, Medicago sativa, lupulina, Lotus uliginosus
Sitona hispidulus (FABRICIUS)		-	-	1	-	1	d	Trifolium repens, pratense, Medicago sativa, lupulina
Sitona humeralis STEPHENS		-	-	1	-	1	-	Medicago sativa, lupulina, minima, Trifolium hybridum

Tab. 5. *Curculionidae* des Saugartenmoores. B = Barberfallenfang, b = apter bis brachypter, d = flügeldimorph, K = Käscherfang, m = makropter. Einige bei Voruntersuchungen 1974 gefangene Tiere sind einbezogen.
Die Angaben zur Dynamik und zu den Wirtspflanzen folgen einer Zusammenstellung (KRAUSE 1978), wie ich sie vorwiegend der grundlegenden Arbeit von SCHERF (1964), mehreren Arbeiten DIECKMANNs (meist in den „Beiträgen zur Entomologie" erschienen), vor allem seinen „Beiträgen zur Fauna der DDR", sowie Arbeiten anderer Autoren entnahm. Die Aufführung aller dieser Literaturstellen würde hier zu weit führen, sie wurde in der anfangs genannten Veröffentlichung vorgenommen.

Curculionidae Art	Individuen 1974	1975 K	1975 B	1976 K	1976 B	ins- gesamt	Dyna- mik	Wirtspflanze(n)
Brachonyx pineti (PAYKULL)		1	-	1	-	2	m	Pinus silvestris
Magdalis duplicata GERMAR	2	-	-	-	-	2	m	Pinus silvestris, Picea abies, Larix decidua
Hylobius abietis (LINNÉ)		-	3	1	2	6	m	Pinus sp., Picea abies
Limnobaris pilistriata STEPHENS	1	12	-	9	-	22	m	Cyperaceae, Cladium mariscum PALM 1957, Carex sp., Scirpus silvaticus
Limnobaris T-album (LINNÉ)	2	-	-	4	-	6	m	Carex sp. (u.a. C. vesicaria) PALM 1957, Carex rostrata, Scirpus lacustris
Rhinoncus perpendicularis (REICH)		-	-	1	-	1	m	Polygonum aviculare, persicaria, lapathifolium, hydropiper, mite, amphibium
Rhinoncus bruchoides (HERBST)		-	-	-	1	1	m	Polygonum lapathifolium, persicaria, hydropiper
Coeliodes rubicundus (HERBST)	1	3	-	3	-	7	m	Betula pendula, nana
Ceutorhynchus contractus (MARSHAM)		-	-	1	-	1	d	Brassicaceae, Papaveraceae, Resedaceae u. a.
Neosirocalus floralis (PAYKULL)		-	-	2	-	2	m	Brassicaceae, vor allem Capsella bursa-pastoris
Ceutorhynchidius troglodytes (FABRICIUS)		-	-	1	-	1	m	Plantago lanceolata
Anoplus plantaris (NAEZEN)		-	-	1	-	1	m	Betula pendula, pubescens, Alnus glutinosus
Rhynchaenus rusci (HERBST)		4	-	2	-	6	m	Betula pubescens, pendula
Rhynchaenus stigma (GERMAR)		1	-	1	-	2	m	Salix repens, Alnus glutinosus, Betula pendula, Corylus avellana
Rhynchaenus quercus (LINNÉ)		-	-	-	1	1	m	Quercus robur, rubra, cerris
Individuenzahl	7	29	11	40	18	105		
Artenzahl	5	10	3	22	6	31		
		K+B=11		K+B=26				

2. Chrysomelidae und Curculionidae

Da beide Gruppen nicht quantitativ gesammelt wurden, können für die Beurteilung der Biotopzugehörigkeit der Arten nur die Dynamik der Arten, Vorhandensein oder Fehlen ihrer Wirtspflanzen, Autökologie und ökologisches Verbreitungsmuster herangezogen werden. Unterlagen für Vergleiche mit anderen Mooren fehlen bis auf die Arbeit über das erzgebirgische Hochmoor Weiters Glashütte von KLEINSTEUBER (1969), zahlenmäßiges und zeitliches Auftreten sind, da nicht exakt erfaßt, sicher oft trügerisch, hier nicht verwertbar; nur wenige Arten lassen Schlußfolgerungen zu. Ungeachtet ihrer Stückzahl sind beide Familien Art für Art nach ihrer systematischen Reihenfolge angeordnet (Tab. 4 und 5) und mit Angaben zur Dynamik und zu ihren Wirtspflanzen versehen. Fangdaten werden nur angegeben, wo sie in irgendeiner Weise bemerkenswert sind.

Einige Arten lassen sich nach ihren Wirtspflanzen, die im Saugartenmoor fehlen, von vornherein als biotopfremd aussondern: *Longitarsus melanocephalus* (Verbreitungsschwerpunkt Wiesen) und *Lochmaea suturalis*, die von Calluna aus dem umliegenden Kiefernwald stammen muß. Vielleicht gehören auch die beiden *Lema*-Arten, *Chaetocnema hortensis, Ch. heikertingeri/concinna* sowie *Crepidodera transversa* und *Cassida flaveola* dazu. Da Carex, Salix und Betula spp. sowie Pinus silvestris zur Flora des Saugartenmoores gehören, können die *Plateumaris*-Arten, *Lochmaea capreae, Cryptocephalus pusillus, Phyllodecta laticollis, Luperus pinicola* wohl zu den Indigenae gerechnet werden. *Phaedon cochleariae, Haltica (? lythri), Lythraria salicariae, Chaetocnema aerosa* und *Psylloides picina* sind Bewohner feuchter Habitate und könnten ebenfalls dazugehören, falls wenigstens Einzelexemplare ihrer Wirtspflanzen auf der Flächen zu finden sind, was nicht überprüft wurde. Insgesamt ist das Material zu gering (19 Arten in nur 40 Exemplaren), um sichere Aussagen zu gestatten.

Es ist auffällig, daß sämtliche Arten makropter sind. Die Angaben zur Dynamik beruhen auf Stichproben an diesem wie auch Material anderer Herkunft. Ich bezeichnete die Arten dann als makropter, wenn die Alae einen deutlich umgeschlagenen Apikalteil hatten.

Die Angaben zu den Wirtspflanzen müssen wohl mit mehr Skepsis betrachtet werden als jene bei den *Curculionidae*; sie sind außerdem oft sehr pauschal. Eine kritische Sichtung und Zusammenfassung der Angaben zur Biologie heimischer *Chrysomelidae*, wie sie SCHERF (1964) für die *Curculionidae* gab, ist dringend nötig.

KLEINSTEUBER (1969) fing im Hochmoor Weiters Glashütte 28 Blattkäferarten (458 Exemplare); 7 hat es mit dem Saugartenmoor gemeinsam: *Plateumaris sericea* (1 Ex.), *Lema melanopus* (4 Ex.), *Lochmaea capreae* (nur 17 Ex.!), *L. suturalis* (201 Ex.!), *Luperus pinicola* (2 Ex.), *Longitarsus melanocephalus* (3 Ex.), *Crepidodera transversa* (1 Ex.). Auch dort dürften einige Arten, wie *Longitarsus melanocephalus, Lema melanopus, Crepidodera transversa*, nicht indigen sein.

31 Arten (105 Exemplare) der *Curculionidae* wurden gefangen. Davon lassen sich *Apion viciae, A. flavipes, A seniculus, Sitona sulcifrons, S. flavescens, S. hispidulus, S. humeralis* mit Sicherheit als biotopfremd aussondern; deren Wirtspflanzen sind Fabaceen, die der Moorflora fehlen. Bezeichnenderweise wurden sie alle im Sommer 1976 gefangen. *Ceutorhynchus contractus, Neosirocalus floralis, Ceutorhynchidius troglodytes* und *Rhynchaenus quercus* sind gleichfalls wegen des Fehlens ihrer Wirtspflanzen auszuschließen. Bis aus *R. quercus* handelt es sich bei allen diesen Arten um solche, die ihren Verbreitungsschwerpunkt auf Wiesen und Weiden, Feldern und Feldrainen haben. *Apion curti-*

rostre, A. frumentarium, Rhinoncus perpendicularis, R. bruchoides könnten im Saugartenmoor indigen sein, wenn wenigstens einzelne ihrer Wirtspflanzen (Rumex, Polygonum sp.) vorkämen, was aber nicht sicher ist. *Otiorhynchus singularis* und *O. scaber* sind biotopfremde Einwanderer aus dem umliegenden Wald, *Phyllobius piri* (Verbreitungsschwerpunkt mesophile Wiesen) und *Polydrusus cervinus* (der schon als Wärmeanzeiger gelten kann) sind wahrscheinlich eingeflogen, also ebenfalls biotopfremd. Bei einer Reihe an Gehölzen lebender Arten ist kaum eine Einstufung möglich: Die Wirtspflanzengattungen für *Pselaphorhynchites tomentosus, Deporaus betulae, Brachonyx pineti, Magdalis duplicata, Hylobius abietis* und *Anoplus plantaris* kommen zwar in der Flora des Saugartenmoores vor, von ihren zugehörigen Curculionidenarten wurden aber auch nur jeweils ein bis wenige Stücke gefangen. Selbst für *Strophosoma capitatum* (22 Ex.) ist ein indigenes Vorkommen zweifelhaft. Es ist eine euryöke Waldart mit Verbreitungsschwerpunkt im Bereich des Betulo-Quercetums und kann aus den moornahen Flächen eingewandert sein. Für diese Einstufung spricht auch der hohe Anteil der Fallen- gegenüber den Käscherfängen. Nach dem Schlüpfen im Boden begeben sich die Imagines auf die Oberfläche und weiter in die Strauch- und Baumschicht zum Fressen und können im g l e i c h e n Biotop dann auch häufig gekäschert werden. Das Auftreten im Saugartenmoor muß wohl auf das Ausbreitungsverhalten der Art zurückgeführt werden. Ein beständiges autochthones Vorkommen ist bei *Coeliodes rubicundus, Rhynchaenus rusci* und *R. stigma* möglich; sie scheinen ziemlich euryöke Formen, vorwiegend der Gebüschformationen, zu sein. Ihre Wirtspflanzengattungen sind im Saugartenmoor vorhanden.

Die an Cyperaceen lebenden beiden *Limnobaris*-Arten sind mit Sicherheit indigen. Da diese makropteren Arten trotz weiter Verbreitung ihrer Wirtspflanzen ziemlich lokal auftreten, scheinen sie gegenüber abiotischen Faktoren, wahrscheinlich hinsichtlich ihres Temperaturanspruches, stenök zu sein, wie ihr Vorkommen an feucht-kühlen Orten (Moore, Sümpfe) zeigt. Die jahreszeitliche Verteilung von *L. pilistriata* ähnelt sich in beiden Jahren:

	V	VI	VII	VIII	IX
1975	4	4	3	—	1 Stück
1976	4	4	—	1	— Stück

Trotz der geringen Stückzahl ist die Ähnlichkeit zu Befunden KLEINSTEUBERs (1969) an *Limnobaris T-album* im Hochmoor Weiters Glashütte unverkennbar. Er rechnet diese Art zu den bitemporalen Formen der Feldschicht der Pfeifengras-Gesellschaft, die im V/VI und dann erst wieder im VIII zu den konstanten Dominanten gehören, d. h. die neue Generation erscheint im Hochsommer. Der gleiche Autor fand dort 32 Curculionidenarten (723 Individuen), 9 Arten sind auch im Spektrum des Saugartenmoores aufgetreten: *Otiorhynchus singularis* (7 Ex.), *O. scaber* (9 Ex.), *Sitona sulcifrons* (8 Ex.), *Brachonyx pineti* (21 Ex.), *Hylobius abietis* (89 Ex.), *Limnobaris T-album* (46 Ex.), L. pilistriatum (10 Ex.), *Ceutorhynchus contractus* (4 Ex.), *Neosirocalus floralis* (100 Ex.). Davon dürften *S. sulcifrons, C. contractus* und *N. floralis* (trotz hoher Stückzahl!) kaum zu den Indigenae des Hochmoores zu rechnen sein, da die Wirtspflanzen wohl nicht in der Vegetation des Moores vorkommen werden. *N. floralis* wurde im V/VI vorwiegend in der Strauchschicht (!) des Fichten-Moorkiefern- und des Moorfichtenwaldes gefangen. Das ist sicher auf eine Schwärmphase der Art im (Früh-)Sommer zurückzuführen. Die anderen Arten sind schwer zu deuten, doch dürften die beiden *Limnobaris*-Arten wiederum indigen sein.

Bei beiden Familien läßt sich ein deutlicher Anstieg der Arten- und Individuenzahl für 1976 gegenüber 1975 feststellen (*Chrysomelidae* von 6 auf 17, *Curculionidae* von 11 auf

26 Arten). Auch bei den *Carabidae* treten 1976 mehr Arten als 1975 auf (17 gegenüber 13 bei den Fallenfängen). Das ist offensichtlich auf den heißen Sommer 1976 zurückzuführen, gleichzeitig zeigt sich einmal mehr, daß die Faktoren „freie Fläche" und „Feuchtigkeit" (entweder für sich allein oder gemeinsam) inmitten geschlossener Waldgebiete einen Landereiz auf viele schwärmende Insekten ausüben (vgl. KRAUSE 1978). Als Rückschluß ist die Bewertung solcher hinzutretender Arten als biotopfremd möglich, doch sollte dies nur in Verbindung mit den genannten anderen Kriterien geschehen.

Von den insgesamt 74 nachgewiesenen Carabiden-, Chysomeliden- und Curculionidenarten des Saugartenmoores muß ein großer Teil (wahrscheinlich mehr als die Hälfte) als biotopfremd ausgesondert werden. Davon stammt ein Teil aus dem umliegenden Waldgebiet. Vor allem im Sommer 1976 zeichnete sich ein verstärkter Anflug von Freilandarten ab.

Zusammenfassung

In den Jahren 1975/76 wurde versucht, mittels Käscher- und Bodenfallenfang die Fauna der im Titel genannten Arthropodengruppen des unter Schutz stehenden „Saugartenmoores", eines kleinflächigen Zwischenmoores in der Dresdener Heide, zu erfassen. Dabei interessierten besonders die biotopeigenen (indigenen) Arten hinsichtlich ihrer Erscheinungs- und Verbreitungsmuster.

Von den 80 durch die genannten Fangmethoden nachgewiesenen Spinnenarten gehören nur 13 Arten zu den steten Moorbewohnern, die jedoch individuenmäßig (eudominant *Pirata uliginosus*) etwas stärker in Erscheinung treten. Die Faunendurchdringung durch Arten des umgebenden Waldes ist stark ausgeprägt, mit einem Überwiegen der feuchtigkeitsabhängigen Arten. Ein Faunenvergleich mit bereits untersuchten Hochmooren des Erzgebirges bzw. mit Heidemooren des südöstlichen Flachlandes der DDR zeigt, daß bei dieser Gruppe die montane Tönung des Artenspektrums stärker in Erscheinung tritt.

Hinsichtlich seiner Zusammensetzung gleicht das Faunenspektrum der Zikaden in seinen Dominanten sowie in seiner Phänologie weitgehend den genannten Moorbiotopen. Unter den Indigenen befindet sich eine Gruppe tyrphophiler Arten (10 Arten), die hier sowohl Formen mit planarer als auch mit montaner Verbreitungstendenz umfaßt. Das relativ hohe Artenquantum (58 Arten) setzt sich daneben aus Formen zusammen, die zum größeren Teil ihren ökologischen Verbreitungsschwerpunkt im feuchten Grünland außerhalb der Wälder, zum kleineren Teil innerhalb der Waldvegetation haben.

Unter den mit wesentlich geringerer Artenvielfalt vertretenen Gruppen der Weberknechte (8 Arten) und der Blattflöhe (8 Arten) wurden keine moorspezifischen Arten festgestellt.

Die Käferfauna der Gruppen *Carabidae* (24 Arten), *Chrysomelidae* (19 Arten) und *Curculionidae* (31 Arten) des Gebietes wurde vorwiegend auf ihre Zusammensetzung nach biotopfremden und biotopeigenen Arten untersucht (die zu dieser Trennung verwendeten Kriterien sind jeweils kurz aufgeführt). Es ließ sich feststellen, daß die Fauna des Saugartenmoores bei den berücksichtigten Coleopterengruppen ebenfalls zu einem Großteil von biotopfremden Arten beeinflußt wird, vor allem von solchen des umliegenden Waldes, doch auch von Freilandarten. Nur wenige indigene Arten haben in Mooren einen Verbreitungsschwerpunkt (*Limnobaris T-album, L. pilistriata,* teilweise *Pterostichus diligens, Pt. nigrita, Trechus secalis*), die meisten weisen andere ökologische Verbreitungsmuster auf.

Trotz starker Beeinflussung der Fauna des untersuchten Moorgebietes durch die Umgebung sind zumindest in einigen der hier berücksichtigten Arthropodengruppen moorspezifische Formen mit stenovalenter Lebensweise und disjunkter Verbreitung vertreten. Der Schutzstatus als Flächennaturdenkmal wird durch diese Besonderheiten unterstrichen.

Zur Erhaltung des Moores sollten folgende Hinweise Beachtung finden:

Die Moorflächen (insbesondere die Schwingdecken) sind sehr trittempfindlich. Begehungen sollten nur in unbedingt nötigen Fällen und schonend vorgenommen werden (Lehrobjekt!), Begehungen in Gruppen sind zu vermeiden.
Ein stärkerer Nährstoffeintrag wirkt sich hemmend auf die Moorentwicklung aus. Deshalb sollte eine Düngung der angrenzenden Waldgebiete unterlassen werden.
Der Wasserabfluß im Moor ist gegebenenfalls so zu regulieren, daß die Wüchsigkeit der Sphagnum-Decken gewährleistet bleibt.
Der Zentralbereich des Moores ist vom Baumaufwuchs freizuhalten, um moorbevorzugenden Arten, die eine freie Belichtung benötigen, günstige Entwicklungsmöglichkeiten zu bieten. Die unmittelbar angrenzenden Waldzonen dagegen sollten von einer Bewirtschaftung, insbesondere vom Holzeinschlag, ausgenommen werden.

Summary

TO THE FAUNA OF SOME ARTHROPOD GROUPS OF THE SMALL NATURE RESERVE „SAUGARTENMOOR" IN THE DRESDENER HEIDE

In the years 1975 and 1976, the fauna of arthropod groups mentioned in the title was acquired by sweeping and pitfall trapping in the reserved Saugartenmoor, a small bog area in the Dresdener Heide. Stress has been laid on the patterns of displaying and distribution of species which are specific to the biotope (indigenous).

Only 13 out of 80 spider species found by the catching methods specified are constant bog inhabitants whose individuals, however, have slightly greater evidence (highly dominant *Pirata uliginosus*). The fauna is characterized by a distinct pervasion of species from ambient forest; moisture-dependent species are dominant. Comparison with already investigated bogs of Erzgebirge or with moors of south-eastern plains in the GDR makes visible that the species spectrum of this group has a more distinct mountainous character.

The composition of the fauna spectrum of leafhoppers has largely the same dominants and phenology as in the bog biotopes mentioned. The Indigenae implicate a group of tyrphophilous species. These are ten species of planar and mountainous distribution tendency as well. The comparatively great number (58) of species additionally consists of those whose majority is distributed mainly in wetlands outside the forests while inhabitants from forest vegetation are a minority only.

The groups of harvestmen (8 species) and jumping plant lice (8 species) are represented with much smaller magnitude of species without bog-specific ones.

The beetle fauna of groups *Carabidae* (24 species), *Chrysomelidae* (19 species), and *Curculionidae* (31 species) has mainly been investigated for its distribution according to species which are unspecific or specific to the biotope. It could be found that the Saugartenmoor fauna, i. e. the Coleoptera species considered, is largely influenced by species from other biotopes, especially from ambient forest but also from open areas. Only a few indigenous species have a distribution center in bogs (*Limnobaris T-album, L. pilistriata,* partly *Pterostichus diligens, Pt. nigrita, Trechus secalis*) while the majority has different ecologic distribution patterns.

Literatur

DIECKMANN, L., 1973: *Apion*-Studien (*Coleoptera: Curculionidae*). – Beitr. Ent., **23**, H. 1–4: 71–92.

EMMRICH, R., 1975: Faunistische Daten von Zikaden aus dem Gebiet der DDR (*Homoptera, Auchenorrhyncha*). – Faun. Abh. Mus. Tierk. Dresden, **5**, Nr. 10: 241–254.

FREUDE, H., K. W. HARDE u. G. A. LOHSE, 1966: Die Käfer Mitteleuropas. Band 9: *Cerambycidae, Chrysomelidae*. Krefeld.

—, — u. —, 1976: Die Käfer Mitteleuropas. Band 2: Adephaga 1. Krefeld.

HANDBUCH der Naturschutzgebiete der DDR, Band 5 (Bezirke Dresden, Karl-Marx-Stadt, Leipzig). 1974, Autorenkollektiv des Instituts für Landschaftsforschung und Naturschutz Halle. Leipzig/Jena/Berlin.

HORION, A., 1951: Verzeichnis der Käfer Mitteleuropas, 1. Abt. Stuttgart.

HULDÉN, L., 1974: The *Javesella discolor* group (*Homoptera, Delphacidae*) of North Europe, with description of a new species. – Notul. Ent., **54**, 114–116.

KLEINSTEUBER, E., 1969: Faunistisch-ökologische Untersuchungen an Coleopteren eines Hochmoores im Oberen Westerzgebirge. – Veröff. Mus. Naturk. Karl-Marx-Stadt, **4**: 1–76.

KLIMASZEWSKI, S. M., 1975: *Psyllodea* (Insecta: *Homoptera*). Fauna Polski, Tom 3. Warszawa.

KOEPERT, O. u. O. PUSCH (Ed.), 1932: Die Dresdner Heide und ihre Umgebung. Dresden.

KRAUSE, R., 1974: Die Laufkäfer der Sächsischen Schweiz, ihre Phänologie, Ökologie und Vergesellschaftung (I) (*Coleoptera, Cicindelidae* et *Carabidae*). – Faun. Abh. Mus. Tierk. Dresden, **5**, Nr. 2: 73–179.

—, 1978: Untersuchungen zur Biotopbindung bei Rüsselkäfern der Sächsischen Schweiz (*Coleoptera, Curculionidae*). – Entom. Abh. Mus. Tierk. Dresden, **42**, Nr. 1: 1–201.

LAUTERER, P., 1976: Psyllids of Wetland Nature Reserves of the German Democratic Republic, with Notes on Their Biology, Taxonomy and Zoogeography (*Homoptera, Psylloidea*). – Faun. Abh. Mus. Tierk. Dresden, **6**, Nr. 10: 111–122.

LINDROTH, C. H., 1945: Die fennoskandischen Carabidae. Eine tiergeographische Studie. I. Teil. – Göteborgs Kungl. Vet. Vitt. Samh. Handl., Ser. B, **4**, 1: 1–709.

LINNAVUORI, R., 1948: Neue oder bemerkenswerte Zikadenfunde aus Finnland, nebst einer Beschreibung einer neuen Art. – Ann. Ent. Fenn., **14**: 45–47.

—, 1969: Hemiptera IV, Kaskaat 2. Animalia Fennica, Porvoo-Helsinki, **13**.

NAST, J., 1976: Auchenorrhyncha (*Cicadodea*). Katalog Fauny Polski, Cz. XXI, zesz. 1. Warszawa.

PAARMANN, W., 1966: Vergleichende Untersuchungen über die Bindung zweier Carabidenarten (*P. angustatus* Dft. und *P. oblongopunctatus* F.) an ihre verschiedenen Lebensräume. – Z. wiss. Zool., **174**: 83–176.

PALM, T., 1957: Till frågan om de svenska *Limnobaris*-arterna (*Col., Curculionidae*). – Ent. Tidskr. (Stockholm), **78**: 143–148. (Mit Bestimmungstabelle der schwedischen *Limnobaris*-Arten in Deutsch)

PESCHEL, A. u. G. DEGENKOLB, 1968: Das Saugartenmoor in der Dresdner Heide. – Naturschutzarb. u. naturk. Heimatf. in Sachsen, **10**, H. 2: 43–51.

PROSZYNSKI, J. u. W. STAREGA, 1971: Pajaki – *Aranei*. Katalog Fauny Polski, Cz. XXXIII. Warszawa.

SCHERF, H., 1964: Die Entwicklungsstadien der mitteleuropäischen Curculioniden (Morphologie, Bionomie, Ökologie). – Abh. Senckenberg. Naturf. Ges., **506**: 1–335.

SCHIEMENZ, H., 1971a: Die Zikadenfauna (*Homoptera, Auchenorrhyncha*) der Erzgebirgshochmoore. – Zool. Jb. Syst., **98**: 397–417.

—, 1971b: III. Zikaden (*Homoptera, Auchenorrhyncha*). In: HEMPEL, W., H. HIEBSCH u. H. SCHIEMENZ: Zum Einfluß der Weidewirtschaft auf die Arthropoden-Fauna im Mittelgebirge. – Faun. Abh. Mus. Tierk. Dresden, **3**, Nr. 19: (259–268).

—, 1975: Die Zikadenfauna der Hochmoore im Thüringer Wald und im Harz (*Homoptera, Auchenorrhyncha*). – Faun. Abh. Mus. Tierk. Dresden, **5**, Nr. 7: 215–233.

—, 1976: Die Zikadenfauna von Heide- und Hochmooren des Flachlandes der DDR (*Homoptera, Auchenorrhyncha*). – Faun. Abh. Mus. Tierk. Dresden, **6**, Nr. 4: 39–54.

STAREGA, W., 1976: *Opiliones* Kosarze (*Arachnoidea*). Fauna Polski, Tom 5. Warszawa.

TIETZE, F., 1973: Zur Ökologie, Soziologie und Phänologie der Laufkäfer (*Coleoptera – Carabidae*) des Grünlandes im Süden der DDR. II. Teil: Die diagnostisch wichtigen Carabidenarten des untersuchten Grünlandes und ihre Verbreitungsschwerpunkte. – Hercynia, N. F., **10**, H. 1: 111–126.

—, 1974: Zur Ökologie, Soziologie und Phänologie der Laufkäfer (*Coleoptera – Carabidae*) des Grünlandes im Süden der DDR. V. Teil (Schluß): Zur Phänologie der Carabiden des untersuchten Grünlandes. – Hercynia, N. F., **11**, H. 1: 47–68.

THIELE, H. U., 1964: Experimentelle Untersuchungen über die Ursachen der Biotopbindung bei Carabiden. – Z. Morph. Ökol. Tiere, **53**: 387–452.

— u. F. WEBER, 1968: Tagesrhythmen der Aktivität bei Carabiden. – Oecologia (Berlin), **1**: 315–355.

VILBASTE, J., 1969: On the Fauna of Homoptera Cicadina of Taimyr. – Eesti NSV Tead. Akad. Toim., Biol., **18**, No. 3: 258–268.

—, 1971: Eesti tirdid (Homoptera Cicadinea), I. Tallinn.

Anschriften der Autoren:

Dr. H. Hiebsch, Institut für Landschaftsforschung und Naturschutz Halle der AdL, Zweigstelle Dresden, DDR – 8019 Dresden, Stübelallee 2.

Dr. R. Emmrich und Dr. R. Krause, Staatliches Museum für Tierkunde Dresden, DDR – 801 Dresden, Augustusstraße 2.

ENTOMOLOGISCHE ABHANDLUNGEN
STAATLICHES MUSEUM FÜR TIERKUNDE IN DRESDEN

Band 42 Ausgegeben: 28. Dezember 1978 Nr. 4

Verzeichnis der Typen der Rüsselkäfer des Staatlichen Museums für Tierkunde Dresden (I)

(Coleoptera, Curculionidae)

HELMUT NÜSSLER
Dresden

Dieses Verzeichnis registriert die Typen der

Subfam. *Attelabinae*: pars 110, 1930, von K. W. v. DALLA TORRE et E. VOSS
Subfam. *Apoderinae*: pars 110, 1930, von K. W. v. DALLA TORRE et E. VOSS; pars 110, Supplementa 1953, von E. VOSS
Subfam. *Rhynchitinae* I et II: pars 158, 1937, et 167, 1939, von K. W. v. DALLA TORRE et E. VOSS; pars 158, 167, Supplementa 1952, von E. VOSS
Subfam. *Otidocephalinae*: pars 144, 1935, von K. W. v. DALLA TORRE et E. VOSS

aus dem „Coleopterorum Catalogus" von W. JUNK et S. SCHENKLING und Supplementa von W. D. HINCKS.

Für jeden Typus werden das Literaturzitat der Erstbeschreibung und die Angaben des Original-Fundortetiketts sowie, wenn vorhanden, der Sammler und der vorherige Eigentümer des Materials angegeben.

Die coll. FAUST enthält oft mehrere, als „Typen" bezeichnete Exemplare einer jeweiligen Spezies, von denen ein Lectotypus bisher noch nicht festgelegt wurde. Aufgeführt werden nur die von den jeweiligen Autoren als „Typus" etikettierten Exemplare. Die teilweise außerdem vorhandenen „Cotypen" sowie eventuell noch vertretene ungekennzeichnete Exemplare vom Locus typicus wurden auf Grund des dafür nötigen großen Umfangs nicht mit berücksichtigt.

Für einige Spezies, die von VOSS mit Typus- sowie mit Determinationsetikett versehen worden waren, konnten keine Literaturangaben ermittelt werden. Dieses Material wird am Ende dieses Verzeichnisses angeführt.

Da es sich um originales Material handelt, werden die Patria-Angaben der Fundortetiketten in der dort verwendeten Form und Schreibweise wiedergegeben. Sie entsprechen deshalb den gegenwärtig verwendeten geographischen Bezeichnungen nur noch zum Teil.

Subfam. **Attelabinae**

Euscelophilus vitalisi HELLER
Deut. Ent. Zeitschr. 1922, p. 13 (? *Trachelolabus*)
Cambodje, Kompong Toul, leg. VITALIS DE SALVAZAR, 1 Ex., 1913/40.

Plassoderinus flabellatus VOSS
Stett. Ent. Zeitschr. XC, 1929, p. 204, 205
D. Ostafrika, Umbugwe, 1 Ex., ex coll. HARTMANN.

Trachelolabus jordani HELLER
Deut. Ent. Zeitschr. 1922, p. 15
N. Manipur, Mus. Tring, 1 Ex. ♂, ex coll. FAUST.

Paramecolabus sexplagiatus HELLER
Deut. Ent. Zeitschr. 1922, p. 15 (*Attelabus*)
Laos, Kenkubao, leg. VITALIS DE SALVAZAR, 1 Ex., 1913/40.

Paramecolabus feae FAUST
Ann. Mus. Genova XXXIV, 1894, p. 162 (*Attelabus*, subg. *Paramecolabus*)
Palon (Pegu), leg. FEA, VIII, IX, 87, 1 Ex. ♂; Birma, DOHRN, 1 Ex.; ex coll. FAUST; Lectotypus noch nicht festgelegt.

Paramecolabus figuratus VOSS
Stett. Ent. Zeitschr. XC, 1929, p. 207
India or., Shembaganur, 1 Ex., ex coll. HARTMANN.

Paramecolabus obliquus HELLER
Stett. Ent. Zeitschr. LXXV, 1908, p. 153
Sarawak, 1 Ex., 1907/18.

Henicolabus fausti VOSS
Stett. Ent. Zeitschr. LXXXV, 1925, p. 225 (*humerosus* FAUST)
Carin-Cheba, leg. FEA, 1 Ex., ex coll. FAUST.

Henicolabus giganteus FAUST
Deut. Ent. Zeitschr. XXVI, 1882, p. 291 (*Attelabus*)
Wladiwostok, CHRISTOPH, 4 Ex. ♂♀, ex coll. FAUST; Lectotypus noch nicht festgelegt.

Henicolabus uniformis HELLER
Stett. Ent. Zeitschr. LXIX, 1908, p. 154 (*Attelabus*, subg. *Lamprolabus*)
Sarawak, 1 Ex., 1907/18.

Henicolabus uniformis var. *geniculatus* HELLER
Stett. Ent. Zeitschr. LXIX, 1908, p. 155
Borneo, RICHTER, 1 Ex., ex coll. FAUST.

Lamprolabus dajacus HELLER
Deut. Ent. Zeitschr. 1922, p. 7 (*Attelabus*, subg. *Paramecolabus*)
Sandakan, Borneo, BAKER, 1 Ex., 1921/3.

Lamprolabus trapezicollis HELLER
Deut. Ent. Zeitschr. 1922, p. 16 (*Attelabus*)
Carin-Cheba, 900–1100 m, FEA V–XII–88, 1 Ex. ♂, ex coll. FAUST.

Lamprolabus gestroi FAUST
Ann. Mus. Genova XXXIV, 1894, p. 161 (*Attelabus*, subg. *Lamprolabus*)
Carin-Cheba, 900–1100 m, FEA V–88, 1 Ex. ♂, ex coll. FAUST.

Lamprolabus malaccensis HELLER
Deut. Ent. Zeitschr. 1922, p. 17 (*Attelabus*)
Malakka, 1 Ex., 1911/14.

Lamprolabus sandacanus HELLER
Deut. Ent. Zeitschr. 1922, p. 17 (*Attelabus*)
Sandakan, Borneo, BAKER, 1 Ex., 1921/3.

Attelabus mutus FAUST
Horae Soc. Ent. Ross. XXIV, 1890, p. 425 (*Attelabus*)
Sze-tschuan, 1 Ex., ex coll. FAUST.

Heterolabus regularis FAUST
Stett. Ent. Zeitschr. XLIV, 1883, p. 471 (*Attelabus*, subg. *Heterolabus*)
Bahia, Petr.-Mus., 1 Ex. ♂, ex coll. FAUST.

Xestolabus tabaci VOSS
Stett. Ent. Zeitschr. LXXXV, 1925, p. 268
Brasil – Tabac, 1 Ex., ex coll. FAUST.

Omolabus jekeli KIRSCH
Berl. Ent. Zeitschr. XIV, 1870, p. 371
Bogota, KIRSCH, 1 Ex., ex coll. KIRSCH.

Omolabus corumbaensis VOSS
Stett. Ent. Zeitschr. XC, 1929, p. 213
Corumba, Matt. Crosso, 1 Ex., ex coll. HARTMANN.

Omolabus tricolor KIRSCH
Berl. Ent. Zeitschr. XVIII, 1874, p. 423
Pozuzo, KIRSCH, 1 Ex., ex coll. KIRSCH.

Euops borneoensis VOSS
Deut. Ent. Zeitschr. 1924, p. 40, 49 (subg. *Euops*)
Sandakan, Borneo, BAKER 13932, 1 Ex., 1921/3.

Euops fulgida FAUST
Ann. Mus. Genova XXXIV, 1894 (1895), p. 164
Carin-Cheba, FEA, 1 Ex. ♂, ex coll. FAUST.

Euops papua HELLER
Nova Guinea IX, 1914, p. 653
Z. Nieuw Guinea, LORENTZ 1909–10, Alkmaar III 19, 1 Ex., 1912/6.

Euops vossi HELLER
Treubia VII, Suppl. 1929, p. 111
L. J. TOXOPEUS, Buru, Station 9, 26. IV.–1. VI. 21, 1 Ex., 1927/35.

Euops semiviolaceus FAUST
Deut. Ent. Zeitschr. 1895, p. 234
Abetifi, BASON, 1 Ex., ex coll. FAUST.

Euops chinensis VOSS
Deut. Ent. Zeitschr. 1922, p. 166
Formosa, Taihorinsho, H. SAUTER, 1909, 1 Ex., 1911/14.

Euops peguensis VOSS
Deut. Ent. Zeitschr. 1928, p. 362
Pegu, HARTMANN, 1 Ex., ex coll. HARTMANN.

Euops splendida (*splendens* ROELOFS) f. *unicolorata* VOSS
Deut. Ent. Zeitschr. 1924, p. 43, 56
Japonia, LEWIS, 1 Ex., ex coll. FAUST.

Euops viridiventris HELLER
Treubia VII, Suppl. 1929, p. 112
L. J. TOXOPEUS, Buru, Station 1, 10. VI.–16. VII. 21, 1 Ex., 1927/35.

Euops anceps VOSS
Deut. Ent. Zeitschr. 1924, p. 44, 58 (subg. *Synechops*)
Banguey Ins., STAUDGR., 1 Ex., ex coll. FAUST.

Euops cyanella VOSS
Deut. Ent. Zeitschr. 1922, p. 158
Mindanao, Surigao, P. I., W. SCHULTZE, 1 Ex., ex coll. W. SCHULTZE.

Euops dentata VOSS
Deut. Ent. Zeitschr. 1924, p. 45, 61 (subg. *Synechops*)
Mt. Makiling, Luzon, BAKER 2139, 1 Ex., 1921/3.

Euops elongata VOSS
Stett. Ent. Zeitschr. LXXXV, 1925, p. 300 (subg. *Synechops*)
Baguio, Benguet, BAKER 21148, 1 Ex., 1921/3.

Euops schultzei VOSS
Deut. Ent. Zeitschr. 1922, p. 160
Luzon, P. I., Benguet, Santo Thomas, 1 Ex. ♀, ex coll. W. SCHULTZE.

Euops scutellaris VOSS
Deut. Ent. Zeitschr. 1924, p. 44, 58 (subg. *Synechops*)
Island of Penang, BAKER, 1 Ex., 1922/6.

Euops semicuprea VOSS
Deut. Ent. Zeitschr. 1924, p. 45, 60 (subg. *Synechops*)
Baguio, Benguet, BAKER, 1 Ex., 1921/3.

Euops viridifusca VOSS
Deut. Ent. Zeitschr. 1922, p. 159
Luzon, P. I., Benguet, Santo Thomas, 1 Ex., ex coll. W. SCHULTZE.

Euops roelofsi VOSS (Synonym zu *E. willemoesi* BAER)
Deut. Ent. Zeitschr. 1922, p. 159
Mt. Makiling, Luzon, BAKER, 1 Ex., 1922/6.

Subfam. **Apoderinae**

Echinapoderus aculeatus FAUST
Abh. Kgl. Zool. Mus. Dresden, Festschr. VIII, 1899, 2, p.14 (*Hoplapoderus*)
Madagascar, RICHTER; Madagascar, SIKORA; 2 Ex., ex coll. FAUST; Lectotypus noch nicht festgelegt.

Rhamnapoderus cerberus FAUST
Ann. Soc. Ent. Belg. XXXVIII, 1894, p. 527 (*Apoderus*, subg. *Hoplapoderus*)
Gabun, STAUDGR., 1 Ex., ex coll. FAUST.

Rhamnapoderus cerberus f. *atrox* FAUST
Ann. Soc. Ent. Belg. XLIII, 1899, p. 435
Gabun, DOMKIER, 1 Ex., ex coll. FAUST.

Hoplapoderus gemmatus var. *chevrolati* FAUST
Stett. Ent. Zeitschr. LII, 1891, p. 284
Cambodja, FLEUTIANA, 2 Ex., ex coll. FAUST; Lectotypus noch nicht festgelegt.

Paraplapoderus armatus VOSS
Stett. Ent. Zeitschr. LXXXVII, 1926, p. 44, 55
Sikkim, HAUSER, 1 Ex., ex coll. FAUST.

Paraplapoderus histrispinosus FAUST
Ann. Mus. Genova XXXIV, 1894, p. 157
Carin-Cheba, 900–1100 m, leg. FEA, V–XII 88, 1 Ex., ex coll. FAUST.

Paraplapoderus bituberculatus VOSS
Stett. Ent. Zeitschr. LXXXVII, 1926, p. 46, 66
India or., 15610, 1 Ex. ♀.

Paraplapoderus validus VOSS
Stett. Ent. Zeitschr. LXXXVII, 1926, p. 46, 70
Ho-Chan, THERY, 1 Ex. ♂, ex coll. FAUST.

Paratomapoderus miniatus FAUST
Deut. Ent. Zeitschr. XXVI, 1882, p. 295 (*Apoderus*)
Camerun, RIBBE, 1 Ex. ♂, ex coll. FAUST.

Parapoderus anixus FAUST
Ann. Soc. Ent. Belg. XXXVIII, 1894, p. 525 (*Apoderus*)
Lagos, DOHRN, 2 Ex. ♀♀, ex coll. FAUST; Lectotypus noch nicht festgelegt.

Parapoderus benitoensis VOSS
Deut. Ent. Zeitschr. 1928, p. 368
Benito, HARTMANN, 1 Ex., ex coll. HARTMANN.

Parapoderus brachypterus f. *flavoniger* VOSS
Deut. Ent. Zeitschr. 1928, p. 366
Gabun, SCHLÜTER, 1 Ex., ex coll. HARTMANN.

Parapoderus congener VOSS
Deut. Ent. Zeitschr. 1928, p. 368
Br. Ostafrika, 1 Ex., ex coll. HARTMANN.

Parapoderus consimilis VOSS
Deut. Ent. Zeitschr. 1928, p. 366
Benito, Congo franc., 1 Ex., ex coll. HARTMANN.

Parapoderus corallinus VOSS (*corallinus* FAUST i. l.)
Stett. Ent. Zeitschr. LXXXVII, 1926, p. 151, 186
Cap b. sp., BADEN, 1 Ex., ex coll. FAUST.

Parapoderus dualaicus VOSS
Stett. Ent. Zeitschr. LXXXVII, 1926, p. 145, 161
Duala, 10. 1911, VON ROTHKIRCH, 1 Ex., 1914/30.

Parapoderus flavoebenus var. *calceatus* FAUST
Stett. Ent. Zeitschr. XLIV, 1883, p. 470
Old Calabar, DOHRN, 1 Ex. ♂, ex coll. FAUST.

Parapoderus flavonotatus FAUST
Ann. Soc. Ent. Belg. XXXVIII, 1894, p. 526 (*Apoderus*)
Gabon, STAUDGR., 1 Ex. ♂, ex coll. FAUST.

Paraopterus nigricornis FAUST
Ann. Soc. Ent. Belg. XLIII, 1899, p. 453 (*Apoderus*)
Gamio, MARQUARD, 1 Ex., ex coll. FAUST.

Parapoderus nigripennis var. *rubens* VOSS
Stett. Ent. Zeitschr. LXXXVII, 1926, p. 143, 153
D.O.Afrika, Lindi, Dr. BREHME, 1 Ex., ex coll. W. MÜLLER.

Parapoderus nigripes f. *fabricii* FAUST
Stett. Ent. Zeitschr. XLIV, 1883, p. 470 (*Apoderus*)
Mozamb., BADEN, 1 Ex. ♂; Nyassa, KIRSCH, 1 Ex.; ex coll. FAUST; Lectotypus noch nicht festgelegt.

Parapoderus rufinasus FAUST
Ann. Soc. Ent. Belg. XLIII, 1899, p. 435
Chiloango, TSCHOFFEN, 1 Ex. ♂, ex coll. FAUST.

Parapoderus seminiger FAUST
Ann. Soc. Ent. Belg. XXXVIII, 1894, p. 526 (*Apoderus*)
Semilia, Tring Mus., 1 Ex., ex coll. FAUST.

Parapoderus seminiger f. *partita* FAUST
Ann. Soc. Ent. Belg. XXXVIII, 1894, p. 526
Ogowe, Tring Mus., 1 Ex., ex coll. FAUST.

Parapoderus seminiger f. *perfecta* FAUST
Ann. Soc. Ent. Belg. XLIII, 1899, p. 435
Congo, DOMKIER, 1 Ex., ex coll. FAUST.

Parapoderus semipallens FAUST
Deut. Ent. Zeitschr. 1898, p. 25 (*Apoderus*)
Kamerun, FAUST, 1 Ex., ex coll. FAUST.

Parapoderus thomsoni FAUST
Stett. Ent. Zeitschr. LV, 1894, p. 360 (*Apoderus flavoebenus* THOMS. var.)
Gabon, STAUDGR., 2 Ex. ♂♂, ex coll. FAUST; Lectotypus noch nicht festgelegt.

Parapoderus tolerans FAUST
Ann. Soc. Ent. Belg. XXXVIII, 1894, p. 525 (*Apoderus*)
Gabon, STAUDGR.; Stanleypool, STAUDGR.; Ogowe, Tring Mus.; Kuilu, Tring Mus.; 4 Ex., ex coll. FAUST; Lectotypus noch nicht festgelegt.

Parapoderus transvaalensis VOSS
Deut. Ent. Zeitschr. 1928, p. 367
Transvaal, HARTMANN, 1 Ex., ex coll. HARTMANN.

Parapoderus vitreus FAUST
Deut. Ent. Zeitschr. 1898, p. 26 (*Apoderus*)
Kamerun, KRAATZ, 2 Ex. ♂♂, ex coll. FAUST; Lectotypus noch nicht festgelegt.

Apoderus concolor f. *puguensis* VOSS
Deut. Ent. Zeitschr. 1928, p. 370, 371
D.O.Afrika, Pugu 27. 3. 02, Dr. HOLTZ, 1 Ex., ex coll. HARTMANN.

Apoderus dentipes FAUST
Stett. Ent. Zeitschr. XLIV, 1883, p. 462 (subg. *Cycnotrachelus*)
Ind. or., EVERSMANN, 1 Ex. ♀, ex coll. FAUST.

Apoderus nigroaeneus HELLER (Synonym zu *macropus* PASCOE)
Stett. Ent. Zeitschr. LXIX, 1908, p. 149
Borneo, Mus. Tring, 1 Ex., ex coll. FAUST.

Apoderus notatus var. *constans* FAUST
Stett. Ent. Zeitschr. XLIV, 1883, p. 466 (subg. *Physapoderus*)
Hongkong, REITTER, 2 Ex. ♂♀, ex coll. FAUST.

Apoderus notatus var. *necopinus* FAUST
Ann. Soc. Ent. France LXII, 1893, p. 516
Cambodja, FLEUTIANA, 2 Ex., ex coll. FAUST; Lectotypus noch nicht festgelegt.

Apoderus trinotatus FAUST
Stett. Ent. Zeitschr. XLIV, 1883, p. 463 (subg. *Apoderus*)
Java, DOHRN, 1 Ex. ♀, ex coll. FAUST.

Apoderus hieroglyphicus FAUST (Synonym zu *verrucosus* PASCOE)
Stett. Ent. Zeitschr. XLIV, 1883, p. 468 (subg. *Physapoderus*)
Cochinchina, ALLARD, 2 Ex. ♂♀, ex coll. FAUST.

Apoderus interstitialis VOSS
Deut. Ent. Zeitschr. 1922, p. 160
Mindoro, P. I., Abra de Ylog, 1 Ex., leg. et coll. W. SCHULTZE.

Apoderus roepkei VOSS
Deut. Ent. Zeitschr. 1928, p. 371
Java, Bandoeng, Dr. ROEPKE, 1908, 1 Ex., ex coll. HARTMANN.

Apoderus indicus HELLER
Stett. Ent. Zeitschr. LXIX, 1908, p. 146
Pondicherry, 16564, 1 Ex. ♀.

Apoderus picinus FAUST
Deut. Ent. Zeitschr. 1898, p. 296
Kemara, ANDREWES, 1 Ex. ♀, ex coll. FAUST.

Apoderus dimidiatus FAUST
Horae Soc. Ent. Ross. XXIV, 1890, p. 421
Sze-tschuan, PATANIN, 1 Ex. ♀, ex coll. FAUST.

Apoderus erythropterus var. *frontalis* FAUST
Deut. Ent. Zeitschr. XXVI, 1882, p. 294
Baical, DYBOVSKY, 2 Ex. ♂♂, ex coll. FAUST; Lectotypus noch nicht festgelegt.

Apoderus erythropterus var. *atricolor* FAUST (Synonym zur var. *nitens* ROELOFS)
Horae Soc. Ent. Ross. XXI, 1887, p. 28
Sujetuk, HAUSER; Korea, HERZ; 2 Ex., ex coll. FAUST.

Apoderus bimaculatus VOSS
Deut. Ent. Zeitschr. 1928, p. 372
Kiautschau, China, 1 Ex., ex coll. HARTMANN.

Apoderus bistriolatus FAUST
Deut. Ent. Zeitschr. 1898, p. 296
Khamba, ANDREWES, 1 Ex. ♂, ex coll. FAUST.

Apoderus bistriolatus var. *seclusus* FAUST
Deut. Ent. Zeitschr. 1898, p. 296
Khamba, ANDREWES, 1 Ex., ex coll. FAUST.

Apoderus blandus var. *lateralis* FAUST
Ann. Mus. Genova XXXIV, 1894, p. 155
Cambodja, FLEUTIANA, 2 Ex., ex coll. FAUST; Lectotypus noch nicht festgelegt.

Apoderus carbonicolor var. *dorsalis* FAUST
Deut. Ent. Zeitschr. XXVI, 1882, p. 293
Ussuri, DYBOVSKY, 1 Ex. ♂, ex coll. FAUST.

Apoderus frater VOSS
Stett. Ent. Zeitschr. LXXXVIII, 1927, p. 12, 73
Ho-Chan, THERY, 1 Ex., ex coll. FAUST.

Apoderus apicalis FAUST (Synonym zu *nigroapicatus* JEKEL)
Deut. Ent. Zeitschr. 1890, p. 257
China, DOHRN, 1 Ex., ex coll. FAUST.

Apoderus semirufus FAUST
Stett. Ent. Zeitschr. XLIV, 1883, p. 465 (subg. *Physapoderus*)
Borneo, DOHRN, 1 Ex. ♂, ex coll. FAUST.

Centrocorynus bilineatus FAUST
Stett. Ent. Zeitschr. XLIV, 1883, p. 464 (subg. *Centrocorynus*)
Cochinchina, ALLARD, 1 Ex., ex coll. FAUST.

Centrocorynus crucifer HELLER
Deut. Ent. Zeitschr. 1922, p. 13
Chapa pr. Laokay, VITALIS DE SALVAZAR, 1 Ex. ♂, 1913/40.

Centrocorynus fenestratus HELLER
Stett. Ent. Zeitschr. LXIX, 1908, p. 150 (subg. *Physapoderus*)
Labuan, Mus. Dresden, 1 Ex., ex coll. FAUST.

Centrocorynus flavotorosus FAUST
Deut. Ent. Zeitschr. 1898, p. 296 (subg. *Centrocorynus*)
Belgaum, ANDREWES, 3 Ex., ex coll. FAUST; Lectotypus noch nicht festgelegt.

Cycnotrachelus coloratus FAUST
Deut. Ent. Zeitschr. XXVI, 1882, p. 292 (subg. *Cycnotrachelus*)
Ussuri, DYBOVSKY, 2 Ex. ♂♀, ex coll. FAUST.

Cycnotrachelus sejunctus FAUST
Stett. Ent. Zeitschr. XLIV, 1883, p. 464 (subg. *Cycnotrachelus*)
Philippin., BADEN, 2 Ex. ♂♀, ex coll. FAUST.

Paracycnotrachelus cinnabarinus VOSS
Deut. Ent. Zeitschr. 1922, p. 161 (*Apoderus*)
Samar, P. I., Catbalogan, 1 Ex., ex coll. W. SCHULTZE.

Paracycnotrachelus dilucidus VOSS
Stett. Ent. Zeitschr. XC, 1929, p. 130
P. Princesa, Palawan, BAKER 4429, 1 Ex., 1923/6.

Paracycnotrachelus excellens VOSS
Deut. Ent. Zeitschr. 1922, p. 161 (*Apoderus*)
Catanduanes Virac, P. I., 1 Ex., ex coll. W. SCHULTZE.

Paracycnotrachelus fuscatus VOSS
Stett. Ent. Zeitschr. XC, 1929, p. 132, 148
Luzon, Rizal Montalban, W. SCHULTZE, 1 Ex., Acc. No. 9265, Lot Bu. of Sci. P. I., ex coll. W. SCHULTZE.

Paracycnotrachelus insularis FAUST
Stett. Ent. Zeitschr. XLIV, 1883, p. 463 (subg. *Cycnotrachelus*)
Philippin., BADEN, 1 Ex. ♂, ex coll. FAUST.

Paracycnotrachelus panayensis VOSS (Synonym zu *insularis* FAUST)
Deut. Ent. Zeitschr. 1922, p. 163
Panay, P. I., Mt. Macosolon, 1 Ex. ♂, ex coll. W. SCHULTZE.

Paracycnotrachelus ledyardi HELLER
Philipp. Journ. Sc. DX, 1915, p. 27 (subg. *Cycnotrachelus*)
Los Banos, P. I., BAKER, 1 Ex., 1913/28.

Paracycnotrachelus moluccarum VOSS
Stett. Ent. Zeitschr. XC, 1929, p. 130, 137
Dammer, STAUDGR., 1 Ex., ex coll. FAUST.

Paracycnotrachelus pallidipes VOSS
Deut. Ent. Zeitschr. 1922, p. 162 (*Apoderus*)
Kolambugan, Mindanao, P. I., 1914, BANKS, 1 Ex., ex coll. W. SCHULTZE.

Paracycnotrachelus potanini FAUST
Horae Soc. Ent. Ross. XXIV, 1890, p. 423 (subg. *Cycnotrachelus*)
Kan-ssu, POTANIN, 2 Ex. ♂♀, ex coll. FAUST.

Paracycnotrachelus rufobasalis HELLER
Stett. Ent. Zeitschr. LXIX, 1908, p. 152 (*Apoderus*)
Kina Balu, STAUDGR., 2 Ex., ex coll. FAUST; Lectotypus noch nicht festgelegt.

Paracycnotrachelus subcygneus VOSS
Stett. Ent. Zeitschr. XC, 1929, p. 131, 139
Sandakan, Borneo, BAKER, 13661, 1 Ex., 1923/6.

Paracycnotrachelus wallacei FAUST
Stett. Ent. Zeitschr. LI, 1890, p. 166 (subg. *Cycnotrachelus*)
Celebes, RICHTER, 2 Ex. ♂♀, ex coll. FAUST.

Trachelophorus humeralis subsp. *ater* FAUST
Stett. Ent. Zeitschr. LI, 1890, p. 166
Madagascar, RICHTER; Madagascar, BADEN; 2 Ex., ex coll. FAUST; Lectotypus noch nicht festgelegt.

Trachelophorus limbatus FAUST
Stett. Ent. Zeitschr. L, 1889, p. 81 (*Apoderus*)
Madagascar, PIPITZ, 1 Ex. ♀, ex coll. FAUST.

Metriotrachelus festivus var. *semiruber* FAUST
Abh. Kgl. Zool. Mus. Dresden VIII, Festschr. 1899, Nr. 2, p. 15
Madagascar, A. BAU, 1 Ex. ♂, ex coll. FAUST.

Metriotrachelus contristatus VOSS
Stett. Ent. Zeitschr. XC, 1929, p. 188, 191
Davao, Mindanao, BAKER, 1 Ex. ♂, 1339; Butuan, Mindanao, BAKER, 1 Ex. ♀, 1923/6. (Beide Ex. von VOSS als „Typen" etikettiert)

Clitostylus badeni FAUST
Stett. Ent. Zeitschr. XLIV, 1883, p. 193 (subg. *Cycnotrachelus*)
Philippin., DOHRN, 1 Ex. ♂; Philippin., BADEN, 1 Ex. ♀; ex coll. FAUST. (Beide Ex. von VOSS als „Typen" etikettiert)

Clitostylus benguetensis VOSS
Deut. Ent. Zeitschr. 1922, p. 164 (*Apoderus*)
Luzon, P. I., Benguet Baguio, 2 Ex. ♂♀, ex coll. W. SCHULTZE.

Clitostylus distinguendus VOSS
Stett. Ent. Zeitschr. XC, 1929, p. 193, 194
Luzon, P. I., Manila, 2 Ex. ♂♀, ex coll. W. SCHULTZE.

Clitostylus schultzei VOSS
Deut. Ent. Zeitschr. 1922, p. 164 (*Apoderus*)
Mindanao, Zamboanga, 1 Ex., ex coll. W. SCHULTZE.

Subfam. **Rhynchitinae**

Auletanus adscendens HELLER
Philipp. Journ. Sci. X, 1915, p. 224 (*Auletobius*)
Mt. Makiling, Luzon, BAKER 2140, 1 Ex., 1914/14.

Car cylindrirostris VOSS
Archiv f. Naturg. LXXXVIII, 1922, A 8, p. 108 (*Rhinorhynchidius*)
Nov. Holl., KIRSCH, 1 Ex., ex coll. KIRSCH.

Auletobius fausti VOSS
Archiv f. Naturg. LXXXVIII, 1922, A 8, p. 32, 43
Madagascar, SIKORA, 1 Ex., ex coll. FAUST.

Auletobius helleri VOSS
Archiv f. Naturg. LXXXVIII, 1922. A 8, p. 33, 51
Butuan, Mindanao, BAKER, 1 Ex.

Auletobius humboldti VOSS
Stett. Ent. Zeitschr. XCIV, 1933, p. 121; XCV, 1934, p. 117 (*Rhynchites humboldti* FAUST i. l.)
Humb.Bay, Sept.–Oct. 1883, W. DOHERTY, 1 Ex., ex coll. FAUST.

Auletobius irkutensis FAUST
Deut. Ent. Zeitschr. 1893, p. 201 (*Auletobius*)
Irkutsk, JAKOLEWSKY, 2 Ex. ♂♀, ex coll. FAUST.

Auletobius ovatus VOSS
Archiv. f. Naturg. LXXXVIII, 1922, A 8, p. 31, 42
Los Banos, P. I., BAKER 1391, 1 Ex.

Auletobius puberulus FAUST
Deut. Ent. Zeitschr. XXVI, 1882, p. 283 (*Auletes*)
Amur, CHRISTOPH, 2 Ex., ex coll. FAUST; Lectotypus noch nicht festgelegt.

Auletobius subbasalis VOSS
Stett. Ent. Zeitschr. XCIV, 1933, p. 119, 283
Kiautschau, China, 1 Ex., ex coll. HARTMANN.

Auletobius columbiensis VOSS
Archiv. f. Naturg. LXXXVIII, 1922, A 8, p. 34, 60
Columbia, St. Antonio, 2000 m, FASSL leg. IX. 1908, 1 Ex. ♂.

Auletobius tabaci VOSS
Archiv. f. Naturg. LXXXVIII, 1922, A 8, p. 34, 62
Brasil, Tabac, 1 Ex., ex coll. FAUST.

Auletobius tibialis FAUST
Stett. Ent. Zeitschr. LIII, 1892, p. 43 (*Auletobius*)
Colonia Tovar, SIMON, 1 Ex., ex coll. FAUST.

Auletobius glaber FAUST
Stett. Ent. Zeitschr. LIII, 1892, p. 43 (*Auletobius*)
Caracas, SIMON, 1 Ex., ex coll. FAUST.

Auletobius akinini FAUST
Deut. Ent. Zeitschr. XXIX, 1885, p. 161 (*Auletes*)
Taschkent, AKININ; Chodschent, BALASSOGLO; 3 Ex., ex coll. FAUST; Lectotypus noch nicht festgelegt.

Auletobius bakeri VOSS
Archiv. f. Naturg. LXXXVIII, 1922, A 8, p. 35, 78
Dapitan, Mindanao, BAKER, 1 Ex.

Auletobius chinensis VOSS
Stett. Ent. Zeitschr. XCIV, 1933, p. 128
Kiautschau, China, 1 Ex., ex coll. HARTMANN.

Auletobius conformis VOSS
Archiv. f. Naturg. LXXXVIII, 1922, A 8, p. 110
Gabon, BADEN, 1 Ex. ♂, ex coll. FAUST.

Auletobius costulatus VOSS
Archiv f. Naturg. LXXXVIII, 1922, A 8, p. 112
Madagascar, STAUDGR., 1 Ex. ♂, ex coll. FAUST.

Auletobius dapitanus VOSS
Archiv. f. Naturg. LXXXVIII, 1922, p. 37, 86
Dapitan, Mindanao, BAKER, 1 Ex., 1921/3.

Auletobius hortulans FAUST
Deut. Ent. Zeitschr. 1899, p. 343 (*Minurus*)
Kwai, P. WEISE, 1 Ex. ♀, ex coll. FAUST.

Auletobius longicollis FAUST
Deut. Ent. Zeitschr. 1899, p. 299 (*Auletobius*)
Chamba, ANDREWES, 1 Ex., ex coll. FAUST.

Auletobius togoensis VOSS
Archiv. f. Naturg. LXXXVIII, 1922, A 8, p. 109
Ashanti, REITTER, 2 Ex. ♂♀, ex coll. FAUST.

Eugnamptus amurense FAUST
Deut. Ent. Zeitschr. XXVI, 1882, p. 285 (*Rhynchites*)
Amur, CHRISTOPH, 1 Ex. ♀, ex coll. FAUST.

Eugnamptus apicalis FAUST
Stett. Ent. Zeitschr. LIII, 1892, p. 42
San Esteban, SIMON, 1 Ex. ♀, ex coll. FAUST.

Eugnamptus bifenestratus FAUST
Stett. Ent. Zeitschr. LIII, 1892, p. 42
San Esteban, SIMON, 1 Ex. ♂, ex coll. FAUST.

Eugnamptus bifenestratus f. *testaceipennis* VOSS
Deut. Ent. Zeitschr. 1941, p. 139, 184
Columbia, DÄMEL, 1 Ex.

Eugnamptus congestus VOSS
Deut. Ent. Zeitschr. 1941, p. 140, 191
Ht. Tonkin, Lao Kay, Chaba, 200 m, III–IV 1913, VITALIS DE SALVAZAR, 1 Ex., 1913/40.

Eugnamptus flavicornis VOSS
Philipp. Journ. Sci. XXI, 1922, p. 412
Sandakan, Borneo, BAKER, 1 Ex., 1921/3.

Eugnamptus insularis VOSS
Philipp. Journ. Sci. XXI, 1922, p. 412 (subg. *Eugnamptobius*)
Island of Penang, BAKER 13930, 1 Ex. ♀, 1921/3.

Eugnamptus longicollis VOSS
Philipp. Journ. Sci. XXI, 1922, p. 411
Sandakan, Borneo, BAKER, 1 Ex., 1921/3.

Eugnamptus maculifer VOSS
Deut. Ent. Zeitschr. 1941, p. 131
Peru, 12037, 1 Ex. ♀.

Eugnamptus punctiger VOSS
Deut. Ent. Zeitschr. 1941, p. 140, 189
Pondicherry, 16559, 1 Ex.

Eugnamptus sauteri VOSS
Archiv. f. Naturg. LXXXVII, 1921, A 11, p. 279
Formosa, Ali Kang, H. SAUTER 1909, 1 Ex., 1911/14.

Eugnamptus subpurpureus VOSS
Deut. Ent. Zeitschr. 1941, p. 141, 194
Perak, STAUDGR., 1 Ex., ex coll. FAUST.

Eugnamptus vicinus VOSS
Deut. Ent. Zeitschr. 1941, p. 140, 192
Tonkin, 1 Ex.

Eugnamptus tropicus KIRSCH
Berl. Ent. Zeitschr. XVIII, 1874, p. 424
Pozura, KIRSCH, 1 Ex., ex coll. KIRSCH.

Eugnamptus viridirostris VOSS
Ent. Blätter XX, 1924, p. 36
Pondicherry, 16552, 1 Ex. ♂.

Proteugnamptus madagassus VOSS
Verh. VII. Int. Kongr. Ent. I, 1938, p. 447
Madagascar, SIKORA, 1 Ex., ex coll. FAUST.

Lasiorrhynchites nitidirostris VOSS
Kol. Rundschau XVIII, 1932, p. 157, 163
Pondicherry, 16551, 1 Ex.

Coenorrhinus angustifrons VOSS
Kol. Rundschau XVIII, 1932, p. 179
Kirgisien, EVERSMANN, 1 Ex., ex coll. FAUST.

Coenorrhinus brunneus VOSS
Kol. Rundschau XVIII, 1932, p. 176
China, BADEN, 1 Ex., ex coll. FAUST.

Coenorrhinus pelliceus FAUST
Horae Soc. Ent. Ross. XXIV, 1890, p. 427 (*Rhynchites*)
Sze-tschuan, PATANIN, 1 Ex. ♂, ex coll. FAUST.

Coenorrhinus thomsoni FAUST
Stett. Ent. Zeitschr. XLV, 1884, p. 191
Amur, CHRISTOPH, 1 Ex. ♂, ex coll. FAUST.

Coenorrhinus cerdonis VOSS (SCHAUFUSS i. l.)
Kol. Rundschau XVIII, 1932, p. 176
Amer. bor., SCHAUF., 1 Ex., ex coll. FAUST.

Coenorrhinus homicidae f. *luctuosa* VOSS
Kol. Rundschau XVIII, 1932, p. 177
Oregon, 15679, 1 Ex.

Rhynchites coeruleus f. *ussuriensis* VOSS
Wien. Ent. Zeitschr. XLVII, 1930, p. 69
Wladiwostok, CHRISTOPH, 1 Ex., ex coll. FAUST.

Rhynchites curtirostris VOSS
Philipp. Journ. Sci. XXII, 1923, p. 489
Dapitan, Mindanao, BAKER, 1 Ex., 1921/3.

Rhynchites dapitanus VOSS
Philipp. Journ. Sci. XXII, 1923, p. 490
Dapitan, Mindanao, BAKER, 1 Ex., 1921/3.

Rhynchites platyfrons VOSS
Kol. Rundschau XXIV, 1938, p. 136
Luzon, P. I., Benguet, Baguio, 1 Ex., ex coll. W. SCHULTZE.

Rhynchites amitinus VOSS
Kol. Rundschau XXIV, 1938, p. 138
Luzon, P. I., Tayabas, Laguimanoc, 1 Ex., ex coll. W. SCHULTZE.

Rhynchites gracilirostris VOSS
Philipp. Journ. Sci. XXII, 1923, p. 493
Sandakan, Borneo, BAKER, 1 Ex., 1923/3.

Rhynchites horni HELLER
Deut. Ent. Zeitschr. 1901, p. 343
Ceylon, Bandarawella, Dr. W. HORN, 1 Ex., 16928.

Rhynchites indochinensis VOSS, nom. n. (*gracilicornis* VOSS)
Kol. Rundschau XXIV, 1938, p. 138
Mau-Son, Tonkin, 1 Ex., ex coll. Geh. W. MÜLLER.

Rhynchites isabellinus VOSS
Philipp. Journ. Sci. XXII, 1923, p. 491 (subg. *Auletomorphus*)
Mt. Makiling, Luzon, BAKER, 1 Ex. ♀, 1921/3.

Rhynchites latiusculus VOSS
Philipp. Journ. Sci. XXII, 1923, p. 492
Zamboanga, Mindanao, BAKER, 1 Ex., 1921/3.

Rhynchites sandakanensis VOSS
Philipp. Journ. Sci. XXII, 1923, p. 504
Sandakan, Borneo, BAKER, 1 Ex., 1921/3.

Rhynchites caliginosus VOSS
Kol. Rundschau XXIV, 1938, p. 139
Cuernos Mts., Negros, BAKER 21142, 1 Ex.

Rhynchites impressicollis VOSS
Kol. Rundschau XXIV, 1938, p. 138
Formosa, Kosempo, H. SAUTER 09, 1 Ex., 1909/22.

Rhynchites infuscatus VOSS
Philipp. Journ. Sci. XXII, 1923, p. 495
Sandakan, Borneo, BAKER, 1 Ex., 1921/3.

Rhynchites pectoralis VOSS
Philipp. Journ. Sci. XXII, 1923, p. 495
Sandakan, Borneo, BAKER, 1 Ex., 1921/3.

Rhynchites pilifer VOSS
Philipp. Journ. Sci. XXII, 1923, p. 494
Butuan, Mindanao, BAKER, 1 Ex., 1921/3.

Rhynchites pedestris VOSS
Philipp. Journ. Sci. XXII, 1923, p. 496
Sandakan, Borneo, BAKER 12921, 1 Ex., 1921/3.

Rhynchites sarawakensis VOSS
Kol. Rundschau XXIV, 1938, p. 140
Sarawak, 1 Ex., 1907/18.

Rhynchites arduus VOSS
Philipp. Journ. Sci. XXII, 1923, p. 509 (subg. *Metarhynchites*)
Mt. Makiling, Luzon, BAKER, 1 Ex., 1921/3.

Rhynchites hirsutus VOSS
Kol. Rundschau XXIV, 1938, p. 140
D. Ostafrika, Pugu, Dr. HOLTZ, 1 Ex., ex coll. HARTMANN.

Rhynchites lepidulus VOSS
Kol. Rundschau XXIV, 1938, p. 141
Phue Son, Annam, XI–XII, 1 Ex., ex coll. HARTMANN.

Rhynchites amictus VOSS
Kol. Rundschau XXIV, 1938, p. 146
Sikkim, India, 1 Ex., ex coll. HARTMANN.

Rhynchites griseipilosus VOSS
Philipp. Journ. Sci. XXII, 1923, p. 491 (subg. *Lasiorhynchidius*)
Sandakan, Borneo, BAKER 13934, 1 Ex., 1921/3.

Rhynchites hirticollis FAUST
Deut. Ent. Zeitschr. XXVI, 1882, p. 283
Amur, CHRISTOPH, 1 Ex., ex coll. FAUST. (Von HELLER als „Typus" etikettiert.)

Rhynchites laevior FAUST
Deut. Ent. Zeitschr. XXVI, 1882, p. 284 (subg. *Involvulus*)
Ussuri, DYBOVSKY, 1 Ex. ♂; Baical, OBERTHÜR, 1 Ex. ♀; ex coll. FAUST. (Beide Ex. von VOSS als „Typen" etikettiert.)

Rhynchites laevior var. *obscurus* FAUST
Deut. Ent. Zeitschr. XXVI, 1882, p. 284
Raddefka, CHRISTOPH, 1 Ex. ♂, ex coll. FAUST.

Rhynchites malabarensis VOSS
Ent. Blätter XX, 1924, p. 42 (subg. *Haplorhynchites*)
Mahe Malabar, 2 Ex. ♂♀, ex coll. HARTMANN.

Rhynchites castaneus f. *nigripes* FAUST
Ann. Soc. Ent. Belg. XXXVIII, 1894, p. 528
Gabun, STAUDGR., 1 Ex. ♀, ex coll. FAUST.

Rhynchites dybovskyi FAUST (Synonym zu *cupreus* L.)
Deut. Ent. Zeitschr. XXVI, 1882, p. 289
Ussuri, DYBOVSKY, 2 Ex. ♂♀, ex coll. FAUST.

Rhynchites aeneoniger FAUST
Horae Soc. Ent. Ross. XXIV, 1890, p. 426
Kan-ssu, PATANIN, 1 Ex. ♂, ex coll. FAUST.

Rhynchites aereus VOSS
Kol. Rundschau XXVI, 1938, p. 148
Baguio, Benguet Osik, BAKER, 1 Ex.

Rhynchites antennalis VOSS
Philipp. Journ. Sci. XXII, 1923, p. 498 (subg. *Involvulus*)
Sandakan, Borneo, BAKER 13945, 1 Ex., 1921/3.

Rhynchites austerus VOSS
Philipp. Journ. Sci. XXII, 1923, p. 166
Trichinop, Ind. or., 1 Ex., ex coll. HARTMANN.

Rhynchites balneator VOSS
Philipp. Journ. Sci. XXII, 1923, p. 501 (subg. *Involvulus*)
Los Banos, P. I., BAKER, 1 Ex., 1914/14.

Rhynchites benitoensis VOSS
Kol. Rundschau XXIV, 1938, p. 152
Benito, 1 Ex., ex coll. HARTMANN.

Rhynchites canus FAUST
Deut. Ent. Zeitschr. 1898, p. 297
Khamba, ANDREAS, 2 Ex. ♂♀, ex coll. FAUST.

Rhynchites celebicus VOSS
Kol. Rundschau XXIV, 1938, p. 154
C. Celebes, Sakedi, Drs. SARASIN, 1 Ex.

Rhynchites civicus VOSS
Kol. Rundschau XXIV, 1938, p. 157
Shembaganuer, Madura, 1 Ex., ex coll. HARTMANN.

Rhynchites comosellus VOSS
Kol. Rundschau XXIV, 1938, p. 159
Sikkim, India, 1 Ex., ex coll. HARTMANN.

Rhynchites discretus VOSS
Philipp. Journ. Sci. XXII, 1923, p. 506 (subg. *Involvulus*)
Sandakan, Borneo, BAKER, 1 Ex., 1921/3.

Rhynchites dissimilicolor VOSS
Philipp. Journ. Sci. XXII, 1923, p. 165
Sandakan, Borneo, BAKER, 1 Ex., 1921/3.

Rhynchites fasciatus VOSS
Kol. Rundschau XXIV, 1938, p. 162
Ceylon, MOTSCHULSKY, 1 Ex., ex coll. FAUST.

Rhynchites ferox FAUST
Deut. Ent. Zeitschr. 1898, p. 298
Dahlhousi, ANDREAS, 1 Ex. ♂, ex coll. FAUST.

Rhynchites formosus VOSS
Kol. Rundschau XXIV, 1938, p. 158
Maduro, Ind. or., 1 Ex., ex coll. HARTMANN.

Rhynchites foveifrons VOSS
Philipp. Journ. Sci. XXII, 1923, p. 505 (subg. *Involvulus*)
Singapore 13931, coll. BAKER, 1 Ex., 1921/3.

Rhynchites furtivus VOSS
Philipp. Journ. Sci. XXII, 1923, p. 504 (subg. *Involvulus*)
Los Banos, P. I., BAKER, 1 Ex., 1921/3.

Rhynchites furvus VOSS
Philipp. Journ. Sci. XXII, 1923, p. 507 (subg. *Involvulus*)
Island of Basilan, BAKER, 1 Ex., 1921/3.

Rhynchites helleri VOSS
Philipp. Journ. Sci. XXII, 1923, p. 502 (subg. *Involvulus*)
Los Banos, BAKER, 1 Ex., 1921/3.

Rhynchites liveus VOSS
Kol. Rundschau XXIV, 1938, p. 165
Trichinop, Ind. or., 1 Ex., ex coll. HARTMANN.

Rhynchites melancholicus VOSS
Kol. Rundschau XXIV, 1938, p. 154
Trichinop, Ind. or., 1 Ex., ex coll. HARTMANN.

Rhynchites morulus VOSS
Kol. Rundschau XXIV, 1938, p. 154
India or., Shembaganur, 1 Ex., ex coll. HARTMANN.

Rhynchites nigriclavatus VOSS
Kol. Rundschau XXIV, 1938, p. 152
Sandakan, Borneo, BAKER, 1 Ex., 1921/3.

Rhynchites pallidipennis VOSS
Philipp. Journ. Sci. XXII, 1923, p. 499 (subg. *Involvulus*)
Island of Basilan, BAKER, 1 Ex., 1921/3.

Rhynchites pectitus VOSS
Philipp. Journ. Sci. XXII, 1923, p. 500 (subg. *Involvulus*)
Baguio, Benguet, BAKER, 1 Ex., 1921/3.

Rhynchites pellitus VOSS
Philipp. Journ. Sci. XXII, 1923, p. 508 (subg. *Involvulus*)
Los Banos, P. I., BAKER 663, 1 Ex., 1921/3.

Rhynchites penangincola VOSS
Kol. Rundschau XXIV, 1938, p. 154
Island of Penang, BAKER, 1 Ex., 1921/3.

Rhynchites pilumnus VOSS
Philipp. Journ. Sci. XXII, 1923, p. 508 (subg. *Involvulus*)
Iligan, Mindanao, BAKER 13950, 1 Ex., 1921/3.

Rhynchites plagiocephalus VOSS
Philipp. Journ. Sci. XXII, 1923, p. 503 (subg. *Involvulus*)
Imugin, N.Viscaya, BAKER 8388, 1 Ex., 1921/3.

Rhynchites plagiocephalus f. *pallidipes* VOSS
Philipp. Journ. Sci. XXII, 1923, p. 503
P. Princesa, Palawan, BAKER, 1 Ex., 1921/3.

Rhynchites plagiocephalus f. *rubricollaris* VOSS
Philipp. Journ. Sci. XXII, 1923, p. 504
Imugin, N.Viscaya, BAKER 8381, 1 Ex., 1921/3.

Rhynchites pubipennis VOSS
Kol. Rundschau XXIV, 1938, p. 154
Island of Penang, BAKER, 1 Ex., 1921/3.

Rhynchites punctulatus VOSS
Kol. Rundschau XXIV, 1938, p. 154
Sandakan, Borneo, BAKER, 1 Ex., 1921/3.

Rhynchites rugiceps VOSS
Philipp. Journ. Sci. XXII, 1923, p. 505 (subg. *Involvulus*)
Dapitan, Mindanao, BAKER, 1 Ex., 1921/3.

Rhynchites samarensis VOSS
Kol. Rundschau XXIV, 1938, p. 162
Island of Samar, BAKER 21545, 1 Ex.

Rhynchites sanguinicollis FAUST
Deut. Ent. Zeitschr. 1899, p. 343
Kwai, P. WEISE, 1 Ex. ♀, ex coll. FAUST.

Rhynchites solutus FAUST
Stett. Ent. Zeitschr. XLVII, 1886, p. 152
Kasgar 6109, 1 Ex. ♀.

Rhynchites spadiceus VOSS
Philipp. Journ. Sci. XXII, 1923, p. 497 (subg. *Involvulus*)
P. Princesa, Palawan, BAKER, 1 Ex., 1921/3.

Rhynchites subviridis VOSS
Kol. Rundschau XXIV, 1938, p. 148
Ost-Bali, Kintamani, E. STRESEMANN, 1 Ex., 1913/30.

Rhynchites weberi VOSS
Philipp. Journ. Sci. XXII, 1923, p. 501 (subg. *Involvulus*)
Acc. No. 13431, Lot Bu. of Sci., P. I., collected by C. M. WEBER, 1 Ex., 1914/15.

Rhynchites argutus FAUST
Deut. Ent. Zeitschr. XXVI, 1882, p. 288 (*Rhynchites*)
Darjeeling, RIBBE, 1 Ex. ♀, ex coll. FAUST.

Rhynchites bhamoensis FAUST
Ann. Mus. Civ. Genova XXXIV, 1895, p. 164
Bhamo, FEA, 1 Ex. ♀, ex coll. FAUST.

Rhynchites kawiensis HARTMANN
Deut. Ent. Zeitschr. 1899, p. 23
Java, Mt. Kawi, Reg. Passuruan, V. M. DUCHON, 1 Ex. ♀, ex coll. HARTMANN.

Rhynchites spinicollis VOSS
Wien. Ent. Zeitschr. XLVII, 1930, p. 75
Padong, Bhutan, 1 Ex., ex coll. HARTMANN.

Rhynchites wahnesi HARTMANN
Deut. Ent. Zeitschr. 1899, p. 24
Borneo, 2 Ex. ♂♀, ex coll. HARTMANN.

Rhynchites lenaeus FAUST
Horae Soc. Ent. Ross. XXV, 1891, p. 386
Caucasus, SIEVERS, 2 Ex. ♂♀, ex coll. FAUST.

Rhynchites sarafschanicus VOSS
Ent. Blätter XXV, 1929, p. 27
Sarafschan 15582, 1 Ex.

Rhynchites hauseri H. WAGNER
Deut. Ent. Zeitschr. 1907, p. 323 (subg. *Involvulus*)
Thibet, Kuku-Nor, 1 Ex., ex coll. HARTMANN.

Byctiscus fulminans VOSS
Kol. Rundschau XVI, 1930, p. 199, 221
Ou Hou, JUCHON, 2 Ex. ♂♀, ex coll. FAUST.

Byctiscus mutator FAUST
Horae Soc. Ent. Ross. XXIV, 1890, p. 429 (*congener* FAUST var. *mutator*)
Kan-ssu, PATANIN, 1 Ex. ♂, ex coll. FAUST.

Byctiscus populi var. *nigripes* FAUST
Deut. Ent. Zeitschr. XXVI, 1882, p. 289
Ussuri, DYBOVSKY, 2 Ex. ♂♀, ex coll. FAUST.

Byctiscus populi var. *tartaricus* FAUST
Deut. Ent. Zeitschr. XXVI, 1882, p. 289
Kasan, EVERSMANN, 1 Ex. ♂, ex coll. FAUST.

Byctiscus rugosus var. *obscurecyaneus* FAUST
Horae Soc. Ent. Ross. XXIV, 1890, p. 430
Amur, OBERTHÜR, 1 Ex., ex coll. FAUST.

Byctiscidius griseus VOSS
Kol. Rundschau XVI, 1930, p. 229, 231
Ind. or., RIBBE, 1 Ex ♂, ex coll. FAUST.

Byctiscidius insularis VOSS
Philipp. Journ. Sci. XXII, 1923, p. 510
Island of Penang, BAKER, 1 Ex., 1921/3.

Listrobyctiscus armaticollis VOSS
Philipp. Journ. Sci. XXII, 1923, p. 511
Mt. Banahao, P. I., BAKER 5931, 1 Ex. ♂, 1921/3.

Listrobyctiscus chalybaeus VOSS
Philipp. Journ. Sci. XXII, 1923, p. 513
Island of Basilan, BAKER, 1 Ex. ♂, 1921/3.

Listrobyctiscus luzonensis VOSS
Kol. Rundschau XVI, 1930, p. 234, 238
Malinao, Tayabas, BAKER 5936, 1 Ex., 1921/3.

Listrobyctiscus rubriventris VOSS
Philipp Journ. Sci. XXII, 1923, p. 512
Iligan, Mindanao, BAKER, 1 Ex. ♂, 1921/3.

Listrobyctiscus tibialis VOSS
Philipp. Journ. Sci. XXII, 1923, p. 514
Mt. Makiling, BAKER 2223, 1 Ex. ♂, 1921/3.

Paradeporaus depressus FAUST
Deut. Ent. Zeitschr. XXVI, 1882, p. 287 (*Rhynchites*)
Amur, CHRISTOPH, 2 Ex., ex coll. FAUST; Lectotypus noch nicht festgelegt.

Deposophilus bakeri VOSS
Philipp. Journ. Sci. XXI, 1922, p. 410
Sandakan, Borneo, BAKER, 1 Ex., 1921/3.

Deposophilus pacatus FAUST
Deut. Ent. Zeitschr. XXVI, 1882, p. 285 (*Rhynchites*)
Wladiwostok, CHRISTOPH, 2 Ex. ♂♀, ex coll. FAUST.

Deposophilus proximus FAUST
Deut. Ent. Zeitschr. XXVI, 1882, p. 287 (*Rhynchites*)
Wladiwostok, CHRISTOPH, 1 Ex. ♀, ex coll. FAUST.

Scolocnemus pilosiusculus VOSS
Philipp. Journ. Sci. XXI, 1922, p. 386
Sandakan, Borneo, BAKER 13938, 1 Ex., 1921/3.

Scolocnemus wallacei KIRSCH
Mitteil. K. Zool. Mus. Dresden I, 1875, p. 39
Malacca 1026, 1 Ex.

Deporaus tibialis VOSS
Philipp. Journ. Sci. XXI, 1922, p. 388 (subg. *Megalarodepus*)
Sandakan, Borneo, BAKER, 1 Ex. ♂, 1921/3.

Deporaus exophthalmus HELLER
Philipp. Journ. Sci. XIX, 1921, p. 551
Los Banos, P. I., BAKER, 1 Ex., 1921/3.

Deporaus galerucoides HELLER
Philipp. Journ. Sci. XIX, 1921, p. 550
Acc. No. 15484, Lot Bu. of Sci., P. I., collected by C. R. JONES, 1 Ex.

Deporaus galerucoides var. *uniformis* HELLER
Philipp. Journ. Sci. XIX, 1921, p. 550
Acc. No. 14788, Lot Bu. of Sci., P. I., collected by C. R. JONES, 1 Ex.

Deporaus gibbus VOSS
Stett. Ent. Zeitschr. XCIX, 1938, p. 92, 115
Sumatra, 1 Ex., 1915/5.

Deporaus glabricollis VOSS
Stett. Ent. Zeitschr. XCIX, 1938, p. 91, 114
Surigao, Mindanao, BAKER, 1 Ex., 1921/3.

Deporaus iliganensis VOSS
Philipp. Journ. Sci. XXI, 1922, p. 390
Iligan, Mindanao, BAKER 13954, 1 Ex., 1921/3.

Deporaus nigrolineatus VOSS
Philipp. Journ. Sci. XXI, 1922, p. 389
Sandakan, Borneo, BAKER, 1 Ex., 1921/3.

Deporaus pilifer VOSS
Philipp. Journ. Sci. XXI, 1922, p. 392
Singapore, coll. BAKER 13925, 1 Ex., 1921/3.

Deporaus rugicollis VOSS
Philipp. Journ. Sci. XXI, 1922, p. 390
Sandakan, Borneo, BAKER 13942, 1 Ex., 1921/3.

Deporaus sandakanensis VOSS
Philipp. Journ. Sci. XXI, 1922, p. 391
Sandakan, Borneo, BAKER 13952, 2 Ex. ♂♀, 1921/3.

Deporaus angustifrons VOSS
Philipp. Journ. Sci. XXI, 1922, p. 393 (subg. *Arodepus*)
Singapore, BAKER 13926, 1 Ex., 1921/3.

Deporaus nigrifrons HELLER
Philipp. Journ. Sci. XIX, 1921, p. 549
Los Banos, P. I., BAKER, 1 Ex., 1921/3.

Deporaus affinis VOSS
Philipp. Journ. Sci. XXI, 1922, p. 405
Sandakan, Borneo, BAKER, 1 Ex., 1921/3.

Deporaus apicalis VOSS
Philipp. Journ. Sci. XXI, 1922, p. 395
Sandakan, Borneo, BAKER, 1 Ex., 1921/3.

Deporaus basilanensis VOSS
Philipp. Journ. Sci. XXI, 1922, p. 403
Island of Basilan, BAKER, 1 Ex., 1921/3.

Deporaus curtirostris VOSS
Philipp. Journ. Sci. XXI, 1922, p. 404
Sandakan, Borneo, BAKER 13946, 1 Ex., 1921/3.

Deporaus dimidiatus HELLER
Philipp. Journ. Sci. XIX, 1921, p. 552
Mt. Makiling, Luzon, BAKER, 1 Ex., 1921/3.

Deporaus discretus VOSS
Philipp. Journ. Sci. XXI, 1922, p. 404
Kolambugan, Mindanao, BAKER, 1 Ex., 1921/3.

Deporaus distinctus VOSS
Philipp. Journ. Sci. XXI, 1922, p. 399
Kolambugan, Mindanao, BAKER, 1 Ex., 1921/3.

Deporaus flavidus FAUST
Deut. Ent. Zeitschr. 1898, p. 298 (*Eugnamptus*)
Tannyha, ANDREWES, 2 Ex. ♂♀, ex coll. FAUST.

Deporaus fusculus VOSS
Philipp. Journ. Sci. XXI, 1922, p. 401
Dapitan, Mindanao, BAKER, 1 Ex. ♂, 1921/3.

Deporaus hartmanni VOSS
Ent. Blätter XXV, 1929, p. 28
Japan, Kioto, 1 Ex., ex coll. HARTMANN.

Deporaus impressipennis VOSS
Philipp. Journ. Sci. XXI, 1922, p. 406
Sandakan, Borneo, BAKER 13944, 1 Ex., 1921/3.

Deporaus longiceps VOSS
Philipp. Journ. Sci. XXI, 1922, p. 397
Sandakan, Borneo, BAKER 13939, 1 Ex., 1921/3.

Deporaus maculifer VOSS
Philipp. Journ. Sci. XXI, 1922, p. 399
Island of Basilan, BAKER, 1 Ex., 1921/3.

Deporaus marginellus FAUST
Deut. Ent. Zeitschr. 1898, p. 299 (*Eugnamptus*)
Calcutta, RIBBE, 4 Ex.; Ind. or., MOTSCHULSKY, 2 Ex.; ex coll. FAUST; Lectotypus noch nicht festgelegt.

Deporaus marginellus var. *semirufus* FAUST
Deut. Ent. Zeitschr. 1898, p. 299
Madras, ANDREWES, 1 Ex., ex coll. FAUST.

Deporaus monticola VOSS
Philipp. Journ. Sci. XXI, 1922, p. 406
Luzon, Mt. Banahao, 1 Ex., 1921/3.

Deporaus nigriceps VOSS
Philipp. Journ. Sci. XXI, 1922, p. 394
Sandakan, Borneo, BAKER, 1 Ex., 1921/3.

Deporaus nigricornis HELLER
Philipp. Journ. Sci. XIX, 1921, p. 550
Los Banos, P. I., BAKER, 1 Ex., 1914/14.

Deporaus nigritibialis VOSS
Philipp. Journ. Sci. XXI, 1922, p. 99, 332
Island of Basilan, BAKER, 1 Ex., 1921/3.

Deporaus penangensis VOSS
Philipp. Journ. Sci. XXI, 1922, p. 394
Island of Penang, BAKER, 1 Ex., 1921/3.

Deporaus rugiceps VOSS
Philipp. Journ. Sci. XXI, 1922, p. 396
Singapore, coll. BAKER 13921, 1 Ex., 1921/3.

Deporaus rugulosus VOSS
Stett. Ent. Zeitschr. XCIX, 1938, p. 94, 310
Surigao, Mindanao, BAKER 17118, 1 Ex., 1921/3.

Deporaus serratissimus VOSS
Philipp. Journ. Sci. XXI, 1922, p. 402
Sandakan, Borneo, BAKER, 1 Ex., 1921/3.

Deporaus signatus VOSS
Philipp. Journ. Sci. XXI, 1922, p. 398
Sandakan, Borneo, BAKER 13953, 1 Ex., 1921/3.

Deporaus simillimus VOSS
Stett. Ent. Zeitschr. XCIX, 1938, p. 103, 353
Luzon, P. I., Montalban, 1 Ex., ex coll. W. SCHULTZE.

Deporaus sulcifrons VOSS
Philipp. Journ. Sci. XXI, 1922, p. 402
Sandakan, Borneo, BAKER, 1 Ex., 1921/3.

Deporaus taeniatus VOSS
Philipp. Journ. Sci. XXI, 1922, p. 395
Sandakan, Borneo, BAKER, 1 Ex., 1921/3.

Deporaus testaceus VOSS
Philipp. Journ. Sci. XXI, 1922, p. 400
Sandakan, Borneo, BAKER, 1 Ex., 1921/3.

Deporaus basalis VOSS
Philipp. Journ. Sci. XXI, 1922, p. 407
Mt. Makiling, Luzon, BAKER 5939, 1 Ex., 1921/3.

Deporaus depressirostris VOSS
Stett. Ent. Zeitschr. XCIX, 1938, p. 105
Sandakan, Borneo, BAKER, 1 Ex., 1921/3.

Deporaus indicus VOSS
Ent. Blätter XX, 1924, p. 39
Darjeeling, Sikkim, 1 Ex., ex coll. HARTMANN.

Deporaus inflatus VOSS
Stett. Ent. Zeitschr. XCIX, 1938, p. 105
Sandakan, Borneo, BAKER, 1 Ex., 1921/3.

Deporaus niger VOSS
Stett. Ent. Zeitschr. XCIX, 1938, p. 105
Sandakan, Borneo, BAKER, 1 Ex., 1921/3.

Deporaus spinipes VOSS
Stett. Ent. Zeitschr. XCIX, 1938, p. 105
Surigao, Mindanao, BAKER, 1 Ex., 1921/3.

Deporaus conicirostris VOSS
Philipp. Journ. Sci. XXI, 1922, p. 408
Los Banos, P. I., BAKER, 1 Ex., 1921/3.

Deporaus socius FAUST
Deut. Ent. Zeitschr. XXVI, 1882, p. 286 (*Rhynchites*)
Darjeeling, RIBBE, 1 Ex., ex coll. FAUST.

Deporaus subrugaticollis VOSS
Philipp. Journ. Sci. XXI, 1922, p. 408
Sandakan, Borneo, BAKER 13936, 1 Ex., 1921/3.

Deporaus subclathratus VOSS
Stett. Ent. Zeitschr. XCIX, 1938, p. 107
Chapa-pu, Lao Kay, 1 Ex.

Deporaus periscelis VOSS
Philipp. Journ. Sci. XXI, 1922, p. 409
Los Banos, P. I., BAKER, 1 Ex., 1921/3.

Deporaus periscelis f. *nigrifentris* VOSS
Philipp. Journ. Sci. XXI, 1922, p. 409
Sandakan, Borneo, BAKER 13935, 1 Ex., 1921/3.

Deporaus periscelis f. *v-rubrum* VOSS
Stett. Ent. Zeitschr. XCIX, 1938, p. 108
Sandakan, Borneo, BAKER, 1 Ex., 1921/3.

Deporaus pullatus VOSS
Philipp. Journ. Sci. XXI, 1922, p. 408
Island of Penang, BAKER, 1 Ex., 1922/3.

Subfam. **Otidocephalinae**

Laemomerus ambiguus KIRSCH
Berl. Ent. Zeitschr. XVIII, 1874, p. 429
Pozuzu, 1 Ex., ex coll. KIRSCH.

Otidocephalis inquisitus KIRSCH
Berl. Ent. Zeitschr. XII, 1868, p. 208
Bogota, 1 Ex., ex coll. KIRSCH.

Erodiscus castaneus FAUST
Stett. Ent. Zeitschr. LIV, 1893, p. 323
San Esteban, SIMON, 1 Ex. ♂, ex coll. FAUST.

Erodiscus gallinago KIRSCH
Berl. Ent. Zeitschr. XVIII, 1874, p. 427
Peru, 1 Ex., ex coll. KIRSCH.

Erodiscus globulicollis FAUST
Stett. Ent. Zeitschr. LIV, 1893, p. 323
San Esteban, SIMON, 1 Ex., ex coll. FAUST.

Erodiscus ibis KIRSCH
Berl. Ent. Zeitschr. XVIII, 1874, p. 425
Peru, 1 Ex., ex coll. KIRSCH.

Erodiscus longirostris FAUST
Stett. Ent. Zeitschr. LIV, 1893, p. 324
San Esteban, SIMON, 1 Ex., ex coll. FAUST.

Erodiscus numenius KIRSCH
Berl. Ent. Zeitschr. XVIII, 1874, p. 426
Peru, 1 Ex., ex coll. KIRSCH.

Erodiscus scolopax FAUST
Stett. Ent. Zeitschr. LIV, 1893, p. 324
San Esteban, SIMON, 3 Ex., ex coll. FAUST; Lectotypus noch nicht festgelegt.

Erodiscus tringa KIRSCH
Berl. Ent. Zeitschr. XVIII, 1874, p. 426
Peru, 1 Ex., ex coll. KIRSCH.

Pseuderodiscus albosignatus HELLER
Tijdsch. v. Ent. LXXV, 1932, Suppl., p. 75–77
Sandakan, Borneo, BAKER 15084, 1 Ex., 1921/3.

Pseuderodiscus verbeeki HELLER
Stett. Ent. Zeitschr. XCVIII, 1937, p. 59
Java, 600–700 m, G. Tjikondsel Roekabsemi, leg. Fr. H. Th. H. VERBEEK, III 1933, 1 Ex., 1935/23.

Im „Coleopterorum Catalogus" von W. JUNK et S. SCHENKLING, pars 110, pars 158, pars 167, in den Supplementa zum pars 110, 158, 167 nicht registrierte Typen von E. VOSS:

Subfam. **Apoderinae**

Parapoderus holtzi VOSS
D. O. Afrika, Pugu 23. 3. 02, Dr. HOLTZ, 1 Ex.

Apoderus celebicus VOSS
Drs. SARASIN, S.O.Celebes, Mowewe, 1 Ex.

Apoderus rubrimidiatus VOSS
Sandakan, Borneo, BAKER 13664, 1 Ex. „Typus", 3 Ex. „Paratypus", 1923/6.

Subfam. **Rhynchitinae**

Aderorrhinus crioceroides f. *chinensis* VOSS
Yünan, China, ex coll. HARTMANN, 1 Ex.

Eugnamptus bicoloratipennis VOSS
Brasil, SAHLBERG, ex coll. FAUST, 1 Ex.

Rhynchites singaporensis VOSS
Singapore, coll. BAKER 13929, 1 Ex., 1921/3.

Byctiscus intricarius VOSS
Chapa, Lao Kay, 1 Ex.

Summary

LIST OF TYPE-SPECIMENS OF CURCULIONIDAE IN THE STAATLICHES MUSEUM FUER TIERKUNDE DRESDEN

The marked type-specimens of weevils of the subfamilies *Attelabinae*, *Apoderinae*, *Rhynchitinae*, and *Otidocephalinae* (according to „Coleopterorum Catalogus" by JUNK et SCHENKLING, and the Supplementa in question) deposited in the Staatliches Museum fuer Tierkunde Dresden are listed. Towards each species the bibliographical dates and the complete informations of the original label are given. Following those species are added which already have been designated as „types" by the authors, however, a published description of them could not be found.

Anschrift des Autors:
H. Nüßler, Staatliches Museum für Tierkunde Dresden,
DDR – 801 Dresden, Augustusstraße 2.

ENTOMOLOGISCHE ABHANDLUNGEN

STAATLICHES MUSEUM FÜR TIERKUNDE IN DRESDEN

Band 42 Ausgegeben: 28. Dezember 1978 Nr. 5

Arbeiten zur Fauna der Sächsischen Schweiz (Nr. 12)

Zur Kenntnis der Blattflohfauna der Sächsischen Schweiz
(Homoptera, Psylloidea)

Mit 1 Karte und 2 Tabellen

RAINER EMMRICH
Dresden

1. Einleitung

Im Rahmen des langfristigen Arbeitsvorhabens des Staatlichen Museums für Tierkunde Dresden, der faunistisch-ökologischen Erforschung der Evertebratenfauna der Sächsischen Schweiz, speziell ihrer Region „Hintere Sächsische Schweiz", wurden in den Jahren 1970–1973 in diesem Gebiet Aufsammlungen verschiedener Hemipterengruppen (*Heteroptera; Homoptera: Cicadinea* und *Psylloidea*) vorgenommen. Untersuchungsgegenstand ist hier das gewonnene Material der Blattflöhe. – Über verschiedene andere Insektengruppen aus diesem Gebiet wurde von Mitarbeitern bereits berichtet, zusammenfassende Gebietscharakterisierungen finden sich bei HERTEL (1970) und KRAUSE (1974).

Fundierte faunistische oder ökologische Angaben über Blattflöhe, insbesondere regionalfaunistische Bearbeitungen, fehlen im Gebiet der DDR fast völlig (im Gegensatz zu den Nachbarländern ČSSR und Polen), so daß nur vereinzelte und isolierte faunistische Daten existieren, die eine vergleichend-ökologische Bewertung der Arten kaum ermöglichen. Viele faunistische Angaben der älteren Autoren (in Arbeiten von ENDERLEIN, KARL, aber auch z. B. SCHMIDT 1912) betreffen Gebiete, die heute zu Polen gehören. Die Bearbeitung von HAUPT (1935) enthält nur vereinzelte bzw. generalisierte faunistische Daten zu den behandelten Arten, das HAUPTsche Sammlungsmaterial wurde bisher nur in wenigen Fällen (LAUTERER) revidiert. In neueren Arbeit finden sich faunistische Angaben aus dem genannten Gebiet bei WAGNER (1947), NICOLAUS (1957), BÜTTNER (1964) und besonders bei LAUTERER (1971 u. 1976), wobei die letztere Arbeit zahlreichere exakt definierte Fundmeldungen enthält und deshalb für einige Arten gute Vergleiche ermöglicht. Trotz des zahlenmäßig nur wenig umfangreichen vorliegenden Sammelmaterials (485 Ex.) können deshalb die ermittelten Daten faunistisch von Interesse sein. Sie sollen ferner zur Gesamteinschätzung der Evertebratenfauna des durch seine Besonderheiten in der Reliefstruktur ausgezeichneten Untersuchungsgebietes beitragen.

Aus dem unmittelbaren Untersuchungsgebiet liegen von SCHUMACHER (1919) Ergebnisse mehrjähriger Aufsammlungen von Hemipteren (ab 1911) aus der unmittelbaren Umgebung von Bad Schandau („rechtes Elbufer und ... Kirnitzschtal") vor, in Form einer Aufzählung der Arten ohne alle weiteren Funddaten zu diesen. Die Liste von 32 Blatt-

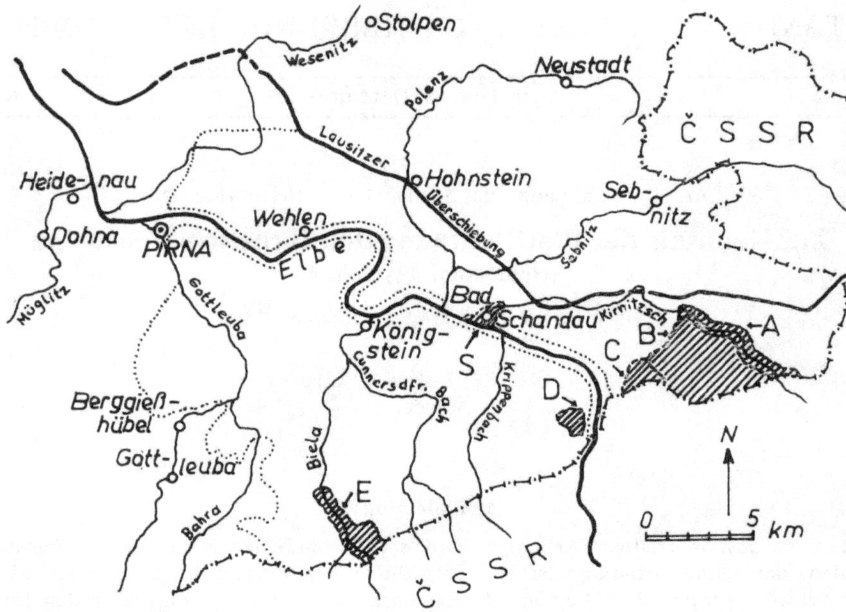

Karte. Lage der Untersuchungsgebiete A–E im Gesamtgebiet „Sächsische Schweiz". Punktierte Linie: Grenze des Sandsteinareals, S: vermutliche Abgrenzung des Sammelgebietes von SCHUMACHER (1919). Kartengrundlage nach NEEF 1963

floharten aus diesem, infolge der Felsgebiete flächenmäßig kleinen Areal überrascht deshalb, um so mehr, da sich darunter eine Anzahl von Arten befinden, die auf Grund ihres bisher bekannten Verbreitungsschemas kaum hier zu erwarten sind und die bisher auch nicht wieder aufgefunden wurden. Eine Anfrage im Museum für Naturkunde Berlin [1]) und im Institut für Pflanzenschutzforschung, Bereich Eberswalde, Abt. Taxonomie der Insekten [1]), ergab, daß von SCHUMACHER sich kein Material aus diesem Gebiet in den Sammlungen befindet. Eine Ausnahme bilden 12 Blattflöhe, gesammelt von SCHUMACHER am 2. VIII. 1911 bei „Schandau", im Museum für Naturkunde Berlin. Ihre Revision ergab, daß es sich nur um 3 (gut kenntliche und verbreitete) Arten handelt, von denen sich jedoch 2 Arten nicht (!) in der schon umfangreichen Liste SCHUMACHERs finden. Da auch von anderer Seite Angaben dieses Autors, die sich auf die genannte Publikation stützen, nicht vorbehaltlos übernommen wurden (JORDAN 1963), sollen diese, sofern keine eigenen Funde vorliegen, nur mit einer kurzen Einschätzung an den jeweiligen Stellen Erwähnung finden (eine Aufnahme in die anschließende Auswertung er-

[1]) Frau Dr. U. GÖLLNER-SCHEIDING (Berlin) und Herrn Dr. G. PETERSEN (Eberswalde) danke ich für die Durchsicht der entsprechenden Sammlungsteile, ersterer auch für die leihweise Überlassung der genannten Blattflöhe.

folgte nicht). Auf Grund der bekannten Verbreitungsmuster ist eine Trennung in Arten, deren Vorkommen im Gebiet wahrscheinlich ist, und in Arten, die mit großer Wahrscheinlichkeit ausgeschlossen werden müssen, möglich.

2. Methodik und Untersuchungsgebiet

Die Sammeltätigkeit lag hauptsächlich im eingangs genannten Zeitraum (später nur noch gelegentlich) während der Monate April – Oktober im untenstehend näher beschriebenen Gebiet, sie erfolgte vorwiegend mittels Kescherfang (Krautschicht) und Klopffang (Strauch- und Baumschicht), als Gemeinschaftsfang der genannten Hemipterengruppen und saisonal differenziert an ausgewählten Standorten. Zusätzliche Exemplare stammen aus parallelen Kescherfängen sowie Bodenstreuuntersuchungen im Gebiet von Mitarbeitern des Museums.

Die im genannten Raum hauptsächlich besammelten Regionen lassen sich folgendermaßen festlegen (s. Karte):

A) Bachtal der Kirnitzsch (Oberlauf) im Bereich des Sandsteins (zwischen Thorwalder Brücke und Oberer Schleuse, ca. 210–250 m NN).
B) Felsgebiet der „Hinteren Sächsischen Schweiz" im Bereich des Sandsteins (zwischen dem Großen Winterberg im W und dem Lauf der Kirnitzsch im O, ca. 210–470 m NN).
C) Oberhänge und Plateau des Großen Winterberges (vorwiegend im Bereich des Basaltes, ca. 480–550 m NN).
D) Raum der landwirtschaftlich genutzten Schönaer Ebenheit mit dem Tafelberg der Kaiserkrone (ca. 250--350 m NN).
E) Erosionstal der oberen Biela im westlichen Grenzbereich des Sandsteins mit der östlich anschließenden Rosenthaler Ebenheit (ca. 350–480 m NN).

Die in den Sammelgebieten A, B und E kennzeichnende, jedoch verschieden scharf ausgeprägte Vertikalgliederung der Landschaft läßt sich vereinfacht folgendermaßen charakterisieren (HUNGER 1963, vgl. KRAUSE 1974):

1) Stark grund- oder stauwasserbeeinflußte, feuchte – nasse Tallagen der Bäche und Schluchten mit tiefgründigen Schwemmböden.
2) Feuchte – mäßig frische (teilweise hangwasserbeeinflußte) Lagen des mittleren bis oberen Höhenbereichs mit relativ tiefgründigen Sand-, Lehm- oder Lößlehmböden (vertikal umfangreicher, in sich differenzierter Zwischenbereich zwischen 1 und 3).
3) Trockene, strahlungsexponierte Plateaulagen mit größtenteils sandigen Verwitterungsböden im mittleren bis oberen Höhenbereich.

Hinsichtlich der Einordnung der einzelnen Fundpunkte ergeben sich damit (besonders typisch für den gesamten, unter A–C eingeordneten ostelbischen Teil festlegbar) die im Artenverzeichnis angeführten Kombinationen. In dieser Sicht lassen sich die besammelten Geländeteile wie folgt kennzeichnen:

A) Vorwiegend 1 (Talboden und unterste Hänge des Engtals, bewirtschaftete Wiesen der im SO-Teil verbreiterten Talsohle), vereinzelt 2 (Wegränder und Hangzwischenstücke im Bereich).
B) Alle Bereiche: 1 (Bachtäler, Sohlen der Schlüchte, Wegränder und kleinflächige Talwiesen im Bereich), 2 (Kahlschläge, Jungwuchs-Schonungen, Dickungen, Wegränder und teilweise bewirtschaftete Wiesen [„Räumichte"] im Bereich), 3 (Felsstandorte, Kuppen und Oberhänge).
C) Gleichzusetzen etwa mit 1 (feuchte – nasse, teilweise bewirtschaftete Wiesen, teilweise an Hangmuldenstandorten) und 2 (Kahlschläge und Schonungen).
D) Gleichzusetzen etwa mit 2 (Wegrandvegetation und bewirtschaftetes Grünland, frische – mäßig trockene Unterhänge).
E) Teilweise 1 (Talsohle und unterste Hänge des oberen Bachtales und des Nebenbaches „Dürre Biela"), daneben 2 (Waldwiesen, Kahlschläge und Schonungen des bewaldeten Teils der Ebenheit).

Abkürzungen werden im weiteren wie folgt vorgenommen: Fo. = Fundort(e), Ex. = Exemplar(e) (jeweils mit Anzahl der gesammelten ♂♂/♀♀), A./E. = 1./2. Monatshälfte, SCHUM. = SCHUMACHER (1919), UG = Untersuchungsgebiet.

Nicht zuletzt möchte ich Herrn Dr. P. LAUTERER (Brno) für die Nachbestimmung von Belegexemplaren des größeren Teils der Arten sowie für zahlreiche wertvolle Hinweise sehr herzlich danken.

3. Artenspektrum des Gebietes

(Reihenfolge und Nomenklatur nach KLIMASZEWSKI 1975)

Rhinocola aceris (LINNAEUS)

B 2: 1 Fo. mit 0/1 Ex., E 2: 1 Fo. mit 1/0 Ex., Umgeb. Bad Schandau (SCHUM.). – 5. VI.–1. VIII.: A. VI 0/1 Ex., A. VIII 1/0 Ex.

(Wirtspflanzen: Acer spp.). – Im Basaltgebiet des Gr. Winterberges (an Acer pseudoplatanus) sowie im westelbischen Felsgebiet. Entsprechend der Verbreitung des Bergahorns im UG (Hänge, Schluchten, Talsohlen) sicher zahlreicher und frequenter als es die obigen Funde aussagen.

Europäische (-mittelasiatische) Art. Vom Gebiet der DDR je ein Fo. in Ostthüringen (NICOLAUS 1957), in Südwestsachsen (BÜTTNER 1964) sowie bei Berlin-Rahnsdorf (LAUTERER 1971), eine durchgängige Verbreitung ist wahrscheinlich (vgl. SCHMIDT 1912). Larvalüberwinterer, univoltin (KLIMASZEWSKI 1975).

Strophingia ericae (CURTIS) 2 ♀♀ det. LAUTERER

A 2: 1 Fo. mit 0/1 Ex., B 1: 1 Fo. mit 0/1 Ex., B 2: 1 Fo. mit 0/1 Ex., B 3: 1 Fo. mit 0/3 Ex. D 2: 3 Fo. mit 1/11 Ex., E 2: 1 Fo. mit 0/2 Ex., Umgeb. Wehlen: 1 Fo. mit 0/3 Ex. – 5. VI.–13. VIII.: A. VI 1/3 Ex., A. VII 0/14 Ex., E. VII 0/1 Ex., A. VIII 0/4 Ex.

(Wirtspflanze: Calluna vulgaris). – Entsprechend der weiten Verbreitung von Calluna im gesamten UG, jedoch gemäß der Vertikalverteilung der Pflanze überwiegend in den Höhenstufen 2 und 3, auch an trockenen, stark besonnten Standorten sowie außerhalb des Felsgebietes.

Europäische Art. In den Hochmooren des Erzgebirges (2 Fo.), des Thüringer Waldes (4 Fo.), des Harzes (1 Fo.) bzw. den Heidemooren der Lausitz (1 Fo.) (78–980 m NN); Larvalüberwinterer, univoltin (LAUTERER 1976).

Aphalara polygoni FÖRSTER 13 ♂♂ 20 ♀♀ det. LAUTERER

A 1: 3 Fo. mit 1/6 Ex., B 1: 3 Fo. mit 3/4 Ex., B 2: 4 Fo. mit 9/9 Ex., B 3: 2 Fo. mit 2/1 Ex., C 1: 1 Fo. mit 2/4 Ex., C 2: 2 Fo. mit 1/3 Ex., D 2: 4 Fo. mit 5/7 Ex., E 1: 1 Fo. mit 1/2 Ex., E 2: 1 Fo. mit 1/0 Ex., Umgeb. Bad Schandau (SCHUM.). – 3. IV.–24. IX.: A. IV 2/0 Ex., E. IV 1/4 Ex., A. V 1/1 Ex., A. VI 1/0 Ex., E. VI 0/1 Ex., A. VII 6/9 Ex., E. VII 0/2 Ex., A. VIII 5/6 Ex., E. VIII 4/5 Ex., A. IX 4/6 Ex., E. IX 1/2 Ex.

(Von SCHUMACHER wurde „*Aphalara calthae* L." für die Umgebung von Bad Schandau genannt. Auf Grund der Verbreitung von *A. polygoni* im UG dürfte es sich mit großer Wahrscheinlichkeit um die obige Art handeln.)

(Wirtspflanzen: Polygonum spp.). – Eine der entsprechend der Sammelmethode häufigsten Arten der Krautschicht im gesamten UG. Eine vertikale Grenze der Verbreitung war nicht zu erkennen, auch an allen nassen und kühlen Standorten (1) vertreten.

Paläarktisch-nearktische Art. Eindeutige Nachweise: Gebiete im jetzigen Westberlin (LAUTERER 1971), vom Gebiet der DDR Ostthüringen (NICOLAUS 1957: 1 Fo.), Südwestsachsen (BÜTTNER 1964: 1 Fo.) sowie Hochmoore des Erzgebirges (5 Fo.) und des Thüringer Waldes (4 Fo.) (660–980 m NN) (LAUTERER 1976); weite Verbreitung ist wahrscheinlich, da die meisten älteren Fundangaben sich auf diese Art beziehen dürften. Imaginalüberwinterer, bivoltin (KLIMASZEWSKI 1975).

Aphalara exilis (WEBER et MOHR) 1 ♂ 2 ♀♀ det. LAUTERER

A 1: 1 Fo. mit 0/1 Ex., B 2: 1 Fo. mit 2/3 Ex., B 3: 1 Fo. mit 2/0 Ex., C 2: 2 Fo. mit 0/6 Ex., D 2: 1 Fo. mit 0/4 Ex., Umgeb. Bad Schandau (2/0 Ex., 2. VIII. 1911, leg. SPANEY-SCHUMACHER S. V., Mus. Naturk. Berlin, bei SCHUM. nicht genannt). – 2. IV.–9. X.: A. IV 1/1 Ex., E. IV 1/2 Ex., A. V 0/1 Ex., A. VI 0/7 Ex., E. VI 0/3 Ex., A. VIII 2/0 Ex., A. X 2/0 Ex.

(Wirtspflanzen: Rumex spp.). – Im ostelbischen Felsgebiet (vorzugsweise Bereiche 2 u. 3), westlich nur von den trockenen Unterhängen der Kaiserkrone. Stärker trockenheitsliebend (nur im UG?).

Eurosibirische Art. Fundorte vom Gebiet der DDR: Ostthüringen (NICOLAUS 1957: 1 Fo.) sowie Hochmoore des Erzgebirges (3 Fo.) und des Thüringer Waldes (1 Fo.) (630–840 m NN), Ilfeld/Harz (coll. HAUPT); Imaginalüberwinterer, univoltin (LAUTERER 1976).

[*Aphalara artemisiae* FÖRSTER

Umgeb. Bad Schandau (SCHUM.). – Von den Arten der jetzigen *Cr. latior*-Gruppe wäre das Vorkommen von *Craspedolepta latior* WAGNER (Artemisia vulgaris), kaum von Cr. *artemisiae* (FRST.) (A. campestre) möglich. Da auch keine eigenen Funde vorliegen, bleibt das Vorkommen ersterer Art unsicher.]

Craspedolepta omissa WAGNER 1 ♂ 1 ♀ det. LAUTERER

D 2: 1 Fo. mit 2/1 Ex. – 7. VII.: A. VII 2/1 Ex.

(Wirtspflanze: Artemisia vulgaris). – Nur von einem Fo. der Schönaer Ebenheit vorliegend, für die Felsgebiete ohne Indikatorwert.

Eurosibirische Art. Bekannt bisher vom Gebiet der DDR nur durch den Loc. typ. „Neubrandenburg" (WAGNER 1947), mehrere Nachweise in der ČSSR und in Polen. Bionomie unbekannt; zeitlich relativ begrenzter Zeitpunkt des Imaginalauftretens E. VI und VII (WAGNER 1947, LAUTERER 1965, KLIMASZEWSKI 1975).

Craspedolepta nervosa (FÖRSTER) 2 ♂♂ 2 ♀♀ det. LAUTERER

B 2: 3 Fo. mit 1/2 Ex., C 1: 1 Fo. mit 0/1 Ex., C 2: 2 Fo. mit 3/1 Ex., D 2: 2 Fo. mit 7/5 Ex., E 1: 3 Fo. mit 4/6 Ex., E 2: 1 Fo. mit 0/2 Ex., Elbtal bei Schöna: 1 Fo. mit 2/2 Ex., Umgeb. Bad Schandau (SCHUM.). – 27. V.–5. VIII.: E. V 0/1 Ex., A. VI 3/9 Ex., E. VI 5/3 Ex., A. VII 8/5 Ex., A. VIII 1/1 Ex.

(Wirtspflanzen: hauptsächlich Achillea millefolium). – Der Schwerpunkt des Auftretens liegt sichtlich außerhalb des ostelbischen Felsgebietes (A/B). entsprechend des Vorkommens der Wirtspflanze.

Eurosibirische Art. Fundort vom Gebiet der DDR: Ostthüringen (NICOLAUS 1957: 1 Fo.), die Art ist auch nach HAUPT (1935) und WAGNER (1947) als bekannt und verbreitet anzunehmen. Ei- oder Larvalüberwinterer, univoltin (KLIMASZEWSKI 1975).

Craspedolepta subpunctata (FÖRSTER) 3 ♀♀ det. LAUTERER

A 1: 1 Fo. mit 0/1 Ex., B 2: 1 Fo. mit 2/7 Ex., B 3: 1 Fo. mit 0/2 Ex., E 1: 2 Fo. mit 0/2 Ex. – 4. VI.–3. VII.: A. VI 1/8 Ex., A. VII 0/4 Ex.

(Wirtspflanze: Chamaenerium angustifolium). – Im ostelbischen (A+B) sowie westelbischen Felsgebiet (E), entsprechend des Vorkommens der Wirtspflanze auf Kahlschlägen und Schonungen im UG.

Eurosibirische Art (vorzugsweise nördliche Hälfte). Fundorte vom Gebiet der DDR: Ostthüringen (NICOLAUS 1957: 2 Fo.); in den Nachbarländern ČSSR und Polen bisher nur lokal und vereinzelt, hier vorwiegend montan (LAUTERER 1965, KLIMASZEWSKI 1975). Bionomie bei LAUTERER/BAUDYŠ (1968): Larvalüberwinterer, univoltin.

Craspedolepta flavipennis (FÖRSTER)

C 2: 1 Fo. mit 0/1 Ex., D 2: 1 Fo. mit 1/1 Ex. – 4. VI.–7. VII.: A. VI 1/1 Ex., A. VII 0/1 Ex. – (Det. nach KLIMASZEWSKI 1961).

(Von SCHUMACHER wurde „*Aphalara picta* ZETT." für die Umgebung von Bad Schandau genannt. Diese Funde [?] beziehen sich entweder auf diese Art oder auf die folgende *Cr. sonchi* [FRST.]).

(Wirtspflanzen: Crepis spp., Hypochaeris spp. u. a.). – Im Bereich des Gr. Winterberges (Basaltplateau) und an den Unterhängen der Kaiserkrone.

Eurosibirische Art; nicht im nördlichen Europa, in Mitteleuropa häufig montan. Vom Gebiet der DDR ein publizierter Fund (Ostthüringen, det. WAGNER vor 1961; NICOLAUS 1957), evtl. vorhandenes weiteres Material (coll. HAUPT?) bedarf der Revision. Dem Autor liegen Funde aus dem Erzgebirge (Geisingberg, 13. VI. 1948, 1/1 Ex., leg. KOKSCH) und dem Thüringer Wald (Steinbach-Hallenberg, Moosbachtal, 23. VI. 1972, 6/6 Ex.) vor. Larvalüberwinterer, univoltin (KLIMASZEWSKI 1975).

Craspedolepta sonchi (FÖRSTER) 3 ♀♀ det. LAUTERER

B 2: 1 Fo. mit 1/3 Ex., D 2: 1 Fo. mit 0/3 Ex. – 30. VII.–26. VIII.: E. VII 1/1 Ex., A. VIII 0/2 Ex., E. VIII 0/3 Ex.

(Wirtspflanzen: Sonchus spp., Leontodon autumnalis). – Im ostelbischen Felsgebiet sowie im Raum der Schönaer Ebenheit. Im UG finden sich mit dieser und der vorhergehenden Art beide Formen des „*flavipennis*"-Artenpaares, deren Trennung nach KLIMASZEWSKI (1961 u. 1975: Fühlerlänge, Färbung der Vorderflügel, aber auch Gestalt von cu_1) gut möglich ist.

Eurosibirische Art, vorwiegend in der nördlichen Hälfte, in Mitteleuropa (Polen) in den Tiefebenen und nur vereinzelt im Gebirge. Ein publizierter Fundort vom Gebiet der DDR (Südwestsachsen, 730 m NN, det. WAGNER 1961; BÜTTNER 1964). Aus Mähren und der Slowakei sind mehrere Nachweise bekannt (LAUTERER 1963 u. 1965). Larvalüberwinterer, univoltin (KLIMASZEWSKI 1975).

Craspedolepta nebulosa (ZETTERSTEDT) 1 ♂ det. LAUTERER

B 3: 1 Fo. mit 1/0 Ex., E 1: 1 Fo. mit 1/0 Ex. – 4. VI.–5. VI.: A. VI 2/0 Ex.

(Wirtspflanze: Chamaenerion angustifolium). – Beide Funde erfolgten zeitlich und regional gemeinsam mit Nachweisen von *Cr. subpunctata*, was sich auch in der gemeinsamen Wirtspflanze ausdrückt.

Eurosibirische Art, vorwiegend in der nördlichen Hälfte, in Mitteleuropa vorzugsweise montan. Fundorte in der DDR: Ostthüringen (NICOLAUS 1957, 2 Fo.) sowie Hochmoore des Erzgebirges (2 Fo., 630–800 m NN); Larvalüberwinterer, univoltin (LAUTERER 1976).

Livia juncorum (LATREILLE)

B 1: 1 Fo. mit 1/0 Ex., B 2: 1 Fo. mit 0/1 Ex., Umgeb. Bad Schandau (SCHUM.). – 8. V.–30. VIII.: A. V 1/0 Ex., E. VIII 0/1 Ex.

(Wirtspflanzen: Juncus spp.). – Nur 2 Fo. im ostelbischen Felsgebiet, jedoch mit Binsen an den zahlreichen (oft kleinflächigen) vernäßten Standorten sicher weiter verbreitet und auch in A, C und E zu erwarten.

Eurosibirische Art. Für das Gebiet der DDR als durchgängig verbreitet anzunehmen (vgl. SCHMIDT 1912, HAUPT 1935), publizierte Fundorte: Ostthüringen (NICOLAUS 1957, 2 Fo.) sowie ein Zwischenmoor im Kreis Eilenburg (LAUTERER 1976). Imaginalüberwinterer, univoltin (KLIMASZEWSKI 1975).

Psyllopsis fraxinicola (FÖRSTER)

A 1: 1 Fo. mit 1/0 Ex., B 1: 1 Fo. mit 0/1 Ex., Umgeb. Bad Schandau (SCHUM.). – 23. VII.–16. IX.: E. VII 1/0 Ex., E. IX 0/1 Ex.

(Wirtspflanze: Fraxinus excelsior). – Nur im ostelbischen Felsgebiet gefunden, frequente Verbreitung entsprechend des Vorkommens des Baumes in den Tallagen der Bäche und Schluchten im UG (Ahorn-Eschen- bzw. Eschen-Erlen-Bestände) ist wahrscheinlich.

Paläarktische (-nearktische) Art. Weite Verbreitung im Raum der DDR ist anzunehmen, genannt wurden 2 Fo. in Ostthüringen (NICOLAUS 1957). Wahrscheinlich Imaginalüberwinterer, bivoltin (ob im UG?) (KLIMASZEWSKI 1975).

Psyllopsis fraxini (LINNAEUS)

A 1: 1 Fo. mit 1/0 Ex., C 2: 2 Fo. mit 1/4 Ex., E 1: 1 Fo. mit 0/1 Ex., Umgeb. Bad Schandau (SCHUM.). – 4. VII.–2. VIII.: A. VII 1/0 Ex., E. VII 1/2 Ex., A. VIII 0/3 Ex.

(Wirtspflanze: Fraxinus excelsior). – An den gleichen Standorten wie vorige Art, nach den vorliegenden Funden aber im UG anscheinend frequenter vertreten.

Paläarktische (-nearktische) Art. Verbreitung im Gebiet wie für die vorige Art annehmbar, bekannt wurden 1 Fo. in Südwestsachsen (BÜTTNER 1964) sowie 2–3 Fo. in Ostthüringen (NICOLAUS 1957); vgl. auch SCHMIDT 1912. Vermutlich Imaginalüberwinterer, bivoltin (ob im UG?) (KLIMASZEWSKI 1975).

Arytaina genistae (LATREILLE)

Umgeb. Wehlen: 1 Fo. mit 0/2 Ex., Umgeb. Bad Schandau (4/5 Ex., 2. VIII 1911, leg. SPANEY-SCHUMACHER S. V., Mus. Naturk. Berlin, bei SCHUM. nicht genannt). – 3. VII.–2. VIII.: A. VII 0/2 Ex., A. VIII 4/5 Ex.

(Wirtspflanzen: verschiedene Fabaceen, im UG u. a. Sarothamnus scoparius). – Nur 1 Fo. außerhalb des eigentlichen UG, aber mit dieser Wirtspflanze vermutlich weiter verbreitet.

Europäische Art (auch in der Nearktis). Im Gebiet der DDR sehr wahrscheinlich durchgängig verbreitet (vgl. EMMRICH 1976). Imaginalüberwinterer, bivoltin (KLIMASZEWSKI 1975).

Psylla alni (LINNAEUS) 2 ♂♂ 1 ♀ det. LAUTERER

A 1: 3 Fo. mit 0/3 Ex., B 2: 2 Fo. mit 3/0 Ex., C 1: 1 Fo. mit 3/3 Ex., C 2: 1 Fo. mit 1/1 Ex., D 2: 2 Fo. mit 2/2 Ex., E 1: 1 Fo. mit 2/1 Ex., E 2: 1 Fo. mit 0/1 Ex., Umgeb. Bad Schandau (SCHUM.). – 18. VI.–17. IX.: E. VI 3/4 Ex., A. VII 4/3 Ex., A. VIII 1/2 Ex., E. VIII 1/1 Ex., E. IX 2/1 Ex.

(Wirtspflanzen: Alnus spp.). – Im gesamten UG angetroffen, zahlreicher im Eschen-Erlen-Wald der Bachtäler (A und E, Kirnitzsch und Biela) und am Gr. Winterberg auf einem Hangnaßstandort (C).

Paläarktische Art. Im Gebiet der DDR wahrscheinlich allgemein verbreitet. Publizierte Fundorte: 1–2 Fo. in Ostthüringen (NICOLAUS 1957), 4 Fo. in Südwestsachsen (BÜTTNER 1964) sowie Hoch- bzw. Zwischenmoore in der Dübener Heide (1 Fo.), im Thüringer Wald (1 Fo.) und in der Oberlausitz (1 Fo.) (103–960 m NN); Eiüberwinterer, univoltin (LAUTERER 1976).

Psylla foersteri FLOR 1 ♂ 1 ♀ det. LAUTERER

C 1: 1 Fo. mit 1/2 Ex., Umgeb. Bad Schandau (1/0 Ex., 2. VIII. 1911, leg. SPANEY-SCHUMACHER S. V., Mus. Naturk. Berlin). – 2. VIII.–24. IX.: A. VIII 1/0 Ex., E. VIII 1/1 Ex., E. IX 0/1 Ex.

(Wirtspflanzen: Alnus spp.). – Nur lokal, am Fo. mit *Ps. alni* gemeinsam vorkommend.

Paläarktische Art. Weite Verbreitung im Raum der DDR wahrscheinlich, publizierte Fundorte: Ostthüringen (NICOLAUS 1957, 1 Fo.), Südwestsachsen (BÜTTNER 1964, 1 Fo.) sowie ein Zwischenmoor in der Dübener Heide (1 Fo., gemeinsam mit *Ps. alni*, 103 m NN) (LAUTERER 1976). Eiüberwinterer, univoltin (KLIMASZEWSKI 1975).

Psylla hartigi FLOR 3 ♂♂ det. LAUTERER

A 1: 1 Fo. mit 3/0 Ex., B 2: 1 Fo. mit 0/1 Ex., E 1: 1 Fo. mit 3/0 Ex. – 27. V.–24. VI.: E. V 3/1 Ex., E. VI 3/0 Ex.

(Wirtspflanzen: Betula spp., hier B. verrucosa). – Im ost- und westelbischen Felsgebiet, wahrscheinlich im UG mit den alle Höhenstufen besiedelnden Birken weiter verbreitet. Zwei am 27. V. (1972) gefangene ♂♂ wiesen noch Juvenilmerkmale auf, was zeigt, daß die Art auch im UG nicht imaginal überwintert (vgl. LAUTERER 1965).

Paläarktische Art, vorwiegend in der nördlichen Hälfte. Nachweise vom Gebiet der DDR in Ostthüringen (NICOLAUS 1957, 1 Fo.) sowie bei LAUTERER (1976): ein Hochmoor im Kr. Neustrelitz (80 m NN); die in der Sammlung HAUPT vertretenen Exemplare betreffen Fundorte außerhalb dessen.

Spanioneura buxi (LINNAEUS) 1 ♂ det. LAUTERER

E 1: 1 Fo. mit 1/0 Ex., Umgeb. Bad Schandau (SCHUM.). – 24. VI.: E. VI 1/0 Ex.

(Wirtspflanze: Buxus sempervirens). – Wahrscheinlich verflogenes Exemplar, aus einem Gebiet ohne Kulturbeeinflussung.

Kosmopolitische Art. Funde vom Gebiet der DDR unbekannt. Eiüberwinterer, univoltin (KLIMASZEWSKI 1975).

Cacopsylla mali (SCHMIDBERGER) 14 ♂♂ 12 ♀♀ det. LAUTERER

B 1: 1 Fo. mit 1/0 Ex., B 2: 1 Fo. mit 12/25 Ex., D 2: 2 Fo. mit 3/0 Ex., Elbtal bei Schöna: 1 Fo. mit 1/0 Ex. – 4. VII.–14. VIII.: A. VII 17/23 Ex., A. VIII 0/2 Ex.

(Von SCHUMACHER wurde „*Ps. mali* SCHMDBG." für die Umgebung von Bad Schandau genannt, was sich aber auch noch auf andere Arten der *C. mali*-Gruppe beziehen kann.)

(Wirtspflanzen: Malus spp.). – Die beiden Funde im ostelbischen Felsgebiet (B) entstammen kulturbeeinflußten Standorten mit Obstanpflanzungen.

Kosmopolitische Art. Die Festlegung als sehr verbreitete und zeitweise zu Massenentwicklungen neigende Art aus den Nachbarländern gilt auch für unser Gebiet. Eiüberwinterer, univoltin (KLIMASZEWSKI 1975).

Cacopsylla sorbi (L., em. EDWARDS) 5 ♂♂ det. LAUTERER

C 2: 1 Fo. mit 1/0 Ex., E 1: 1 Fo. mit 4/0 Ex. – 5. VI.–18. VI.: A. VI 4/0 Ex., E. VI 1/0 Ex.

(Wirtspflanze: Sorbus aucuparia). – Mit der Eberesche verbreitet, mit dieser sicher auch im ostelbischen Felsgebiet (A–C) vorkommend. [2])
Europäische Art, vorwiegend in der nördlichen Hälfte. Evtl. vom Gebiet der DDR vorliegende frühere Nachweise sind taxonomisch unsicher. Neue Nachweise bei LAUTERER (1976): Hochmoore des Erzgebirges (3 Fo.) und des Thüringer Waldes (1 Fo.) (630–890 m NN); Eiüberwinterer, univoltin.

Cacopsylla peregrina (FÖRSTER) 3 ♂♂ 1 ♀ det. LAUTERER

D 2: 1 Fo. mit 8/4 Ex. – 11. VI.: A. VI 8/4 Ex.
(Wirtspflanzen: Crataegus spp.). – Nur 1 Fo. im Bereich der Schönaer Ebenheit, weitere Verbreitung im UG mit den Wirtspflanzen ist anzunehmen.
Paläarktische Art. Fundangaben vom Gebiet der DDR aus Ostthüringen (NICOLAUS 1957, 2 Fo.) sowie Südwestsachsen (BÜTTNER 1964, 1 Fo.), weite Verbreitung ist wahrscheinlich. Eiüberwinterer, univoltin (KLIMASZEWSKI 1975).

Cacopsylla pyri (LINNAEUS), *C. pyricola* (FÖRSTER) und *C. pyrisuga* (FÖRSTER)

Alle drei Arten (Wirtspflanze: Pyrus communis) werden von SCHUMACHER für die Umgebung von Bad Schandau genannt. Davon ist das Vorkommen von *C. pyricola* auf Grund des Verbreitungsschemas der Art in den Nachbarländern ČSSR und Polen wenig wahrscheinlich. *C. pyri* und *C. pyrisuga* können im UG auftreten, sie werden gelegentlich auch außerhalb der Wildbirne angetroffen.

Cacopsylla pruni (SCOPOLI)

Umgeb. Bad Schandau (SCHUM.).
(Wirtspflanzen: Prunus spp.). – Das Vorkommen der Art im UG ist, nach der Verbreitung in der ČSSR zu urteilen, wahrscheinlich.

Cacopsylla ledi (FLOR)

B 2: 1 Fo. mit 2/2 Ex. – 4. VII.: A. VII 2/2 Ex.
(Wirtspflanze: Ledum palustre). – Der Nachweis des Vorkommens dieser Art im UG ist bemerkenswert, da es sich bei der Wirtspflanze im Gebiet der Hinteren Sächsischen Schweiz um eine Arealenklave außerhalb des geschlossenen Verbreitungsbereiches der Art handelt, dessen Grenzlinie das Gebiet der DDR etwa von NW nach SO quert. Für die Existenz der Art reichen die voneinander isolierten, meist kleinflächigen und nicht optimalwüchsigen Bestände des Sumpfporstes im UG offenbar aus.
Europäische Art. Bisher nur zwei Fundorte vom Gebiet der DDR bekannt (Kr. Neustrelitz, Kr. Niesky; vgl. EMMRICH 1977). Bisher südlichster Nachweis in Mitteleuropa.

[*Cacopsylla crataegi* (SCHRANK)

Von SCHUMACHER für die Umgebung von Bad Schandau genannt. Diese südeuropäische Art (Wirtspflanze: Crataegus oxyacantha) gilt bereits in der ČSSR als selten und erreicht in Südpolen die Nordgrenze der geschlossenen Verbreitung. Ein fortsetzendes Auftreten im südlichen Elbtal wäre möglich, ist jedoch nicht sehr wahrscheinlich.]

Cacopsylla saliceti (FÖRSTER)

Umgeb. Bad Schandau (SCHUM.). – Das Vorkommen dieser, durch den Bau der Parameren gut kenntlichen Art aus der *C. saliceti*-Gruppe ist auf Grund der oligophagen Ernährungsweise an verbreiteten Salix-Arten im UG wahrscheinlich, eigene Funde liegen bisher nicht vor. Vgl. auch die Ausführungen zu *C. nigrita* (ZETT.).

[2]) In der Zwischenzeit liegen weitere Funde der Art von A 1 (1 Fo. mit 0/1 Ex.), B 2 (2 Fo. mit 2/4 Ex.) und E 1 (1 Fo. mit 0/1 Ex.) vor. Die Grenzdaten des Nachweises erweitern sich auf den 17. IX. Diese Exemplare sind in Tab. 1 u. 2 nicht mit berücksichtigt.

Cacopsylla moscovita (ANDRIANOVA) 1 ♂ det. LAUTERER

B 2: 1 Fo. mit 1/6 Ex. – 4. VII.–11. IX.: A. VII 0/1 Ex., A. VIII 1/1 Ex., A. IX. 0/4 Ex.

(Wirtspflanzen: Salix spp., vorwiegend S. cinerea). – Ostelbisches Felsgebiet, im als Weidenheger genutzten Teil einer Wiese.

Eurosibirische Art, nur in der nördlichen Hälfte. Aus dem Gebiet der DDR liegen bisher keine Nachweise vor. Nach KLIMASZEWSKI (1975) Imaginalüberwinterer, bivoltin (im UG?).

Cacopsylla klapaleki (ŠULC)

B 2: 1 Fo. mit 1/0 Ex. – 4. VII.: A. VII 1/0 Ex.

(Wirtspflanzen: Salix spp.). – Fundort wie bei voriger Art.

Europäische Art, nicht im südlichen Teil. Funde vom Gebiet der DDR sind vermutlich nicht vorhanden (vgl. HAUPT 1935), ein neuer Nachweis stammt aus der Dresdener Umgebung (vgl. EMMRICH 1976). Imaginalüberwinterer (nur ♀♀?), Generationenzahl unbekannt.

[*Cacopsylla nigrita* (ZETTERSTEDT)

Die von SCHUMACHER aus der Umgebung von Bad Schandau genannte Art basiert sehr wahrscheinlich auf Funden, die einer anderen Art der *C. saliceti*-Gruppe zugerechnet werden müssen, am ehesten *C. saliceti* (FRST.) oder den bereits genannten *C. moscovita* oder *C. klapaleki* aus dem Bereich des hinteren Kirnitzschtales.]

Cacopsylla ulmi (FÖRSTER) 1 ♀ det. LAUTERER

B 2: 1 Fo. mit 0/1 Ex. – 4. VII.: A. VII 0/1 Ex.

(Wirtspflanzen: Ulmus glabra, U. laevis, U. carpinifolia?). – Im gesamten Untersuchungsgebiet in allen Höhenbereichen zu erwarten, sofern naturnahe Mischwaldgesellschaften vorhanden sind.

Europäische Art. Allgemeine Verbreitung im Gebiet der DDR wahrscheinlich (s. HAUPT 1935), bisher jedoch aus der Literatur nur von mehreren Fundorten der Umgebung Berlins bekannt (LAUTERER 1971). Univoltiner Eiüberwinterer (KLIMASZEWSKI 1975).

Trioza rotundata FLOR 1 ♂ 2 ♀♀ det. LAUTERER

A 1: 2 Fo. mit 4/9 Ex., B 1: 1 Fo. mit 1/2 Ex. – 2. IV.–10. VI.: A. IV 1/1 Ex., E. IV 3/2 Ex., A. V 0/3 Ex., A. VI 1/5 Ex.

(Wirtspflanzen: Cardamine amara, Nasturtium officinale). – Nur im ostelbischen Felsgebiet in Bachtal- bzw. Schluchtlagen.

Europäische Art, vorwiegend Nord-, Mittel- und Osteuropa. Vom Gebiet der DDR bisher keine Vorkommen bekannt, HAUPT (1935) erwähnte die Art nicht. Nach KLIMASZEWSKI (1975) univoltiner Imaginalüberwinterer und möglicherweise Art des boreoalpinen Arealtyps, obwohl LAUTERER (1963) aus Mähren auch Funde aus der kollinen Höhenstufe anführte.

Trioza abdominalis FLOR 1 ♂ 1 ♀ det. LAUTERER

A 1: 3 Fo. mit 4/7 Ex., B 2: 3 Fo. mit 1/6 Ex. – 27. V.–8. VIII.: E. V 5/6 Ex., A. VII 0/1 Ex., E. VII 0/1 Ex., A. VIII 0/5 Ex.

(Wirtspflanze: hier Alchemilla vulgaris). – In A/B mit der Wirtspflanze auf feuchten – frischen Wiesen (Bachtal der Kirnitzsch sowie im mittleren Höhenbereich), sicher auch im oberen Bielatal (E) vertreten.

Europäische Art, im S fehlend. Offenbar bisher keine Funde aus dem Gebiet der DDR bekannt (HAUPT 1935 „in Deutschland noch nicht"). Nach KLIMASZEWSKI (1975) Art des boreoalpinen Arealtyps. Bionomie unbekannt.

[*Trioza dispar* LÖW

Von SCHUMACHER für die Umgebung von Bad Schandau genannt. Ein Vorkommen zumindest in der unmittelbaren Umgebung des Ortes ist wenig wahrscheinlich, da *T. dispar* nach den bisherigen Erkenntnissen ein typisches boreomontanes Areal aufweist und z. B. in Polen nur in den südöstlichen Grenzgebirgen, in der ČSSR nur in der Slowakei gefunden wurde. Von den Wirtspflanzen sind Leontodon-Arten, Taraxacum officinale und Hypericum perforatum auch im UG weit verbreitet.]

[*Trioza proxima* FLOR

Von SCHUMACHER für die Umgebung von Bad Schandau genannt. Ein Vorkommen hier ist ebenfalls wenig wahrscheinlich, da die Art bisher nur von wenigen Fundorten im mittleren und südlichen Europa, vorwiegend aus dem montanen Bereich bekannt ist, z. B. in Polen nur aus den Pieninen (Wirtspflanzen: Hieracium spp., u. a. H. pilosella, Mycelis muralis). Andererseits nannte NICOLAUS (1957) einen Fo. in Ostthüringen (det. WAGNER).]

Trioza urticae (LINNAEUS) 1 ♂ 3 ♀♀ det. LAUTERER

A 1: 4 Fo. mit 13/15 Ex., B 1: 2 Fo. mit 2/1 Ex., B 2: 2 Fo. mit 8/5 Ex., B 3: 1 Fo. mit 1/0 Ex., C 1: 2 Fo. mit 8/10 Ex., D 2: 1 Fo. mit 3/1 Ex., E 2: 1 Fo. mit 0/2 Ex., Umgeb. Bad Schandau (SCHUM.). – 3. IV.–13. XI.: A. IV 1/0 Ex., A. V 7/3 Ex., E. V 2/3 Ex., A. VI 1/1 Ex., E. VI 0/1 Ex., A. VII 10/7 Ex., E. VII 8/9 Ex., A. VIII 0/5 Ex., E. VIII 3/4 Ex., A. XI 3/1 Ex.

(Wirtspflanzen: Urtica dioica, U. urens). – In allen besammelten Teilgebieten angetroffen, entsprechend der Sammelmethodik zahlenmäßig dominierende Blattflohart der Krautschicht. Mit den Wirtspflanzen bevorzugt in den feuchten – nassen Tallagen (1), aber auch an geeigneten feuchten Stellen im Plateaubereich (3).

(Paläarktische) kosmopolitische Art. Vom Gebiet der DDR als überall verbreitet anzunehmen (vgl. SCHMIDT 1912, HAUPT 1935, NICOLAUS 1957, LAUTERER 1971). Imaginalüberwinterer, (meist?) bivoltin (KLIMASZEWSKI 1975).

Trioza galii FÖRSTER 2 ♂♂ det. LAUTERER

C 1: 1 Fo. mit 4/3 Ex., B 2: 1 Fo. mit 5/10 Ex., Umgeb. Bad Schandau (SCHUM.). – 27. V.–11. VII.: E. V 2/6 Ex., A. VI 0/1 Ex., E. VI 3/3 Ex., A. VII 4/3 Ex.

(Wirtspflanzen: Galium spp.). – Nur auf zwei extensiv genutzten Waldwiesen im ostelbischen Felsgebiet gefunden, wo die Art aber zahlreich vorkommt.

Paläarktische Art. Funde aus dem Gebiet der DDR vermutlich bisher nur bei HAUPT (1935: Könnern, Kr. Bernburg); HAUPT sowie KLIMASZEWSKI (1975) erwähnten das lokal begrenzte Auftreten, obwohl die Art im Gesamtgebiet zu erwarten ist. Imaginalüberwinterer, univoltin (KLIMASZEWSKI l. c.).

[*Trioza rumicis* LÖW

Von SCHUMACHER für die Umgebung von Bad Schandau genannt. Ein Vorkommen dort ist sehr unwahrscheinlich, da die Art nach dem bisherigen Kenntnisstand ein alpines Verbreitungsareal aufweist (Alpen, Karpaten, Sudeten, Kaukasus; vgl. KLIMASZEWSKI 1973) und außerhalb dieses Gebietes bisher auch keine Einzelfunde vorliegen. – Wirtspflanzen: Rumex spp., u. a. R. acetosella und R. arifolius.]

Trioza rhamni (SCHRANK)

Umgeb. Bad Schandau (SCHUM.).

(Wirtspflanze: Rhamnus cathartica). – Das Vorkommen der Art im UG ist wahrscheinlich.

Trioza flavipennis FÖRSTER

Umgeb. Bad Schandau (SCHUM.: *Trioza aegopodii* LÖW).

(Wirtspflanze: Aegopodium podagraria). – Das Vorkommen der Art im UG ist wahrscheinlich.

[*Trioza foersteri* MEYER-DÜR

Aus der Umgebung von Bad Schandau führte SCHUMACHER die Art „*Trioza flavipennis* FÖRST." auf. Da er sich ersichtlich auf den Katalog von AULMANN (1913) bezog und an anderer Stelle ebenfalls die vorige Art („*Trioza aegopodii* LÖW") nannte, kann es sich hierbei nur um die obige Art handeln. Das Vorkommen dieser Art im UG ist möglich, da von den Wirtspflanzen Prenanthes purpurea im ostelbischen Felsgebiet verbreitet ist (R. KRAUSE mdl.). Andererseits begrenzt sich das Areal der Art nach dem bisherigen Kenntnisstand auf die zentraleuropäischen Mittel- (?, Funde in der ČSSR aus Morava) bzw. Hochgebirge (Alpenraum, Tatra, Karpaten). Eigene Funde liegen bisher nicht vor.

Bactericera femoralis (FÖRSTER) 1 ♂ 1 ♀ det. LAUTERER

A 1: 2 Fo. mit 1/1 Ex., B 1: 1 Fo. mit 1/0 Ex., B 2: 2 Fo. mit 0/2 Ex., E 1: 1 Fo. mit 0/3 Ex. – 2. IV.–17. IX.: A. IV 0/1 Ex., A. VII 2/1 Ex., E. VII 0/1 Ex., E. IX 0/3 Ex.

(Die von SCHUMACHER unter dem Namen „*Trioza acutipennis* ZETT." aus der Umgebung von Bad Schandau genannten Funde [?] sind mit großer Wahrscheinlichkeit dieser Art zuzuordnen, die im UG verbreitet ist.)

(Wirtspflanzen: Alchemilla spp.). – Entsprechend der Verbreitung der Wirtspflanze (A. vulgaris) bevorzugt in den Bachtälern und Schlüchten des ost- und westelbischen Felsgebietes, daneben auf Waldwiesen.

Eurosibirische Art, weniger im Süden Europas, in Zentraleuropa bevorzugt montan (Alpen, Karpaten und Vorland) sowie in den Tiefebenen nördlich davon. Fundorte in der DDR bei HAUPT (1935) infolge noch nicht vollzogener Trennung zu *B. acutipennis* (ZETT.) nicht zu entnehmen. Neuer Nachweis: ein Hochmoor im Thüringer Wald (890 m NN); Imaginalüberwinterer, bivoltin (LAUTERER 1976).

Bactericera nigricornis (FÖRSTER)

B 2: 2 Fo. mit 1/2 Ex., E 2: 1 Fo. mit 2/0 Ex. – 8. VIII.–17. IX.: A. VIII 1/2 Ex., E. IX 2/0 Ex.

(Wirtspflanzen: polyphage Art). – Im ost- wie im westelbischen Felsgebiet auf extensiv genutzten Mähwiesen gefunden.

Paläarktische Art. Fundorte vom Gebiet der DDR bekannt aus Ostthüringen (NICOLAUS 1957, 3 Fo.), sonst nur bei LAUTERER (1976: ein Hochmoor im Thüringer Wald, 890 m NN), entsprechend den Vorkommen in den Nachbarländern ČSSR und Polen ist eine stete Verbreitung im gesamten Gebiet anzunehmen. Imaginalüberwinterer, mindestens bivoltin (LAUTERER l. c.).

Heterotrioza apicalis (FÖRSTER) 1 ♂ det. LAUTERER

D 2: 1 Fo. mit 1/0 Ex. – 11. VI.: A. VI 1/0 Ex.

(Die von SCHUMACHER unter dem Namen „*Trioza viridula* ZETT." aufgeführte Art muß mit großer Wahrscheinlichkeit dieser Form zugerechnet werden.)

(Wirtspflanzen: Laserpitium sp., Imperatoria sp., Anthriscus sp., Heracleum sp., Pastinaca spp., Daucus sp.). – Nur 1 Fo. aus dem Bereich der Schönaer Ebenheit.

Paläarktische Art. Von HAUPT (1935) unter *Tr. viridula* ohne Verbreitungsangaben genannt, 1 Fo. aus Ostthüringen bekannt (NICOLAUS 1957). In Polen vorzugsweise in den kollinen – montanen Regionen der südlichen Landesteile, aber auch in der nördlichen Tiefebene; Imaginalüberwinterer, bivoltin (KLIMASZEWSKI 1975).

Heterotrioza pallida (HAUPT) 2 ♂♂ 1 ♀ det. LAUTERER

A 1: 3 Fo. mit 3/4 Ex., B 1: 1 Fo. mit 20/18 Ex., E 2: 1 Fo. mit 0/1 Ex., Pfaffendorf, SO v. Pfaffenstein: 1 Fo. mit 0/1 Ex. – 2. IV.–19. VII.: A. IV 4/6 Ex., E IV 3/2 Ex., A. V 13/10 Ex., E. V 2/3 Ex., A. VI 1/2 Ex., E. VII 0/1 Ex.

(Wirtspflanzen: Anthriscus silvestris, Chaerophyllum spp.). – Verbreitet im ost- und westelbischen Felsrevier, zahlreich von einem Schluchtwaldstandort in A (210 m NN).

Eurosibirische Art. Funde auf dem Gebiet der DDR bisher nur vom Locus typicus „Halle/S." (2 ♀♀, s. LAUTERER 1976), Verbreitung außerhalb Mitteleuropas vorwiegend nord- und osteuropäisch, nach KLIMASZEWSKI in Europa boreomontanes Areal; im feuchten – nassen Grünland und in Torfmooren (LAUTERER 1965). Imaginalüberwinterer, bivoltin (KLIMASZEWSKI 1975).

Heterotrioza remota (FÖRSTER)

Umgeb. Bad Schandau (SCHUM.).
(Wirtspflanzen: Quercus spp.). – Das Vorkommen der Art im UG ist wahrscheinlich.

[*Heterotrioza alacris* (FLOR)

Von SCHUMACHER wurde „*Trioza alacris* FLOR" für die Umgebung von Bad Schandau genannt. Da diese mediterrane Form in Mitteleuropa nur (sehr selten) aus Gewächshäusern von Laurus spp. bekannt ist, andererseits SCHUMACHER auch in der Einleitung seiner Arbeit keine konkreten Hinweise gibt, muß die Zitierung dieser Art als sehr zweifelhaft gelten.]

4. Zur Phänologie und Synökologie des Artenspektrums

Die phänologischen Sammeldaten der hier festgestellten Arten liegen in allen Fällen innerhalb ihrer bekannten Erscheinungszeiten. Da speziell Nachweise überwinternder Imagines aus dem Sammelgebiet bisher bis auf wenige Ausnahmen noch nicht vorliegen, repräsentieren die Funde nur Ausschnitte der Entwicklungszyklen. Für einige Arten liegt die Verteilung der Funddaten entsprechend dicht bzw. saisonal so, daß eine Bestätigung ihrer Phänologie für das UG gegeben werden kann:

Imaginalüberwinterer, univoltin: *Aphalara exilis* (ab IV bis E. VI durchgehend nachgewiesen, neue Funde A. VIII und A. X), *Livia juncorum* (Funde nur in V und dann wieder E. VIII), *Trioza rotundata* (Nachweise durchgehend ab IV bis A. VI, im Spätsommer/Herbst keine Funde mehr!).
Imaginalüberwinterer, bivoltin: *Aphalara polygoni* (ab IV bis E. IX durchgehend Nachweise, zahlreich zu finden VII–VIII), *Trioza urticae* (nachgewiesen ab IV bis A. XI), *Bactericera femoralis* (Nachweise ab IV bis E. IX, dazwischen nur in VII), *Heterotrioza pallida* (Nachweise zusammenhängend ab IV bis A. VI, im Spätsommer/Herbst keine Funde mehr!).
Eiüberwinterer, univoltin: *Psylla alni* (ab Mitte VI, jedoch lange nachweisbar bis Mitte IX [1974]), *Ps. foersteri* (nur Funde VIII/IX [1970]).

Arten	Ostelbisches Felsgebiet ("Hintere Sächs. Schweiz") A: Kirnitzschtal (vorw. Eschen-Erlen-Bachwald u. Grünland im Bereich) 1/2	B: Felsgebiet zw. Kirn.-Tal u. Gr. Winterberg (vorw. Ahorn-Eschen- bzw. Fichten-Schluchtwald; Kiefern- bzw. Fichtenforsten u. Grünland im Bereich; Felsheide-Kiefern-Birken-Wald) 1/2/3	C: Gebiet Gr. Winterberg (vorw. Buchenwald auf Basalt u. Grünland im Bereich) 1/2	Schönaer Ebenheit D: Gebiet Schöna/Kaiserkrone (vorw. Buchen-Eichen-Wald u. wirtsch. genutztes Grünland) 2/3	Westelb. Felsgebiet u. Rosenth. Ebenheit E: Oberes Bielatal u. Gebiet südlich Rosenthal (vorw. Fichten-Erlen-Bachwald bzw. Buchen-Tannen-Wald u. Grünland im Bereich) 1/2
Rhinocola aceris	-	-/1/-	-	-	-/1
Strophingia ericae	-/1	1/1/3	-	12/-	-/2
Aphalara polygoni	7/-	7/18/3	6/4	12/-	3/1
Aphalara exilis	1/-	-/5/2	-/6	4/-	-
Crasped. omissa	-	-	-	3/-	-
Crasped. nervosa	-	-/3/-	1/4	12/-	10/2
Crasped. subpunctata	1/-	-/9/2	-	-	2/-
Crasped. flavipennis	-	-	-/1	2/-	-
Crasped. sonchi	-	-/4/-	-	3/-	-
Crasped. nebulosa	-	-/-/1	-	-	1/-
Livia juncorum	-	1/1/-	-	-	-
Psyllops. fraxinicola	1/-	1/-/-	-	-	-
Psyllops. fraxini	1/-	-	-/5	-	1/-
Psylla alni	3/-	-/3/-	6/2	4/-	3/1
Psylla foersteri	-	-	3/-	-	-
Psylla hartigi	3/-	-/1/-	-	-	3/-
Spanioneura buxi	-	-	-	-	1/-
Cacops. mali	-	1/37/-	-	3/-	-
Cacops. sorbi	-	-	-/1	-	4/-
Cacops. peregrina	-	-	-	12/-	-
Cacops. ledi	-	-/4/-	-	-	-
Cacops. moscovita	-	-/7/-	-	-	-
Cacops. klapaleki	-	-/1/-	-	-	-
Cacops. ulmi	-	-/1/-	-	-	-
Trioza rotundata	13/-	3/-/-	-	-	-
Trioza abdominalis	11/-	-/7/-	-	-	-
Trioza urticae	28/-	3/13/1	18/-	4/-	-/2
Trioza galii	-	-/15/-	7/-	-	-
Bacteric. femoralis	2/-	1/2/-	-	-	3/-
Bacteric. nigricornis	-	-/3/-	-	-	-/2
Heterotr. apicalis	-	-	-	1/-	-
Heterotr. pallida	7/-	38/-/-	-	-	-/1

Tabelle 1. Übersicht über das ermittelte Artenspektrum der Blattflöhe in den Untersuchungsgebieten A–E, gegliedert nach der Vertikalzonierung (1/2/3).

Nur unvollständig bekannt ist die Bionomie der folgenden Arten: *Craspedolepta omissa* (s. d., Nachweis nur A. VII), *Cr. nervosa* (Überwinterungsform?, Funde hier ab E. V bis VIII, zahlreicher VI – A. VII), *Psylla hartigi* (auch hier kein Imaginalüberwinterer), *Trioza abdominalis* (ab E. V gefunden, letzte Nachweise A. VIII).

Eine geringfügige zeitliche Verschiebung der phänologischen Daten von Arten aus kleinklimatisch ungünstigen Tal- oder Schluchtlagen (A/B) ist mittels des vorliegenden Materials schwer feststellbar, aber möglich (vgl. WITSACK u. KRAUSE 1978). So liegen hier von *Ps. alni* z. B. Imaginalfunde nicht vor Mitte VI vor (C; allgemein ab E. V zu erwarten), andererseits aber auch noch Mitte IX (E).

Von folgenden Arten wurden einzelne Exemplare auch am Licht erbeutet: *Aphalara polygoni* (19. IV.), *Psyllopsis fraxinicola* (16. IX.), *Ps. fraxini* (17. VII.), *Cacopsylla mali* (8. VII.).

Zur Synökologie des festgestellten Artenspektrums und seiner Assoziierung an die unterschiedenen Lebensräume (s. Tab. 1) lassen sich nur wenige gesicherte Angaben machen. Da die Bindung einer Blattflohart an ein Habitat primär über das Vorhandensein der Wirtspflanzenart(en) erfolgt und andererseits Bionomie und Autökologie bisher nur weniger Arten intensiv untersucht worden sind, lassen sich Indikatorarten für die kleinklimatisch sehr differierenden Lebensräume nur indirekt benennen. Außerdem fehlen vergleichend-ökologische Angaben zu den Arten aus anderen Landschaften vom Gebiet der DDR fast völlig.

Vom Artenspektrum sind eine Reihe von Formen als uncharakteristisch für das UG auszuscheiden (*Craspedolepta omissa, Spanioneura buxi, Cacopsylla mali, C. peregrina, C. moscovita, C. klapaleki*), von denen es sich entweder um verflogene Exemplare (Arten z. T. mit Ausbreitungsphase!) bzw. um Vorkommen an eingeschleppten oder wenig verbreiteten Wirtspflanzen handelt. Für das Auftreten dieser Arten sind die zumindest in A–C wenig vorhandenen, künstlich angelegten Wiesen („Räumichte") bedeutsam, die durch das Vertretensein von sonst im UG nicht verbreiteten Pflanzenarten für eine Faunenanreicherung sorgen.

Bei den im UG sehr abundant nachgewiesenen Arten *Aphalara polygoni* und *Trioza urticae* handelt es sich um weit verbreitete und euryvalente Arten (Wirtspflanzen!), denen ebenfalls kein Indikatorwert zuzuschreiben ist.

Als kennzeichnend für das ost- wie westelbische Felsgebiet können am ehesten die folgenden Arten genannt werden: *Craspedolepta subpunctata, Psylla hartigi, Cacopsylla ledi, C. sorbi, Trioza rotundata, Tr. abdominalis, Bactericera femoralis, Heterotrioza pallida.* Diese keineswegs allgemein verbreiteten Arten finden im Gebiet zusagende Existenzbedingungen. Einige weitere der von SCHUMACHER genannten Arten (wie *Tr. foersteri*) würden, falls tatsächlich vertreten, diese Gruppe noch verstärken.

Einer Reihe weiterer Arten, im UG mehr oder weniger frequent nachgewiesen, kommt infolge der hier kennzeichnenden Verbreitung ihrer Wirtspflanzen ebenfalls noch ein gewisser Indikatorwert zu, wenngleich sie auch außerhalb dieser Grenzen kontinuierlich auftreten dürften: *Rhinocola aceris, Strophingia ericae, Livia juncorum, Psyllopsis* spp., *Psylla alni.*

Hinsichtlich der Verteilung der gefundenen Exemplare in bezug auf die in A, B u. E beträchtliche Vertikaldifferenzierung des Geländes ist festzustellen, daß eine Reihe von Arten überwiegend in der niedersten Höhenstufe, in der Vegetation der Bachtäler und Schlüchte gefunden wurde: *Aphalara polygoni, Psyllopsis* spp., *Psylla alni, Ps. hartigi, Trioza rotundata, Tr. abdominalis, Tr. urticae, Bactericera femoralis, Heterotrioza pallida.* Anzusehen als direkte Folge der schwerpunktmäßigen Verteilung der entsprechenden Wirtspflanzen, belegt dieser Fakt aber auch, daß die entsprechenden kleinklimatischen Extremwerte dieser Standorte (s. KRAUSE 1974) noch innerhalb des Temperaturtoleranzbereiches dieser Arten liegen. Möglicherweise liegt hierin aber auch die Ursache für die Existenz einiger, nach den bisherigen Kenntnissen boreal/boreoalpin verbreiteter

Arten	Abundanzanteil (%)	Höhenverbreitungsbereich im UG (m NN)	Arealtyp Höhenverbreitung	Verbreitung ČSSR - Polen - DDR
Crasped. subpunctata	2,9	240-400 m	eurosib. (nicht S) planar - montan	Čechy (u.a. Šumava)/Morava/Slovensko (u.a. Tatry) Tatry, Pieniny, Gorce Ostthüringen
Crasped. flavipennis	0,6	320-480 m	eurosib. (außer N) planar - alpin	Čechy/Morava/Slovensko Karpaty, Sudety (häufig)/Tiefebene (vereinzelt) Ostthüringen
Crasped. sonchi	1,4	300-320 m	eurosib. (vorw. N) planar - montan	Morava/Slovensko u.a. Mazury, Pomorze/Tatry, Bieszczady Südwestsachsen
Crasped. nebulosa	0,4	300-400 m	eurosib. (vorw. N) planar - montan	Čechy (u.a. Šumava)/Morava/Slovensko Karpaty (u. Vorland) Westerzgebirge/Ostthüringen
Psylla hartigi	1,4	220-380 m	paläarkt. (vorw. N) planar - submontan	Čechy/Morava/Slovensko verbreitet, u.a. Tiefebene/Bieszczady, Beskid Mecklenburg/Ostthüringen
Cacops. sorbi	1,0	330-370 m	europ. (nicht S) planar - subalpin	Čechy/Slovensko (Tatry) u.a. Ostseeküste/Bieszczady, Beskid, Pieniny, Tatry Westerzgebirge/Thüringer Wald
Cacops. ledi	0,8	320 m	europ. (boreal) (vorw. N u. O) planar (- montan?)	-- Pomorze/Podlasie Mecklenburg/Ostsachsen
Cacops. moscovita	0,8	260 m	eurosib. (nicht S) planar - montan?	Morava/Slezsko (u.a. Jeseníky) Pomorze/Wielkopolska/Kraków --
Cacops. klapaleki	0,2	260 m	europ. (nicht S) planar - subalpin	Morava Mazury, Pomorze/Tatry Sachsen (Umgeb. Dresden)
Trioza rotundata	3,3	210-225 m	europ. (boreoalpin?) (vorw. N u. O) planar - subalpin	Morava/Slovensko Pomorze/Podlasie/Bieszczady, Babia Góra, Tatry --
Trioza abdominalis	3,7	220-320 m	europ. (boreoalpin?) (nicht S) planar - subalpin	Čechy/Morava/Slezsko Pomorze/u.a. Beskid, Tatry --
Bacteric. femoralis	1,6	220-350 m	eurosib. (im S selt.) planar - subalpin	Čechy/Morava/Slovensko (u.a. Tatry) Pomorze/Wielkopolska/Śląsk/Beskid, Pieniny, Tatry, Bieszczady Thüringer Wald
Heterotr. pallida	9,7	210-410 m	eurosib. (boreoalpin?) (vorw. N u. O) planar - subalpin	Čechy/Morava (u.a. Jeseníky) Beskid, Tatry, Pieniny, Bieszczady Sachsen-Anhalt (Umgeb. Halle/S.)

Tabelle 2. Arten des temperaten – borealen Verbreitungsbereichs im Untersuchungsgebiet mit Angaben zur Verbreitung in Mitteleuropa.

Arten dieser Gruppe (vgl. Tab. 2 u. Kap. 5), da ihr anzunehmender kühl-stenothermer Temperaturanspruch hier erfüllt würde. – Eine entsprechend der Temperaturinversion zu erwartende Umkehr der Artenverteilung mit der Existenz thermophiler Arten in geeigneten Oberhang- und Plateaulagen (B) ist dagegen nicht festzustellen. Allgemein nimmt an solchen Standorten infolge der starken Verarmung der Artenmannigfaltigkeit der Pflanzendecke auch die Blattflohfauna stark ab. Nachgewiesen werden konnten hier neben euryvalenten Arten (*Aphalara polygoni, Trioza urticae*) nur *Strophingia ericae, Aphalara exilis, Craspedolepta subpunctata* und *Cr. nebulosa*.

5. Zoogeographische Bemerkungen zum Artenspektrum

Bei einer Aufschlüsselung des Artenspektrums nach der Zugehörigkeit der Arten zu großräumigen Arealtypen ergibt sich folgende Reihung: Eurosibirisch (11 Arten), paläarktisch (7 Arten), europäisch (8 Arten), holarktisch (4 Arten), kosmopolitisch (3 Arten).

Benutzt man zur Charakterisierung der Artenareale die in der Phytogeographie verwendete großklimatische Differenzierung der Florenzonen der Paläarktis (MEUSEL/JÄGER/WEINERT, s. SCHIEMENZ 1969), kann man eine Gruppe von 12 Arten ausscheiden, deren Areale sich auf den temperaten – borealen Klimabereich beschränken. Dabei handelt es sich um die in Tab. 2 dargestellten Arten (außer *Craspedolepta flavipennis*, auf welche jedoch in Mitteleuropa das nachfolgend genannte Charakteristikum ebenfalls zutrifft), deren Vertikalverbreitungsschemata (in Mitteleuropa) die montanen Bereiche einschließen (36 % der nachgewiesenen Arten, 27 % der gesammelten Individuen). Die Gruppe der nur im submediterranen – temperaten Bereich verbreiteten Arten umfaßt im gesammelten Material dagegen nur 3 Formen (*Craspedolepta flavipennis, Cr. nervosa, Cr. omissa*), von den hiervon gesammelten 42 Exemplaren stammen 21 aus dem klimatisch günstigeren Gebiet der Schönaer Ebenheit (D). – Ordnet man die von der oben genannten Artengruppe des temperaten – borealen Bereichs gesammelten 133 Exemplare daraufhin ein, aus welchem Höhenbereich im UG diese stammen, so ergeben sich 87 Ex. (65 %) aus den Tallagen der Bäche sowie der Schlüchte in den Sammelgebieten A, B u. E, im Höhenbereich von ca. 210–380 m NN. Unter der Voraussetzung des Vertretenseins der Wirtspflanzen ist also die Existenz von Blattfloharten borealer bzw. montaner Verbreitungstendenz auch in einem Gebiet mit nur geringer absoluter Höhenlage möglich, wenn jedoch die Geländestruktur Habitate mit entsprechender Abiotik hervorbringt.

Zusammenfassung

Im Rahmen der faunistisch-ökologischen Erkundung der Evertebratenfauna des Elbsandsteingebirges wurde vorwiegend 1970–1973 in verschiedenen Sammelgebieten, hauptsächlich im ostelbischen Felsgebiet der „Hinteren Sächsischen Schweiz“, u. a. die Blattflohfauna zu erfassen versucht. Das gesammelte Material (485 Ex.) umfaßt 33 Arten; weitere 16 Arten, welche SCHUMACHER (1919) aus der Umgebung von Bad Schandau nannte und von welchen keine eigenen Funde vorliegen, werden hinsichtlich der Wahrscheinlichkeit ihres Auftretens im untersuchten Gebiet eingeschätzt. Publizierte Fundangaben zur Verbreitung der Arten auf dem Gebiet der DDR sind bei jeder Art einbegriffen. Das ost- wie westelbische, vertikal stark gegliederte Felsgebiet ist durch eine Gruppe von 12 Arten des temperaten – borealen Großklimabereichs ausgezeichnet, von denen der größte Teil der Arten nach den bisherigen Kenntnissen ein boreales bzw. boreomontanes Verbreitungsareal aufweist. Kennzeichnend ist das Vorkommen solcher Arten in Bachtälern und Schluchten des Untersuchungsgebietes, in einem Bereich von nur geringer absoluter Höhenlage (ca. 210–380 m NN).

Summary

TO THE KNOWLEDGE OF PSYLLID FAUNA IN SAXON SWITZERLAND

In the framework of faunistic-ecologic investigation of the invertebrate fauna of Elbsandsteingebirge, the fauna of jumping plant lice was attempted to be acquired mainly in the years 1970 to 74 in different collecting regions, predominantly in the East-Elbian rocks of

Hintere Saechsische Schweiz. The collected material (485 specimens) contains 33 species; another 16 species mentioned by SCHUMACHER (1919) from the surroundings of Bad Schandau which have not been found this time are estimated with regard to the probability of their occurrence in the investigated area. Published findings concerning the distribution of species in the GDR are added to every species. The East-Elbian and West-Elbian rock region with its distinct vertical subdivision is characterized by a group of 12 species from the temperate-boreal zone. As far as known, the majority of these species has a boreal or boreal-mountainous distribution area. A special feature is the occurrence of such species in brook valleys and clefts of the investigated area, i. e. in a region of low absolute elevation (210 . . . 380 m above sea level).

Literatur

AULMANN, G., 1913: Psyllidarum Catalogus. Berlin.

BÜTTNER, K., 1964: Beiträge zur Zikadenfauna von Westsachsen. – 4. Veröff. Naturkunde-Mus. Zwickau, 2. Sonderheft, p. 21–23.

EMMRICH, R., 1976: Zur Verbreitung von *Arytaina genistae* (Latreille) in der DDR (*Homoptera, Psylloidea*) / Ein Nachweis von *Cacopsylla klapaleki* (Šulc) aus dem südlichen Teil der DDR (*Homoptera, Psylloidea*). – Faun. Abh. Mus. Tierk. Dresden, **6**, p. 163–164. (Faun. Kurzmitteil.)

—, 1977: Ein Nachweis von *Cacopsylla ledi* (Flor) aus der nördlichen Oberlausitz (*Homoptera, Psylloidea*). – Faun. Abh. Mus. Tierk. Dresden, **6**, p. 339. (Faun. Kurzmitteil.)

HERTEL, R., 1970: Über Landschaft und Ziele und Probleme der faunistisch-ökologischen Erforschung der Sächsischen Schweiz. – Faun. Abh. Mus. Tierk. Dresden, **4**, Nr. 1, p. 1–7.

HAUPT, H., 1935: *Psylloidea*. In: BROHMER/EHRMANN/ULMER, Die Tierwelt Mitteleuropas, IV, 3. p. X,221–X,252.

HUNGER, W., 1963: Standörtliche und regionale Gliederung des Elbsandsteingebirges. – Ber. Arbeitskr. z. Erforsch. d. Sächs. Schweiz, H. 1, p. 26–86.

JORDAN, K. H. C., 1963: Die Heteropterenfauna Sachsens. – Faun. Abh. Mus. Tierk. Dresden, **1**, Nr. 1, p. 1–68.

KLIMASZEWSKI, S. M., 1961: Psyllidologische Notizen I–II (*Homoptera*). – Ann. Zool., Warszawa, **19**, Nr. 3, p. 113–123.

—, 1963: Polnische Arten der Gattung *Psylla* Geoff. (*Homoptera, Psyllidae*). – Ann. Zool. **20**, Nr. 20, p. 363–455.

—, 1967: *Psyllodea*. Katalog Fauny Polski, XXI, 2. Warszawa.

—, 1973: The Jumping Plant Lice or Psyllids (*Homoptera, Psyllodea*) of the Palaearctic. An annotated Check-List. – Ann. Zool., **30**, Nr. 7, p. 155–286.

—, 1975: *Psyllodea* (Insecta: *Homoptera*). Fauna Polski, Tom 3. Warszawa.

KRAUSE, R., 1974: Die Laufkäfer der Sächsischen Schweiz, ihre Phänologie, Ökologie und Vergesellschaftung (I) (*Coleoptera, Cicindelidae* et *Carabidae*). – Faun. Abh. Mus. Tierk. Dresden, **5**, Nr. 2, p. 73–179.

LAUTERER, P., 1963: A Contribution to the Knowledge of the Psyllid Fauna of Czechoslovakia. – Acta Mus. Morav., **48**, p. 145–156.

—, 1965: A Contribution to the Knowledge of the Psyllid Fauna of Czechoslovakia II. – Acta Mus. Morav., **50**, p. 171–190.

—, 1971: Contribution to the Knowledge of Psyllids from the Collections of the Zoological Museum of the Humboldt-University in Berlin (*Homoptera, Psyllodea*). – Dtsch. Ent. Z., N. F., **18**, p. 195–198.

—, 1976: Psyllids of Wetland Nature Reserves of the German Democratic Republic, with Notes on Their Biology, Taxonomy and Zoogeography (*Homoptera, Psylloidea*). – Faun. Abh. Mus. Tierk. Dresden, **6**, Nr. 10, p. 111–122.

—, u. E. BAUDYŠ, 1968: Description of a New Gall on Chamaenerion angustifolium (L.) Scop. Produced by the Larva of *Craspedolepta subpunctata* (Först.), with Notes on the Bionomics of this Psyllid. – Acta Mus. Morav., **53**, p. 243–248.

NICOLAUS, M., 1957: Zikaden und Blattflöhe aus Ost-Thüringen. – Entom. Mitt. Zool. Inst. Mus. Hamburg, **1**, Nr. 11, p. 3–36.

SCHIEMENZ, H., 1969: Die Zikadenfauna mitteleuropäischer Trockenrasen (*Homoptera, Auchenorrhyncha*). – Entom. Abh. Mus. Tierk. Dresden, **36**, Nr. 6, p. 201–280.

SCHMIDT, E., 1912: Beiträge zur Hemipterenfauna Pommerns (I. Homoptera 1.). – Stettin. Ent. Z., **73**, p. 145–162.

WAGNER, W., 1947: Beitrag zur Systematik der deutschen *Aphalarinae (Homopt. Psyll.)*. – Verh. Ver. naturwiss. Heimatf. Hamburg, **29**, p. 55–71.

WITSACK, W. u. R. KRAUSE, 1978: Zur Verbreitung und Ökologie der *Cantharoidea* in der Hinteren Sächsischen Schweiz (*Coleoptera: Lycidae, Lampyridae, Cantharidae, Dasytidae, Malachiidae*). – Entom. Abh. Mus. Tierk. Dresden, **42**, Nr. 7, p. 301–314.

Anschrift des Autors:

Dr. R. Emmrich, Staatl. Museum für Tierkunde Dresden,

DDR – 801 Dresden, Augustusstraße 2.

III-28-2 D 65/78

ENTOMOLOGISCHE ABHANDLUNGEN

STAATLICHES MUSEUM FÜR TIERKUNDE IN DRESDEN

Band 42 Ausgegeben: 28. Dezember 1978 Nr. 6

Über J. G. FISCHER VON WALDHEIM und seine Coleopterensammlung im Staatlichen Museum für Tierkunde Dresden

RICHARD GRÄMER
Dresden

Wie kaum ein anderer Teil seiner Bestände, hat der Besitz der coleopterologischen Privatsammlung FISCHER VON WALDHEIMs einen nicht geringen Anteil an den Beziehungen der Entomologischen Abteilung des Staatlichen Museums für Tierkunde Dresden zu Fachkollegen in der UdSSR. Diese Verbindungen reichen zu namhaften Entomologen verschiedener Orte des Landes und haben ein oft freundschaftliches Verhältnis angenommen.

Seit langem, da mir bei Ordnungsarbeiten in der Entomologischen Abteilung des Museums immer wieder der Name FISCHER VON WALDHEIM unter die Augen kam, nährte sich mein Wunsch, näheres über denselben zu erfahren, wenn möglich, eine Biographie zusammenzustellen. Den Anlaß hierfür gab die vorliegende Festschrift. Deshalb schrieb ich an das Stadtarchiv der Stadt Waldheim/Sa. Der Archivar, Herr F. ZSCHUNKE, war so freundlich, mich auf die bereits 1956 in den „Freiberger Forschungsheften" veröffentlichte Biographie über FISCHER VON WALDHEIM von Dr. J. BÜTTNER (Waldheim) hinzuweisen. Ich habe Veranlassung, mich hiermit recht herzlich bei Herrn F. ZSCHUNKE zu bedanken. Das Vorhandensein dieser Biographie war mir bislang entgangen. Es ist eine in ihrer Ausführlichkeit und Reichhaltigkeit umfassende Arbeit, mit sehr vielem, nahezu lückenlos zusammengetragenem Material. Dazu kommt eine verblüffende chronologische Ordnung, so daß die Arbeit jedem Interessierten zum Studium zu empfehlen ist. Da es mir kaum möglich ist, dieser Biographie wesentliche neue Fakten hinzuzufügen, bleibt mir nur die Möglichkeit, eine Zusammenfassung dieses eigenwilligen Lebens zu geben:

JOHANN GOTTHELF FISCHER, geboren am 13. Oktober 1771 in Waldheim, Kursachsen, als Sohn des Zeug- und Leinewebers JOHANN GOTTHELF FISCHER, im Jahre 1817 in den Adelsstand erhoben, seit 1835 FISCHER VON WALDHEIM, gestorben am 18. Oktober 1853 als „Kaiserlich wirklicher russischer Staatsrat", Professor und Direktor des Kaiserlichen Museums zu Moskau. – In Waldheim, der Kleinstadt an der Zschopau, verlebte er seine Kinderjahre, hielt in der Dachkammer des noch heute erhaltenen Geburtshauses Tauben. Er war ein sehr aufgeweckter Knabe, besuchte die Waldheimer Knabenschule, gehörte der Kurrende an. Er durchstreifte die reizvolle Umgebung seiner Vaterstadt, dabei seine ersten Beobachtungen an Naturobjekten machend. Ein Zufall verursachte die entscheidende Wende seines Lebens. Der Freiberger Kantor KESSEL, bei einem Besuch in Waldheim auf die gute Stimme FISCHERs aufmerksam geworden, fand Interesse an dem Knaben. So kam FISCHER 1783 zwölfjährig zum Sängerchor des Freiberger Gymnasiums und an dieses selbst. Nach Abschluß des Gymnasiums studierte FISCHER an der Bergakademie Freiberg. Durch großen Fleiß, tadelloses Verhalten und durch seine

Begabung erwarb er sich zahlreiche Freunde und Gönner, so den Kaufmann THIELE, der ihm das Universitätsstudium ermöglichte. Hier entstand auch seine Freundschaft mit ALEXANDER VON HUMBOLDT.

Im Jahre 1792 begann er in Leipzig das Studium der Medizin. Auch hier erwarb er sich Freunde und Gönner durch seine Liebenswürdigkeit und den ihm als Handwerkersohn anerzogenen Fleiß und praktischen Sinn. 1797 erwarb er den Grad eines „Doctor medicinae" und am 22. Februar 1798 den eines „Doctor philosophiae". Angefüllt war diese Zeit mit einer Vielzahl von Reisen und persönlichen Begegnungen. So sind solche mit GOETHE, der Interesse an dem geistvollen jungen Mann fand, belegt. Eine Reise mit den Brüdern HUMBOLDT sollte 1797 nach Italien gehen. Sie führte zunächst über Dresden und Prag nach Wien, mußte aber infolge kriegerischer Wirren auf der Apenninenhalbinsel abgebrochen werden. So reiste FISCHER mit WILHELM VON HUMBOLDT über Basel nach Paris. Hier stürzte er sich, im November 1797 angelangt, mit Begeisterung in das Studium der vergleichenden Anatomie. Sein Lehrer dabei war GEORGES DE CUVIER, der Begründer der Paläontologie der Wirbeltiere, dessen Anerkennung und Freundschaft er fand und die bis zu dessen Tod andauern sollte.

Eine Berufung führte ihn im Jahre 1798 als Professor der Naturgeschichte an die Universität Mainz, damals unter Herrschaft der Französischen Republik. An historischer Stelle befaßte er sich mit der ihm eigenen Energie mit der Geschichte der Buchdruckerkunst. Ihm gelang es, aus einem Wust von Annahmen und Vermutungen nachzuweisen, daß JOHANNES GENSFLEISCH ZUM GUTENBERG der Urheber des Buchdruckes mit beweglichen, selbstgegossenen Lettern war; eine der Erfindungen, die den Sprung der Wissenschaften aus mittelalterlicher Enge möglich machte. Während der Jahre in Mainz wirkte FISCHER aktiv im Gemeinderat und in öffentlichen Gesellschaften. So finden wir ihn an der Spitze einer Deputation, die dem ersten Konsul Napoleon Bonaparte eine Bürgerpetition überbringt. In Mainz verheiratete er sich mit KATHARINA RENARD und am 24. April 1803 wurde hier sein Sohn ALEXANDER geboren.

Die wichtigste und dauerhafteste Epoche im Leben FISCHERs leitete seine Berufung als Professor nach Moskau ein. Das damalige Ministerium für Volksaufklärung in Petersburg hatte in dem Göttinger Professor CHRISTOPH MEINERS eine Person gefunden, die deutsche Gelehrte für russische Professuren vorschlug. Über diesen war 1803 und Anfang 1804 der Vorschlag für die Berufung FISCHERs gelaufen. Bekannt ist, daß FISCHER sowohl eine Professur in Jena als auch die Berufung zum Direktor des Kabinetts für vergleichende Anatomie in Würzburg abgelehnt hatte. Sicher war nicht nur das in Kleinstaaterei zerrissene Deutschland die Ursache seiner Ablehnung. Gewiß hat ihn die Weiträumigkeit des damaligen Russischen Reiches, mit gewaltigen, wissenschaftlich nicht erschlossenen Gebieten, gereizt. So kam es im Jahre 1804 zur Übersiedlung nach Moskau.

In seiner neuen Umgebung ging FISCHER voller Tatkraft an eine Unmenge von Aufgaben. Er arbeitete als Geologe, Paläontologe, Entomologe und Zoologe, schwelgte dabei im Reichtum, welches ihm das riesige Territorium darbot. Er leitete das Naturhistorische Kabinett und den Botanischen Garten. Bereits ein Jahr nach seiner Übersiedlung kam es durch ihn zur Gründung der „Kaiserlichen Gesellschaft der Naturforscher" und zur Herausgabe der „Mémoires de la Société Impériale des Naturalistes de Moscou". Damit bewies er sein großes organisatorisches Talent und stellte auf diese Weise Verbindungen zu namhaften Wissenschaftlern und Sammlern selbst in den entlegensten Gebieten Rußlands her. So war er in der Lage, Sammlungen der verschiedensten naturwissenschaftlichen

Gebiete aus dem Riesenreich zusammenzutragen. Groß ist die Zahl seiner Veröffentlichungen. FISCHER arbeitete außerordentlich produktiv. Von seinen weit über 300 sehr verschiedenen, oft umfangreichen Publikationen sind über ein Fünftel solche mit entomologischen Themen. In der Bibliothek des Staatlichen Museums für Tierkunde Dresden befinden sich Exemplare seiner „Entomographia Imperii Rossici" sowie der „Mémoires de la Société Impériale des Naturalistes de Moscou". Mit einer Vielzahl von Neubeschreibungen, meist, wie in seiner „Entomographia", systematisch eingegliedert, reihte er sich ein in die Reihe der Großen, die seit LINNÉ Systematik und Nomenklatur vervollständigten.

Gleichzeitig mit seinen Veröffentlichungen baute sich FISCHER aus den von ihm beschriebenen Tieren seine Privatsammlung auf. Den die Coleopteren umfassenden Teil dieser Sammlung schenkte im Jahre 1880 der Enkel, FISCHER VON WALDHEIM, Professor in Warschau, dem damaligen „Königlich Zoologischen und Anthropologisch-Ethnographischen Museum zu Dresden". Der damalige Konservator des Museums RÖMER holte die Sammlung von Moskau nach Dresden. Sie bestand zu dieser Zeit aus ca. 4000 Arten in ca. 13500 Exemplaren, war aber leider nicht in bestem Erhaltungszustand. Daraus resultierend, haben sich möglicherweise im Laufe der Jahre geringfügige Verluste ergeben. Trotzdem hat die Sammlung durch die im Gefolge des 2. Weltkrieges erfahrenen Einwirkungen (mehrjährige Auslagerung außerhalb Dresdens unter ungünstigen räumlichen Bedingungen) im wesentlichen keine Einbußen erlitten. Im Rahmen des Neuaufbaus der entomologischen Sammlungen des Museums nach dem Kriege wurde der weitaus überwiegende Teil der Exemplare (nach entsprechender Kennzeichnung) in die entstehende Allgemeine Coleopterensammlung eingegliedert.

Zu jener Zeit, da FISCHER VON WALDHEIM an seinen entomologischen Beschreibungen arbeitete, war es noch nicht üblich, Typen, nach denen eine Art beschrieben wurde, besonders zu kennzeichnen. Dennoch konnte der größte Teil der Typen nach seinen Beschreibungen identifiziert bzw. gekennzeichnet werden, obgleich nicht von der Hand zu weisen ist, daß einige vorhandene Typen bisher nicht als solche erkannt wurden. Der besondere Wert der Sammlung besteht eben in dem reichhaltigen Typenmaterial, darüber hinaus jedoch auch in den durch FISCHER zusammengetragenen und in seinen Beschreibungen erwähnten Exemplaren, die gewissermaßen von historischem Wert sind. Sie vermitteln uns so ein Bild des damals Bekannten. Seine Sammlung nennt Namen bedeutender Sammler jener Zeit, wie BESSER, GEBLER, VON STEVEN, ZWICK und viele andere. Auf diese Weise erschienen vom damaligen europäischen Rußland die Namen Karelien und Livland, Moskau, Rjasan, Wolynien und Podolien, Odessa, Cherson in der Literatur; ebenso die Wolga, besonders Sarepta (Krasnoarmeisk) und das einstige Taurien. Die Halbinsel Taman leitet zum Kaukasus über, mit namentlicher Erwähnung Ossetiens und Georgiens. Weiter sind zu finden das Kaspiseegebiet, Tatarien, Kirgisien, das Altaigebirge mit dem See Saissan-Nor; schließlich Sibirien, insbesondere Barnaul und das Gebiet um Tomsk, das Baikalseegebiet und die obere Lena, Kamtschatka und die jetzt zu den USA gehörende Insel Unalaschka (Unalaska) in der Aleütenkette. Bereits in der Einleitung des zweiten Bandes seiner „Entomographia Imperii Rossici" konnte FISCHER die Beurteilung LATREILLEs über den Wert seiner Arbeiten für die Tiergeographie wiedergeben.

In jeder privaten Sammlung zeigt sich, daß besondere Familien, je nach Neigung und besonderen Gelegenheiten des Sammlers, stärker als andere vertreten sind. So konnte ich in meinem Typenverzeichnis „*Carabidae* I" bereits 100 Typen der Sammlung FISCHER VON WALDHEIM anführen, im Typenverzeichnis „*Carabidae* II" nochmals 24 Typen. Etwa eine gleiche Anzahl Typen desselben dürften bei den *Tenebrionidae* vorhanden sein, vornehmlich in der Gattung *Blaps*. Dazu kommen noch Typen von ADAMS, STEVEN,

GEBLER und anderen, die nach den Beschreibungen FISCHERs als „Typen", zumindest als Exemplare der Typenreihe angesehen werden müssen. Meist führte FISCHER an, ob sich die betreffenden Exemplare in seiner Sammlung befinden. Bei gründlichem Studium seiner Arbeiten sind somit auch die in den verschiedensten Familien verstreuten, von ihm beschriebenen Typen zu finden.

Wie aus dem vom Museum für Tierkunde in den letzten zehn Jahren durchgeführten Leihverkehr hervorgeht, fanden die Typen FISCHER VON WALDHEIMs, wie schon genannt, gesteigertes Interesse. Besonderes Interesse fanden die *Tenebrionidae*. Hier entlieh beispielsweise N. G. SKOPIN, Karaganda, in 10 Sendungen fast 700 Exemplare, besonders Typen von FISCHER VON WALDHEIM sowie Vergleichsmaterial. Ebenfalls *Tenebrionidae*, wenn auch nicht in gleicher Anzahl, gingen an G. S. MEDVEDEV, Leningrad. G. V. NIKOLAJEV, Alma-Ata, entlieh in drei Sendungen *Ceratophyus*- und *Lethrus*-Arten (*Geotrupini*) mit FISCHER VON WALDHEIM-Typen und Vergleichsmaterial.

Die Arbeit FISCHERs in Moskau wurde unterbrochen durch den Brand der Stadt im September 1812. Vernichtet war die Bibliothek mit 5000 Bänden, vernichtet auch der größte Teil der Sammlungen. An seinen Jugendfreund, Rektor MÖBIUS in Waldheim, schrieb er: „Ich habe zwar alles verloren, schätze mich aber gegen viele meiner Leidensgefährten immer noch glücklich, denn meine Kenntnisse sind geblieben, mit deren Hilfe erhoffe ich alles wiederzuerlangen." So arbeitete er unverdrossen weiter, wurde 1817 Vizepräsident, 1837 Präsident der Medizinisch-chirurgischen Akademie. Im Jahre 1817 wurde er in den Adelsstand erhoben und nahm 1835 den Namen FISCHER VON WALDHEIM an. Aus Verbundenheit zu seiner Heimatstadt mit ihren fleißigen Bürgern hatte er diesen Namen selbst gewählt. Am 22. Februar 1847 wurde mit einem feierlichen Festakt sein fünfzigjähriges Doktorjubiläum gefeiert. Erhalten blieb eine Festschrift, ein mächtiger Foliant eigenwilligen Formats, in großen Lettern splendid bedruckt. Zum Zeitpunkt seines Erscheinens sollte er auch gewissermaßen als Paukenschlag wirken, um den wissenschaftlichen Bemühungen des Zarenreiches die Tür zur Welt zu öffnen. Mit 82 Jahren, am 18. Oktober 1853, starb FISCHER VON WALDHEIM nach erfülltem, tätigem Leben, als „Kaiserlich wirklicher russischer Staatsrat" und als Mitglied zahlreicher wissenschaftlicher Gesellschaften vieler Länder.

Zusammenfassung

Im Mittelpunkt der Betrachtungen steht die coleopterologische Privatsammlung J. G. FISCHER VON WALDHEIMs vom Gebiet des einstigen Russischen Reiches aus der ersten Hälfte des 19. Jahrhunderts, welche im Jahre 1880 als Schenkung durch den Enkel desselben in das Dresdener Museum gelangt ist. Mittels einer skizzenhaften Lebensbeschreibung FISCHER VON WALDHEIMs soll die Entstehung dieser Sammlung und ihr Niederschlag in der entomologischen Fachliteratur aufgezeigt werden.

Summary

ON J. G. FISCHER VON WALDHEIM AND HIS COLLECTION OF COLEOPTERA IN STAATLICHES MUSEUM FUER TIERKUNDE DRESDEN

The center of consideration is J. G. FISCHER VON WALDHEIM's private coleopterological collection from the former Russian Empire in the first half of the 19th century. It was donated by the collector's grandson to the Dresden museum in 1880. A sketch of FISCHER VON WALDHEIM's life is to show the development of the collection and its echo in special entomological literature.

Literatur

BÜTTNER, J. W. E., 1953: Zum 100. Todestag des Naturforschers Johann Gotthelf Fischer von Waldheim. – Beitr. Ent., **3**, S. 616–618.

—, 1956: Fischer von Waldheim. Leben und Wirken des Naturforschers Johann Gotthelf Fischer von Waldheim (1771–1853). – Freiberger Forschungshefte (Berlin), D **15**, 83 S.

FISCHER, G. (WALDHEIMENSI), 1820–22, 1823–24, 1825–28: Entomographia Imperii Rossici, auctoritate Societatis Caesareae Naturae Scrutatorum Mosquensium. Mosquae, Tom. I–III. (Tom. IV u. V) 1846 u. 1851).

(o. V.), 1847: Jubilaeum Semisaecularem Doctoris Medicinae et Philosophiae Gotthelf Fischer de Waldheim celebrant Sodales Societatis Caesareae Naturae Scrutatorum Mosquensis. Mosquae, 10 Febr. 1847.

GRÄMER, R., 1960: Verzeichnis der Typen des Staatlichen Museums für Tierkunde in Dresden (*Coleoptera, Carabidae* I). – Abh. Ber. Mus. Tierk. Dresden, **25**, S. 91–106.

—, 1971: Verzeichnis der Typen des Staatlichen Museums für Tierkunde in Dresden (*Coleoptera, Carabidae* II). – Entom. Abh. Mus. Tierk. Dresden, **38**, Nr. 7, S. 235–251.

Anschrift des Autors:
R. Grämer, Staatliches Museum für Tierkunde Dresden,
DDR – 801 Dresden, Augustusstraße 2.

ENTOMOLOGISCHE ABHANDLUNGEN

STAATLICHES MUSEUM FÜR TIERKUNDE IN DRESDEN

Band 42 | Ausgegeben: 28. Dezember 1978 | Nr. 7

Arbeiten zur Fauna der Sächsischen Schweiz (Nr. 13)

Zur Verbreitung und Ökologie der Cantharoidea in der Hinteren Sächsischen Schweiz

(Coleoptera: Lycidae, Lampyridae, Cantharidae, Dasytidae, Malachiidae)

Mit 3 Tabellen

WERNER WITSACK und RÜDIGER KRAUSE
Jena Dresden

Systematische faunistisch-ökologische Untersuchungen über die Wirbellosenfauna der Sächsischen Schweiz fehlten bis in jüngste Zeit, so auch Angaben über die Verbreitung der *Cantharoidea* in diesem Gebiet. Das bewog die Verfasser, das durch die Mitarbeiter des Staatlichen Museums für Tierkunde im Rahmen ihrer Untersuchungen in der Hinteren Sächsischen Schweiz durch zahlreiche Kontrollfänge (insbesondere mit dem Kescher) zusammengetragene Material (ca. 550 Ex.) auszuwerten und zu veröffentlichen. Die Belege befinden sich in den Sammlungen des Staatlichen Museums für Tierkunde, einige Stücke auch in coll. WITSACK.

Zum Untersuchungsgebiet (= UG) und zur Methode

Das UG „Hintere Sächsische Schweiz" erstreckt sich vom Großen Winterberg über das Kirnitzschtal (Neumannmühle bis zur Wolfsschlucht) und entlang der Staatsgrenze zur ČSSR zurück zum Großen Winterberg.

Über das Klima, die Vegetationsverhältnisse und die Sammelstellen wurde bereits früher berichtet (KRAUSE 1974). An letzteren wurden in den Jahren 1968–1974 meist von März bis November zur qualitativen und quantitativen Erfassung verschiedener Arthropodengruppen unterschiedliche Fangmethoden eingesetzt, wovon Kescher- und Lichtfang für die im wesentlichen als Beifang eingebrachten *Cantharoidea* die größten Erfolge zeigten. Lichtfang wurde am Großen Winterberg und am Zeughaus im Großen Zschand vorgenommen.

Zur besseren Übersicht bei der Auswertung wurde das UG in drei Teilgebiete (UG 1, 2 und 3) gegliedert, denen die einzelnen Fundorte zugeordnet wurden:

UG 1: Bergbachtal der Kirnitzsch (im Bereich des Sandsteins, etwa zwischen 210–250 m NN gelegen).
UG 2: Sandsteingebiet (vor allem Einzugsgebiet des Großen Zschandes) mit zahlreichen kühl-feuchten Schlüchten und trocken-warmen Plateaulagen (etwa von 210–470 m NN).
UG 3: Basaltplateau des Großen Winterberges (etwa von 480–550 m NN).

Im Text verwendete Abkürzungen:
Monate werden durch römische Ziffern bezeichnet. A = 1. Monatsdekade (Anfang), M = 2. Monatsdekade (Mitte), E = 3. Monatsdekade (Ende), BF = Barberfallenfang

Artenliste

Für jede nachgewiesene Art wird die Verbreitung in Europa (Angaben nach HORION 1953), im Gebiet der DDR (nach den Angaben anderer Coleopterologen im Rahmen der Auswertung zur Fauna der DDR, nach eigenen Beobachtungen, nach Auswertung von Sammlungsmaterial und nach der Literatur – insbesondere HORION 1953, RAPP 1933/35, BORCHERT 1951, LIEBMANN 1951) und daran anschließend die Verbreitung über die drei Teilgebiete in der Hinteren Sächsischen Schweiz dargestellt. Weitere außerhalb des UG, aber noch im Bereich der Sächsischen Schweiz gefundene Stücke werden unter Nennung des Namens der nächstliegenden Ortschaft aufgeführt. Außerdem erfolgen Angaben über die Fundzeiten im UG und, wo möglich, eine grobe ökologische Kennzeichnung der Arten.

LYCIDAE (63 Ex.)

1. **Dictyopterus affinis** (PAYKULL, 1799)

Nord- und Mitteleuropa, stellenweise Südeuropa. Offenbar über größere Teile der DDR verbreitet.

UG 1 und UG 2: Mit insgesamt 14 Ex. relativ häufig nachgewiesen, nicht dagegen vom Großen Winterberg (UG 3). – E VI–E VII; Frühsommerart.

2. **Dictyopterus aurora** (HERBST, 1784)

Europäisch-kontinentale Art, über große Teile Europas (vor allem im Norden und Osten), Asiens und Nordamerikas verbreitet.

Mit 16 Ex. in allen 3 UG ziemlich gleichmäßig vertreten. 1 Ex. von Wehlen (Tümpelgrund). – A V–E VI; Frühjahrs- und Frühsommerart.

3. **Lygistopterus sanguineus** (LINNÉ, 1758)

Europa vom höchsten Norden bis zum Mittelmeergebiet, nur in Großbritannien und NW-Frankreich fehlend. Wohl über die gesamte DDR verbreitet.

Mit 26 Ex. häufigste Lycidenart im UG, am häufigsten im UG 2 (18 Ex.), 6 Ex. im UG 1, nur 2 Ex. im UG 3. – A VI–M VII; Frühsommerart.

4. **Platycis minuta** (FABRICIUS, 1787)

Besonders in gebirgigen Teilen Europas (und Asiens).

Mit insgesamt 7 Ex. eine seltenere Art (UG 1: 3 Ex., UG 2: 4 Ex., im UG 3 bisher fehlend). – A VII–M IX; Hochsommerart.

Von den übrigen relativ häufigen Lyciden ist *Homalisus fontisbellaquei* FOURCR. (eine offenbar trockenheits- und wärmeliebende Art) wohl nicht im UG zu erwarten, *Dictyopterus rubens* – eine seltenere Art – bei intensiverer Suche eventuell noch zu finden.

LAMPYRIDAE (8 Ex.)

1. **Phausis splendidula** (LINNÉ, 1767)

In Südost- und Mitteleuropa.

Je ein ♂ durch Lichtfang am Zeughaus (UG 2) und auf dem Großen Winterberg (UG 3) erbeutet, eine ältere Larve im UG 2. – Imagines E VI–A VII.

2. **Lampyris noctiluca** LINNÉ, 1767

In Mittel- und Südeuropa.

5 ♂♂ bei Lichtfang am Zeughaus (UG 2), 1 ♀ aus UG 3. – E VI–M VII.

Beide Arten dürften über alle drei UG verbreitet sein. Für die Erfassung beider Arten ist eine gesonderte Erfassungsmethode sinnvoll (z. B. Nachtkartierung der leuchtenden Tiere in der Flugzeit). Beim Keschern in der Vegetation bleiben die Erfolge aus, da sich die Tiere tagsüber am Boden aufhalten.

CANTHARIDAE (410 Ex.)

1. **Podabrus alpinus** (PAYKULL, 1798)

Über Nord- und Mitteleuropa verbreitet. In der DDR besonders im Gebirge und in waldreichen Gegenden.

Mit 12 Ex. im UG 2 am häufigsten, von UG 1: 6 Ex., von UG 3: 5 Ex. – E V–M VII.

2. **Cantharis abdominalis** FABRICIUS, 1798

Montane Art in Mittel- und Nordeuropa, stellenweise in Südeuropa (boreomontan). In der DDR in den Mittelgebirgen.

Von 12 gefangenen Tieren stammen allein 11 aus dem Kirnitzschtal (UG 1), nur das 12. Ex. aus dem Großen Zschand zwischen Kirnitzschtal und Zeughaus (UG 2). – Die Art bevorzugt offenbar die Tallagen an Bergbächen. – E V–E VI.

3. **Cantharis violacea** PAYKULL, 1798

Mittel- und südliches Nordeuropa, besonders in Gebirgsgegenden. In der DDR dementsprechend vorwiegend in den Mittelgebirgen.

Insgesamt 10 Ex., davon 6 aus UG 1, 4 aus dem Großen Zschand (UG 2). 1 Ex. von der Umgebung Schmilka. – Offenbar ebenfalls die Tallagen bevorzugend. – E V–E VI.

4. **Cantharis fusca** LINNÉ, 1758

Diese in der Ebene allgemein verbreitete Art wurde im UG (1) nur in einem Stück gefangen. 1 Ex. von Obervogelgesang.

5. **Cantharis obscura** LINNÉ, 1758

Europa und Westasien. In der DDR verbreitet, meist häufig, im Gebirge bis zur Waldgrenze.

Aus dem UG insgesamt 26 Ex.: 1 aus UG 1, 20 aus UG 2, 5 aus UG 3. – A V–E VI.

6. **Cantharis pagana** ROSENHAUER, 1847 (= *albomarginata* MÄRKEL, 1851)

Mitteleuropa, besonders im Osten. In der DDR in den Mittelgebirgen.

Mit 68 Ex. am häufigsten nachgewiesene *Cantharis*-Art des UG davon 16 Ex. aus UG 1, 47 Ex. aus UG 2, nur 3 Ex. aus UG 3. 1 Ex. von Wehlen (Tümpelgrund). – 4 Ex. aus Barberfallen (offenbar zur Eiablage den Boden aufsuchend). Art der Schlüchte des Sandsteins, die auf den Felshörnern trotz relativ häufigen Auftretens nur als verflogen gelten kann, bedingt durch die enge Nachbarschaft beider Habitate und das gute Flugvermögen der Art. – A V–A VII.

7. **Cantharis nigricans** MÜLLER, 1776

In Nord- und Mitteleuropa, stellenweise in Südeuropa. In der DDR wohl überall häufig, im Gebirge meist in den tieferen Lagen.

UG 1: 9 Ex., UG 2: 5 Ex., UG 3: 7 Ex. Von Waitzdorf 2 Ex. – A VI–A VII.

8. **Cantharis livida** LINNÉ, 1758 ab. *rufipes*

Eine allgemein häufige, über weite Teile Europas verbreitete Art.

Im UG nicht (!) nachgewiesen, nur 1 Ex. von der Umgebung Schmilka.

9. **Cantharis pellucida** FABRICIUS, 1792

Nord- und Mitteleuropa. In der DDR wohl im ganzen Gebiet, meist häufig.

Mit 37 Ex zweithäufigste *Cantharis*-Art und ziemlich gleichmäßig über die UG verteilt (UG 1: 11 Ex., UG 2: 15 Ex., UG 3: 11 Ex.). – 2 Ex. aus BF. – A V–M VII.

10. **Cantharis figurata** MANNERHEIM, 1843

Nord- und Mitteleuropa, Sibirien. In der DDR im Gebirge und Vorland, sonst in Moor- und Feuchtgebieten.

Dritthäufigste *Cantharis*-Art des UG mit 23 Ex., Verbreitungsschwerpunkt UG 2 (15 Ex.), in UG 1 und 3 je 4 Ex. – 15 Ex. stammen direkt von Wiesen, 4 Ex. (Zeughaus, Lichtfang) sicher von einer unmittelbar angrenzenden Wiese, 2 von Schonungen, die übrigen 2 sind auf Grund der Etiketten nicht mehr genau einzuordnen. *C. figurata* ist also offensichtlich eine Art der Wiesen, zumindest des offenen Geländes im UG, die den Wald meidet. – E V–A VIII.

11. **Cantharis fulvicollis** FABRICIUS, 1792

Mitteleuropa, nördliches Süd- und südliches Nordeuropa. In der DDR besonders in den gebirgigeren Teilen.

UG 1: 2 Ex., UG 2: 2 Ex., also eine seltene Art im UG. – Alle 4 Stücke von Wiesen oder feuchtem offenen Gelände. – A VI–A VII.

12. **Cantharis discoidea** AHRENS, 1812

Mittel- und Südeuropa. In der DDR vorwiegend im gebirgigeren Teil.

UG 1: 2 Ex., UG 2: 1 Ex., also seltene Art im UG. – E VI–M VII.

13. **Cantharis erichsoni** BACH, 1852

Mittel- und Südeuropa. In der DDR bisher aus der Umgebung von Bad Schandau (coll. SCHILSKY), aus Thüringen, dem Harz und nördlichen Harzvorland vor allem von Fluß- und Bachufern gemeldet, selten.

UG 1: 1 Ex. (Kirnitzschtal zw. Thorwaldbrücke und Brückengrund), Bestätigung des alten Fundes von SCHILSKY und des angegebenen ökologischen Vorkommensbereiches. Dazu nennt NÜSSLER (mdl.) freundlicherweise noch 3 Ex. aus dem Bielatal zwischen Königstein-Hütten und der Gemeinde Bielatal vom 28. VII. 1963. – A VII.

14. **Rhagonycha translucida** (KRYNICKI, 1832)

Ost-, Mittel- und Westeuropa. In der DDR in den gebirgigeren Gebieten und dem Vorland, meist nur selten.

UG 2: 3 Ex., UG 3: 4 Ex., also eine seltenere Art im UG. – E VI–A VIII.

15. **Rhagonycha lutea** (MÜLLER, 1764)

Mitteleuropa, südliches Nord- und nördliches Südeuropa. In der DDR offenbar im Gebirge und Vorland häufiger, in der Ebene seltener.

UG 3: 1 Ex. (Lichtfang), also selten. – M VII.

16. **Rhagonycha fulva** (SCOPOLI, 1763)

Mittel-, Süd- und südliches Nordeuropa. In der DDR überall sehr häufig.

Mit insgesamt 15 Ex. über alle 3 UG ziemlich gleich häufig verteilt. 3 Ex. von Bad Schandau. – Vorwiegend von Wiesen und offenem Gelände. – A VII–M VIII; hochsommerliche Art.

17. **Rhagonycha testacea** (LINNÉ, 1758)

Nord- und Mitteleuropa. In der DDR im Gebirge seltener, in der Ebene und im Vorland häufiger.

UG 1: 5 Ex., UG 2: 2 Ex., also seltenere Art. – Alle Tiere stammen von potentiellen Bachwaldstandorten mit üppiger Vegetation. – A VI–A VII.

18. **Rhagonycha lignosa** (MÜLLER, 1764)

Nahezu über ganz Europa verbreitet. In der DDR wohl im ganzen Gebiet.

UG 1: 1 Ex., UG 2: 17 Ex., UG 3: 8 Ex., mit 26 Ex. zweithäufigste *Rhagonycha*-Art des UG. – E V–A VII.

19. **Rhagonycha limbata** THOMSON, 1864

Nord- und Mitteleuropa. In der DDR wohl im ganzen Gebiet.

UG 1: 6 Ex., UG 2: 7 Ex., UG 3: 2 Ex. Von Waitzdorf 1 Ex. – Art der Wiesen im UG, die den Wald meidet (12 Ex. stammen von Wiesen, 2 von offenem Gelände, ein letztes ist nicht mehr sicher zuzuordnen). – E V–A VII.

20. **Rhagonycha elongata** (FALLÉN, 1807)

Nord- und Mitteleuropa. Über große Teile der DDR verbreitet, aber meist seltener.

Häufigste *Rhagonycha*-Art des UG. UG 1: 2 Ex., UG 2: 2 Ex., UG 3: 23 Ex. – Anhand der nicht am Licht gefangenen Tiere deutet sich an, daß *R. elongata* im UG vorwiegend an lichteren Stellen in Laubwald vorkommt. – A VII–A VIII.

21. **Pygidia denticollis** (SCHUMMEL, 1843)

Montane bis alpine Art in Mittel- und Südeuropa. In der DDR im Gebirge, nur stellenweise und meist selten.

UG 1: 1 Ex., UG 2: 9 Ex., UG 3: 1 Ex. — 2 Ex. aus BF deuten darauf, daß die ♀♀ zur Eiablage den Boden aufsuchen. – E VI–M VII.

Podistra spec.

Eine genaue Unterscheidung der *Podistra*-Arten – wie sie auch hier erfolgte – ist nur nach dem Bau der männlichen Sexualorgane bzw. der Ausbildung des 7. Abdominalsternits der ♀♀ möglich (vgl. GANGLBAUER 1930/31).

22. **Podistra rufotestacea** (LETZNER, 1844)

Nord- und Mitteleuropa. In der DDR im montanen Bereich, meist nur vereinzelt und selten.

Nur im UG 3 (Großer Winterberg) in 26 ♂♂ und 3 ♀♀ festgestellt, fast ausschließlich durch Lichtfang (24 ♂♂, 3 ♀♀), es überwiegen also die ♂♂. – M VI–M VII.

23. **Podistra pilosa** (PAYKULL, 1798)

Nord- und Mitteleuropa. In der DDR in den gebirgigen Teilen, offenbar etwas weiter verbreitet und häufiger als vorige Art.

UG 1: 1 Ex., UG 2: 13 Ex., UG 3: 1 Ex., also mit Verbreitungsschwerpunkt im Sandsteingebiet gegenüber *P. rufotestacea* auf UG 3. – Im UG 2 1 ♀ im VII aus BF. – A VI–A VII. Nach den Fangergebnissen scheint also *P. rufotestacea* im UG Laubwald (des Winterberggebietes) zu bevorzugen, während der überwiegende Teil von *P. pilosa* (10 Ex.) von Schluchtstandorten des Sandsteingebietes (einschließlich Kirnitzschtal) auf ziemlich gleichmäßig kühl-feuchte, wenig besonnte Entwicklungsbereiche deutet.

24. **Malthinus biguttulus** (PAYKULL, 1800)

Über weite Teile Europas verbreitet, aber in einigen Gebieten auch fehlend. Offenbar in der gesamten DDR, doch stellenweise selten.

UG 1: 3 Ex., UG 2: 7 Ex. – A VI–M VII.

25. **Malthinus flaveolus** (HERBST, 1786)

Mitteleuropa, nördliches Süd- und südliches Nordeuropa. In der DDR weit verbreitet, stellenweise aber selten.

UG 1: 1 Ex., UG 2: 9 Ex., UG 3: 7 Ex., also häufiger als vorige Art. 1 Ex. von Papstdorf. – 1 Ex. im VII in BF (Kirnitzschtal). Es hat den Anschein, als ob die Art im UG wärmere Lagen mit Laub-(Buchen-?)wald bevorzugte (10 Ex. stammen von dort). – A VI–M VII.

26. **Malthodes mysticus** KIESEWETTER, 1852

Nord- und Mitteleuropa. In der DDR offenbar weit verbreitet, aber stellenweise selten oder fehlend.

UG 1: 1 Ex., UG 2: 3 Ex., UG 3: 1 Ex., also ziemlich selten. 1 Ex. von Rosenthal. – E VI–M VII.

27. **Malthodes spathifer** KIESEWETTER, 1852

Mitteleuropa, südliches Nord- und nördliches Südeuropa; fehlt auf der Balkanhalbinsel. In der DDR nur stellenweise und nicht häufig.

UG 3: 5 Ex., Lichtfang. – M VI–E VI.

28. **Malthodes debilis** KIESEWETTER, 1852

Östliches Südeuropa. Aus der DDR und der BRD bisher nur sehr sporadisch, offenbar eine sehr seltene Art.

UG 3: 1 ♂, Lichtfang. Da die Abdominalsegmente etwas defekt sind, ist das Ex. nicht völlig sicher zu determinieren. – M VI.

29. **Malthodes hexacanthus** KIESEWETTER, 1852

Mitteleuropa, besonders in Gebirgsgegenden.

UG 2: 3 Ex. – A–E VI.

DASYTIDAE (39 Ex.)

1. **Dasytes niger** (LINNÉ, 1761)

Nord- und Mitteleuropa, stellenweise in Südeuropa. In der DDR offenbar auch weit verbreitet, aber meist selten.

UG 1: 1 Ex., UG 2: 18 Ex. (Verbreitungsschwerpunkt?, allein 17 Ex. von einer Fichtenschonung!), UG 3: 1 Ex. – M V–E VII.

2. **Dasytes obscurus** GYLLENHAL, 1813

Nord- und Mitteleuropa, stellenweise Südosteuropa.

Bisher aus dem UG nicht nachgewiesen, aber aus dem westelbischen Teil der Sächsischen Schweiz liegt 1 Ex. aus der Umgebung von Rosenthal vor.

3. **Dasytes coeruleus** (DEGEER, 1774)

Mittel- und Südosteuropa, südliches Nordeuropa. Wohl in der gesamten DDR, stellenweise (besonders im Süden) aber selten oder fehlend.

UG 3: 1 Ex. – M V.

4. **Dasytes aerosus** KIESEWETTER, 1867

Europa, besonders im Westen und Süden. In der gesamten DDR, aber selten.
UG 3: 2 Ex. – A VI.

5. **Dasytes plumbeus** (MÜLLER, 1776)

Mittel- und Südeuropa, südliches Nordeuropa, Nordafrika. In der DDR verbreitet und häufig.

UG 1: 1 Ex., UG 3: 10 Ex. – A VI–M VII.

6. **Dasytes flavipes** (OLIVIER, 1790)

West-, Mittel-, Südeuropa, Kaukasus, Nordafrika. Im Süden der DDR häufig, nach Norden zu seltener bzw. fehlend.

UG 2: 1 Ex. – E VI.

7. **Haplocnemus pini** (REDTENBACHER, 1849)
Mitteleuropa, südliches Nord- und nördliches Südeuropa. Bisher vor allem aus der nördlichen und mittleren DDR nachgewiesen.
UG 3: 1 Ex. – E VI.

8. **Haplocnemus nigricornis** (FABRICIUS, 1792)

Europa. In der gesamten DDR, nicht selten. Nadelwaldbewohner.
UG 2: 3 Ex. – A–M VI.

MALACHIIDAE (27 Ex.)

1. **Malachius bipustulatus** (LINNÉ, 1758)

Europa, z. T. in Asien. In der gesamten DDR häufig.

UG 1: 7 Ex., UG 2: 1 Ex. Von Obervogelgesang 1 Ex. – M V–M VI.

2. **Axinotarsus marginalis** (CASTELNAU, 1840)

Süd- und Mitteleuropa. Vor allem in der nördlichen und mittleren DDR.

UG 2: 1 Ex. – M VI.

3. **Charopus flavipes** (PAYKULL, 1798)

Europa (außer dem Westen). In der gesamten DDR, nicht selten.

UG 1: 5 Ex., UG 2: 4 Ex., UG 3: 8 Ex., also ziemlich weit verbreitet und häufig. – M VI – A VIII.

4. **Hypebaeus flavipes** (FABRICIUS, 1787)

Mittel- und Südeuropa. Insbesondere in der nördlichen und mittleren DDR, aber auch dort selten.

UG 2: 1 Ex. – M VI.

Tabelle 1. Anzahl der gefangenen *Cantharoidea* in den Teilgebieten und beim Lichtfang.

	UG 1	UG 2	UG 3	Lichtfang	Gesamtzahl
Lycidae:					
Dictyopterus affinis	4	10	—	—	14
D. aurora	5	4	7	—	16
Lygistopterus sanguineus	6	18	2	—	26
Platycis minuta	3	4	—	—	7
Lampyridae:					
Phausis splendidula	—	1 ♂	1 ♂	2 ♂♂	2 ♂♂
Lampyris noctiluca	—	5 ♂♂	1 ♀	5 ♂♂	5 ♂♂, 1 ♀
Cantharidae:					
Podabrus alpinus	6	12	5	9	23
Cantharis abdominalis	11	1	—	—	12
C. violacea	6	4	—	—	10
C. fusca	1	—	—	—	1
C. obscura	1	20	5	2	26
C. pagana	16	47	3	5	66
C. nigricans	9	5	7	2	21
C. pellucida	11	15	11	7	37
C. figurata	4	15	4	5	23
C. fulvicollis	2	2	—	1	4
C. discoidea	2	1	—	—	3
C. erichsoni	1	—	—	—	1
Rhagonycha translucida	—	3	4	4	7
R. lutea	—	—	1	1	1
R. fulva	6	5	4	1	15
R. testacea	5	2	—	—	7
R. limbata	10	2	2	—	14
R. lignosa	1	17	8	6	26
R. elongata	2	2	23	13	27
Pygidia denticollis	1	9	1	1	11
Podistra rufotestacea	—	—	26 ♂♂, 3♀♀	24 ♂♂, 3 ♀♀	26 ♂♂, 3 ♀♀
P. pilosa	1	13	1	1 ♂	15
Malthinus biguttulus	3	7	—	1	10
M. flaveolus	1	9	7	3	17
Malthodes mysticus	1	3	1	—	5
M. spathifer	—	—	5	5	5
M. hexacanthus	—	3	—	—	3
M. debilis (?)	—	—	1 ♂	1 ♂	1 ♂
Dasytidae:					
Dasytes niger	1	18	1	—	20
Dasytes coeruleus	—	—	1	—	1
D. aerosus	—	—	2	—	2
D. plumbeus	1	—	10	—	11
D. flavipes	—	1	—	—	1
Haplocnemus pini	—	—	1	—	1
H. nigricornis	—	3	—	—	3
Malachiidae:					
Malachius bipustulatus	7	1	—	—	8
Axinotarsus marginalis	—	1	—	—	1
Charopus flavipes	5	4	8	—	17
Hypebaeus flavipes	—	1	—	—	1

Bemerkungen zur Verbreitung und Ökologie der Arten im UG

Die Verteilung der Arten auf die einzelnen Teilgebiete ist in Tabelle 1 genauer dargestellt.

Zu den offenbar mehr euryöken *Cantharoidea*, die in allen 3 Teilgebieten nachgewiesen wurden, zählen:

Dictyopterus aurora
Cantharis figurata
Cantharis nigricans
Cantharis pellucida
Malthodes mysticus
Rhagonycha fulva
Charopus flavipes
Podabrus alpinus

Arten mit dem Schwerpunkt ihrer Verbreitung im Kirnitzschtal (UG 1) sind:

Cantharis abdominalis
Rhagonycha limbata
Malachius bipustulatus

Im Sandsteingebiet im weitesten Sinne (einschließlich Kirnitzschtal, also UG 1 und 2) verbreitet sind:

Dictyopterus affinis
Lygistopterus sanguineus
Platycis minuta
Cantharis pagana
Cantharis violacea
Malthinus biguttulus
Rhagonycha testacea

Besondere Häufung im UG 2 (Felsgebiet des Sandsteins) zeigen:

Cantharis pagana
Podistra pilosa
Pygidia denticollis
Rhagonycha lignosa (auch im UG 3 noch relativ häufig)
Dasytes niger

Montanere Arten, die im Felsgebiet (UG 2) und Winterberggebiet (UG 3) angetroffen wurden, sind:

Cantharis obscura
Malthinus flaveolus
Rhagonycha lignosa (Schwerpunkt UG 2)
Rhagonycha translucida

Montane Arten des Winterberggebietes (UG 3) sind:

Malthodes spathifer
Podistra rufotestacea
Rhagonycha elongata

Bemerkenswert ist die unterschiedliche Verbreitung der beiden *Podistra*-Arten. *P. rufotestacea* kommt nur auf dem Großen Winterberg vor, während *P. pilosa* fast ausschließlich auf das Sandsteingebiet beschränkt ist.

Auch nach anderen ökologischen Gesichtspunkten sind Gruppierungen möglich. Eine differenziertere ökologische Verteilung von 31 Arten im UG, die im Rahmen spezieller Curculioniden-Kontrollfänge 1972 bis 1974 von 24 für das UG typischen Kontrollflächen als Beifang anfielen, zeigt Tabelle 2. Die Übersicht läßt erkennen, daß sich die untersuchten Vegetationseinheiten durch bestimmte Artenkombinationen charakterisieren lassen.

Mehrere Arten können für das UG als Wiesenbewohner gewertet werden, die z. T. noch auf andersartiges offenes Gelände übergehen, aber den Wald meiden:

Cantharis figurata
Rhagonycha fulva
Rhagonycha limbata
Malachius bipustulatus

Demgegenüber scheinen

Malthinus flaveolus
Podistra rufotestacea
Rhagonycha elongata

Bewohner des Waldes (z. T. lichterer und wärmerer Stellen) zu sein.

Tabelle 2. Übersicht über die Verteilung eines Teils der Arten aus Fängen von 1972 bis 1974 über grob umrissene Gruppierungen von Lebensräumen. Die Zahlen in Klam-

	Art	Schlucht- u. (Bach-)Tallagen (Sandstein) Ahorn-Eschen-Schluchtw. (3)	Fichten-Schluchtw. (2)	Eschen-Erlen-Bachwald (3)	Gipfel- u. Oberhanglagen (Basalt) Buchenwald (5)
1	*Canth. abdominalis*	+	—	+	—
2	*Canth. violacea*	+	—	+	—
3	*Canth. pagana*	++	++	++	+
4	*Podistra pilosa*	—	++	—	+
5	*Rhag. testacea*	—	—	++	—
6	*Podistra rufotestacea*	—	—	—	+
7	*Rhag. elongata*	—	—	—	+++
8	*Malthinus flaveolus*	—	—	—	++
9	*Podabrus alpinus*	—	—	—	++
10	*Rhag. translucida*	+	—	—	+
11	*Dasytes plumbeus*	—	—	—	++
12	*Malthodes spathifer*	—	—	—	+
13	*Canth. obscura*	+	+	+	+
14	*Canth. pellucida*	—	+	+	+
15	*Malthinus biguttulus*	—	—	+	+
16	*Charopus flavipes*	—	—	—	+++
17	*Canth. nigricans*	—	—	++	+
18	*Pygidia denticollis*	—	—	—	—
19	*Dictyopterus aurora*	—	—	+	—
20	*Lygist. sanguineus*	—	—	—	—
21	*Platycis minuta*	—	—	—	—
22	*Malthodes mysticus*	—	—	—	+
23	*Haplocn. nigricornis*	—	—	—	—
24	*Malthodes hexacanthus*	—	—	—	—
25	*Dictyopterus affinis*	—	—	—	—
26	*Dasytes niger*	—	—	—	—
27	*Canth. figurata*	—	—	—	—
28	*Canth. fulvicollis*	—	—	+	—
29	*Rhag. fulva*	—	—	—	—
30	*Rhag. limbata*	—	—	—	—
31	*Malachius bipustulatus*	—	—	—	—

Schließlich läßt sich noch eine Reihe von Schlucht- bzw. Talbewohnern abgrenzen, die wahrscheinlich oligostenotherm und/oder polystenohygr sind (und aus diesem Grunde zur Besiedlung von Waldstandorten neigen, ohne deshalb baumfreie Flächen unbedingt zu meiden):

Cantharis abdominalis
Cantharis violacea
Cantharis pagana
Podistra pilosa
Rhagonycha testacea

Wahrscheinlich ist auch *Cantharis erichsoni* hierzu zu rechnen. Genauere Untersuchungen an dieser Gruppe würden sicher noch manche Ergänzung und Präzisierung ermöglichen. Beim Vergleich der im UG gefangenen Arten mit einer weitergefaßten Faunistik der

mern am Kopf der Tabelle geben die Anzahl der jeweils untersuchten Flächen an. Für jede Fläche, auf der eine Art gefunden wurde, wurde ein Kreuz (+) eingesetzt.

Verebnungen (Sandstein)	Plateaulagen (Sandstein)	Verebnungen und Hanglagen (Sandstein) Schonungen				
Fichtenforst (2)	Felsheide-Kiefernwald (3)	Fichte (2)	Buche (1)	Kiefer (1)	Wiesen (2)	
—	—	—	—	—	—	1
—	—	—	—	—	+	2
—	++	—	—	—	—	3
+	—	—	—	—	—	4
—	—	—	—	—	—	5
—	—	—	—	—	—	6
—	—	—	—	—	—	7
—	++	—	—	—	—	8
—	—	—	—	+	—	9
—	—	—	—	—	—	10
—	—	—	—	—	—	11
—	—	—	—	—	—	12
+	+	—	—	—	—	13
+	—	+	+	—	++	14
++	++	—	—	—	—	15
+	—	—	—	—	++	16
—	—	—	—	—	+	17
—	+	+	—	—	—	18
—	—	—	—	—	—	19
+	—	+	—	+	—	20
+	—	—	—	—	+	21
—	—	—	—	—	—	22
—	+	—	—	+	—	23
—	—	+	—	+	—	24
—	—	—	—	—	+	25
—	—	+	—	—	+	26
—	—	—	—	—	++	27
—	—	—	—	—	++	28
—	—	—	—	—	+	29
—	—	—	—	—	++	30
—	—	—	—	—	++	31

Cantharoidea fällt auf, daß eine Reihe anderswo – namentlich im Vorland und in der Ebene – sehr häufiger Arten hier fehlen oder nur sehr selten gefangen wurden. Das trifft z. B. für

Cantharis fusca (1 Ex.)
Cantharis rustica (fehlt)
Cantharis livida (fehlt)
Cantharis rufa (fehlt)
Cantharis pallida (fehlt)

zu. Ähnliche Verhältnisse können auch bei anderen Gruppen beobachtet werden, z. B. bei Laufkäfern (*Carabidae*, KRAUSE 1974). Diese anderswo oftmals mit sehr großer Häufigkeit auftretenden Arten sind meist Wiesen- oder Waldrandbewohner, die offenbar in den kühlen bzw. trocken-warmen Örtlichkeiten des UG nicht die geeigneten Entwicklungsstätten finden.

Bemerkungen zu den Fangzeiten und zum Lichtfang

Der Beginn des Auftretens der Imagines der meisten Arten verzögert sich – gegenüber den Angaben aus anderen Gebieten – fast stets um etwa einen Monat.
In manchen Fällen treten die Arten auch zeitlich etwas länger auf:

Cantharis figurata — *Rhagonycha lignosa*
Rhagonycha elongata — *Rhagonycha translucida*

Ein relativ normales zeitliches Auftreten haben:

Cantharis pagana — *Podabrus alpinus*
Cantharis pellucida

Weitere und genauere Angaben sind Tabelle 3 zu entnehmen.

Zusammenfassende Untersuchungen über den Lichtfang von *Cantharoidea* sind unseres Wissens bisher noch nicht veröffentlicht worden. Im UG wurden 21 Arten beim Lichtfang erbeutet, deren Individuenanteil am Gesamtfang in Tab. 1 dargestellt ist.

Tabelle 3. Saisonale Verteilung der Funde der *Cantharoidea*-Arten im UG.

	V			VI			VII			VIII			IX		
Art	A	M	E	A	M	E	A	M	E	A	M	E	A	M	E
Lycidae:															
Dictyopterus aurora	3	7	1	3	1	1	—	—	—	—	—	—	—	—	—
D. affinis	—	—	—	—	—	9	2	2	1	—	—	—	—	—	—
Lygist. sanguineus	—	—	—	1	—	12	8	3	2	—	—	—	—	—	—
Platycis minuta	—	—	—	—	—	—	1	—	—	—	2	—	1	3	—
Lampyridae:															
Phausis splendidula	—	—	—	—	—	1	1	—	—	—	—	—	—	—	—
Lampyris noctiluca	—	—	—	—	—	2	3	1	—	—	—	—	—	—	—
Cantharidae:															
Podabrus alpinus	—	—	1	5	2	8	5	2	—	—	—	—	—	—	—
Canth. abdominalis	—	—	1	5	4	1	1	—	—	—	—	—	—	—	—
C. violacea	—	—	1	5	1	3	—	—	—	—	—	—	—	—	—
C. fusca	—	—	—	—	—	—	1	—	—	—	—	—	—	—	—
C. obscura	5	5	6	6	—	4	—	—	—	—	—	—	—	—	—
C. pagana	1	—	25	18	10	7	3	3	—	—	—	—	—	—	—
C. nigricans	—	—	—	10	2	6	3	—	—	—	—	—	—	—	—
C. pellucida	1	1	2	6	8	7	11	1	—	—	—	—	—	—	—
C. figurata	—	—	4	6	3	5	1	1	—	1	—	—	—	—	—
C. fulvicollis	—	—	—	1	—	1	1	—	—	1	—	—	—	—	—
C. discoidea	—	—	—	—	—	1	1	1	—	—	—	—	—	—	—
C. erichsoni	—	—	—	1	—	—	—	—	—	—	—	—	—	—	—
Rhagonycha lutea	—	—	—	—	—	—	—	1	—	—	—	—	—	—	—
R. translucida	—	—	—	—	—	2	2	1	1	1	—	—	—	—	—
R. fulva	—	—	—	—	—	—	4	1	6	3	1	—	—	—	—
R. testacea	—	—	—	2	—	—	5	—	—	—	—	—	—	—	—
R. limbata	—	—	7	2	1	3	1	—	—	—	—	—	—	—	—
R. lignosa	—	—	1	10	1	9	4	—	—	—	—	—	—	—	—
R. elongata	—	—	—	—	7	2	10	4	2	1	—	—	—	—	—
Pygidia denticollis	—	—	—	—	—	1	5	4	1	—	—	—	—	—	—
Podistra pilosa	—	—	—	1	2	4	7	—	—	—	—	—	—	—	—
P. rufotestacea	—	—	—	—	1	6	15	7	—	—	—	—	—	—	—
Malthinus biguttulus	—	—	—	1	—	—	3	6	—	—	—	—	—	—	—
M. flaveolus	—	—	—	1	—	1	12	2	—	—	—	—	—	—	—
Malthodes mysticus	—	—	—	—	—	1	3	1	—	—	—	—	—	—	—

	V			VI			VII			VIII			IX		
Art	A	M	E	A	M	E	A	M	E	A	M	E	A	M	E
M. spathifer	—	—	—	—	2	3	—	—	—	—	—	—	—	—	—
M. hexacanthus	—	—	—	2	—	1	—	—	—	—	—	—	—	—	—
M. debilis (?)	—	—	—	—	1	—	—	—	—	—	—	—	—	—	—
Dasytidae:															
Dasytes coeruleus	—	1	—	—	—	—	—	—	—	—	—	—	—	—	—
D. aerosus	—	—	—	2	—	—	—	—	—	—	—	—	—	—	—
D. niger	—	3	—	5	—	12	1	—	1	—	—	—	—	—	—
D. plumbeus	—	—	—	1	—	7	2	1	—	—	—	—	—	—	—
Haplocnemus pini	—	—	—	—	—	1	—	—	—	—	—	—	—	—	—
H. nigricornis	—	—	—	2	1	—	—	—	—	—	—	—	—	—	—
Malachiidae:															
Malach. bipustulatus	—	1	4	2	1	—	—	—	—	—	—	—	—	—	—
Axinot. marginalis	—	—	—	—	1	—	—	—	—	—	—	—	—	—	—
Charopus flavipes	—	—	—	5	—	8	3	—	—	1	—	—	—	—	—
Hypebaeus flavipes	—	—	—	—	1	—	—	—	—	—	—	—	—	—	—

Somit wurden von 374 Ex. der 21 durch Lichtfang erlangten Arten 102 Ex. direkt am Licht erbeutet, während die restlichen Stücke durch andere Fangmethoden, großenteils durch Kescherfang, eingetragen wurden. Bei einigen Arten ist der relative Anteil am Licht gesammelter Tiere ziemlich oder sogar sehr hoch (*Rhagonycha elongata, Podistra rufotestacea, Malthodes spathifer*), während bei anderen Arten im UG noch kein Lichtanflug nachgewiesen werden konnte (z. B. alle *Lycidae, Cantharis abdominalis, C. violacea, Malthodes mysticus, Rhagonycha limbata* und *R. testacea*). Die beiden *Podistra*-Arten verhalten sich offenbar unterschiedlich: *P. rufotestacea* fliegt häufig an Licht, *P. pilosa* wohl nur selten. Vielleicht verwischt sich aber dieser Unterschied, wenn im unmittelbaren Vorkommensbereich von *P. pilosa* geleuchtet wird.

Phausis splendidula, Rhagonycha fulva und *R. lignosa* sowie *Dasytes plumbeus* wurden auch andernorts bereits am Licht gefangen (BEMBENEK u. KRAUSE 1969).

Die Lichtfänge beweisen, daß eine Anzahl von Arten der *Cantharoidea* auch dämmerungs- oder nachtaktiv sind.

Zusammenfassung

Bei qualitativen und quantitativen Kontrollfängen in der „Hinteren Sächsischen Schweiz" wurden in den Jahren 1968–1974 ca. 550 Ex. der *Cantharoidea* gefangen: 63 *Lycidae* in 4 Arten, 8 *Lampyridae* in 2 Arten, 420 *Cantharidae* in 29 Arten, 39 *Dasytidae* in 7 Arten und 27 *Malachiidae* in 4 Arten. In einer Artenliste wird die Verbreitung dieser Arten in Europa, in der DDR und in den 3 Untersuchungsgebieten der Hinteren Sächsischen Schweiz (das Bergbachtal der Kirnitzsch, das Sandsteingebiet insbesondere um den Großen Zschand mit seinen zahlreichen kühlfeuchten Schlüchten und trockenwarmen Plateaulagen und das Basaltplateau des Großen Winterberges) besprochen und auf ökologische Besonderheiten sowie die Imaginal-Fangzeiten eingegangen. In einem zweiten Teil werden ökologische Artengruppierungen vorgestellt. Tabellen geben einen Überblick über die Nachweise aller Arten in den drei Untersuchungsgebieten, über das saisonale Auftreten der Arten und über die durch Lichtfang erbeuteten Arten und Individuen. Der Beginn des Auftretens der Imagines ist bei den meisten Arten im Untersuchungsgebiet im Vergleich zur Ebene um mehrere Wochen verzögert. Bei 21 von 44 Arten wurden insgesamt 102 Ex. (von 374 Ex. dieser 21 Arten) durch Lichtfang erbeutet. Relativ häufig flogen *Rhagonycha elongata* und *Podistra rufotestacea* Licht an.

Summary

ON DISTRIBUTION AND ECOLOGY OF CANTHAROID BEETLES IN SAXON SWITZERLAND

It is reported about faunistical and ecological investigations of *Cantharoidea* in Saxon Switzerland (above all in its area „Hintere Sächsische Schweiz") in the southeastern part of GDR. Samples of about 550 Cantharoids collected by several sampling methods (sweeping, light samples and others, in 1968–1974) were carried out in 3 parts of Saxon Switzerland (a mountain valley on the brook Kirnitzsch, the sandstone rock district with cool and moist valleys as well as dry and warm pine forests on the plateaus, and the basalt mountain „Großer Winterberg"). There were caught 63 *Lycidae* in 4 species, 8 *Lampyridae* in 2 species, 420 *Cantharidae* in 29 species, 39 *Dasytidae* in 7 species, and 27 *Malachiidae* in 4 species. In 3 tables the distribution of the 47 Cantharoid species in the 3 mentioned parts of Saxon Switzerland, the ecological groups of species, the dates of their imaginal occurrence, and the species caught by light were demonstrated.

Literatur

BEMBENEK, H. u. R. KRAUSE, 1969: Lichtfangergebnisse aus Moritzburg in Sachsen. – Faun. Abh. Mus. Tierk. Dresden, **2**, Nr. 26: 259–271.

BORCHERT, W., 1951: Die Käferwelt des Magdeburger Raumes. – Magdeburger Forsch. II, Magdeburg.

GANGLBAUER, L., 1930/31: Die europäischen und kaukasischen Arten der Gattung *Podistra* s. lat. – Koleopter. Rdsch., **16**: 244–254.

HORION, A., 1953: Faunistik der Mitteleuropäischen Käfer, Bd. III, *Malacodermata*. München.

KRAUSE, R., 1974: Die Laufkäfer der Sächsischen Schweiz, ihre Phänologie, Ökologie und Vergesellschaftung (I) (*Coleoptera*, *Cicindelidae* et *Carabidae*). – Faun. Abh. Mus. Tierk. Dresden, **5**, Nr. 2: 73–179.

LIEBMANN, W., 1955: Käferfunde aus Mitteleuropa einschließlich der österreichischen Alpen. Wittenberg Lutherstadt.

RAPP, O., 1933/35: Die Käfer Thüringens unter besonderer Berücksichtigung der faunistisch-ökologischen Geographie. Erfurt.

Anschriften der Autoren:

Dr. Werner Witsack, DDR – 6902 Jena-Neulobeda, Otto-Grotewohl-Straße 27,

Dr. Rüdiger Krause, Staatliches Museum für Tierkunde, DDR – 801 Dresden, Augustusstraße 2.

ENTOMOLOGISCHE ABHANDLUNGEN

STAATLICHES MUSEUM FÜR TIERKUNDE IN DRESDEN

Band 42 Ausgegeben: 28. Dezember 1978 Nr. 8

Biometrische Untersuchung zur Klärung der Artunterschiede bei sozialen Faltenwespen

(Hymenoptera, Vespinae)

Mit 11 Abbildungen und 7 Tabellen

REGINE ECK
Dresden

Aus verschiedenen Gründen erscheinen die *Vespinae* für taxonomisch-biometrische Untersuchungen besonders interessant. Erstens versprechen die individuenreichen Nestpopulationen mit beiden Geschlechtern und der Arbeiterinnenkaste großes Untersuchungsmaterial, zweitens wirft die Tatsache, daß die Männchen haploid und die Weibchen diploid sind, genetische Fragen auf, drittens gibt es sowohl Zwillingsarten als auch Sozialparasiten. Das Verbreitungsgebiet der meisten Arten ist ungefähr bekannt, die Auffälligkeit und Häufigkeit eines Teils der Arten erleichtern deren Beschaffung, aber es gibt dennoch Meinungsverschiedenheiten bei der Bewertung der Taxa in der holarktischen Region.

Seit vor 70 Jahren die ersten biometrischen Untersuchungen an Vespiden erschienen, wendeten sich jedoch nur verhältnismäßig wenig Bearbeiter dieser Thematik zu, diese allerdings mit wachsender mathematischer Perfektion.

Die Vespiden mit schwer unterscheidbaren Königinnen und Arbeiterinnen bzw. Hilfsweibchen in polygynen Staaten reizten zu statistischer Trennung der Kasten, bei den Vespinen entfiel diese Problematik. Hier untersuchten WRIGHT, LEE u. PEARSON (1907) und THOMSON, BELL u. PEARSON (1910) zunächst nur die Flügel und deren Geäder von *Paravespula vulgaris*. Die Körpergröße blieb noch unberücksichtigt bzw. die Flügellänge wurde stillschweigend als Äquivalent für die Körpergröße betrachtet. Die Autoren fanden Proportionsunterschiede innerhalb der Flügel, z. B. relativ lange Flügelspitze der Männchen, relativ breite Flügel der Arbeiterinnen gegenüber denen der Männchen und Königinnen und die linken Flügel etwas länger als die rechten. Außerdem erwiesen sich in den absoluten wie in den relativen Maßen die Arbeiterinnen variabler als die Männchen [1]) und diese variabler als die Königinnen, aber in den Proportionen innerhalb des Flügels die Männchen am variabelsten. In der Korrelation der Einzelmaße konnte eine Abnahme von den Arbeiterinnen über die Männchen zu den Königinnen festgestellt werden.

Diese Ergebnisse wurden an einem einzigen Nest gewonnen, in der zweiten Arbeit folgte ein Vergleich mit im Frühling an anderem Ort gesammelten Königinnen. Wie zu erwarten,

[1]) Die hohe Variabilität in der Körpergröße wird von den Autoren auf größere Schwankungen in den Entwicklungsbedingungen der Arbeiterinnen zurückgeführt.

waren Korrelation und Variabilität im Nest geringer, die Königinnen der Nestpopulation hatten aber längere Flügel. Eine Erklärung dafür konnte im Vergleich eines einzigen Nestes mit nur einer Serie natürlich nicht gefunden werden.

50 Jahre später gründete BLACKITH (1958) seine Berechnungen ebenfalls auf die Messung von Einzelnestern, nämlich je einem von *Paravespula germanica* und *P. rufa*. Unter Berücksichtigung der Körpergröße geht daraus hervor, daß die Arbeiterinnen nicht nur kleiner als die Königinnen sind, sondern auch Verschiebungen innerhalb ihrer Proportionen aufweisen. Die Werte für Flügellänge : Flügelbreite verhielten sich annähernd isometrisch. Durch die bei den Königinnen und Arbeiterinnen unterschiedliche Form des Abdomens dürfte es aber zu einer Schwerpunktverlagerung und unterschiedlicher Flügelbelastung kommen. Rein rechnerisch ließ sich nachweisen, daß der morphologische Abstand zwischen den Geschlechtern am größten ist, gefolgt von dem zwischen den Arten und wiederum dem zwischen den Kasten.

Entgegen sonstigen morphometrischen Erfahrungen mußte BLACKITH bei den kleineren Arbeiterinnen von *P. germanica* in allen Merkmalen eine breitere Variabilität feststellen als bei den größeren, überhaupt waren die Arbeiterinnen von *germanica* variabler als die Männchen, aber bei *P. rufa* die Männchen variabler als die Arbeiterinnen. Damit stößt auch BLACKITH auf die hohe Variabilität der haploiden Männchen und meint, daß deren parthenogenetische Entstehung zwar eigentlich eine größere Uniformität bedingen würde, dies aber durch substantiell-spezifische Unterschiede der männlichen Variabilität zu der der Arbeiterinnen verdeckt würde („is masked by the substantial specific differences in male variability").

Gegen die These „Haploidie = Uniformität" wendet sich EICKWORT (1969), die an zahlreichen Nestern von *Polistes exclamans* für zehn Merkmale eine eindeutig größere Variabilität der *Polistes*-Männchen feststellen konnte, und sie diskutiert genetische Voraussetzungen, Möglichkeiten und Auswirkungen dieses Phänomens, ohne zu einem allgemein gültigen Urteil gelangen zu können.

Die Arbeiterinnen, die nach den beiden vorgenannten Vespinen-Studien teilweise die Variabilität der Männchen überschritten, möchte EICKWORT aus mathematisch-genetischen Untersuchungen der Variabilität heraushalten, weil diese Kaste nicht reproduktiv sei.

Übereinstimmend werden in diesen biometrischen wie in den über Vespiden hauptsächlich veröffentlichten faunistischen und nestbiologisch-ökologischen Arbeiten die Arten als ungegliedertes Ganzes behandelt, so wie z. B. EDWARDS (1976) in seiner Studie über die Weltverbreitung von *Paravespula germanica* die Wangenlänge (oculo-malar space) dieser Art mit der von drei anderen ähnlichen Arten vergleicht, aber keine Angaben über die Herkunft der gemessenen Exemplare macht – offenbar aus der Überzeugung heraus, daß, wenn Subspezies nicht beschrieben sind, auch keine geographischen Unterschiede auftreten können.

So ist bisher weder die metrische Variabilität einer Art an einem bestimmten Ort voll erfaßt worden, noch ein darauf aufbauender Vergleich geographisch weit voneinander entfernter Populationen erfolgt. Überhaupt ist nur ein kleiner Teil der Arten irgendeiner biometrischen Untersuchung teilhaftig geworden und an eine Übersicht über sämtliche Vespinen-Arten ist noch nicht zu denken.

Es dürfte zweckmäßig sein, zunächst mit möglichst einfachen Methoden eine solche Übersicht zu schaffen, um dann, wenn Probleme sichtbar werden, den ganzen heute verfügbaren mathematischen Apparat gezielt einsetzen zu können. Die vorliegende Arbeit soll ein erster Schritt in diese Richtung sein.

Es wird untersucht, in welcher Weise sich die Arten der *Vespinae* außer in den bekannten Merkmalen am Kopf auch in weiteren, für die Fortbewegung wichtigen Maßen und Proportionen unterscheiden. Es wird geprüft, wie sich beispielsweise die Zugehörigkeit zu Lang- und Kurzkopfwespen ausprägt, welcher Art die Unterschiede innerhalb der Lang- bzw. Kurzkopfwespen sind, aber auch, wie die sozialparasitisch lebenden Arten und ihre Wirte differieren.

Dazu ist es nötig, neben der absoluten Größe der einzelnen Art und ihrer Proportionierung auch die Unterschiede zwischen den Geschlechtstieren und den Arbeiterinnen festzustellen sowie den Differenzen zwischen den verschiedenen Nestpopulationen des gleichen Ortes nachzugehen, und zwar sowohl in bezug auf die absoluten und relativen Maße wie auch nach den Unterschieden in der Variabilität.

Das taxonomische Ziel, nämlich die Klärung der innerartlichen Ausformung der Arten über ihr ganzes Areal hin, wird vorerst in keinem einzigen Fall erreicht – die Proben aus den verschiedenen Herkunftsgebieten können zunächst nur Hinweise auf die Besonderheiten und Möglichkeiten der geographischen Variation sein.

Bevor man an die Arbeit geht, sollte man sich einige Fakten ins Gedächtnis rufen, die sowohl die praktische als auch die theoretische Seite einer biometrischen Arbeit mit Vespinen komplizieren. In der Regel ist mit dem Zeitpunkt des Sammelns die Entwicklung des Nestes abrupt beendet, und nur selten erhält man Arbeiterinnen, Königinnen und Männchen gleichzeitig in ausreichender Anzahl aus demselben Nest. Die Arbeiterinnen entwickeln sich über den Sommer hin unter recht unterschiedlichen Bedingungen, aber man kann beim Sammeln kaum etwas über das Alter der einzelnen Arbeiterin in Erfahrung bringen, obwohl aus dem Vergleich der Gesamtzahl der Arbeiterinnenzellen und der Entwicklung der Volksstärke während des Sommers geschlossen werden kann, daß die ersten Arbeiterinnen schon nach wenigen Wochen durch jüngere Schwestern ersetzt werden (SPRADBERY 1971). Auch ist der Untersucher oft gezwungen, augenscheinlich ältere Exemplare der starken Abnutzung wegen aus den Flügelmessungen auszuschließen.

Werden nur Arbeiterinnen außerhalb des Nestes gefangen, ist zu bedenken, daß eventuell nur die kleineren Exemplare Außendienst haben, die größeren, dominanten dagegen ausschließlich innerhalb des Nestes beschäftigt sein können und damit dem Gesammeltwerden entgehen (PARDI 1974) – nach SPRADBERY (1972) könnte es aber auch genau umgekehrt sein. Meist wird vorausgesetzt, daß alle Arbeiterinnen Töchter derselben Mutter sind. Da aber Okkupation angefangener Nester durch artgleiche Königinnen vorkommt, ist das nicht absolut sicher, während noch viel weniger bekannt ist, ob der Spermavorrat von einem oder mehreren Männchen stammt. Ebenso ist im Hinblick auf die starke Variabilität der haploiden Männchen zu bedenken, daß es sich oftmals nicht nur um Brüder, sondern auch um „Onkel“ und „Neffen“ handelt, weil die Arbeiterinnen nicht nur bei Verlust der Königin, sondern auch gleichzeitig mit dieser in von ihr weniger besuchte Waben unbefruchtete Eier legen können. Damit ist die Einheitlichkeit und Vergleichbarkeit der Insassen eines Nestes viel geringer als man zunächst annehmen möchte. Hinzu kommt, daß überwinternde Königinnen durch Eliminierung der schwächeren Individuen eventuell nicht mehr repräsentativ für die ganze Variationsbreite am betreffenden Ort sind, weshalb die Frühjahrsfänge, die gerade bei Sammelreisen häufiger anfallen, nur wieder mit solchen verglichen werden dürfen.

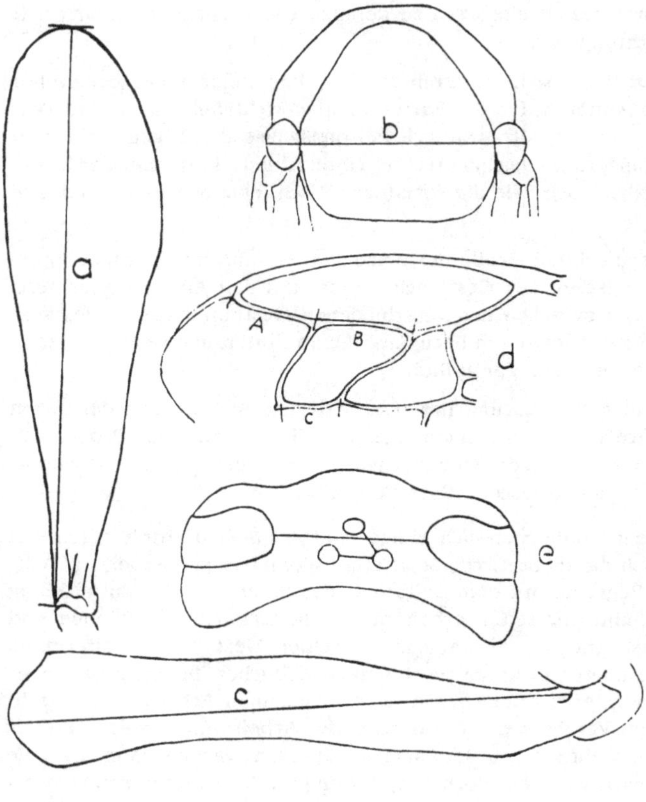

Abb. 1. Meßstrecken. a: Flügellänge – b: Mesonotumbreite – c: Länge der Tibia III – d: Flügelspitze – e: Augenabstand und Ocellenabstand.

Trügerisch ist die Hoffnung, auch nur von den häufigsten Arten in den Museen größere Serien von einem Ort oder gar Nestpopulationen in ausreichender Zahl vorzufinden. Sind zufälligerweise solche vorhanden, fehlen meist Hinweise auf die Zusammengehörigkeit und die Tiere sind nach Geschlechtern geordnet in verschiedenen Kästen untergebracht.

Material und Methode

Diese Studie beschränkt sich auf Material von 13 Arten: *Vespula germanica* (F.), *Vespula vulgaris* (L.), *Vespula rufa* (L.), *Vespula austriaca* (PANZ.), *Vespula lewisi* CAMERON, *Vespula flaviceps* SMITH, YAMANEs *Vespula* A, *Dolichovespula norwegica* (F.), *Dolichovespula saxonica* (F.), *Dolichovespula pacifica* BIRULA, *Dolichovespula adulterina* (BUYSS.), *Dolichovespula sylvestris* (SCOP.) und *Dolichovespula omissa* (BISCHOFF).

An 1600 Wespen wurden auf optischem Wege mit dem binokularen Mikroskop SM 20 und Okularmikrometer annähernd 10 000 Messungen durchgeführt: Mesonotumbreite, Flügellänge, Länge der Tibia 3, Augenabstand auf dem Scheitel, Abstand der hinteren Ocellen, Abstand der hinteren von den vorderen Ocellen, außerdem an einem großen Teil der Tiere die Länge des 3. Antennengliedes, die Wangenlänge (oculo-malar space) und bei einem Teil der Langkopfwespen drei Abschnitte des Flügelgeäders im Bereich der Cubitalzellen (s. Abb. 1).

Weil die Gesamtlänge nicht exakt zu messen ist, wird hier die Mesonotumbreite als Äquivalent der Körpergröße betrachtet. Ein günstigeres Ersatzmaß für die Körpergröße konnte ich nicht finden. Alle Methoden des Zerlegens, z. B. das Messen der Totallänge der einzelnen Tergite, kommen höchstens für Spezialuntersuchungen, nicht für die Verwendung des vorhandenen Sammlungsmaterials in Frage. Daß die aus Museen entliehenen Exemplare intakt bleiben müssen, hat auch den Vorteil, bei „Rückfragen" im Verlaufe der Arbeit jedes einzelne Individuum in seinem Proportionsgefüge vorliegen zu haben.

Die Tibia 3 wurde stets von außen gemessen. Da das Ende der Tibia oft im Gelenk vom Femur verdeckt wird, messe ich nur bis zu dem Höcker unmittelbar vor diesem Gelenk. Dieser Höcker ist nicht bei allen Arten gleichermaßen gut ausgebildet, z. B. schlecht bei *D. adulterina*, aber doch immer verwendbar. In welchem Verhältnis die Tibialänge zu den übrigen Beinmaßen steht, wurde noch nicht untersucht. Es sollte hier nur getestet werden, ob die Beine überhaupt in Proportionsverschiebungen einbezogen sind. Die Flügel wurden jeweils vom Ansatz bis zur Spitze gemessen, ohne Berücksichtigung dessen, daß linker und rechter Flügel eine unterschiedliche Länge haben können. Wenn ich auf solche Fälle stieß, verwendete ich das höchste Maß. Dem Befund von WRIGHT, LEE u. PEARSON (1907) an *Vespula vulgaris*, wonach der linke Flügel der längere ist, bin ich nicht an vergleichbarem Material nachgegangen, fand aber bei Stichproben während der Messungen keine Anhaltspunkte dafür.

Zur Scheitelbreite zwischen den Augen ist anzumerken, daß sie sich nur bei den Kurzkopfwespen gut messen läßt, während es bei den Langkopfwespen durch eine Vertiefung am Innenrand der Augen zu Ungenauigkeiten kommen kann. Ich bemühte mich, stets unmittelbar vor dieser Vertiefung zu messen.

Alle Maße, auch die mit stärkerer oder schwächerer Vergrößerung genommenen, werden in Einheiten des Okularmikrometers bei einer Vergrößerung von 1,6×12,5 wiedergegeben, müßten also für eine Umrechnung in Millimeter noch durch 16 dividiert werden. Da hier die Proportionen und Vergleiche, nicht die absoluten Maße von Interesse sind, unterblieb das für diese Studie. Gemessen wurde stets mit der größtmöglichen Vergrößerung. Folgende Maße wurden zueinander ins Verhältnis gesetzt: Flügellänge zu Tibialänge, Flügellänge zu Mesonotumbreite, Mesonotumbreite zu Tibialänge, Augenabstand zum Abstand der hinteren Ocellen voneinander, Mesonotumbreite zu Augenabstand sowie Flügellänge zu Augenabstand. Bei umfangreichem Material, großen Serien, Nestpopulationen usw. maß ich jeweils etwa 16–20, höchstens 40 Tiere pro Serie. Die Proportionen wurden für jedes Individuum einzeln errechnet, erst aus diesen Einzelwerten dann eventuell der Mittelwert gebildet. Färbung und Zeichnung werden hier nicht berücksichtigt. Die Antennenmaße und der Malarabstand erwiesen sich als so unergiebig, daß im folgenden nur ausnahmsweise darauf eingegangen zu werden braucht. Die Tabellen sind keine vollständigen Materialübersichten. Einzelmaße und sehr kleine Serien ohne speziellen Aussagewert wurden weggelassen.

Zum überwiegenden Teil stützt sich die Arbeit auf selbst gesammeltes Material. Folgende Kollegen unterstützten mich mit Leihmaterial aus ihren Instituten: Dr. E. KÖNIGSMANN (Zoologisches Museum der Humboldt-Universität Berlin), Dr. R. PIECHOCKI (Wissenschaftsbereich Zoologie der Martin-Luther-Universität Halle) [2]), Dr. J. JELINEK (Narodní

[2]) Die von Dr. R. PIECHOCKI und später von Dr. M. STUBBE gelegentlich der Mongolisch-Deutschen Biologischen Expeditionen gesammelten Vespinen kommen hier nicht komplett zur Auswertung und werden a. a. O. separat behandelt.

Muzeum Praha-Kunratice), Dr. TOBIAS und Dr. TRJAPITZIN (Zoologisches Institut der Akademie der Wissenschaften Leningrad) und N. V. KURZENKO (Institut für Bodenbiologie Wladiwostok). Ihnen allen möchte ich auch an dieser Stelle für die Ausleihe des Materials und besonders für die gastfreundliche Aufnahme bei Besuchen danken. Mein Dank gilt aber auch Dr. SEIKI YAMANE (Sapporo), der mich mit japanischen Wespen unterstützte.

Vergleich der Maße und Proportionen

Aus Gründen der Übersichtlichkeit soll zuerst die Mesonotumbreite („Körpergröße") neben der Tibia- und Flügellänge für jede Art, anschließend sollen in gleicher Weise die meßbaren Unterschiede in der Scheitelregion betrachtet werden. Die ostasiatischen Arten, von denen ich nur einzelne Exemplare erlangen konnte, werden am Schluß gemeinsam abgehandelt.

Der Einfluß der Größe auf die Proportionen kann nicht pauschal beurteilt werden. Obwohl man davon ausgehen muß, daß ein kleines Individuum andere Proportionen braucht als etwa ein doppelt so großes derselben Art, kommt das innerhalb der Arbeiterinnen, Königinnen und Männchen z. B. für die Tibia- und Flügellänge nicht zum Ausdruck [3]). Die Proportionsunterschiede zwischen Männchen und Arbeiterinnen sind hierbei trotz ziemlich gleicher Größe vorhanden, während die Differenzen zwischen Arbeiterinnen und Königinnen noch daraufhin untersucht werden müßten, ob Allometrien eine Rolle spielen.

Wie bei anderen Insekten weist die Körpergröße je nach Entwicklungsbedingungen einen beträchtlichen individuellen Spielraum auf. Hinzu kommen die Größenunterschiede zwischen Königinnen, Arbeiterinnen und Männchen, wobei die Königinnen stets an der Spitze stehen, die Arbeiterinnen mancher Arten, z. B. von *V. germanica* und *D. saxonica*, trotz breiter Überschneidung deutlich kleiner als die Männchen sind, bei *V. rufa* und *D. sylvestris* dagegen mit der Mesonotumbreite der Männchen übereinstimmen und diese sogar übertreffen können (Abb. 2). Die Größenvariation der Männchen ist stärker als beim weiblichen Geschlecht. Innerhalb der Art zeigen meine Stichproben Größendifferenzen von Nest zu Nest, aber auch in der geographischen Verteilung. Eine zwangsläufige Übereinstimmung der Tendenz für die drei Bevölkerungsteile eines Nests kann durch ihre unterschiedlichen Entwicklungszeiten dabei nicht erwartet werden und tritt auch nicht regelmäßig auf. Findet sich aber eine solche gleichlaufende Verkleinerung oder Vergrößerung an Querschnittsfängen einer Population, wie z. B. die Kleinwüchsigkeit der Königinnen und Arbeiterinnen von *V. germanica* aus Kurdistan, Bagdad und den südlichen Gebieten der Sowjetunion östlich des Kaspischen Meeres bis Alma-Ata, so muß das tieferliegende Ursachen haben, als sie in kurzfristigen Verschlechterungen der Lebensbedingungen oder in zufälligen erblichen Veranlagungen für dieses oder jenes Nest gegeben sind und entsprechend gewertet werden.

Mein Material von *V. germanica* und *D. saxonica* gibt Anhaltspunkte für die Annahme, daß die jungen Königinnen in ihrer Gesamtheit kleiner sind als die Exemplare, die nach überstandenem Winter als Nestgründerinnen in Erscheinung treten: Einerseits liegt die Mesonotumbreite jeder Nestmutter deutlich über der durchschnittlichen Mesonotumbreite ihrer Töchter, andererseits weisen die aus Einzelfängen für eine bestimmte Gegend gebildeten Serien überwinterter Weibchen einen höheren Mittelwert auf als junge Königinnen

[3]) REMMERTs Untersuchungen an Dipteren (*Coelopidae*) ergaben ein ziemlich genaues Ansteigen der Länge von Flügeln und Beinen proportional der Körperlänge, aber große hatten gegenüber kleinen Exemplaren relativ starke Beine.

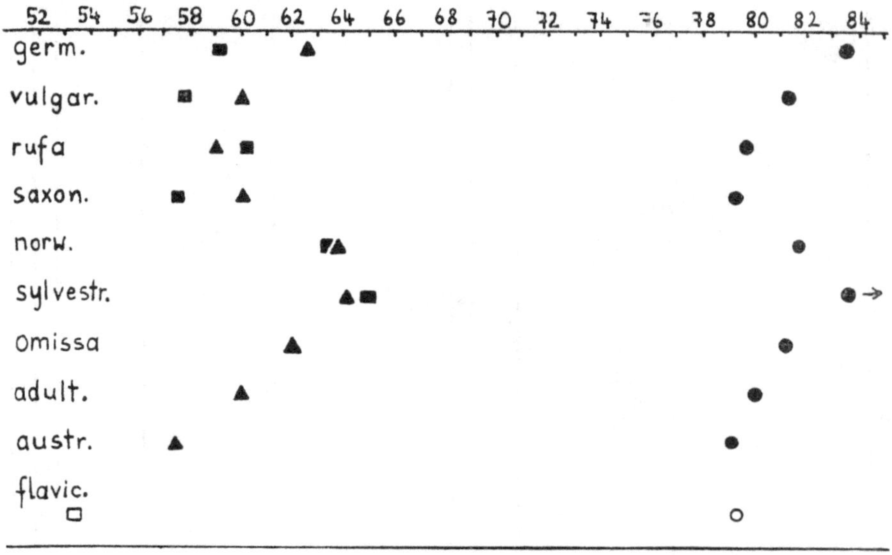

Abb. 2. Durchschnittliche Mesonotumbreite in Einheiten des Okularmikrometers bei der Vergrößerung 12,5×1,6. Kreis: Königinnen, Quadrat: Arbeiterinnen, Dreieck: Männchen.

aus einem Nest. Bei *V. vulgaris* ist das – nach allerdings nur zwei Vergleichsnestern zu den Einzelfunden aus der Dresdener Umgebung – nicht einmal andeutungsweise zu bemerken, für andere Arten fehlt bisher entsprechendes Sammlungsmaterial. Nach diesem Befund ist es aber nicht mehr möglich, ein großes, aus mehreren Nestern gewonnenes Material ohne Vorbehalt mit beliebigen Aufsammlungen entfernter Gebiete zu vergleichen. Die Proportionen aus Mesonotum, Flügel und Tibia folgen bei allen Arten einem bestimmten Schema. Bei von links nach rechts zunehmenden Werten ist die Reihenfolge:

Flügellänge	: Mesonotumbreite	Königinnen – Arbeiterinnen – Männchen
Flügellänge	: Tibialänge	Arbeiterinnen – Königinnen – Männchen
Mesonotumbreite	: Tibialänge	Männchen – Arbeiterinnen – Königinnen

Dabei sind die Unterschiede zwischen Männchen, Königinnen und Arbeiterinnen für die Werte der Flügellänge zur Mesonotumbreite ziemlich groß (Abb. 3), die Unterschiede im Verhältnis der Flügel zur Tibia kleiner. Fast immer stehen sich Königinnen und Arbeiterinnen näher als dem anderen Geschlecht. Tibia und Flügel sind also im Verhältnis zur Körpergröße bei den Königinnen am kürzesten, bei den Männchen am längsten, wobei der Abstand zwischen den Geschlechtern bei den Flügellängen größer ist als bei den Tibiae. Die Arbeiterinnen stehen zwischen Königinnen und Männchen. Daß der Wert für Flügellänge/Tibia für die Arbeiterinnen am kleinsten ausfällt, wird von einer etwas längeren Tibia, nicht durch relativ kurze Flügel (im Vergleich mit den Königinnen) bewirkt. Es fällt auf, daß die oberen Grenzwerte für die Variabilität der relativen Flügellänge bei den verschiedenen Serien einer Art viel einheitlicher sind als die unteren.

Vespula germanica – Vespula vulgaris

Diese zwei bei uns so häufigen und auch lästigen Arten bilden ein typisches Artenpaar mit großer morphologischer Ähnlichkeit und, wenigstens in Eurasien, weitgehender Über-

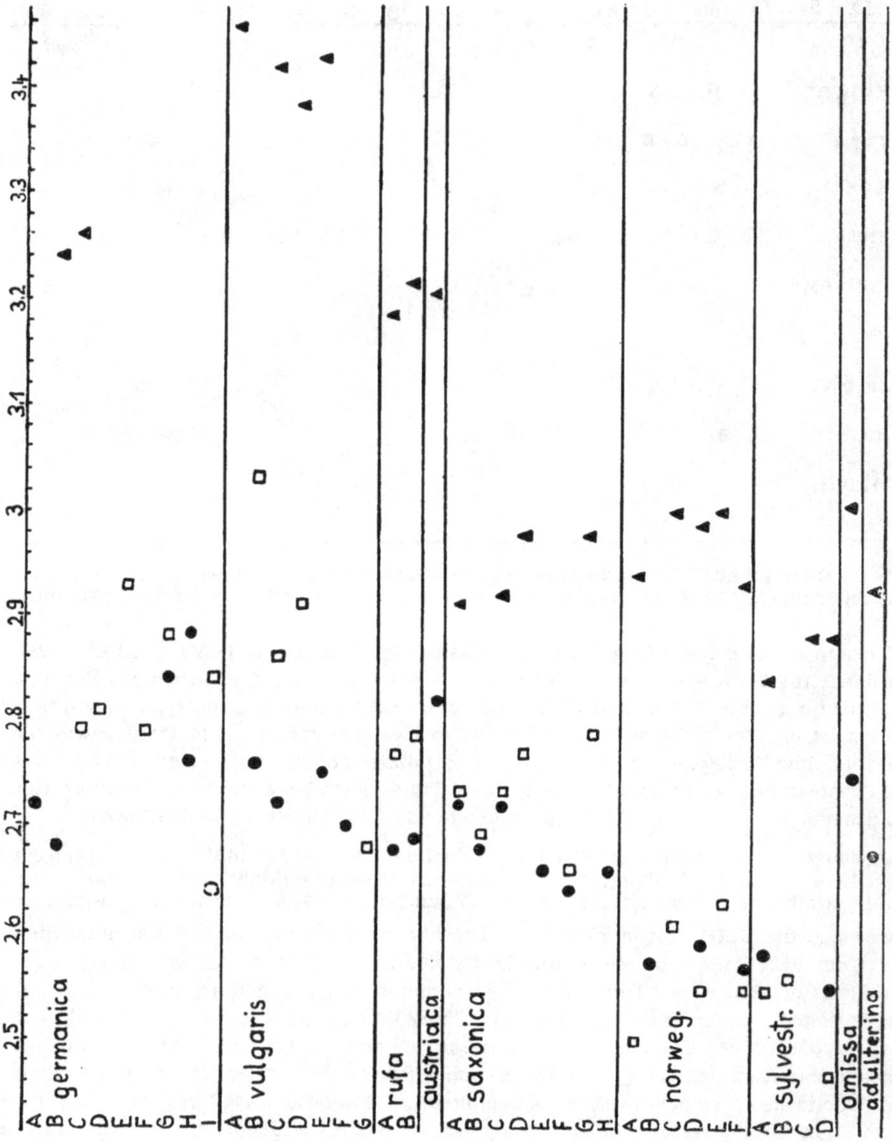

Abb. 3. Flügellänge : Mesonotumbreite, Durchschnittswerte einzelner Serien. Kreis: Königinnen, Quadrat: Arbeiterinnen, Dreieck: Männchen.
V. germanica: A Pirna, Nest; B Dresden, Nest; C Eisenhüttenstadt; D Lausitz; E Böhmen; F Bagdad; G Taschkent; H Mongolei; I Primorje.
V. vulgaris: A ČSSR; B Tharandter Wald, Nest; C Pirna, Nest; D Neustrelitz; E Jakutsk. ASSR; F Transbaikal; G Borowsker Wald.
V. rufa: A Mitteleuropa; B Ferner Osten.
D. saxonica: A, B, C Dresden, Nester; D Zittau, Nest; E Ostseeküste; F Primorje; G Ussuri-Gebiet; H Baikalsee-Gebiet.
D. norwegica: A Dresden, Nest; B Erzgebirge; C Tirol; D ČSSR; E Tatra; F Halbinsel Kola.
D. sylvestris: A Umgebung Dresden; B Moritzburg bei Dresden; C verschiedene Orte Mitteleuropas; D ČSSR.

einstimmung der Areale und einer gewissen, aber noch nicht ausreichend analysierten Abweichung in den ökologischen Ansprüchen. *V. germanica* ist die größere südlichere, *V. vulgaris* die kleinere nördlichere Art. Die durchschnittliche relative Flügellänge ist bei *V. germanica* höher – sie ist überhaupt die langflügligste der hier untersuchten Arten –, aber die in ein Diagramm eingetragenen Einzelwerte rufen den Eindruck völliger Übereinstimmung hervor, zumal auch der Abstand von Arbeiterinnen zu Königinnen für beide Arten gleich ist. (Leider habe ich von *V. germanica* keine vollständigen Nestpopulationen.) Das Verhältnis Flügellänge : Mesonotumbreite der mir vorliegenden Arbeiterinnen von *V. germanica* ist gleichförmiger als das der Königinnen. Zwar fällt die eine oder andere Serie auf, z. B. 15 mazedonische Arbeiterinnen zeigen Langflügligkeit, die Arbeiterinnen von der Krim Kurzflügligkeit oder Arbeiterinnen vom Ussuri längere Tibiae, aber das sind Ausnahmen, die nur Anlaß zu weiterer Materialbeschaffung sein können.

Auffällig lange Flügel haben die Königinnen aus den Gebieten östlich des Kaspischen Meeres bis Alma-Ata, noch längere als die großen Königinnen aus der Mongolei und aus China mit schon ihrerseits längeren Flügeln als die mitteleuropäischen Königinnen. Das verdient Beachtung vor allem deshalb, weil diese Exemplare klein sind, hier also kleinwüchsige Populationen relativ lange Flügel aufweisen, während die insgesamt kleinere *V. vulgaris* etwas kürzere Flügel hat. Aber die Königinnen und Arbeiterinnen dieses Gebietes haben im Vergleich mit mitteleuropäischen Populationen (Arbeiterinnen! aus China und dem Amurgebiet stimmen mit mittelasiatischen Proben überein) auch verhältnismäßig lange Tibiae, so daß im Verhältnis Flügellänge : Tibialänge die Langflügligkeit in diesem Falle nicht zum Ausdruck kommen kann. Ob die Königinnen des Ussuri-Gebietes tatsächlich die kürzesten Flügel haben, wie man nach den wenigen vorhandenen Exemplaren schließen könnte, muß an weiterem Material geprüft werden.

Die Flügel/Tibia-Werte liegen bei *V. germanica* etwas höher als bei *V. vulgaris*, also auch für die Männchen, obwohl *vulgaris*-Männchen im Verhältnis zur Körpergröße längere Flügel als *germanica*-Männchen haben. Das dürfte auf die etwas längeren Tibiae der *vulgaris*-Männchen zurückzuführen sein. Die Werte der Männchen für Flügellänge : Tibialänge sind bei *V. germanica* mit starker Überschneidung noch weiter an die Arbeiterinnen und Königinnen herangerückt als bei *V. vulgaris*. Die Tibiae sind – bezogen auf die Mesonotumbreite – bei *V. vulgaris* auch bei den Arbeiterinnen länger als bei *germanica*-Arbeiterinnen, während die Tibialänge der Königinnen beider Arten etwas übereinstimmt. Das ergibt also wieder eine klarere Gliederung für *V. vulgaris*, während *V. germanica* auch hier dicht beieinander liegende Durchschnittswerte besonders für Arbeiterinnen und Königinnen hat. Die Abstände der Männchen von den Arbeiterinnen und Königinnen sind innerhalb der einzelnen Nestpopulationen auf den Diagrammen für Flügellänge/Tibialänge generell weniger deutlich als für das Verhältnis Flügellänge/Mesonotumbreite.

Die Männchen von *V. vulgaris* sind im Verhältnis der Flügellänge zur Mesonotumbreite weiter von den Arbeiterinnen und Weibchen abgerückt als bei *V. germanica*, indem die Männchen fast die Flügellänge der noch größeren Weibchen erreichen. In den relativen Werten gibt es bei *germanica* kaum, bei *vulgaris* überhaupt keine Überschneidungen zwischen Männchen und Arbeiterinnen. Dabei ist die individuelle Variation dieser Werte bei den Männchen beider Arten deutlich größer als bei den Weibchen und Arbeiterinnen. Beachtliche Unterschiede treten bei *V. vulgaris* zwischen mitteleuropäischen Nestpopulationen auf. Dies soll Anlaß sein, auf einige Stichproben geographischer Variation hinzuweisen. Extrem kurzflüglig sind acht sehr kleine Arbeiterinnen vom „Borowsker Wald" (ein Waldgebiet südöstlich des Ural mit starkem Einfluß asiatischer Steppenfauna), die mit ihrem höchsten Wert nur gerade die kurzflügligsten Individuen aller übrigen Serien erreichen. Die Kürze der Flügel fällt sowohl in Beziehung zum Mesonotum als auch zu den Tibiae auf, obwohl letztere auch für sich genommen schon kurz sind. Die beiden einzigen mir vorgelegenen Arbeiterinnen vom Ussuri und aus Transbaikalien liegen ebenfalls in diesem Bereich, während sich die Serie von Jakutien in voller Übereinstimmung mit mitteleuropäischen Proben befindet. An der geringen Größe der Tiere vom „Borowsker Wald" und auch der beiden Einzelexemplare (Ussuri, Transbaikalien) kann die Proportionsverschiebung nicht liegen, weil eine Serie von Neustrelitz (Mecklenburg/DDR) [4]) ebenso geringere Größenmaße mit normaler Flügellänge kombiniert aufweist.

Vespula rufa

Die Diagramme von *V. rufa* fallen durch rundlich geschlossene Punktschwärme auf, die weniger in die Länge gezogen sind als bei anderen Arten. Die Individuen von *V. rufa schrencki* (Nordostasien, Ussurien) streuen ebenso und sind bezüglich ihrer Größe mit der ssp. *rufa* fast deckungsgleich. Die Art scheint demnach, wenigstens in der Palaearktis, sehr größenstabil zu sein.

Die Mesonotumbreite dieser Art liegt knapp unter der von *V. vulgaris*, ebenfalls die Flügellänge der Königinnen und Arbeiterinnen. Ihr eigenes Gepräge erhält *V. rufa* aber dadurch, daß die Arbeiterinnen in der Mesonotumbreite mit den Männchen übereinstimmen, welch letztere dadurch auf dem Diagramm Mesonotumbreite/Flügellänge senkrecht über den Arbeiterinnen liegen, ohne die relative Flügellänge der *V. vulgaris*-Männchen annähernd zu erreichen (Abb. 4). *V. rufa schrencki* ist etwas größer als *V. r. rufa* und hat relativ lange Tibiae. Am deutlichsten wird das bei den Männchen, die außerdem noch etwas längere Flügel haben und trotzdem geringere Werte für Flügellänge/Tibialänge ergeben als mitteleuropäische.

Auffällig sind zwei mitteleuropäische und zwei ostasiatische Weibchen, die ohne Übergang fast in die Mitte zwischen Arbeiterinnen und Königinnen gerückt sind. Die anderen Arten bieten dazu keine Parallele.

Dolichovespula norwegica – D. saxonica

Schon beim Betrachten des zweiten Artenpaares fällt auf, daß nicht nur jede Art einer bestimmten Größengruppe zuzuordnen ist, sondern daß auch die Größendifferenzen zwischen Königinnen, Arbeiterinnen und Männchen charakteristisch sind. Während *V. germanica* gegenüber *V. vulgaris* in ihren Königinnen, Arbeiterinnen und Männchen etwa gleichermaßen vergrößert erscheint, zeigt das Schema für die Mesonotumbreite deutlich, wie stark sich *D. norwegica* nicht nur durch Größenzunahme, sondern auch durch geringeren Unterschied zwischen Weibchen und Arbeiterinnen und weitgehende Übereinstimmung der Männchen und Arbeiterinnen von *D. saxonica* abhebt. *D. saxonica* wiederum stimmt in Arbeiterinnen und Männchen mit *V. vulgaris* überein, hat aber kleinere Weibchen (Abb. 2). Im Gegensatz zu den Kurzkopfwespen sind es bei dem europäischen Artenpaar der Langkopfwespen die Männchen, die übereinstimmende Mittelwerte der relativen Flügellänge aufweisen, während die Arbeiterinnen und Königinnen der kleineren *D. saxo-*

[4]) Die Serie von Neustrelitz stammt aus einem Massenauftreten während heißer Augusttage (1974). Angaben über die Individuengröße bei ähnlichen Übervermehrungen scheinen in der Literatur zu fehlen.

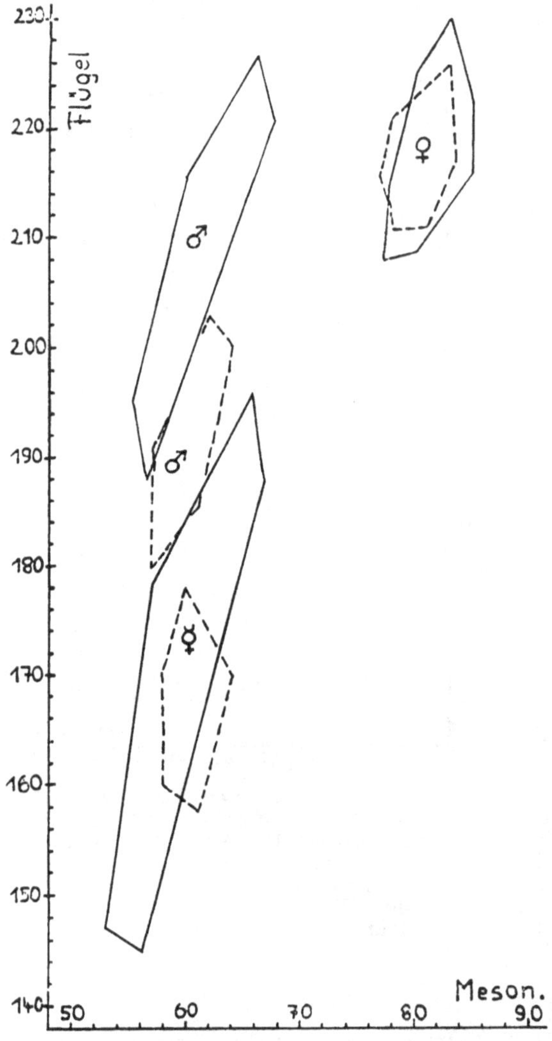

Abb. 4. Flügellänge : Mesonotumbreite für *V. vulgaris* (ausgezogene Linie) und *V. rufa* (unterbrochene Linie). Alle Maße in Mikrometereinheiten bei einer Vergrößerung von 12,5×1,6.

nica merklich längere Flügel als die betreffenden Kasten [5]) von *D. norwegica* haben, s. Abb. 3. (Bei den Kurzkopfwespen hatten die weiblichen Tiere der größeren Art, nämlich von *V. germanica*, die längeren Flügel.) Durch dieses Heranrücken der *saxonica*-Männchen an die kurzflüglige Art *norwegica* finden wir bei *saxonica* die kleinste Differenz zwischen der relativen Flügellänge von Arbeiterinnen und Männchen aller untersuchten Wespen.

[5]) Kasten bilden bei den *Vespidae* nur die Weibchen aus, nämlich Königinnen und Arbeiterinnen. Wenn häufig von den Männchen als 3. Kaste gesprochen wird, so ist das für die Verhältnisse bei den Faltenwespen unzutreffend.

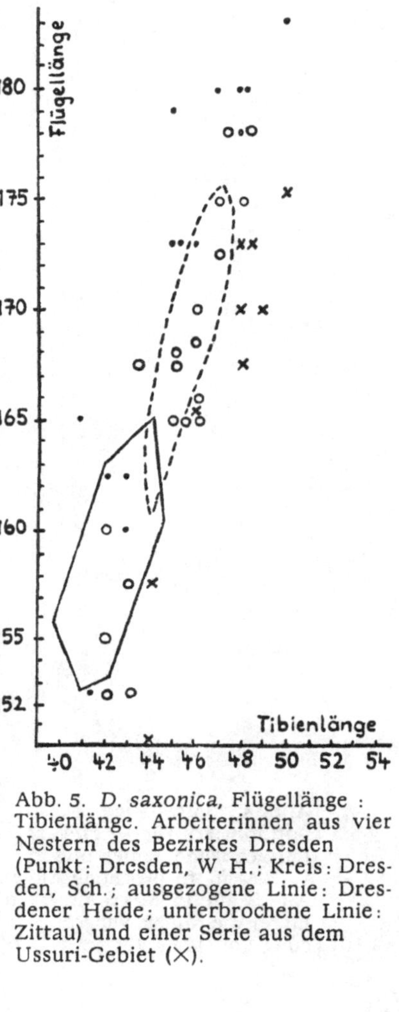

Abb. 5. *D. saxonica*, Flügellänge : Tibienlänge. Arbeiterinnen aus vier Nestern des Bezirkes Dresden (Punkt: Dresden, W. H.; Kreis: Dresden, Sch.; ausgezogene Linie: Dresdener Heide; unterbrochene Linie: Zittau) und einer Serie aus dem Ussuri-Gebiet (×).

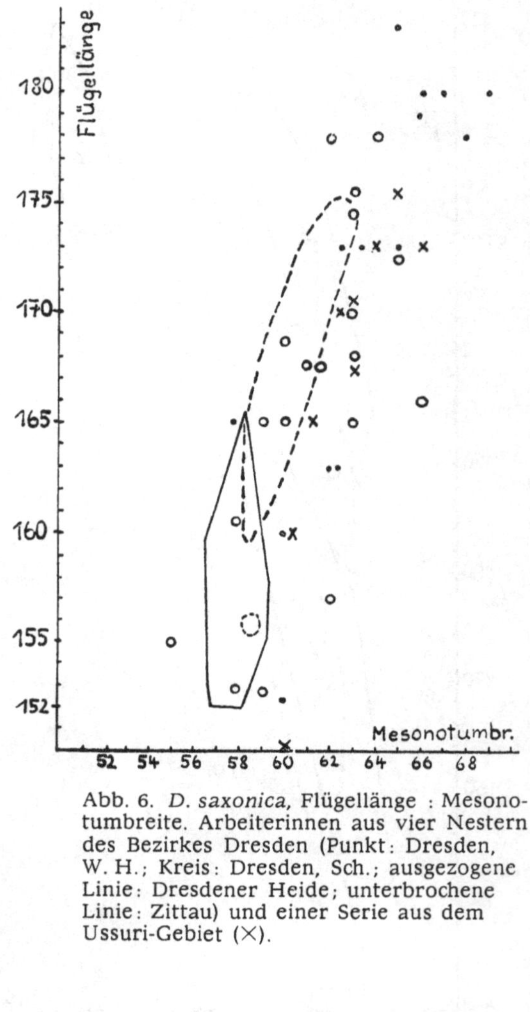

Abb. 6. *D. saxonica*, Flügellänge : Mesonotumbreite. Arbeiterinnen aus vier Nestern des Bezirkes Dresden (Punkt: Dresden, W. H.; Kreis: Dresden, Sch.; ausgezogene Linie: Dresdener Heide; unterbrochene Linie: Zittau) und einer Serie aus dem Ussuri-Gebiet (×).

Lediglich ihr Parasit *Dolichovespula adulterina* kommt *D. saxonica* darin gleich. Das führt zu weiten Überschneidungen, wobei die relative Flügellänge der Arbeiterinnen sowieso nur geringfügig größer ist als jene der Weibchen. Dieser Abstand zwischen den beiden weiblichen Formen scheint nur bei *norwegica* ein wenig weiter zu sein. Das spärlichere Material von dieser Art läßt aber noch keine eindeutige Aussage zu. Immerhin wirken die Werte der Arbeiterinnen, Königinnen und Männchen bei dieser Art auch in den Diagrammen für Flügellänge/Tibialänge separierter als bei *saxonica*.

Davon abgesehen sind, wie bei allen anderen hier behandelten Wespen, auch bei *saxonica* und *norwegica* in den Diagrammen für das Verhältnis der Flügel- zu den Tibialängen (im Vergleich zu Flügellänge/Mesonotumbreite) die Pulks enger aneinander gerückt, da sich bei Verlängerung der Flügel auch die Tibiae verlängern. Beide Arten zeigen bei starken

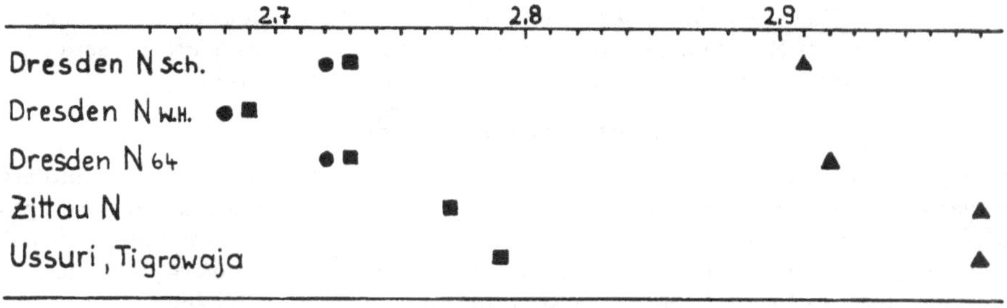

Abb. 7. *D. saxonica*, Flügellänge : Mesonotumbreite von Königinnen (Kreis), Arbeiterinnen (Quadrat) und Männchen (Dreieck) aus vier Nestern des Bezirkes Dresden und einer Serie aus dem Ussuri-Gebiet.

Überschneidungen innerhalb der Art nur geringe Unterschiede in der Gesamtverteilung von Männchen, Königinnen und Arbeiterinnen.

Als Beispiel für das Variieren von Nest zu Nest können die Arbeiterinnen aus vier *saxonica*-Nestern (3 aus Dresden, 1 aus Zittau) und eine Serie aus dem Ussuri-Naturschutzgebiet dienen: Beim Betrachten der Diagramme (Abb. 5, 6) wird deutlich, daß die Punkteschwärme auf beiden zwar in gleicher Weise durch Größenunterschiede charakterisiert werden, aber entsprechend den Durchschnittswerten für Flügel-/Tibialänge die Geraden auch leicht gegeneinander verschoben sind, während das Diagramm für Flügellänge/Mesonotumbreite eine solche Trennung der Punkte für dieselben Nester nicht zeigt. Interessant sind bei *D. saxonica* auffallend lange Tibiae für die Tiere aus Ojcow (südlich Kraków), der ČSSR, Tomsk und dem Fernen Osten (für Asien durch die Übereinstimmung zwischen Arbeiterinnen und Männchen trotz relativ geringer Individuenzahlen gesichert). Die relative Flügellänge scheint bei *D. saxonica* aus dem Fernen Osten die Variationsbreite der mitteleuropäischen Populationen nicht zu sprengen, und der Abstand zwischen den Geschlechtern entspricht bei Serien aus dem Ussurigebiet sogar genau demjenigen mitteleuropäischer Nestpopulationen (Abb. 7).

Dieses gemeinsame Variieren der gesamten Nestbevölkerung kommt bei dem reichen Material von *D. saxonica* besonders gut zum Ausdruck, ist aber wenigstens andeutungsweise auch bei den übrigen untersuchten Arten festzustellen, so daß sich durch gezieltes Sammeln von Nestpopulationen dieser Befund erhärten dürfte.

Innerhalb des Flügels unterscheidet sich *D. saxonica* von *D. norwegica* durch charakteristische Verschiebung im Bereich der Cubitalzellen (vgl. Abb. 1). A ist bei *saxonica* in der Regel nur wenig kürzer als B (A:B ~ 0,8–1,1), bei *norwegica* ist A deutlich kürzer (A:B ~ 0,65–0,84), aber immer wieder kommen Individuen vor, die in der Überschneidungszone liegen und auch bei Berücksichtigung von C sowie dem nicht meßbaren Verlauf der Adern auf Grund des Flügelgeäders nicht determiniert werden könnten.

Selbst im Vergleich zu *D. sylvestris*, die sich im Verhältnis A:B:C (A:B ~ 0,6–0,7) und der Länge der Cubitalqueradern doch stärker von *norwegica* unterscheidet als *saxonica*, treten Individuen auf, die außerhalb der Norm liegen und durchaus zu *norwegica* gehören könnten.

In diesen Maßen ist also keine zuverlässige Determinationshilfe zu sehen, wohl aber ein Hinweis auf das typische Gepräge der einzelnen Art. Das Verhältnis der Flügelspitze zu B scheint von der Flügellänge nicht beeinflußt zu werden. Die Unterschiede, die innerhalb der Art von Nest zu Nest und zwischen den vorliegenden mitteleuropäischen Serien auftreten, werden durch Unterschiede zu asiatischen Fängen nicht überboten.

Dolichovespula sylvestris

Die mitteleuropäischen Königinnen von *sylvestris* entsprechen in der Größe den mittleren und kleinen Königinnen von *V. germanica* – nur die Einzelexemplare aus der Mongolei und aus Anatolien (*D. sylvestris sumptuosa*) ragen über *V. germanica* hinaus – aber die Arbeiterinnen sind bei Übereinstimmung mit den Männchen sehr groß, so daß diese Art von allen hier bearbeiteten den kürzesten Abstand zwischen Königinnen und Arbeiterinnen hat.

Die relative Flügellänge liegt für die weiblichen Kasten etwas, für die Männchen beträchtlich unter der von *D. norwegica*. Damit ist die Art die kurzflügligste der europäischen Vespinen. Die Differenz zwischen den relativen Flügellängen der Königinnen, Arbeiterinnen und Männchen entspricht am ehesten den so niedrigen Werten von *D. saxonica*.

Die relative Tibialänge (auf die Mesonotumbreite bezogen) gleicht etwa der von *D. saxonica* und ist bei Königinnen und Arbeiterinnen ungefähr gleich, ja im Gegensatz zu allen anderen untersuchten Arten bei den Arbeiterinnen wohl sogar verhältnismäßig kürzer als bei den Königinnen.

Dolichovespula omissa

Der Sozialparasit von *D. sylvestris* ist etwas kleiner als diese, aber langflügliger in beiden Geschlechtern. Über den Abstand der Geschlechter ist aus meinen Maßen wenig zu entnehmen, da der größte Teil der Männchen (15 Exemplare aus dem Berliner Museum) offenbar Geschwister sind, die wesentlich unter den Werten der übrigen 5 Einzelexemplare liegen.

Die Tibiae der Männchen sind wenig, die der Königinnen beträchtlich größer als beim Wirt, so daß sich Männchen und Königinnen mit fast gleicher relativer Tibialänge so nahe stehen wie bei keiner der übrigen Arten.

Dolichovespula adulterina

Diese parasitierende Art liegt im Größenbereich der für sie in Frage kommenden Wirtsarten, ebenfalls ihre relative Flügellänge, nämlich für die Königinnen zwischen der von *D. norwegica* und *D. saxonica* bzw. für die Männchen etwas über der beider Arten.
Deutlich länger sind die Tibiae, besonders die der Königinnen.
Der Abstand der Geschlechter ist für alle drei Parasiten-Arten im Diagramm Flügellänge/Tibialänge wesentlich größer als für ihre Wirte.

Vespula austriaca

V. austriaca entspricht in der Größe ihrem Wirt, nur die Männchen sind etwas kleiner als bei diesem (*V. rufa*). Dafür stimmen die Männchen beider Arten in der relativen Flügellänge überein, während die Parasiten-Königinnen deutlich langflügliger sind. Die Tibialänge ist, wie bei allen drei parasitierenden Arten, für beide Geschlechter erheblicher: weniger bei den Männchen (entspricht den Werten für *V. rufa schrencki*), mehr bei den Königinnen. Das ergibt einen Geschlechterabstand von etwa der Hälfte dessen des Wirts. Der Abstand von Männchen zu Königinnen für das Verhältnis Flügellänge : Tibialänge ist groß.

Augenabstand — Ocellenabstand

Der Abstand der Augen auf dem Scheitel kann nur mit großem Vorbehalt als Äquivalent der Kopfbreite betrachtet werden, denn zu stark sind die Augen selbst für die Gesamtbreite des Kopfes mitbestimmend (die Kopfbreite einschließlich der gewölbten Augen exakt zu messen, ist meßtechnisch nicht möglich). Immerhin deutet ein breiterer Augenabstand auch auf einen breiteren Kopf hin und ein Vergleich mit der Mesonotumbreite ist durchaus lohnend. Keinerlei Einschränkungen ergeben sich für die Kombination Augenabstand : Ocellenabstand.

Kurzkopfwespen: Der Augenabstand für die Königinnen, Arbeiterinnen und Männchen von *V. germanica* entspricht weitgehend dem von *V. vulgaris*. Die Arbeiterinnen haben den höchsten relativen Augenabstand, ihnen folgen die Männchen, die Weibchen zeigen den geringsten Wert. Aber den verhältnismäßig weitesten Ocellenabstand haben die Männchen vor den Weibchen und Arbeiterinnen, wobei die Weibchen unregelmäßig und nicht eindeutig vor den Arbeiterinnen liegen. *V. vulgaris* liegt dabei in der Gesamtheit für beide Werte unter denen von *V. germanica*, hat also sowohl einen geringeren Augenabstand als auch einen relativ geringeren Ocellenabstand.

Im Vergleich geographisch voneinander weit entfernter Populationen fallen lediglich die *V. germanica*-Arbeiterinnen vom Ussuri durch höheren Augenabstand und im Vergleich mit diesem auch hohen Ocellenabstand auf (auch die wenigen Königinnen von dort haben den höchsten Ocellenabstand von allen Königinnen), und drei Arbeiterinnen vom Tienschan durch extrem niedrige relative Werte sowohl für den Augen- als auch für den Ocellenabstand. Im Diagramm von *V. rufa* liegen die Punkteschwärme für Augenabstand : Mesonotumbreite unter denen der beiden vorhergehenden Arten. *V. rufa* hat demnach einen geringeren Augenabstand. Arbeiterinnen und Männchen zeigen wie in der Größe auch im Augenabstand keinen tiefgreifenden Unterschied. Der Ocellenabstand entspricht für die europäischen Arbeiterinnen nur knapp, für *V. r. schrencki* ziemlich genau den Werten von *V. germanica*. Die Königinnen haben einen deutlich, die Männchen einen immerhin noch merklich geringeren relativen Ocellenabstand als *V. germanica*. Dabei liegen die Werte für *V. r. schrencki* sehr eng beieinander. In der relativen Kopfbreite finden sich zwischen den Subspezies *rufa* und *schrencki* keine Unterschiede. *V. austriaca* zeigt für den Augenabstand im Vergleich mit *V. rufa* weitgehende Übereinstimmung der Männchen, aber starke Vergrößerung des Abstandes bei den Königinnen (Abb. 8). Der Ocellenabstand ist demgegenüber bei den Königinnen relativ gering, rückt also nicht mit der Verbreiterung des Kopfes auseinander. (Bei den genannten geographischen Abweichungen von *V. germanica* vergrößern sich beide Werte.)

Langkopfwespen: Die Königinnen von *D. sylvestris* stimmen mit den niedrigeren Werten des Augenabstands von *V. vulgaris* überein, Männchen und Arbeiterinnen dagegen bilden einen geschlossenen Pulk, der mit dem Männchen-Pulk von *V. vulgaris* deckungsgleich ist, während die *V. vulgaris*-Arbeiterinnen einen relativ breiten Augenabstand haben. Im Diagramm ist der hierdurch bedingte andere Neigungswinkel der Geraden augenfällig. Der Ocellenabstand erreicht (zusammen mit *D. omissa*) die höchsten Werte für alle hier untersuchten Wespenarten. Eine deutliche Gliederung nach Geschlecht und Kaste kommt nicht zum Ausdruck. *D. norwegica* hat einen noch schmaleren Kopf als *D. sylvestris*: Die *norwegica*-Königinnen liegen im Diagramm direkt unterhalb der *sylvestris*-Königinnen, die Männchen unter und die Arbeiterinnen auf dem Männchen-Arbeiterinnen-Pulk von *sylvestris*. Auffällig sind die Unterschiede zwischen den einzelnen Nest-

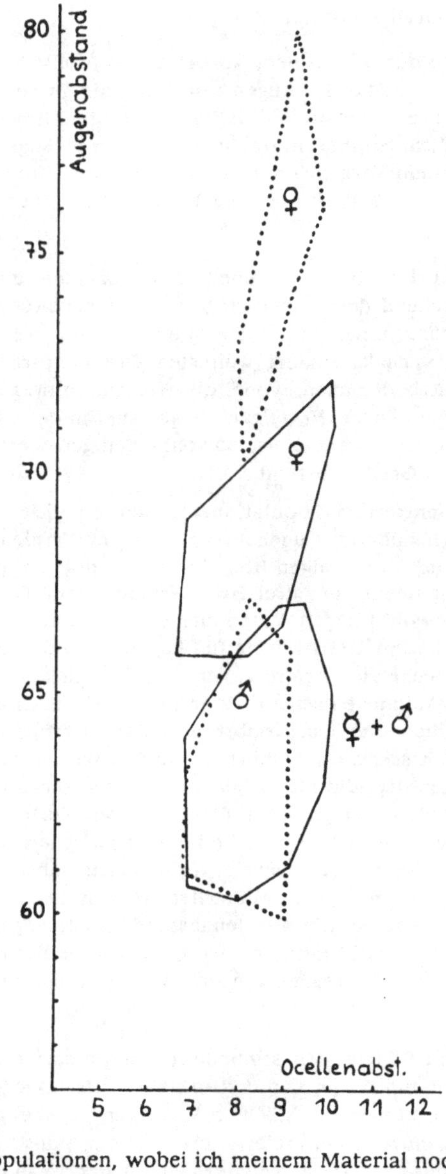

Abb. 8. Augenabstand : Ocellenabstand in Einheiten des Okularmikrometers bei einer Vergrößerung von 12,5×4. Ausgezogene Linie: *V. rufa*, unterbrochene Linie: *V. austriaca*.

populationen, wobei ich meinem Material noch nicht entnehmen kann, ob sich darin auch geographische Unterschiede ausprägen. Der Ocellenabstand ist bei *D. norwegica* geringer als bei *D. sylvestris*, die Männchen sind bei dieser Art völlig in die Gerade der Arbeiterinnen und Königinnen gerückt.

D. saxonica setzt diesen Trend fort. Der Augenabstand ist noch geringer im Verhältnis zur Mesonotumbreite, der Ocellenabstand im Verhältnis zum Augenabstand ebenfalls, ohne allerdings die Kurzkopfwespen zu erreichen. Starke Unterschiede treten für den Augen-

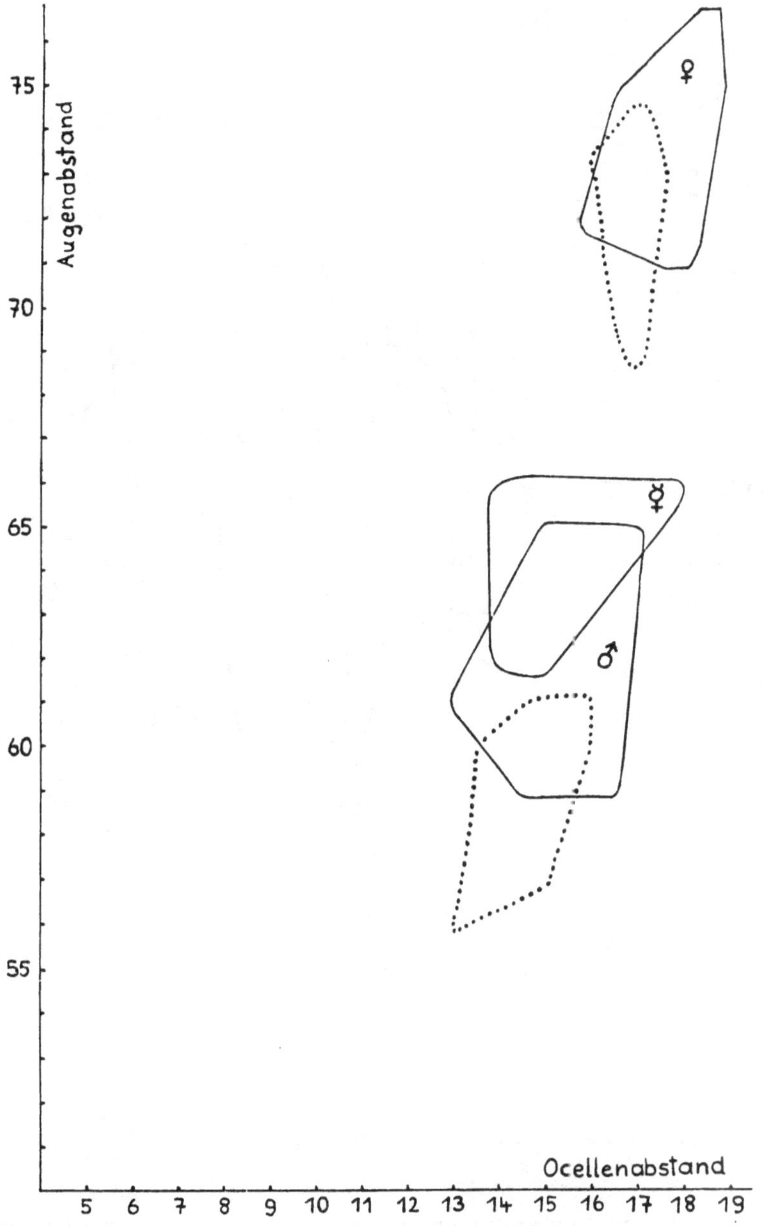

Abb. 9. Augenabstand : Ocellenabstand in Einheiten des Okularmikrometers bei einer Vergrößerung von 12,5×4. Ausgezogene Linie: *D. sylvestris*, unterbrochene Linie: *D. omissa*.

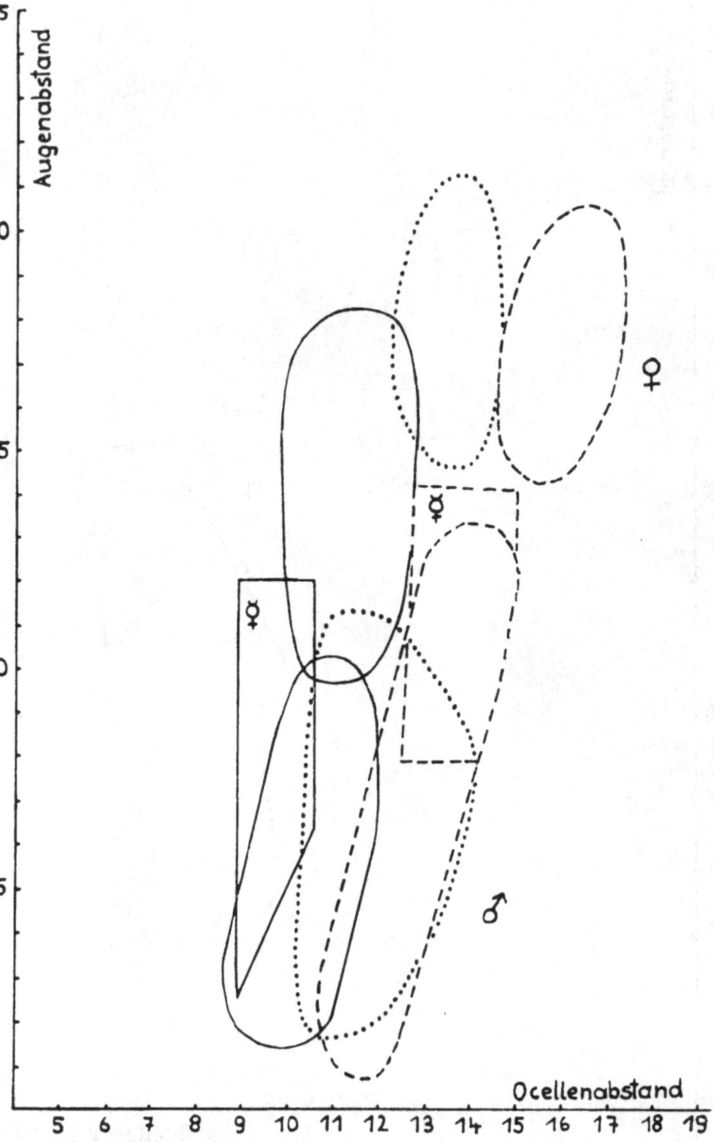

Abb. 10. Augenabstand : Ocellenabstand in Einheiten des Okularmikrometers bei einer Vergrößerung von 12,5×4. Ausgezogene Linie: *D. saxonica*, Linie aus unterbrochenen Strichen: *D. norwegica*, punktierte Linie: *D. adulterina*.

abstand sowohl zwischen Nestpopulationen der Dresdener Umgebung (Abb. 11) als auch zwischen Serien weit getrennter Herkunft auf; Männchen und Arbeiterinnen vom Ussuri haben hohe Werte. Im Gegensatz zu *D. norwegica* und *D. sylvestris* ist der relative Ocellenabstand bei den *D. saxonica*-Männchen deutlich größer als bei deren Königinnen und Arbeiterinnen, ist fast so weit abgerückt wie bei *V. vulgaris*.

Die Königinnen von *D. omissa* stimmen mit den Königinnen der Wirtsart (*D. sylvestris*) im Augenabstand ungefähr überein, die Männchen liegen im Diagramm unterhalb des Punkteschwarms der Männchen von *D. sylvestris* (Abb. 9). Diese Übereinstimmung bei den Königinnen ist nicht als Besonderheit des Parasitismus zu werten, da andere Arten ebenfalls bei den Königinnen geringere Unterschiede aufweisen als bei Männchen und bei Arbeiterinnen. Auch der relative Ocellenabstand ist in beiden Geschlechtern mit starker Überschneidung nur wenig geringer als bei *D. sylvestris*, so daß für diesen Sozialparasiten die größte Ähnlichkeit mit dem Wirt konstatiert werden kann.

D. adulterina hingegen stimmt zwar in bezug auf den relativen Augenabstand weitgehend mit einem ihrer Wirte, nämlich *D. norwegica* überein, nicht aber beim Vergleich des relativen Ocellenabstands. Hier liegt *adulterina* in der Mitte zwischen *saxonica* und *norwegica*, zwar mit den kleinsten *norwegica*-Männchen im Diagramm noch zusammenfallend, aber während bei *norwegica* die Neigung der Geraden eine Korrelation mit der Größe deutlich macht, liegen die Werte für den Ocellenabstand von *adulterina* fast senkrecht übereinander, sind also von Augenabstand und Körpergröße ziemlich unabhängig. Auch für *D. saxonica* läßt sich nur eine geringfügige Abweichung von dieser Anordnung im Diagramm feststellen (Abb. 10).

Die geringe Anzahl der Exemplare, die mir von den nun folgenden ostasiatischen Arten zur Verfügung stand, erlaubt es noch nicht, sie nach dem bisher praktizierten Modus zu vergleichen. Sie sollen aber wenigstens gestreift werden.

Von *D. pacifica*, durch BIRULA als Unterart von *D. norwegica* beschrieben und auf diese Weise nach seiner Auffassung mit *D. saxonica* auf eine Stufe gestellt, habe ich drei Königinnen und fünf Arbeiterinnen von Kamtschatka aus dem Zoologischen Institut Leningrad bekommen, die in jeder Beziehung in ihren Proportionen wie sehr große *D. saxonica* wirken. Im Vergleich mit drei japanischen Exemplaren (Königin, Arbeiterin, Männchen) von Dr. YAMANE mußte ich aber feststellen, daß die Diskrepanzen zu groß erscheinen, um innerhalb einer Art auftreten zu können: Abgesehen von der geringeren Größe und dem relativ kleinen Augenabstand der japanischen Tiere sind die Wangen der japanischen Königin bedeutend, die der Arbeiterin deutlich länger. Auf die langen Wangen der japanischen *D. pacifica* wies bereits YAMANE 1975 mit einem eindrucksvollen Diagramm hin. Da aber auch die Exemplare aus Kamtschatka etwas längere Wangen als *D. saxonica* haben, nahm ich irrtümlicherweise zunächst an, die augenfälligere Differenz zu *D. saxonica* in YAMANEs Arbeit beruhe auf einer anderen Meßtechnik. Eine Untersuchung der Typen und weiteren japanischen Materials dürfte eine Klärung des Falls möglich machen. Von *Vespula lewisi*, *V. flaviceps* und *V.* „A" [6]) fehlten mir wiederum vor allem die Männchen, so daß ich für keine dieser *V. vulgaris* sehr ähnlichen Arten eine Charakteristik der Proportionsverteilung geben kann.

[6]) Eine Königin der Art „A", die YAMANE für Japan entdeckt und noch nicht benannt hat, fand ich nun auch unter dem Material von Primorje, Umgebung Tigrowaja, aus dem Wladiwostoker Institut.

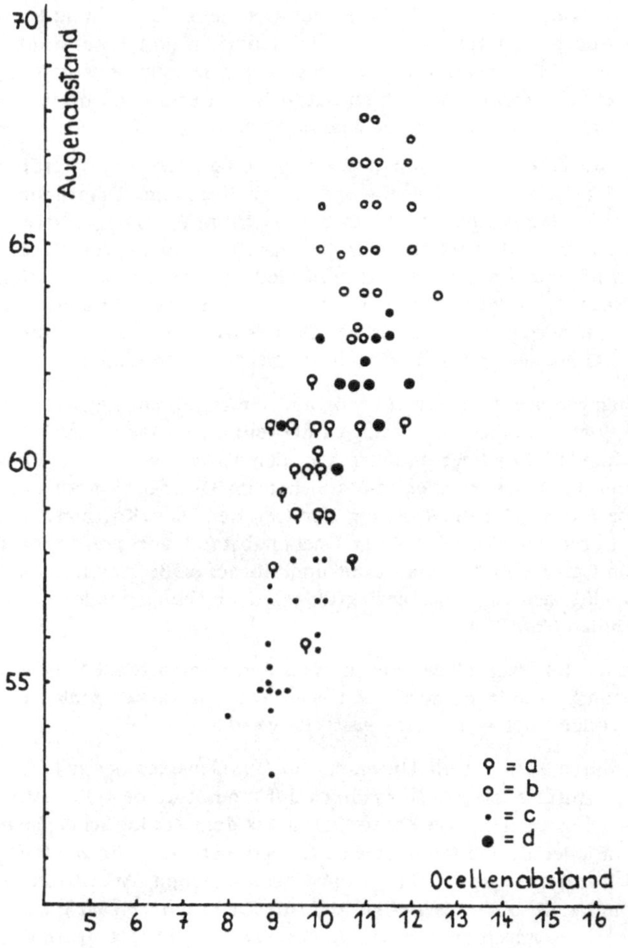

Abb. 11. *D. saxonica*, Augenabstand : Ocellenabstand von Arbeiterinnen und Königinnen aus zwei Dresdener Nestern.
a: Arbeiterinnen, Nest W. H. – b: Königinnen, Nest W. H. – c: Arbeiterinnen, Nest Sch. – d: Königinnen, Nest Sch.

Im Vergleich mit *V. vulgaris* fällt *V. lewisi* in erster Linie durch ihre Kleinheit auf, *V. flaviceps* ist etwas größer und die Art „A" erreicht die Größe von *V. vulgaris*. Alle haben gegenüber *V. vulgaris* einen relativ kleinen Ocellenabstand, wobei *V. lewisi* zwischen *V. flaviceps* (und Art „A") und *V. vulgaris* liegt. Die Art „A" hat deutlich lange Tibiae. Auch bei einer Serie *flaviceps*-Königinnen fällt eine solche Tendenz auf, aber diese Serie unterscheidet sich in der Flügellänge so markant von einer anderen Königinnen-Serie derselben Art, daß erst weiteres Material eine Beurteilung zulassen wird. Immerhin zeigt schon anhand weniger Stücke jede dieser auf den ersten Blick schwer zu unterscheidender Arten ihr eigenes Proportionsgefüge, und es ist abzuwarten, ob sich daraus Hinweise auf die Zusammenhänge in dieser Ähnlichkeitsgruppe ergeben werden.

Diskussion der Ergebnisse

Es wurde geprüft, wie weit sich die einzelnen Arten in ihren Proportionen voneinander entfernen und wie das Wirken der Variabilität bei der Untersuchung der kleinsten Bevölkerungseinheit, der Nestpopulation, über weite geographische Räume hin sichtbar wird. Die Messungen, in Streudiagramme eingetragen und mit einfachsten rechnerischen Methoden ausgewertet, haben vielschichtige Ergebnisse erbracht.

Nach und nach entstand aus den einzelnen Serien und Nestpopulationen, die zunächst für die einzelnen Arten in Mitteleuropa repräsentativ sind, ein Bild vom innerartlichen Gefüge der Proportionen von Königin, Arbeiterin und Männchen sowie vom zwischenartlichen Abstand in diesen Verhältnissen.

Daß der morphologische Abstand zwischen den Geschlechtern einer Art wesentlich größer sein kann als die Differenz zwischen gleichgeschlechtigen Tieren ähnlicher Arten, ist eine alte Erfahrung und bei den Wespen auch ohne Messungen augenfällig. Wie sich diese Differenzen bei den einzelnen Arten manifestieren, war nicht vorauszusagen. Es bestand durchaus die Möglichkeit, daß die Vespinen oder vielleicht die Arten einer Gattung oder auch Untergattung in ihren Proportionen jeweils für Königinnen, Arbeiterinnen und Männchen übereinstimmen oder doch irgendein festes Schema erkennbar würde. Aber so fragmentarisch die Befunde bisher noch anmuten, beim Vergleich ist deutlich geworden: Jede Art hat ihr besonderes Proportionsgefüge, charakterisiert durch eine bestimmte Stellung von Arbeiterinnen, Königinnen und Männchen zueinander, und unterscheidet sich außer in den absoluten Maßen vor allem durch diese Konstellation von der nächst ähnlichen Art. Der Abstand zur anderen Art hat also für jedes der drei Glieder eine andere Größe. Darum halte ich auch das Beiseitelassen der Arbeiterinnen bei genetischen Studien, wie es EICKWORT (1969) fordert, nicht für gerechtfertigt, denn sie nehmen nicht nur wenigstens ab und zu als Mütter der Männchen an der Reproduktion teil und sind durch ihr doch sicher zum großen Teil genetisch fixiertes Verhalten unmittelbar an der Vermehrungsrate der Art beteiligt, sondern haben eben auch morphologisch gesehen ihren festen Platz im innerartlichen Gefüge.

Daß sich die Arten außerdem auch als Ganzes in ihrer individuellen Variabilität unterscheiden können, zeigt sich mit Deutlichkeit an *Vespula rufa*, die durch ihre geringe Variabilität von den anderen Arten absticht.

Eine größere Rolle spielt die unterschiedliche Variabilität allerdings i n n e r h a l b der Arten. Wie weit sie von Nest zu Nest bei g l e i c h e n Verwandtschaftsverhältnissen schwanken kann, müßte noch festgestellt werden. Mit der alten Regel, daß eine beliebige Nestpopulation nur etwa die halbe Variationsbreite der Gesamtpopulation erwarten lassen könne, passen die Streudiagramme mancher Nester mit sehr weiter Variabilität jedenfalls nicht zusammen.

Ins Auge fällt häufig ein gleichartiges Variieren der gesamten Nestpopulation, indem z. B. die drei Durchschnittswerte für die relative Flügellänge pro Nest jeweils um den gleichen Prozentsatz erhöht oder gesenkt sind und somit Männchen, Arbeiterinnen und Königinnen mit gleichem Abstand gegen einander verschoben erscheinen (Abb. 7). Besonders bemerkenswert ist diese Erscheinung, weil sie nicht nur bei engumgrenzter Herkunft, son-

Tab. 1. V. vulgaris

		♀ n	♀ M	♀ M/T	♀ Fl/T	♀ Fl/M	☿ n	☿ M	☿ M/T	☿ Fl/T	☿ Fl/M	♂ n	♂ M	♂ M/T	♂ Fl/T	♂ Fl/M
Thar. Wald Bez. Dresden	N	12	82,2 80–84	1,40 1,37–45	3,87	2,76	19	59,0 55–63	1,27 1,22–36	3,84	3,03					
Pirna Bez. Dresden	N	20	81,1 79–83	1,40 1,35–44	3,80	2,72	11	59,4 56–63	1,31 1,28–41	3,77	2,86	19	59,3 55–61	1,18 1,13–20	4,04	3,43
Bez. Dresden		12	82,3 80–84	1,41 1,36–47	3,76	2,64										
Berlin	?N						19	60,2 55–66	1,30 1,23–38	3,76	2,90	19	62,8 56–67	1,22 1,13–28	4,12	3,38
Neustrelitz Mecklenburg							18	56,1 53–59	1,28 1,23–33	3,72	2,91					
ČSSR												8	57,4 55–65	1,17 1,14–17	4,05	3,47
Borow. Wald UdSSR							8	54,7 53–56	1,33 1,29–40	3,57	2,68					
Jakutien UdSSR		13	80,6 77–84	1,37 1,33–43	3,80	2,75						18	60,5 58–66	1,20 1,12–27	4,15	3,44
Transbaikal UdSSR		12	82,0 80–85	1,39 1,34–49	3,75	2,70										

(In den Tabellen 1 – 7 verwendete Abkürzungen: M = Mesonotumbreite, M/T = Mesonotumbreite : Länge der Tibia III, Fl/T = Flügellänge : Länge der Tibia III, Fl/M = Flügellänge : Mesonotumbreite; N = Nest)

Tab. 2. V. germanica

	♀					☿					♂				
	n	M	M/T	Fl/T	Fl/M	n	M	M/T	Fl/T	Fl/M	n	M	M/T	Fl/T	Fl/M
Eisenhütten- stadt						15	59,3 50-65	1,34 1,30-38	3,77	2,79					
Gersdorf Lausitz						10	61,3 57-66	1,39 1,31-45	3,90	2,81					
Pirna N Bez. Dresden	20	82,4 80-84	1,41 1,37-48	3,84	2,72										
Umgebung ♂ N Dresden	14	85,2 80-89	1,42 1,38-51	3,81	2,68						11	64,0 60-70	1,23 1,18-30	3,99	3,25
Lichtenstein Erzgebirge						20	58,9 50-65	1,35 1,26-41	3,80	2,82					
Böhmen ČSSR						10	56,6 53-61	1,31 1,29-37	3,84	2,93	6	61,5 58-66	1,25 1,16-32	4,10	3,26
Mazedonien Üsküb						16	58,6 56-65	1,34 1,28-44	3,88	2,92					
Kurdistan Shakhlawa						13	57,2 55-61	1,32 1,22-39	3,79	2,88					
Bagdad						15	56,7 52-61	1,35 1,29-41	3,79	2,79					
Transkaspien	11	80,0 78-81	1,33 1,29-37	3,77	2,84	13	55,8 48-62	1,30 1,20-38	3,75	2,88					
Krim	5	83,0 80-85	1,37 1,35-40	3,85	2,80	6	59,8 57-63	1,33 1,27-42	3,66	2,76					
China	9	83,8 76-86	1,38 1,34-42	3,80	2,76	11	59,8 58-61	1,30 1,25-35	3,76	2,92					
Mongolei Jarantai	11	82,6 79-86	1,38 1,31-42	3,81	2,76										
Mongolei Ongozijn	20	86,7 80-89	1,40 1,36-45	3,87	2,76										
Primorje UdSSR	5	83,1 77-85	1,41 1,39-42	3,73	2,65	13	60,5 57-64	1,31 1,23-40	3,73	2,84					

Tab. 3. V. rufa

	♀ n	♀ M	♀ M/T	♀ Fl/T	♀ Fl/M	☿ n	☿ M	☿ M/T	☿ Fl/T	☿ Fl/M	♂ n	♂ M	♂ M/T	♂ Fl/T	♂ Fl/M
Moritzburg Umg. Dresden						5	61,2 58-64	1,34 1,26-42	3,72	2,77	4	58,8 58-60	1,23 1,21-27	3,96	3,21
Unterharz											18	59,7 57-64	1,24 1,17-28	3,96	3,19
DDR	20	80,3 77-83	1,41 1,38-46	3,78	2,68	20	60,1 56-64	1,33 1,26-42	3,66	2,77					
Ferner Osten	14	80,3 73-84	1,40 1,34-45	3,78	2,69	13	60,3 55-64	1,32 1,25-36	3,67	2,79	5	62,4 60-69	1,21 1,20-23	3,90	3,22

Tab. 4. D. norwegica

	♀ n	♀ M	♀ M/T	♀ Fl/T	♀ Fl/M	☿ n	☿ M	☿ M/T	☿ Fl/T	☿ Fl/M	♂ n	♂ M	♂ M/T	♂ Fl/T	♂ Fl/M
Dresden N						37	62,6 59-66	1,47 1,38-60	3,67	2,50	40	59,9 51-68	1,33 1,27-40	3,91	2,94
Tirol						14	63,0 61-65	1,40 1,34-45	3,66	2,61	4	65,5 64-68	1,28 1,25-33	3,87	3,00
ČSSR	12	82,4 79-86	1,45 1,39-50	3,76	2,59	11	62,8 61-66	1,42 1,34-51	3,65	2,56	8	66,4 63-69	1,29 1,23-33	3,88	2,99
poln. Hohe Tatra ♀☿ N	2	81/85	1,42/48	3,83/6	2,7/6	28	64,8 60-68	1,41 1,36-49	3,70	2,63	9	64,4 57-68	1,33 1,31-34	3,98	3,00
Halbinsel Kola	10	81,7 80-84	1,44 1,43-47	3,59	2,57	27	65,4 63-68	1,45 1,41-56	3,69	2,55	17	63,1 56-69	1,32 1,23-42	3,87	2,93

Tab. 5. D. sylvestris

	♀					☿					♂				
	n	M	M/T	Fl/T	Fl/M	n	M	M/T	Fl/T	Fl/M	n	M	M/T	Fl/T	Fl/M
Umgeb. Dresden	7	83,0 80-86	1,40 1,36-44	3,60	2,58	22	65,5 62-67	1,41 1,34-54	3,58	2,54	8	64,4 58-68	1,31 1,29-33	3,76	2,84
Dresden N						11	65,9 62-68	1,36 1,35-39	3,44	2,53					
Umgeb. Dresd. Moritzburg						15	65,4 62-71	1,40 1,32-48	3,57	2,56					
Lichtenstein Erzgebirge											7	64,9 62-66	1,31 1,27-34	3,80	2,90
Jena						7	64,2 62-66	1,43 1,37-50	3,67	2,57	5	62,2 59-65	1,30 1,28-32	3,80	2,88
ČSSR	5	83,3 82-85	1,39 1,37-42	3,55	2,55	5	63,8 58-67	1,42 1,38-49	3,53	2,47	6	62,9 57-67	1,29 1,23-35	3,71	2,88

Tab. 7.

	♀					☿					♂				
	n	M	M/T	Fl/T	Fl/M	n	M	M/T	Fl/T	Fl/M	n	M	M/T	Fl/T	Fl/M
D. adulterina	15	80,1 77-83	1,33 1,31-36	3,56	2,67						19	59,9 54-64	1,29 1,19-39	3,80	2,92
D. omissa	16	81,4 77-84	1,29 1,26-35	3,53	2,74						17	62,7 55-67	1,28 1,21-35	3,90	2,99
V. austriaca	18	79,1 70-84	1,29 1,23-39	3,65	2,82						15	57,4 54-61	1,22 1,12-28	3,89	3,21
V. flaviceps	15	79,1 75-82	1,43 1,36-51	3,65	2,56	14	53,1 50-58	1,28 1,22-33	3,64	2,85					

Tab. 6. D. saxonica

	♀					☿					♂				
	n	M	M/T	Fl/T	Fl/M	n	M	M/T	Fl/T	Fl/M	n	M	M/T	Fl/T	Fl/M
Umgeb. Dresd. Moritzburg						16	63,4 61-66	1,31 1,26-35	3,64	2,77					
Dresden Wachwitz N	20	80,9 75-84	1,41 1,35-47	3,74	2,66	6	64,7 60-72	1,36 1,33-41	3,70	2,72	5	60,7 56-66	1,31 1,27-33	3,90	2,99
Dresden Sch. 76 N	16	77,0 74-81	1,38 1,34-45	3,74	2,72	20	61,3 56-66	1,36 1,29-44	3,69	2,73	20	63,0 58-66	1,31 1,25-37	3,82	2,91
Dresden W. H.	21	79,3 75-82	1,42 1,28-49	3,84	2,68	22	64,5 58-70	1,41 1,30-47	3,79	2,69					
Dresdener Heide						15	57,9 57-59	1,36 1,31-47	3,70	2,73					
Dresden 1964 N	5	74,7 72-77	1,38 1,37-42	3,76	2,72	16	61,6 56-68	1,36 1,32-47	3,70	2,73	16	58,3 50-67	1,32 1,27-42	3,84	2,92
Zittau Lausitz N						16	60,4 58-63	1,32 1,29-36	3,67	2,77	16	54,6 50-60	1,29 1,26-38	3,86	2,98
Ostseeküste	14	81,6 77-85	1,36 1,20-47	3,64	2,66										
Müritz Mecklenburg N	1	82,5	1,35	3,70	2,74	15	63,4 61-65	1,38 1,31-45	3,73	2,71					
Hohe Tatra	4	80,5 77-86	1,38 1,33-44	3,61	2,61	8	62,4 61-65	1,34 1,32-38	3,75	2,80					
Baikal u. Transbaikal	15	77,3 72-80	1,39 1,33-43	3,69	2,66	7	59,6 57-62	1,38 1,34-45	3,62	2,61					
Ussuri Natursch.Geb.	8	80,4 77-84	1,40 1,35-45	3,68	2,64	9	62,7 60-66	1,32 1,28-38	3,53	2,66					
Ussuri Tigrowaja						16	59,7 58-64	1,34 1,29-40	3,63	2,69	11	62,1 58-69	1,28 1,18-35	3,81	2,98

dern auch beim Vergleich weit entfernter Populationen (z. B. Dresden – Ussuri) auftritt und damit wesentliche Eigentümlichkeiten der betreffenden Art zum Ausdruck kommen. Interessant ist, daß mit einer relativen Verlängerung des Flügels vielfach auch höhere Maße der Tibia III gekoppelt sind, obwohl Flügel und Beine doch weder gleichen Ursprung noch gleiche Funktion haben.

Viel diskutiert wurde die Variabilität der haploiden Männchen. Übereinstimmend mit BLACKITH (1958) und EICKWORT (1969) sind die Männchen sowohl in der Größe als auch in den Proportionen nach meinen Messungen variabler als die weiblichen Nestinsassen. Warum ich hierzu nicht nur theoretische genetische Erörterungen, sondern auch die Klärung der verwandtschaftlichen Beziehungen innerhalb des Nestes für nötig halte, legte ich bereits eingangs dar.

Schwierig ist bis jetzt noch die Beurteilung der Variabilität unter geographischem Gesichtspunkt. Der Vergleich des mitteleuropäischen Materials mit Proben aus Ostasien z. B. ergab viele bemerkenswerte Unterschiede, nur kann ich nach dem vorliegenden Material noch nicht entscheiden, ob stärkere Proportionsverschiebungen bei räumlicher Trennung mit solchen zwischen Nestern an einem Ort gleichwertig sind oder ob in dem einen oder anderen Falle bei geographischer Separation doch ein neues Gefüge erreicht wird. Erst die genaue Kenntnis der Arten kontinuierlich über ihr gesamtes Areal hin wird ein Urteil darüber erlauben, welches Maß innerartlicher Umformungen bei den Vespinen gesetzt ist.

Es kann ja auch keinesfalls vorausgesetzt werden, daß nur die mit meinen Messungen erfaßten Proportionen einen eventuell auftretenden tiefergreifenden Gestaltwandel zum Ausdruck bringen müßten. Man bedenke nur, daß z. B. das Abdomen überhaupt nicht berücksichtigt wird oder auch der gebietsweise sehr variable Neigungswinkel der Occipitalregion bei *D. saxonica* und *D. norwegica* metrisch nicht erfaßt werden kann.

Geographisch abgrenzbare Färbungsunterschiede sind seit langem bekannt und als Unterarten benannt. Daß damit auch Veränderungen der Gestalt einhergehen können, wurde beim Vergleich von *Vespula rufa rufa* mit *V. r. schrencki* deutlich. Bei anderen, variableren Arten treten aber weit größere Unterschiede zwischen geographisch gesonderten Populationen auf. Auf eine taxonomische Herausstellung möchte ich bis zu einer Klärung auf breiterer Basis vorläufig verzichten.

Ein wesentliches Anliegen war es, die Stellung der Sozialparasiten zu ihren Wirten zu untersuchen. Die allbekannte Ähnlichkeit der parasitischen Arten mit ihren Wirten neben einigen den Parasiten gemeinsamen Merkmalen wie starker Chitinisierung, verdickten Schläfen, zahnartig ausgezogenen Clypeusecken und die besondere Stachelform veranlaßten zu einer Reihe von Hypothesen zur Entstehung dieser Arten. Bei dem bis heute lückenhaften Wissensstand erscheint es mir aber noch nicht sinnvoll, hier diskutieren und entscheiden zu wollen, auf welche Weise der Sozialparasitismus entstanden ist, ob etwa auf dem Wege der sich überwandernden Unterarten oder innerhalb der Population durch Verhaltensänderung einzelner Individuen oder indem eine Art ihre Selbständigkeit aufgab. Muß überhaupt ein einziger Weg für alle Parasiten angenommen werden? Immerhin kennen wir heute auch fakultativen Parasitismus (*Vespula squamosa* [DRURY] und *Vespa dybowskii* ANDRÉ) und wissen, daß Okkupation der Nester durch artgleiche Weibchen bei sozialen Wespen (BRIAN u. BRIAN 1952) wie auch bei solitären Hymenopteren (ECK 1971) zum Normalverhalten gehören kann. Die Untersuchungen SCHEVENs (1958) an

Polistinen sind für die Beurteilung der Parasit-Wirt-Beziehungen sehr aufschlußreich, zeigen aber auch, wieviel Kenntnisse gerade auf dem Gebiet der Nestbeobachtung noch fehlen.

Schon beim Betrachten der männlichen Kopulationsorgane wird deutlich, daß die Parasiten offensichtlich eine unterschiedliche Stellung zu ihren Wirten haben: Bei *Vespula rufa* und *V. austriaca* besteht große Ähnlichkeit, und beide Arten unterscheiden sich in diesem Punkt stark von allen anderen. *Dolichovespula adulterina* entspricht dem Typ von *D. saxonica* und *D. norwegica*, aber *D. omissa* weicht, indem sie ebenfalls zu diesem Typ gehört, stark von ihrer Wirtsart *D. sylvestris* ab, obwohl die Übereinstimmung in der Gesamterscheinung der Männchen enorm ist. Aus der Tabelle gehen weitere morphologische Relationen zwischen Wirt und Parasit hervor:

D. omissa	*D. adulterina*	*V. austriaca*
♀ und ♂ kleiner als der Wirt	in der Größe zwischen den Wirten stehend	♀ gleichgroß, ♂ etwas kleiner
langflügliger	Flügellänge des ♀ zwischen den Wirten, beim ♂ länger als bei beiden	Flügel des ♀ länger, beim ♂ gleich
längere Tibiae, besonders beim ♀, daher kaum Geschlechterabstand	Tibiae länger, besonders beim ♀	Tibiae länger, besonders beim ♀, ♂ wie *schrencki*, geringer Geschlechterabstand
Augenabstand beim ♀ gleich, beim ♂ kleiner	Augenabstand mit *norwegica* gleich	Augenabstand beim ♀ größer, beim ♂ gleich
Ocellenabstand fast gleich	Ocellenabstand zwischen *saxonica* u. *norwegica*	Ocellenabstand des ♀ relativ gering

Beim Verhältnis Flügellänge/Tibialänge ist der Geschlechterabstand bei allen Parasiten größer.

Diese Übersicht zeigt, daß es in den Proportionen Unterschiede zwischen Wirt und Parasit gibt, die bei allen drei Arten auftreten: Die Tibia III, besonders die der Weibchen, ist bei den Parasiten länger, der Geschlechterabstand für die Werte von Flügel- zu Tibialänge ist größer. Die Flügel sind schon nicht mehr ohne Einschränkung als länger zu bezeichnen und Augenabstand wie Körpergröße folgen ebenfalls keinem festen Schema. Kompliziert ist die Beurteilung von *D. adulterina*, weil sie bei mehreren Wirtsarten parasitiert. So wie jede Art ihr eigenes Gefüge hat, stellt es sich also auch für das Wirt-Parasit-Verhältnis dar. Diese Befunde ermutigen nicht zu einer Verallgemeinerung, keinesfalls aber liefern sie einen Anhaltspunkt für die Annahme, daß die Parasiten generell aus Unterarten ihrer heutigen Wirte entstanden sein könnten und nur die für ihre Lebensweise nötigen Neuerwerbungen zu ihrer Gestalt hinzugekommen wären.

Aufschlußreich dürften entsprechende Untersuchungen an *D. adulterina arctica* ROHWER und *V. austriaca* aus Nordamerika werden, nicht minder interessant aber auch das Studium der übrigen nordamerikanischen *Vespinae*. Und das nicht nur, weil damit der Überblick über das Spektrum der Arten vervollständigt würde, sondern da ein Teil der Arten holarktisch verbreitet ist, gehört z. B. die Untersuchung der amerikanischen Vertreter von *V. vulgaris* oder der amerikanischen Unterarten von *D. norwegica* unbedingt mit zu dieser Arbeit. Nur die Schwierigkeiten der Materialbeschaffung hinderten mich zunächst daran, sie mit einzubauen.

Zusammenfassung

An 13 Arten der *Vespinae* wurden folgende Maße genommen und zueinander ins Verhältnis gesetzt: Mesonotumbreite, Flügellänge, Länge der Tibia III, Augenabstand, Ocellenabstand, Wangenlänge, Länge des 3. Antennengliedes.

Innerhalb der Arten ergaben sich Unterschiede der absoluten Maße, der Proportionen und der Variabilität im individuellen Bereich, zwischen den Geschlechtern und der weiblichen Arbeiterkaste, von Nest zu Nest und zwischen geographisch getrennten Populationen. Die Arten unterscheiden sich außer in den absoluten Maßen und im Ausmaß der Variationsbreite vor allem in ihren Proportionen durch eine unterschiedliche Stellung von Arbeiterinnen, Königinnen und Männchen zueinander.

Summary

BIOMETRIC INVESTIGATIONS TO CLEAR UP SPECIES DIFFERENCES OF SOCIAL WASPS

The following dimensions of 13 species of *Vespinae* have been measured and related to each other: mesonotum width, wing length, length of tibia III, interocular distance, distance between ocelli, oculo-malar space, and length of the third antennae joint.

The species differ in absolute dimensions, proportions, and individual variability, between sexes and the caste of female worker wasps, from one nest to the other, and between geographically separated populations. Besides in their absolute sizes and in the range of variation width, the species differ mainly in their proportions by a different position of worker wasps, queens, and males relative to each other.

Literatur

BEAUMONT, J. DE, 1958: Le parasitisme social chez les guêpes et les Bourdons. – Mitt. Schweiz. Entom. Ges., **31** (2), 169–176.

BIRULA, A., 1930: Über die russischen Wespen und ihre geographische Verbreitung (Dritter Beitrag). – Ann. Mus. Zool. Acad. Sc. l'URSS, **31** (2), 291–340.

BLACKITH, R. E., 1958: An Analysis of Polymorphism in Social Wasps. – Insects Sociaux, **5**, 263–272.

BRIAN, M. V. u. A. D. BRIAN, 1952: The wasp *Vespula sylvestris* Scopoli: Feeding, Foraging, and Colony Development. – Transact. Entom. Soc. London, **103**, 1–26.

BUYSSON, R. DU, 1903: Monographie des Guêpes ou *Vespa*. – Ann. Soc. Ent. France, **3**, 485–634.

ECK, R., 1971: Zur Bionomie von *Cerceris arenaria* (L.). – Ent. Abh. Mus. Tierk. Dresden, **37**, 337–361.

EDWARDS, R., 1976: The World Distribution Pattern of the German Wasp, *Vespula germanica*. – Ent. Germ. Stuttgart, **3**, (3), 269–271.

EICKWORT, K. R., 1969: Differential variation of males and females in *Polistes exclamans*. – Evolution, **23** (3), 391–405.

MA, T., 1937: On some *Vespa* and *Vespula* species of China (*Hym. Vespinae*). – Ent. & Phytopath., Hangchow, **5**, 29–34.

MACDONALD, J. F. u. R. W. MATHEWS, 1975: *Vespula squamosa*: A yellow Jacket Wasp. Evolving Toward Parasitism. – Science, **190**, 1003–1004.

PARDI, L., 1974: Polymorphismus bei sozialen Faltenwespen. In: Sozialpolymorphismus bei Insekten. Hrsg. G. H. SCHMIDT. Stuttgart.

REMMERT, H., 1959: Untersuchungen an zwei nahe verwandten *Coelopa*-Formen (*Diptera, Coelopidae*). – Z. wiss. Zool., **162**, 128–143.

RICHARDS, O. W., 1971: The biology of the social wasps. – Biol. Rev. Cambridge, **46** (4), 483–528.

SAKAGAMI, S. F. u. K. FUKUSHIMA, 1957: *Vespa dybowskii* André as a facultative temporary social parasite. – Insects Sociaux, **4**, 1–12.

SCHEVEN, J., 1958: Beitrag zur Biologie der Schmarotzerfeldwespen *Sulcopolistes atrimandibularis* Zimm., *S. semenowi* F. Morawitz und *S. sulcifer* Zimm. (I). – Insectes Sociaux, **5**, 409–437.

SPRADBERY, J. P., 1971: Seasonal changes in the population structure of wasp colonies (*Hymenoptera: Vespidae*). – J. anim. Ecol., **40**, 501–523.

—, 1972: A biometric study of seasonal variation in worker wasps (*Hymenoptera: Vespidae*). – J. Ent. (A), **47** (1), 61–69.

THOMSON, E. Y., J. BELL u. K. PEARSON, 1910: A second cooperative study of *Vespa vulgaris*. Comparison of queens of a single nest and queens of a general population. – Biometrika, 7, 48–63.

WHEELER, W. M., 1919: The parasitic *Aculeata*, a study in evolution. – Proc. Am. Phil. Soc. Philadelphia, **58**, 1–40.

WRIGHT, A., A. LEE u. K. PEARSON, 1907: A cooperative study of queens, drones and workers in „*Vespa vulgaris*". – Biometrika, **5**, 407–422.

YAMANE, SEIKI, 1975: Taxonomic Notes on the Subgenus *Boreovespula* Blüthgen (*Hymenoptera, Vespidae*) of Japan, with Notes on Specimens from Sakhalin. – Kontyû, **43** (3), 343–355.

—, u. KAMIJO, K., 1976: Social wasps visiting conifer plantations in Hokkaido, Northern Japan (*Hymenoptera: Vespidae*). – Insecta Matsumurana N. S., **8**, 59–71.

YAMANE, SÔICHI u. T. KUBO, 1970: A brief note on a labor-parasitic wasp, *Vespula austriaca*, in association with *V. rufa schrencki*. – Kontyû, **38** (2), 171–175.

YARROW, I. H. H., 1955: Some ways of distinguishing between the two common wasps *Vespula germanica* (Fabr.) and *Vespula vulgaris* (L.). – Entomologist, London, **88**, 5–9.

Anschrift der Autorin:

Dipl.-Biol. Regine Eck, Staatliches Museum für Tierkunde Dresden,

DDR – 801 Dresden, Augustusstraße 2.

ENTOMOLOGISCHE ABHANDLUNGEN
STAATLICHES MUSEUM FÜR TIERKUNDE IN DRESDEN

Band 42 | Ausgegeben: 28. Dezember 1978 | Nr. 9

Auswirkungen des Wirtswechsels auf Größe, Proportionen und Färbung bei Rhopalicus tutela WALK.

(Hymenoptera, Chalcidoidea, Pteromalidae)

Mit 4 Abbildungen und 2 Tabellen

REGINE ECK
Dresden

Die starke Abhängigkeit der parasitischen Hymenopteren von der Größe und dem Zustand ihres Wirtes ist allgemein bekannt, und zu größenabhängigen Veränderungen der Proportionen bei Insekten gibt es ebenfalls hin und wieder Untersuchungen. Speziell zu den Auswirkungen des Wirtswechsels polyphager parasitischer Hymenopteren finden sich nur wenige Angaben. Der Abschnitt über die „Variabilität im Habitus der Imago als Folge modifizierter Entwicklungsbedingungen" in BENDEL-JANSSENs Übersicht „Zur Biologie, Ökologie und Ethologie der *Chalcidoidea*" (1977) kann das nur bestätigen. Die veröffentlichten Beobachtungen und Untersuchungen sind aber nicht nur sporadisch über die Familien verteilt, sondern durch mitunter diskrepante Ergebnisse bisher auch wenig zu Verallgemeinerungen geeignet.

Neben dem Einfluß der eventuell unterschiedlichen Qualität der Nahrung spielt für polyphage Parasiten die unterschiedliche Größe der einzelnen Wirte eine Rolle, so daß man bei diesen Parasiten eine Variationsbreite erwarten muß, die eventuell nicht mehr mit den individuellen Größenschwankungen gleichgesetzt werden kann, die bei den monophagen Parasiten wie bei jeder beliebigen vergleichbaren Insektenart auftreten.

Die Pteromalide *Rhopalicus tutela* WALK. ist ein solcher polyphager Parasit, der für eine ganze Reihe von Borkenkäferarten (HEDQUIST 1963) als häufiger Schmarotzer bekannt ist und dementsprechend oft in der Literatur auftaucht.

Dieser Studie liegt eine kleine Serie von 25 ♂♂ und 39 ♀♀ bei *Hylurgops palliatus* GYLL. geschlüpfter Exemplare zugrunde, die einem umfangreicheren, aus dem größeren *Ips typographus* L. gezogenen Material (159 ♂♂, 276 ♀♀) gegenübergestellt wird. Die Wespen stammen von folgenden Fundorten: Umgebung Dresden (Dresdener Heide, Tharandter Wald), Elbsandsteingebirge, Osterzgebirge (Geising, Zinnwald), wobei die Tiere aus *Hylurgops palliatus* mit solchen aus *Ips typographus* eine gemeinsame Fundstelle in der Dresdener Heide haben. Die aus den Fraßgängen von *I. typographus* kommenden großen ♀♀ von *Rhopalicus tutela* gingen dort in Ermangelung geeigneter *I. typographus* - Bruten ohne Zögern auf Fichtenstämme mit dem wesentlich kleineren *H. palliatus* über.

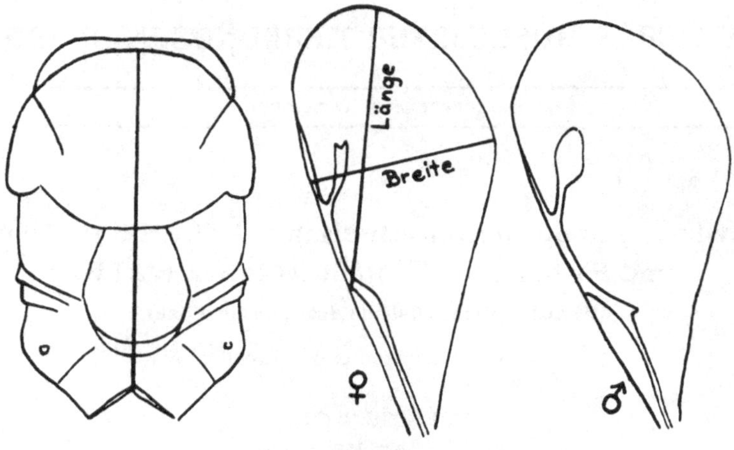

Abb. 1. Meßstrecken für Thoraxlänge und Flügelmaße von *R. tutela*.

Um die Auswirkungen dieses Wirtswechsels zu untersuchen, gilt es aber zunächst, die Variationsbreite des Parasiten bei einem der beiden Wirte festzustellen. Gemessen wurden die Thoraxlänge, die Länge und Breite der Flügel und teilweise, nämlich bei den größten und kleinsten Tieren, die Abdominallänge. Außerdem war das Augenmerk auf die Fleckung der Flügel und die Färbung des Körpers gerichtet (Abb. 1). Die Gesamtlänge läßt sich durch die Beweglichkeit der Abdominaltergite und -sternite schwer bestimmen. Lediglich die Thoraxlänge ist exakt meßbar und kann innerhalb der Geschlechter als Anhaltspunkt für die Körpergröße benutzt werden. Zwar ist dabei stets zu berücksichtigen, daß nach Stichprobenmessungen an der kleinsten und der größten Klasse das Abdomen kleiner Exemplare, insbesondere kleiner ♀♀, relativ länger ist als das großer, also die Körperlänge nicht proportional der wachsenden Thoraxlänge ansteigt; aber dieser Nachteil schien mir weniger gewichtig als die Unsicherheit, die durch Verwendung der mit zuvielen Fehlern behafteten Abdominalmaße auftreten würde.[1]) Ein Größenvergleich zwischen ♂♂ und ♀♀ ist nicht ohne weiteres mittels der Thoraxlänge möglich, weil die ♀♀ längere Abdomen haben als die ♂♂. Obschon die ♂♂ durchschnittlich einen etwas längeren Thorax haben, sind die ♀♀ doch größer. Die Größenunterschiede zwischen den einzelnen Serien der von *Ips typographus* stammenden Parasiten liegen innerhalb der erwarteten Norm und zeigen keinen Zusammenhang mit dem jeweiligen Fundort (Tab. 1). Augenfällig ist, daß die Thoraxlänge der aus *Hylurgops palliatus* gewonnenen Wespen unter dem Durchschnitt der Thoraxlänge der Buchdrucker-Parasiten liegt. (Wenigstens für die ♀♀ überschreitet der X-Wert bei der statistischen Überprüfung dieses Unterschieds mittels des X-Tests sehr stark die Sicherungsssschranke.)

[1]) Mitteilen möchte ich die Abdominalmaße hier nicht, um zu vermeiden, daß sie als exakte Werte in die Literatur eingehen, während sie der hohen Meßunsicherheit wegen lediglich als Orientierungswerte behandelt werden dürfen. Mit gleicher Begründung erachte ich es als nicht zulässig, auf die Gesamtlänge bezogene Verhältniszahlen einem mathematischen Test zu unterziehen.

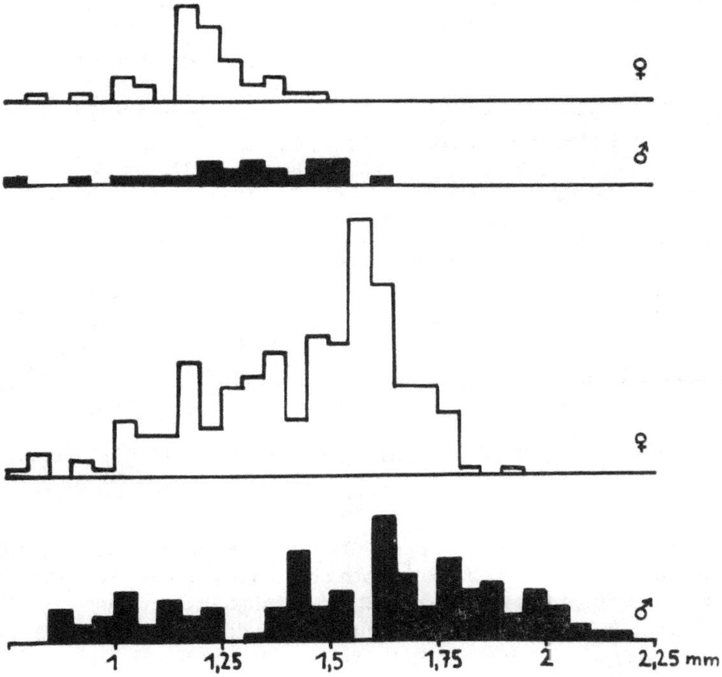

Abb. 2. Säulendiagramm der Häufigkeitsverteilung für die bei *R. tutela* gemessenen Werte der Thoraxlänge. Für Parasiten von *H. palliatus* die beiden oberen Diagramme, von *I. typographus* die beiden unteren.

Tabelle 1.

	♀♀ Th (mm)	♀♀ Fll/Flbr	♀♀ Fll/Th	♂♂ Th (mm)	♂♂ Fll/Flbr	♂♂ Fll/Th
I. typographus:						
Dresd. Heide	1,48	1,52	1,44	1,58	1,35	1,30
Dresd. Heide, 8 Ex.	1,51	1,43	1,26			
Tharandter Wald	1,49	1,43	1,31	1,50	1,35	1,25
Thar. W., Naund., je 5 Ex.	1,35	1,49	1,43	1,48	1,42	1,36
Elbsandsteingeb., 16 Ex.	1,48	1,49	1,39			
Erzgeb., Aschgr.	1,39	1,49	1,41	1,46	1,39	1,29
Erzgeb., Fuchsh.	1,47	1,47	1,37	1,47	1,36	1,28
Erzgeb., Scharsp.	1,38	1,48	1,43	1,59	1,37	1,26
Erzgeb., Kohlhk., K2	1,44	1,49	1,37			
Erzgeb., Kohlhk., 1975	1,34	1,50	1,46	1,52	1,38	1,30
Erzgeb., Kohlhk., 1974, 8 Ex.	1,48	1,53	1,47			
H. palliatus:						
Dresd. Heide	1,16	1,48	1,42	1,28	1,38	1,27

Abkürzungen: Th = Thoraxlänge, Fll = Flügellänge, Flbr = Flügelbreite. Für kleine Serien wurde die Zahl der Exemplare angegeben.

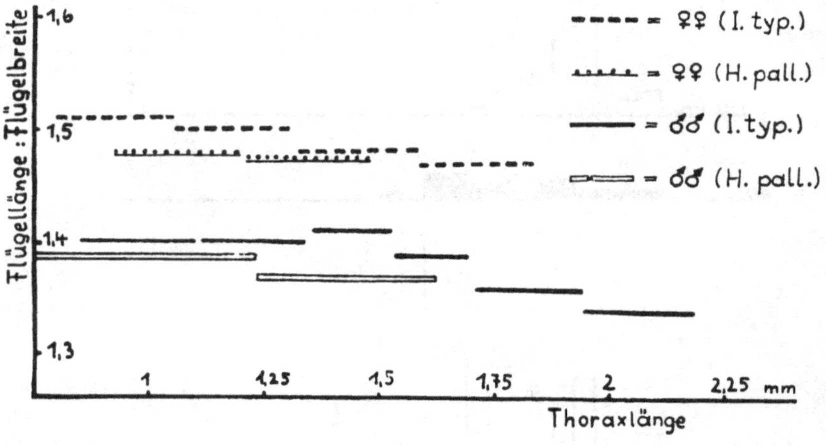

Abb. 3. Verhältnis der Flügelform zur Körpergröße von *R. tutela*. Die Geraden geben den Durchschnittswert der jeweiligen Größenklasse an.

Abb. 2 veranschaulicht die Verteilung der Einzelwerte und zeigt deutlich, daß die *H. palliatus* - Parasiten zwar völlig im Größenbereich der *I. typographus* - Parasiten liegen, aber nicht die oberen Größenklassen erreichen. Bei gegeneinander verschobenen Gipfeln brechen beide Kurven im Minimalbereich bei einer Thoraxlänge von etwa 0,75 mm ab. Das entspricht der Tatsache, daß auch die Entwicklung beim größeren *I. typographus* oft nur im Pessimum durchlaufen wird. Außerdem fällt ein geschlechtsspezifischer Unterschied ins Auge: Während das Diagramm für die ♀♀ jeweils einen ausgeprägten Gipfel aufweist, wird von den ♂♂ die ganze Breite der Variationsmöglichkeit besetzt. Wie die beiden ♀♀-Kurven für die unterschiedlich großen Wirte zeigen, kann das wohl kaum auf höheren Ansprüchen der weiblichen Larven an die Wirtslarvengröße beruhen, aber auch das sorgfältigere Auswählen der größeren Wirtstiere durch das Wespenweibchen beim Absetzen der befruchteten, weiblich determinierten Eier, wie es bei Chalcidoiden verschiedentlich beobachtet wurde (Literatur bei BENDEL-JANSSEN 1977), ist hier unwahrscheinlich, wenn man bedenkt, daß ja die Eier durch die Rinde hindurch an die Wirtslarven gelegt werden. Die Flügel sind bei ♂♂ und ♀♀ unterschiedlich gestaltet: Die der ♂♂ wirken breiter und rundlicher, die der ♀♀ schlanker. Setzt man die Breiten- und Längenmaße zueinander ins Verhältnis, wird der visuelle Eindruck bestätigt. Die Flügel der ♀♀ sind im Verhältnis zu ihrer Breite eindeutig länger.

Die relativ schlanksten Flügel haben sowohl bei den ♂♂ wie auch bei den ♀♀ die kleinsten Exemplare (Abb. 3), wobei die Durchschnittswerte der *Hylurgops palliatus* - Parasiten jeweils etwas unter denen der *Ips typographus* - Parasiten liegen, was auf eventuell ein wenig rundlich-breitere Flügel hinweist. Das müßte allerdings an umfangreicherem Material geprüft werden.[2]) Am bemerkenswertesten ist das Diagramm für die relative Länge

[2]) Mathematisch ist dieser schwache Unterschied mittels des X-Tests nach VAN DER WAERDEN nicht zu sichern, während der geschlechtsspezifische Unterschied sich erwartungsgemäß mit diesem Test statistisch belegen läßt. Die dabei erzielten Werte liegen weit über der zur Sicherung nötigen Schranke.

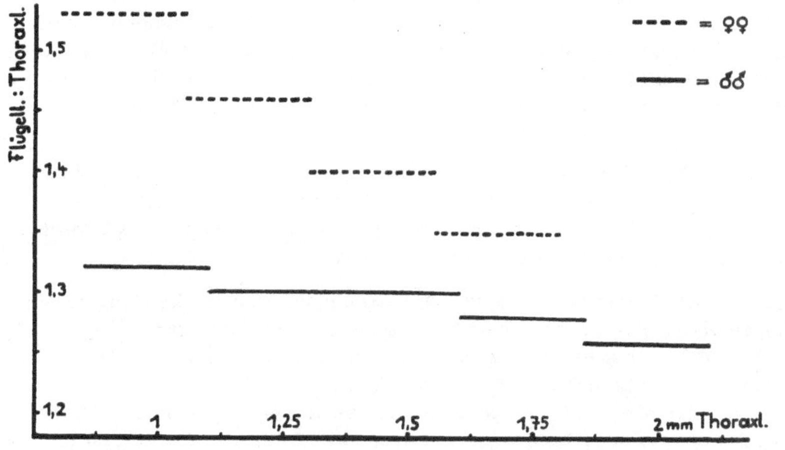

Abb. 4. Die relative Flügellänge im Bezug zur Körpergröße von *R. tutela*.

der Flügel im Verhältnis zur Thoraxlänge: Es weist für die kleinsten ♀♀ auffallend längere Flügel auf als für die größeren, während bei den ♂♂ nur eine schwache solche Staffelung festzustellen ist (Abb. 4). Die aus *Hylurgops palliatus* gezogene Serie fügt sich zwanglos in den Punkteschwarm der von *Ips typographus* stammenden Tiere ein. Der so stark ins Auge fallende Unterschied zwischen ♂♂ und ♀♀ in der relativen Flügellänge beruht nicht auf tatsächlich so viel längeren Flügeln der ♀♀, sondern auf der eingangs erwähnten unterschiedlichen geschlechtsspezifischen Proportionierung von Thorax und Abdomen. Würde die Totallänge gemessen und nicht nur der Thorax, dürfte die relative Flügellänge für beide Geschlechter annähernd gleich sein. Die starke Stufung bei den ♀♀ ist aber auf zwei Faktoren zurückzuführen: Einerseits erscheinen die kleinen Exemplare durch Verwendung des Teilmaßes Thoraxlänge im Verhältnis zu den großen Exemplaren als zu klein, so daß der Unterschied in der relativen Flügellänge bei Verwendung des Totalmaßes geringer würde, andererseits sind die Flügel der kleinsten Wespen tatsächlich relativ länger als die der großen Exemplare.

Ein ähnlicher Befund ist mir aus der *Chalcidoidea*-Literatur nicht bekannt. Dagegen wurde bei anderen Arten verschiedentlich eine Verkümmerung der Flügel in den niedrigsten Größenklassen gefunden (Diskussion bei WILBERT 1965). Es liegt auf der Hand, daß mit einer Verlängerung die Flugfähigkeit der kleineren ♀♀ verbessert und an die der größeren Exemplare angeglichen wird. Trotzdem weist HEDQUIST (1963) ausdrücklich darauf hin, daß er die besonderen Leistungen beim Aufspüren neuer Borkenkäferherde (400 m über freies Feld) an ausgesprochen großen ♀♀ beobachtete – womit freilich nicht gesagt ist, daß diese Aktivität ausschließlich von der Flugtüchtigkeit bestimmt wird.

Während die eben besprochenen Proportionsänderungen vorwiegend geschlechts- und größenabhängig sind, zeigt die Flügelzeichnung der aus *Hylurgops palliatus* gezogenen *Rhopalicus tutela* darüber hinaus einen deutlichen Unterschied sowohl zu den am gleichen Ort von *Ips typographus* stammenden Wespen als auch zu den Exemplaren von den übrigen Fundstellen. Bereits SACHTLEBEN (1952) wies in Form einer Tabelle auf die individuelle Variation der Flügelzeichnung und auf ihre Abhängigkeit von Größe und Geschlecht hin. Die Vorderflügel können glasklar, aber auch mit ein oder zwei braunen Flecken gezeichnet sein. Etwa ab einer Thoraxlänge von 1,25 mm sind nach meinen Untersuchungen die Flügel der ♂♂ mit zwei Makeln versehen. Völlig ungezeichnete Flügel sind bei den ♂♂ selten und ausschließlich auf Zwerge unter 1 mm Thoraxlänge beschränkt. Entsprechend ihrer unterschiedlichen Größenverteilung variieren die ♂♂ verschiedener Wirtsherkunft gleichsinnig.

Anders bei den ♀♀. Diese haben größtenteils, nämlich bei einer Thoraxlänge zwischen 0,85 und 1,75 mm, nur einen Flügelfleck. Erst über einem Thoraxmaß von 1,5 mm treten Tiere mit je zwei Flecken auf, ganz und gar ungefleckte aber von den kleinsten ♀♀ bis – vereinzelt – eben zu dieser Thoraxlänge von 1,5 mm.

Prinzipiell hat die Feststellung, daß größere Exemplare eine stärkere Pigmentierung der Flügel zeigen als kleinere, für die Parasiten beider Borkenkäferarten Gültigkeit. Während bei den ♂♂ die Untersuchung aber ein Bild gleichmäßiger Abnahme des Pigments mit Verringerung der Größe ergibt, neigen die ♀♀ aus *H. pallitus* generell zu schwächerer Flügelfleckung als jene aus *I. typographus*, und zwar sowohl, wenn nur Proben aus der Dresdener Heide, als auch, wenn von *I. typographus* stammende Wespen anderer Herkunft ausgewertet werden. Stellt man die Exemplare aus dem Größenbereich einer Thoraxlänge zwischen 1,0 und 1,5 mm – in dem der größte Teil der von *H. palliatus* herrührenden ♀♀ liegt (34 von 36 Ex.) – zusammen, so ergibt sich folgende Tabelle (Tab. 2), die die unterschiedliche Verteilung der Fleckenhäufigkeit zeigt:

Tabelle 2.

	34 (von 36) Ex. aus *H. palliatus*	75 (von 154) Ex. aus *I. typographus*
ohne Makel	14 (41,1 %)	3 (4,0 %)
mit 1 schwachen Makel	11 (32,3 %)	14 (18,7 %)
mit 1 Makel	9 (26,4 %)	58 (77,3 %)

Noch deutlicher stellt sich der Unterschied aber dar, wenn man bedenkt, daß von der Probe der *I. typographus* - Parasiten die andere Hälfte (77 Ex.) über 1,5 mm Thoraxlänge liegt und in dieser Größenklasse dann nur noch 1 Exemplar ohne Makel, aber 14 (= 9 %) mit 2 Makeln auftreten.

Die Körperfärbung der aus *H. palliatus* der Dresdener Heide gezogenen *Rhopalicus tutela* schien in beiden Geschlechtern bei der ersten Durchsicht auf Thorax und Kopf etwas von dem goldenen Schimmer vermissen zu lassen, der die aus dem Erzgebirge stammenden Parasiten von *I. typographus* gewöhnlich ziert. Es stellt sich aber heraus, daß es kein wirtsgebundener Unterschied ist, denn auch die von derselben Fundstelle aus der Dresdener Heide stammenden Parasiten von *I. typographus* wirken etwas bläulicher (sowohl an den grünen Seiten als auch auf dem meist kupfern überlaufenen Mesonotum und dem Schildchen). Unterschiede dieser Art treten aber öfter von Fundstelle zu Fundstelle auf. Auch im Erzgebirge fanden sich inzwischen Serien mit etwas mehr Blaufärbung, so daß die Parasiten von *Hylurgops palliatus*, soweit sich das nach dem sowieso nicht exakt erfaß- und reproduzierbaren visuellen Eindruck sagen läßt, in der Körperfärbung nicht abweichen. Erschwerend kommt bei der Beurteilung hinzu, daß die kleineren Exemplare ohnehin meist weniger Gelb- und Rottöne zeigen als die größeren, und daß die Variabilität auch einer nach Wirt und Ort einheitlichen Population groß ist – also stets sowohl stark rot überhauchte wie auch rein grün, kräftig blau oder schwärzlich glänzende Tiere nebeneinander auftreten können. Da die aus *H. palliatus* ernährten Wespen kleiner sind als die,

die beim Buchdrucker zur Verpuppung kamen, kann immer mit einer Farbverschiebung nach den grünen Tönen hin gerechnet werden, nur ist das Auftreten von Blau – den grünen Zwergen nach zu urteilen– allem Anschein nach nicht von der Größe abhängig.

Diskussion

Über die Ursachen der zutage geförderten Unterschiede sind Aussagen nur bedingt möglich. Im Gegensatz zu Laborzuchten, bei denen genetisch relativ einförmige Stämme auf ihre Reaktionen geprüft werden können, handelte es sich hier um Freilandpopulationen mit voller individueller Variabilität. Unterschiede zwischen den Populationen der verschiedenen Fundorte fielen bei den vorliegenden Untersuchungen nicht ins Gewicht. So bleibt die Frage, ob es sich dabei um genetische oder modifikatorische Ursachen gehandelt hätte, erspart. Eindeutig modifikatorisch ist der Einfluß der Artzugehörigkeit des Wirts, aber über die eigentliche Qualität der Wirtslarve, ja selbst über ihre Größe können keine Angaben gemacht werden. Aussagen über die Wirkungsweise der einzelnen Faktoren bzw. welche Organe direkt und welche indirekt beeinflußt werden, waren nicht das Ziel dieser Studie.

Interesse gewinnen die Ergebnisse, weil einerseits wirtsspezifische Unterschiede auftreten, die nicht mit der Größe in Zusammenhang gebracht werden können, andererseits größenabhängige allometrische Proportionsverschiebungen auftreten, die als funktionell bedeutungsvoll angesehen werden können. Wie zu erwarten, sind die von dem kleineren Wirt stammenden Wespen durchschnittlich kleiner als die am größeren *Ips typographus* parasitierenden. Die besseren Vermehrungschancen wären damit bei *I. typographus* gegeben, wenn wie üblich größere Weibchen mehr Eier legen können als kleinere. Andererseits wird deutlich, daß innerhalb der von *I. typographus* stammenden *R. tutela* die Proportionen so abgestimmt sind, daß die Benachteiligung der kleinen Weibchen durch Verlängerung von Flügeln und Abdomen gemildert wird. WILBERT, der den Auswirkungen der Körpergröße auf Proportionierung und Leistungsfähigkeit bei *Aphelinus asychis* WALK. (= *A. semiflavus* HOWARD) in einer breit angelegten Studie nachging, kam ebenfalls zu dem Ergebnis (1965, 1969), daß die von ihm festgestellten Proportionsänderungen in dem Sinne wirken, die Nachteile kleinerer Individuen in der Reproduktionsfähigkeit auszugleichen. Er fand, daß Kopfbreite, Augengröße, Antennenoberfläche und – hinsichtlich des Vergleichs der ♀♀ mit den ♂♂ – auch das Abdomen bei kleineren Exemplaren relativ größer sind. Daß bei *A. asychis* schon der Vergleich zwischen der größten bzw. kleinsten Weibchenklasse ein relativ längeres Abdomen der kleineren Weibchen ergäbe, wie im Falle von *R. tutela*, ist seinen Ausführungen nicht zu entnehmen. Verringert sich aber die Größe des weiblichen Abdomens weniger rasch als die Gesamtgröße, so bedeutet das, daß die Fruchtbarkeit der ♀♀ möglichst lange erhalten wird.

Die Flügel von *A. asychis* sind bei kleineren Individuen reduziert. Es wird also auf die Flugtüchtigkeit offenkundig im Ausgleich für die Vergrößerung wichtigerer Organe verzichtet. Da es sich um Tiere handelt, die sowieso nur selten von ihren Flügeln Gebrauch machen, beeinträchtigt eine solche Materialkompensation die Lebenstüchtigkeit kaum. Rhopalicus tutela hingegen ist eine flugtüchtige Art. Diese Wespen fliegen schon bei Beunruhigung leicht auf und entziehen sich nicht nur durch Sprünge wie viele andere Vertreter der *Chalcidoidea*. Die relative Verlängerung der Flügel kleiner Weibchen kann also unter diesem Aspekt eine echte Verbesserung der Chancen dieser Größengruppe bedeuten. Die Frage WILBERTs, ob es nicht angebracht wäre, in der starken Variabilität polyphager Parasiten die Voraussetzung und nicht das Ergebnis ihrer Lebensweise zu sehen, wird damit unterstrichten.

Über die Ursache der wirtsspezifischen Flügelfärbung läßt sich noch nichts aussagen, ganz gleich, ob die schwächere Pigmentierung der *Hylurgops palliatus* - Parasiten nun durch Unterschiede zwischen den Pigmenten oder z. B. durch dünnere Flügel bedingt wird. Ebensowenig liegen planmäßige Versuche zum Wahlverhalten der Weibchen bei der Eiablage vor. Nach FLANDERS (1935), SALT (1940) und WILBERT (1964) scheint es, als bevorzugen große Weibchen größere Wirtsexemplare. Die Schwierigkeiten bei der Auswahl von in der Rinde verborgenen Larven wurden weiter oben schon zur Sprache gebracht. Bei Polyphagie könnte aber eine solche Wahl eventuell durch den Trend überlagert sein, zunächst bei dem Wirt zu bleiben, an dem die eigene Entwicklung durchlaufen wurde. Meinen Beobachtungen zufolge verlief der Übergang sehr großer Weibchen von Stämmen, die lediglich noch mit voll entwickelten *I. typographus* besetzt waren, zu den wenige Schritte entfernten Stämmen mit *H. palliatus* - Brut so rasch und ohne auffälliges Suchverhalten, daß eine solche andeutungsweise Wirtsspezifik hier wohl nicht vorzuliegen scheint.

Zusammenfassung

184 ♂♂ und 276 ♀♀ von *Rhopalicus tutela* WALK., die aus den Borkenkäfern *Hylurgops palliatus* GYLL. und *Ips typographus* L. gezogen wurden, werden auf morphologische Variabilität und Unterschiede je nach Wirtsherkunft untersucht.

1. Die unterschiedliche Größe der Wirte führt zu Größendifferenzen ihrer Parasiten.
2. In Flügelform und -länge treten geschlechts- und größenabhängige Proportionsunterschiede auf.
3. Die Variabilität der Flügelfärbung wird von der Wirtsherkunft beeinflußt, während die Metallfarben des Körpers bei starker individueller Variabilität nur eine leichte Größenabhängigkeit zeigen.
4. Die wirtsspezifischen Färbungsunterschiede sind auf die Weibchen beschränkt, die Allometrien bei den Männchen sind nur schwach ausgeprägt.

Summary

RESULTS OF HOST CHANGE UPON SIZE, BODY PROPORTIONS, AND PIGMENTATION AT RHOPALICUS TUTELA WALK.

184 ♂♂ and 276 ♀♀ of *Rhopalicus tutela* WALK. reared from the bark beetles *Hylurgops palliatus* GYLL. and *Ips typographus* L. are examined in regard of morphologic variability and differences according to their host species.

1. The different size of the host species leads to size differences of their parasites.
2. Regarding shape and length of wings there exist differences in their proportions dependent on sexus and body size.
3. The variability of wing pigmentation of the parasites is influenced by their origin according to the host species, whereas the metallic body colouring varies considerably at the individuals but shows only a weak dependence on body size.
4. The host specific differences in pigmentation are confined to females, allometric changes of males are marked only weakly.

Literatur

BENDEL-JANSSEN, M., 1977: Zur Biologie, Ökologie und Ethologie der *Chalcidoidea* (*Hym.*). – Mitt. Biol. Bundesanstalt f. Land- u. Forstwirtsch. Berlin-Dahlem, **176**, 1–163.

FLANDERS, S. E., 1935: Host influence on the prelificacy and size of *Trichogramma*. – Pan-Pacific Entomologist, **11**, 175–177.

HEDQUIST, K.-J., 1963: Die Feinde der Borkenkäfer in Schweden, I. Erzwespen (*Chalcidoidea*). – Studia Forestalia Suecica, **11**, 1–176.

MEUNIER, K., 1965: Der gesetzmäßige Polymorphismus funktionell indifferenter Organe bei den Lucaniden (*Coleopt., Lamellicorn.*). – Zool. Anz., **175**, 50–92.

PSCHORN-WALCHER, H., 1955: Einige Beispiele für Korrelationen zwischen Körper- und Organgröße bei *Proctotrupoidea* (Hymenopt. parasit.) – Mitt. Schweiz. Ent. Ges., **28**, 214–219.

RENSCH, B., 1954: Neuere Probleme der Abstammungslehre, 2. Aufl. Stuttgart.

SACHTLEBEN, H., 1952: Die parasitischen Hymenopteren des Fichtenborkenkäfers *Ips typographus* L. – Beitr. Entom., **2**, 137–189.

SALT, G., 1940: Experimental studies in insect parasitism. VII. The effect of different hosts on the parasite *Trichogramma evanescens* Westw. (*Hym. Chalcidoidea*). – Proc. Roy. Entom. Soc. London, A, **15**, 81–95.

TOWNES, H., 1958: Some biological characteristics of the *Ichneumonidae (Hymenoptera)* in relation to biological control. – J. econ. Ent., **51**, 650–652.

WILBERT, H., 1964: Das Ausleseverhalten von *Aphelinus semiflavus* Howard (*Hym., Aphelinidae*) und die Abwehrreaktion seiner Wirte. – Beitr. Entom., **14**, 159–219.

—, 1965: Die Auswirkungen der Körpergröße von *Aphelinus semiflavus* Howard (*Hym., Aphelinidae*) auf einige Organe und ihre Leistungsfähigkeit. – Z. Morph. Ök. Tiere, **55**, 804–834.

—, 1969: Die Ursachen der geschlechtlichen Größendifferenzen bei *Aphelinus asychis* Walker (*Hym., Aphelinidae*). – Z. Parasitenkunde, **32**, 220–236.

Anschrift der Autorin:
Dipl.-Biol. Regine Eck, Staatliches Museum für Tierkunde Dresden,
DDR – 801 Dresden, Augustusstraße 2.

ENTOMOLOGISCHE ABHANDLUNGEN

STAATLICHES MUSEUM FÜR TIERKUNDE IN DRESDEN

Band 42 | Ausgegeben: 28. Dezember 1978 | Nr. 10

Beitrag zur Kenntnis der Insektenfauna Mittelasiens

(Hymenoptera, Tenthredinidae; Coleoptera, Alleculidae et Rhipiphoridae)

Mit 12 Figuren

W. HEINZ MUCHE
Radeberg

Wie in den vorhergehenden Jahren war es mir auch 1977 durch das Entgegenkommen des Direktors des Zoologischen Instituts der Akademie der Wissenschaften in Duschanbe, Herrn Prof. Dr. NARZIKULOV, möglich, meine Symphyten- und Alleculidenforschungen in Tadshikistan fortzusetzen. An dieser Stelle meinen herzlichsten Dank Herrn Prof. Dr. NARZIKULOV sowie meinem Freund, Herrn Dr. Johannes LINDT in Duschanbe.

Hymenoptera: Tenthredinidae

Nematus salicinus sp. n.

Holotypus: (1 ♀) in Sammlung MUCHE, Radeberg.

Locus typicus: Tadshikische SSR.

Länge: 8 mm, Flügellänge 7,5 mm.

Differentialdiagnose: *Nematus salicis* (L.).

Wirtspflanze: Salix *aff.* linearifolia WOLF.

♂: Unbekannt.

Schwarz. Weißlich sind: vordere Hälfte des Clypeus, Oberlippe und Tegulae; Pronotum orangegelb. Abdomen orangegelb; schwarz sind: 1. Tergit, ein breiter, den Hinterrand erreichender Makel auf dem 2. Tergit. 3.–5. Tergit mit nach der Spitze zu abnehmenden schwarzen Mittelflecken, basale Seite und Sägescheide schwarz. Oberkiefer mit dunkelbrauner Spitzenhälfte; vordere, hintere und obere Orbiten in Flecken bräunlich. Beine schwarz; gelblich bis gelbbraun sind: mehr oder weniger die Spitzenränder der Hüften, mehr oder weniger die Trochanteren und die Seiten und Spitzen der Vorder- und Mittelschenkel, gelblichweiß sind: Vorder- und Mittelschienen (letztere mit verdunkelter Spitze), basales Viertel der Hinterschienen, Basitarsus der Vorder- und Mitteltarsen.

Kopf: Clypeus in der Mitte sehr flach ausgerandet, der vordere helle Teil vom basalen dunklen Teil kielförmig abgesetzt (Fig. 1); Wangenanhang so lang wie der maximale Durchmesser einer Ocelle; Interantennalhöcker etwas spitz ausgeprägt und vortretend; Frontalfeld wenig begrenzt, mit der furchenartigen Supraantennalgrube verbunden, an den Seiten mit flacher wallförmiger Begrenzung; hintere Ocellen vor dem flachen Wulst

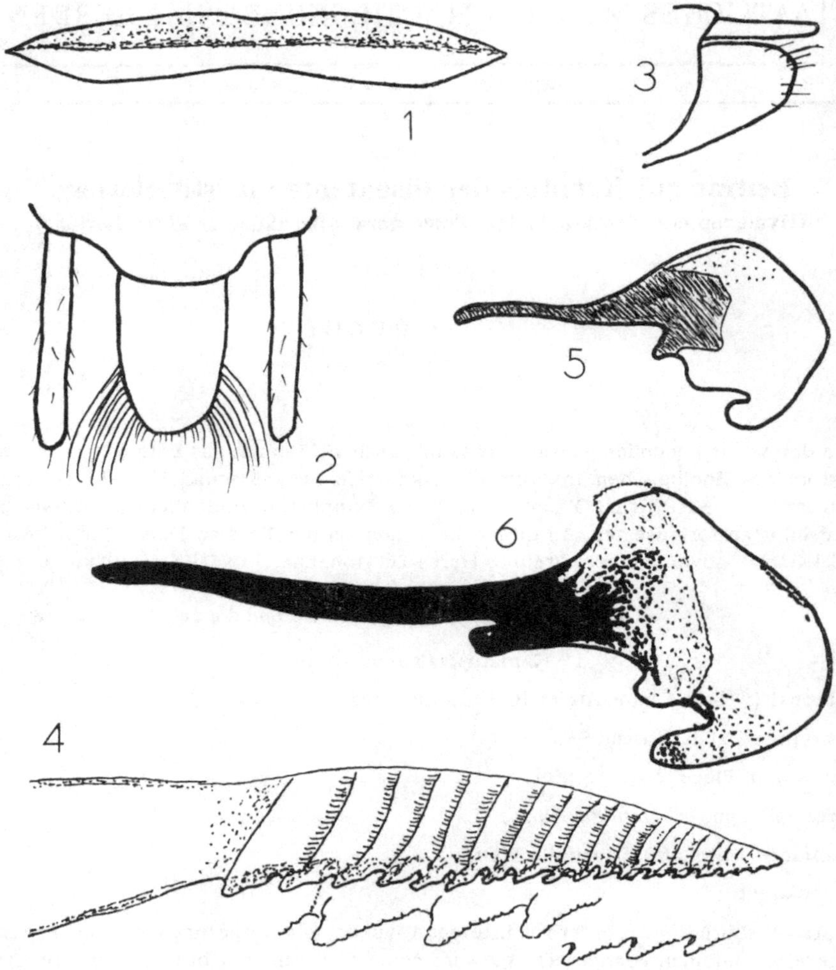

Fig. 1–6. *Ncmatus salicinus* sp. n. (1–4), *Rhogogaster b. bactriana* BENSON (nach BENSON) (5) und *Rh. b. lindti* ssp. n. (6).
1: Oberlippe – 2: Sägescheide (Aufsicht) – 3: Sägescheide (Seitenansicht) – 4: Sägevalve – 5: Penisvalve – 6: Penisvalve.

liegend, der den Frontalocellus sowic den Hinterrand der Stirn begrenzt; Postocellarfeld so breit wie der Durchmesser von 3 Postocellen und reichlich so lang wie der Durchmesser von einem Postocellus, Postocellarfeld in der Mitte erhöht, mit einer Postocellarfurche, seitlich durch die Naht begrenzt. OOL ist gleich POL; Kopf hinter den Augen stark erweitert, Hinterrand der Augcn mit tiefliegender glatter Orbitalfurche, Oberseite des Kopfes glänzend, mit feiner Mikroskulptur und greiser bürstenartiger Behaarung,

Haarlänge kürzer als der halbe Ocellendurchmesser, von oben gesehen (in der maximalen Länge und Breite) doppelt so breit wie lang. Fühler so lang wie im Vorderflügel die Costa und die basale Hälfte des Stigma; 1. Glied wenig breiter als das 2. Glied und wenig breiter als lang, 2. Glied doppelt so breit wie lang, 3. Glied 1,3mal kürzer als das 4. Glied, ab dem 5. Glied nach der Spitze zu an Länge abnehmend; Fühlerglieder mit feiner Mikroskulptur und dichter, bürstenartiger, brauner Behaarung.

Thorax: Glänzend, mit feiner Mikroskulptur. Praescutum im vorderen Teil mit einer Längsfurche; Mesoscutum mit leicht niedergedrückter hinterer Spitze vor dem Scutellum; Mesopleuren gleichmäßig nach dem Mesosternum zu verlaufend, glänzend, mit etwas anliegender greiser Behaarung.

Scutellum sehr flach, ohne deutliche Punktierung; ohne Schildchenanhang breiter als lang (4:3), Schildchenanhang deutlich abgesetzt, mit breiter abgerundeter Spitze; Hinterschildchen mit gerandetem Vorderrand, maximal doppelt so breit wie lang; Cenchrus wenig länger als breit, Zwischenraum der Cenchri ungefähr so breit wie das 1,5fache des maximalen Cenchrusdurchmessers.

Flügel: Klar; Geäder und Stigma dunkelbraun, die äußerste Basis, die Basis der Costa und die Analis vom Vorderflügel sowie die Basis des Geäders vom Hinterflügel hell.

Im Vorderflügel die Costa von der Höhe der Intercostalkreuzvene ab stark erweitert; Stigma spitz auslaufend, 2,8mal so lang wie breit; Intercostalkreuzvene kürzer als der Zwischenraum von dieser zur Basis der Basalis; 1. Cubitalzelle wenig länger als breit; 2. Cubitalzelle 3mal so lang wie breit, mit einem Porenfleck hinter der Mitte; 3. Cubitalzelle am Ende verbreitert, mit schräg nach innen zur Stigmaspitze gerichteten 3. Cubitalkreuzvene.

Beine: Hinterschiene verbreitert, mit einer Längsfurche. Verhältniszahlen der Länge der Hinterbeine: Hinterschenkel ohne Trochanteren 4,5; Hinterschiene 7,0; Basitarsus 2,5; 2. Tarsenglied 1,0; 3.–4. Tarsenglied 2,5; Krallenglied 2,0. Kralle tief gespalten, der innere Teil etwas kürzer, aber beide Teile mit gleichbreiter Basis.

Abdomen: 1. Tergit der Oberseite stärker glänzend, die folgenden Tergite matt, mit feiner lederartiger Skulptur; die Mitte von der Basis zur Spitze zu etwas kielförmig; Unterseite glänzend; Hypopygium nicht ausgeschnitten, in der Mitte leicht muldenförmig; Sägescheide von der Seite gesehen an der Spitze breit abgerundet, von oben so breit wie die basale Breitseite des Basitarsus der Hinterbeine; Behaarung der Sägescheide nach hinten gerichtet; die Cerci überragen die Spitze der Sägescheide (Fig. 2 u. 3); Sägescheide mit Hypopygium so lang wie die Vorderschenkel ohne Trochanteren, die Sägescheide selbst ist so lang wie das Hypopygium. Sägevalve s. Fig. 4.

Auf den ersten Blick glaubt man, eine kleine *Nematus salicis* vor sich zu haben. In allen grundsätzlichen Merkmalen steht jedoch die neue Art isoliert inmitten aller mir aus der Literatur etc. bekannten *Nematus*-Arten.

Als Unikum gekäschert von Salix *aff.* linearifolia WOLF.

Tadshikistan, Romit-Schlucht (Naturschutzgebiet), 8. 7. 1977.

Rhogogaster bactriana lindti ssp. n.

Holotypus: (♂) in Sammlung MUCHE, Radeberg.

Locus typicus: Tadshikische SSR.

Länge: 11 mm.

Differentialdiagnose: *Rhogogaster bactriana bactriana* BENSON.

Diese Unterart unterscheidet sich von *Rh. b. bactriana* durch geringe Merkmale, jedoch die Penisvalve weicht deutlich von der Nominatform ab.

Rh. b. bactriana	*Rh. b. lindti*
Im Vorderflügel Costa und vordere Hälfte der Subcosta (Sc × R) grün; Behaarung verstreut, aber Haarlänge kaum länger als der Durchmesser einer Ocelle. Penisvalve nach BENSON siehe Fig. 5. Afghanistan.	Costa des Vorderflügels schwarz, die Subcosta (Sc × R) grün; Gänzlich unbehaart. Penisvalve siehe Fig. 6. Tadshikistan.

Rh. b. bactriana wurde in Afghanistan im Paghman-Gebirge gefunden; *Rh. b. lindti* stammt aus Turkestan, Serawshan-Schlucht, Dorf Oburolow, 2000 m, 23. 6. 1959.

Der Fundort dieser interessanten Unterart im Süden der Tadshikischen SSR liegt 900–1000 km vom Fundplatz der *Rh. b. bactriana* entfernt. Die neue Unterart habe ich dem Entdecker J. LINDT gewidmet.

Literatur:
BENSON, R. B., 1965: The classification of *Rhogogaster*. – Proc. R. ent. Soc., Lond. (B), **43**, pp. 105.

Coleoptera: Alleculidae

Freund Dr. J. LINDT in Duschanbe verdanke ich einige von ihm in Turkmenien gesammelte *Omophlinae*, für die ich ihm an dieser Stelle herzlichst Dank sagen möchte.

Omophlus lindti sp. n.

Holotypus (♂) und Paratypen in Sammlung MUCHE, Radeberg.

Locus typicus: Turkmenische SSR.

Länge: ♂ 10–14 mm, ♀ 14–15 mm.

Differentialdiagnose: *Omophlus deserticola* KIRSCH, *O. klapperichi* MUCHE, *O. transitus* MUCHE.

Schwarz, rotbraun sind Flügeldecken und Krallen.

Kopf (♂): Mit den Augen breiter als der Vorderrand des Halsschildes, grobe und dicht punktierte Oberseite, zwischen Kopfschild und Stirn eine flache Querfurche, zwischen den Augen mit unpunktierten Feldern, lang zottig behaart; Mandibulartaster-Endglied reichlich doppelt so lang wie breit; Fühler bis zur Hinterhüfte reichend, 1. Glied reichlich doppelt so lang wie breit, 2. Glied so lang wie breit, 3. Glied etwas länger als das 4. Glied, Glieder nach der Spitze zu sehr wenig an Länge abnehmend, fast gleichlang.

Halsschild (♂): Fast doppelt so breit wie lang, gerandet; lang, nicht dicht und hell behaart; Punktierung aufgelockert, aber die Punktgruben tief, nach der seitlichen Depression zu die Punktierung dichter; Vorderrand nicht ausgebuchtet und nur im basalen Drittel abgeplattet, Abplattung glatt und unpunktiert; vordere und basale Depression nur angedeutet, dagegen die Depression fast in der Mitte neben dem Seitenrand liegend, Hinterrand vorgezogen, nach dem Seitenrand zu breit abgerundet, die breiteste Stelle im vorderen Drittel liegend. Linke Halsschildseite s. Fig. 7.

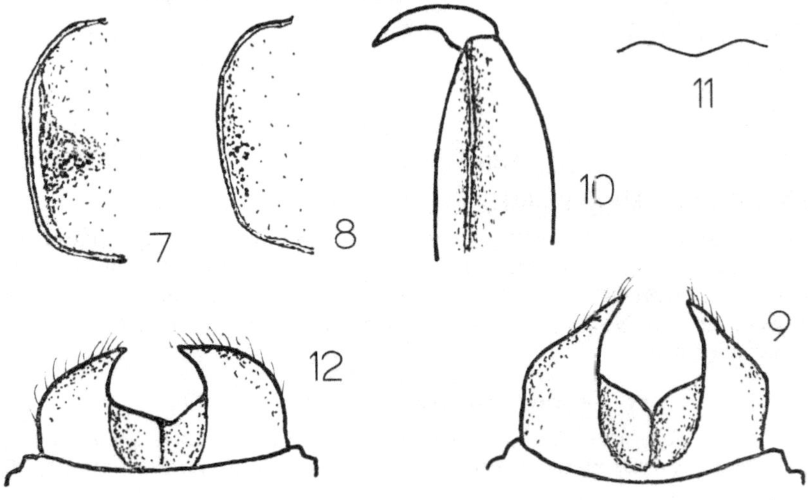

Fig. 7–12. *Omophlus lindti* sp. n. (7–11) und *O. deserticola* KIRSCH (12).
7: linke Halsschildseite des ♂ – 8: linke Halsschildseite des ♀ – 9: Zange des Analsternits des ♂ – 10: Penis des ♂ – 11: Ausschnitt vom Analsternit des ♀ – 12: Zange des Analsternits des ♂.

Abdomen (♂): Flügeldecken kahl, halbmatt, doppelt so lang wie breit, parallelseitig, im apikalen Drittel abgerundet, Zwischenräume der tiefen Punktstreifen mit etwas kleineren Punkten, flach runzlig, Epipleuralrand der Flügeldecken gleichmäßig, bei den Hinterhüften in den Seitenrand übergehend; Schulter sehr deutlich vortretend. Unterseite mit langer, aber nicht dichter und heller Behaarung; Analsternit dicht punktiert, in der Mitte vor der Zangenarmatur eingedrückt (Fig. 9), Penis mit tiefer Seitenfurche (Fig. 10); Krallenglied der Vordertarsen an den Seiten gleichmäßig verbreitert, 4mal so lang wie breit; Krallen schmal, ohne Basalzähnchen.

♀ wie ♂, aber die Depression des Halsschildes an der Seite nur angedeutet (Fig. 8); Seitenrand mit sehr schmaler Abplattung oder fehlend, Seiten des Halsschildes etwas gerundet, Behaarung etwas dichter als beim ♂. Ausschnitt des Analsternits flach (Fig. 11).

2 ♂♂ und 6 ♀♀, von J. LINDT am 20. 4. 1971 in der Turkmenischen SSR bei Kala-Kala an Ferula gesammelt.

Die Art gleicht der mittelasiatischen *Omophlus deserticola* KIRSCH, weicht aber durch die andere Form des Halsschildes, durch die Punktierung und besonders durch eine andere Zangenbildung der Genitalarmatur ab (Fig. 12). Von *Omophlus klapperichi* MUCHE aus Jordanien weicht die neue Art ebenfalls durch die andere Form des Halsschildes ab, dieses ist bei *O. klapperichi* gerundet. *Omophlus transitus* MUCHE aus Afghanistan unterscheidet sich von *O. lindti* durch ein schmäleres Halsschild, welches außerdem am Vorderrand ungerandet ist, auch ist die Zangenbildung bei *O. transitus* anders.

Literatur:

MUCHE, W. H., 1964: Revision des Genus *Omophlus* Sol. – Ent. Abh. Mus. Tierk. Dresden, **29**, Nr. 11, pp. 591–626.

—, 1965: Neue *Omophlus* des Naturhistorischen Museums Budapest. – Ent. Blätter, Krefeld, **61**, 2. Heft, pp. 85–99.
OGLOBLIN, D. A. & ZNOJKO, D. V., 1950: *Alleculidae* (Teil 2), Fauna SSSR, Tom XVIII, Lief. 8.

Coleoptera: Rhipiphoridae

Ptilophorus DEJEAN

(*Evaniocera* GUÉRIN-MÉNEVILLE)

Während meiner Aufenthalte in Tadshikistan fand ich auch einige *Ptilophorus*-Ex., die durch die hervorragenden Genitalzeichnungen sowie den einwandfreien Bestimmungsschlüssel von Dr. JABLOKOFF-KHNZORIAN leicht zu trennen sind. Dadurch ist es mir möglich geworden, einige bemerkenswerte faunistische Beiträge und die Beschreibung eines ♀ vorzunehmen.

Ptilophorus fallax JABLOKOFF-KHNZORIAN

Diese Art wurde vom Autor als neue Art in Tadshikistan (Kondara-Schlucht, 6. 5. 1964) entdeckt. Meine Aufsammlung dieser Art stammt aus Tadshikistan: Karategi-Gürtel, Romit-Schlucht, 1600–1700 m, 26. 5. 1975, 2 ♂♂.

Ptilophorus fischeri (MENETRIÉS)

Nach JABLOKOFF-KHNZORIAN (p. 856) ist diese Art aus Tadshikistan unbekannt. Meine Funde sind daher faunistische Neufunde.

1 ♂, Karategi-Gürtel, Romit-Schlucht, 1600–1700 m, 26. 5. 1975; ? 1 ♀, Wachsch-Tal, Umgebung Nurek, 29. 5. 1975.

Das ♀ von *Ptilophorus fischeri* ist bisher noch nicht bekanntgeworden.

Das vermutliche ♀

Schwarz; kastanienbraun sind: Labial- und Mandibulartaster, Oberlippe, Fühler, Tarsen, Ränder der meisten Tergite und Sternite des Abdomens.

Kopf: Mandibula breit, mit undeutlichem Kiel an der basalen Hälfte der Außenseite; Endglied der Mandibulartaster schlank, ca. 3mal so lang wie breit; Clypeus mit geradem Vorderrand; Augenausschnitt wie beim ♂; Kopfoberseite dicht punktiert, die Mitte derselben mit glattem, unpunktiertem und glänzendem Längsfleck; eine dichte Behaarung nur am Vorderrand der Oberlippe, an den Seiten der Mandibula und an den hinteren Schläfen; die Fühler reichen bis zum vorderen Drittel des Halsschildes; das 2. Glied dieser klein, wenig breiter als lang, das 3.–6. Glied mit nach außen gezogener, die folgenden Glieder mit leicht nach vorn gezogener Spitze, 11. Glied ohne seitliche Spitze; Fühlerglieder mit abstehenden Haarborsten.

Halsschild: Nur an den Seiten bräunlich behaart, nur der Vorderrand gerandet, trapezförmig, die Hinterecken etwas nach außen gewinkelt und spitz nach hinten gezogen; der Hinterrand zweibuchtig und zwischen dem Schildchen und den Hinterecken mit je einer Depression; Punktierung sehr dicht und etwas feiner als auf dem Oberkopf; wenig breiter als lang (15:11), die Basis etwas schmäler als die Flügeldecken vor den Schultern.

Flügeldecken: Diese erreichen die Hinterleibsspitze nicht ganz; grob lederartig punktiert, mit drei den Nahtstreifen genäherten, aber undeutlichen Längsleisten und zwei undeutlichen, dem Pleuralrand genäherten Längsleisten; Schultern gerundet, etwas vortretend, 2,2mal so lang wie breit; Analsternit nicht ausgerandet

B e i n e : Schlank, Endsporn der Schienen kurz, mit breiter Spitze; Innenseite der Krallen feiner gezähnt als beim ♂.

Länge: 15 mm Von Ferula sp. gekäschert.

L i t e r a t u r :

KHNZORIAN-IABLOKOFF, S. M., 1975: Fächerkäfer (*Coleoptera, Rhipiphoridae*). – Rev. d'Ent. URSS, **54**, 4, pp. 846–857.

REITTER, E., 1903: Bestimmungsschlüssel der *Evaniocera*. – Wien. Ent. Zeitung, **22**, pp. 237–238.

Summary

CONTRIBUTION TO KNOWLEDGE OF INSECT FAUNA OF CENTRAL ASIA

The results of the author's Central Asia travel in 1976 concerning the insect families *Tenthredinidae (Hymenoptera), Alleculidae* et *Rhipiphoridae (Coleoptera)* are recorded. *Nematus salicinus* sp. n., *Rhogogaster bactriana lindti* ssp. n., and *Omophlus lindti* sp. n. are described as new taxonomic units. Some notes are given about the hitherto unknown female of *Ptilophorus fischeri* (MEN.). In the Tadshik SSR one female probably belonging to this species has been found.

Anschrift des Autors:
W. H. Muche, DDR – 8142 Radeberg, Postfach 62.

ENTOMOLOGISCHE ABHANDLUNGEN

STAATLICHES MUSEUM FÜR TIERKUNDE IN DRESDEN

Band 42 Ausgegeben: 28. Dezember 1978 Nr. 11

Studien über Callichromini der palaearktischen und orientalischen Region (IV)

(Coleoptera, Cerambycidae)

Mit 16 Fotos

ČENĚK PODANÝ
Benátky n. Jiz., ČSSR

Im IV. Teil meiner Revision der *Callichromini* (I. Teil: Entom. Abh. Mus. Tierk. Dresden, 36, Nr. 3, 1968, p. 41–121; II. Teil: dito, 38, Nr. 8, 1971, p. 253–313; III. Teil: Annot. Zool. Botan., Bratislava, 91, 1974, p. 1–42) habe ich die Gattungen *Amblyontinum* BATES, *Helymaeus* J. THOMS., *Osphranteria* REDTB., *Ipothalia* PASCOE und *Gauresthes* BATES bearbeitet und wiederum einige neue Arten sowie eine neue Gattung (*Falsoipothalia* gen. n.) entdeckt.

Diesmal konnten mir leider mit ihren Sammlungen nur das British Museum (Nat. Hist.) in London, das Senckenberg-Museum in Frankfurt/Main und das Staatliche Museum für Tierkunde in Dresden helfen, da andere Institutionen, mit denen ich früher zusammenarbeitete, keine der gewünschten Arten in ihren Sammlungen hatten.

Deshalb möchte ich hier Frau Dr. ELLI FRANZ (Frankfurt/Main), Herrn Dr. R. HERTEL (Staatl. Museum für Tierkunde Dresden) und den Herren Dr. R. T. THOMPSON und Dr. C. R. SMITH vom British Museum in London herzlich danken; nicht nur für das Material (oft in Form von Holotypen), sondern auch für die Fotos, mit denen ich die Arbeit wieder ergänzen möchte, damit die Fachleute nicht nur die Beschreibungen (die ich, wie fast immer, in vielen Fällen verbessert habe), sondern auch Abbildungen der Arten dieser sehr seltenen Gruppe der *Cerambycidae* erhalten.

Bestimmungsschlüssel der Gattungen:

1. Halsschild unbewaffnet. 2

— Halsschild mit Lateralhöckern. 3

2. Körper langgestreckt, Fühler viel kürzer als der Körper. **Amblyontinum** BAT.

— Körper langgestreckt, Halsschild ohne oder mit nur winzigen Seitenhöckern, Fühler körperlang oder etwas länger. **Osphranteria** REDTB.

3. Fühler nicht verdickt, bis zur Hälfte der Flügeldecken lang, Flügeldecken mit 3 Längsrippen. **Falsoipothalia gen. n.**

— Fühler zum Ende verdickt. 4

4. Schenkel gestielt, Fühler vom 7. (oder 8.) Glied an verbreitert. **Helymaeus** J. THOMS.

— Schenkel gekeult oder verdickt, aber nicht gestielt, Fühler zum Ende verdickt. 5

5. Fühler am Ende etwas verdickt, vom 8.–11. Glied dann wieder schmäler, jede Flügeldecke mit 2 feinen Rippen. **Gauresthes** BATES

— Fühler gegen die Spitze dick, vom 4. Glied an (oder bis zum 6.) stark verbreitert, Flügeldecken ohne Rippen. **Ipothalia** PASC.

Amblyontinum BATES, 1879

Amblyontinum BATES, 1879: Cist. Ent. II, p. 409.

Verwandt mit der Gattung *Leontium*. Körper schmal, langgestreckt, Oberseite abgeflacht. Kopf nach vorn mäßig verlängert. Mandibeln annähernd gerade, ihre Spitze plötzlich eingekrümmt, auf der Innenseite breit gezähnt. Fühler viel kürzer als der Körper, 1. Glied an der Spitze nach außen ein wenig vorgezogen, deutlich länger als die 3 nächsten Glieder, Glieder 3–10 an der Spitze kurz angedeutet dornartig, Glieder 5–11 seitlich gekielt.

Halsschild suboval, seitlich unbewaffnet, oberseits flach, neben der Basis wenig tief und furchig verengt.

Flügeldecken an der Spitze undeutlich abgerundet, Schenkel nach vorn zu verdickt. Tibien allmählich zusammengedrückt-erweitert, Tarsen ziemlich fein. Prosternum an der Spitze gehöckert, Mesosternum glatt, (flach) verschmälert. Bauch mit 6 Segmenten, das 5. an der Spitze gebogen, das 6. stark ausgerandet, vom länglichen Pygidium bedeckt.

Amblyontinum inerme BATES

Amblyontinum inerme BATES, 1879: Cist. Ent. II, p. 410.

Grünlich erzfarben, etwas goldig, Fühler und Beine blau, Halsschild vorn mit einer eingedrückten Querlinie, neben der Basis gefurcht-verengt, oberseits unregelmäßig zusammenfließend punktiert, mit einer ziemlich glatten und beiderseits quer samtigen Dorsallinie. Flügeldecken zusammenfließend punktiert (am stärksten neben der Naht), mit breiter Scheibenbinde und gesättigt grünen Seiten. Unterseits silbrig behaart.

Länge: ♂ 5 mm.

Sarawak, Borneo (Kalimantan).

Mir nur nach der Beschreibung bekannt.

Osphranteria REDTENBACHER, 1850

Osphranteria REDTENBACHER, 1850: Denkschr. Wien. Akad. I, p. 50; PLAVILSTSHIKOV 1934, Best.-Tab. Eur. Col. 112, p. 121; LACORDAIRE 1869, Gen. Col. IX, p. 29.

Kopf kurz. Stirn kurz. Mandibeln den Augen stark genähert, kurz und kräftig, nur an der Spitze mäßig gebogen, an der Innenseite ohne Zahn. Wangen sehr kurz. Lippentaster viel länger als die Maxillartaster. Innenlade der Maxillen stark verlängert.

Fühler beim ♂ etwas länger als der Körper, beim ♀ fast von Körperlänge; zylindrisch, gegen die Spitze nicht verdünnt; 1. Glied kurz und dick, an der Spitze undeutlich, stumpfwinkelig erweitert; 3. Glied sehr lang, beim ♂ die Basis des Halsschildes erreichend, mehr als dreimal länger als das 1. und mindestens 1,5mal länger als das 4. Glied; 4. Glied etwas länger als das 5., das 6. und die nächstfolgenden Glieder fast von gleicher Länge; 6. bis 10. Glied an der Spitze mäßig, aber ganz deutlich winkelig erweitert; 4. und 5. Glied an der Spitze schwach, aber deutlich verdickt und stumpfwinkelig erweitert.

Halsschild in der Mitte etwas breiter als lang, ziemlich kurz, auf der Scheibe gewölbt, an den Seiten abgerundet, ohne Lateralhöcker, höchstens nur etwas eckig erweitert; nach vorn deutlich stärker verengt als nach hinten, an der Basis leicht eingeschnürt. Schildchen lang dreieckig, mäßig groß.

Flügeldecken subparallel, zur Spitze mäßig und allmählich verengt, an der Spitze abgerundet (beim ♂ nur wenig, beim ♀ etwas stärker), aber ganz deutlich breiter als der Halsschild in der Mitte.

Vorder- und Mittelbeine kurz, Vorder- und Mittelschenkel keulenförmig verdickt, aber nicht gestielt. Hinterbeine lang; Hinterschenkel schwach verdickt, fast linear, beim ♂ die Spitze der Flügeldecken fast oder ganz erreichend; Hinterschienen fast so lang wie die Hinterschenkel; Hintertarsen lang, beim ♂ bis zu $^2/_3$ der Schienenlänge, erstes Glied lang, deutlich länger als das 2. und 3. Glied zusammen, aber kürzer als alle restlichen Glieder zusammen.

♂. Fühler etwas länger als der Körper (die 2 oder 3 letzten Glieder die Flügeldeckenspitze überragend). Hinterschenkel die Spitze der Flügeldecken erreichend. Flügeldecken an der Basis fast so breit wie der Halsschild in der Mitte. Abdomen mit 6 sichtbaren Segmenten.

♀. Fühler von Körperlänge. Hinterschenkel die Spitze der Flügeldecken nicht erreichend. Flügeldecken an der Basis deutlich breiter als der Halsschild in der Mitte. Abdomen nur mit 5 sichtbaren Segmenten.

Nach den zur Spitze nicht verdünnten Fühlern, den unbewehrten Halsschildseiten und den langen Hinterschenkeln mit *Anubis* am nächsten verwandt.

Nur aus dem südöstlichen Teil des Mittelmeergebietes bekannt.

Bestimmungsschlüssel
der Arten der Gattung *Osphranteria*

1. Färbung dunkel blaugrün, Halsschild usw. spärlich und grob punktiert, mit einem stumpfen Seitenhöckerchen. 3. **lata** PIC

— Färbung und Punktierung anders, die Punkte viel feiner. 2

2. Färbung schwarzviolett, Halsschild usw. viel feiner und dichter punktiert, Seitenhöckerchen fehlt. 1. **coerulescens** REDTB.

— Färbung gelbbraun, gleiche Punktierung, Seitenhöckerchen fehlt. 2. **suaveolens** REDTB.

1. **Osphranteria coerulescens** REDTENBACHER (Abb. 2)

Osphranteria coerulescens REDTENBACHER, 1850: Denkschr. Wien. Akad. I, p. 50; PLAVILSTSHIKOV 1934, Best.-Tab. Eur. Col. 112, p. 122.

Schwärzlichviolett, fast einfarbig; oder Fühler schwarz, Beine fast schwarz, Brust schwarz; Oberseite fast glanzlos, Hinterbrust und Abdomen deutlich glänzend; Unterseite fein seidenartig silbergrau oder etwas gelblich behaart. Kopf dicht und grob runzelig punktiert. Halsschild dicht runzelig punktiert, in der Mitte der Scheibe mit großen und sehr flachen Punkten dicht besetzt, längs der Mitte mit einzelnen, sehr deutlich punktierten, fast glatten und kleinen Stellen, an der Basis und an der Spitze kurz, unregelmäßig und ungleichmäßig querfaltig; an den Seiten viel dichter, aber nicht gröber punktiert, hinter der Mitte ziemlich plötzlich verengt und hier etwas eckig erweitert. Schildchen dicht und fein skulptiert, meist deutlich längsgerunzelt.

Flügeldecken sehr dicht und fein runzelig punktiert, kurz und fein anliegend goldigbraun behaart, mit 1–2 feinen, meist undeutlichen Längslinien. Vorderbrust dicht und runzelig punktiert, mehr oder weniger deutlich quergerunzelt; Mittel- und Hinterbrust sehr dicht punktiert, Abdomen sehr fein und dicht punktuliert.

Länge: 16–20 mm.

Iran, Kurdistan (Irak), Syrien.

2. **Osphranteria suaveolens** REDTENBACHER (Abb. 3)

Osphranteria suaveolens REDTENBACHER, 1850: Denkschr. Wien. Akad. I, p. 50; PLAVILSTSHIKOV 1934, Best.-Tab. Eur. Col. 112, p. 123.

Kopf und Halsschild rötlichbraun, Flügeldecken rötlich gelblichbraun, Fühler rötlich- oder bräunlichgelb, Beine braun, Hinterschenkel mehr oder weniger rötlich, Brust und Abdomen braun bis rötlichbraun.

Kopf dicht und grob runzelig punktiert. Halsschild wie bei *O. coerulescens* skulptiert, doch ist die Skulptur etwas feiner. Flügeldecken dicht und fein runzelig punktiert, mit zwei feinen Längslinien, gelblich, fein und kurz anliegend behaart.

Länge: 18–22 mm.

Iran.

3. **Osphranteria lata** PIC (Abb. 1)

Osphranteria lata PIC, 1956: L'Échange, p. 3.
Osphranteria richteri HEYROVSKÝ, 1959: Stuttgart. Beitr. Naturkunde, p. 4, Abb. 3; **syn. n.**

♀. – Dunkel blaugrün mit violettem Schein, Fühler und Füße schwarz. Oberseite des Körpers, besonders des Halsschildes, glänzend, Unterseite ebenfalls glänzend, sehr fein und dicht anliegend silberweiß behaart.

Kopf dicht und stark runzelig punktiert, Augen oben voneinander entfernt, die unteren Augenloben groß, kugelig, sehr fein facettiert. Wangen sehr kurz. Halsschild nach hinten stumpf abgerundet, hinter der Mitte am breitesten, mit stumpfem Seitenhöcker, dann plötzlich verengt, hinter dem Vorder- und vor dem Hinterrand mäßig eingeschnürt, an der Oberfläche grob und ziemlich dicht runzelig punktiert, die Zwischenräume in der Mitte breiter als die Punkte selbst, an der Basis und vor der Spitze quergerunzelt. Schildchen dreieckig, dicht und ziemlich grob punktiert, mit einer feinen Mittelfurche.

Flügeldecken 3,5mal länger als an der Basis breit, dort merklich breiter als der Halsschild an seiner breitesten Stelle, im basalen Viertel dicht, grob, runzelig und nach hinten allmählich viel feiner punktiert, an der Spitze einzeln abgerundet, sehr fein und dicht anliegend grau behaart, an der Spitze dicht, kurz und dunkel bewimpert, mit zwei sehr feinen Längslinien in der Mitte der Decke.

Vorderbrust dicht runzelig, die übrige Unterseite sehr fein und dicht punktiert. Pygidium lang bewimpert.

Die Fühler erreichen die Flügeldeckenspitze, ihr 1. Glied ist grob runzelig punktiert, glänzend und spärlich bewimpert, vom 3. Glied beginnend sind sie sehr fein und dicht grau anliegend behaart. Die Hinterschenkel erreichen nicht die Spitze der Flügeldecken.

♂: Unbekannt.

Länge: 18 mm, Breite: 4 mm.

Iran; Belutschistan (Pakistan).

Durch die Farbe, die Punktierung des Halsschildes, die Basis der Flügeldecken, der Vorderbrust und des 1. Gliedes, durch die Zwischenräume der Punktierung in der Mitte des Halsschildes ist die Art von *O. suaveolens* und *O. coerulescens* leicht zu unterscheiden (diese sind anders gefärbt sowie feiner und dichter punktiert). Außerdem sind die Lateralhöcker verschieden; *O. lata* hat einen stumpfen, *O. suaveolens* einen viel kleineren Lateralhöcker, bei *O. coerulescens* fehlt dieser.

Kollege HEYROVSKÝ hat 1959 diese Art als *O. richteri* beschrieben, mit der Notiz „PIC in litt.". PIC hat aber dieselbe Art schon 1956 beschrieben und gar nicht (nach seiner Art) ganz ungenügend, aber freilich nicht so genau wie Dr. HEYROVSKÝ; so betrachte ich *richteri* als Synonym zu *lata* PIC.

Die Art ist mir unbekannt.

Falsoipothalia gen. n.

Länglich, parallel, von oben ziemlich flach. Jede Flügeldecke mit 3 mehr oder weniger sichtbaren Längsrippen. Beine glänzend, die Schenkel verdickt, die Hinterschienen gegen die Spitze erweitert und mäßig gekrümmt, den Flügeldeckenapex nicht erreichend.

Kopf mit der Stirn stark quer, zwischen den Fühlern etwas konkav, die Antennalhöcker weit voneinander getrennt, schwach bauchig; die Mandibeln lang vorgestreckt, erst gegen die Spitze zu plötzlich gebogen; Augen fein granuliert, tief ausgeschnitten.

Die Fühler reichen bis zur Hälfte der Flügeldecken; das 1. Glied an der Spitze abgerundet, dicht und fein punktiert, das 3. Glied sehr lang, fast so lang wie die 3 folgenden Glieder zusammen, diese (Glieder 4–10) spitzig ausgezogen, in der Länge fast gleich, Glieder 8–11 schwarz behaart.

Halsschild viereckig, mit kurzem, stumpfem Seitenhöcker; vorn sehr tief und einfach, hinten breit querwellig eingeschnürt, mit tiefer Längsgrube in der ersten Hälfte, so daß beiderseits des Halsschildes eine „geschwollene" Partie entsteht, mit einer Mittelgrube (die etwas schwarz behaart ist). Sonst der Halsschild ziemlich dicht zusammenfließend punktiert. Die Lateralhöcker sind an den Seiten und unten dicht weißlich behaart. Schildchen länglich-dreieckig, dicht schwarz behaart, die Spitze kahl und glänzend und hier punktiert.

Die Flügeldecken breiter als der Halsschild an der Basis, abgeflacht, mit schwarzen Haaren bedeckt, die kurz anliegend sind; fein und zusammenfließend punktiert; Körperunterseite dicht fein punktiert und dicht weißlich fein behaart.

Diese Gattung wurde von FISHER und GRESSITT als *Ipothalia (elegans)* beschrieben. Von *Ipothalia* unterscheidet sie sich aber sofort durch den Bau der Fühler. Ich selber hatte aus London direkt von FISHER determinierte Exemplare in den Händen (Tangkduren, Prahoe, 4000–5000 feet, Dreanger, Java, 3. V. 1933). Auf den ersten Blick von *Ipothalia* durch die Größe (32 mm) und die Fühler, die gegen die Spitze nicht verbreitert sind, zu unterscheiden. Sieht wie eine kleine *Hexamitodera semivelutina* HELL. aus, weicht von dieser aber durch die Beine, den Bau des Halsschildes usw. ab.

Typus generis: *Falsoipothalia elegans* (FISHER, 1935) **comb. n.**

Falsoipothalia elegans (FISHER) (Abb. 4)

Ipothalia elegans FISHER, 1935: Tijdschr. Ent. 79, p. 178; GRESSITT u. RONDON 1970, Pacific Insects Monogr. 24, p. 176, T. 20.

Blau mit violettem Reflex, der besonders am Flügeldeckenapex markant ist; Fühler blau, Beine bis auf die Spitze der Hinterschenkel und der Hinterschienen rotbraun, Hinterschienen und Spitze der Hinterschenkel blau; die 3 Längsrippen auf den Flügeldecken (besonders die Mittelbinde) auffallender blau.

Kopf auf der Scheibe fein, dicht und unregelmäßig punktiert, mit einigen groben Punkten untermischt, mit tiefer und ziemlich breiter Längsfurche, die sich vom Epistoma bis zum Occiput hinzieht. Die Fühler vom 8. Glied an schwarz behaart, matt.

Halsschild glänzend grünblau, nur die Vertiefungen in der „geschwollenen" Partie kurz und ziemlich dicht schwarz behaart. – Schildchen dicht schwarz behaart, nur die Spitze kahl, dicht punktiert, vertieft.

Flügeldecken blaugrün mit violettem Reflex, der besonders am Apex sichtbar ist, besonders seitlich und zwischen den Längsrippen schwarz behaart, die Rippen glänzender blau. Die Beine mit allmählich verdicktem Schenkel, Hinterschienen wenig gekrümmt, zum Apex verbreitert, dicht und fein punktiert. Färbung und Bau der Beine an *Ipothalia* erinnernd.

Unterseite dicht und fein punktiert, mit wenigen gröberen Punkten vermischt, überall mit ziemlich dichter (besonders auf der Brust und im Apikalteil der Bauchsegmente), weißlicher anliegender Behaarung.

Durch die Färbung und den Bau der Beine mit *Ipothalia* verwandt. Von *Ipothalia* aber sofort durch den Fühlerbau zu unterscheiden.

Länge: 25–32 mm, Breite: 7–8 mm.

Java, (Laos nach GRESSITT). Geprüftes Exemplar: Tangkduren, Prahoe, 4000–5000 feet, Dreanger, Java, 3. V. 1933, F. C. DRESCHER, aus coll. Mus. London, FISHER det.

Helymaeus J. THOMSON, 1864

Helymaeus J. THOMSON, 1864: Syst. Ceramb. p. 179, 421; LACORDAIRE 1869, Gen. Col. IX, p. 26; JORDAN 1894, Nov. Zool. I, p. 185; PLAVILSTSHIKOV 1934, Best.-Tab. Eur. Col. 112, p. 123.

Durch die kräftigen, zur Spitze deutlich verdickten oder verbreiterten Fühler und die gekeulten Schenkel sehr ausgezeichnet. Körper mäßig verlängert. Mandibeln kurz gebogen, an der Innenseite vor der Spitze kurz gezähnt. Stirn vertikal, quer oder fast quer. Wangen ziemlich kurz. Fühler dick und kräftig, kürzer als der Körper, nur das zweite Drittel der Flügeldecken etwas überragend, 11gliedrig; 3. Glied lang, viel länger als das 4. oder das 5. Glied; 4. bis 6. oder bis 7. Glied von gleicher Länge, obkonisch; das 8. und die folgenden Glieder deutlich verbreitert und abgeflacht, an der Spitze zahnförmig erweitert; das

Abb. 1. *Osphranteria lata* PIC (Aus: Stuttg. Beitr. Naturk. 1959, Nr. 25, Abb. 3)

Abb. 2. *Osphranteria coerulescens* REDTB. (ex coll. Mus. Dresden) (Foto: Mus. Tierk. Dresden, G. Hoffmann)

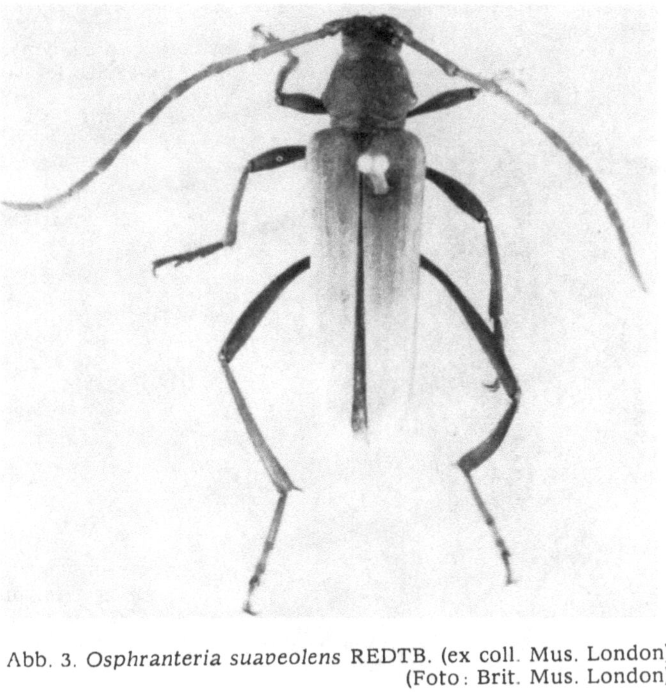

Abb. 3. *Osphranteria suaveolens* REDTB. (ex coll. Mus. London) (Foto: Brit. Mus. London)

Abb. 4. *Falsoipothalia elegans* (FISH.) (Paratypus, ex coll. Mus. London) (Foto: Brit. Mus. London)

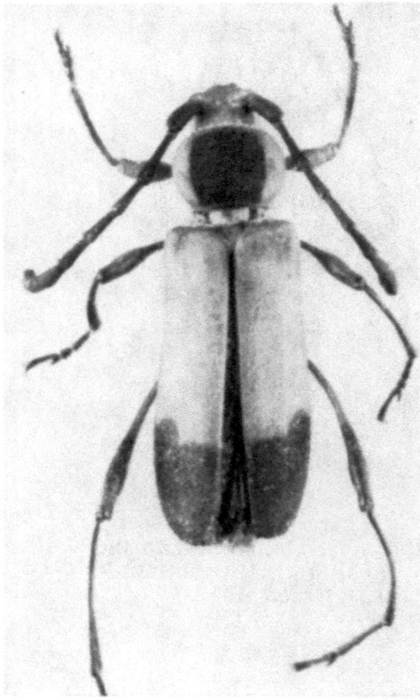

Abb. 6. *Helymaeus signaticollis* PASC. (ex coll. Mus. London) (Foto: Brit. Mus. London)

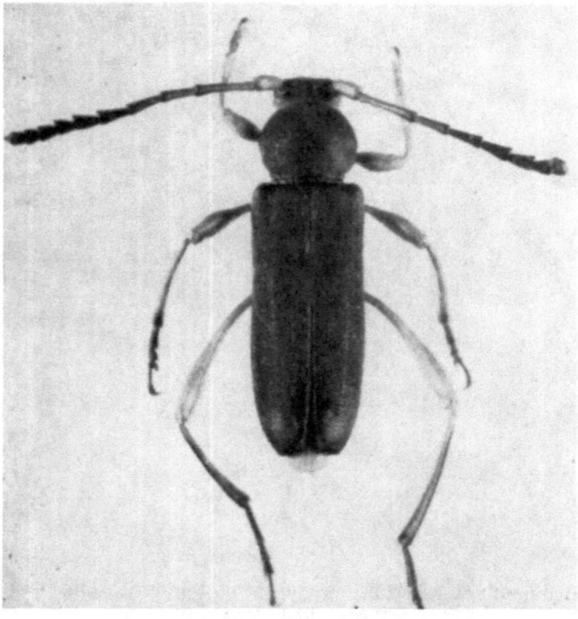

Abb. 5. *Helymaeus pedestris* PASC. (ex coll. Mus. London) (Foto: Brit. Mus. London)

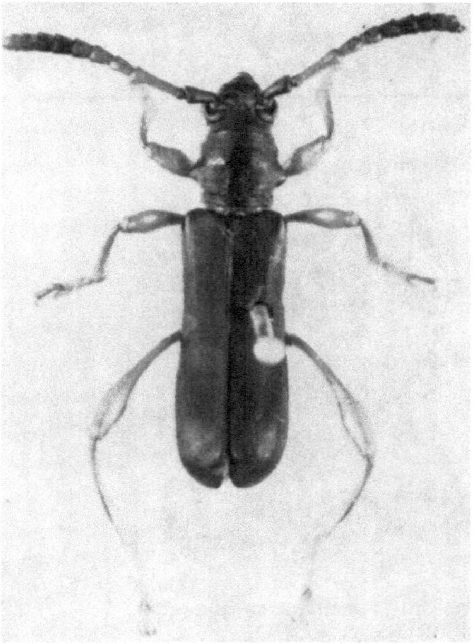

Abb. 7. (links oben)
Gauresthes rufipes PASC. (Holotypus, ex coll. Mus. London)
(Foto: Brit. Mus. London)

Abb. 8. (rechts oben)
Ipothalia pyrrha PASC. (Holotypus, ex coll. Mus. London)
(Foto: Brit. Mus. London)

Abb. 9 (links)
Ipothalia bicolor sp. n. (Holotypus, ex coll. Mus. London)
(Foto: Brit. Mus. London)

Abb. 10. *Ipothalia cambodgensis* GRESS. et ROND.
(Aus: Pacific Ins. Monogr. 24, 1970, T. 29i)

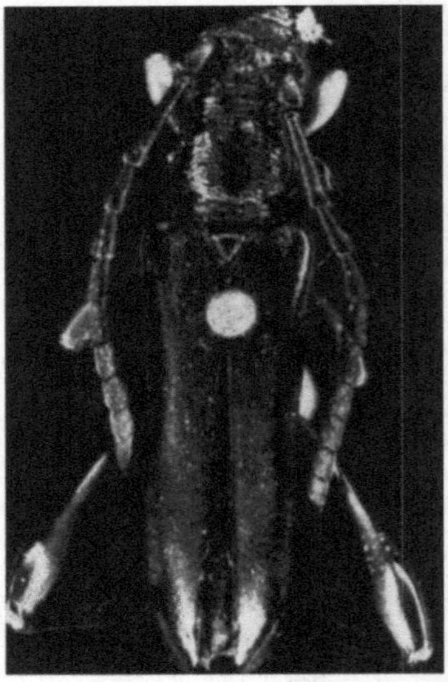

Abb. 11. *Ipothalia bicoloripes* PIC (ex coll. Senckenberg-Mus. Frankfurt/M.)
(Foto: Senckenberg-Mus. Frankfurt/M., E. Haupt)

Abb. 12. *Ipothalia esmeralda* BAT. (ex coll. Mus. Dresden)
(Foto: Mus. Tierk. Dresden, G. Hoffmann)

Abb. 13. *Ipothalia femorata* PASC. (ex coll. Mus. Dresden)
(Foto: Mus. Tierk. Dresden, G. Hoffmann)

Abb. 14. *Ipothalia mixta* sp. n. (Holotypus, ex coll. Mus. Dresden)
(Foto: Mus. Tierk. Dresden, G. Hoffmann)

Abb. 15. *Ipothalia similis* sp. n. (Holotypus, ex coll. Mus. Dresden)
(Foto: Mus. Tierk. Dresden, G. Hoffmann)

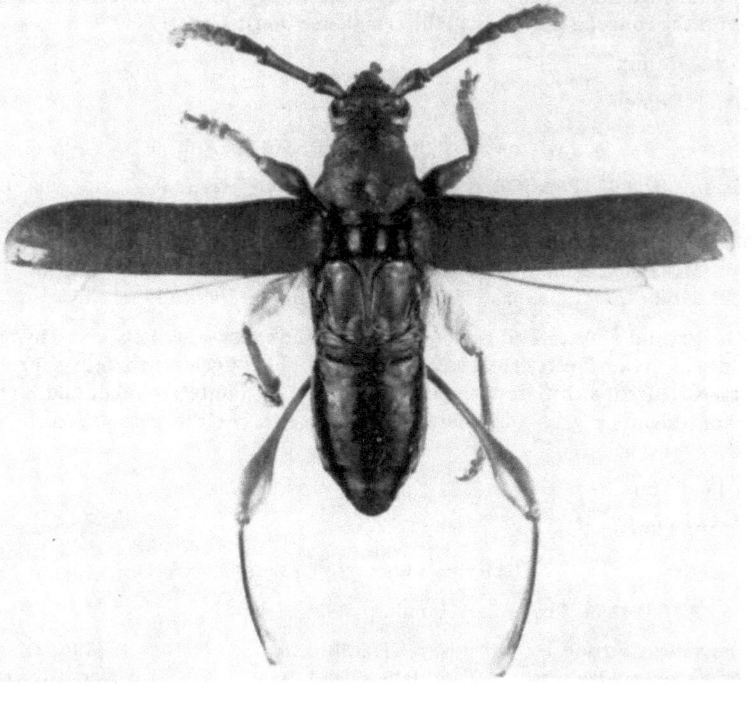

Abb. 16. *Ipothalia metallica* sp. n. (Holotypus, ex coll. Mus. London)
(Foto: Brit. Mus. London)

11. Glied länger als das 10. Halsschild breiter als lang, oben gewölbt, an der Basis ohne Querfurchen. Flügeldecken nur etwas gewölbt, mäßig lang, parallel, nach hinten verschmälert, an der Spitze abgeschnitten. Schildchen mäßig groß, dreieckig. Schenkel deutlich gestielt und gekeult. Hinterschenkel lang gestielt, die Spitze der Flügeldecken überragend. Hinterschienen gegen die Spitze meist deutlich verbreitert. Erstes Glied der Hintertarsen lang, gewöhnlich fast so lang oder so lang wie alle folgenden Glieder zusammen.

♂: Hinterschenkel die Spitze der Flügeldecken weit überragend.

♀: Hinterschenkel die Spitze der Flügeldecken nur etwas überragend.

Gattung der aethiopischen Region; nur zwei Arten aus dem Süden der arabischen Halbinsel bekannt.

Bestimmungsschlüssel
der Arten der Gattung *Helymaeus*

1. Flügeldecken einfarbig. 1. **pedestris** PASCOE
— Flügeldecken zweifarbig. 2. **signaticollis** PASCOE

1. **Helymaeus pedestris** PASCOE (Abb. 5)

Helymaeus pedestris PASCOE, 1878: Ann. Mag. Nat. Hist. (5) II, p. 370; PLAVILSTSHIKOV 1934, Best.-Tab. Eur. Col. 112, p. 124.

Schwarz; Flügeldecken metallisch blau; die zwei ersten Fühlerglieder, Schenkel, Hinterschienen an der Basis und Unterseite des Körpers gelb. Kopf, Halsschild und Flügeldecken dicht, grob und regelmäßig punktiert (wie facettiert aussehend). Hinterschenkel und Hinterschienen dicht runzelig punktiert, Hinterschienen sonst schwarz.

Länge: 12–14 mm.

Saudi-Arabien, Jemen.

2. **Helymaeus signaticollis** PASCOE (Abb. 6)

Helymaeus signaticollis PASCOE, 1878: Ann. Mag. Nat. Hist. (5) II, p. 370; PLAVILSTSHIKOV 1934, Best.-Tab. Eur. Col. 112, p. 124.

Rötlichgelb, das letzte Drittel der Flügeldecken blau, die Mitte des Halsschildes schwarz. Vorder- und Mittelschenkel sowie die Basalhälfte der Hinterschenkel gelb, alle Schienen schwarz, die Fühler und die ganze Fläche des Halsschildes ebenfalls schwarz.

Kopf und Halsschild einfach und regelmäßig grob punktiert, ebenfalls der schwarze Apex der Flügeldecken (wie facettiert aussehend), sonst die Flügeldecken fein runzelig punktiert, mit zwei schlecht sichtbaren Rippen im gelben Teil. Hinterschenkel und Hinterschienen dicht und ziemlich grob punktiert, die Unterseite (welche gelb ist) dicht und fein punktiert.

Länge: 15–17 mm.

Saudi-Arabien, Jemen.

Gauresthes BATES, 1889

Gauresthes BATES, 1889: Proc. Zool. Lond., p. 392.

Verwandt mit der Gattung *Helymaeus* J. THOMS. Körper verlängert, Flügeldecken oben ziemlich flach, hinter der Mitte ein wenig klaffend, Kopf nach vorn ziemlich verlängert,

Mandibeln lang, gerade, Maxillen vorgestreckt. Fühler ein wenig länger als die halbe Körperlänge, zur Spitze hin allmählich verdickt, die Glieder 8–11 wiederum verschmälert, Scapus gebogen, Glied 3 stark verlängert. Thorax kurz subzylindrisch, an den Seiten beiderseits mit breitem, konischem Höcker. Flügeldecken um die Hälfte breiter als der Halsschild, langgestreckt, fast parallel, an der Spitze sehr breit abgerundet, oben auf beiden Seiten mit zwei feinen Rippen. Schenkel gekeult, die hinteren Schenkel verlängert (ganz wenig länger als der Flügeldeckenapex); die Tibien mäßig verbreitert, die hinteren Tibien hinter ihrer Mitte ein wenig gekrümmt und zusammengedrückt. Basalglied der Tarsen fast so lang wie die beiden folgenden Glieder zusammen. Schildchen am Apex zugespitzt, verlängert.

Gauresthes rufipes BATES (Abb. 7)

Gauresthes rufipes BATES, 1889: Proc. Zool. Soc. Lond., p. 392; WHITEHEAD 1893, Explor. Kina Balu, p. 295.

Schwarzviolett, etwas glänzend, mit matten Flächen. Füße rot (ausgenommen die blauvioletten Hinterschienen), Halsschild auf der vorderen Scheibe und an der Basis in der Mitte unpunktiert, glänzend, mit blauviolettem Glanz, die übrige Oberseite dicht gedrängt und fein rauh sowie unregelmäßig punktiert, die Höckerchen silbrig-seidig dicht behaart, Halsschild vorn und hinten tief eingeschnürt; Schildchen fein und rauh punktiert, matt, wie samtartig, die Schultern und eine breite Antemedianbinde ungleichmäßiger rauh punktiert, etwas glänzend.

Unterseite stahlblau, silbrig-seidig (besonders am Bauch) behaart. – Jede Flügeldecke mit einem dicht schwarz behaarten Fleck in der Mitte, gleich hinter dem Schildchen.

Länge: 28 mm, Breite: 8 mm. – Borneo.

Ipothalia PASCOE, 1867

Ipothalia PASCOE, 1867: Ann. Mag. Nat. Hist. (3) XIX, p. 314; LACORDAIRE 1869, Gen. Col. IX, p. 27; GAHAN 1906, Fauna Brit. India, Col. I, p. 222; PLAVILSTSHIKOV 1934, Best.-Tab. Eur. Col. 112, p. 124; GRESSITT u. RONDON 1970, Pacific Insects Monogr. 24, p. 175.

Durch die kürzeren Fühler mit verbreitertem und abgeflachtem 6.–10. Glied dem *Helymaeus* PASC. am nächsten, aber die Schenkel weder gestielt noch gekeult, nur allmählich verdickt.

Mandibeln mäßig lang, etwas gekrümmt. Stirn subvertikal, quer; die Wangen kurz. Fühler dick und kräftig, diese das zweite Drittel der Flügeldecken nicht überragend; 3. Glied sehr lang, viel länger als das 4. Glied und fast oder so lang wie das 4. und 5. Glied zusammen; 4.–6. oder 7. Glied fast von gleicher Länge; 5. oder 6.–10. Glied abgeflacht und verbreitert, an der Spitze eckig erweitert; 11. Glied länger als das 10., an der Spitze stumpf zugespitzt.

Halsschild gewölbt, an den Seiten mit einem großen, konischen Lateralhöcker, vorn und hinten eingeschnürt.

Flügeldecken mäßig lang, nur etwas gewölbt, an der Spitze abgerundet, mehr oder weniger parallel. Schenkel gegen die Spitze mehr oder weniger stark, aber allmählich verdickt, an der Basis nicht gestielt, nur allmählich verdünnt; Hinterschenkel die Spitze der Flügeldecken nur etwas oder gar nicht überragend (beim ♀ nur die Spitze der Flügeldecken fast erreichend), deutlich länger als die Mittelschenkel. Hintertibien abgeflacht, gegen die Spitze zu mäßig verbreitert. Hintertarsen nicht lang; erstes Glied kürzer oder nur etwas länger als das zweite und dritte Glied zusammen.

Körper mäßig lang, oben glatt und glänzend, unten mäßig dicht behaart.

Indomalaiische Gattung.

Bestimmungsschlüssel
der Gattung *Ipothalia*

1. Fühler teilweise rot. 2

— Fühler einfarbig; schwarz, blau oder violett. 3

2. Klein (15–17 mm), 3.–6. Fühlerglied rötlich, weitere Glieder blau bis schwarz. – Pegu (Burma), Java. 1. **pyrrha** PASC.

— Größer (21 mm), 1.–4. Fühlerglied rotbraun, Hinterschienen etwas angedunkelt. – Nord-Borneo. 2. **bicolor sp. n.**

3. Hinterschenkel teilweise braun bis violett. 4

— Hinterschenkel einfarbig rötlich. 7

4. Halsschild einfach punktiert, mit breiter Mittelbinde, die teilweise punktiert, teilweise unpunktiert ist; Hinterschenkel teilweise pechbraun bis blau; Spitze des 1. Fühlergliedes rot, sonst die Fühler blau. – Kambodscha. 3. **cambodgensis** GRESS. et ROND.

— Halsschild dicht punktiert bis runzelig oder fast glatt. 5

5. Hinterschenkel mit allen weiteren Schenkeln leicht (mehr oder weniger) angedunkelt, Halsschild grob punktiert. – Süd-China, Vietnam (Tonkin) (Laos, Süd-Burma nach GRESSITT?). 4. **bicoloripes** PIC

— Hinterschenkel anders gefärbt. 6

6. Hinterschenkel an der Spitze stark angedunkelt, Hinterschienen dunkel. 7

— Hinterschenkel wie die anderen Schenkel einfarbig rot. 8

7. Vorder- und Mittelbeine einfarbig rot. – Nordwest-Borneo, Java. 5. **esmeralda** BAT.

— Vorder- und Mittelschienen etwas angedunkelt. – Philippinen. 6. **femorata** PASC.

8. Vorder- und Mittelschienen dunkel. – Luzon (Philippinen). 7. **mixta sp. n.**

— Vorder- und Mittelschienen einfarbig rotbraun. 9

9. Klein (13 mm), Halsschild eng und fein punktiert. Hinterschenkel oberseits sehr leicht angedunkelt. – Mindoro (Philippinen). 8. **similis sp. n.**

— Größer (20 mm), Halsschild dicht und grob runzelig punktiert. – Borneo. 9. **metallica sp. n.**

1. **Ipothalia pyrrha** PASCOE (Abb. 8)

Ipothalia pyrrha PASCOE, 1867: Ann. Mag. Nat. Hist. (3) XIX, p. 314; GAHAN 1906, Fauna Brit. India, Col. I, p. 223; PLAVILSTSHIKOV 1934, Best.-Tab. Eur. Col. 112, p. 125.
Ipothalia bicoloripes var. *semipurpurea* GRESSITT u. RONDON 1970, Pacific Insects Monogr. 24, p. 175 (Java, Laos).
Ipothalia pyrrha var. *serrei* PIC, 1939: Rev. Ent. Franç. 6, p. 182.

Dunkelblau; Flügeldecken grünlich, an der Spitze etwas bläulich; Beine einfarbig rostrot oder rötlichgelb; 1. und 2. Fühlerglied violett, 3.–5. Glied rötlich, 6. Glied bläulich, an der

Basis rötlich, 7. und die folgenden Glieder blau oder schwärzlich. – Unterseite grau behaart, nur das Prosternum vorn und die vier letzten Abdominalsegmente fast kahl, glänzend.

Kopf fein und nicht sehr dicht punktiert, in der Hinterpartie dichter punktiert, etwas gerunzelt. 1. Fühlerglied dicht punktiert, 3.–5. Glied glänzend, die folgenden Glieder mehr oder weniger matt, dunkelbraun behaart.

Halsschild vor der Basis und hinter der Spitze quer gefurcht, auf der Scheibe quergerunzelt und punktiert, längs der Mitte glatt.

Flügeldecken hinter den Schultern etwas verschmälert, an der Spitze einzeln abgerundet; sehr dicht und runzelig punktiert, mehr oder weniger matt, nur an der Spitze etwas glänzend. Hinterschenkel fein und weitläufig punktiert. – Erstes Glied der Hintertarsen etwas länger als das 2. und 3. Glied zusammen.

Länge: 15–17 mm. – Pegu (Burma).

var. *serrei* PIC: Flügeldecken ziemlich dicht und stark punktiert, faltig. Halsschild weniger robust, länglich, Beine rot, Hinterschienen blau, an der Spitze immer rot. – Java, Batavia (= Djakarta).

2. **Ipothalia bicolor sp. n.** (Abb. 9)

Durch schwarzrote Färbung von allen *Ipothalia*-Arten sofort zu unterscheiden. – Der ganze Körper oberseits glänzend schwarz, nur der Kopf mit violettem Schimmer, die ersten 4 Fühlerglieder rotbraun (das 4. Glied am Apex angedunkelt), alle Beine einfarbig rotbraun, nur die Hinterschienen oben etwas angedunkelt, ziemlich stark gekrümmt. Unterseite dicht silberweiß behaart, Abdomen blau.

Kopf: Stirn kurz, Fühlerhöcker niedrig, wie Scheitel und Stirn dicht und einfach punktiert. Fühler: 1. Glied am Ende spitzig erweitert, ziemlich dicht und grob punktiert, das 3. Glied ebenso, wie das 4. und 5. Glied zusammen lang und auch am Ende spitzig; 4.–10. Glied breit, breiter als lang; die ersten 4 Fühlerglieder rotbraun (das 4. an der Spitze angedunkelt), die weiteren schwarzblau.

Schildchen rundlich-dreieckig, dicht punktiert. – Halsschild dicht und grob punktiert, in der Mitte mit glänzender, enger, wenig punktierter Mittellinie, beiderseits mit einem stumpfen Höcker, vorn und hinten eingeschnürt, vorn ziemlich tief, Kragen querfaltig, in der Mitte glatt, hinten einmal querfaltig.

Flügeldecken dicht und grob punktiert, Apex plötzlich glänzend und fein punktiert; die Flügeldecken gegen den Apex etwas breiter und einzeln sehr breit abgerundet. Pro-, Meso- und Metathorax dicht silberweiß behaart, Abdomen glänzend, fein punktiert. Alle Beine einfarbig gelbrot, nur die Hintertibien oben schmal dunkel gefärbt und stark gekrümmt.

Länge: 21 mm, Breite: 6 mm.

Holotypus: Brunei, Nord-Borneo, in coll. Mus. London (1920–504).

3. **Ipothalia cambodgensis** GRESSITT et RONDON (Abb. 10)

Ipothalia cambodgensis GRESSITT et RONDON, 1970: Pacific Insects Monogr. 24, p. 175, Abb.-T. 29i.

Metallgrün bis bläulich mit roten Beinen; Kopf und Halsschild dunkel metallblau, mit grünem und Bronzeschimmer; Fühler stahlblau mit roter Spitze des 1. Gliedes, die weiteren Glieder sind immer schwärzlich. Schildchen und Flügeldecken metallgrün mit goldigem und blauem Glanz; Bauchschilder breit blauschwarz; Beine breit rot, die Distalpartie des verdickten Teils der Hinterschenkel zum größten Teil blau, Hinterschienen blau bis auf ihre Basis und Spitze. Körper mit sparsamer Silberpubeszenz an den Episternen des Halsschildes und sparsamen, kurzen Haaren auf dem Abdomen.

Kopf breiter als der Halsschild vorn, aber schmäler als die Breite der Prothorax-Tuberkeln, mäßig punktiert am Occiput, in der Mitte gerunzelt und sehr fein auf der Stirn punktiert. Die Wangen nicht so groß wie die Unteraugenloben. Fühler ziemlich dick und fast die Flügeldeckenmitte erreichend. 1. Glied nicht viel länger als breit, kurz vor der Spitze am breitesten; das 3. Glied um die Hälfte länger als das 1. Glied; das 4. Glied etwas kürzer als das 1., das 5. Glied etwas kürzer als das 4., das 5.–10. Glied allmählich in der Länge kürzer werdend, fast so breit wie lang, das 11. Glied so lang wie das 7.

Halsschild etwas breiter als lang, an der Basis und der Spitze gleich, in der Nähe der Mitte stumpf gehöckert; die Scheibe flach, vorn wenig erhöht, an der Basis sparsam punktiert, mit glatter Fläche vor der Mitte. – Schildchen dreieckig, etwas gerunzelt und in der Mitte oberflächlich gefurcht.

Flügeldecken fast 5× so lang wie breit, nach hinten sichtbar verengt, gegen die Mitte sehr wenig verbreitert, am Apex breit abgerundet, Naht stumpf. Die Fläche fast flach, längs der Mitte sehr wenig erhöht, dicht und fast runzelig punktiert, vor dem Apex sehr dicht punktiert, im Apikalteil fein punktiert und schwach gefurcht.

Bauchsegmente schwach punktiert. – Beine kräftig, die Hinterschenkel im Apikaldrittel mäßig verdickt, Hinterschienen sehr breit; Hintertarsen breit, um $^1/_3$ breiter als lang.

Länge: 20,5 mm, Breite: 4,4 mm. – Cambodia (Kambodscha).

4. **Ipothalia bicoloripes** PIC (Abb. 11)

Ipothalia bicoloripes PIC, 1920: Bull. Soc. Ent. Franç., p. 118; PLAVILSTSHIKOV 1934, Best.- Tab. Eur. Col. 112, p. 125.
Ipothalia pyrra (sic!) *bicoloripes* GRESSITT, 1951: Longicornia II, p. 211.
Ipothalia pyrrha var. *semipurpurea* PIC, 1927: Mél. Exot. Ent. IL, p. 29.
Ipothalia bicoloripes var. *semipurpurea* GRESSITT et RONDON, 1970: Pacific Insects Monogr. 24, p. 175.

Grünlich, teilweise etwas bläulich; Fühler blau; Schenkel rötlichgelb, an der Spitze breit blau; Schienen rötlichgelb, an der Basis blau, Hinterschienen auch an der Spitze breit blau; Tarsen rötlichgelb. Unterseite silbergrau behaart. Kopf weitläufig grob punktiert, Scheitel etwas runzelig, Fühlerhöcker dichter punktiert und längsgerunzelt, an der Spitze stumpf. 3. Fühlerglied sehr lang, länger als das 4. und 5. Glied zusammen.

Halsschild in der Mitte mit einer glatten und glänzenden Stelle besonders an der Basis, beiderseits quer und ziemlich regelmäßig gerunzelt (oder quergerunzelt ohne diese Stelle) und mit 2 niedrigen Höckerchen beiderseits der Mitte im vorderen Drittel, die von Querrunzeln umgeben sind, Halsschild vorn und hinten eingeschnürt.

Flügeldecken sehr dicht und runzelig fein punktiert, fast matt; nur im letzten Sechstel der Flügeldecken ist die Punktierung plötzlich viel feiner und weitläufiger, dadurch ist die Spitze der Flügeldecken deutlich glänzend. Auch die Schulterhöcker sind viel weitläufiger punktiert und glänzend. Schildchen glatt, seitlich stark gekantet.

Beine kräftig, Hinterschenkel die Spitze der Flügeldecken deutlich überragend.

I. b. ab. *semipurpurea* PIC: Beine einfarbig rötlich, nur die Mittelschienen an der Basis oder die Hinterschenkel oberseits und die Hinterschienen innen angedunkelt; mit einer über die ganze Halsschildlänge reichenden glatten Stelle.

Länge: 15–17 mm.

Süd-China (Yunnan), Vietnam (Tonkin, Chapa), Laos, Süd-Burma.

5. **Ipothalia esmeralda** BATES (Abb. 12)

Ipothalia esmeralda BATES, 1879: Cist. Ent. II, p. 418.

Grün, selten blau, nicht sehr glänzend; unten silberig bis goldig behaart (Brust und 1. Segment des Abdomens); Vorder- und Hinterbeine rotbraun, Hinterschenkel im Apikalteil (fast bis zur Hälfte) und Hinterschienen dunkelgrün bis dunkelblau, Fühler blauviolett bis schwarz.

Kopf dicht und mittelgrob punktiert, Stirn mit tiefer Längsfurche, Fühlerhöcker ziemlich kurz und stumpf; 1. Fühlerglied gerade, an der Spitze stumpfeckig, dicht und ziemlich grob punktiert; das 3. Glied punktiert, etwas länger als das 4. und 5. Glied zusammen.

Halsschild vorn und hinten quer eingeschnürt, hier querfaltig, auf der Scheibe dicht und sehr grob punktiert, nicht selten mit glänzender Fläche in der Mitte, die weniger dicht punktiert ist. – Schildchen rundlich, dicht und grob punktiert.

Flügeldecken dicht und grob runzelig punktiert, bis auf den Apex, der feiner punktiert und deswegen glänzender ist. – Beine vorn und Mittelbeine einfarbig rotbraun, Hinterschenkel am Apex und Hinterschienen blau. – Unterseite grünlichblau; Brust und 1. Abdominalsegment ziemlich dicht und lang goldig bis silberig behaart; Abdomen sparsamer behaart, glänzender.

Länge: 13–17 mm.

Nordwest-Borneo, West-Sarawak, Java, Mindanao.

6. **Ipothalia femorata** PASCOE (Abb. 13)

Ipothalia femorata PASCOE, 1867: Ann. Mag. Nat. Hist. (3) XIX, p. 314.

Dunkelblau bis violett, Halsschild schwarz bis violettschwarz, Flügeldecken selten grün, Hinterschenkel in der Basalhälfte und Hinterschienen dunkelblau. Kopf ziemlich fein punktiert, Scheitel ziemlich breit, längsgefurcht, gröber und zusammenfließend punktiert, die Fühlerhöcker stumpfeckig und ziemlich weit auseinanderstehend. Stirn fein punktiert, mit Längsgrube, Labrum immer schwarz. Halsschild ziemlich schmal (so breit oder sehr wenig breiter als die Schultern), mit gut entwickelten stumpfen Lateralhöckern; ziemlich sparsam, beiderseits der Mittellinie an der Basis dichter punktiert; vorn mehr, hinten sehr wenig querfaltig. Schildchen punktiert, länglich, am Ende dreieckig. – Fühler schwarz bis violett, das 1. Glied dick, stumpfeckig, ziemlich dicht und grob punktiert.

Flügeldecken sehr dicht, fein, aber nicht zusammenfließend punktiert, Apex sehr fein punktiert (das letzte Sechstel).

Körper unterseits schwarz bis violettblau, Brust und Abdomen mit Silberpubeszenz. – Beine: Vorder- und Mittelschenkel rotbraun, Hinterschenkel im Apikalteil fast bis zur

Hälfte blau bis schwarz, Vorder- und Mittelschienen angedunkelt, Hinterschienen pechbraun bis schwarz oder blau, die Hinterschenkel ziemlich verdickt (viel mehr als bei *I. similis* sp. n.).

Länge: 13–15 mm, Breite: 4 mm.

Luzon (Philippinen).

7. **Ipothalia mixta sp. n.** (Abb. 14)

Violett; Kopf schwarz, Halsschild schwarzviolett, Fühler und Flügeldecken violett; unterseits blauviolett, mit goldigen Haaren auf Brust und Abdomen. – Kopf dicht und grob, auf dem Scheitel runzelig punktiert, die Fühlerhöcker ziemlich niedrig, vorn scharf. – Fühler: 1. Glied kurz, breit, an der Spitze stumpf, ziemlich grob und dicht punktiert; 3. Glied viel länger als das 4. und 5. Glied zusammen.

Halsschild kugelig, gebuckelt, mit kurzen Höckern beiderseits, überall sehr sparsam punktiert, ziemlich breit, nicht viel schmaler als die Schultern. Schildchen dreieckig verlängert, dicht punktiert; Flügeldecken ziemlich dicht und grob punktiert, am Apex feiner und runzelig punktiert, glänzender.

Beine: alle Schenkel rotbraun, Vorder- und Mittelschienen angedunkelt, Hinterschienen schwarz, alle Tibien hell. – Unterseite: Brust dicht, Abdomen sparsam goldig behaart.

Länge: 15 mm, Breite: 4,5 mm.

Holotypus: Luzon, P. I., Montalban, ♂, coll. W. SCHULTZE in coll. Mus. Dresden.

Von *I. femorata* durch die viel feiner und weniger punktierten Halsschild und Flügeldecken, durch die einfarbig rotgelben Hinterschenkel; von *I. similis* durch die angedunkelten Vorder- und Mittelschienen leicht zu trennen.

8. **Ipothalia similis sp. n.** (Abb. 15)

Der *Ipothalia femorata* PASC. ähnlich.

Kopf und Halsschild schwarzviolett, Fühler und Flügeldecken violett. Körper unterseits blauviolett. – Kopf dicht und ziemlich grob punktiert (bei *I. femorata* feiner), Scheitel ziemlich schmal, die Fühlerhöcker sehr spitzig und hoch, nur durch eine Längsfurche getrennt. Stirn fast glatt, Labrum rötlich. Die Fühler fast vor den Augen eingelenkt (bei *I. femorata* zwischen den Augen). 1. Glied der Fühler an der Spitze scharf abgeschnitten, gebogen, sehr fein punktiert, fast glatt (bei *I. femorata*: dick, Spitze stumpf, schwarz, ziemlich dicht und grob punktiert, gerade). 3. Glied der Fühler so lang wie das 4. und 5. Glied zusammen (bei *femorata* länger).

Halsschild sehr schmal (viel schmaler als bei *I. femorata*), mit den Höckern etwas weniger breit als die Schultern; vorn mehrfach, hinten zweimal eingeschnürt, überall sehr fein und sparsam punktiert (Halsschild von *femorata* breiter, mit größeren stumpfen Höckern; in der Mitte fast glatt, seitlich hinten ziemlich dicht, groß und weitläufig punktiert, vorn und hinten nicht sehr quergerunzelt).

Flügeldecken feiner als bei *I. femorata* und nicht zusammenfließend punktiert, zum Apex hin feiner. – Beine: Vorder- und Mittelbeine einfarbig rotgelb, Hinterschenkel auch rotgelb, gegen ihre Spitze zu sehr allmählich und fein verdickt, oben dort sehr leicht angedunkelt, Hinterschienen violett (bei *femorata*: gegen die Spitze zu dicker, Hinterschenkel fast bis zur Hälfte blau, Schienen schwarz bis violett). – Unterseite: Brust dicht silberig behaart; Abdomen glatt, violett (bei *femorata*: Brust und Abdomen ziemlich dicht goldig bis silberig behaart).

Länge: 13 mm, Breite: 4 mm.

Holotypus: Mindoro, P. I., Abra de Ilog, coll. W. SCHULTZE in coll. Mus. Dresden; 1 Paratypus in meiner Sammlung.

Von *I. femorata* durch einen schmaleren Halsschild mit sehr stumpfem Höcker und oberseits durch die leicht angedunkelten Hinterschenkel gut zu trennen, aber auch durch die einfarbig gelbroten Vorder- und Mittelschienen und durch den viel weniger punktierten Halsschild; von *I. mixta* durch die vollkommen rotgelben Hinterschenkel sowie Vorder- und Mittelschienen zu trennen.

9. **Ipothalia metallica sp. n.** (Abb. 16)

Nach der Färbung der Beine *I. similis* ähnlich, aber größer (20 mm). Punktierung fast wie bei *I. esmeralda* PASC., aber die Hinterschenkel einfarbig gelbrot, nur Hinterschienen bis auf den Apex schwarz.

Dunkelgrün, die letzten 3 Abdominalsegmente blau, Fühler schwarzviolett. Kopf: Scheitel unregelmäßig runzelig, Fühlerhöcker stumpfeckig ausgezogen, Stirn längsrunzelig, zwischen den Fühlern eine schmale Längsgrube, die bis zum Occiput geht. – Das 1. Fühlerglied am Ende abgerundet, dicht und grob punktiert.

Halsschild dicht und grob punktiert, vorn nicht eingeschnürt, nur querfaltig. Schildchen dreieckig, in der Mitte vertieft, ziemlich dicht und grob punktiert. Flügeldecken dicht und grob runzelig punktiert, gegen den Apex feiner. Beine einfarbig gelbbraun, nur die Hinterschienen bis auf einen ziemlich großen Apikalteil schwarz.

Unterseite (Brust und die 2 ersten Abdominalsegmente) ziemlich dicht gelbweiß behaart, Abdomen sonst fast kahl, nur wenig weißlich behaart.

Länge: 20 mm, Breite: 5 mm.

Holotypus: Borneo, C. HOSE, in coll. Mus. London (1948–525).

Durch die Größe und den nicht eingeschnürten Vorderrand des Halsschildes von den meisten *Ipothalia*-Arten abweichend.

Summary

STUDIES ON THE CALLICHROMINI OF PALAEARCTIC AND ORIENTAL REGION (IV)

The article forms Part IV of a series about the Cerambycid tribus *Callichromini* of Palaearctic and Oriental Region. Basing on materials of British Museum (Nat. Hist.), Senckenberg-Museum Frankfurt/M. and Staatl. Museum fuer Tierkunde Dresden it comprises a survey (including keys) on the species of the genera *Amblyontinum* BAT., *Helymaeus* J. THOMS., *Osphranteria* REDTB., *Ipothalia* PASC., *Gauresthes* BAT., and *Falsoipothalia* gen. n. Besides the latter new genus also four new species of *Ipothalia* are described.

Anschrift des Autors:
RNC. Č. Podaný, Městské muzeum, ČS – 29471 Benátky nad Jizerou, ČSSR.

Übersicht über die herausgegebenen Publikationen

Reichenbachia

Fachgebiet: Taxonomie (Neubeschreibungen, Revisionen und andere taxonomische Arbeiten mit geringem Umfang).

Tiergruppen: Insecta, Myriapoda, Arachnida.

Entomologische Abhandlungen

Fachgebiete: Taxonomie (Bestimmungstabellen, Monographien und andere taxonomische Arbeiten mit größerem Umfang), Phylogenie, Evolution, Morphologie, Anatomie, Biologie, Ökologie, Zoogeographie.

Tiergruppen: Insecta, Myriapoda, Arachnida.

Faunistische Abhandlungen

Fachgebiet: Faunistik. Diese Reihe dient auch zur Veröffentlichung faunistischer Kurzmitteilungen.

Tiergruppen: alle Gruppen mit Ausnahme der Protozoa.

Zoologische Abhandlungen

Fachgebiete: Taxonomie, Phylogenie, Evolution, Morphologie, Anatomie, Biologie, Ökologie, Zoogeographie.

Tiergruppen: Vertebrata; daneben Evertebrata mit Ausnahme der Insecta, Myriapoda, Arachnida, Mollusca und Protozoa.

Malakologische Abhandlungen

Fachgebiete: Taxonomie, Phylogenie, Evolution, Morphologie, Anatomie, Biologie, Ökologie, Zoogeographie.

Tiergruppe: Mollusca.

Übersicht über die erschienenen Publikationen

Nach 1945 erschienen folgende Bände:

Abhandlungen und Berichte aus dem Staatlichen Museum für Tierkunde in Dresden

Bände 21 (1953) – 25 (1960)
(Band 21 ist vergriffen).

Ab 1961 wurden die „Abhandlungen und Berichte aus dem Staatlichen Museum für Tierkunde in Dresden" in zwei Reihen unterteilt:

Entomologische Abhandlungen

Ab Band 26 (1961–1962) ff.
Zu den Bänden 36, 37, 39 und 40 erschienen Supplementbände.

Zoologische Abhandlungen

Ab Band 26 (1961–1964) ff.
Ab Band 26 ohne Insecta, ab Band 27 ohne Mollusca.
(Bände 26–29 sind vergriffen).

Im Zeitraum von 1962–1964 wurden zusätzlich die folgenden Reihen neu eingerichtet:

Reichenbachia

Ab Band 1 (1962–1963) ff.

Faunistische Abhandlungen

Ab Band 1 (1963–1966) ff.

Malakologische Abhandlungen

Ab Band 1 (1964–1967) ff.

Alle genannten Reihen erscheinen fortlaufend, jedoch zwanglos und ohne feste Bindung an das Kalenderjahr.

III-9-16 Jt 1943/75 10 T. (30045/9)

FSC
www.fsc.org
MIX
Papier | Fördert gute Waldnutzung
FSC® C083411

Zeitfracht Medien GmbH
Ferdinand-Jühlke-Straße 7
99095 Erfurt, Deutschland
produktsicherheit@kolibri360.de